本书得到“山东大学出版基金委员会”资助

量子力学基础教程

第七版

陈鄂生　李明明　编著

山东大学出版社

图书在版编目(CIP)数据

量子力学基础教程/陈鄂生,李明明编著.—7版.—济南:山东大学出版社,2021.1（2022.8重印）
ISBN 978-7-5607-6819-9

Ⅰ.①量… Ⅱ.①陈… ②李… Ⅲ.①量子力学－高等学校－教材 Ⅳ.①O413.1

中国版本图书馆CIP数据核字(2021)第051191号

责任编辑 姜 山
封面设计 牛 钧

出版发行 山东大学出版社
社 址 山东省济南市山大南路20号
邮政编码 250100
发行热线 (0531)88363008
经 销 新华书店
印 刷 山东和平商务有限公司
规 格 787毫米×1092毫米 1/16
22.25印张 459千字
版 次 2021年1月第7版
印 次 2022年8月第2次印刷
定 价 58.00元

内 容 简 介

本书系统讲述量子力学基础知识。这次再版在原有内容基础上增加了一些内容。原有的内容是量子力学产生的历史背景，波函数与薛定谔方程，一维定态问题，力学量与算符，表象，三维定态问题，近似方法，自旋，全同粒子体系与散射。增加的内容是量子纠缠态，相对论薛定谔方程，相对论狄拉克方程与二次量子化。增加的内容均包含在用‘*’号标记的第十一章中。书中通过较多例题介绍量子力学的应用。每章末附有习题，习题大多取自各院校硕士研究生入学试题。

本书的配套书为“量子力学习题与解答”。该书由陈鄂生，李明明编著，科学出版社出版。书中汇集中国科学院，北京大学，南京大学与复旦大学近 20 年硕士研究生入学试题，并给出详细解答。

本书可作为大学本科物理专业及有关专业的量子力学教材或参考书。

基本物理常数

普朗克常数 $h = 6.62608 \times 10^{-34}$ 焦耳·秒 $= 6.62608 \times 10^{-27}$ 尔格·秒

$\hbar = h/2\pi = 1.05459 \times 10^{-34}$ 焦耳·秒 $= 1.05459 \times 10^{-27}$ 尔格·秒

光速 $c = 2.99792 \times 10^{8}$ 米/秒 $= 2.99792 \times 10^{10}$ 厘米/秒

电子电荷绝对值 $e = 1.60219 \times 10^{-19}$ 库仑

$= 4.80324 \times 10^{-10}$ 静电单位[(尔格·厘米)$^{1/2}$]

精细结构常数 $\alpha = e^2/\hbar c = 1/137.036 = 7.29735 \times 10^{-3}$

阿伏加德罗常数 $N_A = 6.02205 \times 10^{23}$/克分子

玻耳兹曼常数 $k = 1.38066 \times 10^{-23}$ 焦耳/度 $= 1.38066 \times 10^{-16}$ 尔格/度

气体常数 $R = N_A k = 8.31441$ 焦耳/度·克分子

$= 8.31441 \times 10^{7}$ 尔格/度·克分子

电子质量 $m_e = 9.10953 \times 10^{-31}$ 千克 $= 0.511003\ \mathrm{MeV/c^2}$

质子质量 $m_p = 1.67265 \times 10^{-27}$ 千克 $= 938.280\ \mathrm{MeV/c^2}$

中子质量 $m_n = 1.67492 \times 10^{-27}$ 千克 $= 939.553\ \mathrm{MeV/c^2}$

玻尔半径 $a = \hbar^2/m_e e^2 = 5.29177 \times 10^{-11}$ 米

电子经典半径 $r_e = e^2/m_e c^2 = 2.81794 \times 10^{-15}$ 米

玻尔磁子 $\mu_B = e\hbar/2m_e c = 9.27408 \times 10^{-24}$ 焦耳/特斯拉

$= 9.27408 \times 10^{-21}$ 尔格/高斯

核磁子 $\mu_N = e\hbar/2m_p c = 5.05082 \times 10^{-27}$ 焦耳/特斯拉

$= 5.05082 \times 10^{-24}$ 尔格/高斯

1 焦耳 $= 10^{7}$ 尔格

$1\ \mathrm{nm} = 10^{-9}\ \mathrm{m} = 10^{-7}\ \mathrm{cm}$

1 a. m. u $= 1.66057 \times 10^{-27}\ \mathrm{kg} = 931.502\ \mathrm{MeV/c^2}$

$1\ \mathrm{eV} = 1.60219 \times 10^{-19}$ 焦耳 $= 1.60219 \times 10^{-12}$ 尔格

1 特斯拉 $= 10^{4}$ 高斯

1 尔格[克·厘米^2/秒^2]$=10^{-7}$焦耳[仟克·米^2/秒^2]

目 录

第一章　量子力学产生的历史背景

§1.1　20世纪初经典物理学遇到的困难

物理学研究物质的运动规律. 物质分二类：一类是有质量的物体，它们遵守牛顿运动方程；另一类是无质量的电磁波，它们遵守麦克斯韦电磁方程. 以牛顿方程和麦克斯韦电磁方程为基础建立起来的经典物理学，对处理这两类物质的问题，一直是十分成功的. 然而在1900年前后，由于科学技术的发展，人们开始研究微观粒子体系的运动规律，如原子的辐射，光对原子的作用，原子的内部结构等，情况就变了. 经典物理学不再是锐利的武器，它遇到了许多无法解决的困难. 这里介绍其中主要几个困难.

(1) 黑体辐射的能量密度

黑体是能够将照射在它表面上的电磁波全部吸收掉的物体. 经典物理学证明，黑体在高温下辐射电磁波的性质同组成黑体的材料无关. 因此研究黑体的辐射规律是很有意义的. 然而自然界并不存在绝对的黑体. 一个十分接近理想的黑体可以由如图1.1所示的装置构成. 这是一个带有小孔的类似于火炉的空腔. 当一束光从外部由小孔射入空腔后，光经过内壁材料的多次反射与吸收，几乎全部被吸收，而从小孔逸出的部分光微乎其微，实际上完全可以忽略不计. 因此在外界观察者看来，连接空腔的小孔是黑的，是十分接近理想的黑体. 如果让空腔内部处于高温，如绝对温度2000度，则空腔内将充满由内壁材料辐射的电磁波. 只要温度保持一定，空腔与电磁辐射一定会达到平衡：单位时间内内壁材料辐射的频率为ν的电磁波能量同吸收的相同频率的电磁波能量相等，空腔内单位体积中频率在$\nu \sim \nu + d\nu$内的电磁波能量$U(T,\nu)d\nu$保持一定. $U(T,\nu)$的物理意义是

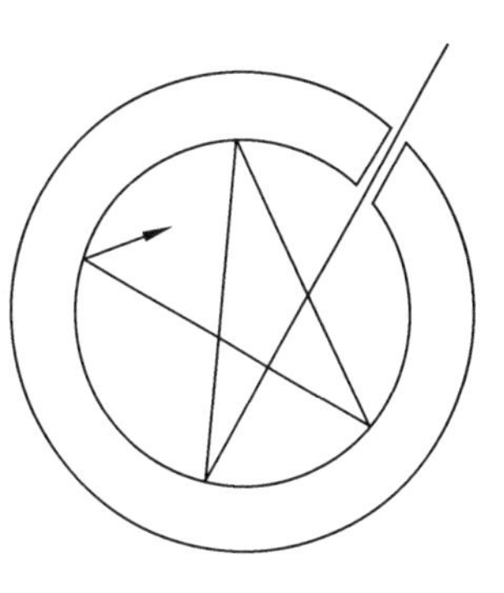

图1.1

在绝对温度为 T 的空腔中，单位体积单位频率间隔内频率为 ν 的电磁波能量，$U(T,\nu)$ 称作电磁波辐射能量密度. 空腔在高温下由小孔源源不断辐射出电磁波，这就是黑体辐射. 实验可以测量 $U(T,\nu)$. 实验测量的 $U(T,\nu)$ 如图 1.2 所示. $U(T,\nu)$ 有一个极大值，极大值的位置随 T 升高而向频率大的方向移动，极大值的数值随 T 升高而增大. 1900 年普朗克(Planck) 给出了一个同实验符合得非常好的 $U(T,\nu)$ 的经验公式：

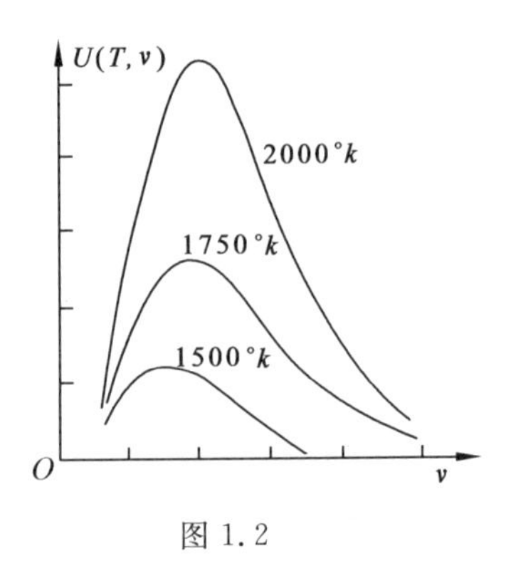

图 1.2

$$U(T,\nu) = \frac{a\nu^3}{e^{b\nu/T} - 1} \tag{1}$$

其中 $a = 6.11 \times 10^{-57}$ 尔格・秒^4 / 厘米^3，$b = 4.87 \times 10^{-11}$ 秒・度. 这就是著名的普朗克公式.

经典物理学可以计算黑体辐射的能量密度 $U(T,\nu)$. 先利用经典电磁理论，得到

$$U(T,\nu) = \frac{8\pi\nu^2 \bar{E}_\nu(T)}{c^3} \tag{2}$$

其中 c 为光速，$\bar{E}_\nu(T)$ 是当空腔与辐射处于绝对温度为 T 的平衡态时，腔壁原子以频率 ν 作一维振动的平均能量(公式(2) 的推导见本节末的例题). 根据经典统计物理学，绝对温度为 T 时原子振动能量在 $E \sim E + \mathrm{d}E$ 内的相对几率为 $e^{-E/kT}\mathrm{d}E$，其中 k 为玻尔兹曼常数. 因此原子振动的平均能量为

$$\bar{E}_\nu(T) = \frac{\int_0^\infty E e^{-E/kT}\mathrm{d}E}{\int_0^\infty e^{-E/kT}\mathrm{d}E} = kT \tag{3}$$

将(3)式代入(2)式中，得到

$$U(T,\nu) = \frac{8\pi kT\nu^2}{c^3} \tag{4}$$

这就是瑞利 — 金斯公式，它是 1900 年由瑞利(Rayleigh) 和金斯(Jeans) 导出的. 这个公式在 ν 比较小的范围内同实验符合得比较好，但在 ν 比较大的范围内同实验严重不符，特别是当 $\nu \to \infty$ 时，$U(T,\nu) \to \infty$. 这显然是错误的. 瑞利和金斯严格按照经典物理学推导出的 $U(T,\nu)$，具有如此严重的错误，被认为是经典物理学遇到的一个灾难，称为“紫外灾难”.

(2) 光电效应

光照射到金属表面上，电子由金属表面逸出的现象叫光电效应. 实验观察到，光电效应有以下三个特征：

① 对于一定的金属，存在一个相应的临界频率 ν_0，只有当照射光的频率 $\nu \geqslant \nu_0$ 时，才有光电子产生. 当 $\nu < \nu_0$ 时，无论照射光的强度有多大，光电子都不能产生.

② 光电子的最大动能 $T_{\max}$ 正比于照射光的频率，同光的强度无关. 图 1.3 给出了 $T_{\max} \sim \nu$ 的实验结果.

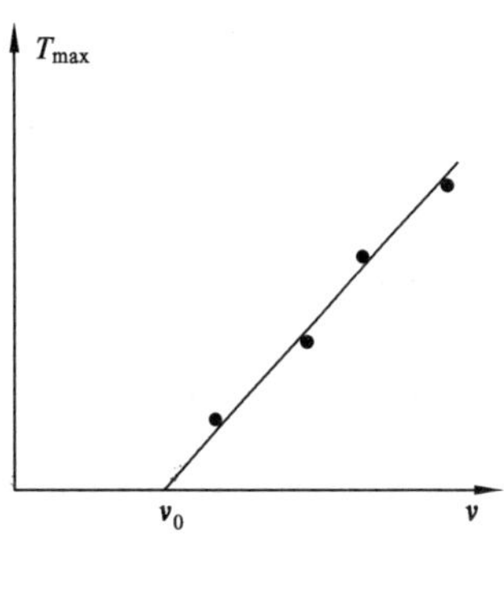

图 1.3

③ 在光照射金属的同时就有光电子产生. 即使照射光的强度很弱，也是如此.

根据经典物理学，金属中的自由电子在照射光的电磁场作用下，如果获得的能量足以克服金属表面对电子的束缚能(电子脱出功)时，就有可能逸出金属表面，成为光电子. 因此不应该有临界频率 ν_0，并且光电子的最大动能 $T_{\max}$ 不应该同照射光的频率有关，只应该同光的强度有关. 当照射光的强度很弱时，电子要获得大于脱出功的能量，必须等待一定时间. 由此可见，经典物理学不能解释光电效应.

(3) 散射光的波长变大

波长 λ 一定的光在轻物质上散射的实验结果表明，在散射角为 θ 的方向上，散射光的波长 λ' 变大，并且 $\Delta\lambda = \lambda' - \lambda$ 同 θ 之间满足如下关系：

$$\Delta\lambda \sim \sin^2 \frac{\theta}{2} \tag{5}$$

根据经典电磁理论，散射体系中的原子在入射光的作用下产生电偶极振动，振动的频率就是入射光的频率 ν. 原子振动发光为散射光，散射光的频率同入射光的频率相同. 经典物理学不能解释散射光波长的变化.

(4) 固体原子的比热

当固体温度升高一度时，平均每个原子增加的能量称作原子的比热 C. 实验测量的固体原子比热 C 同绝对温度 T 之间的关系，如图 1.4 所示. 当温度升高时 C 达到饱和值 $3k$，k 为波尔兹曼常数. 当温度低时，C 随温度下降而下降.

根据经典物理学，固体绝对温度为 T 时，原子作一维振动的平均能量为(3) 式计算的 kT. 实际上原子作三维振动，故原子平均能量为 $\bar{E} = 3kT$. 原子比热$C = \dfrac{\partial \bar{E}}{\partial T} = 3k$. 这个结果只在温度高时正确. 经典物理学不能解释温度低时 C 随温度下降而下降的事实.

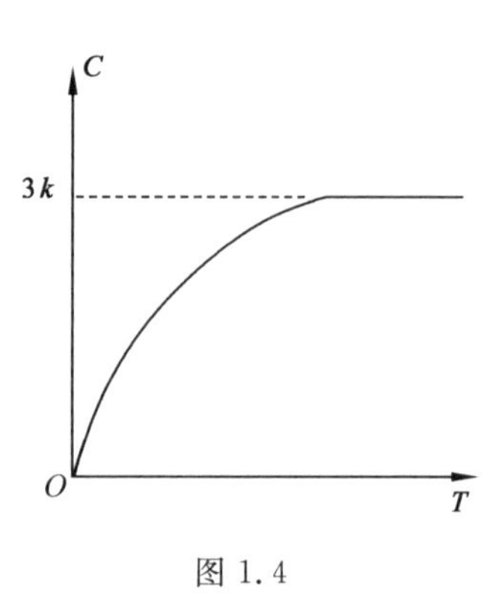

图 1.4

(5) 原子的稳定结构和线状光谱

20 世纪初，人们已经了解到原子是由带负电的电子同带正电的原子核组成的电中性体系. 原子核位于原子中心，只占据原子体积中很小部分，却集中了原子质量的绝大部分. 经典物理学对原子的描述是，电子在原子核库仑引力作用下绕原子核作类似于行星绕太阳旋转的轨道运动. 但是，根据经典电动力学，带电粒子作加速运动时要辐射电磁波. 电子围绕原子核的转动是加速运动，电子要不断辐射电磁波而损失能量. 电子最终要因能量丢失尽而落入原子核中. 因此根据经典物理学，原子不可能形成稳定的结构. 然而实验却表明原子有稳定的结构. 特别是原子光谱线的频率 ν 具有线状结构. 氢原子光谱线的频率 ν 满足如下经验公式：

$$\nu = R_H c\left(\frac{1}{m^2} - \frac{1}{n^2}\right) \tag{6}$$

其中 $m < n, m = 1,2,3,\cdots, n = 2,3,4,\cdots, R_H = 1.09677576 \times 10^5$ 厘米$^{-1}$，c 为光速. 经典物理学不能解释原子光谱的线状结构，更不能解释巴耳末公式(6).

［例题］ 在边长为 abc 的长方体形空腔中，根据形成驻波的条件，证明频率在 $\nu \sim \nu + \mathrm{d}\nu$ 内的振动模式的数目

$$\mathrm{d}N_\nu = \frac{8\pi V \nu^2 \mathrm{d}\nu}{c^3} \tag{7}$$

其中 $V = abc$ 是空腔的体积，并由(7) 式导出黑体辐射的能量密度 $U(T,\nu)$.

解：设直角坐标系的 xyz 轴同长方体的 abc 边一致. 在空腔 xyz 方向形成驻波的条件是半波长的整数倍等于边长：

$$\frac{\lambda_x}{2} n_x = a, \quad \frac{\lambda_y}{2} n_y = b, \quad \frac{\lambda_z}{2} n_z = c \tag{8}$$

$$n_x, n_y, n_z = 1,2,3,\cdots$$

将(8)式代入下式，

$$k_x = \frac{2\pi}{\lambda_x}, \quad k_y = \frac{2\pi}{\lambda_y}, \quad k_z = \frac{2\pi}{\lambda_z} \tag{9}$$

得驻波波矢量 $\boldsymbol{k}$ 的三个分量：

$$k_x = \frac{\pi n_x}{a}, \quad k_y = \frac{\pi n_y}{b}, \quad k_z = \frac{\pi n_z}{c} \tag{10}$$

用 $n_x n_y n_z$ 构成直角坐标系，由坐标($n_x n_y n_z$)(取正整数) 决定的点是位于第一象限边长为1的立方体晶格格点. 每一格点占有空间体积 $1\times1\times1=1$. $n_x n_y n_z$ 空间的体积等于其中格点的数目. 由(10) 式看出，$n_x n_y n_z$ 空间中的每一个格点对应波矢量空间中的一个矢量 $\boldsymbol{k}(k_x, k_y, k_z)$.

考虑到黑体辐射的波长远远小于空腔尺寸：

$$\lambda_x \ll a, \quad \lambda_y \ll b, \quad \lambda_z \ll c$$

或

$$k_x \gg \frac{1}{a}, \quad k_y \gg \frac{1}{b}, \quad k_z \gg \frac{1}{c}$$

由(10) 式看出，同 k_x, k_y, k_z 相应的 n_x, n_y, n_z 是远远大于1的正整数. 因此，n_x，n_y，n_z 的变化可以看成是连续的(如 $10^5 \to 10^5+1$)，相应地，k_x, k_y, k_z 的变化也可以看成是连续的. 我们研究三个分量分别在

$$k_x \sim k_x + \mathrm{d}k_x, \quad k_y \sim k_y + \mathrm{d}k_y, \quad k_z \sim k_z + \mathrm{d}k_z$$

的波矢量 $\boldsymbol{k}$ 的数目 $\mathrm{d}N$. 与上述波矢量对应的 n_x, n_y, n_z 分别在

$$n_x \sim n_x + \mathrm{d}n_x, \quad n_y \sim n_y + \mathrm{d}n_y, \quad n_z \sim n_z + \mathrm{d}n_z$$

其中

$$\mathrm{d}n_x = \frac{a}{\pi}\mathrm{d}k_x, \quad \mathrm{d}n_y = \frac{b}{\pi}\mathrm{d}k_y, \quad \mathrm{d}n_z = \frac{c}{\pi}\mathrm{d}k_z \tag{11}$$

显然，$n_x n_y n_z$ 空间的体积 $\mathrm{d}n_x \mathrm{d}n_y \mathrm{d}n_z$ 就是波矢量 $\boldsymbol{k}$ 的数目 $\mathrm{d}N$.

$$\mathrm{d}N = \mathrm{d}n_x \mathrm{d}n_y \mathrm{d}n_z = \frac{V}{\pi^3}\mathrm{d}k_x \mathrm{d}k_y \mathrm{d}k_z \tag{12}$$

其中 $V = abc$. (12) 式表示，波矢量 $\boldsymbol{k}$ 的数目 $\mathrm{d}N$ 正比于波矢量空间的体积元 $\mathrm{d}^3\boldsymbol{k}$. 显然，波数在 $k \sim k + \mathrm{d}k$ 的波矢量 $\boldsymbol{k}$ 的数目

$$\mathrm{d}N = \frac{1}{8} \times \frac{V}{\pi^3} k^2 \mathrm{d}k \int_0^{\pi} \sin\theta \mathrm{d}\theta \int_0^{2\pi} \mathrm{d}\varphi = \frac{Vk^2\mathrm{d}k}{2\pi^2} \tag{13}$$

上式中的因子 1/8 是由于 k_x, k_y 与 k_z 限于取正值而引入的. 将电磁波的波数 k 与频率 ν 的关系式

$$k = \frac{2\pi\nu}{c} \tag{14}$$

代入(13)式,得到在体积为V的空腔中,频率在ν到$\nu+\mathrm{d}\nu$的电磁波模式的数目

$$\mathrm{d}N_\nu' = \frac{4\pi V\nu^2\,\mathrm{d}\nu}{c^3} \tag{15}$$

考虑到电磁波为横波,在与它传播方向垂直的平面内存在两种偏振态,即存在两种偏振的电磁波.因此$\mathrm{d}N_\nu'$乘2才是在体积为V的空腔中,频率在ν到$\nu+\mathrm{d}\nu$的电磁波模式的数目

$$\mathrm{d}N_\nu = \frac{8\pi V\nu^2\,\mathrm{d}\nu}{c^3} \tag{16}$$

根据经典理论,空腔中的电磁波由腔壁原子振动产生.电磁波的模式取决于原子振动的模式.当空腔处于绝对温度为T的辐射平衡态时,频率在ν到$\nu+\mathrm{d}\nu$的电磁波能量等于在相同频率范围的原子振动模式的数目$\mathrm{d}N_\nu$乘以原子在绝对温度为T时以频率ν振动的平均能量$\bar{E}_\nu(T)$:

$$\mathrm{d}N_\nu\bar{E}_\nu(T) = \frac{8\pi V\nu^2\bar{E}_\nu(T)\,\mathrm{d}\nu}{c^3} \tag{17}$$

上式除以$V\mathrm{d}\nu$便得到黑体辐射的能量密度

$$U(T,\nu) = \frac{8\pi\nu^2\bar{E}_\nu(T)}{c^3} \tag{18}$$

§1.2 普朗克原子振动能量假设

普朗克在给出黑体辐射能量密度的经验公式之后，就立即研究如何从理论上推导出这个同实验符合得非常好的公式.他发现，只要假定原子振动的能量不是按经典物理学所要求的那样在0和∞之间取连续值,而是取如下分立值:$E=nh\nu$($n=0,1,2,3,\cdots$,ν为振动频率,h为常数),普朗克公式就可以推导出来.按照这个假定,§1.1的公式(3)中的积分应该改为如下的求和:

$$\bar{E}_\nu(T) = \frac{\sum\limits_{n=0}^{\infty} nh\nu\,\mathrm{e}^{-nh\nu/kT}}{\sum\limits_{n=0}^{\infty}\mathrm{e}^{-nh\nu/kT}} \tag{1}$$

令$\alpha=h\nu/kT$,上式可表示为

$$\bar{E}_\nu(T) = -h\nu \frac{\partial}{\partial \alpha}\left[\ln\sum_{n=0}^{\infty}e^{-n\alpha}\right] \tag{2}$$

利用公式

$$\sum_{n=0}^{\infty}e^{-n\alpha} = \sum_{n=0}^{\infty}x^n = \frac{1}{1-x} = \frac{1}{1-e^{-\alpha}} \tag{3}$$

便有

$$\bar{E}_\nu(T) = \frac{h\nu}{e^{h\nu/kT}-1} \tag{4}$$

将(4)式代入§1.1的(2)式，得

$$U(T,\nu) = \frac{8\pi h}{c^3}\frac{\nu^3}{e^{h\nu/kT}-1} \tag{5}$$

比较§1.1的(1)式与上式看出，只要令

$$a = \frac{8\pi h}{c^3},\quad b = \frac{h}{k} \tag{6}$$

两式就完全相同. 由(6)式确定常数 $h = 6.55\times10^{-34}$ 焦耳·秒，$k = 1.35\times10^{-23}$ 焦耳/度. 普朗克确定的 k 值同当时测定的玻尔兹曼常数值相符合，并且更接近目前测定的 k 值(1.38066×10^{-23} 焦耳/度). h 称作普朗克常数. 目前测定的普朗克常数值为 $h = 6.62608\times10^{-34}$ 焦耳·秒.

1900年12月普朗克发表了上述研究结果. 由于他的假设违反了经典物理学，他的工作在当时没有得到人们的支持. 然而他的假设是正确的. 他所做的工作具有划时代的意义. 正是他第一个揭示了微观粒子运动的特殊规律——能量不连续.

§1.3　爱因斯坦光量子概念

普朗克关于原子振动能量取分立值 $nh\nu$ 的假设，同原子辐射与吸收频率为 ν 的电磁波的能量是以 $\varepsilon = h\nu$ 为单位的假设等效. 1905年爱因斯坦(Einstein)支持并发展了普朗克的观点，提出了光量子的概念：频率为 ν 波长为 λ 的光是由能量 $E = h\nu$，动量 $p = h/\lambda$ 的光量子组成的. 普朗克认为原子发射与吸收频率为 ν 的电磁波，就是经典电磁理论所描述的那种波，只是由于原子振动能量不连续，导致了波的能量不连续，光就是波，不具有粒子性. 而爱因斯坦却认为光同时具有波动性和粒子性，正是普朗克常数 h，将代表波动性的频率 ν 和

波长λ同代表粒子性的能量E和动量p联系起来. $E = h\nu$和$p = h/\lambda$称为普朗克—爱因斯坦关系式.

根据光量子概念,光电效应立即得到解释. 光照射金属时,在金属中的电子获得的最大能量为光子的全部能量$h\nu$. 显然,只有当$h\nu$大于电子在该金属的脱出功A时,光电子才能产生. 因此存在临界频率$\nu_0 = A/h$. 光电子的最大动能

$$T_{\max} = h\nu - A \tag{1}$$

这个公式同图 1.3 所示的实验结果一致. 实验给出的直线斜率$\Delta T_{\max}/\Delta\nu = 6.56\times10^{-34}$焦耳·秒,正是公式(1)所表示的直线斜率$h$,即普朗克常数. 只要照射光的频率$\nu > \nu_0$,光照射金属时,总有一些电子被光子打出来,光电子的产生不需要时间上的延迟.

光量子概念及普朗克—爱因斯坦关系式,在康普顿散射实验中得到进一步完全的证实. 光在物质上的散射被认为是光子同原子中电子的作用. 对于 X 射线,光子能量远远大于轻原子中外层电子的束缚能,电子可以看作是静止的. 一个能量$E_0 = h\nu_0$,动量$\boldsymbol{p}_0 = \dfrac{h}{\lambda_0}\boldsymbol{k}$($\boldsymbol{k}$为$z$轴单位矢量)的光子同质量为$\mu$的电子作用过程如图 1.5 所示. 光子在同电子碰撞后,能量与动量分别变为$E = h\nu$和$\boldsymbol{p} = \boldsymbol{n}h/\lambda$,$\boldsymbol{n}$是$\theta$方向上的单位矢量. 电子以动量$\boldsymbol{p}_e$反冲,能量为

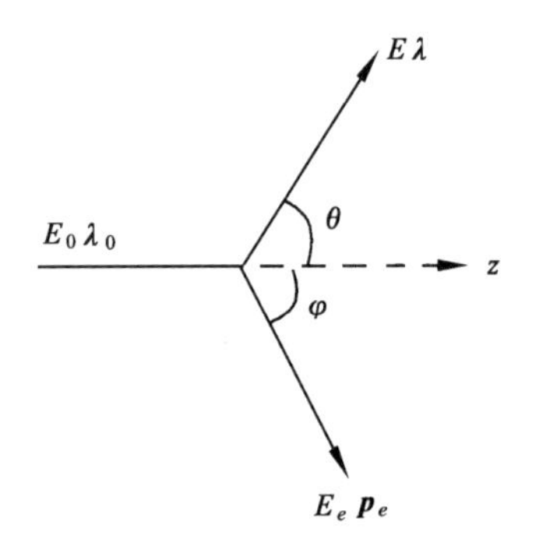

图 1.5

$$E_e = (\mu^2c^4 + p_e^2c^2)^{1/2} \tag{2}$$

由动量守恒,

$$\boldsymbol{p}_e = \boldsymbol{p}_0 - \boldsymbol{p} \tag{3}$$

得

$$p_e^2 = p_0^2 + p^2 - 2p_0\,p\cos\theta \tag{4}$$

由能量守恒,

$$E_0 + \mu c^2 = E + (\mu^2c^4 + p_e^2c^2)^{1/2} \tag{5}$$

对于光子,

$$E_0 = h\nu_0 = p_0c,\quad E = h\nu = pc \tag{6}$$

将(6)式代入(5)式中,得到

$$p_e^2 = (p_0 - p)^2 + 2\mu c(p_0 - p) \tag{7}$$

由(7)与(4)式得

$$\mu c(p_0 - p) = p_0 p(1-\cos\theta) = 2p_0 p\sin^2\frac{\theta}{2} \tag{8}$$

上式两边乘以 $h/\mu c p_0 p$,得

$$\frac{h}{p} - \frac{h}{p_0} = \frac{2h}{\mu c}\sin^2\frac{\theta}{2}$$

即

$$\lambda - \lambda_0 = \frac{2h}{\mu c}\sin^2\frac{\theta}{2} \tag{9}$$

这个基于普朗克 — 爱因斯坦关系式的理论计算结果同实验完全符合.散射光波长变大的效应得到了解释.

1907 年爱因斯坦根据普朗克给出的公式(§1.2 中的(4) 式) 计算了固体中原子的比热 C. 考虑到固体中原子作三维运动,绝对温度 T 时,原子振动的平均能量为

$$\bar{E} = \frac{3h\nu}{e^{h\nu/kT}-1} \tag{10}$$

原子比热

$$C = \frac{\partial\bar{E}}{\partial T} = \frac{3h^2\nu^2}{kT^2}\frac{e^{h\nu/kT}}{(e^{h\nu/kT}-1)^2} \tag{11}$$

由(11)式不难看出,当 $kT \gg h\nu$(即 $T \gg h\nu/k$) 时,$C \to 3k$;而当 $kT \ll h\nu$(即 $T \ll h\nu/k$) 时

$$C \to \frac{3h^2\nu^2}{kT^2}e^{-h\nu/kT} \xrightarrow{T\to 0} 0 \tag{12}$$

爱因斯坦成功地解释了固体原子比热随温度下降而下降直至为零的现象.

§1.4　玻尔原子结构理论

1913 年玻尔(Bohr) 将普朗克与爱因斯坦的观点推广应用于原子结构,成功地推导出氢原子光谱线频率的巴耳末公式.他假定在氢原子中,电子绕原子核旋转的轨道角动量 $L = \mu vr$(μ,v 与 r 分别是电子的质量,速度与轨道半径)只能取如下分立值:

$$L = \mu v r = n\hbar, \quad n = 1,2,3,\cdots \tag{1}$$

其中 $\hbar = h/2\pi$. 由牛顿方程

$$\mu \frac{v^2}{r} = \frac{e^2}{r^2} \tag{2}$$

和(1)式,可以算出电子的轨道半径及速度只能取如下分立值

$$r = \frac{n^2 \hbar^2}{e^2 \mu} \tag{3}$$

$$v = \frac{n\hbar}{\mu r} = \frac{e^2}{n\hbar} \tag{4}$$

$$n = 1,2,3,\cdots$$

因此,电子的能量 E 只能取如下分立值

$$E_n = \frac{1}{2}\mu v^2 - \frac{e^2}{r} = -\frac{\mu e^4}{2\hbar^2 n^2} \tag{5}$$

玻尔还假定,电子处于由(5)式确定的能量状态时是稳定的,不辐射电磁波. 他称氢原子的这种状态为定态. 通常氢原子处于最低能量 E_1 态. 当氢原子受到激发时,氢原子可以处于任一 $n > 1$ 的能量 E_n态上. 这时,处于能量为 E_n 的高能态的氢原子可以向能量为 $E_m(m < n)$ 的低能态跃迁,同时发射一个光子. 光子的能量

$$E = E_n - E_m = \frac{\mu e^4}{2\hbar^2}\left(\frac{1}{m^2} - \frac{1}{n^2}\right) \tag{6}$$

光子的频率

$$\nu = \frac{E_n - E_m}{h} = \frac{\mu e^4}{4\pi\hbar^3}\left(\frac{1}{m^2} - \frac{1}{n^2}\right) \tag{7}$$

这就是巴耳末公式. 比较(7)式同 § 1.1 中的巴耳末公式(6),得到常数

$$R_H = \frac{\mu e^4}{4\pi c\hbar^3} \tag{8}$$

由(8)式算出的 $R_H = 1.097373 \times 10^5$ 厘米$^{-1}$,它同 R_H 的实验值符合得非常好. 这说明玻尔推导的氢原子能量公式(5)是正确的.

尽管玻尔原子结构理论在氢原子问题上取得了巨大的成功,但对其他较重的原子却无法给出同实验相符的结果. 玻尔理论可以正确地计算出氢原子光谱线的频率,却无法计算出氢原子光谱线的强度. 由于玻尔的原子结构理论是建立在经典力学基础之上的,因此它不可能成为描述微观粒子运动规律的正确理论,它必定要被一个新的理论所代替. 这个新的理论应该是完全不同于经典理论,当它处理原子振动问题时,应该给出能量 $E = nh\nu(n = 0,1,2,$

3,…)；当它处理氢原子问题时,应该给出能量 $E=-\frac{\mu e^4}{2\hbar^2 n^2}(n=1,2,3,\cdots)$；并且对于任一微观粒子在给定势场 V 中运动,能给出正确的描述;而当粒子是宏观粒子时，它所给出的结果应该同经典理论的结果一致. 这个新的理论就是量子力学. 1925 年海森伯(Heisenberg),玻恩(Born)与约当(Jordan)以矩阵力学的形式建立了量子力学,同时薛定谔(Schrödinger)以波动力学的形式建立了量子力学. 这两种形式是等价的. 由于波动力学形式的量子力学简单易学,所以它得到了广泛的应用. 我们将采用这一形式来介绍量子力学的基本内容. 波动力学形式的量子力学是在德布洛意物质波假设的基础上建立起来的.

§1.5　德布洛意物质波假设

为什么宏观粒子的运动遵守牛顿力学,而微观粒子的运动不遵守牛顿力学? 1923 年德布洛意提出物质波假设，回答了这个问题. 德布洛意(de Broglie)根据世界普遍存在的对称性,认为既然作为波的光具有粒子性,那么作为有质量的粒子也应该具有波动性,波粒二象性应该是组成世界的两类物质的统一特性，并且联系光的波动性与粒子性两者之间的关系式,$E=h\nu$ 与 $p=h/\lambda$,应该是普适的,对有质量的粒子同样适用. 于是，他提出了如下物质波的假设:以能量 E,动量 p 运动的实物(有质量的)粒子表现为频率 $\nu=E/h$,波长 $\lambda=h/p$ 的波. 这种实物粒子表现的波称为物质波或德布洛意波.

光作为波的主要特征表现在衍射和干涉上. 但是光的衍射和干涉却是有条件的，如果光的波长远远小于小孔的直径或双窄缝的间距,则光的小孔衍射和双窄缝干涉现象就不会发生,波的特征就显示不出来. 对物质波来说,也应该如此. 如果物质波的假设是正确的,则当一束以动量 p 运动的粒子通过直径为 d 的小孔时,这一束粒子就应该像波长 $\lambda=h/p$ 的波通过小孔一样,向不同方向散开,除非 $\lambda\ll d$. 显然要想检验物质波的小孔衍射,小孔的直径必须大于粒子的直径,否则粒子无法通过. 然而简单的计算表明,对于宏观粒子来说,它的物质波波长总是远远小于粒子的直径,衍射不可能发生. 为了说明这一点,我们以肉眼能看到的最小粒子为例. 设粒子的直径 $d=10^{-4}$ 厘米,质量 $\mu=10^{-12}$ 克. 为了能得到尽可能大的波长,速度取尽可能小的值,如取 $v=$

0.1 厘米/秒. 与此粒子相应的物质波波长 $\lambda = h/\mu v = 6.6\times10^{-14}$ 厘米,波长远远小于粒子的直径. 对于直径更大,速度更快的粒子,其物质波的波长比粒子的直径小得更多. 由此可见,对于宏观物体,由于它的物质波波长总是远远小于它的直径,它的波动性显示不出来,可以认为实际上宏观粒子不具有波动性.

对于微观粒子,情况就不同了. 由于微观粒子的质量和直径都很小,当粒子的速度并不很小时,它的物质波波长也可以超过它的直径. 现以电子为例,直径 $d \approx 10^{-13}$ 厘米,质量 $\mu = 9.1\times10^{-28}$ 克. 经过电压 V 加速的电子具有动能 $p^2/2\mu = eV$,动量 $p = (2\mu eV)^{1/2}$,波长

$$\lambda = \frac{h}{p} = \frac{h}{\sqrt{2\mu eV}} = \frac{1.227\times10^{-7}}{\sqrt{V(\text{伏})}}\text{ 厘米} \tag{1}$$

如 $V = 100$ 伏,则 $\lambda = 1.227\times10^{-8}$ 厘米 $\gg d$. 这时电子的速度 $v = \dfrac{h}{\mu\lambda} = 5.93\times10^{8}$ 厘米/秒.

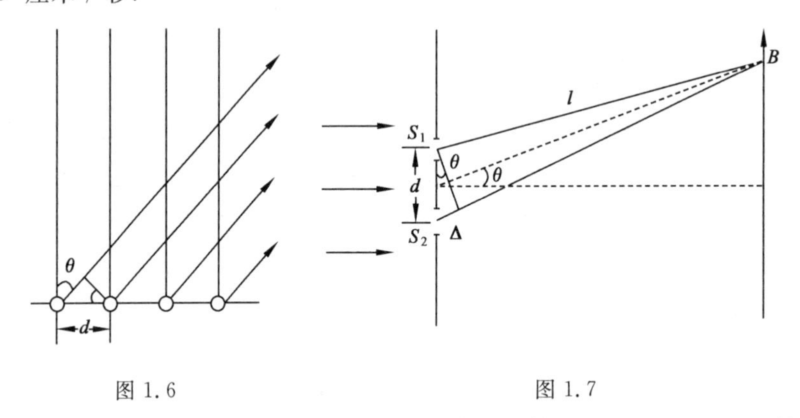

图 1.6　　　　图 1.7

X 射线的波长大约具有 0.1 nm $= 10^{-8}$ 厘米数量级. 因此,经 100 伏电压加速的电子波长同 X 射线波长相近. 既然 X 射线在晶体上能产生衍射,那么用相同波长的电子射线来代替 X 射线,也应该产生相似的衍射图样. 1927 年戴维逊(Davisson) 和盖末(Germer) 用 54 电子伏的电子束投射到镍单晶上,观察到同 X 射线完全相似的衍射图样. 图 1.6 给出电子在晶体上衍射实验的示意图. 电子束垂直晶面入射,在 θ 角反射的电子波强度取极大值的条件是

$$n\lambda = d\sin\theta,\quad n = 1,2,\cdots \tag{2}$$

其中 d 为原子间距. 已知镍单晶的 $d = 0.215$ nm,电子加速电压 $V = 54$ 伏. 实验测得 $\theta = 50^\circ$ 处出现反射电子强度的第一个极大值($n = 1$). 由(2) 式确定的电子波长 $\lambda = 0.215\sin50^\circ\text{nm} = 0.165\text{nm}$. 而将 $V = 54$ 伏代入德布洛意关系式

(1) 算出的物质波波长 $\lambda = 0.167\text{nm}$，在实验误差范围内，计算值与实验值一致. 德布洛意物质波的假设得到了完全的证实.

用电子束代替光束做杨氏双窄缝干涉实验(图 1.7)，在屏上可以观察到同光完全相似的干涉条纹. 双窄缝干涉的条件也由(2) 式表示，其中 d 为双窄缝的间距，角度 θ 如图 1.7 所示，由干涉条纹的位置 θ 所确定的电子波波长同由德布洛意关系式(1) 算出的物质波波长完全一致.

习　　题

1. 由黑体辐射的能量密度公式(普朗克公式) 证明

$$\lambda_m T = \frac{hc}{4.965k} \equiv b(\text{常数})$$

其中 λ_m 是对应能量密度最大的波长. 算出常数 b 的值(取 2 位有效数字).

提示：由 $U(T,\nu)\mathrm{d}\nu = -U(T,\lambda)\mathrm{d}\lambda$，算出 $U(T,\lambda)$，再由 $\dfrac{\partial U(T,\lambda)}{\partial \lambda} = 0$，得 $x = 5(1 - \mathrm{e}^{-x})$，其中 $x \equiv \dfrac{hc}{\lambda k T}$. 由 x 的方程解得 $x = 4.965$.

答：$b = 0.29$ 厘米 · 度.

2. 黑体辐射的总能量密度为 $\rho(T) = \int_0^\infty U(T,\nu)\mathrm{d}\nu$，证明

$$\rho(T) = aT^4, \quad a = \frac{8\pi^5 k^4}{15h^3 c^3}$$

并算出 a 的值(取 3 位有效数字).

提示：$\int_0^\infty \dfrac{x^3 \mathrm{d}x}{\mathrm{e}^x - 1} = \dfrac{\pi^4}{15}$

答：$a = 7.54 \times 10^{-15}$ 尔格 / 厘米^3 · 度^4.

3. 计算以下几种粒子的德布洛意波长：

(1) 质量为 1 克，速度为 1 米 / 秒的自由粒子；

(2) 动能为 200eV 的自由电子；

(3) 动能为 200eV 的自由质子；

(4) 动能为 50GeV($1\text{GeV} = 10^9\text{eV}$) 的自由电子；

提示：对于(4)，要用相对论能量公式.

答：(1) $\lambda = 6.63 \times 10^{-29}$ 厘米，(2) $\lambda = 8.68 \times 10^{-9}$ 厘米，

(3) $\lambda = 2.03 \times 10^{-10}$ 厘米，(4) $\lambda = 2.48 \times 10^{-15}$ 厘米.

4. 在戴维逊 — 革末实验中，如果入射电子的能量为 100eV，晶格间距 $d = 21.5\text{nm}$，求反射电子强度出现第 1 个极大值的反射角 θ.

答：$\theta = 34.8°$.

第二章　波函数与薛定谔方程

§2.1　量子力学基本假定1,波函数及其意义

由于微观粒子运动时表现出波的性质,我们必须放弃牛顿力学中通过轨道 $\boldsymbol{r}(t)$ 来描述粒子运动的方法,而采用类似于经典电磁学中用波函数 $\boldsymbol{A}(\boldsymbol{r},t)$ 与 $\varphi(\boldsymbol{r},t)$描述电磁波的方法来描述粒子的运动规律. 量子力学的基本假定 1 (基本假定也称作基本原理,它的正确与否取决于由它推导出的所有结论是否同实验一致.)是,微观粒子的运动状态用波函数 $\psi(\boldsymbol{r},t)$表示,$|\psi(\boldsymbol{r},t)|^2\,\mathrm{d}\tau$ 表示 t 时刻粒子处于空间 $\boldsymbol{r}$ 处 $\mathrm{d}\tau$ 体积元内的几率,$|\psi(\boldsymbol{r},t)|^2$ 表示 t 时刻粒子在空间 $\boldsymbol{r}$ 处单位体积中的几率,即$|\psi(\boldsymbol{r},t)|^2$ 为几率密度.

波函数的上述具有统计意义的解释,是波恩(Born)在 1926 年提出的. 根据上述基本假定,动量 p 一定的电子通过双窄缝后在空间 $\boldsymbol{r}$ 处单位体积中出现的几率为

$$\begin{aligned}|\psi(\boldsymbol{r},t)|^2 &= |\psi_1(\boldsymbol{r},t)+\psi_2(\boldsymbol{r},t)|^2 \\ &= |\psi_1(\boldsymbol{r},t)|^2+|\psi_2(\boldsymbol{r},t)|^2+\psi_1{}^*(\boldsymbol{r},t)\psi_2(\boldsymbol{r},t)+\psi_1(\boldsymbol{r},t)\psi_2{}^*(\boldsymbol{r},t)\end{aligned} \tag{1}$$

其中 $\psi_1(\boldsymbol{r},t)$ 与 $\psi_2(\boldsymbol{r},t)$ 分别代表来自窄缝 s_1 与 s_2 的波长 $\lambda=h/p$,初位相相同的波函数. 对 $\psi_1(\boldsymbol{r},t)$ 与 $\psi_2(\boldsymbol{r},t)$,选择合适的函数,就可以由(1) 式解释实验上观察到的干涉现象. 这同经典力学对电磁波双窄缝干涉现象的解释是一样的. 尽管对电子和电磁波,我们可以选择相同的波函数,由(1) 式表示的波函数叠加来解释双窄缝干涉实验. 但是对二者来说,波函数的意义是不一样的. 对电子,$|\psi(\boldsymbol{r},t)|^2$ 表示几率密度,即 t 时刻电子在空间 $\boldsymbol{r}$ 处单位体积内出现的几率;而对电磁波,$|\psi(\boldsymbol{r},t)|^2$ 表示 t 时刻在空间 $\boldsymbol{r}$ 处电磁波本身的强度,即单位体积中电磁场的能量. 如果在双窄缝后面空间 $\boldsymbol{r}$ 处,$\psi=\psi_1+\psi_2=0$,对电磁波来说,这表示来自窄缝 s_1 与 s_2 的两个波由于振幅相等位相相反而相互抵消,电磁波在此处消失;但对电子来说,这并不表示来自 s_1 与 s_2的两个电子在这里相互抵消而消失,它仅表示由于代表同一个电子分别通过 s_1 与 s_2 的两种可能的运

动态的波函数 $\psi_1(\boldsymbol{r},t)$ 与 $\psi_2(\boldsymbol{r},t)$ 的叠加在 $\boldsymbol{r}$ 处为 0，这就导致该电子在此处出现的可能性消失. 在经典电磁学中，波函数描述电磁波本身及其运动规律. 而在量子力学中，波函数描述的只是粒子的运动规律.

尽管电磁波和微观粒子都具有波粒二象性，但二者毕竟是两类不同的物质. 电磁波的本质是波，只是从能量和动量上看，它兼有粒子的属性. 微观粒子的本质是粒子，只是当它运动时表现出波的属性，波函数是为了描述粒子的运动规律而引入的. 从这个意义上看，用波函数描述的粒子波并非真正的波，而是几率波.

波函数 $\psi(\boldsymbol{r},t)$ 可以写成如(1) 式所示的 $\psi_1(\boldsymbol{r},t)$ 与 $\psi_2(\boldsymbol{r},t)$ 相加的形式，对经典力学来说，这叫波的叠加原理，它表示在空间传播的波可以由两种波叠加构成；而对量子力学来说，这叫态的叠加原理，它表示粒子的态可以由两种态的叠加构成，粒子可以同时处于两种不同的态上.

在经典电磁学中，用 $\psi_1=\psi(\boldsymbol{r},t)$ 与 $\psi_2=A\psi(\boldsymbol{r},t)$($A$ 为常数) 描述的电磁波是运动规律相同但强度不同的两种电磁波；而在量子力学中，用 $\psi_1=\psi(\boldsymbol{r},t)$ 与 $\psi_2=A\psi(\boldsymbol{r},t)$ 描述的却是粒子的同一个运动态. 因为它们描述的粒子在任意时刻 t 处于任意位置 $\boldsymbol{r}_i$ 与 $\boldsymbol{r}_j$ 处单位体积中的相对几率是一样的：

$$\frac{|\psi_1(\boldsymbol{r}_i,t)|^2}{|\psi_1(\boldsymbol{r}_j,t)|^2}=\frac{|\psi_2(\boldsymbol{r}_i,t)|^2}{|\psi_2(\boldsymbol{r}_j,t)|^2} \tag{2}$$

在量子力学中，ψ 与 $A\psi$ 被认为是同一个波函数. 这就是说粒子的波函数可以含有一个任意的常数因子.

限于非相对论情况，粒子不能产生和消灭. 由于 $|\psi(\boldsymbol{r},t)|^2$ 代表几率密度，任意时刻在全空间找到粒子的几率应该是 1：

$$\int_\infty |\psi(\boldsymbol{r},t)|^2\,\mathrm{d}\tau=1 \tag{3}$$

这叫波函数的归一化条件. 由归一化条件仍不能完全确定波函数中的常数因子，波函数可以含有一个模数为 1 的指数因子 $e^{i\alpha}$，其中 α 为任意实数. 对满足归一化条件的波函数$\psi(\boldsymbol{r},t)$，$|\psi(\boldsymbol{r},t)|^2\mathrm{d}\tau$代表的几率为绝对几率. 波函数可以不满足归一化条件，但应该满足平方可积条件：

$$\int_\infty |\psi(\boldsymbol{r},t)|^2\,\mathrm{d}\tau=B(\text{有限的正实数}) \tag{4}$$

对于不满足归一化条件(3)，但满足平方可积条件(4)的波函数，$|\psi(\boldsymbol{r},t)|^2\mathrm{d}\tau$代表的几率为相对几率. 满足平方可积条件的波函数，乘以因子$\frac{1}{\sqrt{B}}$就归一化了.

而不满足平方可积条件的波函数是不能归一化的.

一般说来,满足平方可积条件(4)的波函数 $\psi(\boldsymbol{r},t)$,在空间任意点 $\boldsymbol{r}$ 的值应该是有限的.但是也不排除存在在空间个别点上 $\psi\to\infty$,而平方可积条件(4)仍能满足的波函数.在量子力学中,为了方便也采用少数几个不满足平方可积条件的波函数,如在下一节中介绍的描述自由粒子运动的平面波函数.由于 $|\psi(\boldsymbol{r},t)|^2$ 代表几率密度,$|\psi(\boldsymbol{r},t)|$ 应该是单值的.尽管从数学上看,$|\psi(\boldsymbol{r},t)|$ 是单值的并不表示 $\psi(\boldsymbol{r},t)$ 也一定是单值的,但在一般情况下,$|\psi(\boldsymbol{r},t)|$ 的单值使得 $\psi(\boldsymbol{r},t)$ 也是单值的.

根据我们在量子力学基本假定中赋予波函数的意义,对于用已知波函数 $\psi(\boldsymbol{r},t)$ 描述的粒子,t 时刻该粒子在空间任一位置 $\boldsymbol{r}$ 处体积元 $\mathrm{d}\tau$ 中出现的可能性都存在,因此经典力学中粒子在 t 时刻一定出现在空间某一位置 $\boldsymbol{r}$,并且 $\boldsymbol{r}$ 随时间连续变化的轨道概念就不存在了.我们能够确定的是任一时刻 t 粒子在空间出现的平均位置

$$\overline{\boldsymbol{r}(t)}=\frac{\int|\psi(\boldsymbol{r},t)|^2\boldsymbol{r}\mathrm{d}\tau}{\int|\psi(\boldsymbol{r},t)|^2\mathrm{d}\tau} \tag{5}$$

上述量子力学的基本假定只给出一个粒子的波函数 $\psi(\boldsymbol{r},t)$ 的定义.我们可以将它推广,给出 N 个粒子体系的波函数 $\psi(\boldsymbol{r}_1,\boldsymbol{r}_2,\cdots,\boldsymbol{r}_N,t)$,令 $|\psi(\boldsymbol{r}_1,\boldsymbol{r}_2,\cdots,\boldsymbol{r}_N,t)|^2\mathrm{d}\tau_1\mathrm{d}\tau_2\cdots\mathrm{d}\tau_N$ 表示 t 时刻粒子 1 处于 $\boldsymbol{r}_1$ 处 $\mathrm{d}\tau_1$ 体积元内,粒子 2 处于 $\boldsymbol{r}_2$ 处 $\mathrm{d}\tau_2$ 体积元内……粒子 N 处于 $\boldsymbol{r}_N$ 处 $\mathrm{d}\tau_N$ 体积元内的几率.波函数的归一化条件为

$$\int|\psi(\boldsymbol{r}_1,\boldsymbol{r}_2,\cdots,\boldsymbol{r}_N,t)|^2\mathrm{d}\tau_1\mathrm{d}\tau_2\cdots\mathrm{d}\tau_N=1 \tag{6}$$

§2.2 自由粒子平面波函数

(1) 动量 $\boldsymbol{p}$ 一定的自由粒子用平面波函数描述

自由粒子是指不受外力作用的粒子,其特点是存在具有确定动量 $\boldsymbol{p}=p\boldsymbol{n}$ 和能量 $E=p^2/2\mu$(限于讨论非相对论情况)的态,$\boldsymbol{n}$ 为动量方向上的单位矢

量.既然在量子力学中粒子的运动态要用波函数$\psi(\boldsymbol{r},t)$表示,那么用什么样的波函数来表示具有确定动量$\boldsymbol{p}=p\boldsymbol{n}$和能量$E=p^2/2\mu$的自由粒子呢?根据德布洛意物质波的假设,动量$\boldsymbol{p}=p\boldsymbol{n}$和能量$E=p^2/2\mu$的粒子表现为波长$\lambda=h/p$,频率$\nu=E/h=p^2/2\mu h$,沿$\boldsymbol{n}$方向传播的波.我们自然想到可以用波矢量$\boldsymbol{k}=\frac{2\pi}{\lambda}\boldsymbol{n}=\frac{2\pi p}{h}\boldsymbol{n}=\frac{p}{\hbar}\boldsymbol{n}$,角频率$\omega=2\pi\nu=\frac{2\pi E}{h}=\frac{E}{\hbar}$的平面波函数

$$\psi(\boldsymbol{r},t)=A\mathrm{e}^{i(\boldsymbol{k}\cdot\boldsymbol{r}-\omega t)}=A\mathrm{e}^{i(\boldsymbol{p}\cdot\boldsymbol{r}-Et)/\hbar}\tag{1}$$

来表示,其中A为常数.对于动量大小为p,能量为$E=p^2/2\mu$沿x方向运动的自由粒子,(1)式简化为

$$\psi(x,t)=A\mathrm{e}^{i(px-Et)/\hbar}\tag{2}$$

选择平面波函数作为自由粒子的波函数是合理的.这是因为平面波函数能反映自由粒子的特性,通过平面波函数的叠加,能够显示出粒子的衍射和干涉的性质(见本节例题).特别是利用自由粒子平面波函数(1)所满足的方程,薛定谔找到了在任意势场中运动的粒子波函数所满足的方程—薛定谔方程,这个方程在处理谐振子与氢原子等一系列问题上获得成功.

根据波函数的意义,对于平面波函数(1),$|\psi(\boldsymbol{r},t)|^2=|A|^2$表示任意时刻$t$在空间$\boldsymbol{r}$处单位体积内找到动量$\boldsymbol{p}$一定的自由粒子的几率,既同时间$t$无关,又同位置$\boldsymbol{r}$无关.这正是微观粒子运动的波动性表现.既然我们已经承认微观粒子的运动不遵守牛顿力学,没有轨道可循,表现出波的特性,那么我们也就能够接受这个结果.

通过加热灯丝发射电子,并用一定电压加速电子,最后利用准直装置可以得到一束沿确定方向运动,具有一定动量的自由粒子.这一电子束的直径即使小到只有0.1毫米,相对电子的直径来说仍然是无穷大的.从微观角度看,这一电子束中的电子是分布在无限长无限宽的圆柱形空间的.显然电子在其中的分布是均匀的.平面波函数描述的正是这一束电子中的任一个.因为由平面波函数描述的自由粒子不是局限在有限空间的,故

$$\int_{\infty}|\psi(\boldsymbol{r},t)|^2\mathrm{d}\tau=|A|^2\int_{\infty}\mathrm{d}\tau\to\infty\tag{3}$$

平面波函数不满足平方可积条件,自然也不满足归一化条件.尽管如此,由它决定的在空间分布的相对几率密度是有限的,我们仍然采用它.这是我们采用的不满足平方可积条件的少数几个波函数之一.对于在三维空间中运动的自由粒子,平面波函数(1)中的常数因子通常取为$A=1/(2\pi\hbar)^{3/2}$,

$$\psi(\boldsymbol{r},t)=\frac{1}{(2\pi\hbar)^{3/2}}\mathrm{e}^{i(\boldsymbol{p}\cdot\boldsymbol{r}-Et)/\hbar}=\psi_{\boldsymbol{p}}(\boldsymbol{r})\mathrm{e}^{-iEt/\hbar}\tag{4}$$

$$\psi_{\boldsymbol{p}}(\boldsymbol{r}) = \frac{1}{(2\pi\hbar)^{3/2}}\mathrm{e}^{i\boldsymbol{p}\cdot\boldsymbol{r}/\hbar} \tag{5}$$

如果自由粒子运动局限于一维空间，则平面波函数中的常数因子 A 取为 $1/(2\pi\hbar)^{1/2}$，

$$\psi(x,t) = \frac{1}{(2\pi\hbar)^{1/2}}\mathrm{e}^{i(px-Et)/\hbar} = \psi_p(x)\mathrm{e}^{-iEt/\hbar} \tag{6}$$

$$\psi_p(x) = \frac{1}{(2\pi\hbar)^{1/2}}\mathrm{e}^{ipx/\hbar} \tag{7}$$

上述常数因子的选择，是为了让平面波函数满足如下"归一化"条件：

$$\int_{-\infty}^{+\infty}\psi_{p'}^*(x)\psi_p(x)\mathrm{d}x = \delta(p-p') \tag{8}$$

$$\int\psi_{\boldsymbol{p}'}^*(\boldsymbol{r})\psi_{\boldsymbol{p}}(\boldsymbol{r})\mathrm{d}\tau = \delta(\boldsymbol{p}-\boldsymbol{p}') \tag{9}$$

平面波函数"归一化"的另一种方法是，先假定粒子被限制在边长为 L 的立方体中运动，并且波函数满足周期性边界条件（详见 §7.5），最后再让 $L\rightarrow\infty$. 令

$$\psi_{\boldsymbol{p}}(\boldsymbol{r}) = \frac{1}{L^{3/2}}\mathrm{e}^{i\boldsymbol{p}\cdot\boldsymbol{r}/\hbar} \tag{10}$$

其中 L 取尽可能大的有限值. 显然在上述假定下，平面波函数是"归一化"的：

$$\int_{\infty}|\psi(\boldsymbol{r},t)|^2\mathrm{d}\tau = \lim_{L\rightarrow\infty}\frac{1}{L^3}\int_{V=L^3}\mathrm{d}\tau = 1 \tag{11}$$

［例题］ 在电子双窄缝干涉实验中，利用平面波函数的叠加，计算电子到达屏上任一点 B 的相对几率，从而导出干涉条件：$d\sin\theta = n\lambda, n = 0,1,2,\cdots$ 已知双窄缝之间的距离 $d \ll l$，l 是窄缝 s_1 到 B 点之间的距离. 窄缝 s_1 与 s_2 完全相同. θ 角与长度 l 如图 1.7 所示.

解：取 s_1 为坐标原点，由于 $d \ll l$，直线 s_1B 与 s_2B 可以近似地看作是方向相同长度相差 Δ 的两条直线（见图 1.7）. 为了简单，取 s_1B 方向为 x 轴. 对于来自 s_1 与 s_2 的并到达 B 点的自由粒子可以用沿 x 方向运动的平面波函数表示. 在直线 s_1B 上 $l \gg d$ 的任一点 x 处，波函数的值为

$$\psi(x,t) = \psi_1(x,t) + \psi_2(x,t)$$

$$\psi_1(x,t) = A_1\frac{1}{(2\pi\hbar)^{1/2}}\mathrm{e}^{i(px-Et)/\hbar}$$

$$\psi_2(x,t) = A_2\frac{1}{(2\pi\hbar)^{1/2}}\mathrm{e}^{i[p(x+\Delta)-Et]/\hbar}$$

由于 s_1 与 s_2 相同，令 $A_1 = A_2 = 1$. 在屏上 B 点处波函数的值为

$$\psi(x_B,t)=\frac{1}{(2\pi\hbar)^{1/2}}\{e^{i(pl-Et)/\hbar}+e^{i[p(l+\Delta)-Et]/\hbar}\}$$

$$|\psi(x_B,t)|^2=\frac{1}{\pi\hbar}\left(1+\cos\frac{p\Delta}{\hbar}\right)=\frac{1}{\pi\hbar}\left(1+\cos\frac{pd\sin\theta}{\hbar}\right)$$

$|\psi(x_B,t)|^2$取极大值的条件是

$$pd\sin\theta/\hbar=2n\pi,\quad n=0,1,2,\cdots$$

将 $p=h/\lambda=2\pi\hbar/\lambda$ 代入上式,得干涉条件

$$d\sin\theta=n\lambda$$

(2) 平面波函数是动量算符的本征函数

在直角坐标系中,$\boldsymbol{p}=p_x\boldsymbol{i}+p_y\boldsymbol{j}+p_z\boldsymbol{k}$,平面波函数 $\psi_{\boldsymbol{p}}(\boldsymbol{r})$ 可以写成:

$$\psi_{\boldsymbol{p}}(\boldsymbol{r})=\frac{1}{(2\pi\hbar)^{3/2}}e^{i\boldsymbol{p}\cdot\boldsymbol{r}/\hbar}=\psi_{p_x}(x)\psi_{p_y}(y)\psi_{p_z}(z)\tag{12}$$

$$\psi_{p_x}(x)=\frac{1}{(2\pi\hbar)^{1/2}}e^{ip_x x/\hbar},\quad \psi_{p_y}(y)=\frac{1}{(2\pi\hbar)^{1/2}}e^{ip_y y/\hbar}$$

$$\psi_{p_z}(z)=\frac{1}{(2\pi\hbar)^{1/2}}e^{ip_z z/\hbar}\tag{13}$$

不难看出 $\psi_{p_x}(x)$,$\psi_{p_y}(y)$ 与 $\psi_{p_z}(z)$ 分别满足本征方程

$$-i\hbar\frac{\partial}{\partial x}\psi_{p_x}(x)=p_x\psi_{p_x}(x),\quad -i\hbar\frac{\partial}{\partial y}\psi_{p_y}(y)=p_y\psi_{p_y}(y)$$

$$-i\hbar\frac{\partial}{\partial z}\psi_{p_z}(z)=p_z\psi_{p_z}(z)\tag{14}$$

即 $\psi_{p_x}(x)$,$\psi_{p_y}(y)$ 与 $\psi_{p_z}(z)$ 分别是算符

$$\hat{p}_x=-i\hbar\frac{\partial}{\partial x},\quad \hat{p}_y=-i\hbar\frac{\partial}{\partial y},\quad \hat{p}_z=-i\hbar\frac{\partial}{\partial z}\tag{15}$$

的本征函数,相应本征值分别是动量分量 p_x,p_y 与 p_z. 显然 $\psi_{\boldsymbol{p}}(\boldsymbol{r})=\frac{1}{(2\pi\hbar)^{3/2}}e^{i\boldsymbol{p}\cdot\boldsymbol{r}/\hbar}$满足本征方程

$$-i\hbar\left(\boldsymbol{i}\frac{\partial}{\partial x}+\boldsymbol{j}\frac{\partial}{\partial y}+\boldsymbol{k}\frac{\partial}{\partial z}\right)\psi_{\boldsymbol{p}}(\boldsymbol{r})=\boldsymbol{p}\psi_{\boldsymbol{p}}(\boldsymbol{r})\tag{16}$$

即 $\psi_{\boldsymbol{p}}(\boldsymbol{r})$ 是矢量算符

$$\hat{\boldsymbol{p}}=-i\hbar\nabla=-i\hbar\left(\boldsymbol{i}\frac{\partial}{\partial x}+\boldsymbol{j}\frac{\partial}{\partial y}+\boldsymbol{k}\frac{\partial}{\partial z}\right)\tag{17}$$

的本征函数,本征值为动量 $\boldsymbol{p}$. 算符 $\hat{\boldsymbol{p}}$ 称作动量算符. $\hat{p}_x=-i\hbar\frac{\partial}{\partial x}$,$\hat{p}_y=-i\hbar\frac{\partial}{\partial y}$ 与 $\hat{p}_z=-i\hbar\frac{\partial}{\partial z}$ 分别称作动量的 x,y 与 z 分量算符. 引入算符

$$\hat{\boldsymbol{T}} = \frac{\hat{\boldsymbol{p}}^2}{2\mu} = -\frac{\hbar^2}{2\mu}\nabla^2 \tag{18}$$

可以证明,平面波函数 $\psi_{\boldsymbol{p}}(\boldsymbol{r})$ 也是 $\hat{T}$ 的本征函数,本征值为动能 $T = p^2/2\mu$:

$$\begin{aligned}\hat{T}\psi_{\boldsymbol{p}}(\boldsymbol{r}) &= -\frac{\hbar^2}{2\mu}\nabla^2\psi_{\boldsymbol{p}}(\boldsymbol{r}) \\ &= -\frac{\hbar^2}{2\mu}\left(\frac{\partial^2}{\partial x^2}+\frac{\partial^2}{\partial y^2}+\frac{\partial^2}{\partial z^2}\right)\frac{1}{(2\pi\hbar)^{3/2}}\mathrm{e}^{i(p_x x+p_y y+p_z z)/\hbar} \\ &= \frac{1}{2\mu}(p_x^2+p_y^2+p_z^2)\frac{1}{(2\pi\hbar)^{3/2}}\mathrm{e}^{i(p_x x+p_y y+p_z z)/\hbar} \\ &= \frac{p^2}{2\mu}\psi_{\boldsymbol{p}}(\boldsymbol{r})\end{aligned}$$

$\hat{T}$ 称作动能算符. 由于自由粒子动能也就是能量,故 $\hat{T}$ 也称作自由粒子能量算符.

(3) 波函数的傅里叶变换

沿 x 方向运动的自由粒子平面波函数

$$\psi_p(x) = \frac{1}{(2\pi\hbar)^{1/2}}\mathrm{e}^{ipx/\hbar} \tag{19}$$

具有如下特性,所有不同 p 的平面波函数全体集合 $\{\psi_p(x), p=-\infty\sim+\infty\}$ 可以用来表示任何一个波函数 $\psi(x,t)$:

$$\psi(x,t) = \frac{1}{(2\pi\hbar)^{1/2}}\int_{-\infty}^{+\infty}\varphi(p,t)\mathrm{e}^{ipx/\hbar}\mathrm{d}p \tag{20}$$

$$\varphi(p,t) = \frac{1}{(2\pi\hbar)^{1/2}}\int_{-\infty}^{+\infty}\psi(x,t)\mathrm{e}^{-ipx/\hbar}\mathrm{d}x \tag{21}$$

这就是数学中的傅里叶变换公式. 对于描述粒子沿 y 或 z 方向运动的平面波函数 $\psi_p(y)$ 或 $\psi_p(z)$,也有类似的傅里叶变换公式. 对于 $\psi(\boldsymbol{r},t)$,傅里叶变换公式为

$$\psi(\boldsymbol{r},t) = \frac{1}{(2\pi\hbar)^{3/2}}\int\varphi(\boldsymbol{p},t)\mathrm{e}^{i\boldsymbol{p}\cdot\boldsymbol{r}/\hbar}\mathrm{d}^3\boldsymbol{p} \tag{22}$$

$$\varphi(\boldsymbol{p},t) = \frac{1}{(2\pi\hbar)^{3/2}}\int\psi(\boldsymbol{r},t)\mathrm{e}^{-i\boldsymbol{p}\cdot\boldsymbol{r}/\hbar}\mathrm{d}^3\boldsymbol{r} \tag{23}$$

其中 $\mathrm{d}^3\boldsymbol{p}$ 是动量空间的体积元,如取直角坐标系,则 $\mathrm{d}^3\boldsymbol{p} = \mathrm{d}p_x\mathrm{d}p_y\mathrm{d}p_z$. $\mathrm{d}^3\boldsymbol{r}$ 是坐标空间的体积元 $\mathrm{d}\tau$

波函数的傅里叶变换公式(20)与公式(22)表示描述粒子运动态的波函数一定可以表示成不同动量的平面波函数的叠加. 这就表示粒子的任何态一定

可以表示成不同动量的态的叠加. 这也是态的叠加原理所表示的内容之一. 在量子力学中态的叠加原理包含如下两个内容:(1) 如果 $\psi_1(\boldsymbol{r},t)$ 与 $\psi_2(\boldsymbol{r},t)$ 分别是描述某一粒子不同运动态的归一化波函数, 则 $\psi(\boldsymbol{r},t) = c_1\psi_1(\boldsymbol{r},t) + c_2\psi_2(\boldsymbol{r},t)$ 也是描述该粒子的一种运动态的波函数,其中 c_1 与 c_2 为任意常数;(2) 粒子的任何态一定可以表示成动量取不同值的态的叠加,也可以表示成任一力学量取不同值的态的叠加. 态的叠加原理(1) 与(2) 是量子力学的基本原理,它们分别包含在量子力学的基本假定 2 与 3 中(见 §2.3 与 §4.5).

§2.3　量子力学基本假定 2,薛定谔方程

在经典力学中,牛顿方程是通过实验总结出来的. 在量子力学中,波函数 $\psi(\boldsymbol{r},t)$ 所满足的方程不能通过实验得到,只能通过猜测,以假设的方式给出,然后通过实验来检验由这个方程所推导出来的所有结果,从而判断方程的正确与否. 我们先假定动量 $\boldsymbol{p}$ 一定的自由粒子用平面波函数 $\psi(\boldsymbol{r},t) = A\mathrm{e}^{i(\boldsymbol{p}\cdot\boldsymbol{r}-Et)/\hbar}$ (其中 $E = p^2/2\mu$) 描述是正确的. 不难找到这个波函数所满足的线性方程

$$i\hbar\frac{\partial}{\partial t}\psi(\boldsymbol{r},t) = \hat{T}\psi(\boldsymbol{r},t) \tag{1}$$

其中 $\hat{T} = \dfrac{\hat{\boldsymbol{p}}^2}{2\mu} = -\dfrac{\hbar^2}{2\mu}\nabla^2$ 为动能算符. 考虑到态的叠加原理必须遵守,方程的线性是必要的. 因为线性方程的两个不同解的任意线性组合仍是方程的解. 这正是态的叠加原理所表示的内容. 对于在力场 $\boldsymbol{F} = -\nabla V(\boldsymbol{r},t)$ 中运动的非自由粒子, 虽然我们不知道波函数 $\psi(\boldsymbol{r},t)$ 满足的方程是什么,但却知道当粒子的势能 $V(\boldsymbol{r},t) = 0$ 时, 这个方程应该变为(1). 我们很自然想到,既然对于动量 $\boldsymbol{p}$,存在一个相应的动量算符 $\hat{\boldsymbol{p}} = -i\hbar\nabla$; 对于动能 $T = \dfrac{\boldsymbol{p}^2}{2\mu}$,存在一个相应的动能算符 $\hat{T} = \dfrac{\hat{\boldsymbol{p}}^2}{2\mu} = -\dfrac{\hbar^2}{2\mu}\nabla^2$, 那么对于势能 $V(\boldsymbol{r},t)$,也应该存在一个相应的势能算符 $\hat{V}$. 当粒子的势能 $V \neq 0$ 时,算符 $\hat{V}$ 也应该在方程中出现. 考虑到在粒子的经典能量表示式 $E = T + V$ 中,动能 T 与势能 V 处于相同的地位,算符 $\hat{T}$ 与 $\hat{V}$ 也应该处于相同的地位. 于是可以设想 $V \neq 0$ 的非自由粒子波函数 $\psi(r,t)$ 所满足的方程是

$$i\hbar \frac{\partial}{\partial t}\psi(\boldsymbol{r},t) = (\hat{T}+\hat{V})\psi(\boldsymbol{r},t) \tag{2}$$

现在的问题是，对于给定的势能 $V(r,t)$，算符 $\hat{V}$ 是什么？假定 $\hat{V}$ 取最简单的形式：$\hat{V}=V(r,t)$，即乘子算符. $\hat{V}=V(\boldsymbol{r},t)$ 对 $\psi(\boldsymbol{r},t)$ 的作用是使 $\psi(\boldsymbol{r},t)$ 变成两个函数的乘积：$V(\boldsymbol{r},t)\psi(\boldsymbol{r},t)$. 令

$$\hat{H} = \hat{T}+\hat{V} = -\frac{\hbar^2}{2\mu}\nabla^2 + V(\boldsymbol{r},t) \tag{3}$$

$\hat{H}$ 称作粒子的哈密顿算符，它对应经典力学能量表示式 $E = T + V = \frac{\boldsymbol{p}^2}{2\mu} + V(\boldsymbol{r},t)$. 换句话说，在经典力学的能量 E 的表示式中将动量 $\boldsymbol{p}$ 变成动量算符 $\hat{\boldsymbol{p}} = -i\hbar\nabla$，$E$ 就变成哈密顿算符 $\hat{H}$. 利用(3) 式，方程(2) 可写成

$$i\hbar \frac{\partial}{\partial t}\psi(\boldsymbol{r},t) = \hat{H}\psi(\boldsymbol{r},t) \tag{4}$$

或

$$i\hbar \frac{\partial}{\partial t}\psi(\boldsymbol{r},t) = \left[-\frac{\hbar^2}{2\mu}\nabla^2 + V(\boldsymbol{r},t)\right]\psi(\boldsymbol{r},t) \tag{5}$$

方程(4)或(5)是薛定谔给出的，称为薛定谔方程.

量子力学基本假定 2：波函数 $\psi(\boldsymbol{r},t)$ 满足薛定谔方程

$$i\hbar \frac{\partial}{\partial t}\psi(\boldsymbol{r},t) = \hat{H}\psi(\boldsymbol{r},t)$$

其中 $\hat{H} = -\frac{\hbar^2}{2\mu}\nabla^2 + V(\boldsymbol{r},t)$ 是粒子的哈密顿算符，它由粒子的经典能量表示式 $E = \boldsymbol{p}^2/2\mu + V(\boldsymbol{r},t)$ 将其中 $\boldsymbol{p}$ 变成 $\hat{\boldsymbol{p}} = -i\hbar\nabla$ 得到.

薛定谔方程是线性方程. 如果 $\psi_1(\boldsymbol{r},t)$ 与 $\psi_2(\boldsymbol{r},t)$ 是薛定谔方程的两个不同的解，则它们的任意线性组合

$$\psi(\boldsymbol{r},t) = A\psi_1(\boldsymbol{r},t) + B\psi_2(\boldsymbol{r},t) \tag{6}$$

也是方程的解，式中 A 与 B 是任意常数. 这正是态的叠加原理. 态的叠加原理是量子力学基本假定 2 的自然结果.

对于由 N 个粒子组成的体系，波函数 $\psi(\boldsymbol{r}_1,\boldsymbol{r}_2,\cdots,\boldsymbol{r}_N,t)$ 满足的方程形式上同(4) 一样，

$$i\hbar \frac{\partial}{\partial t}\psi(\boldsymbol{r}_1,\boldsymbol{r}_2,\cdots,\boldsymbol{r}_N,t) = \hat{H}\psi(\boldsymbol{r}_1,\boldsymbol{r}_2,\cdots,\boldsymbol{r}_N,t) \tag{7}$$

只是其中的 $\hat{H}$ 是体系的哈密顿算符，它具有如下的形式

$$\hat{H} = \sum_{i=1}^{N}\hat{T}_i + V(\boldsymbol{r}_1,\boldsymbol{r}_2,\cdots,\boldsymbol{r}_N,t)$$

$$= \sum_{i=1}^{N} -\frac{\hbar^2}{2\mu_i}\nabla_i^2 + V(\boldsymbol{r}_1, \boldsymbol{r}_2, \cdots, \boldsymbol{r}_N, t) \tag{8}$$

这里 ∇_i^2 是第 i 个粒子坐标的拉普拉斯算符，$V(\boldsymbol{r}_1, \boldsymbol{r}_2, \cdots, \boldsymbol{r}_N, t)$ 是体系的势能，包括每个粒子在给定力场中的势能及粒子之间的相互作用势能.

在§2.2中，我们根据波函数的意义，讨论了波函数的有限性与单值性，指出波函数 ψ 应该满足平方可积条件，$|\psi|$ 应该是单值的. 现在我们再根据薛定谔方程，讨论 ψ，$\nabla\psi$ 与 $\frac{\partial\psi}{\partial t}$ 作为 $\boldsymbol{r}$ 的函数的连续性. 由薛定谔方程(5)看出，如果 $V(\boldsymbol{r}, t)$ 是 $\boldsymbol{r}$ 的连续函数，则 ψ，$\nabla\psi$ 与 $\frac{\partial\psi}{\partial t}$ 也是 $\boldsymbol{r}$ 的连续函数；如果 $V(\boldsymbol{r}, t)$ 是 $\boldsymbol{r}$ 的有限阶跃函数，则 $\nabla^2\psi$ 也是 $\boldsymbol{r}$ 的有限的阶跃函数，因而 $\nabla\psi$ 必定是 $\boldsymbol{r}$ 的连续函数，否则 $\nabla^2\psi$ 会在 $\nabla\psi$ 的不连续点处发散. 由于 $\nabla\psi$ 是 $\boldsymbol{r}$ 的连续函数，所以 ψ 与 $\frac{\partial\psi}{\partial t}$ 也是 $\boldsymbol{r}$ 的连续函数. 总之，如果 $V(\boldsymbol{r}, t)$ 是 $\boldsymbol{r}$ 的有限阶跃函数，则 ψ，$\nabla\psi$ 与 $\frac{\partial\psi}{\partial t}$ 是 $\boldsymbol{r}$ 的连续函数. 如果 $V(\boldsymbol{r}, t)$ 在空间某一点 $\boldsymbol{r} = \boldsymbol{a}$ 处发散，则 $\nabla\psi$ 在 $\boldsymbol{r} = \boldsymbol{a}$ 处不一定连续，但 ψ 与 $\frac{\partial\psi}{\partial t}$ 仍是连续的. 在§3.2与§3.5中，将会看到 $\nabla\psi$ 不连续的实例.

综上所述，波函数 $\psi(\boldsymbol{r}, t)$ 应该是平方可积的，$|\psi(\boldsymbol{r}, t)|$ 是单值的，$\psi(\boldsymbol{r}, t)$ 是 $\boldsymbol{r}$ 的连续函数. 在 $V(\boldsymbol{r}, t)$ 是 $\boldsymbol{r}$ 的连续函数或有限的阶跃函数的条件下，$\nabla\psi$ 是 $\boldsymbol{r}$ 的连续函数. 有时为了简单，我们常说，波函数应该是单值，连续和有限的(显然，这对波函数的要求偏高了). 这时，应该理解为波函数是平方可积的，连续的，其绝对值是单值的.

§2.4　几率守恒与几率流密度矢量

由波函数 $\psi(\boldsymbol{r}, t)$ 的意义知，积分 $\int_\infty |\psi(\boldsymbol{r}, t)|^2 \mathrm{d}\tau$ 代表 t 时刻在全空间找到粒子的几率. 在低能情况下，粒子是不会消失的. 上述积分应该与时间 t 无关，即

$$\frac{\mathrm{d}}{\mathrm{d}t}\int_\infty |\psi(\boldsymbol{r}, t)|^2 \mathrm{d}\tau = 0 \tag{1}$$

这就是几率守恒. 几率守恒是波函数 $\psi(\boldsymbol{r}, t)$ 必须满足的条件. 但是由薛定谔方程

$$i\hbar\,\frac{\partial}{\partial t}\,\psi=-\frac{\hbar^2}{2\mu}\nabla^2\psi+V\psi \tag{2}$$

解出的 $\psi(\boldsymbol{r},t)$是否一定满足条件(1)呢？这需要证明. 下面我们证明这个条件是满足的. 对(2)式取复共轭，

$$-i\hbar\,\frac{\partial}{\partial t}\,\psi^*=-\frac{\hbar^2}{2\mu}\nabla^2\psi^*+V\psi^* \tag{3}$$

由于 t, ∇^2与 V 都是实量，故它们在复共轭下不变. 作如下运算：

$\psi^*\times(2)-\psi\times(3)$，得

$$\begin{aligned}i\hbar\,\frac{\partial}{\partial t}\,(\psi^*\psi)&=-\frac{\hbar^2}{2\mu}\,(\psi^*\nabla^2\psi-\psi\nabla^2\psi^*)\\&=-\frac{\hbar^2}{2\mu}\nabla\cdot(\psi^*\nabla\psi-\psi\nabla\psi^*)\end{aligned} \tag{4}$$

这里利用了公式

$$\nabla\cdot(A\nabla B)=A\nabla^2B+(\nabla A)\cdot(\nabla B) \tag{5}$$

在(4) 式两边除以 $i\hbar$，移项得

$$\frac{\partial}{\partial t}\,(\psi^*\psi)-\frac{i\hbar}{2\mu}\nabla\cdot(\psi^*\nabla\psi-\psi\nabla\psi^*)=0 \tag{6}$$

令

$$\rho=\psi^*\psi=|\psi|^2 \tag{7}$$

$$\boldsymbol{j}=-\frac{i\hbar}{2\mu}(\psi^*\nabla\psi-\psi\nabla\psi^*) \tag{8}$$

(6)式变为

$$\frac{\partial}{\partial t}\rho+\nabla\cdot\boldsymbol{j}=0 \tag{9}$$

这正是流体力学中的连续性方程. 在流体力学中，ρ 是流体密度，代表单位体积中的粒子数目；$\boldsymbol{j}$ 是流密度矢量，表示单位时间内沿 $\boldsymbol{j}$ 方向穿过与 $\boldsymbol{j}$ 垂直的单位面积的粒子数目. 现在整个空间只有一个粒子，$\rho=|\psi|^2$是该粒子 t 时刻在 $\boldsymbol{r}$ 处单位体积中出现的几率，即几率密度. 显然 $\boldsymbol{j}$ 就是该粒子 t 时刻在 $\boldsymbol{r}$ 处单位时间内沿 $\boldsymbol{j}$ 方向穿过与 $\boldsymbol{j}$ 垂直的单位面积的几率. $\boldsymbol{j}$ 称作几率流密度矢量. 在空间取一封闭曲面 S，体积为 V. 在 V 中对方程(9) 作体积积分

$$\int_V\frac{\partial}{\partial t}\rho\,\mathrm{d}\tau=-\int_V\nabla\cdot\boldsymbol{j}\,\mathrm{d}\tau \tag{10}$$

在上式左边积分中的对 t 偏微商可以提出积分号外变成全微商，利用高斯定理，将右边的体积积分变成面积分：

$$\frac{\mathrm{d}}{\mathrm{d}t}\int_V \rho \mathrm{d}\tau = -\oint_S \boldsymbol{j} \cdot \mathrm{d}\boldsymbol{s} \tag{11}$$

其中面元 d$\boldsymbol{s}$ 的方向为曲面法线方向指向外方. 上式表示单位时间内在体积 V 中发现粒子的几率增加量,等于由于粒子运动,单位时间内粒子由 V 外进入 V 内的几率. 令体积 $V \to \infty$,粒子一定包含在这个体积之中. 这时不存在粒子由 V 外进入 V 内的可能性,上式右边的面积分为 0,或由于波函数满足平方可积条件,在无穷远处波函数为 0,上式右边的面积分为 0. 故有

$$\frac{\mathrm{d}}{\mathrm{d}t}\int_\infty \rho \mathrm{d}\tau = \frac{\mathrm{d}}{\mathrm{d}t}\int_\infty |\psi(\boldsymbol{r},t)|^2 \mathrm{d}\tau = 0 \tag{12}$$

[讨论]　已知粒子波函数 $\psi(\boldsymbol{r},t)$,几率流密度矢量 $\boldsymbol{j}(\boldsymbol{r},t)$ 可以由(8)式算出. 如果 $\psi(\boldsymbol{r},t)$ 是实函数,则 $\boldsymbol{j}=0$. 这并不表示由实波函数描述的粒子是静止不动的. 这表示粒子向任一方向及其相反方向运动的几率相等. 在直角坐标中,$\boldsymbol{j}$ 的三个分量为

$$\begin{aligned} j_x &= -\frac{i\hbar}{2\mu}\left(\psi^* \frac{\partial}{\partial x}\psi - \psi\frac{\partial}{\partial x}\psi^*\right) \\ j_y &= -\frac{i\hbar}{2\mu}\left(\psi^* \frac{\partial}{\partial y}\psi - \psi\frac{\partial}{\partial y}\psi^*\right) \\ j_z &= -\frac{i\hbar}{2\mu}\left(\psi^* \frac{\partial}{\partial z}\psi - \psi\frac{\partial}{\partial z}\psi^*\right) \end{aligned} \tag{13}$$

在球坐标中,$\boldsymbol{j}$ 的三个分量为

$$\begin{aligned} j_r &= -\frac{i\hbar}{2\mu}\left(\psi^* \frac{\partial}{\partial r}\psi - \psi\frac{\partial}{\partial r}\psi^*\right) \\ j_\theta &= -\frac{i\hbar}{2\mu r}\left(\psi^* \frac{\partial}{\partial \theta}\psi - \psi\frac{\partial}{\partial \theta}\psi^*\right) \\ j_\varphi &= -\frac{i\hbar}{2\mu r\sin\theta}\left(\psi^* \frac{\partial}{\partial \varphi}\psi - \psi\frac{\partial}{\partial \varphi}\psi^*\right) \end{aligned} \tag{14}$$

[例题]　已知 $\psi_+(x,t) = \mathrm{e}^{ipx/\hbar}\mathrm{e}^{-ip^2t/2\mu\hbar}$,$\psi_-(x,t) = \mathrm{e}^{-ipx/\hbar}\mathrm{e}^{-ip^2t/2\mu\hbar}$,其中 $p>0$. 计算几率流密度矢量 $\boldsymbol{j}$.

解:因 $\psi_+(x,t)$ 与 $\psi_-(x,t)$ 都不含 y 与 z,故 $j_y = j_z = 0$.

对 $\psi_+(x,t)$,

$$j_x = -\frac{i\hbar}{2\mu}\left(\psi_+^* \frac{\partial}{\partial x}\psi_+ - \psi_+\frac{\partial}{\partial x}\psi_+^*\right) = \frac{p}{\mu} = v$$

对 $\psi_-(x,t)$,

$$j_x = -\frac{i\hbar}{2\mu}\left(\psi_-^* \frac{\partial}{\partial x}\psi_- - \psi_-\frac{\partial}{\partial x}\psi_-^*\right) = -\frac{p}{\mu} = -v$$

可见 ψ_+ 与 ψ_- 分别描述沿正 x 方向与负 x 方向运动的态.

§2.5 定态薛定谔方程

如果粒子的势能 $V=V(\boldsymbol{r})$ 不含 t,即粒子在保守力场中运动,则薛定谔方程

$$i\hbar\frac{\partial}{\partial t}\psi(\boldsymbol{r},t)=\left[-\frac{\hbar^2}{2\mu}\nabla^2+V(\boldsymbol{r})\right]\psi(\boldsymbol{r},t) \tag{1}$$

一定可以通过分离变量 $\boldsymbol{r}$ 与 t 来求解.令

$$\psi(\boldsymbol{r},t)=\psi(\boldsymbol{r})\varphi(t) \tag{2}$$

将(2)代入(1)中,并在等式两边除以 $\psi(\boldsymbol{r})\varphi(t)$,得

$$\frac{i\hbar}{\varphi(t)}\frac{\mathrm{d}\varphi(t)}{\mathrm{d}t}=\frac{1}{\psi(\boldsymbol{r})}\left[-\frac{\hbar^2}{2\mu}\nabla^2+V(\boldsymbol{r})\right]\psi(\boldsymbol{r})=E\ (\text{常数}) \tag{3}$$

由(3)式左端项 = 右端 E,得 $\varphi(t)$ 满足的方程

$$\frac{\mathrm{d}\varphi(t)}{\varphi(t)}=-\frac{iE}{\hbar}\mathrm{d}t \tag{4}$$

对(4)式积分后,得

$$\varphi(t)=A\mathrm{e}^{-iEt/\hbar} \tag{5}$$

其中 A 为积分常数.由(3)式中间项 = E,得 $\psi(\boldsymbol{r})$ 满足的方程

$$\left[-\frac{\hbar^2}{2\mu}\nabla^2+V(\boldsymbol{r})\right]\psi(\boldsymbol{r})=E\,\psi(\boldsymbol{r}) \tag{6}$$

或

$$\hat{H}\psi(\boldsymbol{r})=E\psi(\boldsymbol{r}) \tag{7}$$

$\psi(\boldsymbol{r})$ 的方程是粒子的哈密顿算符 $\hat{H}$ 的本征方程.在解方程时出现的积分常数 E 是 $\hat{H}$ 的本征值.我们自然想到,E 作为能量算符 $\hat{H}$ 的本征值,应该是粒子的能量.对自由粒子 $V=0$,V 不含 t,$\psi(\boldsymbol{r},t)$ 可以分离变量 $\boldsymbol{r}$ 与 t.在 $V=0$ 时方程(1)的解为平面波函数

$$\psi(\boldsymbol{r},t)=A\mathrm{e}^{i\boldsymbol{p}\cdot\boldsymbol{r}/\hbar}\mathrm{e}^{-iEt/\hbar} \tag{8}$$

其中含 t 的指数函数同(5)式相符,指数函数中的 $E=p^2/2\mu$ 代表自由粒子的能量,它正是波函数在分离变量时出现的常数 E.

现在,解方程(1)归结为解方程(6)或(7),即求 $\hat{H}$ 的本征值 E 与本征函数 $\psi(\boldsymbol{r})$.设在波函数满足连续,平方可积和绝对值为单值的条件下,求得 $\hat{H}$ 的本征值为 $E_1,E_2,\cdots,E_n,\cdots$,相应的本征函数为 $\psi_1(\boldsymbol{r}),\psi_2(\boldsymbol{r}),\cdots,\psi_n(\boldsymbol{r}),\cdots$.波函数

$$\psi_n(\boldsymbol{r},t) = \mathrm{e}^{-iE_nt/\hbar}\psi_n(\boldsymbol{r}) \tag{9}$$

描述粒子在势场 $V(\boldsymbol{r})$ 中具有确定能量 E_n 的运动态. 这种能量一定的态叫定态. $\hat{H}$ 的本征方程叫定态方程. 由定态方程得到的定态波函数 $\psi_n(\boldsymbol{r})$ 中含有任意常数因子,选择常数因子可以使 $\psi_n(\boldsymbol{r})$ 或 $\psi_n(\boldsymbol{r},t)$ 满足归一化条件

$$\int |\psi_n(\boldsymbol{r},t)|^2\,\mathrm{d}\tau = \int |\psi_n(\boldsymbol{r})|^2\,\mathrm{d}\tau = 1 \tag{10}$$

薛定谔方程的一般解为

$$\psi(\boldsymbol{r},t) = \sum_{n=1}^{\infty} C_n\,\psi_n(\boldsymbol{r},t) = \sum_{n=1}^{\infty} C_n\,\mathrm{e}^{-iE_nt/\hbar}\psi_n(\boldsymbol{r}) \tag{11}$$

其中 C_n 为任意常数. 如果已知 $t=0$ 时的波函数 $\psi(\boldsymbol{r},t=0)=\varphi(\boldsymbol{r})$,则(11)中的常数 C_n 不再是任意的,它由 $\varphi(\boldsymbol{r})$ 惟一地确定. 在 §4.2 中,我们将了解确定 C_n 的方法.

[例题 1]　给出一维自由粒子含时薛定谔方程的一般解.

解:一维自由粒子定态方程

$$-\frac{\hbar^2}{2\mu}\frac{\mathrm{d}^2\psi(x)}{\mathrm{d}x^2} = E\,\psi(x)$$

的解为

$$\psi_p(x) = \frac{1}{(2\pi\hbar)^{1/2}}\mathrm{e}^{ipx/\hbar},\ E=\frac{p^2}{2\mu},\ p=-\infty\sim+\infty$$

包含时间因子的定态解为

$$\psi_p(x,t) = \frac{1}{(2\pi\hbar)^{1/2}}\mathrm{e}^{ipx/\hbar}\,\mathrm{e}^{-iEt/\hbar} = \frac{1}{(2\pi\hbar)^{1/2}}\mathrm{e}^{ipx/\hbar}\,\mathrm{e}^{-ip^2t/2\mu\hbar}$$

一维自由粒子含时薛定谔方程

$$i\hbar\frac{\partial}{\partial t}\psi(x,t) = -\frac{\hbar^2}{2\mu}\frac{\partial^2}{\partial x^2}\psi(x,t)$$

的一般解为

$$\begin{aligned}\psi(x,t) &= \int_{-\infty}^{+\infty} C(p)\psi_p(x,t)\,\mathrm{d}p \\ &= \frac{1}{(2\pi\hbar)^{1/2}}\int_{-\infty}^{+\infty} C(p)\,\mathrm{e}^{ipx/\hbar}\,\mathrm{e}^{-ip^2t/2\mu\hbar}\,\mathrm{d}p\end{aligned}$$

其中 $C(p)$ 为动量 p 的任意函数. 由不同动量 p 的 $\psi_p(x,t)$ 叠加构成的自由粒子态称为自由粒子波包. 例题 3 将讨论自由粒子波包的性质.

[例题2]　已知 $t=0$ 时自由粒子的波函数为 $\psi(x,0)=\cos kx$,求 $\psi(x,t)$,并分析该粒子动量的可能取值及相应的几率.

解:

$$\psi(x,0)=\cos kx=\frac{1}{2}e^{ikx}+\frac{1}{2}e^{-ikx}=\frac{1}{2}e^{ip_1x/\hbar}+\frac{1}{2}e^{ip_2x/\hbar}$$

其中 $p_1=\hbar k$， $p_2=-\hbar k$，与 p_1，p_2 相应的能量为 $E_1=E_2=\hbar^2k^2/2\mu$.

$$\psi(x,t)=\frac{1}{2}e^{ip_1x/\hbar}e^{-iE_1t/\hbar}+\frac{1}{2}e^{ip_2x/\hbar}e^{-iE_2t/\hbar}$$

$$=\frac{1}{2}(e^{ip_1x/\hbar}+e^{ip_2xt/\hbar})\,e^{-i\hbar k^2t/2\mu}=\cos kx\,e^{-i\hbar k^2t/2\mu}$$

该粒子的动量可能值为 $p_1=\hbar k$ 与 $p_2=-\hbar k$. 由于 p_1 波与 p_2 波的叠加系数相等，所以它们出现的几率相等.

［例题 3］ 在一维自由粒子波包的波函数

$$\psi(x,t)=\int_{-\infty}^{+\infty}C(p)\,\frac{1}{(2\pi\hbar)^{1/2}}e^{ipx/\hbar}e^{-ip^2t/2\mu\hbar}\,dp$$

中，设 $C(p)$ 为高斯函数

$$C(p)=Ae^{-(p-p_0)^2/2\Gamma^2}，\quad \int_{-\infty}^{+\infty}|C(p)|^2dp=1$$

其中 $A=\Gamma^{-1/2}\pi^{-1/4}$，$p_0$ 与 Γ 为实数. $|C(p)|^2dp$ 表示波包中动量在 $p\sim p+dp$ 内的平面波态 $\psi_p(x)=\frac{1}{(2\pi\hbar)^{1/2}}e^{ipx/\hbar}$ 出现的几率. 图 2.1 给出动量几率分布曲线 $|C(p)|^2\sim p$，$|C(p)|^2$ 的最大值出现在 $p=p_0$ 处. p 偏离 p_0 愈大，$|C(p)|^2$ 的值愈小. 在 $p=p_0\pm\Gamma$ 处，$|C(p)|^2$ 下降为最大值（$|A|^2$）的 e^{-1}. Γ 被定义为动量几率分布的宽度，记为 $\Delta p=\Gamma$. 计算波包在任意 t 时刻的坐标几率分布 $|\psi(x,t)|^2$，求出它的宽度 Δx，讨论 Δx 同 t 与 Δp 的关系.

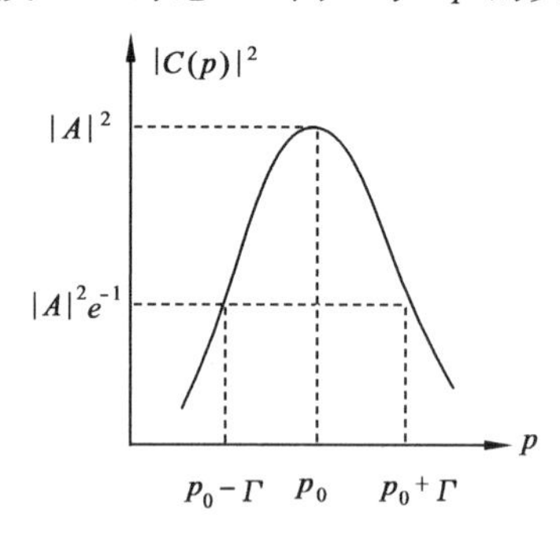

图 2.1

解：将 $C(p)$ 的高斯函数代入波包函数中

$$\psi(x,t)=\frac{A}{(2\pi\hbar)^{1/2}}\int_{-\infty}^{+\infty}e^{-(p-p_0)^2/2\Gamma^2+ipx/\hbar-ip^2t/2\mu\hbar}\,dp$$

$$=\frac{A}{(2\pi\hbar)^{1/2}}\int_{-\infty}^{+\infty}\mathrm{e}^{-\alpha(p-\beta)^2-\gamma}\mathrm{d}p$$

其中

$$\alpha=\frac{1}{2\Gamma^2}\left(1+\frac{it\Gamma^2}{\mu\hbar}\right)$$

$$\beta=\frac{1}{2\alpha}\left(\frac{p_0}{\Gamma^2}+\frac{ix}{\hbar}\right)$$

$$=\frac{p_0+\frac{t\Gamma^4x}{\mu\hbar^2}+i\left(\frac{\Gamma^2x}{\hbar}-\frac{t\Gamma^2p_0}{\mu\hbar}\right)}{1+\frac{t^2\Gamma^4}{\mu^2\hbar^2}}$$

$$\gamma=\frac{p_0^2}{2\Gamma^2}-\alpha\beta^2$$

$$=\frac{\left(x-\frac{p_0}{\mu}t\right)^2+i\left(\frac{t\hbar p_0^2}{\mu\Gamma^2}-\frac{2\hbar p_0x}{\Gamma^2}-\frac{t\Gamma^2x^2}{\mu\hbar}\right)}{\frac{2\hbar^2}{\Gamma^2}\left(1+\frac{t^2\Gamma^4}{\mu^2\hbar^2}\right)}$$

$$\psi(x,t)=\frac{A\mathrm{e}^{-\gamma}}{(2\pi\hbar)^{1/2}}\int_{-\infty}^{+\infty}\mathrm{e}^{-\alpha(p-\beta)^2}\mathrm{d}p$$

$$=\frac{A\mathrm{e}^{-\gamma}}{(2\pi\hbar)^{1/2}}\int_{-\infty}^{+\infty}\mathrm{e}^{-\alpha y^2}\mathrm{d}y$$

$$=\frac{A\mathrm{e}^{-\gamma}}{(2\pi\hbar)^{1/2}}\sqrt{\frac{\pi}{\alpha}}$$

$$|\psi(x,t)|^2=\frac{|A|^2\Gamma^2}{\hbar(1+t^2\Gamma^4/\mu^2\hbar^2)^{1/2}}\mathrm{e}^{-\frac{(x-v_0t)^2}{(1+t^2\Gamma^4/\mu^2\hbar^2)\hbar^2/\Gamma^2}}$$

$$\overline{x(t)}=\int_{-\infty}^{+\infty}|\psi(x,t)|^2x\mathrm{d}x=v_0t$$

其中 $v_0=p_0/\mu$. $|\psi(x,t)|^2$ 同 $|C(p)|^2$ 一样,也是高斯函数. t 时刻 $|\psi(x,t)|^2$ 的最大值出现在 $x=v_0t$ 处. x 偏离 v_0t 愈大, $|\psi(x,t)|^2$ 的值愈小. 在 $x=v_0t\pm\frac{\hbar}{\Gamma}(1+t^2\Gamma^4/\mu^2\hbar^2)^{1/2}$ 处, $|\psi(x,t)|^2$ 下降为最大值的 e^{-1}. 坐标几率分布曲线的宽度(即波包在坐标空间分布的宽度)为

$$\Delta x=\frac{\hbar}{\Gamma}\left(1+\frac{\Gamma^4}{\mu^2\hbar^2}t^2\right)^{1/2}$$

波包的宽度 Δx 随时间 t 增加而变大,波包在沿 x 方向运动的过程中要不断扩散. 现将波包的动量几率分布宽度 Γ 改用 Δp 表示,上式变为

$$\Delta x \Delta p = \hbar \left(1 + \frac{(\Delta p)^4}{\mu^2 \hbar^2} t^2\right)^{1/2}$$

对任意时刻,有

$$\Delta x \Delta p \geqslant \hbar$$

上述两式反映了波包在空间的分布宽度 Δx 同组成波包的动量分布宽度 Δp 之间的关系.如果 Δp 变小,则 Δx 一定变大.反之 Δp 变大,则 Δx 一定变小.特别是当 $\Delta p \to 0$ 时,即波包变成具有单一动量的平面波时,$\Delta x \to \infty$.波包的这种性质是粒子波动性的表现,它具有普遍性,称为不确定关系,我们将在 §4.6 中详细介绍它.

习　题

1. 已知 $\hat{H}_1 = -\frac{\hbar^2}{2\mu}\nabla^2 + V(\boldsymbol{r})$ 的本征函数为 $\psi(\boldsymbol{r})$,与它相应的本征值为 E,求 $\hat{H}_2 = -\frac{\hbar^2}{2\mu}\nabla^2 + V(\boldsymbol{r}) + C$ 的本征函数与本征值,C 为常数.

答:本征函数为 $\psi(\boldsymbol{r})$,本征值为 $E + C$.

2. 已知粒子的波函数 $\psi(x) = A\mathrm{e}^{-bx^2}$,其中 b 为大于零的已知常数,求归一化常数 A,并计算平均值 $\bar{x}$ 与 $\overline{x^2}$.

答:$A = \left(\frac{2b}{\pi}\right)^{1/4}$, $\bar{x} = 0$, $\overline{x^2} = \frac{1}{4b}$.

3. 计算由下列波函数确定的几率流密度:

(1) $\psi_1 = A\frac{\mathrm{e}^{ikr}}{r}$; (2) $\psi_2 = A\frac{\mathrm{e}^{-ikr}}{r}$;(3) $\psi_3 = A\frac{\cos\theta \mathrm{e}^{ikr}}{r}$;(4) $\psi_4 = A\mathrm{e}^{i\varphi}$.

答:(1) $j_r = \frac{v|A|^2}{r^2}, j_\theta = j_\varphi = 0$; (2) $j_r = -\frac{v|A|^2}{r^2}, j_\theta = j_\varphi = 0$;

(3) $j_r = \frac{v\cos^2\theta|A|^2}{r^2}, j_\theta = j_\varphi = 0$; (4) $j_r = j_\theta = 0, j_\varphi = \frac{\hbar|A|^2}{\mu r\sin\theta}$.

4. $t = 0$ 时一维自由粒子波函数 $\psi(x,0) = \cos^2 k_0 x + \sin k_0 x$,写出任意 t 时刻波函数 $\psi(x,t)$,并分析动量 p 的可能取值,及相应的几率.式中 k_0 为大于零的常数

答:$\psi(x,t) = \frac{1}{4}[(\mathrm{e}^{ip_2x/\hbar} + \mathrm{e}^{-ip_2x/\hbar})\mathrm{e}^{-ip_2^2t/2\mu\hbar} + 2] + \frac{1}{2i}(\mathrm{e}^{ip_1x/\hbar} - \mathrm{e}^{-ip_1x/\hbar})\mathrm{e}^{-ip_1^2t/2\mu\hbar}$

其中 $p_1 = \hbar k_0, p_2 = 2\hbar k_0$. p 的可能取值为 $0, \hbar k_0, -\hbar k_0, 2\hbar k_0, -2\hbar k_0$,相应的几率为 $\frac{4}{14}, \frac{4}{14}, \frac{4}{14}, \frac{1}{14}, \frac{1}{14}$.

第三章　一维定态问题

§3.1　一维束缚定态的性质

粒子被局限在有限空间内运动的态称作束缚态. 它的波函数在无穷远处的值为零. 一维束缚定态波函数 $\psi(x)$ 满足定态方程

$$\left[-\frac{\hbar^2}{2\mu}\frac{\mathrm{d}^2}{\mathrm{d}x^2}+V(x)\right]\psi(x)=E\psi(x) \tag{1}$$

及边界条件

$$\psi(x)\to 0,\qquad x\to\pm\infty \tag{2}$$

由(1)与(2)解出的,在一维直线空间中运动的粒子的一维束缚定态能量和波函数有以下一些性质.

(1) 能量是非简并的

如果由定态方程(1) 求出的某一定态能量 E 对应 k 个不同的线性独立的波函数, 则称能量 E 是 k 度简并的. 如果 $k=1$,则称 E 是非简并的. 先假定 E 是简并的,$\psi_1(x)$ 与 $\psi_2(x)$ 是对应同一能量 E 的两个不同的波函数,它们满足同一定态方程

$$-\frac{\hbar^2}{2\mu}\frac{\mathrm{d}^2\psi_1(x)}{\mathrm{d}x^2}+V(x)\psi_1(x)=E\psi_1(x) \tag{3}$$

$$-\frac{\hbar^2}{2\mu}\frac{\mathrm{d}^2\psi_2(x)}{\mathrm{d}x^2}+V(x)\psi_2(x)=E\psi_2(x) \tag{4}$$

用 ψ'' 代替$\dfrac{\mathrm{d}^2\psi(x)}{\mathrm{d}x^2}$,方程(3) 与(4) 可表示为

$$\psi_1''+\frac{2\mu}{\hbar^2}(E-V)\psi_1=0 \tag{5}$$

$$\psi_2''+\frac{2\mu}{\hbar^2}(E-V)\psi_2=0 \tag{6}$$

$\psi_2\times(5)-\psi_1\times(6)$,得

$$\psi_2\psi_1''-\psi_1\psi_2''=0 \tag{7}$$

$$(\psi_2\psi_1' - \psi_1\psi_2')' = 0 \tag{8}$$

$$\psi_2\psi_1' - \psi_1\psi_2' = \text{常数 } C \tag{9}$$

由束缚态的边界条件(2),可以确定常数 $C = 0$,故

$$\psi_2\psi_1' - \psi_1\psi_2' = 0 \tag{10}$$

上式除以 $\psi_1\psi_2$,得

$$\frac{\psi_1'}{\psi_1} - \frac{\psi_2'}{\psi_2} = 0, \quad \text{或} \quad [\ln(\psi_1/\psi_2)]' = 0 \tag{11}$$

积分,得

$$\psi_1(x) = A\psi_2(x) \tag{12}$$

对应于 E 的不同波函数之间只能相差一个常数因子 A,它们为同一波函数,故 E 为非简并的.

[讨论] 如果势场 $V(x)$ 是不规则的,如 $V(x)$ 在 $x = a$ 点发散,使 ψ' 在 $x = a$ 点不连续,则上述证明中的(10)~(12)有可能不成立,在此势场中的束缚定态能量 E 有可能是简并的.

(2) 波函数为实函数

对方程(1)取复共轭,得

$$\left[-\frac{\hbar^2}{2\mu}\frac{\mathrm{d}^2}{\mathrm{d}x^2} + V(x)\right]\psi^*(x) = E\psi^*(x) \tag{13}$$

比较方程(13)与(1)看出,$\psi^*(x)$ 与 $\psi(x)$ 是对应同一能量 E 的两个波函数,由上述性质(1)知,它们只能相差一个常数因子 A,

$$\psi^*(x) = A\psi(x) \tag{14}$$

对(14)取复共轭,

$$\psi(x) = A^*\psi^*(x) = A^*A\psi(x),\ A^*A = 1$$

$$A = \mathrm{e}^{\mathrm{i}\delta} \tag{15}$$

其中 δ 为实数. 如 $\delta = 0$,则 $\psi(x)$ 为实函数;如 $\delta \neq 0$,则 $\psi(x)$ 为带有复数因子的实函数:

$$\psi(x) = \mathrm{e}^{-\mathrm{i}\delta/2}F(x) \tag{16}$$

其中 $F(x)$ 为实函数. 在上式中,乘以常数 $\mathrm{e}^{\mathrm{i}\delta/2}$,消去复数因子,可使波函数 $\psi(x)$ 成为完全的实函数.

(3) 如 $V(-x) = V(x)$,则波函数有确定的宇称

为了了解宇称的概念,我们先引入空间反演算符 $\hat{\Pi}$,它对波函数 $\psi(\boldsymbol{r})$ 的作

用为

$$\hat{\Pi}\psi(\boldsymbol{r}) = \psi(-\boldsymbol{r}) \tag{17}$$

对一维波函数 $\psi(x)$,

$$\hat{\Pi}\psi(x) = \psi(-x) \tag{18}$$

$\psi(-\boldsymbol{r})$ 称为 $\psi(\boldsymbol{r})$ 的空间反演态. $\hat{\Pi}$ 的本征方程为

$$\hat{\Pi}\psi(\boldsymbol{r}) = \pi\psi(\boldsymbol{r}) \tag{19}$$

其中 π 为 $\hat{\Pi}$ 的本征值. 用算符 $\hat{\Pi}$ 对(17)式再作一次运算,便有

$$\psi(\boldsymbol{r}) = \pi^2\psi(\boldsymbol{r}),\ \pi^2 = 1, \pi = \pm 1$$

$\hat{\Pi}$ 的本征值只有 1 与 -1 两个. 可见所有偶函数 $\psi_+(\boldsymbol{r})$ 都是 $\hat{\Pi}$ 的本征值为 1 的本征函数,所有奇函数 $\psi_-(\boldsymbol{r})$ 都是 $\hat{\Pi}$ 的本征值为 -1 的本征函数:

$$\hat{\Pi}\psi_\pm(\boldsymbol{r}) = \pm\psi_\pm(\boldsymbol{r}) \tag{20}$$

如果粒子的波函数是 $\hat{\Pi}$ 的本征函数,则称该粒子具有确定的宇称. $\pi = 1$ 称为正宇称或偶宇称, $\pi = -1$ 称为负宇称或奇宇称.

现在我们来证明一维束缚定态波函数在势函数满足 $V(-x) = V(x)$ 的条件下,具有确定的宇称. 用空间反演算符 $\hat{\Pi}$ 对定态方程(1) 运算并考虑到 $V(-x) = V(x)$,便有

$$\left[-\frac{\hbar^2}{2\mu}\frac{\mathrm{d}^2}{\mathrm{d}x^2} + V(x)\right]\psi(-x) = E\psi(-x) \tag{21}$$

显然 $\psi(-x)$ 与 $\psi(x)$ 是对应同一能量 E 的两个束缚态波函数,由于 E 是非简并的,它们只能相差一个常数因子 λ:

$$\psi(-x) = \lambda\psi(x),\ 或\ \hat{\Pi}\psi(x) = \lambda\psi(x) \tag{22}$$

λ 作为 $\hat{\Pi}$ 的本征值,只能取 1 或 -1. 故 $\psi(x)$ 一定是 $\hat{\Pi}$ 的本征函数,具有确定的宇称.

[讨论]　如果势场 $V(x)$ 是不规则的, $V(x)$ 在空间某点处发散,则在此势场中的束缚定态能量 E 有可能是简并的,波函数不一定有确定的宇称. 如波函数没有确定的宇称: $\psi(-x) \neq \pm\psi(x)$, 这时可令

$$\psi_+(x) = \psi(x) + \psi(-x) \tag{23}$$

$$\psi_-(x) = \psi(x) - \psi(-x) \tag{24}$$

$\psi_+(x)$ 与 $\psi_-(x)$ 仍是对应同一能量 E 的两个定态波函数,它们分别具有正宇称与负宇称. 由此可见,只要势函数 $V(x)$ 满足对称条件 $V(-x) = V(x)$,则一定存在具有确定宇称的定态波函数. 这个结论对于束缚定态与非束缚定态都是成立的,并且对于三维运动态,也是成立的,只要势函数 $V(\boldsymbol{r})$ 满足对称条件 $V(-\boldsymbol{r}) = V(\boldsymbol{r})$.

§3.2　一维方势阱

(1) 一维无限深方势阱

设

$$V(x)=\begin{cases}0, & 0\leqslant x\leqslant a\\ \infty, & x<0,x>a\end{cases}\tag{1}$$

$V(x)$ 如图 3.1 所示. 粒子在此势场中运动,对应经典力学中粒子被限制在两个刚性壁之间的一维自由运动. 按照经典力学,粒子的能量 E 可在 0 与 ∞ 之间取任意一个值. 现在来看量子力学会给出什么结果. 将(1) 式代入定态方程

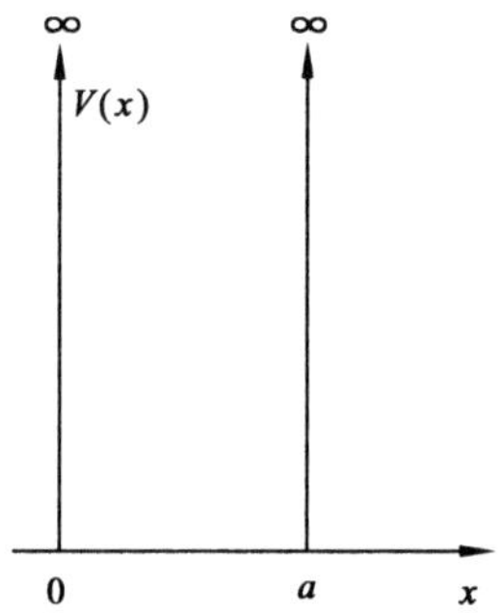

$$-\frac{\hbar^2}{2\mu}\frac{\mathrm{d}^2\psi(x)}{\mathrm{d}x^2}+V(x)\psi(x)=E\psi(x)\tag{2}$$

显然有

$$\psi(x)=0,\ x<0,x>a\tag{3}$$

而在 $0\leqslant x\leqslant a$ 区域,方程为

$$-\frac{\hbar^2}{2\mu}\frac{\mathrm{d}^2\psi(x)}{\mathrm{d}x^2}=E\psi(x)\tag{4}$$

图 3.1

令

$$k=\sqrt{\frac{2\mu E}{\hbar^2}}\tag{5}$$

方程(4)变为

$$\frac{\mathrm{d}^2\psi(x)}{\mathrm{d}x^2}=-k^2\psi(x)\tag{6}$$

它的两个线性独立解为

$$\psi(x)=\sin kx,\cos kx\tag{7}$$

故有

$$\psi(x)=A\sin kx+B\cos kx\tag{8}$$

利用 $\psi(x)$ 在 $x=0$ 处的连续条件:$\psi(0)=0$,得 $B=0$.

$$\psi(x)=A\sin kx,\quad 0\leqslant x\leqslant a\tag{9}$$

再利用 $\psi(x)$ 在 $x=a$ 处的连续条件：$\psi(a)=0$，得

$$ka = n\pi, \qquad n=1,2,3,\cdots \tag{10}$$

这里 n 只取大于 0 的正整数. n 如取 0，得 $\psi(x)$ 的零解，没有物理意义；n 如取负整数，得不出新解. 由(10) 式得 $k=n\pi/a$，代入(5) 及(9) 式中得

$$E=E_n=\frac{n^2\pi^2\hbar^2}{2\mu a^2} \tag{11}$$

$$\psi(x)=\psi_n(x)=\begin{cases}A_n\sin\dfrac{n\pi}{a}x, & 0\leqslant x\leqslant a\\ 0, & x<0,x>a\end{cases} \tag{12}$$

利用归一化条件

$$\int_{-\infty}^{+\infty}|\psi(x)|^2\mathrm{d}x=1 \tag{13}$$

可得归一化系数 $A_n=\sqrt{\dfrac{2}{a}}$. 含时薛定谔方程的一般解为

$$\psi(x,t)=\sum_n C_n \mathrm{e}^{-iE_nt/\hbar}\psi_n(x) \tag{14}$$

[讨论 1]　量子力学算出的粒子在无限深方势阱中运动的能量是不连续的，最低能量为 E_1. 能量最低的态称为基态，其他的态称作激发态. 图 3.2 给出 $n=1$ 的基态与 $n=2$ 的第一激发态几率密度分布曲线 $|\psi_n(x)|^2\sim x$. $n=2$ 的态 $\psi_2(x)$ 在 $0<x<a$ 区间有一个零点. $\psi_n(x)$ 的零点个数是 $n-1$.

[讨论 2]　定态波函数的一阶微商 $\psi_n'(x)$ 在 $V(x)$ 的奇点处($x=0$ 与 a)不连续. 这具有一般性.

[讨论 3]　如果坐标原点取在势阱的中心，

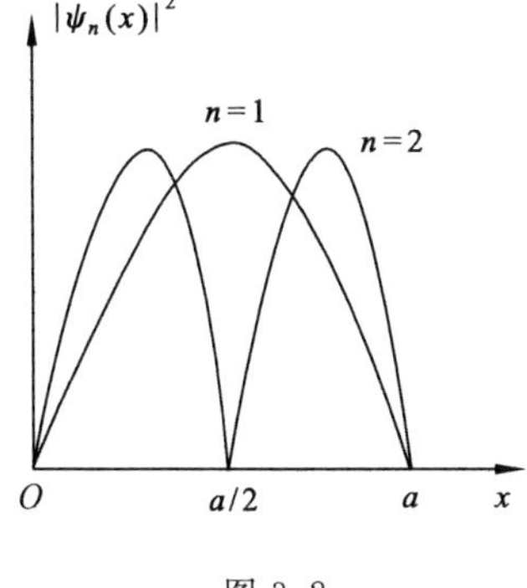

图 3.2

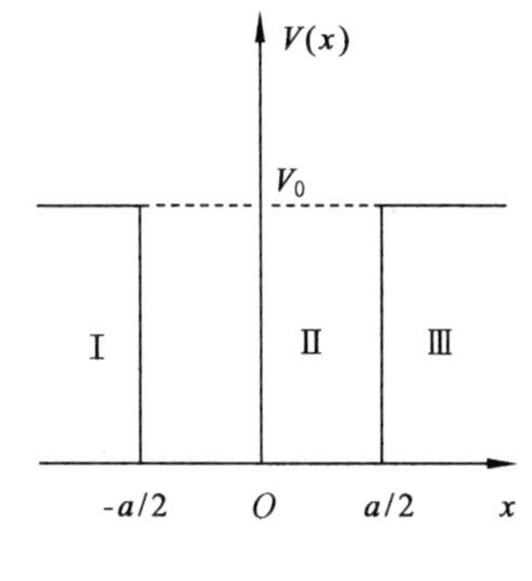

图 3.3

$$V(x)=\begin{cases}0, & |x|\leqslant a/2\\ \infty, & |x|>a/2\end{cases} \tag{15}$$

这时定态波函数为

$$\psi_n(x)=\begin{cases}\sqrt{\dfrac{2}{a}}\sin\left[\dfrac{n\pi}{a}\left(x+\dfrac{a}{2}\right)\right], & |x|\leqslant a/2\\ 0, & |x|>a/2\end{cases} \tag{16}$$

由于 $V(x)$ 满足条件:$V(-x)=V(x)$,$\psi_n(x)$ 应该有确定的宇称. 由上式不难看出, n 为偶数时,宇称为负;n 为奇数时,宇称为正.

(2) 一维有限深方势阱

设

$$V(x)=\begin{cases}0, & |x|\leqslant a/2\\ V_0, & |x|>a/2\end{cases} \tag{17}$$

其中 $V_0>0$. 在上述有限深方势阱中的束缚定态能量 E 只能在 0 与 V_0 之间: $0<E<V_0$. 在 $|x|>a/2$ 的Ⅰ与Ⅲ两区内(图 3.3),定态方程为

$$-\frac{\hbar^2}{2\mu}\frac{\mathrm{d}^2\psi(x)}{\mathrm{d}x^2}+V_0\psi(x)=E\psi(x) \tag{18}$$

令

$$\alpha=\sqrt{\frac{2\mu(V_0-E)}{\hbar^2}} \tag{19}$$

方程式(18)简化为

$$\frac{\mathrm{d}^2\psi(x)}{\mathrm{d}x^2}-\alpha^2\psi(x)=0 \tag{20}$$

其解为

$$\psi(x)=\mathrm{e}^{\alpha x},\mathrm{e}^{-\alpha x} \tag{21}$$

考虑到边界条件

$$\psi(x)=0,\quad x\rightarrow\pm\infty \tag{22}$$

便有

$$\psi_{\mathrm{I}}(x)=A\,\mathrm{e}^{\alpha x},\quad x<-a/2 \tag{23}$$

$$\psi_{\mathrm{III}}(x)=F\,\mathrm{e}^{-\alpha x},\quad x>a/2 \tag{24}$$

在 $|x|\leqslant a/2$ 的 Ⅱ 区,令

$$k=\sqrt{\frac{2\mu E}{\hbar^2}} \tag{25}$$

ψ 满足的方程为

$$\frac{\mathrm{d}^2\psi(x)}{\mathrm{d}x^2}+k^2\psi(x)=0 \tag{26}$$

其解为

$$\psi(x)=\sin kx,\cos kx \tag{27}$$

由于势函数 V 满足对称条件:$V(-x)=V(x)$,$\psi(x)$ 有确定的宇称. 所以在 Ⅱ 区的 $\psi_{\mathrm{II}}(x)$ 只能分别取 $\cos kx$(偶宇称)与 $\sin kx$(奇宇称).

(a)　偶宇称解

$$\begin{aligned}
&\psi_{\mathrm{I}}(x)=A\,\mathrm{e}^{\alpha x}, && x<-a/2\\
&\psi_{\mathrm{II}}(x)=D\cos kx, && -a/2<x<a/2\\
&\psi_{\mathrm{III}}(x)=A\,\mathrm{e}^{-\alpha x}, && x>a/2
\end{aligned} \tag{28}$$

由 $x=-a/2$ 处的 $\psi(x)$ 与 $\psi'(x)$ 的连续条件:$\psi_{\mathrm{I}}(-a/2)=\psi_{\mathrm{II}}(-a/2)$ 与 $\psi'_{\mathrm{I}}(-a/2)=\psi'_{\mathrm{II}}(-a/2)$,得

$$A\mathrm{e}^{-\alpha a/2}=D\cos(ka/2) \tag{29}$$

$$A\alpha\,\mathrm{e}^{-\alpha a/2}=Dk\sin(ka/2) \tag{30}$$

(30) 式与(29) 式相比得

$$\alpha=k\tan(ka/2) \tag{31}$$

由 $x=a/2$ 处的 $\psi(x)$ 与 $\psi'(x)$ 的连续条件得到的也是(31) 式. 这是能量 E 满足的超越方程,只能用作图法求解. 令

$$\zeta=ka/2,\quad \eta=\alpha a/2 \tag{32}$$

ζ 与 η 都是大于零的量. (31)式变为

$$\eta=\zeta\tan\zeta \tag{33}$$

$$\zeta^2+\eta^2=\frac{a^2}{4}(\alpha^2+k^2)=\frac{a^2}{4}\left[\frac{2\mu(V_0-E)}{\hbar^2}+\frac{2\mu E}{\hbar^2}\right]=\frac{\mu V_0a^2}{2\hbar^2} \tag{34}$$

令

$$G^2=\frac{\mu V_0a^2}{2\hbar^2} \tag{35}$$

(34)式简化为

$$\zeta^2+\eta^2=G^2 \tag{36}$$

同时满足方程(33) 与(36) 的 ζ 值,可以用如图 3.4 所示的作图

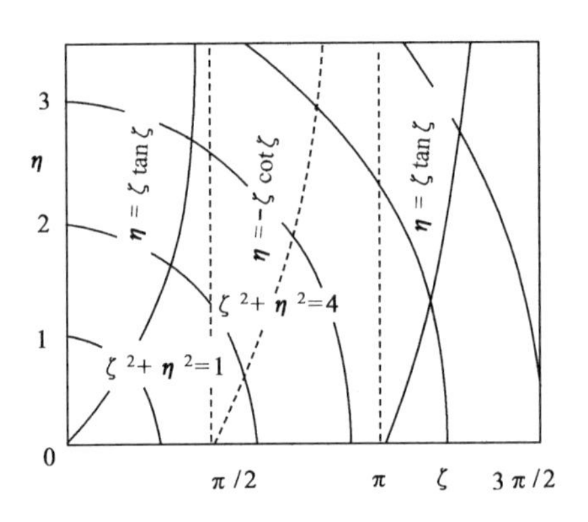

图 3.4

法求出. 由曲线 $\eta = \zeta\tan\zeta \sim \zeta$ 同半径为 G 的圆在 (ζ,η) 坐标系的第 1 象限内的交点确定 ζ_i 的值, $i = 1,3,\cdots$, 再由

$$\zeta_i = \frac{k_i a}{2} = \frac{a}{2}\sqrt{\frac{2\mu E_i}{\hbar^2}} \tag{37}$$

求出

$$E_i = \frac{2\hbar^2 \zeta_i^{\,2}}{\mu a^2} \tag{38}$$

无论势阱参数 a 与 V_0 取什么值, 至少存在一个偶宇称的束缚态. 当 $V_0 \to \infty$ 时, $G \to \infty$. 由图 3.4 看出

$$\zeta = \frac{\pi}{2}, \frac{3\pi}{2}, \cdots,\ E = \frac{\pi^2\hbar^2}{2\mu a^2}1^2, \frac{\pi^2\hbar^2}{2\mu a^2}3^2, \cdots$$

这同无限深对称方势阱中的 $n = 1,3,\cdots$ 的偶宇称态能量一致.

(b) 奇宇称解

$$\begin{aligned} \psi_{\mathrm{I}}(x) &= A\,\mathrm{e}^{\alpha x}, & x < -a/2 \\ \psi_{\mathrm{II}}(x) &= D\,\sin kx, & -a/2 < x < a/2 \\ \psi_{\mathrm{III}}(x) &= -A\,\mathrm{e}^{-\alpha x}, & x > a/2 \end{aligned} \tag{39}$$

用上述相同的方法, 得

$$\eta = -\zeta\cot\zeta \tag{40}$$

由曲线(40)(图 3.4 中虚线) 与半径为 G 的圆(36) 在 (ζ,η) 坐标系的第 1 象限的交点可求出 ζ 的值及相应的能量 E. 当 $V_0 \to \infty$ 时,

$$E = \frac{\pi^2\hbar^2}{2\mu a^2}2^2, \frac{\pi^2\hbar^2}{2\mu a^2}4^2, \cdots$$

这同无限深对称方势阱中的 $n = 2,4,\cdots$ 的奇宇称态能量一致.

(3) 半壁无限高方势阱

设

$$V(x)=\begin{cases}\infty, & x<0\\ 0, & 0\leqslant x\leqslant a\\ V_0, & x>a\end{cases} \tag{41}$$

其中 $V_0>0$. $V(x)$ 如图 3.5 所示. 在 $x<0$ 区,$\psi(x)=0$. 在 $0\leqslant x\leqslant a$ 与 $x>a$ 的二区,定态方程分别为

$$-\frac{\hbar^2}{2\mu}\frac{\mathrm{d}^2\psi(x)}{\mathrm{d}x^2}=E\psi(x),\qquad 0\leqslant x\leqslant a \tag{42}$$

$$-\frac{\hbar^2}{2\mu}\frac{\mathrm{d}^2\psi(x)}{\mathrm{d}x^2}+V_0\psi(x)=E\psi(x),\quad x>a \tag{43}$$

在此势阱中的束缚定态能量 E 只能在 0 与 V_0 之间:$0<E<V_0$. 令

$$k=\sqrt{\frac{2\mu E}{\hbar^2}},\quad \alpha=\sqrt{\frac{2\mu(V_0-E)}{\hbar^2}} \tag{44}$$

方程(42)与(43)变为

$$\frac{\mathrm{d}^2\psi(x)}{\mathrm{d}x^2}+k^2\psi(x)=0,\quad 0\leqslant x\leqslant a \tag{45}$$

$$\frac{\mathrm{d}^2\psi(x)}{\mathrm{d}x^2}-\alpha^2\psi(x)=0,\quad x>a \tag{46}$$

方程满足连续条件 $\psi(0)=0$ 与束缚态条件 $\psi(\infty)=0$ 的解为

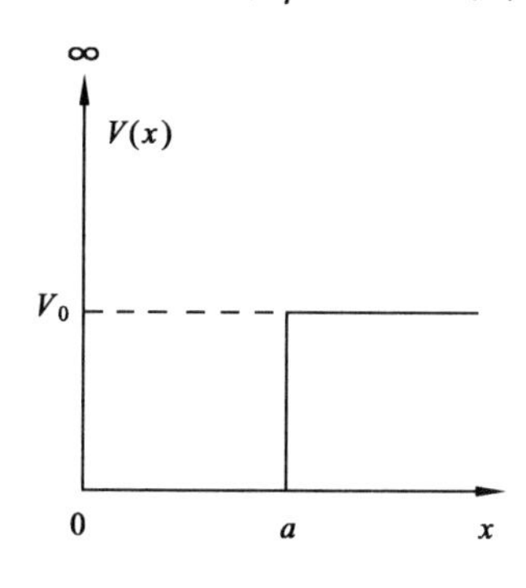

图 3.5

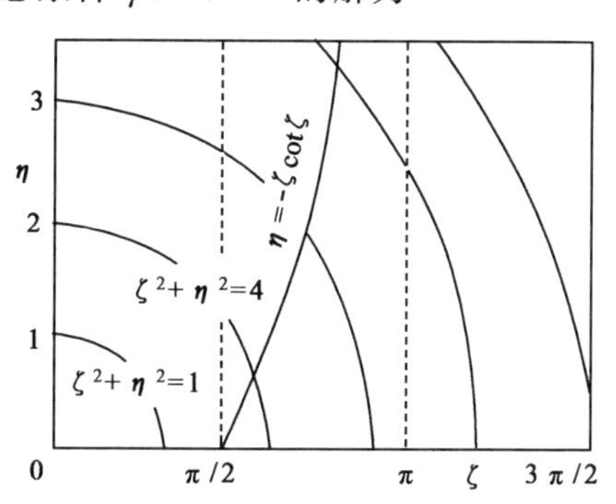

图 3.6

$$\psi_1(x)=A\sin kx,\quad 0\leqslant x\leqslant a \tag{47}$$

$$\psi_2(x)=B\,\mathrm{e}^{-\alpha x},\quad x>a \tag{48}$$

由波函数的连续条件 $\psi_1'(a)/\psi_1(a)=\psi_2'(a)/\psi_2(a)$,得

$$\alpha=-k\cot ka \tag{49}$$

令

$$\zeta = ka, \quad \eta = \alpha a \tag{50}$$

上式变为

$$\eta = -\zeta\cot\zeta \tag{51}$$

由(44)与(50)式,得

$$\zeta^2 + \eta^2 = \frac{2\mu V_0 a^2}{\hbar^2} = G^2 \tag{52}$$

定态能量 E 由半径为 G 的圆同曲线 $\eta = -\zeta\cot\zeta$ 在 (ζ,η) 坐标系的第 1 象限的交点求出. 由图 3.6 看出,只有 $G \geqslant \pi/2$ 时,两曲线才有交点. 由此得到,半壁无限高方势阱存在束缚定态的条件是

$$V_0 a^2 \geqslant \frac{\hbar^2 \pi^2}{8\mu} \tag{53}$$

§3.3　一维谐振子

在弹性力 $F = -kx$ 作用下运动的粒子称为一维谐振子,它的势能为(图 3.7)

$$V(x) = \frac{1}{2}kx^2 = \frac{1}{2}\mu\omega^2 x^2, \quad \omega = \sqrt{\frac{k}{\mu}} \tag{1}$$

在经典力学中,由牛顿方程

$$F = \mu \frac{\mathrm{d}^2 x}{\mathrm{d}t^2}$$

在 $t = 0$ 时的初位移 $x = a$ 及初速度 $v = 0$ 的条件下,求得振子的能量

$$E = \frac{1}{2}\mu\omega^2 a^2 \tag{2}$$

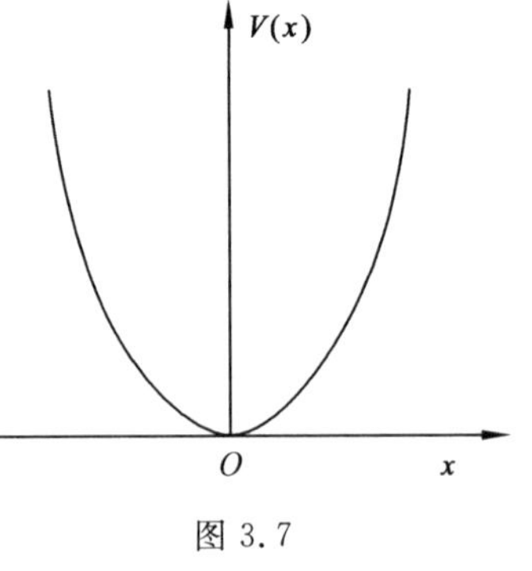

图 3.7

我们已经知道这个结果不适用于原子的振动. 普朗克为了推导出同实验一致的黑体辐射能量密度公式,曾假定 $E = nh\nu = n\hbar\omega, n = 0,1,2,\cdots$. 现在我们来看量子力学是否能给出这个结果. 一维谐振子的定态方程为

$$\left[-\frac{\hbar^2}{2\mu}\frac{d^2}{dx^2}+\frac{1}{2}\mu\omega^2x^2\right]\psi(x)=E\psi(x) \tag{3}$$

令

$$\alpha=\sqrt{\frac{\mu\omega}{\hbar}},\qquad \lambda=\frac{2E}{\hbar\omega} \tag{4}$$

引入新的变量 $\xi=\alpha x$. 在新的变量下，方程(3) 变为

$$\frac{d^2\psi(\xi)}{d\xi^2}+(\lambda-\xi^2)\psi(\xi)=0 \tag{5}$$

级数法是解微分方程的重要方法. 方程(5) 能否用级数法求解的判别法是将 $\psi=\xi^n$ 代入方程(5) 中，看出现几种 ξ 的幂次项. 如果超过二种，则不能；如果只有二种，则能. 显然方程(5) 不能用级数法解. 然而方程(5) 通过函数变换后，可以用级数法解. 寻找变换函数的方法是先求出方程(5) 在 $\xi\to\pm\infty$ 的渐近解. 方程(5) 在 $\xi\to\pm\infty$ 的渐近式为

$$\frac{d^2\psi(\xi)}{d\xi^2}-\xi^2\psi(\xi)=0 \tag{6}$$

其近似解为 $\psi(\xi)=e^{-\xi^2/2},e^{\xi^2/2}$，其中第二个解在 $\xi\to\pm\infty$ 处发散. 取第一个解为变换函数. 令

$$\psi(\xi)=e^{-\xi^2/2}H(\xi) \tag{7}$$

代入(5) 式中得 $H(\xi)$ 的方程

$$\frac{d^2H(\xi)}{d\xi^2}-2\xi\frac{dH(\xi)}{d\xi}+(\lambda-1)H(\xi)=0 \tag{8}$$

这个方程可以用级数法解. 令

$$H(\xi)=\sum_{\nu=0}^{\infty}a_\nu\xi^\nu \tag{9}$$

代入(8)式中得递推公式

$$a_{\nu+2}=\frac{2\nu+1-\lambda}{(\nu+1)(\nu+2)}a_\nu \tag{10}$$

假定已知 a_0，由(10) 式可依次求出 $a_2,a_4,\cdots$，我们可以构造一个无穷级数

$$\begin{aligned}H_{\mathrm{I}}(\xi)&=a_0+a_2\xi^2+a_4\xi^4+a_6\xi^6+\cdots\\&=a_0\left[1+\frac{1-\lambda}{2!}\xi^2+\frac{(1-\lambda)(5-\lambda)}{4!}\xi^4\right.\\&\qquad\left.+\frac{(1-\lambda)(5-\lambda)(9-\lambda)}{6!}\xi^6+\cdots\right]\end{aligned} \tag{11}$$

显然 $H_{\mathrm{I}}(\xi)$ 是方程(8) 的解. 类似地，假定已知 a_1，我们可以构造出方程(8) 的另一个解

$$H_{\mathrm{II}}(\xi)=a_1\xi+a_3\xi^3+a_5\xi^5+a_7\xi^7+\cdots$$
$$=a_1\left[\xi+\frac{3-\lambda}{3!}\xi^3+\frac{(3-\lambda)(7-\lambda)}{5!}\xi^5+\frac{(3-\lambda)(7-\lambda)(11-\lambda)}{7!}\xi^7+\cdots\right] \tag{12}$$

于是我们得到方程(5)的两个线性独立解 :

$$\psi_{\mathrm{I}}(\xi)=\mathrm{e}^{-\xi^2/2}H_{\mathrm{I}}(\xi) \tag{13}$$

$$\psi_{\mathrm{II}}(\xi)=\mathrm{e}^{-\xi^2/2}H_{\mathrm{II}}(\xi) \tag{14}$$

作为束缚态波函数,应该有

$$\psi(\xi)\to 0,\qquad \xi\to\pm\infty \tag{15}$$

我们来研究 $\psi_{\mathrm{I}}(\xi)$ 与 $\psi_{\mathrm{II}}(\xi)$ 是否满足条件(15).无穷级数 $H_{\mathrm{I}}(\xi)$ 与 $H_{\mathrm{II}}(\xi)$ 在 $\xi\to\pm\infty$ 处的值取决于 ξ 的高次项.由(10)式得级数中相邻两项系数之比

$$\frac{a_{\nu+2}}{a_\nu}=\frac{2\nu+1-\lambda}{(\nu+1)(\nu+2)}\xrightarrow{\nu\to\infty}\frac{2}{\nu} \tag{16}$$

函数

$$\mathrm{e}^{\xi^2}=1+\xi^2+\frac{1}{2\,!}\xi^4+\frac{1}{3\,!}\xi^6+\cdots+\frac{1}{(\nu/2)\,!}\xi^\nu+\cdots \tag{17}$$

的相邻两项系数之比

$$\frac{a_{\nu+2}}{a_\nu}=\frac{(\nu/2)\,!}{(\nu/2+1)\,!}=\frac{1}{(\nu/2+1)}\xrightarrow{\nu\to\infty}\frac{2}{\nu} \tag{18}$$

比较(16)式与(18)式,得

$$H_{\mathrm{I}}(\xi),H_{\mathrm{II}}(\xi)\to\mathrm{e}^{\xi^2},\quad \xi\to\pm\infty \tag{19}$$

$$\psi_{\mathrm{I}}(\xi),\psi_{\mathrm{II}}(\xi)\to\mathrm{e}^{-\xi^2/2}\mathrm{e}^{\xi^2}=\mathrm{e}^{\xi^2/2}\to\infty,\quad \xi\to\pm\infty \tag{20}$$

这就是说,我们找到的两个解都不满足束缚态的条件,甚至不满足波函数的平方可积条件.其实,我们并没有真正找到方程(5) 的解.因为 $H_{\mathrm{I}}(\xi)$ 与 $H_{\mathrm{II}}(\xi)$ 中含有一个未知量 $\lambda=2E/\hbar\omega$(E 是未知的).从递推公式不难看出,如果 E 取某些分立值,使得

$$\lambda=\frac{2E}{\hbar\omega}=2n+1,\quad n=0,1,2,\cdots \tag{21}$$

则 $H_{\mathrm{I}}(\xi)$ 或 $H_{\mathrm{II}}(\xi)$ 将变成 n 阶多项式.例如 $n=2(\lambda=5)$,$a_0\neq 0$,由(10)式看出 $a_2=-2a_0$,所有$\nu\geqslant 4$ 的$a_\nu=0$.

$$H_{\mathrm{I}}(\xi)=a_0(1-2\xi^2) \tag{22}$$

又如 $n=3(\lambda=7)$,$a_1\neq 0$,则 $a_3=-(2/3)a_1$,所有 $\nu\geqslant 5$ 的$a_\nu=0$.

$$H_{\mathrm{II}}(\xi)=a_1\left[\xi-\frac{2}{3}\xi^3\right] \tag{23}$$

当 $H_{\mathrm{I}}(\xi)$ 与 $H_{\mathrm{II}}(\xi)$ 成为 n 阶多项式时，$\psi_{\mathrm{I}}(\xi)$ 与 $\psi_{\mathrm{II}}(\xi)$ 满足束缚条件：

$$\psi_{\mathrm{I}}(\xi),\psi_{\mathrm{II}}(\xi) \to \mathrm{e}^{-\xi^2/2} \times n\text{ 阶多项式} \to 0,\ \xi \to \pm\infty \tag{24}$$

由此可见，为了使波函数满足束缚态条件(15)，一维谐振子的定态能量 E 只能取如下分立值：

$$E = E_n = \left(n + \frac{1}{2}\right)\hbar\omega,\quad n = 0,1,2,\cdots \tag{25}$$

这时 $H_{\mathrm{I}}(\xi)$ 或 $H_{\mathrm{II}}(\xi)$ 为 n 阶多项式. 令 $a_n = 2^n$. 于是 $H_{\mathrm{I}}(\xi)$ 或 $H_{\mathrm{II}}(\xi)$ 不再含有任意常数因子. 这时它们统一记为 $H_n(\xi)$，称作厄密多项式. $n \leqslant 4$ 的 $H_n(\xi)$ 为

$$H_0(\xi) = 1,\quad H_1(\xi) = 2\xi,\quad H_2(\xi) = 4\xi^2 - 2$$
$$H_3(\xi) = 8\xi^3 - 12\xi,\quad H_4(\xi) = 16\xi^4 - 48\xi^2 + 12 \tag{26}$$

与能量 E_n 相应的定态波函数为

$$\psi_n(\xi) = A_n \mathrm{e}^{-\xi^2/2} H_n(\xi) \tag{27}$$

$$\psi_n(x) = N_n \mathrm{e}^{-\alpha^2 x^2/2} H_n(\alpha x) \tag{28}$$

利用波函数的归一化条件

$$\int_{-\infty}^{+\infty} \psi_n^*(x)\psi_n(x)\mathrm{d}x = 1 \tag{29}$$

定出

$$N_n = \left(\frac{\alpha}{\pi^{1/2} 2^n n!}\right)^{1/2} \tag{30}$$

包括时间 t 在内的定态波函数为

$$\psi_n(x,t) = \mathrm{e}^{-iE_n t/\hbar}\psi_n(x) \tag{31}$$

［讨论1］　量子力学推导出的一维谐振子定态能量为 $E_n = \left(n + \frac{1}{2}\right)\hbar\omega$，这同普朗克的假设 $E_n = n\hbar\omega$ 相差一个常数项 $\frac{1}{2}\hbar\omega$. 实验证明，公式 $E_n = \left(n + \frac{1}{2}\right)\hbar\omega$ 是正确的. $E_0 = \frac{1}{2}\hbar\omega$ 为基态能量，也叫零点能. 普朗克在推导黑体辐射能量密度公式时，没有计入零点能却能得到正确的结果，这是因为原子振动的零点能对电磁波的辐射没有贡献.

［讨论2］　当振子处于 $n = 0,1,2,3,4$ 的几个低能态时，坐标 x 的几率分布函数 $|\psi_n(x)|^2 \sim x$ 同相应的经典力学振子位移几率分布曲线相差很大. n 很大时二者十分接近(见图 3.8，其中虚线为经典力学振子位移几率分布曲线).

［讨论3］　由于势能 V 满足条件 $V(-x) = V(x)$，定态波函数 $\psi_n(x)$ 有确

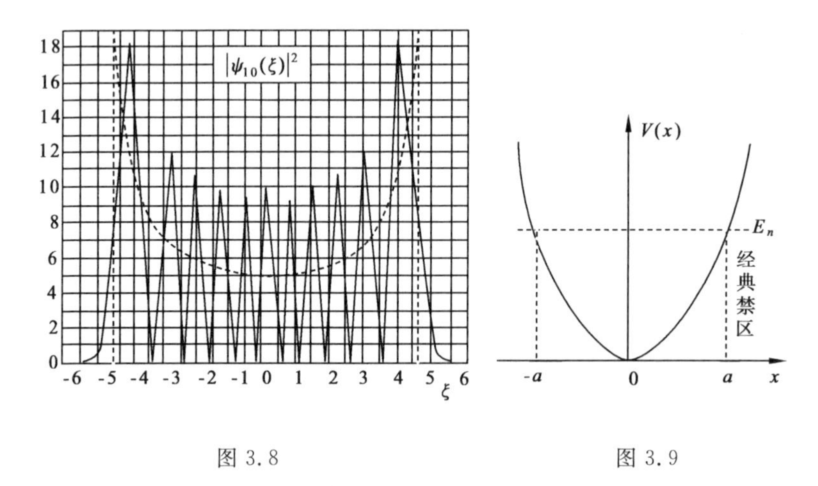

图 3.8　　　　图 3.9

定的宇称. $\psi_n(x)$ 的宇称是 $\pi=(-1)^n$.

［讨论 4］　在经典力学中 $E=\frac{1}{2}\mu\omega^2a^2$，$a$ 为振幅，它是位移的最大值. 由图 3.9 看出，在 $|x|>a$ 的区域内，$E=T+V<V$，动能 $T<0$. 这是经典禁区. 在量子力学中不存在这种禁区. 设振子处于定态 E_n，由 $E_n=\left(n+\frac{1}{2}\right)\hbar\omega=\frac{1}{2}\mu\omega^2a^2$ 可以求出与经典力学相应的振幅：

$$a=\left[2\left(n+\frac{1}{2}\right)\frac{\hbar}{\mu\ \omega}\right]^{1/2}$$

在 $|x|>a$ 的区域，波函数 $\psi_n(x)$ 不为零. 这表明振子可以进入“经典禁区”. 然而这并不表明量子力学允许粒子的动能 $T<0$. 按照量子力学的观点，在给定 t 时刻，粒子在空间任一地区内都有一定的几率存在. 实验测量的粒子动能应该是在全空间按几率密度 $|\psi_n(x)|^2$ 算出的动能平均值

$$\begin{aligned}\overline{T}&=\int_{-\infty}^{+\infty}(E_n-V(x))\ |\psi_n(x,t)|^2\mathrm{d}x\\&=\int_{-\infty}^{+\infty}(E_n-V(x))\psi_n^2(x)\mathrm{d}x\end{aligned}\tag{32}$$

由于振子出现在“经典禁区”的几率较小，故 $\overline{T}$ 不会是负的. 在学习第四章内容之后，我们将了解到，在 $V\neq0$ 的势场中运动的粒子动能不是守恒量，有关“粒子动能在空间某处取某值”的说法是没有意义的. 在下一节我们还将遇到粒子有可能进入“经典禁区”的例子.

［讨论 5］　定态波函数 $\psi_n(x)$ 具有如下的性质：

(1) 正交性

$$\int_{-\infty}^{+\infty} \psi_n^*(x)\psi_m(x)\mathrm{d}x = \delta_{nm} \tag{33}$$

当 $n = m$ 时,(33) 式为波函数的归一化公式. 当 $n \neq m$ 时,上式积分为零,称波函数 $\psi_n(x)$ 具有正交性. 有关波函数的正交性,我们将在第四章中作详细的介绍.

(2) $x\psi_n(x)$ 与 $\dfrac{\mathrm{d}\psi_n(x)}{\mathrm{d}x}$ 可以表示为 $\psi_{n-1}(x)$ 与 $\psi_{n+1}(x)$ 的线性组合:

$$x\psi_n(x) = \frac{1}{\alpha}\left[\sqrt{\frac{n}{2}}\psi_{n-1}(x) + \sqrt{\frac{n+1}{2}}\psi_{n+1}(x)\right] \tag{34}$$

$$\frac{\mathrm{d}\psi_n(x)}{\mathrm{d}x} = \alpha\left[\sqrt{\frac{n}{2}}\psi_{n-1}(x) - \sqrt{\frac{n+1}{2}}\psi_{n+1}(x)\right] \tag{35}$$

[讨论 6]　形如

$$\hat{H} = -\frac{\hbar^2}{2\mu}\frac{\mathrm{d}^2}{\mathrm{d}x^2} + \frac{1}{2}\mu\omega^2 x^2 + ax \tag{36}$$

的哈密顿量,通过配方可以化为一维谐振子哈密顿量加一常数项:

$$\hat{H} = -\frac{\hbar^2}{2\mu}\frac{\mathrm{d}^2}{\mathrm{d}x^2} + \frac{1}{2}\mu\omega^2\left(x + \frac{a}{\mu\,\omega^2}\right)^2 - \frac{a^2}{2\mu\,\omega^2} \tag{37}$$

令 $y = x + \dfrac{a}{\mu\,\omega^2}$. 作变换 $x \to y$,

$$\hat{H} = -\frac{\hbar^2}{2\mu}\frac{\mathrm{d}^2}{\mathrm{d}y^2} + \frac{1}{2}\mu\omega^2 y^2 - \frac{a^2}{2\mu\,\omega^2} \tag{38}$$

[讨论 7]　二维耦合谐振子哈密顿量

$$\hat{H} = -\frac{\hbar^2}{2\mu}\left(\frac{\partial^2}{\partial x^2} + \frac{\partial^2}{\partial y^2}\right) + \frac{1}{2}\mu\omega^2(x^2 + y^2) + \lambda xy \tag{39}$$

通过坐标变换

$$x, y \to \zeta = \frac{1}{\sqrt{2}}(x + y), \eta = \frac{1}{\sqrt{2}}(x - y) \tag{40}$$

可以化为二个一维谐振子哈密顿量之和. 在此变换下,

$$x^2 + y^2 = \zeta^2 + \eta^2, \quad xy = \frac{1}{2}(\zeta^2 - \eta^2) \tag{41}$$

$$\frac{\partial^2}{\partial x^2} + \frac{\partial^2}{\partial y^2} = \frac{\partial^2}{\partial \zeta^2} + \frac{\partial^2}{\partial \eta^2} \tag{42}$$

$$\hat{H} = -\frac{\hbar^2}{2\mu}\frac{\partial^2}{\partial \zeta^2} + \frac{1}{2}\mu\omega_1^2\zeta^2 - \frac{\hbar^2}{2\mu}\frac{\partial^2}{\partial \eta^2} + \frac{1}{2}\mu\omega_2^2\eta^2 \tag{43}$$

其中

$$\omega_1 = \sqrt{\frac{\mu\,\omega^2 + \lambda}{\mu}}, \quad \omega_2 = \sqrt{\frac{\mu\,\omega^2 - \lambda}{\mu}} \tag{44}$$

§3.4 势垒穿透

我们研究如图 3.10(a) 所示，能量 E 一定并带有正电荷 g 的粒子，从带有

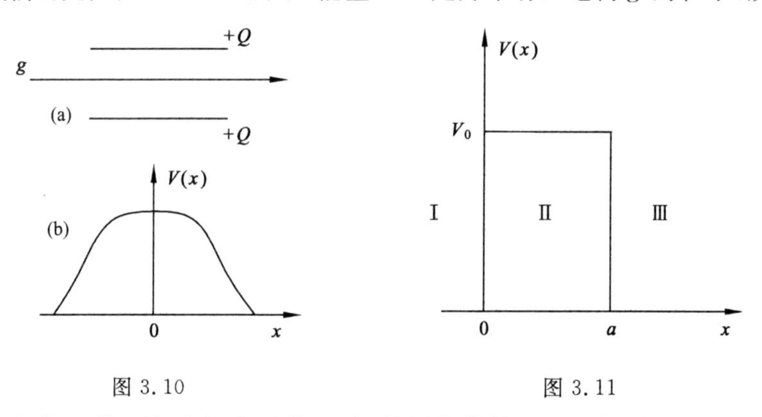

图 3.10　　　　图 3.11

相同正电荷 Q 的两板之间穿过的运动. 粒子的势能 $V(x)$ 如图 3.10(b) 所示. 为了计算的方便，现将势函数 $V(x)$ 简化为如图 3.11 所示的矩形势垒，

$$V(x) = \begin{cases} V_0, & 0 \leqslant x \leqslant a \\ 0, & x < 0, x > a \end{cases} \tag{1}$$

现在要讨论的问题是，能量 E 一定的粒子有多大的几率穿过势垒，由 Ⅰ 区进入 Ⅲ 区?经典力学对这个问题的回答十分简单明确:如果 $E > V_0$，则粒子一定穿过势垒;如果 $E < V_0$，则粒子一定从 $x = 0$ 的势垒边返回，粒子不可能进入势垒区 Ⅱ—经典禁区. 我们来看量子力学对这个问题的回答. 这是一个非束缚定态问题. 定态能量 E 是已知的. 定态波函数 $\psi(x)$ 满足的方程为

$$\left[-\frac{\hbar^2}{2\mu}\frac{\mathrm{d}^2}{\mathrm{d}x^2} + V(x)\right]\psi(x) = E\psi(x) \tag{2}$$

在 $x < 0$ 及 $x > a$ 的 Ⅰ, Ⅲ 两区，$V = 0$，方程均为

$$-\frac{\hbar^2}{2\mu}\frac{\mathrm{d}^2\psi(x)}{\mathrm{d}x^2} = E\psi(x) \tag{3}$$

或

$$\frac{\mathrm{d}^2\psi(x)}{\mathrm{d}x^2}+k^2\psi(x)=0,\quad k=\sqrt{\frac{2\mu E}{\hbar^2}} \tag{4}$$

它的两个线性独立解为 e^{ikx} 与 e^{-ikx}，

$$\begin{aligned}\psi_{\mathrm{I}}(x)&=Ae^{ikx}+Be^{-ikx},\quad x<0\\ \psi_{\mathrm{III}}(x)&=Ce^{ikx}+De^{-ikx},\quad x>0\end{aligned} \tag{5}$$

考虑到粒子是从 $x=-\infty$ 沿 x 的方向入射的，Ⅰ 区中的 Ae^{ikx} 代表入射波，Be^{-ikx} 代表反射波. Ⅲ 区中的 Ce^{ikx} 代表透射波，Ⅲ 区中沿负 x 方向运动的波 De^{-ikx} 不可能存在. 即结合物理实际，令 $D=0$.（5）式变为

$$\begin{aligned}\psi_{\mathrm{I}}(x)&=Ae^{ikx}+Be^{-ikx},\quad x<0\\ \psi_{\mathrm{III}}(x)&=Ce^{ikx},\quad x>a\end{aligned} \tag{6}$$

在 $0\leqslant x\leqslant a$ 的 Ⅱ 区，$\psi(x)$ 的方程为

$$\frac{\mathrm{d}^2\psi(x)}{\mathrm{d}x^2}+\frac{2\mu}{\hbar^2}(E-V_0)\psi(x)=0 \tag{7}$$

在 $E<V_0$ 与 $E>V_0$ 两种情况下，方程的解不同. 我们分别讨论.

(1) $E>V_0$

令

$$\alpha=\sqrt{\frac{2\mu(E-V_0)}{\hbar^2}} \tag{8}$$

方程(7)变为

$$\frac{\mathrm{d}^2\psi(x)}{\mathrm{d}x^2}+\alpha^2\psi(x)=0 \tag{9}$$

它的两个线性独立解为 $e^{i\alpha x}$ 与 $e^{-i\alpha x}$，

$$\psi_{\mathrm{II}}(x)=Fe^{i\alpha x}+Ge^{-i\alpha x},\quad 0<x<a \tag{10}$$

我们已经求出了定态波函数 $\psi(x)$ 在三个区内的具体形式(6)与(10). 已知其中 $Ae^{ikx}\equiv\psi_i$ 代表入射粒子波. 在实际问题中，入射粒子流的强度是已知的，它对应于入射粒子流密度

$$j_i=-\frac{i\hbar}{2\mu}\left(\psi_i^*\frac{\mathrm{d}\psi_i}{\mathrm{d}x}-\psi_i\frac{\mathrm{d}\psi_i^*}{\mathrm{d}x}\right)=|A|^2\frac{\hbar k}{\mu} \tag{11}$$

因此常数 A 是已知量. 为了简单，我们选择 $A=1$，即选择入射粒子流密度

$$j_i=\frac{\hbar k}{\mu} \tag{12}$$

这时 $\psi(x)$ 在三个区内的形式为

$$\psi_{\mathrm{I}}(x)=e^{ikx}+Be^{-ikx},\quad x<0$$

$$\psi_{\mathrm{II}}(x)=F\mathrm{e}^{i\alpha x}+G\mathrm{e}^{-i\alpha x}, \quad 0<x<a \tag{13}$$

$$\psi_{\mathrm{III}}(x)=C\mathrm{e}^{ikx}, \qquad x>a$$

利用 ψ 及其微商 ψ' 在 $x=0$ 及 a 连续条件：

$$\psi_{\mathrm{I}}(0)=\psi_{\mathrm{II}}(0), \quad \psi_{\mathrm{I}}'(0)=\psi_{\mathrm{II}}'(0)$$

$$\psi_{\mathrm{II}}(a)=\psi_{\mathrm{III}}(a), \quad \psi_{\mathrm{II}}'(a)=\psi_{\mathrm{III}}'(a)$$

可以得到系数 B,F,G 与 C 满足的 4 个代数方程，并解出 B 与 C. 用 $\psi_r=B\mathrm{e}^{-ikx}$ 及 $\psi_t=C\mathrm{e}^{ikx}$ 代替公式(11) 中的 ψ_i，得到反射几率流密度

$$j_r=-|B|^2\frac{\hbar k}{\mu} \tag{14}$$

和透射几率流密度

$$j_t=|C|^2\frac{\hbar k}{\mu} \tag{15}$$

入射粒子在势垒上的反射率 R 与透射率 T 为

$$R=\left|\frac{j_r}{j_i}\right|=|B|^2 \tag{16}$$

$$T=\left|\frac{j_t}{j_i}\right|=|C|^2 \tag{17}$$

将 B 与 C 的计算值分别代入(16) 与(17) 得

$$R=\frac{(k^2-\alpha^2)^2\sin^2(\alpha a)}{(k^2-\alpha^2)^2\sin^2(\alpha a)+4k^2\alpha^2} \tag{18}$$

$$T=\frac{4k^2\alpha^2}{(k^2-\alpha^2)^2\sin^2(\alpha a)+4k^2\alpha^2} \tag{19}$$

$$R+T=1 \tag{20}$$

(2) $E<V_0$

令

$$\beta=\sqrt{\frac{2\mu(V_0-E)}{\hbar^2}} \tag{21}$$

ψ 在 Ⅱ 区的方程为

$$\frac{\mathrm{d}^2\psi(x)}{\mathrm{d}x^2}-\beta^2\psi(x)=0 \tag{22}$$

其解为

$$\psi_{\mathrm{II}}(x)=F\mathrm{e}^{\beta x}+G\mathrm{e}^{-\beta x}, \quad 0<x<a \tag{23}$$

用 $E>V_0$ 情况相同的处理方法，得到

$$R = \frac{(k^2+\beta^2)^2\,\mathrm{sh}^2(\beta a)}{(k^2+\beta^2)^2\,\mathrm{sh}^2(\beta a)+4k^2\beta^2} \tag{24}$$

$$T = \frac{4k^2\beta^2}{(k^2+\beta^2)^2\,\mathrm{sh}^2(\beta a)+4k^2\beta^2} \tag{25}$$

$$R + T = 1 \tag{26}$$

$$\mathrm{sh}\beta a = \frac{\mathrm{e}^{\beta a}-\mathrm{e}^{-\beta a}}{2} \tag{27}$$

［讨论 1］　量子力学认为，无论 $E > V_0$ 还是 $E < V_0$，入射粒子总是以一定的几率 T 穿过势垒，以一定的几率 $R = 1 - T$ 从势垒折回. 这同经典力学的结论很不相同. 但在 $E \gg V_0$ 时，$T \to 1, R \to 0$；在 $E \ll V_0$ 时，$T \to 0, R \to 1$，量子力学的结果同经典力学一致.

［讨论 2］　如果 $E > V_0$，且满足如下条件：

$$\alpha a = \sqrt{\frac{2\mu(E-V_0)}{\hbar^2}}\,a = n\pi, \quad n = 1,2,3,\cdots \tag{28}$$

则 $R = 0, T = 1$. 这叫共振透射. 将粒子在势垒区的波长 $\lambda = 2\pi/\alpha$ 代入共振条件(28)，得到

$$n\lambda = 2a, \qquad n = 1,2,3,\cdots \tag{29}$$

这正是在势垒区形成驻波的条件. 形成驻波是产生共振透射的原因.

［讨论 3］　$E < V_0$ 时，势垒区是粒子的“经典禁区”，而粒子却有一定的几率穿过这一势垒，这叫“隧道效应”. 原子核的 α 衰变与金属中电子的冷发射是“隧道效应”的两个实例. 假定

$$\beta a = \sqrt{\frac{2\mu(V_0-E)}{\hbar^2}}\,a \gtrsim 3 \tag{30}$$

则

$$\mathrm{e}^{\beta a} \gg 1, \quad \mathrm{sh}\beta a \approx \frac{\mathrm{e}^{\beta a}}{2} \gg 1 \tag{31}$$

由(25)式得

$$T \approx \frac{16k^2\beta^2}{(k^2+\beta^2)^2}\,\mathrm{e}^{-2\beta a} \tag{32}$$

将 β 与 k 的定义式(21) 与(4) 代入(32) 式，得

$$T \approx \frac{16E(V_0-E)}{V_0^2}\mathrm{e}^{-\sqrt{2\mu(V_0-E)}\,2a/\hbar} \tag{33}$$

由于在(33) 式的指数中含有 a 与 V_0，故势垒宽度 a 与高度 V_0 的变化对势垒穿透率 T 的影响极大. 以电子为例，$\mu = 9.1 \times 10^{-28}$g. 设 $a = 2 \times 10^{-8}$cm，$V_0 =$

10eV, $E=2\text{eV}$. $\beta a=5.8$, $T=7.6\times10^{-3}$. 如果将 a 分别变为 4×10^{-8}cm 与 6×10^{-8}cm, 则 T 分别变为 2.3×10^{-5} 与 6.8×10^{-8}.

§3.5　δ 函数势

(1) 波函数一阶微商 ψ' 不连续的条件

设势场为

$$V(x)=\pm\gamma\delta(x-a)\quad(\gamma>0)\tag{1}$$

其中正负号分别对应 δ 势垒与 δ 势阱. 粒子在 δ 势场中运动的定态方程为

$$-\frac{\hbar^2}{2\mu}\frac{\mathrm{d}^2\psi(x)}{\mathrm{d}x^2}\pm\gamma\delta(x-a)\psi(x)=E\psi(x)\tag{2}$$

或

$$\frac{\mathrm{d}^2\psi(x)}{\mathrm{d}x^2}=\pm\frac{2\mu\gamma}{\hbar^2}\delta(x-a)\psi(x)-\frac{2\mu E}{\hbar^2}\psi(x)\tag{3}$$

$x=a$ 是方程的奇点. 在这一点附近对方程作积分 $\int_{a-\varepsilon}^{a+\varepsilon}\mathrm{d}x$,

$$\int_{a-\varepsilon}^{a+\varepsilon}\frac{\mathrm{d}^2\psi(x)}{\mathrm{d}x^2}\mathrm{d}x=\pm\frac{2\mu\gamma}{\hbar^2}\int_{a-\varepsilon}^{a+\varepsilon}\delta(x-a)\psi(x)\mathrm{d}x-\frac{2\mu E}{\hbar^2}\int_{a-\varepsilon}^{a+\varepsilon}\psi(x)\mathrm{d}x\tag{4}$$

$$\psi'(a+\varepsilon)-\psi'(a-\varepsilon)=\pm\frac{2\mu\gamma}{\hbar^2}\psi(a)-\frac{2\mu E}{\hbar^2}\int_{a-\varepsilon}^{a+\varepsilon}\psi(x)\,\mathrm{d}x\tag{5}$$

令 $\varepsilon\to0$, (5) 式变为

$$\psi'(a^+)-\psi'(a^-)=\pm\frac{2\mu\gamma}{\hbar^2}\psi(a)\tag{6}$$

可见波函数的一阶微商 ψ' 在 $x=a$ 点是不连续的, 除非 $\psi(a)=0$. (6) 式是 ψ' 的不连续条件.

(2) 粒子在 δ 势阱中的束缚态

设

$$V(x)=-\gamma\delta(x)\quad(\gamma>0)\tag{7}$$

定态方程为

$$-\frac{\hbar^2}{2\mu}\frac{\mathrm{d}^2\psi(x)}{\mathrm{d}x^2}-\gamma\delta(x)\psi(x)=E\psi(x)\tag{8}$$

对束缚态，$E<0$（在此势阱中，$E>0$ 不能形成束缚态）．令

$$E=-|E|,\qquad \alpha=\sqrt{\frac{2\mu\,|E|}{\hbar^2}} \tag{9}$$

方程(8)变为

$$\frac{\mathrm{d}^2\psi(x)}{\mathrm{d}x^2}+\frac{2\mu\,\gamma}{\hbar^2}\delta(x)\psi(x)=\alpha^2\psi(x) \tag{10}$$

在 $x<0$ 的 Ⅰ 区与 $x>0$ 的 Ⅱ 区，$\psi(x)$ 的方程均为

$$\frac{\mathrm{d}^2\psi(x)}{\mathrm{d}x^2}=\alpha^2\psi(x) \tag{11}$$

它的两个线性独立解为 $\mathrm{e}^{\alpha x}$ 与 $\mathrm{e}^{-\alpha x}$．由束缚态条件

$$\psi(x)\to 0,\quad x\to\pm\infty \tag{12}$$

得

$$\begin{aligned}\psi_{\mathrm{I}}(x)&=A\mathrm{e}^{\alpha x},\qquad x<0\\ \psi_{\mathrm{II}}(x)&=B\mathrm{e}^{-\alpha x},\qquad x>0\end{aligned} \tag{13}$$

利用 $\psi(x)$ 在 $x=0$ 处的连续条件：$\psi_{\mathrm{I}}(0)=\psi_{\mathrm{II}}(0)$，得 $B=A$．

$$\begin{aligned}\psi_{\mathrm{I}}(x)&=A\mathrm{e}^{\alpha x},\qquad x<0\\ \psi_{\mathrm{II}}(x)&=A\mathrm{e}^{-\alpha x},\qquad x>0\end{aligned} \tag{14}$$

再利用 $\psi'(x)$ 在 $x=0$ 处的不连续条件

$$\psi'_{\mathrm{II}}(0)-\psi'_{\mathrm{I}}(0)=-\frac{2\mu\gamma}{\hbar^2}\,\psi_{\mathrm{I}}(0) \tag{15}$$

得

$$\alpha=\frac{\mu\gamma}{\hbar^2}=\sqrt{\frac{2\mu\,|E|}{\hbar^2}},\qquad |E|=\frac{\mu\gamma^2}{2\hbar^2} \tag{16}$$

所以

$$E=-\frac{\mu\gamma^2}{2\hbar^2} \tag{17}$$

利用 ψ 的归一化条件可定出 $A=\sqrt{\alpha}$．

$$\psi(x)=\begin{cases}\sqrt{\alpha}\,\mathrm{e}^{\alpha x}, & x\leqslant 0\\ \sqrt{\alpha}\,\mathrm{e}^{-\alpha x}, & x>0\end{cases} \tag{18}$$

即

$$\psi(x)=\sqrt{\frac{\mu\gamma}{\hbar^2}}\,\mathrm{e}^{-\mu\gamma|x|/\hbar^2} \tag{18$'$}$$

(3) 粒子波在 δ 势上的穿透率

设

$$V(x) = \gamma\delta(x) \tag{19}$$

ψ 的定态方程为

$$\frac{\mathrm{d}^2\psi(x)}{\mathrm{d}x^2} - \frac{2\mu\gamma}{\hbar^2}\delta(x)\psi(x) = -k^2\psi(x), \ k = \sqrt{\frac{2\mu E}{\hbar^2}} \tag{20}$$

在 $x<0$ 的 Ⅰ 区及 $x>0$ 的 Ⅱ 区,(20) 式为自由粒子方程.其解为

$$\begin{aligned}\psi_{\mathrm{I}}(x) &= \mathrm{e}^{ikx} + B\mathrm{e}^{-ikx}, \quad x<0 \\ \psi_{\mathrm{II}}(x) &= C\mathrm{e}^{ikx}, \qquad\qquad x>a\end{aligned} \tag{21}$$

其中已将入射波的系数取作 1. 由 $\psi(x)$ 在 $x=0$ 处的连续条件:$\psi_{\mathrm{I}}(0) = \psi_{\mathrm{II}}(0)$,得

$$1 + B = C \tag{22}$$

由 $\psi'(x)$ 在 $x=0$ 处的不连续条件

$$\psi'_{\mathrm{II}}(0) - \psi'_{\mathrm{I}}(0) = \frac{2\mu\gamma}{\hbar^2}\psi_{\mathrm{II}}(0) \tag{23}$$

得

$$ik(C+B-1) = \frac{2\mu\gamma C}{\hbar^2} \tag{24}$$

由(22)式与(24)式解得

$$C = \frac{1}{1+i(\mu\gamma/\hbar^2 k)}, \quad B = \frac{-i\mu\gamma/\hbar^2 k}{1+i(\mu\gamma/\hbar^2 k)} \tag{25}$$

透射率 T 与反射率 R 为

$$T = |C|^2 = \frac{1}{1+(\mu^2\gamma^2/\hbar^4 k^2)} = \frac{1}{1+(\mu\gamma^2/2E\hbar^2)} \tag{26}$$

$$R = |B|^2 = \frac{\mu\gamma^2/2E\hbar^2}{1+(\mu\gamma^2/2E\hbar^2)} \tag{27}$$

粒子在 δ 势阱上的透射率 T 与 反射率 R,可用相同的方法算出.

习　题

1. 一维谐振子处于基态,波函数 $\psi(x) = \sqrt{\frac{\alpha}{\sqrt{\pi}}}\mathrm{e}^{-\alpha^2x^2/2}$,求

(1) 坐标 x 的平均值 $\bar{x}$;

(2) 势能的平均值 $\bar{V}$;

(3) 振子处于“经典禁区”的几率.

答：(1)$\bar{x}=0$,(2)$\bar{V}=\hbar\omega/4$,(3)≈ 0.16.

2. 粒子在如下势场中运动：

$$V(x)=\begin{cases} gx, & x>0 \\ \infty, & x\leqslant 0 \end{cases}$$

写出定态方程及在 $x=0$ 与 $x\to\infty$ 处的边界条件.

答：

$$\psi(x)=0,\quad x\leqslant 0$$

$$-\frac{\hbar^2}{2\mu}\frac{\mathrm{d}^2\psi(x)}{\mathrm{d}x^2}+gx\psi(x)=E\psi(x),\quad x>0$$

$$\psi(0)=0,\quad \psi(\infty)=0$$

3. 粒子在如下势场中运动：

$$V(x)=\begin{cases} \infty, & x\leqslant 0 \\ V_0, & 0<x\leqslant a \\ 0, & a<x\leqslant b \\ \infty, & b<x \end{cases}\qquad (V_0>0)$$

在能量 $E>V_0$ 的情况下，

(1) 写出定态方程及边界条件；

(2) 给出能量 E 满足的超越方程.

答：(1) 令　$k=\sqrt{\dfrac{2\mu E}{\hbar^2}}$，$\alpha=\sqrt{\dfrac{2\mu(E-V_0)}{\hbar^2}}$

$$\psi(x)=0,\qquad x\leqslant 0, x\geqslant b$$

$$\frac{\mathrm{d}^2\psi(x)}{\mathrm{d}x^2}=-\alpha^2\psi(x),\quad 0<x\leqslant a$$

$$\frac{\mathrm{d}^2\psi(x)}{\mathrm{d}x^2}=-k^2\psi(x),\quad a<x\leqslant b$$

$$\psi(0)=0,\quad \psi(a^+)=\psi(a^-),\quad \psi'(a^+)=\psi'(a^-),\quad \psi(b)=0$$

(2)　$k\tan(\alpha a)=\alpha\dfrac{\tan(ka)-\tan(kb)}{1+\tan(kb)\tan(ka)}=\alpha\tan k(a-b)$

4. 粒子在如下势场中运动：

$$V(x)=\begin{cases} 0, & |x|\leqslant a \\ V_0, & a<|x|\leqslant b \\ \infty, & b<|x| \end{cases}\qquad (V_0>0)$$

在能量 $E>V_0$ 的情况下，

(1) 写出定态方程及边界条件；

(2) 判断定态波函数是否有确定的宇称？如果有，分别写出偶宇称与奇宇称定态波函数解的一般形式.

答：(1) 令　$k=\sqrt{\dfrac{2\mu E}{\hbar^2}}$，$\alpha=\sqrt{\dfrac{2\mu(E-V_0)}{\hbar^2}}$

$$\psi(x)=0,\qquad |x|\geqslant b$$

$$\frac{\mathrm{d}^2\psi(x)}{\mathrm{d}x^2}=-k^2\psi(x),\quad |x|\leqslant a$$

$$\frac{\mathrm{d}^2\psi(x)}{\mathrm{d}x^2}=-\alpha^2\psi(x),\quad a\leqslant|x|\leqslant b$$

$$\psi(\pm b)=0,\quad \psi(\pm a^+)=\psi(\pm a^-),\quad \psi'(\pm a^+)=\psi'(\pm a^-)$$

(2) 偶宇称波函数

$$\psi_1(x)=A(\sin\alpha x-\tan\alpha b\cos\alpha x),\qquad a\leqslant x\leqslant b$$
$$\psi_2(x)=B\cos kx,\qquad -a\leqslant x\leqslant a$$
$$\psi_3(x)=-A(\sin\alpha x+\tan\alpha b\cos\alpha x),\qquad -b\leqslant x\leqslant -a$$

奇宇称波函数

$$\psi_1(x)=A(\sin\alpha x-\tan\alpha b\cos\alpha x),\qquad a\leqslant x\leqslant b$$
$$\psi_2(x)=B\sin kx,\qquad -a\leqslant x\leqslant a$$
$$\psi_3(x)=A(\sin\alpha x+\tan\alpha b\cos\alpha x),\qquad -b\leqslant x\leqslant -a$$

5. 粒子在势阱

$$V(x)=\begin{cases}\frac{1}{2}\mu\,\omega^2x^2, & x>0\\ \infty, & x\leqslant 0\end{cases}$$

中运动,求粒子的能量和波函数.

答:$E=\left(n+\frac{1}{2}\right)\hbar\omega,\quad \psi_n(x)=N_n\mathrm{e}^{-\alpha^2x^2/2}H_n(\alpha x)$

$$n=1,3,5,\cdots$$

6. 质量为 μ 的粒子在势场

$$V(x)=\begin{cases}0, & |x|>a\\ -V_0, & |x|<a\end{cases}$$

中运动,其中 $V_0>0$.求存在且仅存在一个束缚定态的条件.

答:$V_0a^2<\frac{\pi^2\hbar^2}{8\mu}$

7. 一个质量为 μ 的粒子处于 $0\leqslant x\leqslant a$ 的无限深方势阱中,$t=0$ 时,归一化波函数为

$$\psi(x,0)=\sqrt{\frac{8}{5a}}\left(1+\cos\frac{\pi x}{a}\right)\sin\frac{\pi x}{a}$$

求 (1) 在后来任意时刻 t 的波函数;

(2) 在 $t=0$ 与任意 t 时刻的粒子平均能量;

(3) 在任意 t 时刻粒子处于 $0\leqslant x\leqslant a/2$ 的几率.

答:(1) $\psi(x,t)=\sqrt{\frac{4}{5}}\mathrm{e}^{-iE_1t/\hbar}\psi_1(x)+\sqrt{\frac{1}{5}}\mathrm{e}^{-iE_2t/\hbar}\psi_2(x)$

$$\psi_n(x)=\sqrt{\frac{2}{a}}\sin\frac{n\pi x}{a},\quad E_n=\frac{n^2\pi^2\hbar^2}{2\mu a^2}$$

（2）$t=0$ 与 t 时平均能量均为$\dfrac{4\pi^2\hbar^2}{5\mu a^2}$.

（3）$\dfrac{1}{2}+\dfrac{16}{15\pi}\cos\dfrac{3\pi^2\hbar t}{2\mu a^2}$

8. 质量为 μ 的粒子做一维束缚运动，两个能量本征函数分别为 $\psi_1(x)=Ae^{-\beta x^2/2}$ 与 $\psi_2(x)=B(x^2+bx+c)e^{-\beta x^2/2}(-\infty<x<\infty)$. A,B,b,c 均为实常数. 试确定参数 b,c 的取值，并求出这两个态的能量之差 E_2-E_1.

答：$b=0$，　$c=-\dfrac{1}{2\beta}$，　$E_2-E_1=\dfrac{2\beta\hbar^2}{\mu}$

9. 质量为 μ 的粒子在势场

$$V(x)=\begin{cases}\infty, & x<0,x>a\\ \alpha\,\delta(x-\dfrac{a}{2}), & 0<x<a\end{cases}$$

中运动，其中 a 与 α 为正实数. 求第一激发态能量.

答：$E_2=\dfrac{2\pi^2\hbar^2}{\mu a^2}$

10. 质量为 μ 的粒子在势场 $V(x)=-\alpha\delta(x)+V'$ 中运动，

$$V'=\begin{cases}0, & x\leqslant 0\\ V_0, & x>0\end{cases}$$

α 与 V_0 为正实数.

（1）给出存在束缚态的条件，并给出其能量本征值与相应的本征函数；

（2）给出粒子处于 $x>0$ 区域中的几率，它是大于 1/2，还是小于 1/2，为什么？

答：（1）条件：$\alpha^2>\dfrac{V_0\hbar^2}{2\mu}$.　$E=-\dfrac{\hbar^2}{8\mu\alpha^2}\left(\dfrac{2\mu\alpha^2}{\hbar^2}-V_0\right)^2$

$\psi(x)=\sqrt{\dfrac{2\beta\gamma}{\beta+\gamma}}e^{-|\beta|x}$，$\beta=\sqrt{\dfrac{2\mu|E|}{\hbar^2}}$，　$\gamma=\sqrt{\dfrac{2\mu(V_0+|E|)}{\hbar^2}}$

（2）几率：$\dfrac{\beta}{\beta+\gamma}<\dfrac{1}{2}$

11. 质量为 μ 的粒子在势场 $V(x)=-\alpha\delta(x)(\alpha>0)$ 中作一维束缚运动.（1）求坐标 $a>0$ 使得粒子在区域 $|x|>a$ 的几率为 1/2.（2）求动量几率分布函数 $W(p)$.

答：$a=\dfrac{\ln 2}{2\lambda}$，　$W(p)=\dfrac{2\lambda^3}{\pi\hbar(\lambda^2+p^2/\hbar^2)^2}$，　$\lambda=\dfrac{\mu\alpha}{\hbar^2}$

12. 设波函数 $\psi(x)=A\left(\dfrac{x}{a}\right)^n e^{-x/a}$ 是一维势场 $V(x)$ 中的粒子的能量本征函数，其中 A,a,n 为常数. 当 $x\to\infty$ 时，$V(x)\to 0$. 求势能 $V(x)$ 和粒子的能量 E. 已知粒子的质量为 μ.

答：$E=-\dfrac{\hbar^2}{2\mu a^2}$.　$V=\dfrac{\hbar^2}{2\mu}\left[\dfrac{n(n-1)}{x^2}-\dfrac{2n}{ax}\right]$

13. 粒子在二维势场 $V(x,y)=\dfrac{1}{2}\mu\omega^2(x^2+y^2+2\lambda xy)$ 中运动，其中 $|\lambda|<1$，μ 为粒子质量.求能量本征值与相应的本征函数.

答：
$$E=\left(n_1+\frac{1}{2}\right)\hbar\omega_1+\left(n_2+\frac{1}{2}\right)\hbar\omega_2$$
$$\omega_1=\omega\sqrt{1+\lambda},\quad \omega_2=\omega\sqrt{1-\lambda},\quad n_1,n_2=0,1,2,\cdots$$
$$\psi(x,y)=N\mathrm{e}^{-\alpha_1^2(x+y)^2/4}H_{n_1}(\alpha_1(x+y)/\sqrt{2})$$
$$\times\mathrm{e}^{-\alpha_2^2(x-y)^2/4}H_{n_2}(\alpha_2(x-y)/\sqrt{2})$$
$$\alpha_1=\sqrt{\frac{\mu\omega_1}{\hbar}},\quad \alpha_2=\sqrt{\frac{\mu\omega_2}{\hbar}}$$

14. 两个质量都是 μ 的一维耦合谐振子系统的哈密顿算符为
$$\hat{H}=-\frac{\hbar^2}{2\mu}\left(\frac{\partial^2}{\partial x_1^2}+\frac{\partial^2}{\partial x_2^2}\right)$$
$$+\frac{1}{2}\mu\omega^2[(x_1-a)^2+(x_2+a)^2+\lambda(x_1-x_2)^2]$$
其中 λ 与 a 为实数，$\lambda>-1/2$，$-\infty<x_1,x_2<\infty$.求系统的能量本征值.

答：$E=\left(n_1+\dfrac{1}{2}\right)\hbar\omega+\left(n_2+\dfrac{1}{2}\right)\hbar\omega\sqrt{1+2\lambda}+\dfrac{2\lambda\mu\omega^2a^2}{1+2\lambda}$，$n_1,n_2=0,1,2,\cdots$

15. 计算能量 $E>V_0$ 与 $E<V_0$ 的入射粒子在阶跃势
$$V(x)=\begin{cases}0, & x\leqslant 0\\ V_0, & x>0\end{cases}\qquad (V_0>0)$$
上的反射率 R 与进入 $x>0$ 区的几率 T.

答：$E>V_0$ 的 $R=\dfrac{(k-\alpha)^2}{(k+\alpha)^2}$，　$T=\dfrac{4k\alpha}{(k+\alpha)^2}$，　$k=\sqrt{\dfrac{2\mu E}{\hbar^2}}$

$\alpha=\sqrt{\dfrac{2\mu(E-V_0)}{\hbar^2}}$；　　$E<V_0$ 的 $R=1$，$T=0$

16. 计算能量为 E 的粒子在 δ 势阱 $V=-A\delta(x)$ 上的反射系数与透射系数.

答：同 $V=A\delta(x)$ 的反射系数与透射系数相同，见 §3.5.

第四章　力学量与算符

在第二章中所有我们曾遇到的力学量都有相应的力学量算符与之对应，如动量 $\boldsymbol{p}$ 对应动量算符 $\hat{\boldsymbol{p}}=-i\hbar\nabla$；坐标 $\boldsymbol{r}$ 对应坐标算符 $\hat{\boldsymbol{r}}=\boldsymbol{r}$；动能 T 对应动能算符 $\hat{T}=-\frac{\hbar^2}{2\mu}\nabla^2$；势能 $V(\boldsymbol{r},t)$ 对应势能算符 $\hat{V}=V(\boldsymbol{r},t)$；能量 $E=T+V$ 对应哈密顿算符 $\hat{H}=\hat{T}+\hat{V}=-\frac{\hbar^2}{2\mu}\nabla^2+V(\boldsymbol{r},t)$. 在量子力学中，所有力学量都有一个厄密算符与之对应，并且力学量的取值就是相应算符的本征值. 这是我们在本章中要介绍的量子力学的另一个基本假定.

§4.1　线性算符，对易关系与厄密算符

(1) 线性算符

在量子力学中，算符 $\hat{F}$ 是对波函数 $\psi(\boldsymbol{r})$ 的一种运算，它使 $\psi(\boldsymbol{r})$ 变成另一个波函数 $\varphi(\boldsymbol{r})$：

$$\hat{F}\psi(\boldsymbol{r})=\varphi(\boldsymbol{r}) \tag{1}$$

如果算符 $\hat{F}$ 对任意波函数 $\psi(\boldsymbol{r})$ 运算的结果仍是 $\psi(\boldsymbol{r})$，则 $\hat{F}$ 称为单位算符，记为 $\hat{I}$. 如果算符 $\hat{F}$ 对波函数 $\psi_1(\boldsymbol{r})$ 与 $\psi_2(\boldsymbol{r})$ 线性叠加运算的结果为

$$\hat{F}[c_1\psi_1(\boldsymbol{r})+c_2\psi_2(\boldsymbol{r})]=c_1\hat{F}\psi_1(\boldsymbol{r})+c_2\hat{F}\psi_2(\boldsymbol{r}) \tag{2}$$

则称 $\hat{F}$ 为线性算符. 例如 $\hat{F}=x,\frac{\partial}{\partial x},\int\mathrm{d}x$ 等都是线性算符. 算符 $\hat{A}$ 与 $\hat{B}$ 相加减的定义是

$$(\hat{A}\pm\hat{B})\psi\equiv\hat{A}\psi\pm\hat{B}\psi \tag{3}$$

算符 $\hat{A}$ 与 $\hat{B}$ 相乘的定义是

$$(\hat{A}\hat{B})\psi\equiv\hat{A}(\hat{B}\psi) \tag{4}$$

即乘积算符 $\hat{A}\hat{B}$ 对 ψ 的运算是先对 ψ 作 $\hat{B}$ 的运算，然后再对 $\hat{B}\psi$ 作 $\hat{A}$ 的运算.

(2) 算符的对易关系

算符 $\hat{A}$ 与 $\hat{B}$ 的对易关系式$[\hat{A},\hat{B}]$定义为

$$[\hat{A},\hat{B}] \equiv \hat{A}\hat{B} - \hat{B}\hat{A} \tag{5}$$

如果$[\hat{A},\hat{B}] = 0$,或 $\hat{A}\hat{B} = \hat{B}\hat{A}$,则称 $\hat{A}$ 与 $\hat{B}$ 对易. 如果$[\hat{A},\hat{B}] \neq 0$,或 $\hat{A}\hat{B} \neq \hat{B}\hat{A}$,则称 $\hat{A}$ 与 $\hat{B}$ 不对易. 例如坐标算符 x,y,z 中任两个是对易的,动量算符 $\hat{p}_x,\hat{p}_y,\hat{p}_z$ 中任两个也是对易的,而同一方向的坐标分量算符与动量分量算符是不对易的. 在量子力学中,x,y,z 与 $\hat{p}_x,\hat{p}_y,\hat{p}_z$ 之间的对易关系式称为基本对易关系式,它们是

$$\begin{gathered}[x,\hat{p}_x] = i\hbar,\quad [y,\hat{p}_y] = i\hbar,\quad [z,\hat{p}_z] = i\hbar \\ [x,\hat{p}_y] = [y,\hat{p}_x] = [z,\hat{p}_x] = \cdots = 0\end{gathered} \tag{6}$$

我们来证明其中的第一式. 取任一波函数 ψ,

$$\begin{aligned}[x,\hat{p}_x]\psi &= (x\hat{p}_x - \hat{p}_x x)\psi = -i\hbar\left(x\frac{\partial}{\partial x} - \frac{\partial}{\partial x}x\right)\psi \\ &= -i\hbar\left(x\frac{\partial\psi}{\partial x} - \psi - x\frac{\partial\psi}{\partial x}\right) = i\hbar\psi,\end{aligned}$$

由于 ψ 是任意的,故有$[x,\hat{p}_x] = i\hbar$. 用同样的方法不难证明其他式子. (6) 式中的所有对易关系式可以统一记为

$$[x_\alpha,\hat{p}_\beta] = i\hbar\delta_{\alpha\beta} \tag{7}$$

其中

$$\alpha,\beta = 1,2,3,\quad x_\alpha = (x,y,z),\quad \hat{p}_\beta = (\hat{p}_x,\hat{p}_y,\hat{p}_z)$$

根据对易关系式的定义(5),可以证明对易关系式有以下性质:

$$\begin{aligned}&[\hat{A},\hat{B}] = -[\hat{B},\hat{A}] \\ &[\hat{A},\hat{B}+\hat{C}] = [\hat{A},\hat{B}] + [\hat{A},\hat{C}] \\ &[\hat{A},\hat{B}\hat{C}] = \hat{B}[\hat{A},\hat{C}] + [\hat{A},\hat{B}]\hat{C} \\ &[\hat{A}\hat{B},\hat{C}] = \hat{A}[\hat{B},\hat{C}] + [\hat{A},\hat{C}]\hat{B}\end{aligned} \tag{8}$$

我们只证明其中最后一式. 任取一波函数 ψ,

$$\begin{aligned}[\hat{A}\hat{B},\hat{C}]\psi &= (\hat{A}\hat{B}\hat{C} - \hat{C}\hat{A}\hat{B})\psi \\ &= (\hat{A}\hat{B}\hat{C} - \hat{A}\hat{C}\hat{B} + \hat{A}\hat{C}\hat{B} - \hat{C}\hat{A}\hat{B})\psi \\ &= [\hat{A}(\hat{B}\hat{C} - \hat{C}\hat{B}) + (\hat{A}\hat{C} - \hat{C}\hat{A})\hat{B}]\psi \\ &= (\hat{A}[\hat{B},\hat{C}] + [\hat{A},\hat{C}]\hat{B})\psi\end{aligned}$$

因 ψ 是任意的,故有

$$[\hat{A}\hat{B},\hat{C}] = \hat{A}[\hat{B},\hat{C}] + [\hat{A},\hat{C}]\hat{B}$$

(3) 厄密算符

为了了解什么是厄密算符，我们先介绍两个波函数的内积. 波函数 $\psi(\boldsymbol{r})$ 与 $\varphi(\boldsymbol{r})$ 的内积或标量积 (ψ,φ) 的定义为

$$(\psi,\varphi) \equiv \int \psi^*(\boldsymbol{r})\varphi(\boldsymbol{r})\mathrm{d}\tau \tag{9}$$

上式中的积分是在波函数存在的全部空间进行的. 在这里，我们将波函数 $\psi(\boldsymbol{r})$ 与 $\varphi(\boldsymbol{r})$ 看成是无限维函数空间中的两个矢量，波函数在 $\boldsymbol{r}$ 处的值是它的一个分量. 根据波函数内积的定义，显然有

$$\begin{aligned}
&(\psi,\psi) = \int \psi^*(\boldsymbol{r})\psi(\boldsymbol{r})\mathrm{d}\tau = \int |\psi(\boldsymbol{r})|^2\mathrm{d}\tau > 0 \\
&(\psi,\varphi)^* = (\varphi,\psi) \\
&(\psi,c_1\varphi_1 + c_2\varphi_2) = c_1(\psi,\varphi_1) + c_2(\psi,\varphi_2) \\
&(c_1\psi_1 + c_2\psi_2,\varphi) = c_1^*(\psi_1,\varphi) + c_2^*(\psi_2,\varphi)
\end{aligned} \tag{10}$$

(10) 式中的 c_1 与 c_2 为常数. 对于给定的线性算符 $\hat{A}$，它的厄密共轭算符 $\hat{A}^\dagger$ 定义为

$$\int \psi^* \hat{A}^\dagger \varphi \mathrm{d}\tau = \int (\hat{A}\psi)^* \varphi \mathrm{d}\tau\text{，或}(\psi,\hat{A}^\dagger\varphi) = (\hat{A}\psi,\varphi) \tag{11}$$

其中 ψ 与 φ 是任意波函数. 这就是说，对于给定的算符 $\hat{A}$，任取两个波函数 ψ 与 φ，作内积 $(\hat{A}\psi,\varphi)$，如果有另一个算符 $\hat{A}^\dagger$，由 ψ 与 $\hat{A}^\dagger\varphi$ 作的内积 $(\psi,\hat{A}^\dagger\varphi)$ 等于 $(\hat{A}\psi,\varphi)$，则称 $\hat{A}^\dagger$ 为 $\hat{A}$ 的厄密共轭算符. 显然 $\hat{A}$ 与 $\hat{A}^\dagger$ 互为厄密共轭算符.

[例题]　求 c(常数，乘子算符)，x 与 $\frac{\partial}{\partial x}$ 的厄密共轭算符 $c^\dagger$，$x^\dagger$ 与 $\left(\frac{\partial}{\partial x}\right)^\dagger$.

解：先求 $c^\dagger$ 与 $x^\dagger$，由(11) 式，

$$\int \psi^* c^\dagger \varphi \mathrm{d}\tau = \int (c\psi)^* \varphi \mathrm{d}\tau = \int \psi^* c^* \varphi \mathrm{d}\tau$$

$$\int \psi^* x^\dagger \varphi \mathrm{d}\tau = \int (x\psi)^* \varphi \mathrm{d}\tau = \int \psi^* x\varphi \mathrm{d}\tau$$

由于以上两式中的 ψ 与 φ 是任意的，故 $c^\dagger = c^*$，$x^\dagger = x$，即复数 c 的厄密共轭是 c 的复共轭，坐标 x 的厄密共轭是 x 自身. 再求 $\left(\frac{\partial}{\partial x}\right)^\dagger$，

$$\int \psi^* \left(\frac{\partial}{\partial x}\right)^\dagger \varphi \mathrm{d}\tau = \int \left(\frac{\partial}{\partial x}\psi\right)^* \varphi \mathrm{d}\tau = \int \frac{\partial \psi^*}{\partial x}\varphi \mathrm{d}\tau$$

对上式右端利用分部积分法，

$$\int \psi^* \left(\frac{\partial}{\partial x}\right)^\dagger \varphi \mathrm{d}\tau = \int (\psi^* \varphi)\Big|_{x=-\infty}^{x=+\infty} \mathrm{d}y\mathrm{d}z - \int \psi^* \frac{\partial}{\partial x}\varphi \mathrm{d}\tau$$

如果 ψ 与 φ 为束缚态波函数，则因 $\varphi(x=\pm\infty,y,z)=0$，上式右边第一项为 0；如果 ψ 与 φ 为非束缚态波函数，则假定它们满足周期边界条件：

$$\psi(x=+\infty,y,z)=\psi(x=-\infty,y,z)$$

$$\varphi(x=+\infty,y,z)=\varphi(x=-\infty,y,z)$$

上式右边第一项也为 0. 于是便有

$$\int\psi^*\left(\frac{\partial}{\partial x}\right)^\dagger\varphi\mathrm{d}\tau=\int\psi^*\left(-\frac{\partial}{\partial x}\right)\varphi\mathrm{d}\tau$$

由于 ψ 与 φ 是任意的，故 $\left(\frac{\partial}{\partial x}\right)^\dagger=-\frac{\partial}{\partial x}$.

如算符 $\hat{A}$ 的厄密共轭算符就是它自身，则称 $\hat{A}$ 为厄密算符. $\hat{A}$ 为厄密算符的条件是

$$\int\psi^*\hat{A}\varphi\,\mathrm{d}\tau=\int(\hat{A}\psi)^*\varphi\,\mathrm{d}\tau,\text{或}(\psi,\hat{A}\varphi)=(\hat{A}\psi,\varphi)\tag{12}$$

其中 ψ 与 φ 为任意波函数. 显然实数 A 与坐标 x 是厄密算符，而复数 C 与 $\frac{\partial}{\partial x}$ 不是厄密算符. 不难证明以下两式成立，

$$(\hat{A}+\hat{B})^\dagger=\hat{A}^\dagger+\hat{B}^\dagger\tag{13}$$

$$(\hat{A}\hat{B})^\dagger=\hat{B}^\dagger\hat{A}^\dagger\tag{14}$$

我们只证明(14) 式. 任取波函数 ψ 与 φ，

$$(\psi,(\hat{A}\hat{B})^\dagger\varphi)=(\hat{A}\hat{B}\psi,\varphi)=(\hat{B}\psi,\hat{A}^\dagger\varphi)=(\psi,\hat{B}^\dagger\hat{A}^\dagger\varphi).$$

因 ψ 与 φ 是任意的，故 $(\hat{A}\hat{B})^\dagger=\hat{B}^\dagger\hat{A}^\dagger$. 利用(14) 式，

$$\hat{p}_x^\dagger=\left(-i\hbar\frac{\partial}{\partial x}\right)^\dagger=\left(\frac{\partial}{\partial x}\right)^\dagger(-i\hbar)^\dagger$$

$$=\left(-\frac{\partial}{\partial x}\right)(i\hbar)=-i\hbar\frac{\partial}{\partial x}=\hat{p}_x$$

可见 $\hat{p}_x$ 是厄密算符. 由上述例题计算 $\left(\frac{\partial}{\partial x}\right)^\dagger=-\frac{\partial}{\partial x}$ 的过程得知，为了让 $\hat{p}_x$ 成为是厄密算符，对非束缚态波函数给出的周期边界条件：

$$\psi(x=+\infty,y,z)=\psi(x=-\infty,y,z)$$

$$\varphi(x=+\infty,y,z)=\varphi(x=-\infty,y,z)$$

是必要的. 否则，由于不存在 $\left(\frac{\partial}{\partial x}\right)^\dagger$，也就不存在 $\hat{p}_x^\dagger$ 了. 利用(13) 与(14) 式，不难看出一维谐振子哈密顿算符 $\hat{H}=\frac{\hat{p}_x^2}{2\mu}+\frac{1}{2}\mu\omega^2x^2$ 为厄密算符：

$$(\hat{H})^\dagger=\left(\frac{\hat{p}_x^2}{2\mu}\right)^\dagger+\left(\frac{1}{2}\mu\omega^2x^2\right)^\dagger=\frac{\hat{p}_x^2}{2\mu}+\frac{1}{2}\mu\omega^2x^2=\hat{H}$$

如算符 $\hat{A}$ 与 $\hat{B}$ 都是厄密算符，且 $\hat{A}$ 与 $\hat{B}$ 对易，则乘积 $\hat{A}\hat{B}$ 一定也是厄密算符：$(\hat{A}\hat{B})^{\dagger} = \hat{A}\hat{B}$.

(4) 算符函数

算符函数的定义是

$$F(\hat{A}) = \sum_{n=0}^{\infty} \frac{F^{(n)}(0)}{n!}\hat{A}^{n} \tag{15}$$

其中

$$F^{(n)}(0) = \frac{\mathrm{d}^{n}F(\hat{A})}{\mathrm{d}\hat{A}^{n}}\bigg|_{\hat{A}=0}$$

例如

$$\mathrm{e}^{a\hat{p}_x} = \sum_{n=0}^{\infty} \frac{a^n}{n!}\hat{p}_x{}^{n} = \sum_{n=0}^{\infty} \frac{a^n(-i\hbar)^n}{n!}\frac{\partial^n}{\partial x^n}$$

§4.2　厄密算符的性质

(1) 厄密算符的本征值是实数

设 $\hat{F}$ 为厄密算符，对于任意波函数 ψ 与 φ，

$$\int \psi^{*}\hat{F}\varphi\mathrm{d}\tau = \int (\hat{F}\psi)^{*}\varphi\mathrm{d}\tau \tag{1}$$

令 $\hat{F}$ 的本征值为 f_n，相应的本征函数为 ψ_n，

$$\hat{F}\psi_n = f_n\psi_n \tag{2}$$

在(1) 式中，令 $\psi = \varphi = \psi_n$，

$$\int \psi_n^{*}\hat{F}\psi_n\mathrm{d}\tau = \int (\hat{F}\psi_n)^{*}\psi_n\mathrm{d}\tau \tag{3}$$

由(2)式得

$$f_n\int \psi_n^{*}\psi_n\mathrm{d}\tau = f_n^{*}\int \psi_n^{*}\psi_n\mathrm{d}\tau \tag{4}$$

因 $\int \psi_n^{*}\psi_n\mathrm{d}\tau \neq 0$，故 $f_n = f_n^{*}$，f_n 为实数.

(2) 厄密算符的本征函数具有正交性

设厄密算符 $\hat{F}$ 的一系列本征值为 $f_1, f_2, \cdots, f_n, \cdots$，相应的本征函数为 ψ_1，$\psi_2, \cdots, \psi_n, \cdots$，

$$\hat{F}\psi_n = f_n\psi_n, \qquad n = 1,2,3,\cdots \tag{5}$$

上式左乘 ψ_m^* 并作全空间的积分$\int \mathrm{d}\tau$,

$$\int \psi_m^* \hat{F}\psi_n \mathrm{d}\tau = f_n \int \psi_m{}^* \psi_n \mathrm{d}\tau \tag{6}$$

因 $\hat{F}$ 为厄密算符,

$$\int \psi_m^* \hat{F}\psi_n \mathrm{d}\tau = \int (\hat{F}\psi_m)^* \psi_n \mathrm{d}\tau = f_m \int \psi_m{}^* \psi_n \mathrm{d}\tau \tag{7}$$

比较(6)与(7)两式,得

$$(f_n - f_m)\int \psi_m{}^* \psi_n \mathrm{d}\tau = 0 \tag{8}$$

如果 $f_n \neq f_m$,则

$$\int \psi_m^* \psi_n \mathrm{d}\tau = 0, \quad \text{或} \quad (\psi_m, \psi_n) = 0 \tag{9}$$

上式表示波函数 ψ_m 与 ψ_n 的标量积为零,故称 ψ_m 与 ψ_n 正交. 如果 $f_n = f_m$,即 f_n 是简并的,则 ψ_m 与 ψ_n不一定正交. 设 f_n 是k 度简并的,与 f_n 相应的k 个波函数改用 $\varphi_1, \varphi_2, \cdots, \varphi_k$ 表示.

$$\hat{F}\varphi_i = f_n\varphi_i, \quad i = 1,2,\cdots,k \tag{10}$$

假定这 k 个本征函数相互都不正交,即

$$\int \varphi_i^* \varphi_j \mathrm{d}\tau \neq 0 \tag{11}$$

$\hat{F}$ 的本征方程(10) 是线性方程,$\hat{F}$ 的属于同一本征值 f_n 的所有本征函数的任意线性组合仍是$\hat{F}$ 的本征值为 f_n 的本征函数. 重新组合这 k 个 φ_i,构成 k 个新的本征函数

$$\psi_\alpha = \sum_{i=1}^{k} c_{\alpha i}\varphi_i, \quad \alpha = 1,2,\cdots,k \tag{12}$$

选择系数 $c_{\alpha i}$,使这 k 个新的本征函数中任意两个相互正交,并且每一个都归一,即让 $\psi_\alpha(\alpha = 1,2,\cdots,k)$ 满足正交归一条件:

$$\int \psi_\alpha^* \psi_\beta \mathrm{d}\tau = \delta_{\alpha\beta} \tag{13}$$

这是完全可能的. 为了简单,现以 $k = 2$ 为例.

$$\begin{aligned} \psi_1 &= c_{11}\varphi_1 + c_{12}\varphi_2 \\ \psi_2 &= c_{21}\varphi_1 + c_{22}\varphi_2 \end{aligned} \tag{14}$$

ψ_1 与 ψ_2 的正交归一条件是

$$\int \psi_1^* \psi_2 \mathrm{d}\tau = 0, \quad \int \psi_1^* \psi_1 \mathrm{d}\tau = 1, \quad \int \psi_2^* \psi_2 \mathrm{d}\tau = 1 \tag{15}$$

将(14)代入(15)中,得4个系数($c_{11},c_{12},c_{21},c_{22}$)的3个方程.由3个方程确定4个未知量的解有无限多种,故一定可以找到一组系数($c_{11},c_{12},c_{21},c_{22}$)使$\psi_1$与$\psi_2$满足正交归一条件.

［例题1］　设φ_1与φ_2是厄密算符$\hat{F}$的本征值为f的两个本征函数,它们是归一的,但不正交:

$$\int \varphi_1^* \varphi_2 \mathrm{d}\tau = A \neq 0$$

试通过φ_1与φ_2的线性组合,找到一组正交归一的本征函数.

解:令

$$\psi_1 = \varphi_1$$

$$\psi_2 = c_1\varphi_1 + c_2\varphi_2$$

其中c_1与c_2为待定的实数.由ψ_1与ψ_2的正交归一条件:

$$\int \psi_1^* \psi_2 \mathrm{d}\tau = 0, \quad \int \psi_2^* \psi_2 \mathrm{d}\tau = 1$$

得

$$c_1 + c_2 A = 0$$

$$c_1^2 + c_2^2 + c_1 c_2 (A + A^*) = 1$$

由这两式解得

$$c_1 = \frac{A}{\sqrt{1-|A|^2}}, \quad c_2 = \frac{-1}{\sqrt{1-|A|^2}}$$

$\hat{F}$的本征值为f的两个正交归一本征函数为

$$\psi_1 = \varphi_1$$

$$\psi_2 = \frac{1}{\sqrt{1-|A|^2}}(A\varphi_1 - \varphi_2)$$

综上所述,厄密算符的属于不同本征值的本征函数一定正交,属于相同本征值的本征函数不一定正交,但是经过重新线性组合后一定可以正交.

在量子力学中,所有厄密算符的本征函数都应使之满足正交归一条件.在本征值为分立值的条件下($\hat{F}\psi_n = f_n\psi_n, n = 1,2,\cdots$),波函数的正交归一条件为

$$\int \psi_m^* \psi_n \mathrm{d}\tau = \delta_{mn}, \quad \text{或} \quad (\psi_m, \psi_n) = \delta_{mn} \tag{16}$$

在本征值取连续值的条件下($\hat{F}\psi_f = f\psi_f, f = -\infty \sim +\infty$),波函数的正交"归一"条件为

$$\int \psi_f^* \psi_{f'} \mathrm{d}\tau = \delta(f' - f), 或 (\psi_f, \psi_{f'}) = \delta(f' - f) \tag{17}$$

例如一维谐振子哈密顿算符 $\hat{H} = \frac{\hat{p}_x^2}{2\mu} + \frac{1}{2}\mu\omega^2 x^2$ 的本征值是分立的，并且是非简并的，它的本征函数 $\psi_n = N_n \mathrm{e}^{-\alpha^2 x^2/2} H_n(\alpha x)$ 满足正交归一条件(16). 又如动量算符 $\hat{p}_x = -i\hbar \frac{\partial}{\partial x}$ 的本征值取连续值 $p = -\infty \sim +\infty$，它的本征函数 $\psi_p(x) = \frac{1}{(2\pi\hbar)^{1/2}} \mathrm{e}^{ipx/\hbar}$ 满足正交"归一"条件：

$$\int_{-\infty}^{+\infty} \psi_{p'}^* \psi_p \mathrm{d}x = \delta(p - p'), 或 (\psi_{p'}, \psi_p) = \delta(p - p') \tag{18}$$

利用哈密顿算符 $\hat{H}$ 的本征函数 ψ_n 的正交归一条件(16) 与波函数的初始条件，可以确定薛定谔方程一般解

$$\psi(\boldsymbol{r}, t) = \sum_n c_n \mathrm{e}^{-iE_n t/\hbar} \psi_n(\boldsymbol{r}) \tag{19}$$

中的常数 c_n. 设 $t = 0$ 时的波函数 $\psi(\boldsymbol{r}, 0)$ 是已知的. 由(19) 式得

$$\psi(\boldsymbol{r}, 0) = \sum_n c_n \psi_n(\boldsymbol{r}) \tag{20}$$

上式左乘 $\psi_m^*(\boldsymbol{r})$ 并作全空间的积分 $\int \mathrm{d}\tau$：

$$\int \psi_m^*(\boldsymbol{r}) \psi(\boldsymbol{r}, 0) \mathrm{d}\tau = \sum_n c_n \int \psi_m^*(\boldsymbol{r}) \psi_n(\boldsymbol{r}) \mathrm{d}\tau = \sum_n c_n \delta_{mn} = c_m \tag{21}$$

即

$$c_n = \int \psi_n^*(\boldsymbol{r}) \psi(\boldsymbol{r}, 0) \mathrm{d}\tau \tag{22}$$

将(19)式与

$$\psi^*(\boldsymbol{r}, t) = \sum_m c_m^* \mathrm{e}^{iE_m t/\hbar} \psi_m^*(\boldsymbol{r})$$

代入 $\psi(\boldsymbol{r}, t)$ 的归一化公式：

$$\int \psi^*(\boldsymbol{r}, t) \psi(\boldsymbol{r}, t) \mathrm{d}\tau = 1$$

利用定态波函数 $\psi_n(\boldsymbol{r})$ 的正交归一条件(16)，得 $\sum_n |c_n|^2 = 1$. 可见，$|c_n|^2$ 代表粒子处于定态 ψ_n 的几率.

[例题 2]　$t < 0$ 时质量为 μ 的粒子处于一维谐振子势场 $V_1(x) = \frac{1}{2}kx^2$ $(k > 0)$ 的基态，$t = 0$ 时弹性系数突然变为 $2k$，即势场突然变为 $V_2(x) = kx^2$. 求 $t > 0$ 的任意时刻粒子处于新势场 $V_2(x)$ 中定态 ψ_n 的几率计算公式，并算出

处于基态 ψ_0 的几率.

解：

$$V_1(x)=\frac{1}{2}kx^2=\frac{1}{2}\mu\,\omega_1^2x^2,\quad \omega_1=\sqrt{\frac{k}{\mu}}$$

$$V_2(x)=kx^2=\frac{1}{2}\mu\,\omega_2^2x^2,\quad \omega_2=\sqrt{\frac{2k}{\mu}}$$

$t>0$ 时粒子的波函数为

$$\psi(x,t)=\sum_n c_n\mathrm{e}^{-iE_nt/\hbar}\psi_n(x,\omega_2)$$

其中 $\psi_n(x,\omega_2)$ 是势场 $V_2(x)$ 中的一维谐振子定态波函数,$E_n=(n+1/2)\hbar\omega_2, n=0,1,2,\cdots$.

$$\psi(x,0)=\psi_0(x,\omega_1)=\sum_n c_n\psi_n(x,\omega_2)$$

其中 $\psi_0(x,\omega_1)$ 是势场 $V_1(x)$ 中的一维谐振子基态波函数. $t>0$ 的任意时刻粒子处于新势场 $V_2(x)$ 中定态 $\psi_n(x,\omega_2)$ 的几率计算公式为

$$|c_n|^2=\left|\int\psi_n^*(x,\omega_2)\psi_0(x,\omega_1)\mathrm{d}x\right|^2$$

处于基态的几率为

$$|c_0|^2=\left|\int\psi_0^*(x,\omega_2)\psi_0(x,\omega_1)\mathrm{d}x\right|^2$$

将

$$\psi_0(x,\omega_1)=\sqrt{\frac{\alpha_1}{\sqrt{\pi}}}\mathrm{e}^{-\alpha_1^2x^2/2}\qquad\left(\alpha_1=\sqrt{\frac{\mu\,\omega_1}{\hbar}}\right)$$

$$\psi_0(x,\omega_2)=\sqrt{\frac{\alpha_2}{\sqrt{\pi}}}\mathrm{e}^{-\alpha_2^2x^2/2}\qquad\left(\alpha_2=\sqrt{\frac{\mu\,\omega_2}{\hbar}}\right)$$

代入上式计算,得

$$|c_0|^2=\frac{2\alpha_1\alpha_2}{\alpha_1^2+\alpha_2^2}=\frac{2\alpha_2/\alpha_1}{1+(\alpha_2/\alpha_1)^2}$$

其中 $\alpha_2/\alpha_1=(\omega_2/\omega_1)^{1/2}=(2)^{1/4}$.

所以
$$|c_0|^2=\frac{2(2)^{1/4}}{1+(2)^{1/2}}\approx 0.985$$

(3) 厄密算符本征函数的完备性

如果厄密算符 $\hat{F}$ 的所有正交归一本征函数的全体集合 $\{\varphi_n(\boldsymbol{r}), n=0,1,2,\cdots\}$ 可以通过它们的线性组合表示任意波函数 $\psi(\boldsymbol{r})$(ψ 与 φ_n 的变量 $\boldsymbol{r}$

有相同的取值范围)：

$$\psi(\boldsymbol{r}) = \sum_{n=0}^{\infty} c_n \varphi_n(\boldsymbol{r}) \tag{23}$$

其中组合系数 c_n 按下式决定，

$$c_n = (\varphi_n, \psi) = \int \varphi_n^*(\boldsymbol{r}) \psi(\boldsymbol{r}) \mathrm{d}\tau \tag{24}$$

则称 $\{\varphi_n(\boldsymbol{r}), n = 0,1,2,\cdots\}$ 具有完备性. 对于本征值为连续的情况，如 $\hat{F} = \hat{p}_x$，与(23) 式相应的公式为

$$\psi(x) = \int_{-\infty}^{+\infty} c(p) \varphi_p(x) \mathrm{d}p = \frac{1}{(2\pi\hbar)^{1/2}} \int_{-\infty}^{+\infty} c(p) \mathrm{e}^{ipx/\hbar} \mathrm{d}p \tag{25}$$

即$\{\psi_p(x) = \frac{1}{(2\pi\hbar)^{1/2}} \mathrm{e}^{ipx/\hbar}, p = -\infty \sim +\infty\}$ 的完备性是指通过$\{\psi_p(x)\}$ 的线性组合(25) 可以表示任意波函数 $\psi(x)$. 对厄密算符 $\hat{p}_x$ 而言，它的本征函数全体集合$\{\psi_p(x)\}$ 具有完备性是肯定的，因为(25) 式正是数学中已经证明过的傅里叶变换公式，其中的系数 $c(p)$ 通过如下傅里叶逆变换公式决定：

$$c(p) = \int_{-\infty}^{+\infty} \psi(x) \psi_p^*(x) \mathrm{d}x = \frac{1}{(2\pi\hbar)^{1/2}} \int_{-\infty}^{+\infty} \psi(x) \mathrm{e}^{-ipx/\hbar} \mathrm{d}x \tag{26}$$

如果 $\hat{F}$ 的本征值既有分立的 $f_n(n = 0,1,\cdots)$，也有连续的 $f(f = -\infty \sim +\infty)$，相应的本征函数为 $\varphi_n(x)$ 与 $\varphi_f(x)$，则完备性公式为

$$\psi(x) = \sum_{n=0}^{\infty} c_n \varphi_n(x) + \int_{-\infty}^{+\infty} c(f) \varphi_f(x) \mathrm{d}f \tag{27}$$

但是是否任一厄密算符的本征函数全体集合都具有完备性呢?这是一个比较复杂的数学问题. 设厄密算符 $\hat{F}$ 的正交归一本征函数为 $\varphi_n(n = 0,1,2,\cdots)$，本征值为 f_n，并且 φ_n 是按本征值由小到大排列的：

$$\hat{F}\varphi_n = f_n \varphi_n \tag{28}$$

$$(\varphi_n, \varphi_m) = \delta_{nm} \tag{29}$$

$$f_0 \leqslant f_1 \leqslant f_2 \leqslant \cdots$$

我们介绍三个同$\{\varphi_n\}$ 完备性有关的定理.

定理 1： 如果厄密算符 $\hat{F}$ 的本征函数的个数为有限的 N，则 $\hat{F}$ 的本征函数$\{\varphi_n, n = 0,1,2,\cdots, N-1\}$ 是完备的.

这个定理的成立是明显的. 令

$$R_N = \psi - \sum_{n=0}^{N-1} c_n \varphi_n, \quad c_n = (\varphi_n, \psi) \tag{30}$$

其中 ψ 是任意波函数. 由

$$(\varphi_i, R_N) = c_i - \sum_{n=0}^{N-1} c_n \delta_{in} = c_i - c_i = 0 \tag{31}$$

$$i = 0,1,2,\cdots,N-1$$

看出，R_N 是同 N 个 φ_n 都正交的任意波函数. 然而，同 N 个 φ_n 都正交的波函数是不存在的，否则就表示除 N 个 φ_n 之外，$\hat{F}$ 还存在另外的本征波函数，$R_N = 0$. 由(30)式得

$$\psi = \sum_{n=0}^{N-1} c_n \varphi_n, \quad c_n = (\varphi_n, \psi) \tag{32}$$

$\{\varphi_n, n = 0,1,2,\cdots,N-1\}$ 是完备的. 当厄密算符 $\hat{F}$ 的本征函数的个数为无限时，不能给出 $\{\varphi_n, n = 0,1,2,\cdots\}$ 是完备的结论.

定理 2：　对厄密算符 $\hat{F}$，

$$\overline{F} \equiv \frac{(\psi, \hat{F}\psi)}{(\psi, \psi)} \tag{33}$$

取极值的充分必要条件是 ψ 为 $\hat{F}$ 的本征函数 $\varphi_n, n = 0,1,2,\cdots$，并且对任意波函数 ψ，$\overline{F} \geqslant f_0$（$\hat{F}$ 的最小本征值）.

证明：对 $\overline{F}$ 作变分 $\delta\psi$，

$$\begin{aligned}\delta\overline{F} &= \frac{1}{(\psi,\psi)}[(\delta\psi, \hat{F}\psi) + (\psi, \hat{F}\delta\psi)] - \frac{\overline{F}}{(\psi,\psi)}[(\delta\psi, \psi) + (\psi, \delta\psi)] \\ &= \frac{1}{(\psi,\psi)}[(\delta\psi, (\hat{F} - \overline{F})\psi) + (\psi, (\hat{F} - \overline{F})\delta\psi)]\end{aligned} \tag{34}$$

因 $\hat{F}$ 是厄密算符，由 $\overline{F}$ 的定义式(33)看出，$\overline{F}$ 是实数：

$$(\overline{F})^* = \frac{(\psi, \hat{F}\psi)^*}{(\psi,\psi)^*} = \frac{(\hat{F}\psi, \psi)}{(\psi,\psi)} = \frac{(\psi, \hat{F}\psi)}{(\psi,\psi)} = \overline{F} \tag{35}$$

因此，$\hat{F} - \overline{F}$ 是厄密算符.

$$(\psi, (\hat{F} - \overline{F})\delta\psi) = ((\hat{F} - \overline{F})\psi, \delta\psi) = (\delta\psi, (\hat{F} - \overline{F})\psi)^* \tag{36}$$

将(36)式代入(34)式，得

$$\delta\overline{F} = \frac{1}{(\psi,\psi)}[(\delta\psi, (\hat{F} - \overline{F})\psi) + (\delta\psi, (\hat{F} - \overline{F})\psi)^*] \tag{37}$$

由(37)式看出，如果

$$(\hat{F} - \overline{F})\psi = 0, \text{或 } \hat{F}\psi = \overline{F}\psi \tag{38}$$

则 $\delta\overline{F} = 0$；反之，如果 $\delta\overline{F} = 0$，则(38)式必定成立.

由此可见，$\overline{F}$ 取极值的充分必要条件是 ψ 为厄密算符 $\hat{F}$ 的本征函数 φ_n. 当 $\psi = \varphi_n$ 时，由(33)式得，$\overline{F} = f_n$. 为了证明 $\overline{F} \geqslant f_0$，先假定 $\hat{F}$ 的本征函数 ψ_n 的个数 N 有限. 由定理 1 知，$\{\varphi_n, n = 0,1,2,\cdots,N-1\}$ 是完备的，任意波函数 ψ

可以表示为

$$\psi = \sum_{n=0}^{N-1} c_n \varphi_n, \quad c_n = (\varphi_n, \psi) \tag{39}$$

将(39)式代入(33)式中，并利用(28)与(29)式，

$$\overline{F} = \frac{(\psi, \hat{F}\psi)}{(\psi, \psi)} = \frac{\left(\sum_{n=0}^{N-1} c_n \varphi_n, \hat{F} \sum_{m=0}^{N-1} c_m \varphi_m\right)}{\left(\sum_{n=0}^{N-1} c_n \varphi_n, \sum_{m=0}^{N-1} c_m \varphi_m\right)} = \frac{\sum_{n,m=0}^{N-1} c_n^* c_m (\varphi_n, \hat{F}\varphi_m)}{\sum_{n,m=0}^{N-1} c_n^* c_m (\varphi_n, \varphi_m)}$$

$$= \frac{\sum_{n,m=0}^{N-1} c_n^* c_m f_m \delta_{nm}}{\sum_{n,m=0}^{N-1} c_n^* c_m \delta_{nm}} = \frac{\sum_{n=0}^{N-1} |c_n|^2 f_n}{\sum_{n=0}^{N-1} |c_n|^2} \geqslant f_0 \tag{40}$$

上式的最后结果是将求和号下的 f_n 用 f_0 代替得到的，其中的等号只在 $\psi = \varphi_0$ 时成立. 此性质同 N 的取值无关，当 $N \to \infty$ 时，上式仍应成立.

定理 3： 如果厄密算符 $\hat{F}$ 的本征值 f_n 无上限($n \to \infty, f_n \to \infty$)，则 $\hat{F}$ 的本征函数$\{\varphi_n, n = 0,1,2,\cdots\}$是完备的.

证明： 根据定理 2，对于任意波函数 ψ，

$$\frac{(\psi, \hat{F}\psi)}{(\psi, \psi)} \geqslant f_0 \tag{41}$$

其中等号只在 $\psi = \varphi_0$ 时成立. 令

$$R_1 = \psi - c_0 \varphi_0, \qquad c_0 = (\varphi_0, \psi) \tag{42}$$

其中 ψ 为任意波函数. 由

$$(\varphi_0, R_1) = c_0 - c_0 = 0 \tag{43}$$

看出，R_1 是同 φ_0 正交的任意波函数. 它不含有 φ_0，否则不可能同 φ_0 正交. 根据定理 2，使$\dfrac{(R_1, \hat{F}R_1)}{(R_1, R_1)}$取极值的充分必要条件是 R_1 为 φ_n，由于 R_1 中不包含 φ_0，f_1 是 $\hat{F}$ 的最小本征值，便有

$$\frac{(R_1, \hat{F}R_1)}{(R_1, R_1)} \geqslant f_1 \tag{44}$$

类似地，对于同 φ_0，φ_1 都正交的

$$R_2 = \psi - \sum_{n=0,1} c_n \varphi_n \tag{45}$$

有

$$\frac{(R_2, \hat{F}R_2)}{(R_2, R_2)} \geqslant f_2 \tag{46}$$

依此类推，对于同 $\varphi_0,\varphi_1,\cdots,\varphi_{N-1}$ 都正交的

$$R_N=\psi-\sum_{n=0}^{N-1}c_n\varphi_n,\quad c_n=(\varphi_n,\psi)\tag{47}$$

（此即(30)式）有

$$\frac{(R_N,\hat{F}R_N)}{(R_N,R_N)}\geqslant f_N\tag{48}$$

考虑到 $\hat{F}^2$ 也是厄密算符，本征函数同 $\hat{F}$ 的一样，也是 φ_n，本征值为 f_n^2. 在(48)式中，用 $\hat{F}^2$ 代替 $\hat{F}$，用 f_N^2 代替 f_N，得

$$\frac{(R_N,\hat{F}^2R_N)}{(R_N,R_N)}\geqslant f_N^2\tag{49}$$

由于 f_N^2 为非负实数，上式可变为

$$(R_N,R_N)\leqslant\frac{1}{f_N^2}(R_N,\hat{F}^2R_N)\tag{50}$$

其中

$$\begin{aligned}(R_N,\hat{F}^2R_N)&=\Big(\big(\psi-\sum_{n=0}^{N-1}c_n\varphi_n\big),\hat{F}^2\big(\psi-\sum_{m=0}^{N-1}c_m\varphi_m\big)\Big)\\&=(\psi,\hat{F}^2\psi)-\sum_{n=0}^{N-1}c_n^*(\varphi_n,\hat{F}^2\psi)-\sum_{m=0}^{N-1}c_m(\psi,\hat{F}^2\varphi_m)+\sum_{n,m=0}^{N-1}c_n^*c_m(\varphi_n,\hat{F}^2\varphi_m)\\&=(\psi,\hat{F}^2\psi)-\sum_{n=0}^{N-1}|c_n|^2f_n^2\leqslant(\psi,\hat{F}^2\psi)\end{aligned}\tag{51}$$

将(51)式代入(50)式，得

$$(R_N,R_N)\leqslant\frac{1}{f_N^2}(\psi,\hat{F}^2\psi)\xrightarrow{N\to\infty}0\tag{52}$$

这是因为 $N\to\infty$ 时，$f_N\to\infty$，$(\psi,\hat{F}^2\psi)$ 同 N 无关. (52) 式表示 $\lim\limits_{N\to\infty}R_N\to 0$，由 (47) 式得

$$\psi=\sum_{n=0}^{\infty}c_n\varphi_n,\quad c_n=(\varphi_n,\psi)\tag{53}$$

$\{\varphi_n,n=0,1,\cdots\}$ 是完备的. 证毕.

(4) 两个厄密算符有共同本征函数完备系的充分必要条件

可以证明，厄密算符 $\hat{A}$ 与 $\hat{B}$ 有共同本征函数完备系的充分必要条件是 $\hat{A}$ 与 $\hat{B}$ 对易. 先证明充分条件. 设 $\hat{A}$ 的本征值为 a_n，相应的本征函数为 ψ_n，

$$\hat{A}\psi_n = a_n\psi_n, \qquad n = 1,2,\cdots \tag{54}$$

ψ_n 满足正交归一条件

$$\int \psi_m^* \psi_n \mathrm{d}\tau = \delta_{mn} \tag{55}$$

设集合$\{\psi_n\}$构成正交归一完备系. 用 $\hat{B}$ 左乘(54) 式两边，由于 $\hat{B}$ 与 $\hat{A}$ 对易，交换 $\hat{A}$ 与 $\hat{B}$，得

$$\hat{A}\hat{B}\psi_n = a_n\hat{B}\psi_n \tag{56}$$

可见 $\hat{B}\psi_n$ 也是 $\hat{A}$ 的本征值为 a_n 的本征函数. 如果 a_n 是非简并的，则 $\hat{B}\psi_n$ 与 ψ_n 只能相差一个常数因子 b_n，

$$\hat{B}\psi_n = b_n\psi_n \tag{57}$$

即 ψ_n 也是 $\hat{B}$ 的本征函数，本征值为 b_n. 如果 a_n 是 k 度简并的，则(57) 式不一定成立，ψ_n 不一定是 $\hat{B}$ 的本征函数. 现将这 k 个 $\hat{A}$ 的本征函数改用 φ_i 表示，

$$\hat{A}\varphi_i = a_n\varphi_i, \qquad i = 1,2,\cdots,k \tag{58}$$

假定经过检验，这 k 个 φ_i 都不是 $\hat{B}$ 的本征函数. 我们通过这 k 个 φ_i 的线性叠加，可以构造 k 个 $\hat{A}$ 的新的本征函数：

$$\psi_\alpha = \sum_{i=1}^{k} c_{\alpha i}\varphi_i, \qquad \alpha = 1,2,\cdots,k \tag{59}$$

不论系数 $c_{\alpha i}$ 取何值，由(59) 式决定的 ψ_α 都是 $\hat{A}$ 的本征函数. 现选择系数 $c_{\alpha i}$，使 ψ_α 也是 $\hat{B}$ 的本征函数. 这是完全可以做到的. 现以 $k = 2$ 为例. 令

$$\psi = c_1\varphi_1 + c_2\varphi_2 \tag{60}$$

$$\hat{B}\psi = b\psi \tag{61}$$

将(60)式代入(61)式中，

$$c_1\hat{B}\varphi_1 + c_2\hat{B}\varphi_2 = b(c_1\varphi_1 + c_2\varphi_2) \tag{62}$$

(62) 式左乘 φ_1^* 并作全空间的积分$\int \mathrm{d}\tau$，得

$$c_1\int \varphi_1^* \hat{B}\varphi_1 \mathrm{d}\tau + c_2\int \varphi_1^* \hat{B}\varphi_2 \mathrm{d}\tau = bc_1 \tag{63}$$

(62) 式左乘 φ_2^* 并作全空间的积分$\int \mathrm{d}\tau$，得

$$c_1\int \varphi_2^* \hat{B}\varphi_1 \mathrm{d}\tau + c_2\int \varphi_2^* \hat{B}\varphi_2 \mathrm{d}\tau = bc_2 \tag{64}$$

在以上计算中用到了 φ_i 的正交归一条件：

$$\int \varphi_i^* \varphi_j \mathrm{d}\tau = \delta_{ij} \tag{65}$$

令

$$B_{ij} = \int \varphi_i^* \hat{B} \varphi_j \mathrm{d}\tau \tag{66}$$

B_{ij} 是已知量.(63) 与(64) 式可表示为

$$\begin{aligned} (B_{11} - b)c_1 + B_{12}c_2 &= 0 \\ B_{21}c_1 + (B_{22} - b)c_2 &= 0 \end{aligned} \tag{67}$$

这是 c_1 与 c_2 满足的代数方程组. c_1 与 c_2 有非零解的条件是

$$\begin{vmatrix} B_{11} - b & B_{12} \\ B_{21} & B_{22} - b \end{vmatrix} = 0 \tag{68}$$

(68) 式是 $\hat{B}$ 的本征值 b 所满足的二次代数方程. 设这个方程的两个解为 b_1 与 b_2. 先将 $b = b_1$ 代入方程组(67) 去求 c_1 与 c_2，只能得到 c_1 与 c_2 的比值. 将(60) 式代入波函数的归一化条件：

$$\int |\psi|^2 \mathrm{d}\tau = 1 \tag{69}$$

得

$$|c_1|^2 + |c_2|^2 = 1 \tag{70}$$

由(67) 与(70) 式求出 c_1 与 c_2，分别记为 c_{11} 与 c_{12}，便有

$$\psi_1 = c_{11}\varphi_1 + c_{12}\varphi_2 \tag{71}$$

ψ_1 是 $\hat{B}$ 的本征值为 b_1 的本征函数. 将 $b = b_2$ 代入(67) 式并利用归一化条件(70)，求出另一组系数 c_1 与 c_2，分别记为 c_{21} 与 c_{22}，便有

$$\psi_2 = c_{21}\varphi_1 + c_{22}\varphi_2 \tag{72}$$

ψ_2 是 $\hat{B}$ 的本征值为 b_2 的本征函数. 由此可见，如果厄密算符 $\hat{A}$ 与 $\hat{B}$ 对易，则在 $\hat{A}$ 的正交归一本征函数完备系中，所有本征值为非简并的本征函数一定也是 $\hat{B}$ 的本征函数；所有本征值为简并的本征函数通过重新线性组合，一定可以成为 $\hat{B}$ 的本征函数. 因此，我们一定可以找到 $\hat{A}$ 与 $\hat{B}$ 的共同本征函数完备系.

以上为充分条件的证明. 必要条件的证明十分简单. 假定 $\{\psi_n, n = 1, 2, \cdots\}$ 是 $\hat{A}$ 与 $\hat{B}$ 的共同本征函数完备系. 由于完备性，任意波函数 ψ 可以表示为

$$\psi = \sum_{n=1}^{\infty} c_n \psi_n \tag{73}$$

分别用乘积算符 $\hat{A}\hat{B}$ 与 $\hat{B}\hat{A}$ 左乘(73) 式两边，

$$\hat{A}\hat{B}\psi = \sum_{n=1}^{\infty} a_n b_n c_n \psi_n \tag{74}$$

$$\hat{B}\hat{A}\psi = \sum_{n=1}^{\infty} a_n b_n c_n \psi_n \tag{75}$$

其中 a_n 与 b_n 分别是 $\hat{A}$ 与 $\hat{B}$ 的本征值，ψ_n 是 $\hat{A}$ 与 $\hat{B}$ 的共同本征函数. 所以

$$\hat{A}\hat{B}\psi = \hat{B}\hat{A}\psi \tag{76}$$

由于 ψ 是任意的波函数，故 $\hat{A}\hat{B} = \hat{B}\hat{A}$，即 $\hat{A}$ 与 $\hat{B}$ 对易.

［推论］ k 个厄密算符有共同本征函数完备系的充分必要条件是这 k 个厄密算符相互对易.

§4.3 量子力学基本假定 3，力学量与算符

一开始，我们曾用平面波函数 $\psi_{p_x}(x) = (2\pi\hbar)^{-1/2}\exp(ip_x x/\hbar)$ 来描述以动量 p_x 沿 x 方向运动的粒子. $\psi_{p_x}(x)$ 是厄密算符 $\hat{p}_x = -i\hbar\dfrac{\partial}{\partial x}$ 的本征函数，p_x 是 $\hat{p}_x$ 的本征值. 后来我们又引入了粒子的动能算符 $\hat{T} = \dfrac{\hat{\boldsymbol{p}}^2}{2\mu} = -\dfrac{\hbar^2}{2\mu}\nabla^2$ 与能量算符 $\hat{H} = \hat{T} + V(\boldsymbol{r})$，认为它们的本征值就是粒子的动能与能量. 在势能 $V = \dfrac{1}{2}\mu\omega^2 x^2$ 的情况下，由 $\hat{H} = -\dfrac{\hbar^2}{2\mu}\dfrac{\mathrm{d}^2}{\mathrm{d}x^2} + \dfrac{1}{2}\mu\omega^2 x^2$ 的本征方程解出的本征值 $E_n = \left(n + \dfrac{1}{2}\right)\hbar\omega\ (n = 0,1,2,\cdots)$ 正是实验已证实了的一维谐振子的能量. 在第六章中我们将指出，在势能 $V = -\dfrac{e^2}{r}$ 的氢原子情况下，由 $\hat{H} = -\dfrac{\hbar^2}{2\mu}\nabla^2 - \dfrac{e^2}{r}$ 的本征方程求出的本征值 $E_n = -\dfrac{e^2}{2an^2}(n = 1,2,\cdots)$，正是实验已证实了的氢原子的能量. 将上述观点推广到所有力学量就给出了量子力学的基本假定 3：经典力学中的任一力学量 $F(\boldsymbol{r},\boldsymbol{p})$ 对应量子力学中的厄密算符 $\hat{F}(\boldsymbol{r},\hat{\boldsymbol{p}} = -i\hbar\nabla)$，$\hat{F}$ 的本征值为力学量的测量值（称为可测值）. 如果粒子的波函数是力学量算符 $\hat{F}$ 的本征函数，本征值为 f，则测量该粒子的力学量 F 时，得 $F = f$.

［讨论 1］ 力学量算符必须是厄密算符. 这是因为力学量算符的本征值为力学量的可测值，它必须是实数. 厄密算符的本征值一定是实数. 由经典力学中力学量表示式 $F(\boldsymbol{r},\boldsymbol{p})$，将其中的 $\boldsymbol{p}$ 变成 $\hat{\boldsymbol{p}} = -i\hbar\nabla$ 而得到的算符 $\hat{F}(\boldsymbol{r},\hat{\boldsymbol{p}} = -i\hbar\nabla)$，一般为厄密算符. 如坐标 $\boldsymbol{r} \to \boldsymbol{r}$；动量 $\boldsymbol{p} \to \hat{\boldsymbol{p}} = -i\hbar\nabla$；轨道角动量 $\boldsymbol{L} = \boldsymbol{r}\times\boldsymbol{p} \to \hat{\boldsymbol{L}} = \boldsymbol{r}\times\hat{\boldsymbol{p}}$；动能 $T = \dfrac{\boldsymbol{p}^2}{2\mu} \to \hat{T} = \dfrac{\hat{\boldsymbol{p}}^2}{2\mu} = -\dfrac{\hbar^2}{2\mu}\nabla^2$；能量 $H = T + V(\boldsymbol{r}) \to \hat{H} = \hat{T} + V(\boldsymbol{r}) = -\dfrac{\hbar^2}{2\mu}\nabla^2 + V(\boldsymbol{r})$ 等都是厄密算符. 但也有的并非如

此. 如动量 $\boldsymbol{p}$ 在 $\boldsymbol{r}$ 方向上的分量 $p_r = \boldsymbol{p}\cdot\frac{\boldsymbol{r}}{r} \to \hat{p}_r = \hat{\boldsymbol{p}}\cdot\frac{\boldsymbol{r}}{r}$ 就不是厄密算符，因为 $\hat{p}_r^{\dagger} = \left(\hat{p}_x\frac{x}{r} + \hat{p}_y\frac{y}{r} + \hat{p}_z\frac{z}{r}\right)^{\dagger} = \frac{x}{r}\hat{p}_x + \frac{y}{r}\hat{p}_y + \frac{z}{r}\hat{p}_z \neq \hat{p}_r$. 为了能得到厄密算符 $\hat{p}_r$，我们只要把经典力学中的 p_r 表示成 $p_r = \frac{1}{2}\left(\boldsymbol{p}\cdot\frac{\boldsymbol{r}}{r} + \frac{\boldsymbol{r}}{r}\cdot\boldsymbol{p}\right)$，然后再将其中的 $\boldsymbol{p}$ 变成 $\hat{\boldsymbol{p}} = -i\hbar\nabla$. 这样得到的 $\hat{p}_r = \frac{1}{2}\left(\hat{\boldsymbol{p}}\cdot\frac{\boldsymbol{r}}{r} + \frac{\boldsymbol{r}}{r}\cdot\hat{\boldsymbol{p}}\right)$ 显然是厄密算符.

［例题］　证明在球坐标中 $\hat{p}_r = -i\hbar\left(\frac{\partial}{\partial r} + \frac{1}{r}\right)$.

证：　任取一波函数 ψ，

$$\begin{aligned}\hat{p}_r\psi &= \frac{1}{2}\left(\frac{\boldsymbol{r}}{r}\cdot\hat{\boldsymbol{p}} + \hat{\boldsymbol{p}}\cdot\frac{\boldsymbol{r}}{r}\right)\psi \\ &= -\frac{i\hbar}{2}\left(\frac{\boldsymbol{r}}{r}\cdot\nabla + \nabla\cdot\frac{\boldsymbol{r}}{r}\right)\psi \\ &= -\frac{i\hbar}{2}\left(\frac{\boldsymbol{r}}{r}\cdot\nabla\psi + \nabla\cdot\left(\frac{\boldsymbol{r}\psi}{r}\right)\right)\end{aligned}$$

其中

$$\begin{aligned}\nabla\cdot\left(\frac{\boldsymbol{r}\psi}{r}\right) &= \frac{\partial}{\partial x}\left(\frac{x\psi}{r}\right) + \frac{\partial}{\partial y}\left(\frac{y\psi}{r}\right) + \frac{\partial}{\partial z}\left(\frac{z\psi}{r}\right) \\ &= \frac{\boldsymbol{r}}{r}\cdot\nabla\psi + \frac{2}{r}\psi\end{aligned}$$

所以

$$\hat{p}_r\psi = -i\hbar\left(\frac{\boldsymbol{r}}{r}\cdot\nabla + \frac{1}{r}\right)\psi$$

由于 ψ 是任意的波函数，故

$$\hat{p}_r = -i\hbar\left(\frac{\boldsymbol{r}}{r}\cdot\nabla + \frac{1}{r}\right)$$

在球坐标中，

$$\nabla = \boldsymbol{e}_r\frac{\partial}{\partial r} + \boldsymbol{e}_\theta\frac{1}{r}\frac{\partial}{\partial\theta} + \boldsymbol{e}_\varphi\frac{1}{r\sin\theta}\frac{\partial}{\partial\varphi},\quad \boldsymbol{r} = r\boldsymbol{e}_r$$

所以

$$\hat{p}_r = -i\hbar\left(\frac{\partial}{\partial r} + \frac{1}{r}\right)$$

［讨论2］　在经典力学中，力学量的可测值取连续值. 在量子力学中，力学量的可测值作为厄密算符的本征值，有的取连续值，如坐标，动量和自由粒子能量等；有的取分立值，如角动量（见 §4.4）和一维谐振子能量等. 微观粒子运动表现出量子化的特性，正是由于这些力学量算符的分立本征值决定的.

［讨论3］ 上述基本假定指出，如果粒子的波函数正好是某力学量$\hat{F}$的本征值为f的本征函数，则测量该粒子的力学量F得到$F=f$. 然而由薛定谔方程解出的粒子波函数不一定是力学量算符$\hat{F}$的本征函数. 如果不是，那么测量粒子的力学量F得到什么呢?这个问题我们留到§4.5去解决.

§4.4 量子力学中常用的力学量算符

(1) 坐标 x, y 与 z

坐标x作为乘子算符，它的本征函数为$\delta(x-x')$，本征值$x'=-\infty\sim+\infty$：

$$x\delta(x-x')=x'\delta(x-x') \tag{1}$$

上式成立的原因是：① 对x的任意值，(1)式两边相等；②(1)式两边作全空间的积分$\int dx$后，仍相等. x的本征函数$\delta(x-x')$描写有确定位置$x=x'$的态，它不满足平方可积条件，因为

$$\int_{-\infty}^{+\infty}|\delta(x-x')|^2dx\to\infty$$

自然它也不满足归一化条件. δ函数同平面波函数一样，是量子力学中采用的少数几个不满足平方可积条件的波函数之一. 波函数$\delta(x-x')$的正交"归一"条件为

$$\int_{-\infty}^{+\infty}\delta^*(x-x')\delta(x-x'')dx=\delta(x'-x'') \tag{2}$$

以后我们将去掉"归一"上的符号""，就说它是归一的，依照公式(2)归一为$\delta(x'-x'')$. 集合$\{\delta(x-x'),x'=-\infty\sim+\infty\}$是完备的，因为任意波函数$\psi(x)$可以表示为

$$\psi(x)=\int\psi(x')\delta(x-x')dx' \tag{3}$$

类似地，$\delta(y-y')$与$\delta(z-z')$分别是坐标算符y与z的本征函数，y'与z'为相应的本征值. 令

$$\delta(\boldsymbol{r}-\boldsymbol{r}')=\delta(x-x')\delta(y-y')\delta(z-z') \tag{4}$$

$\delta(\boldsymbol{r}-\boldsymbol{r}')$是$x$, y与z的共同本征函数. $\{\delta(\boldsymbol{r}-\boldsymbol{r}'),\boldsymbol{r}'$取任意实矢量$\}$是完备的. 任意波函数$\psi(\boldsymbol{r})$可以表示为

$$\psi(\boldsymbol{r}) = \int \psi(\boldsymbol{r}')\delta(\boldsymbol{r}-\boldsymbol{r}')\mathrm{d}\tau' \tag{5}$$

(2) 动量 $\hat{p}_x$,$\hat{p}_y$ 与 $\hat{p}_z$

动量分量 $\hat{p}_x = -i\hbar\dfrac{\partial}{\partial x}$ 的本征函数为 $\psi_{p_x}(x) = (2\pi\hbar)^{-1/2}\exp(ip_x x/\hbar)$,其中 $p_x = -\infty \sim +\infty$ 为本征值,即

$$\hat{p}_x\psi_{p_x}(x) = p_x\psi_{p_x}(x) \tag{6}$$

$\psi_{p_x}(x)$ 满足正交归一条件

$$\int_{-\infty}^{+\infty}\psi_{p_x'}^{*}(x)\psi_{p_x}(x)\mathrm{d}x = \delta(p_x - p_x') \tag{7}$$

$\{\psi_{p_x}(x), p_x = -\infty \sim +\infty\}$ 是完备的.任意波函数 $\psi(x)$ 可以表示为

$$\psi(x) = \int_{-\infty}^{+\infty}\varphi(p_x)\psi_{p_x}(x)\mathrm{d}p_x \tag{8}$$

其中叠加系数 $\varphi(p_x)$ 可表示为

$$\varphi(p_x) = \int_{-\infty}^{+\infty}\psi(x)\psi_{p_x}^{*}(x)\mathrm{d}x \tag{9}$$

公式(8)与(9)正是傅里叶变换公式.

类似地,$\hat{p}_y$ 与 $\hat{p}_z$ 的本征函数为

$\psi_{p_y}(y) = (2\pi\hbar)^{-1/2}\exp(ip_y y/\hbar)$ 与 $\psi_{p_z}(z) = (2\pi\hbar)^{-1/2}\exp(ip_z z/\hbar)$,

其中 $p_y, p_z = -\infty \sim +\infty$ 为相应的本征值:

$$\hat{p}_y\psi_{p_y}(y) = p_y\psi_{p_y}(y) \tag{10}$$

$$\hat{p}_z\psi_{p_z}(z) = p_z\psi_{p_z}(z) \tag{11}$$

令

$$\psi_{\boldsymbol{p}}(\boldsymbol{r}) = \psi_{p_x}(x)\psi_{p_y}(y)\psi_{p_z}(z) \tag{12}$$

$\psi_{\boldsymbol{p}}(\boldsymbol{r})$ 是 $\hat{p}_x$,$\hat{p}_y$ 与 $\hat{p}_z$ 的共同本征函数.$\{\psi_{\boldsymbol{p}}(\boldsymbol{r}), \boldsymbol{p}$ 取所有实矢量$\}$ 是完备的,任意波函数 $\psi(\boldsymbol{r})$ 可以表示为

$$\psi(\boldsymbol{r}) = \int \varphi(\boldsymbol{p})\psi_{\boldsymbol{p}}(\boldsymbol{r})\mathrm{d}^3\boldsymbol{p} \tag{13}$$

$$\varphi(\boldsymbol{p}) = \int \psi(\boldsymbol{r})\psi_{\boldsymbol{p}}^{*}(\boldsymbol{r})\mathrm{d}^3\boldsymbol{r} \tag{14}$$

(3) 轨道角动量 $\hat{\boldsymbol{L}}(\hat{L}_x,\hat{L}_y,\hat{L}_z)$ 及 $\hat{L}^2$

由经典力学中轨道角动量 $\boldsymbol{L} = \boldsymbol{r}\times\boldsymbol{p}$,将其中 $\boldsymbol{p}$ 变成 $\hat{\boldsymbol{p}} = -i\hbar\nabla$ 得到的 $\hat{\boldsymbol{L}} = \boldsymbol{r}\times\hat{\boldsymbol{p}}$ 是厄密算符,它的三个分量为

$$\hat{L}_x = y\hat{p}_z - z\hat{p}_y, \hat{L}_y = z\hat{p}_x - x\hat{p}_z, \hat{L}_z = x\hat{p}_y - y\hat{p}_x \tag{15}$$

可以证明，$\hat{L}_x$，$\hat{L}_y$ 与 $\hat{L}_z$ 之间的对易关系式为

$$[\hat{L}_x, \hat{L}_y] = i\hbar\hat{L}_z, [\hat{L}_y, \hat{L}_z] = i\hbar\hat{L}_x, [\hat{L}_z, \hat{L}_x] = i\hbar\hat{L}_y \tag{16}$$

我们证明其中第一式：

$$\begin{aligned}
[\hat{L}_x, \hat{L}_y] &= [y\hat{p}_z - z\hat{p}_y, z\hat{p}_x - x\hat{p}_z] \\
&= [y\hat{p}_z, z\hat{p}_x] - [y\hat{p}_z, x\hat{p}_z] - [z\hat{p}_y, z\hat{p}_x] + [z\hat{p}_y, x\hat{p}_z] \\
&= y[\hat{p}_z, z]\hat{p}_x + x[z, \hat{p}_z]\hat{p}_y = i\hbar(x\hat{p}_y - y\hat{p}_x) = i\hbar\hat{L}_z
\end{aligned}$$

$\hat{\boldsymbol{L}}$ 同 $\boldsymbol{r}$ 与 $\hat{\boldsymbol{p}}$ 不同，它的三个分量 $\hat{L}_x$，$\hat{L}_y$ 与 $\hat{L}_z$ 是相互不对易的. 这表明不存在这三个分量算符的共同本征函数完备系. 一般说来，如果粒子的波函数 $\psi(\boldsymbol{r})$ 是 $\hat{L}_x$ 的本征函数，则 $\psi(\boldsymbol{r})$ 就不再是 $\hat{L}_y$ 或 $\hat{L}_z$ 的本征函数，即当粒子有确定的 L_x($\hat{L}_x$ 的本征值) 时，L_y 或 L_z 就不能有确定的值($\hat{L}_y$ 或 $\hat{L}_z$ 的本征值). 这就是说，我们不能同时测定粒子的轨道角动量 $\hat{\boldsymbol{L}}$ 的三个分量. 在量子力学中，只有相互对易的力学量才可能同时有确定的值(力学量算符的本征值). 我们虽然不能同时测定轨道角动量 $\hat{\boldsymbol{L}}$ 的三个分量，但却可以同时测定轨道角动量 $\hat{\boldsymbol{L}}$ 的平方 $\hat{L}^2$ 同 $\hat{\boldsymbol{L}}$ 的任一个分量 $\hat{L}_i$，$i = x, y, z$. 这是因为

$$[\hat{L}^2, \hat{L}_i] = 0, \quad i = x, y, z \tag{17}$$

我们来证明其中的一个式子 $[\hat{L}^2, \hat{L}_z] = 0$：

$$\begin{aligned}
[\hat{L}^2, \hat{L}_z] &= [\hat{L}_x^2 + \hat{L}_y^2 + \hat{L}_z^2, \hat{L}_z] = [\hat{L}_x^2, \hat{L}_z] + [\hat{L}_y^2, \hat{L}_z] \\
&= \hat{L}_x[\hat{L}_x, \hat{L}_z] + [\hat{L}_x, \hat{L}_z]\hat{L}_x + \hat{L}_y[\hat{L}_y, \hat{L}_z] + [\hat{L}_y, \hat{L}_z]\hat{L}_y \\
&= -i\hbar\hat{L}_x\hat{L}_y - i\hbar\hat{L}_y\hat{L}_x + i\hbar\hat{L}_y\hat{L}_x + i\hbar\hat{L}_x\hat{L}_y = 0
\end{aligned}$$

在量子力学中，选择 $\hat{L}^2$ 与 $\hat{L}_z$ 作为轨道角动量大小与方向的量度. 在球坐标下，

$$\begin{aligned}
\hat{L}_x &= i\hbar\left(\sin\varphi\frac{\partial}{\partial\theta} + \cot\theta\cos\varphi\frac{\partial}{\partial\varphi}\right) \\
\hat{L}_y &= -i\hbar\left(\cos\varphi\frac{\partial}{\partial\theta} - \cot\theta\sin\varphi\frac{\partial}{\partial\varphi}\right) \\
\hat{L}_z &= -i\hbar\frac{\partial}{\partial\varphi} \\
\hat{L}^2 &= -\hbar^2\left[\frac{1}{\sin\theta}\frac{\partial}{\partial\theta}\left(\sin\theta\frac{\partial}{\partial\theta}\right) + \frac{1}{\sin^2\theta}\frac{\partial^2}{\partial\varphi^2}\right]
\end{aligned} \tag{18}$$

$\hat{L}_z$ 的本征方程为

$$-i\hbar\frac{\mathrm{d}}{\mathrm{d}\varphi}\Phi(\varphi) = L_z\Phi(\varphi) \tag{19}$$

其解为

$$\Phi(\varphi) = Ae^{iL_z\varphi/\hbar} \tag{20}$$

考虑到φ与$\varphi+2\pi$是物理上不能区分的方位角，波函数Φ在这两个角度上的值必须相等(波函数的单值性)

$$\Phi(\varphi) = \Phi(\varphi+2\pi), \quad e^{iL_z 2\pi/\hbar} = 1 \tag{21}$$

已知

$$e^{i2\pi m} = 1, \quad m = 0, \pm 1, \pm 2, \cdots \tag{22}$$

比较以上两式，得$\hat{L}_z$的本征值

$$L_z = m\hbar, \quad m = 0, \pm 1, \pm 2, \cdots \tag{23}$$

利用归一化条件

$$\int_0^{2\pi} |\Phi(\varphi)|^2 d\varphi = 1$$

得归一化系数$A = \dfrac{1}{\sqrt{2\pi}}$.

所以

$$\Phi(\varphi) \equiv \Phi_m(\varphi) = \frac{1}{\sqrt{2\pi}}e^{im\varphi} \tag{24}$$

$\hat{L}_z$的本征值$L_z = m\hbar$是非简并的.$\hat{L}_z$的本征函数$\Phi_m(\varphi)$满足正交归一条件

$$\int_0^{2\pi} \Phi_m^*(\varphi)\Phi_{m'}(\varphi)d\varphi = \delta_{mm'} \tag{25}$$

$\{\Phi_m(\varphi), m = 0, \pm 1, \pm 2, \cdots\}$是完备的，任意波函数$\psi(\varphi)$可以表示为

$$\psi(\varphi) = \sum_m C_m\Phi_m(\varphi) \tag{26}$$

在(26)式的两边左乘$\Phi_{m'}^*(\varphi)$，作全空间的积分$\int d\varphi$，并利用正交归一条件(25)，得

$$C_{m'} = \int_0^{2\pi} \Phi_{m'}^*(\varphi)\psi(\varphi)d\varphi$$

即

$$C_m = \int_0^{2\pi} \Phi_m^*(\varphi)\psi(\varphi)d\varphi \tag{27}$$

$\hat{L}^2$的本征方程为

$$-\hbar^2\left[\frac{1}{\sin\theta}\frac{\partial}{\partial\theta}\left(\sin\theta\frac{\partial}{\partial\theta}\right) + \frac{1}{\sin^2\theta}\frac{\partial^2}{\partial\varphi^2}\right]\psi(\theta,\varphi) = L^2\psi(\theta,\varphi) \tag{28}$$

在数学物理方法课程中，我们已经了解到这个方程在$\psi(\theta,\varphi)$满足单值有限的条件下解得，本征值$L^2 = l(l+1)\hbar^2$，本征函数$\psi(\theta,\varphi)$为球函数：

$$Y_{lm}(\theta,\varphi)=N_{lm}P_l^{|m|}(\cos\theta)\mathrm{e}^{im\varphi}$$
$$l=0,1,2,\cdots,\quad m=0,\pm1,\pm2,\cdots,\pm l \tag{29}$$

其中

$$P_l^{|m|}(\cos\theta)=\frac{\sin^{|m|}\theta}{2^l l!}\frac{\mathrm{d}^{l+|m|}}{\mathrm{d}(\cos\theta)^{l+|m|}}(\cos^2\theta-1)^l \tag{30}$$

为缔合勒让特多项式，N_{lm} 为归一化常数，由归一化条件

$$\int_0^{2\pi}\int_0^{\pi}Y_{lm}^*(\theta,\varphi)Y_{lm}(\theta,\varphi)\sin\theta\mathrm{d}\theta\mathrm{d}\varphi=1 \tag{31}$$

确定为

$$N_{lm}=(-1)^{\frac{m+|m|}{2}}\sqrt{\frac{(l-|m|)!(2l+1)}{(l+|m|)!4\pi}} \tag{32}$$

其中因子$(-1)^{\frac{m+|m|}{2}}$ 的引入具有人为的因素，它使 $m\leqslant0$ 的 N_{lm} 取＋号，$m>0$ 的 N_{lm} 取$(-1)^m$ 号. $Y_{lm}(\theta,\varphi)$ 满足正交归一条件

$$\int_0^{2\pi}\int_0^{\pi}Y_{lm}^*(\theta,\varphi)Y_{l'm'}(\theta,\varphi)\sin\theta\mathrm{d}\theta\mathrm{d}\varphi=\delta_{ll'}\delta_{mm'} \tag{33}$$

并有确定的宇称$(-1)^l$，即

$$Y_{lm}(\pi-\theta,\varphi+\pi)=(-1)^lY_{lm}(\theta,\varphi) \tag{34}$$

$Y_{lm}(\theta,\varphi)$ 也是 $\hat{L}_z$ 的本征函数：

$$\hat{L}_zY_{lm}(\theta,\varphi)=m\hbar Y_{lm}(\theta,\varphi) \tag{35}$$

对于确定的 l，$\hat{L}_z$ 的本征值 $l_z=m\hbar$ 是非简并的，而 $\hat{L}^2$ 的本征值 $L^2=l(l+1)\hbar^2$ 是 $2l+1$ 度简并的. $l\leqslant3$ 的 $Y_{lm}(\theta,\varphi)$ 为

$$\begin{aligned}
Y_{00}(\theta,\varphi)&=\frac{1}{\sqrt{4\pi}}\\
Y_{10}(\theta,\varphi)&=\sqrt{\frac{3}{4\pi}}\cos\theta\\
Y_{1,\pm1}(\theta,\varphi)&=\mp\sqrt{\frac{3}{8\pi}}\sin\theta\mathrm{e}^{\pm i\varphi}\\
Y_{20}(\theta,\varphi)&=\sqrt{\frac{5}{16\pi}}(3\cos^2\theta-1)\\
Y_{2,\pm1}(\theta,\varphi)&=\mp\sqrt{\frac{15}{8\pi}}\sin\theta\cos\theta\mathrm{e}^{\pm i\varphi}\\
Y_{2,\pm2}(\theta,\varphi)&=\sqrt{\frac{15}{32\pi}}\sin^2\theta\mathrm{e}^{\pm2i\varphi}\\
Y_{30}(\theta,\varphi)&=\sqrt{\frac{7}{16\pi}}(5\cos^2\theta-3\cos\theta)
\end{aligned} \tag{36}$$

$$Y_{3,\pm1}(\theta,\varphi)=\mp\sqrt{\frac{21}{64\pi}}\sin\theta(5\cos^2\theta-1)e^{\pm i\varphi}$$

$$Y_{3,\pm2}(\theta,\varphi)=\sqrt{\frac{105}{32\pi}}\sin^2\theta\cos\theta e^{\pm2i\varphi}$$

$$Y_{3,\pm3}(\theta,\varphi)=\mp\sqrt{\frac{35}{64\pi}}\sin^3\theta e^{\pm3i\varphi}$$

$\{Y_{lm}(\theta,\varphi),l=0,1,2,\cdots;m=0,\pm1,\pm2,\cdots,\pm l\}$ 是完备的，任意波函数 $\psi(\theta,\varphi)$ 可以表示为

$$\psi(\theta,\varphi)=\sum_{l,m}C_{lm}Y_{lm}(\theta,\varphi) \tag{37}$$

上式两边左乘 $Y^*_{l'm'}(\theta,\varphi)$ 并作全空间的积分 $\int d\Omega$，得

$$C_{l'm'}=\int Y^*_{l'm'}(\theta,\varphi)\psi(\theta,\varphi)d\Omega$$

即

$$C_{lm}=\int Y^*_{lm}(\theta,\varphi)\psi(\theta,\varphi)d\Omega=(Y_{lm},\psi) \tag{38}$$

一对十分有用的算符由 $\hat{L}_x$ 与 $\hat{L}_y$ 的线性组合构成：

$$\hat{L}_\pm=\hat{L}_x\pm i\hat{L}_y \tag{39}$$

显然 $\hat{L}_\pm$ 不是厄密算符，因为

$$\hat{L}_\pm^\dagger=\hat{L}_\mp \tag{40}$$

可以证明

$$\hat{L}_\pm Y_{lm}(\theta,\varphi)=\sqrt{l(l+1)-m(m\pm1)}\hbar Y_{l,m\pm1}(\theta,\varphi) \tag{41}$$

先证明 $\hat{L}_\pm Y_{lm}(\theta,\varphi)$ 是 $\hat{L}^2$ 与 $\hat{L}_z$ 的共同本征函数，本征值分别为 $l(l+1)\hbar^2$ 与 $(m\pm1)\hbar$.

$$\begin{aligned}\hat{L}^2\hat{L}_\pm Y_{lm}(\theta,\varphi)&=\hat{L}^2(\hat{L}_x\pm i\hat{L}_y)Y_{lm}(\theta,\varphi)\\&=(\hat{L}_x\pm i\hat{L}_y)\hat{L}^2Y_{lm}(\theta,\varphi)\\&=l(l+1)\hbar^2\hat{L}_\pm Y_{lm}(\theta,\varphi)\\\hat{L}_z\hat{L}_\pm Y_{lm}(\theta,\varphi)&=\hat{L}_z(\hat{L}_x\pm i\hat{L}_y)Y_{lm}(\theta,\varphi)\\&=[\hat{L}_x\hat{L}_z+i\hbar\hat{L}_y\pm i(\hat{L}_y\hat{L}_z-i\hbar\hat{L}_x)]Y_{lm}(\theta,\varphi)\\&=[m\hbar(\hat{L}_x\pm i\hat{L}_y)\pm\hbar(\hat{L}_x\pm i\hat{L}_y)]Y_{lm}(\theta,\varphi)\\&=(m\pm1)\hbar\hat{L}_\pm Y_{lm}(\theta,\varphi)\end{aligned}$$

可见， $\hat{L}_\pm Y_{lm}(\theta,\varphi)$ 是 $\hat{L}^2$ 与 $\hat{L}_z$ 的共同本征函数，本征值分别为 $l(l+1)\hbar^2$ 与 $(m\pm1)\hbar$. $Y_{lm}(\theta,\varphi)$ 作为 $\hat{L}_z$ 的本征函数，本征值 $m\hbar$ 是非简并的. $\hat{L}_\pm Y_{lm}(\theta,\varphi)$

与 $Y_{l,m\pm1}(\theta,\varphi)$ 都是 $\hat{L}_z$ 的本征值为 $(m\pm1)\hbar$ 的本征函数,它们只能相差一个常数因子 $\lambda_\pm$:

$$\hat{L}_\pm Y_{lm}(\theta,\varphi) = \lambda_\pm Y_{l,m\pm1}(\theta,\varphi) \tag{42}$$

对(42)式取复共轭,

$$(\hat{L}_\pm Y_{lm}(\theta,\varphi))^* = \lambda_\pm^* Y_{l,m\pm1}^*(\theta,\varphi) \tag{43}$$

(43) 式与(42) 式相乘并作积分 $\int \mathrm{d}\Omega$,

$$\int (\hat{L}_\pm Y_{lm}(\theta,\varphi))^* \hat{L}_\pm Y_{lm}(\theta,\varphi)\mathrm{d}\Omega = \lambda_\pm^* \lambda_\pm = |\lambda_\pm|^2 \tag{44}$$

根据算符 $\hat{L}_\pm$ 的厄密共轭算符 $\hat{L}_\pm^\dagger$ 的定义:

$$\begin{aligned} &\int (\hat{L}_\pm Y_{lm}(\theta,\varphi))^* \hat{L}_\pm Y_{lm}(\theta,\varphi)\mathrm{d}\Omega \\ &= \int Y_{lm}^*(\theta,\varphi)\hat{L}_\pm^\dagger \hat{L}_\pm Y_{lm}(\theta,\varphi)\mathrm{d}\Omega \end{aligned} \tag{45}$$

便有

$$|\lambda_\pm|^2 = \int Y_{lm}^*(\theta,\varphi)\hat{L}_\pm^\dagger \hat{L}_\pm Y_{lm}(\theta,\varphi)\mathrm{d}\Omega \tag{46}$$

不难算出

$$\hat{L}_\pm^\dagger \hat{L}_\pm = (\hat{L}_x \mp i\hat{L}_y)(\hat{L}_x \pm i\hat{L}_y) = \hat{L}^2 - \hat{L}_z(\hat{L}_z \pm \hbar) \tag{47}$$

将(47)式代入(46)式,得

$$|\lambda_\pm|^2 = [l(l+1) - m(m\pm1)]\hbar^2 \tag{48}$$

$\lambda_\pm$ 取正实数,

$$\lambda_\pm = \sqrt{l(l+1) - m(m\pm1)}\hbar \tag{49}$$

将(49)式代入(42)式,得

$$\hat{L}_\pm Y_{lm}(\theta,\varphi) = \sqrt{l(l+1) - m(m\pm1)}\hbar Y_{l,m\pm1}(\theta,\varphi)$$

证毕.

§4.5　量子力学基本假定 4,力学量平均值

在 §4.2 中,我们讨论了厄密算符本征函数的完备性问题,指出,如果本征函数的个数有限,则本征函数具有完备性;如果本征函数的个数无限,则在本征值无上限的条件下,本征函数具有完备性. 在量子力学中,我们希望所有力

学量算符的本征函数都具有完备性.这样就可以解决当粒子的波函数不是力学量本征函数时力学量的取值问题.对于我们曾经遇到过的一些力学量,如坐标 $\boldsymbol{r}$,动量 $\hat{\boldsymbol{p}}$,轨道角动量 $\hat{L}^2$,$\hat{L}_z$ 与一维谐振子能量等,它们的本征函数都具有完备性.我们确信量子力学中的所有力学量算符的本征函数都具有完备性.但是,我们无法对所有力学量算符(包括不同粒子在各种势场 $V(\boldsymbol{r})$ 中的能量)的本征函数,去一一验证.于是便给出了量子力学基本假定 4:量子力学中的所有力学量算符的本征函数都具有完备性.

设力学量算符 $\hat{F}$ 的本征值为 f_n,相应本征函数为 $\varphi_n(\boldsymbol{r})$:

$$\hat{F}\varphi_n(\boldsymbol{r}) = f_n\varphi_n(\boldsymbol{r}), \quad n = 0,1,2,\cdots \tag{1}$$

$\varphi_n(\boldsymbol{r})$ 满足正交归一条件

$$\int \varphi_m^*(\boldsymbol{r})\varphi_n(\boldsymbol{r})\mathrm{d}\tau = \delta_{mn} \tag{2}$$

根据量子力学基本假定 4,$\{\varphi_n(\boldsymbol{r})\}$ 是完备的.粒子的波函数$\psi(\boldsymbol{r},t)$ 一定可以表示为

$$\psi(\boldsymbol{r},t) = \sum_n c_n(t)\varphi_n(\boldsymbol{r}) \tag{3}$$

其中

$$c_n(t) = (\varphi_n,\psi(t)) = \int \varphi_n^*(\boldsymbol{r})\psi(\boldsymbol{r},t)\mathrm{d}\tau \tag{4}$$

公式(3)与(4)表示粒子的波函数一定可以表示成力学量算符 $\hat{F}$ 的不同本征值的本征函数的叠加,并且叠加系数由波函数惟一确定.这就是说,粒子的态一定可以表示成力学量 F 取不同值 f_n 的态的叠加,并且叠加系数 $c_n(t)$ 由(4)式惟一地确定.如果粒子只处于 $\varphi_n(\boldsymbol{r})$ 态上,则力学量 $F = f_n$.现在粒子同时处于 F 取各种 f_n 值的态上,因此力学量 F 应同时取各种 f_n 的值,只是 F 取不同 f_n 值的几率不同.显然,t 时刻 F 取 f_n 值的几率 $P_n(t)$ 同叠加系数 $c_n(t)$ 有关,问题是什么关系?设粒子的波函数 $\psi(\boldsymbol{r},t)$ 满足归一化条件

$$\int \psi^*(\boldsymbol{r},t)\psi(\boldsymbol{r},t)\mathrm{d}\tau = 1 \tag{5}$$

将(3)式及其复数共轭式

$$\psi^*(\boldsymbol{r},t) = \sum_m c_m^*(t)\varphi_m^*(\boldsymbol{r}) \tag{6}$$

代入(5)式中,

$$\begin{aligned}\sum_{mn} c_m^*(t)c_n(t)\int \varphi_m^*(\boldsymbol{r})\varphi_n(\boldsymbol{r})\mathrm{d}\tau &= \sum_{mn} c_m^*(t)c_n(t)\delta_{mn} \\ &= \sum_n c_n^*(t)c_n(t) = \sum_n |c_n(t)|^2 = 1\end{aligned} \tag{7}$$

上式表示,在波函数 $\psi(\boldsymbol{r},t)$ 满足归一化的条件下,$\psi(\boldsymbol{r},t)$ 用 $\varphi_n(\boldsymbol{r})$ 展开的系数绝对值平方之和为 1.可见 $|c_n(t)|^2$ 应代表 t 时刻粒子处于 $\varphi_n(\boldsymbol{r})$ 态的几率:

$$P_n(t) = |c_n(t)|^2 \tag{8}$$

于是，t 时刻粒子的力学量 F 的平均值可由下式算出，

$$\bar{F}(t) = \sum_n P_n(t) f_n = \sum_n |c_n(t)|^2 f_n \tag{9}$$

可以证明，(9)式可表示为

$$\bar{F}(t) = \int \psi^*(\boldsymbol{r},t) \hat{F} \psi(\boldsymbol{r},t) \mathrm{d}\tau \tag{10}$$

将(3)式与(6)式代入(10)式，并利用 $\varphi_n(\boldsymbol{r})$ 的正交归一条件(2)，即得(9)式. 如果 $\psi(\boldsymbol{r},t)$ 不满足归一化条件(5)，则 $|c_n(t)|^2$ 代表 F 取 f_n 值的相对几率. 这时，力学量平均值 $\bar{F}(t)$ 的计算公式为

$$\bar{F}(t) = \frac{\int \psi^*(\boldsymbol{r},t) \hat{F} \psi(\boldsymbol{r},t) \mathrm{d}\tau}{\int \psi^*(\boldsymbol{r},t) \psi(\boldsymbol{r},t) \mathrm{d}\tau} \tag{11}$$

力学量 F 平均值的计算公式(10)与(11)在 $\hat{F}$ 的本征值取连续值 f 时，仍然是正确的. 以 x 方向的动量 $\hat{p} = -i\hbar \dfrac{\partial}{\partial x}$ 为例，粒子的波函数 $\psi(x,t)$ 可以用 $\hat{p}$ 的本征函数 $\psi_p(x) = (2\pi\hbar)^{-1/2} \exp(ipx/\hbar)$ 表示为

$$\psi(x,t) = \int \varphi(p,t) \psi_p(x) \mathrm{d}p \tag{12}$$

其中展开系数

$$\varphi(p,t) = \int \psi_p^*(x) \psi(x,t) \mathrm{d}x \tag{13}$$

将(12)式及其复数共轭式

$$\psi^*(x,t) = \int \varphi^*(p',t) \psi_{p'}^*(x) \mathrm{d}p' \tag{14}$$

代入 $\psi(x,t)$ 的归一化条件

$$\int \psi^*(x,t) \psi(x,t) \mathrm{d}x = 1 \tag{15}$$

得

$$\iint \varphi^*(p',t) \varphi(p,t) \left(\int \psi_{p'}^*(x) \psi_p(x) \mathrm{d}x \right) \mathrm{d}p \mathrm{d}p' = 1 \tag{16}$$

利用 $\psi_p(x)$ 的正交归一条件

$$\int \psi_{p'}^*(x) \psi_p(x) \mathrm{d}x = \delta(p - p') \tag{17}$$

(16)式变为

$$\int |\varphi(p,t)|^2 \mathrm{d}p = 1 \tag{18}$$

可见 $|\varphi(p,t)|^2 \mathrm{d}p$ 表示 t 时刻粒子动量取值在 $p \sim p + \mathrm{d}p$ 内的几率. 故有

$$\bar{p}(t) = \int |\varphi(p,t)|^2 p \mathrm{d}p \tag{19}$$

可以证明,(19)式可表示为

$$\bar{p}(t) = \int \psi^*(x,t) \hat{p} \psi(x,t) \mathrm{d}x \tag{20}$$

将(12)与(14)式代入(20)式并利用(17)式,(20)式就变成(19)式. 动量 p 的几率分布函数 $|\varphi(p,t)|^2$ 的计算公式为

$$\begin{aligned} |\varphi(p,t)|^2 &= \left|\int \psi_p^*(x)\psi(x,t)\mathrm{d}x\right|^2 \\ &= \frac{1}{2\pi\hbar}\left|\int \mathrm{e}^{-ipx/\hbar}\psi(x,t)\mathrm{d}x\right|^2 \end{aligned} \tag{21}$$

§4.6　不确定关系

(1) 力学量的均方差值

对于力学量算符 $\hat{A}$ 与任意波函数 ψ,定义

$$\Delta\hat{A} \equiv \hat{A} - (\psi, \hat{A}\psi) = \hat{A} - \bar{A} \tag{1}$$

$$\begin{aligned} (\Delta A)^2 \equiv \overline{(\Delta\hat{A})^2} = (\psi, (\Delta\hat{A})^2\psi) &= (\psi, (\hat{A} - \bar{A})^2\psi) \\ &= (\psi, (\hat{A}^2 - 2\hat{A}\bar{A} + (\bar{A})^2)\psi) \\ &= (\psi, \hat{A}^2\psi) - (\bar{A})^2 = \overline{A^2} - (\bar{A})^2 \end{aligned} \tag{2}$$

$(\Delta A)^2 \equiv \overline{(\Delta\hat{A})^2}$ 为力学量 $\hat{A}$ 的均方差值,它的平方根

$$\Delta A = \sqrt{\overline{(\Delta\hat{A})^2}} = \sqrt{\overline{A^2} - (\bar{A})^2} = \sqrt{(\psi, \hat{A}^2\psi) - (\psi, \hat{A}\psi)^2} \tag{3}$$

类似于经典实验物理中力学量 A 测量值的标准误差. 但是这只是在物理意义上的类似,它们是二个不同的物理量. 这里的 ΔA 是由波函数 ψ 与力学量算符 $\hat{A}$ 按(3)式决定的. 设 $\hat{A}$ 的正交归一本征函数为 φ_n,相应的本征值 a_n, $n = 0,1,2,\cdots$. 对于由波函数 ψ 描述的粒子,它的力学量 A 取值为 a_n 的几率是

$|(\varphi_n,\psi)|^2$，A 的平均值为$\overline{A}=(\psi,\hat{A}\psi)$，由(3) 式算出的 ΔA 代表A 值的几率分布宽度. 如果 ψ 是$\hat{A}$ 的某一本征函数φ_m，则 A 的取值为单一本征值a_m. 这时不存在几率分布，$\Delta A=0$. 在实验物理中测量某一经典力学量A时，由于误差(包括统计误差与系统误差) 不可避免，每次测量的结果都可能同 A 的真值有差异. 多次测量结果的平均值接近真值，由每次测量值同平均值之差的平方平均值开方得到的标准误差 ΔA 代表测量值同平均值的离散程度. 增加测量次数，改善测量条件，可以减小 ΔA，但不能使之为 0. 在量子力学中，如果通过实验去测量力学量 A，同样也会有误差问题. 由于被测量的力学量本身有一确定的分布宽度 ΔA(量子)$=\sqrt{(\psi,\hat{A}^2\psi)-(\psi,\hat{A}\psi)^2}$，平均值$\overline{A}=(\psi,\hat{A}\psi)$，再考虑到不可避免的测量误差，多次测量结果的平均值接近$(\psi,\hat{A}\psi)$，标准误差 ΔA(实验) 一定大于 ΔA(量子). 增加测量次数，改善测量条件，可以减小 ΔA(实验)，使之接近 ΔA(量子)，但不能等于 ΔA(量子).

(2) 舒伐尔兹(Schwarz) 不等式

舒伐尔兹不等式：对于两个波函数 f 与 g，必定有

$$(f,f)(g,g)\geqslant|(f,g)|^2 \tag{4}$$

证明：对于任意波函数 φ，必定有

$$(\varphi,\varphi)\geqslant 0 \tag{5}$$

令

$$\varphi=f+\lambda g \tag{6}$$

其中 λ 为复数. 将(6) 式代入(5) 式，

$$\begin{aligned}(\varphi,\varphi)&=(f+\lambda g,f+\lambda g)\\&=(f,f)+\lambda(f,g)+\lambda^*(g,f)+\lambda^*\lambda(g,g)\geqslant 0\end{aligned} \tag{7}$$

取

$$\lambda=-\frac{(g,f)}{(g,g)},\quad \lambda^*=-\frac{(f,g)}{(g,g)} \tag{8}$$

将(8)式代入(7)式，得

$$(f,f)-\frac{(f,g)(g,f)}{(g,g)}\geqslant 0 \tag{9}$$

其中$(f,g)(g,f)=|(f,g)|^2$，此式即(4) 式，证毕.

(3) 不确定关系

令

$$f = \Delta\hat{A}\psi, \quad g = \Delta\hat{B}\psi \tag{10}$$

其中 $\hat{A}$ 与 $\hat{B}$ 为两个力学量算符，ψ 为任意波函数. 将(10) 式代入(4) 式，得

$$(\Delta\hat{A}\psi, \Delta\hat{A}\psi)(\Delta\hat{B}\psi, \Delta\hat{B}\psi) \geqslant |(\Delta\hat{A}\psi, \Delta\hat{B}\psi)|^2 \tag{11}$$

其中

$$\begin{aligned}(\Delta\hat{A}\psi, \Delta\hat{A}\psi) &= ((\hat{A}-\overline{A})\psi, (\hat{A}-\overline{A})\psi) \\ &= (\psi, (\hat{A}-\overline{A})^2\psi) = (\psi, (\Delta\hat{A})^2\psi) = (\Delta A)^2\end{aligned} \tag{12}$$

$$(\Delta\hat{B}\psi, \Delta\hat{B}\psi) = (\psi, (\Delta\hat{B})^2\psi) = (\Delta B)^2 \tag{13}$$

$$(\Delta\hat{A}\psi, \Delta\hat{B}\psi) = (\psi, \Delta\hat{A}\Delta\hat{B}\psi) \tag{14}$$

在以上推导中，用到 $\hat{A}$ 与 $\hat{B}$ 的厄密性质，以及 $\overline{A}$ 与 $\overline{B}$ 的实数性质. (14) 式中的 $\Delta\hat{A}\Delta\hat{B}$ 可以写成

$$\begin{aligned}\Delta\hat{A}\Delta\hat{B} &= \frac{1}{2}(\Delta\hat{A}\Delta\hat{B} - \Delta\hat{B}\Delta\hat{A}) + \frac{1}{2}(\Delta\hat{A}\Delta\hat{B} + \Delta\hat{B}\Delta\hat{A}) \\ &= \frac{1}{2}[\Delta\hat{A}, \Delta\hat{B}] + \frac{1}{2}\{\Delta\hat{A}, \Delta\hat{B}\}\end{aligned} \tag{15}$$

其中

$$\{\Delta\hat{A}, \Delta\hat{B}\} \equiv \Delta\hat{A}\Delta\hat{B} + \Delta\hat{B}\Delta\hat{A} \tag{16}$$

$$[\Delta\hat{A}, \Delta\hat{B}] = [\hat{A}-\overline{A}, \hat{B}-\overline{B}] = [\hat{A}, \hat{B}] \tag{17}$$

将(17)式代入(15)式，再将(15)式代入(14)式，

$$\begin{aligned}(\Delta\hat{A}\psi, \Delta\hat{B}\psi) &= \frac{1}{2}(\psi, [\hat{A}, \hat{B}]\psi) + \frac{1}{2}(\psi, \{\Delta\hat{A}, \Delta\hat{B}\}\psi) \\ &= \left(\psi, \frac{\{\Delta\hat{A}, \Delta\hat{B}\}}{2}\psi\right) + i\left(\psi, \frac{[\hat{A}, \hat{B}]}{2i}\psi\right)\end{aligned} \tag{18}$$

其中 $\{\Delta\hat{A}, \Delta\hat{B}\}/2$ 与 $[\hat{A}, \hat{B}]/2i$ 是厄密算符. 它们在 ψ 态上的平均值为实数，故(18)式右端为一复数，第一项是实部，第二项是虚部. (18)式的绝对值平方等于实部与虚部的绝对值平方和：

$$\begin{aligned}|(\Delta\hat{A}\psi, \Delta\hat{B}\psi)|^2 &= \left|\frac{1}{2}(\psi, [\hat{A}, \hat{B}]\psi) + \frac{1}{2}(\psi, \{\Delta\hat{A}, \Delta\hat{B}\}\psi)\right|^2 \\ &= \frac{1}{4}|(\psi, [\hat{A}, \hat{B}]\psi)|^2 + \frac{1}{4}|(\psi, \{\Delta\hat{A}, \Delta\hat{B}\}\psi)|^2 \\ &= \frac{1}{4}|\overline{[\hat{A}, \hat{B}]}|^2 + \frac{1}{4}|\overline{\{\Delta\hat{A}, \Delta\hat{B}\}}|^2 \\ &\geqslant \frac{1}{4}|\overline{[\hat{A}, \hat{B}]}|^2\end{aligned} \tag{19}$$

将(19)，(12)与(13)代入(11)式，得

$$(\Delta A)^2(\Delta B)^2 \geqslant \frac{1}{4}|\overline{[\hat{A},\hat{B}]}|^2 \tag{20}$$

这就是不确定关系(uncertainty relation),也称为测不准关系. 对上式开方得到不确定关系的另一形式:

$$\Delta A \Delta B \geqslant \frac{1}{2}|\overline{[\hat{A},\hat{B}]}| \tag{21}$$

应注意的是,这里的 ΔA 与 ΔB 是由(3) 式决定的力学量 A 与 B 的均方差根值:

$$\Delta A = \sqrt{\overline{(\Delta\hat{A})^2}} = \sqrt{\overline{(\hat{A}-\overline{A})^2}} = \sqrt{\overline{A^2}-(\overline{A})^2} \tag{22}$$

$$\Delta B = \sqrt{\overline{(\Delta\hat{B})^2}} = \sqrt{\overline{(\hat{B}-\overline{B})^2}} = \sqrt{\overline{B^2}-(\overline{B})^2} \tag{23}$$

它们分别代表力学量 A 与 B 的几率分布宽度. 因此,不确定关系(21) 表示,不论粒子处于什么状态,在任一时刻粒子的力学量 A 与 B 的几率分布宽度 ΔA 与 ΔB 之间,存在一定的关系. 如果 $\hat{A}$ 与 $\hat{B}$ 对易,则关系式(21) 未给出任何新的结果,它只表示两个大于或 等于零的量相乘仍为大于或等于零的量. 如果 $\hat{A}$ 与 $\hat{B}$ 不对易,$\overline{[\hat{A},\hat{B}]}$ 一般不为零,这时不确定关系(21) 表示 ΔA 与 ΔB 的乘积一定大于或等于某一正数. 这表明 ΔA 与 ΔB 不能同时为零. $\Delta A = 0$ 表示力学量 A 取确定值($\hat{A}$ 的本征值),粒子的波函数是 $\hat{A}$ 本征函数. ΔA 与 ΔB 不能同时为零意味着粒子的波函数不可能同时是 $\hat{A}$ 与 $\hat{B}$ 的本征函数. 这同 $\hat{A}$ 与 $\hat{B}$ 有共同本征函数完备系的充分必要条件为 $\hat{A}$ 与 $\hat{B}$ 对易是一致的. 现以 $\hat{A}=x$ 与 $\hat{B}=\hat{p}_x$ 为例,因$[x,\hat{p}_x]=i\hbar$,x 与 $\hat{p}_x$ 的不确定关系为

$$\Delta x \Delta p_x \geqslant \frac{\hbar}{2} \tag{24}$$

上式表示无论粒子处于什么态,任一时刻粒子在坐标空间的分布宽度 Δx 与在动量空间的分布宽度 Δp_x 的乘积,总是大丁或等于常数 $\hbar/2$ 的. 因此当粒子处于 Δx 很小的态时,它的 Δp_x 一定很大. 这就是说,当粒子被局限在 x 空间很小范围内运动时,它的动量取值范围一定很大. 特别是当粒子处于 $x=a$ 的确定点时($\Delta x=0$,粒子的波函数为 x 的本征函数 $\delta(x-a)$),粒子的动量取值范围 $\Delta p_x \to \infty$. 反之,当粒子的 $\Delta x \to \infty$ 时,它的 $\Delta p_x \to 0$,即粒子具有确定的动量(粒子的波函数为 $\hat{p}_x$ 的本征函数). 上述结果同我们在第二章例题 3 中讨论自由粒子波包所得的结论是一致的.

[例题 1]　利用测不准关系式 $\Delta x \Delta p \geqslant \hbar/2$,证明一维无限深方势阱基态能量大于$\frac{\hbar^2}{8\mu a^2}$,其中 $2a$ 为势阱宽度.

解：已知阱宽为 $2a$，取势阱中心为 x 坐标轴的原点. 势能 $V(x)$ 满足空间反演对称：$V(-x)=V(x)$，定态 ψ_n 有确定的宇称. $\psi_n(x)$ 是偶函数或奇函数. $|\psi_n(x)|^2=\psi_n^2(x)$ 一定是偶函数.

$$\bar{x}=\int|\psi_n(x)|^2x\mathrm{d}x=0$$

$$(\Delta x)^2=\overline{(x-\bar{x})^2}=\overline{x^2}-(\bar{x})^2=\overline{x^2}<a^2$$

在任意束缚定态上，动量的平均值为 0：

$$\begin{aligned}\bar{p}&=\int\psi_n^*\hat{p}\psi_n\mathrm{d}x=\frac{\mu}{i\hbar}\int\psi_n^*[x,\hat{H}]\psi_n\mathrm{d}x\\&=\frac{\mu}{i\hbar}\int\psi_n^*(x\hat{H}-\hat{H}x)\psi_n\mathrm{d}x\\&=\frac{\mu}{i\hbar}(E_n-E_n)\int\psi_n^*x\psi_n\mathrm{d}x=0\end{aligned}$$

$$(\Delta p)^2=\overline{p^2}-(\bar{p})^2=\overline{p^2}$$

一维无限深方势阱定态能量

$$E_n=\int\psi_n^*\hat{H}\psi_n\mathrm{d}x=\overline{H}=\frac{1}{2\mu}\overline{p^2}=\frac{1}{2\mu}(\Delta p)^2$$

由测不准关系式 $\Delta x\Delta p\geqslant\hbar/2$，得

$$\Delta p\geqslant\frac{\hbar}{2\Delta x}>\frac{\hbar}{2a}$$

$$E_n=\frac{1}{2\mu}(\Delta p)^2>\frac{\hbar^2}{8\mu a^2}$$

[例题 2]　利用测不准关系式 $\Delta x\Delta p\geqslant\hbar/2$，估算一维谐振子基态能量.

解：由于同例题 1 完全相同的理由，$\bar{x}=0$，$\bar{p}=0$.

$$(\Delta x)^2=\overline{x^2}-(\bar{x})^2=\overline{x^2}$$

$$(\Delta p)^2=\overline{p^2}-(\bar{p})^2=\overline{p^2}$$

一维谐振子哈密顿算符 $\hat{H}=\frac{\hat{p}^2}{2\mu}+\frac{1}{2}\mu\omega^2x^2$，定态能量等于哈密顿量在定态上的平均值：

$$\begin{aligned}E=\overline{H}&=\frac{1}{2\mu}\overline{p^2}+\frac{1}{2}\mu\omega^2\overline{x^2}\\&=\frac{1}{2\mu}(\Delta p)^2+\frac{1}{2}\mu\omega^2(\Delta x)^2\end{aligned}$$

粒子处于基态时，坐标与动量的不确定范围 Δx 与 Δp 均取最小值. 为了估算基态能量，在测不准关系式 $\Delta x\Delta p\geqslant\hbar/2$ 中取等号. 便有

$$(\Delta p)^2 = \frac{\hbar^2}{4(\Delta x)^2}$$

$$E = \frac{\hbar^2}{8\mu(\Delta x)^2} + \frac{1}{2}\mu\omega^2(\Delta x)^2$$

将E对$(\Delta x)^2$求最小值,得基态能量$E = \hbar\omega/2$. 估算基态能量的另一方法是令

$$a = \left(\frac{1}{2\mu}(\Delta p)^2\right)^{1/2},\ b = \left(\frac{1}{2}\mu\,\omega^2(\Delta x)^2\right)^{1/2}$$

$$E = \frac{1}{2\mu}\overline{p}^2 + \frac{1}{2}\mu\omega^2\overline{x}^2 = a^2 + b^2$$

利用关系式 $a^2 + b^2 \geqslant 2ab$,得

$$E \geqslant 2ab = \omega\Delta x\Delta p \geqslant \omega\hbar/2$$

基态能量取 E 的最小值,故 $E = \omega\hbar/2$.

§4.7　力学量平均值随时间的变化,守恒量

在由归一化波函数 $\psi(\boldsymbol{r},t)$ 所描写的态中,力学量 F 的平均值

$$\overline{F}(t) = \int\psi^*(\boldsymbol{r},t)\hat{F}\psi(\boldsymbol{r},t)\mathrm{d}\tau \tag{1}$$

一般是时间 t 的函数.上式对时间 t 微商,得

$$\frac{\mathrm{d}\overline{F}(t)}{\mathrm{d}t} = \int\psi^*\frac{\partial\hat{F}}{\partial t}\psi\mathrm{d}\tau + \int\psi^*\hat{F}\frac{\partial\psi}{\partial t}\mathrm{d}\tau + \int\frac{\partial\psi^*}{\partial t}\hat{F}\psi\mathrm{d}\tau \tag{2}$$

利用薛定谔方程及其复共轭方程

$$i\hbar\frac{\partial\psi}{\partial t} = \hat{H}\psi,\quad -i\hbar\frac{\partial\psi^*}{\partial t} = (\hat{H}\psi)^* \tag{3}$$

消去(2)式中的$\frac{\partial\psi}{\partial t}$与$\frac{\partial\psi^*}{\partial t}$,得

$$\frac{\mathrm{d}\overline{F}(t)}{\mathrm{d}t} = \int\psi^*\frac{\partial\hat{F}}{\partial t}\psi\mathrm{d}\tau + \frac{1}{i\hbar}\int\psi^*\hat{F}\hat{H}\psi\mathrm{d}\tau - \frac{1}{i\hbar}\int(\hat{H}\psi)^*\hat{F}\psi\mathrm{d}\tau \tag{4}$$

由于 $\hat{H}$ 是厄密算符,

$$\int(\hat{H}\psi)^*\hat{F}\psi\mathrm{d}\tau = \int\psi^*\hat{H}\hat{F}\psi\mathrm{d}\tau \tag{5}$$

(4)式变为

$$\frac{\mathrm{d}\overline{F}(t)}{\mathrm{d}t} = \int\psi^*\frac{\partial\hat{F}}{\partial t}\psi\mathrm{d}\tau + \frac{1}{i\hbar}\int\psi^*[\hat{F},\hat{H}]\psi\mathrm{d}\tau \tag{6}$$

或

$$\frac{\mathrm{d}\bar{F}(t)}{\mathrm{d}t}=\overline{\frac{\partial \hat{F}}{\partial t}}+\frac{1}{i\hbar}\overline{[\hat{F},\hat{H}]} \tag{7}$$

如果 $\hat{F}$ 不含 t，$\frac{\partial \hat{F}}{\partial t}=0$，

$$\frac{\mathrm{d}\bar{F}(t)}{\mathrm{d}t}=\frac{1}{i\hbar}\overline{[\hat{F},\hat{H}]} \tag{8}$$

如果 $\hat{F}$ 不含 t，且 $\hat{F}$ 与 $\hat{H}$ 对易，则 $\frac{\mathrm{d}\bar{F}(t)}{\mathrm{d}t}=0$. $\bar{F}$ 不随时间 t 变化. 由此可见，在力学量算符不含 t，并且同 $\hat{H}$ 对易的条件下，无论粒子处于何态，该力学量的平均值均不随时间变化. 这时力学量 F 称作守恒量. 下面介绍守恒量的几个例子.

(1) 自由粒子的动量

自由粒子的哈密顿量为

$$\hat{H}=\frac{\hat{\boldsymbol{p}}^2}{2\mu}=\frac{1}{2\mu}(\hat{p}_x^2+\hat{p}_y^2+\hat{p}_z^2)$$

将动量的 x,y,z 分量统一记为 $\hat{p}_\alpha$，它们不含 t，并且 $[\hat{p}_\alpha,\hat{H}]=0$. 故 $\hat{p}_\alpha(\alpha=x,y,z)$ 为守恒量.

(2) 在中心力场中的轨道角动量

在中心力场 $V(r)$ 中哈密顿量为

$$\hat{H}=-\frac{\hbar^2}{2\mu}\frac{1}{r^2}\left[\frac{\partial}{\partial r}\left(r^2\frac{\partial}{\partial r}\right)-\frac{\hat{L}^2}{\hbar^2}\right]+V(r)$$

其中

$$\hat{L}^2=-\hbar^2\left[\frac{1}{\sin\theta}\frac{\partial}{\partial\theta}\left(\sin\theta\frac{\partial}{\partial\theta}\right)+\frac{1}{\sin^2\theta}\frac{\partial^2}{\partial\varphi^2}\right]$$

显然

$$[\hat{L}^2,\hat{H}]=0,\quad [\hat{L}_\alpha,\hat{H}]=0,\quad \alpha=x,y,z$$

这是因为 $\hat{L}^2$ 与 $\hat{L}_\alpha$ 都是关于角度 θ 与 φ 的运算算符，它们同任意 r 的函数 $f(r)$ 对易，并且 $[\hat{L}^2,\hat{L}_\alpha]=0$，$\hat{L}^2$ 与 $\hat{L}_\alpha$ 又不含 t，故它们都是守恒量.

(3) 在保守力场中的能量

因保守力场 $V(\boldsymbol{r})$ 不含 t，$\hat{H}=-\frac{\hbar^2}{2\mu}\nabla^2+V(\boldsymbol{r})$ 也就不含 t，且 $[\hat{H},\hat{H}]=0$，

故 $\hat{H}$ 为守恒量.

(4) 在对称力场 $V(-\boldsymbol{r})=V(\boldsymbol{r})$ 中的宇称

如果作用力场 $V(\boldsymbol{r})$ 满足空间反射对称条件：$V(-\boldsymbol{r})=V(\boldsymbol{r})$，则哈密顿算符 $\hat{H}=-\frac{\hbar^2}{2\mu}\nabla^2+V(\boldsymbol{r})$ 也满足空间反射对称条件：$\hat{H}(-\boldsymbol{r})=\hat{H}(\boldsymbol{r})$. 不难证明，空间反演算符 $\hat{\Pi}$ 一定同 $\hat{H}$ 对易. 取任一波函数 $\psi(\boldsymbol{r})$，

$$\hat{\Pi}\hat{H}(\boldsymbol{r})\psi(\boldsymbol{r})=\hat{H}(-\boldsymbol{r})\psi(-\boldsymbol{r})=\hat{H}(\boldsymbol{r})\hat{\Pi}\psi(\boldsymbol{r})$$

因 $\psi(\boldsymbol{r})$ 是任意的，故 $\hat{\Pi}\hat{H}(\boldsymbol{r})=\hat{H}(\boldsymbol{r})\hat{\Pi}$，即 $\hat{\Pi}$ 同 $\hat{H}$ 对易. $\hat{\Pi}$ 本身不含 t. 由此可见，宇称是守恒量.

[讨论] 在某一力场中力学量 F 守恒，并不表示力学量 F 一定取确定值 f_n（算符 $\hat{F}$ 的本征值）. 它仅表示无论粒子处于此力场的那一个态上，力学量 F 的平均值均不随时间变化. 如果 $t=0$ 时粒子的 $F=f_n$，即粒子处于 $\hat{F}$ 的本征值为 f_n 的本征态上，则任何时候该粒子的 F 都是 f_n，即粒子永远处于 $\hat{F}$ 的本征值为 f_n 的本征态上. 如果 $t=0$ 时粒子 $F\neq f_n$，即粒子没有处于 $\hat{F}$ 的本征态上，则任何时候粒子都不会处于 $\hat{F}$ 的本征态上. 以宇称为例，设在某一力场中宇称守恒. 如果 $t=0$ 时，粒子有确定的宇称 $\pi=1$，即粒子的波函数为偶函数，则任何时候该粒子的宇称都是 $\pi=1$，即粒子的波函数永远是偶函数. 如果 $t=0$ 时，粒子没有确定的宇称，即粒子的波函数既非偶函数，亦非奇函数，则任何时候粒子都不会有确定的宇称. 但是，在宇称守恒的条件下，宇称的平均值

$$\bar{\pi}=\int\psi^*(\boldsymbol{r},t)\hat{\Pi}\psi(\boldsymbol{r},t)\mathrm{d}\tau=\int\psi^*(\boldsymbol{r},t)\psi(-\boldsymbol{r},t)\mathrm{d}\tau$$

是不随时间变化的.

§4.8 薛定谔绘景与海森伯绘景

由薛定谔方程

$$i\hbar\frac{\partial\psi(t)}{\partial t}=\hat{H}\psi(t) \tag{1}$$

决定的波函数 $\psi(t)$ 是时间 t 的函数，不显含 t 的力学量算符 $\hat{F}$ 是不随时间变化的. 实验测量的力学量 F 的值是算符 $\hat{F}$ 在波函数 $\psi(t)$ 上的平均值：

$$\overline{F} = (\psi(t), \hat{F}\psi(t)) \tag{2}$$

力学量平均值 $\overline{F}$ 随时间变化的规律完全由波函数 $\psi(t)$ 决定. 这种波函数随时间变化，而力学量算符不随时间变化的描述方式，叫做薛定谔绘景(Schrödinger picture). 上述描述方式不是惟一的. 下面介绍另一种波函数不随时间变化，而力学量算符随时间变化的描述方式——海森伯绘景(Heisenberg picture).

设粒子的哈密顿算符 $\hat{H}$ 不显含时间 t(即粒子在保守力场 $V(\boldsymbol{r})$ 中运动)，薛定谔方程(1) 的形式解为

$$\psi(t) = e^{-i\hat{H}t/\hbar}\psi(0) \equiv \hat{U}(t)\psi(0) \tag{3}$$

其中

$$\hat{U}(t) = e^{-i\hat{H}t/\hbar} \tag{4}$$

称为时间演变算符，它作用在 $t=0$ 时的波函数 $\psi(0)$ 上，得到 t 时刻的波函数 $\psi(t)$. 它的厄密共轭算符为

$$\hat{U}^{\dagger}(t) = e^{i\hat{H}t/\hbar} \tag{5}$$

显然 $\hat{U}(t)$ 是幺正算符：

$$\hat{U}^{\dagger}(t)\hat{U}(t) = \hat{U}(t)\hat{U}^{\dagger}(t) = 1 \tag{6}$$

将(3)式代入(2)式中，

$$\overline{F} = (\hat{U}(t)\psi(0), \hat{F}\hat{U}(t)\psi(0)) = (\psi(0), \hat{U}^{\dagger}(t)\hat{F}\hat{U}(t)\psi(0)) \tag{7}$$

令

$$\hat{F}(t) = \hat{U}^{\dagger}(t)\hat{F}\hat{U}(t) = e^{i\hat{H}t/\hbar}\hat{F}e^{-i\hat{H}t/\hbar} \tag{8}$$

上式变为

$$\overline{F} = (\psi(0), \hat{F}(t)\psi(0)) \tag{9}$$

这是海森伯绘景中力学量平均值的计算公式. $t=0$ 时薛定谔绘景中的波函数 $\psi(0)$ 被定义为海森伯绘景中的波函数，它不随时间变化. 由(8) 式确定的 $\hat{F}(t)$ 被定义为海森伯绘景中的力学量算符. $t=0$ 时 $\hat{F}(0)=\hat{F}$ 为薛定谔绘景中的力学量算符. $t>0$ 时 $\hat{F}(t)$ 受哈密顿算符 $\hat{H}$ 的支配按(8) 式随时间 t 变化. 由 $\hat{F}(t)$ 对 t 的微商，可得 $\hat{F}(t)$ 满足的运动方程：

$$\begin{aligned}
\frac{d\hat{F}(t)}{dt} &= \frac{1}{i\hbar}(e^{i\hat{H}t/\hbar}\hat{F}\hat{H}e^{-i\hat{H}t/\hbar} - e^{i\hat{H}t/\hbar}\hat{H}\hat{F}e^{-i\hat{H}t/\hbar}) \\
&= \frac{1}{i\hbar}(e^{i\hat{H}t/\hbar}\hat{F}e^{-i\hat{H}t/\hbar}e^{i\hat{H}t/\hbar}\hat{H}e^{-i\hat{H}t/\hbar} - e^{i\hat{H}t/\hbar}\hat{H}e^{-i\hat{H}t/\hbar}e^{i\hat{H}t/\hbar}\hat{F}e^{-i\hat{H}t/\hbar}) \\
&= \frac{1}{i\hbar}(\hat{F}(t)\hat{H}(t) - \hat{H}(t)\hat{F}(t))
\end{aligned}$$

即 $\hat{F}(t)$ 的运动方程为

$$\frac{\mathrm{d}\hat{F}(t)}{\mathrm{d}t} = \frac{1}{i\hbar}[\hat{F}(t), \hat{H}(t)] \tag{10}$$

上式中的 $\hat{H}(t)$ 是粒子的哈密顿算符在海森伯绘景中的表示式：

$$\hat{H}(t) = \frac{1}{2\mu}\hat{p}^2(t) + V(x(t)) \tag{11}$$

尽管海森伯绘景中的 $\hat{H}(t)$ 是 $\hat{p}(t)$ 与 $x(t)$ 的函数，但它并不是时间 t 的函数. 因为它同薛定谔绘景中的 $\hat{H}$ 在数值上相等：

$$\hat{H}(t) = \mathrm{e}^{i\hat{H}t/\hbar}\hat{H}\mathrm{e}^{-i\hat{H}t/\hbar} = \hat{H} \tag{12}$$

或

$$\frac{1}{2\mu}\hat{p}^2(t) + V(x(t)) = \frac{1}{2\mu}\hat{p}^2 + V(x) \tag{13}$$

不难证明，在薛定谔绘景中的力学量的对易关系式：

$$[x, \hat{p}] = i\hbar, \quad [x, f(\hat{p})] = i\hbar\frac{\partial}{\partial\hat{p}}f(\hat{p})$$

$$[\hat{p}, f(x)] = -i\hbar\frac{\partial}{\partial x}f(x), \cdots$$

过渡到海森伯绘景仍然成立：

$$[\hat{x}(t), \hat{p}(t)] = i\hbar, \quad [\hat{x}(t), f(\hat{p}(t))] = i\hbar\frac{\partial}{\partial\hat{p}(t)}f(\hat{p}(t))$$

$$[\hat{p}(t), f(\hat{x}(t))] = -i\hbar\frac{\partial}{\partial\hat{x}(t)}f(\hat{x}(t)), \cdots$$

一个常用的公式为

$$\begin{aligned}\mathrm{e}^{\hat{A}}\hat{B}\mathrm{e}^{-\hat{A}} = &\hat{B} + [\hat{A}, \hat{B}] + \frac{1}{2!}[\hat{A}, [\hat{A}, \hat{B}]] \\ &+ \frac{1}{3!}[\hat{A}, [\hat{A}, [\hat{A}, \hat{B}]]] + \cdots\end{aligned} \tag{14}$$

将

$$\mathrm{e}^{\hat{A}} = 1 + \hat{A} + \frac{1}{2!}\hat{A}^2 + \frac{1}{3!}\hat{A}^3 + \cdots$$

$$\mathrm{e}^{-\hat{A}} = 1 - \hat{A} + \frac{1}{2!}\hat{A}^2 - \frac{1}{3!}\hat{A}^3 + \cdots$$

代入(14)左边可以证明(14)成立. 另一个证明方法是令

$$\hat{F}(\lambda) = \mathrm{e}^{\lambda\hat{A}}\hat{B}\mathrm{e}^{-\lambda\hat{A}}$$

其中 λ 为参数.

$$\frac{\mathrm{d}\hat{F}(\lambda)}{\mathrm{d}\lambda}=\hat{A}\hat{F}(\lambda)-\hat{F}(\lambda)\hat{A}=[\hat{A},\hat{F}(\lambda)]$$

$$\frac{\mathrm{d}^2\hat{F}(\lambda)}{\mathrm{d}\lambda^2}=\frac{\mathrm{d}}{\mathrm{d}\lambda}[\hat{A},\hat{F}(\lambda)]=[\hat{A},\frac{\mathrm{d}\hat{F}(\lambda)}{\mathrm{d}\lambda}]=[\hat{A},[\hat{A},\hat{F}(\lambda)]]$$

$$\frac{\mathrm{d}^3\hat{F}(\lambda)}{\mathrm{d}\lambda^3}=[\hat{A},[\hat{A},[\hat{A},\hat{F}(\lambda)]]]$$

……

将 $\hat{F}(\lambda)$ 作级数展开：

$$\hat{F}(\lambda)=\hat{F}(0)+\lambda\frac{\mathrm{d}\hat{F}(0)}{\mathrm{d}\lambda}+\frac{\lambda^2}{2!}\frac{\mathrm{d}^2\hat{F}(0)}{\mathrm{d}\lambda^2}+\frac{\lambda^3}{3!}\frac{\mathrm{d}^3\hat{F}(0)}{\mathrm{d}\lambda^3}+\cdots$$

令 $\lambda=1$,(14) 式得证：

$$\begin{aligned}\hat{F}(1)&=\mathrm{e}^{\hat{A}}\hat{B}\mathrm{e}^{-\hat{A}}\\&=\hat{F}(0)+\frac{\mathrm{d}\hat{F}(0)}{\mathrm{d}\lambda}+\frac{1}{2!}\frac{\mathrm{d}^2\hat{F}(0)}{\mathrm{d}\lambda^2}+\frac{1}{3!}\frac{\mathrm{d}^3\hat{F}(0)}{\mathrm{d}\lambda^3}+\cdots\\&=\hat{B}+[\hat{A},\hat{B}]+\frac{1}{2!}[\hat{A},[\hat{A},\hat{B}]]\\&\quad+\frac{1}{3!}[\hat{A},[\hat{A},[\hat{A},\hat{B}]]]+\cdots\end{aligned}$$

[例题]

(1) 求哈密顿算符为 $\hat{H}=\frac{1}{2\mu}\hat{p}^2+\frac{1}{2}\mu\omega^2x^2$ 的一维谐振子坐标和动量在海森伯绘景中的表示 $x(t)$ 和 $\hat{p}(t)$；

(2) 已知 $t=0$ 时谐振子的波函数为

$$\psi(x,0)=\frac{1}{\sqrt{2}}\psi_0(x)+\frac{1}{\sqrt{2}}\psi_1(x)$$

其中 $\psi_n(x)$ 为一维谐振子的定态波函数，分别在薛定谔绘景和海森伯绘景中计算任意 t 时刻坐标和动量的平均值 $\bar{x}$ 和 $\bar{p}$.

解：

(1) 方法 1

$$\hat{H}(t)=\frac{1}{2\mu}\hat{p}^2(t)+\frac{1}{2}\mu\omega^2\hat{x}^2(t)\tag{15}$$

由 $\hat{x}(t)$ 和 $\hat{p}(t)$ 的运动方程

$$\frac{\mathrm{d}\hat{x}(t)}{\mathrm{d}t}=\frac{1}{i\hbar}[\hat{x}(t),\hat{H}(t)]=\frac{\partial}{\partial\hat{p}(t)}\hat{H}(t)=\frac{1}{\mu}\hat{p}(t)\tag{16}$$

$$\frac{\mathrm{d}\hat{p}(t)}{\mathrm{d}t}=\frac{1}{i\hbar}[\hat{p}(t),\hat{H}(t)]=-\frac{\partial}{\partial\hat{x}(t)}\hat{H}(t)=-\mu\omega^2\hat{x}(t)\tag{17}$$

得

$$\frac{\mathrm{d}^2\hat{x}(t)}{\mathrm{d}t^2}=-\omega^2\hat{x}(t) \tag{18}$$

方程(18)的解为

$$\hat{x}(t)=A\cos\omega t+B\sin\omega t \tag{19}$$

其中 A 与 B 为待定量. 将(19) 式代入(16) 式,得

$$\hat{p}(t)=\mu\frac{\mathrm{d}\hat{x}(t)}{\mathrm{d}t}=-\mu\omega A\sin\omega t+\mu\omega B\cos\omega t \tag{20}$$

由初条件 $\hat{x}(0)=x,\hat{p}(0)=\hat{p}$,得 $A=x,B=\dfrac{\hat{p}}{\mu\omega}$.

$$\hat{x}(t)=x\cos\omega t+\frac{\hat{p}}{\mu\omega}\sin\omega t \tag{21}$$

$$\hat{p}(t)=\hat{p}\cos\omega t-\mu\omega x\sin\omega t \tag{22}$$

方法 2　令

$$\hat{A}=\frac{it\hat{H}}{\hbar}=\frac{it}{\hbar}\left(\frac{\hat{p}^2}{2\mu}+\frac{1}{2}\mu\omega^2x^2\right) \tag{23}$$

$$\begin{aligned}\hat{x}(t)&=\mathrm{e}^{i\hat{H}t/\hbar}x\,\mathrm{e}^{-i\hat{H}t/\hbar}=\mathrm{e}^{\hat{A}}x\,\mathrm{e}^{-\hat{A}}\\&=x+[\hat{A},x]+\frac{1}{2!}[\hat{A},[\hat{A},x]]+\cdots\end{aligned} \tag{24}$$

$$\begin{aligned}\hat{p}(t)&=\mathrm{e}^{i\hat{H}t/\hbar}\hat{p}\,\mathrm{e}^{-i\hat{H}t/\hbar}=\mathrm{e}^{\hat{A}}\hat{p}\,\mathrm{e}^{-\hat{A}}\\&=\hat{p}+[\hat{A},\hat{p}]+\frac{1}{2!}[\hat{A},[\hat{A},\hat{p}]]+\cdots\end{aligned} \tag{25}$$

其中

$$[\hat{A},x]=-i\hbar\frac{\partial}{\partial\hat{p}}\hat{A}=\frac{t\hat{p}}{\mu} \tag{26}$$

$$[\hat{A},\hat{p}]=i\hbar\frac{\partial}{\partial x}\hat{A}=-t\mu\omega^2x \tag{27}$$

将(26)(27)式代入(24)(25)式,得

$$\begin{aligned}\hat{x}(t)&=x\left[1-\frac{1}{2!}(\omega t)^2+\frac{1}{4!}(\omega t)^4-\cdots\right]\\&\quad+\frac{\hat{p}}{\mu\omega}\left[\omega t-\frac{1}{3!}(\omega t)^3+\frac{1}{5!}(\omega t)^5-\cdots\right]\\&=x\cos\omega t+\frac{\hat{p}}{\mu\omega}\sin\omega t\end{aligned} \tag{28}$$

$$\hat{p}(t)=\hat{p}\left[1-\frac{1}{2!}(\omega t)^2+\frac{1}{4!}(\omega t)^4-\cdots\right]$$

$$-\mu\omega x\left[\omega t-\frac{1}{3!}(\omega t)^3+\frac{1}{5!}(\omega t)^5-\cdots\right]$$

$$=\hat{p}\cos\omega t-\mu\omega x\sin\omega t \tag{29}$$

（2）在薛定谔绘景中

$$\psi(x,t)=\frac{1}{\sqrt{2}}e^{-iE_0t/\hbar}\psi_0(x)+\frac{1}{\sqrt{2}}e^{-iE_1t/\hbar}\psi_1(x) \tag{30}$$

其中

$$E_n=\left(n+\frac{1}{2}\right)\hbar \tag{31}$$

将(30)式代入下式中

$$\bar{x}=\int\psi^*(x,t)x\psi(x,t)\mathrm{d}x$$

$$=\frac{1}{2}\int\left[e^{iE_0t/\hbar}\psi_0^*(x)+e^{iE_1t/\hbar}\psi_1^*(x)\right]$$

$$\times\left[e^{-iE_0t/\hbar}x\psi_0(x)+e^{-iE_1t/\hbar}x\psi_1(x)\right]\mathrm{d}x \tag{32}$$

利用公式

$$x\psi_n(x)=\frac{1}{\alpha}\left[\sqrt{\frac{n}{2}}\psi_{n-1}(x)+\sqrt{\frac{n+1}{2}}\psi_{n+1}(x)\right] \tag{33}$$

及 $\psi_n(x)$ 的正交归一条件，由(32)式得

$$\bar{x}=\frac{1}{\sqrt{2}\alpha}\cos\omega t \tag{34}$$

$$\bar{p}=-i\hbar\int\psi^*(x,t)\frac{\mathrm{d}}{\mathrm{d}x}\psi(x,t)\mathrm{d}x$$

$$=-\frac{i\hbar}{2}\int\left[e^{iE_0t/\hbar}\psi_0(x)+e^{iE_1t/\hbar}\psi_1(x)\right]$$

$$\times\left[e^{-iE_0t/\hbar}\frac{\mathrm{d}\psi_0(x)}{\mathrm{d}x}+e^{-iE_1t/\hbar}\frac{\mathrm{d}\psi_1(x)}{\mathrm{d}x}\right]\mathrm{d}x \tag{35}$$

利用公式

$$\frac{\mathrm{d}\psi_n(x)}{\mathrm{d}x}=\alpha\left[\sqrt{\frac{n}{2}}\psi_{n-1}(x)-\sqrt{\frac{n+1}{2}}\psi_{n+1}(x)\right] \tag{36}$$

及 $\psi_n(x)$ 的正交归一条件，由(35)式得

$$\bar{p}=-\frac{\alpha\hbar}{\sqrt{2}}\sin\omega t \tag{37}$$

在海森伯绘景中

$$\bar{x}=\int\psi^*(x,0)\hat{x}(t)\psi(x,0)\mathrm{d}x$$

$$=\frac{1}{2}\int[\psi_0^*(x)+\psi_1^*(x)]\left[x\cos\omega t+\frac{\hat{p}}{\mu\omega}\sin\omega t\right]\times[\psi_0(x)+\psi_1(x)]\mathrm{d}x$$

$$=\frac{\cos\omega t}{2}\int[\psi_0^*(x)+\psi_1^*(x)][x\psi_0(x)+x\psi_1(x)]\mathrm{d}x$$

$$-\frac{i\hbar\sin\omega t}{2\mu\omega}\int[\psi_0^*(x)+\psi_1^*(x)]\left[\frac{\mathrm{d}\psi_0(x)}{\mathrm{d}x}+\frac{\mathrm{d}\psi_1(x)}{\mathrm{d}x}\right]\mathrm{d}x$$

$$=\frac{1}{\sqrt{2}\alpha}\cos\omega t \tag{38}$$

$$\bar{p}=\int\psi^*(x,0)\hat{p}(t)\psi(x,0)\mathrm{d}x$$

$$=\frac{1}{2}\int[\psi_0^*(x)+\psi_1^*(x)][\hat{p}\cos\omega t-\mu\omega x\sin\omega t]\times[\psi_0(x)+\psi_1(x)]\mathrm{d}x$$

$$=-\frac{i\hbar\cos\omega t}{2}\int[\psi_0^*(x)+\psi_1^*(x)]\left[\frac{\mathrm{d}\psi_0(x)}{\mathrm{d}x}+\frac{\mathrm{d}\psi_1(x)}{\mathrm{d}x}\right]\mathrm{d}x$$

$$-\frac{\mu\omega\sin\omega t}{2}\int[\psi_0^*(x)+\psi_1^*(x)][x\psi_0(x)+x\psi_1(x)]\mathrm{d}x$$

$$=-\frac{\mu\omega}{\sqrt{2}\alpha}\sin\omega t=-\frac{\hbar\alpha}{\sqrt{2}}\sin\omega t \tag{39}$$

§4.9 维里定理与 F—H 定理

(1) 维里定理

维里定理包含以下两个内容:① 当粒子处于势场 $V(\boldsymbol{r})$ 中的束缚定态 $\psi_n(\boldsymbol{r})$ 时,其动能平均值可表示为

$$\int\psi_n^*(\boldsymbol{r})\frac{\hat{p}^2}{2\mu}\psi_n(\boldsymbol{r})\mathrm{d}\tau=\frac{1}{2}\int\psi_n^*(\boldsymbol{r})(\boldsymbol{r}\cdot\nabla V)\psi_n(\boldsymbol{r})\mathrm{d}\tau \tag{1}$$

或

$$\overline{(T)}_n=\frac{1}{2}\overline{(\boldsymbol{r}\cdot\nabla V)}_n \tag{2}$$

② 如果 $V(\boldsymbol{r})$ 是 $\boldsymbol{r}$ 的 ν 次齐次函数,则

$$\overline{(T)}_n=\frac{\nu}{2}\overline{(V)}_n \tag{3}$$

定理的证明如下.在力学量 F 的平均值随时间的变化率公式

$$\frac{\mathrm{d}\overline{F}(t)}{\mathrm{d}t}=\overline{\frac{\partial \hat{F}}{\partial t}}+\frac{1}{i\hbar}\overline{[\hat{F},\hat{H}]} \tag{4}$$

中,令 $\hat{F}=\boldsymbol{r}\cdot\hat{\boldsymbol{p}},\frac{\partial \hat{F}}{\partial t}=0$,上式(此式对非厄密算符也成立)变为

$$\begin{aligned}\frac{\mathrm{d}\,\overline{(\boldsymbol{r}\cdot\hat{\boldsymbol{p}})}}{\mathrm{d}t}&=\frac{1}{i\hbar}\overline{[\boldsymbol{r}\cdot\hat{\boldsymbol{p}},\hat{H}]}=\frac{1}{i\hbar}\overline{\left[\boldsymbol{r}\cdot\hat{\boldsymbol{p}},\frac{\hat{p}^2}{2\mu}+V(\boldsymbol{r})\right]}\\&=\frac{1}{i\hbar}\left\{\frac{1}{2\mu}\overline{[\boldsymbol{r}\cdot\hat{\boldsymbol{p}},\hat{p}^2]}+\overline{[\boldsymbol{r}\cdot\hat{\boldsymbol{p}},V]}\right\}\end{aligned} \tag{5}$$

其中

$$\begin{aligned}[\boldsymbol{r}\cdot\hat{\boldsymbol{p}},\hat{p}^2]&=[x\hat{p}_x+y\hat{p}_y+z\hat{p}_z,\hat{p}_x^2+\hat{p}_y^2+\hat{p}_z^2]\\&=[x,\hat{p}_x^2]\hat{p}_x+[y,\hat{p}_y^2]\hat{p}_y+[z,\hat{p}_z^2]\hat{p}_z\\&=2i\hbar(\hat{p}_x^2+\hat{p}_y^2+\hat{p}_z^2)\\&=2i\hbar\hat{p}^2\end{aligned} \tag{6}$$

$$\begin{aligned}[\boldsymbol{r}\cdot\hat{\boldsymbol{p}},V]&=[x\hat{p}_x+y\hat{p}_y+z\hat{p}_z,V]\\&=x[\hat{p}_x,V]+y[\hat{p}_y,V]+z[\hat{p}_z,V]\\&=-i\hbar\left(x\frac{\partial V}{\partial x}+y\frac{\partial V}{\partial y}+z\frac{\partial V}{\partial z}\right)\\&=-i\hbar\boldsymbol{r}\cdot\nabla V\end{aligned} \tag{7}$$

将(6)式与(7)式代入(5)式中,得

$$\begin{aligned}\frac{\mathrm{d}\,\overline{(\boldsymbol{r}\cdot\hat{\boldsymbol{p}})}}{\mathrm{d}t}&=\frac{\overline{\hat{p}^2}}{\mu}-\overline{(\boldsymbol{r}\cdot\nabla V)}\\&=2\overline{T}-\overline{(\boldsymbol{r}\cdot\nabla V)}\end{aligned} \tag{8}$$

对定态 ψ_n

$$\frac{\mathrm{d}\,\overline{(\boldsymbol{r}\cdot\hat{\boldsymbol{p}})_n}}{\mathrm{d}t}=0 \tag{9}$$

$$\overline{(T)}_n=\frac{1}{2}\overline{(\boldsymbol{r}\cdot\nabla V)}_n$$

此即(2)式.如果 $V(\boldsymbol{r})$ 是 x,y,z 的 ν 次齐次函数:

$$V(\lambda x,\lambda y,\lambda z)=\lambda^{\nu}V(x,y,z) \tag{10}$$

便有

$$\boldsymbol{r}\cdot\nabla V=\nu V \tag{11}$$

将(11)式代入(2)式中得到(3)式.证毕.

(2) 费曼—海尔曼定理(F—H 定理)

F—H 定理:设粒子的束缚定态能量为 E_n,相应的归一化波函数为 ψ_n,λ 为哈密顿算符 $\hat{H}$ 中的任一参数,便有

$$\frac{\partial E_n}{\partial\lambda}=\overline{\left(\frac{\partial\hat{H}}{\partial\lambda}\right)}_n \tag{12}$$

定理证明:

$$E_n=\int\psi_n^*\hat{H}\psi_n\mathrm{d}\tau \tag{13}$$

$$\begin{aligned}\frac{\partial E_n}{\partial\lambda}&=\int\psi_n^*\frac{\partial\hat{H}}{\partial\lambda}\psi_n\mathrm{d}\tau+\int\frac{\partial\psi_n^*}{\partial\lambda}\hat{H}\psi_n\mathrm{d}\tau+\int\psi_n^*\hat{H}\frac{\partial\psi_n}{\partial\lambda}\mathrm{d}\tau\\&=\int\psi_n^*\frac{\partial\hat{H}}{\partial\lambda}\psi_n\mathrm{d}\tau+E_n\int\frac{\partial\psi_n^*}{\partial\lambda}\psi_n\mathrm{d}\tau+\int(\hat{H}\psi_n)^*\frac{\partial\psi_n}{\partial\lambda}\mathrm{d}\tau\\&=\int\psi_n^*\frac{\partial\hat{H}}{\partial\lambda}\psi_n\mathrm{d}\tau+E_n\left[\int\frac{\partial\psi_n^*}{\partial\lambda}\psi_n\mathrm{d}\tau+\int\psi_n^*\frac{\partial\psi_n}{\partial\lambda}\mathrm{d}\tau\right]\\&=\overline{\left(\frac{\partial\hat{H}}{\partial\lambda}\right)}_n+E_n\frac{\mathrm{d}}{\mathrm{d}\lambda}\int\psi_n^*\psi_n\mathrm{d}\tau\end{aligned} \tag{14}$$

已知 ψ_n 满足归一化条件

$$\int\psi_n^*\psi_n\mathrm{d}\tau=1 \tag{15}$$

所以
$$\frac{\partial E_n}{\partial\lambda}=\overline{\left(\frac{\partial\hat{H}}{\partial\lambda}\right)}_n\qquad\text{证毕.}$$

[例题 1]　利用维里定理计算一维谐振子在定态 $\psi_n(x)$ 上的动能平均值 $\overline{(T)}_n$ 与势能平均值 $\overline{(V)}_n$,从而算出 $\overline{(x^2)}_n$ 与 $\overline{(p^2)}_n$,并检验测不准关系 $\Delta x\Delta p\geqslant\hbar/2$.

解:$V(x)=\dfrac{1}{2}\mu\omega^2x^2$ 是 x 的二次齐次函数,$\nu=2$.由维里定理,

$$\overline{(T)}_n=\frac{\nu}{2}\overline{(V)}_n=\overline{(V)}_n$$

已知

$$E_n=\overline{(H)}_n=\overline{(T)}_n+\overline{(V)}_n=\left(n+\frac{1}{2}\right)\hbar\omega$$

所以
$$\overline{(T)}_n=\overline{(V)}_n=\frac{1}{2}\left(n+\frac{1}{2}\right)\hbar\omega$$

由

$$\overline{(T)_n} = \frac{1}{2\mu}\overline{(p^2)_n} = \frac{1}{2}\left(n+\frac{1}{2}\right)\hbar\omega$$

$$\overline{(V)_n} = \frac{1}{2}\mu\omega^2\overline{(x^2)_n} = \frac{1}{2}\left(n+\frac{1}{2}\right)\hbar\omega$$

得

$$\overline{(p^2)_n} = \left(n+\frac{1}{2}\right)\mu\hbar\omega, \quad \overline{(x^2)_n} = \left(n+\frac{1}{2}\right)\hbar/\mu\omega$$

显然有

$$\overline{(p)_n} = 0, \quad \overline{(x)_n} = 0$$

$$\Delta x = \sqrt{\overline{(x-\bar{x})^2}} = \sqrt{\overline{x^2}-(\bar{x})^2}$$

$$= \sqrt{\overline{x^2}} = \sqrt{\left(n+\frac{1}{2}\right)\hbar/\mu\,\omega}$$

$$\Delta p = \sqrt{\overline{(\hat{p}-\bar{p})^2}} = \sqrt{\overline{p^2}-(\bar{p})^2}$$

$$= \sqrt{\overline{p^2}} = \sqrt{\left(n+\frac{1}{2}\right)\hbar\mu\,\omega}$$

所以

$$\Delta x\Delta p = \left(n+\frac{1}{2}\right)\hbar$$

这个结果符合测不准关系式：$\Delta x\Delta p \geqslant \hbar/2$.

[例题 2]　利用 F—H 定理计算例题 1 中的$\overline{(x^2)_n}$与$\overline{(p^2)_n}$.

解：已知

$$\hat{H} = \frac{\hat{p}^2}{2\mu}+\frac{1}{2}\mu\omega^2x^2 = -\frac{\hbar^2}{2\mu}\frac{\mathrm{d}^2}{\mathrm{d}x^2}+\frac{1}{2}\mu\omega^2x^2$$

$$E_n = \left(n+\frac{1}{2}\right)\hbar\omega$$

选择 $\hat{H}$ 中的 ω 为参数，

$$\frac{\partial E_n}{\partial\omega} = \left(n+\frac{1}{2}\right)\hbar, \qquad \frac{\partial\hat{H}}{\partial\omega} = \mu\omega x^2$$

根据 F—H 定理：

$$\frac{\partial E_n}{\partial\omega} = \int\psi_n^*\frac{\partial\hat{H}}{\partial\omega}\psi_n\mathrm{d}x$$

将$\frac{\partial E_n}{\partial\omega}$与$\frac{\partial\hat{H}}{\partial\omega}$的值代入上式，得

$$\left(n+\frac{1}{2}\right)\hbar=\mu\omega\int\psi_n^* x^2\psi_n\mathrm{d}x=\mu\omega\ \overline{(x^2)}_n$$

$$\overline{(x^2)}_n=\left(n+\frac{1}{2}\right)\hbar/\mu\omega$$

利用

$$E_n=\left(n+\frac{1}{2}\right)\hbar\omega=\frac{1}{2\mu}\overline{(p^2)}_n+\frac{1}{2}\mu\omega^2\ \overline{(x^2)}_n$$

得

$$\overline{(p^2)}_n=\left(n+\frac{1}{2}\right)\hbar\mu\omega$$

也可以选择 $\hbar$ 为参数，

$$\frac{\partial E_n}{\partial\hbar}=\left(n+\frac{1}{2}\right)\omega,\quad \frac{\partial\hat{H}}{\partial\hbar}=-\frac{\hbar}{\mu}\frac{\mathrm{d}^2}{\mathrm{d}x^2}=\frac{\hat{p}^2}{\mu\hbar}$$

或选择 μ 为参数，

$$\frac{\partial E_n}{\partial\mu}=0,\frac{\partial\hat{H}}{\partial\mu}=\frac{\hbar^2}{2\mu^2}\frac{\mathrm{d}^2}{\mathrm{d}x^2}+\frac{1}{2}\omega^2x^2=-\frac{\hat{p}^2}{2\mu^2}+\frac{1}{2}\omega^2x^2$$

同样可以算出

$$\overline{(x^2)}_n=\left(n+\frac{1}{2}\right)\hbar/\mu\omega,\quad \overline{(p^2)}_n=\left(n+\frac{1}{2}\right)\hbar\mu\omega$$

[例题 3]　一个质量为 μ 的粒子在对数势场 $V(r)=c\ln\frac{r}{r_0}$ 中运动，式中 c 与 r_0 是同质量 μ 无关的常数.

(1) 证明，在所有定态上均方速度相同. 求出这个均方速度.

(2) 证明，任何两个定态能量之差同粒子的质量无关.

解：(1) 设归一化定态波函数为 ψ_n. 由维里定理知，

$$\frac{1}{\mu}\int\psi_n^*\hat{p}^2\psi_n\mathrm{d}\tau=\int\psi_n^*\boldsymbol{r}\cdot\nabla V\psi_n\mathrm{d}\tau$$

$$\overline{(v^2)}_n=\frac{1}{\mu^2}\int\psi_n^*\hat{p}^2\psi_n\mathrm{d}\tau=\frac{1}{\mu}\int\psi_n^*\boldsymbol{r}\cdot\nabla V\psi_n\mathrm{d}\tau$$

将

$$\boldsymbol{r}\cdot\nabla V=r\frac{\mathrm{d}V(r)}{\mathrm{d}r}=c$$

代入上式，得

$$\overline{(v^2)}_n=\frac{c}{\mu}$$

显然，均方速度 $\overline{v^2}$ 同态 ψ_n 无关.

（2）选择粒子的质量 μ 为参数，由 F—H 定理，

$$\frac{\partial E_n}{\partial \mu} = \int \psi_n^* \frac{\partial \hat{H}}{\partial \mu} \psi_n \mathrm{d}\tau$$

将

$$\frac{\partial \hat{H}}{\partial \mu} = -\frac{\hat{p}^2}{2\mu^2}$$

代入上式，得

$$\frac{\partial E_n}{\partial \mu} = -\frac{1}{2\mu^2}\int \psi_n^* \hat{p}^2 \psi_n \mathrm{d}\tau = -\frac{\overline{v^2}}{2} = -\frac{c}{2\mu}$$

$$E_n = -\frac{c}{2}\ln\mu + B_n$$

这里，B_n 是同 μ 无关的量. 由此可见，任何两个定态能量之差同粒子的质量无关.

习　题

1. 计算以下对易关系式：

(1) $\left[x, \frac{\hat{p}_x^2}{2\mu} + V(x)\right]$

(2) $\left[\hat{p}_x, \frac{\hat{p}_x^2}{2\mu} + V(x)\right]$

(3) $[\hat{p}_y x^2, y^2]$

答：(1) $\frac{i\hbar}{\mu}\hat{p}_x$　(2) $-i\hbar\frac{\partial V(x)}{\partial x}$　(3) $-2i\hbar y x^2$

2. 证明以下对易关系式：

(1) $[\hat{p}_x, F(x)] = -i\hbar\frac{\partial F(x)}{\partial x}$

(2) $[x, \hat{p}_x^n] = i\hbar n \hat{p}_x^{n-1}$

(3) $[y\hat{p}_z - z\hat{p}_y, y] = i\hbar z$

(4) $[y\hat{p}_z - z\hat{p}_y, \hat{p}_y] = i\hbar \hat{p}_z$

3. 根据厄密算符的定义，证明动量算符 $\hat{p}_z$ 与空间反演算符 $\hat{\Pi}$ 是厄密算符. 指出在证明 $\hat{p}_z$ 为厄密算符时，波函数应附加什么条件？

4. 判断以下算符是否为厄密算符：(1) $x\hat{p}_z$　(2) $x\hat{p}_x$　(3) $x\hat{p}_x + \hat{p}_x x$　(4) $x\hat{p}_x - \hat{p}_x x$　(5) $i(\hat{p}_x^2 x - x\hat{p}_x^2)$

答：(1)(3)(5)是，(2)(4)不是.

5. 设算符 $\hat{A}$ 与 $\hat{B}$ 与它们的对易式 $[\hat{A},\hat{B}]$ 都对易，证明

$$[\hat{A}, \hat{B}^n] = n\hat{B}^{n-1}[\hat{A},\hat{B}]$$

$$[\hat{A}^n, \hat{B}] = n\hat{A}^{n-1}[\hat{A},\hat{B}]$$

6. 设算符 $\hat{A}$ 满足条件:$\hat{A}^2=1$,证明

$$e^{i\alpha\hat{A}}=\cos\alpha+i\sin\alpha\hat{A}$$

式中 α 为实常数.

7. (1) 证明

$$e^{\hat{A}}\hat{B}e^{-\hat{A}}=\hat{B}+[\hat{A},\hat{B}]+\frac{1}{2!}[\hat{A},[\hat{A},\hat{B}]]+\frac{1}{3!}[\hat{A},[\hat{A},[\hat{A},\hat{B}]]]+\cdots$$

(2) 设 $\hat{A},\hat{B}$ 都与它们的对易关系 $[\hat{A},\hat{B}]$ 对易,证明

$$e^{\hat{A}}e^{\hat{B}}=e^{\hat{A}+\hat{B}+\frac{1}{2}[\hat{A},\hat{B}]}$$

提示:(1)的证明可参见§4.8.

8. 计算 $e^{ia\hat{p}}xe^{-ia\hat{p}}$ 与 $e^{-ib\hat{p}x}[x,e^{ib\hat{p}x}]$,其中 a 与 b 为常数.

答:$e^{ia\hat{p}}xe^{-ia\hat{p}}=x+a\hbar$, $\quad e^{-ib\hat{p}x}[x,e^{ib\hat{p}x}]=(e^{-b\hbar}-1)x$

9. xy 平面上的自由转子的哈密顿算符为 $\hat{H}=\dfrac{\hat{L}_z^2}{2I}$,其中 $\hat{L}_z=-i\hbar\dfrac{\partial}{\partial\varphi}$ 是轨道角动量 z 分量算符,I 是转动惯量.求 $\hat{H}$ 的本征函数 $\Phi(\varphi)$ 与本征值 E.

答:$\Phi(\varphi)=\dfrac{1}{\sqrt{2\pi}}e^{im\varphi}$, $\quad E=\dfrac{m^2\hbar^2}{2I}$, $\quad m=0,\pm1,\pm2,\cdots$

10. 固有长度为 a 的平面转子处于状态

$$\Phi_m(\varphi)=\sqrt{\frac{1}{2\pi}}e^{im\varphi},\quad m=0,\pm1,\pm2,\cdots$$

其中 φ 同 x,y 的关系为 $x=a\cos\varphi,y=a\sin\varphi$.计算 x 与动量 $\hat{p}_x$ 的不确定关系 $\Delta x\Delta p_x$.

答:$\Delta x\Delta p_x=m\hbar/2$.

11. 自由空间转子的哈密顿算符为 $\hat{H}=\dfrac{\hat{L}^2}{2I}$,其中 $\hat{L}^2$ 是轨道角动量平方算符,I 是转动惯量.求 $\hat{H}$ 的本征函数 $\Phi(\theta,\varphi)$ 与本征值 E.

答:$\Phi(\theta,\varphi)=Y_{lm}(\theta,\varphi),E=\dfrac{l(l+1)\hbar^2}{2I}$

12. 粒子处于状态 $Y_{lm}(\theta,\varphi)$,求轨道角动量 $\hat{L}_x,\hat{L}_y$ 的平均值,并计算 $\hat{L}_x$ 与 $\hat{L}_y$ 的不确定关系 $\Delta L_x\Delta L_y$.

答:$\overline{L}_x=\overline{L}_y=0$, $\quad \Delta L_x\Delta L_y=\dfrac{\hbar^2}{2}(l^2+l-m^2)$

13. 一个量子系统处于轨道角动量 $\hat{L}^2$ 与 $\hat{L}_z$ 的共同本征态,角动量平方平均值为 $2\hbar^2$.已知测量 L_y 得值为 0 的几率是 1/2.求测量 L_y 得值为 $\hbar$ 的几率.

答:1/4.

14. 粒子在宽度为 a 的无限深方势阱中运动,已知 $t=0$ 时波函数为 $\psi(x,0)=Cx(x-a)$,其中 C 为归一化常数.求

(1) 归一化系数 C;

(2) 粒子处于任意定态 ψ_n 的几率;

(3) 坐标平均值 $\bar{x}$,动能平均值 $\bar{T}$ 及能量平均值 $\bar{E}$.

答:(1) $C=\sqrt{\dfrac{30}{a^5}}$　(2) 几率:$\dfrac{240}{n^6\pi^6}[(-1)^n-1]^2$　(3) $\bar{x}=\dfrac{a}{2}$

(4) $\bar{T}=\bar{E}=\dfrac{5\hbar^2}{\mu a^2}$

15. 粒子在宽度为 a 的无限深方势阱中运动,$t<0$ 时处于基态,$t=0$ 时势阱宽度突然变为 $2a$. 求 $t>0$ 时粒子处于新势阱基态与第一激发态的几率.

答:基态:$\dfrac{32}{9\pi^2}\approx 0.36$;第一激发态:0.5.

16. 粒子在宽度为 a 的无限深方势阱中运动,$t<0$ 时处于基态,$t=0$ 时势阱壁突然崩塌. 求 $t>0$ 时粒子的动量处于 $p\sim p+\mathrm{d}p$ 的几率.

答:$\dfrac{2\pi a\hbar^3\left(1+\cos\dfrac{pa}{\hbar}\right)}{(p^2a^2-\pi^2\hbar^2)^2}\mathrm{d}p$

17. 粒子被约束在半径为 R 的圆周上运动.

(1) 设立"路障"进一步限制粒子在 $0<\varphi<\varphi_0$ 的一段圆弧上运动,

$$V(\varphi)=\begin{cases}0, & 0<\varphi<\varphi_0\\ \infty, & \varphi_0<\varphi<2\pi\end{cases}$$

求解粒子的本征能量和本征函数;

(2) 设粒子处于情况(1)的基态,求突然撤去"路障"后粒子处于最低能量态的几率.

答:(1) $E_n=\dfrac{n^2\pi^2\hbar^2}{2I\varphi_0^2}$,　$\Phi_n(\varphi)=\begin{cases}\sqrt{\dfrac{2}{\varphi_0}}\sin\dfrac{n\pi\varphi}{\varphi_0}, & 0<\varphi<\varphi_0\\ 0, & \varphi_0<\varphi<2\pi\end{cases}$

其中 $I=\mu R^2$,$n=1,2,\cdots$

(2) 几率:$\dfrac{4\varphi_0}{\pi^3}$

18. $t=0$ 时一维谐振子波函数为

$$\psi(x,o)=\sqrt{\frac{5}{10}}\psi_0(x)+\sqrt{\frac{3}{10}}\psi_1(x)+\sqrt{\frac{2}{10}}\psi_2(x)$$

式中 $\psi_n(x)$ 是一维谐振子定态波函数.

(1) 写出 $t>0$ 时的波函数 $\psi(x,t)$;

(2) 求能量可测值,相应几率及平均值.

答:(1) $E_n=\left(n+\dfrac{1}{2}\right)\hbar\omega$

$$\psi(x,t)=\sqrt{\frac{5}{10}}\mathrm{e}^{-iE_0t/\hbar}\psi_0(x)+\sqrt{\frac{3}{10}}\mathrm{e}^{-iE_1t/\hbar}\psi_1(x)+\sqrt{\frac{2}{10}}\mathrm{e}^{-iE_2t/\hbar}\psi_2(x)$$

(2) $E=E_0,E_1,E_2$ 的几率为 $\dfrac{5}{10},\dfrac{3}{10},\dfrac{2}{10}$,$\bar{E}=1.2\hbar\omega$

19. 一维谐振子处于基态,波函数 $\psi(x)=\sqrt{\frac{\alpha}{\sqrt{\pi}}}e^{-\alpha^2x^2/2}$

(1) 计算动能平均值 $\bar{T}$ 与势能平均值 $\bar{V}$;

(2) 计算 $\Delta x\Delta p$,检验测不准关系式;

(3) 计算动量几率分布函数 $W(p)$.

答:(1) $\bar{T}=\frac{1}{4}\hbar\omega,\bar{V}=\frac{1}{4}\hbar\omega$ (2) $\Delta x\Delta p=\frac{\hbar}{2}$

(3) $W(p)=\frac{1}{\sqrt{\pi}\alpha\hbar}e^{-p^2/\alpha^2\hbar^2}$

20. 粒子波函数为

$$\psi(x)=\left(\frac{1}{2\pi\xi}\right)^{1/4}\exp\left[\frac{i}{\hbar}p_0x-\frac{x^2}{4\xi^2}\right]$$

其中 ξ 为常数.求粒子坐标 x 与动量 p 的平均值,并计算 Δx 与 Δp,检验测不准关系式.

答: $\bar{x}=0,\quad \bar{p}=p_0,\quad \overline{x^2}=\xi^2,\quad \overline{p^2}=p_0^2+\frac{\hbar^2}{4\xi^2}$

$$\Delta x=\sqrt{\overline{x^2}-(\bar{x})^2}=\xi,\quad \Delta p=\sqrt{\overline{p^2}-(\bar{p})^2}=\frac{\hbar}{2\xi}$$

$$\Delta x\Delta p=\frac{\hbar}{2}$$

21. 证明在束缚定态上,不显含时间的力学量平均值对时间微商为 0.

22. 质量为 μ 的粒子在势场 $V(\boldsymbol{r},t)$ 中运动.

(1) 证明 Ehrenfest 定理:$\frac{d}{dt}\bar{\boldsymbol{r}}=\frac{1}{\mu}\bar{\boldsymbol{p}},\quad \frac{d}{dt}\bar{\boldsymbol{p}}=-\overline{(\nabla V)}$

(2) 证明 $\frac{d}{dt}\overline{x^2}=\frac{1}{\mu}[\overline{(xp_x)}+\overline{(p_xx)}]$

23. 证明

(1) $[\hat{L}_i,x_j]=i\hbar\varepsilon_{ijk}x_k\quad(i,j,k=1,2,3)$

其中 $(\hat{L}_1,\hat{L}_2,\hat{L}_3)=(\hat{L}_x,\hat{L}_y,\hat{L}_z),(x_1,x_2,x_3)=(x,y,z)$

$$\varepsilon_{ijk}=\begin{cases}1 & i,j,k=123,231,312\\ -1 & i,j,k=321,213,132\\ 0 & i,j,k=\text{其他}\end{cases}$$

(2) $[\hat{L}_i,\hat{p}_j]=i\hbar\varepsilon_{ijk}\hat{p}_k\quad(i,j,k=1,2,3)$,其中$(\hat{p}_1,\hat{p}_2,\hat{p}_3)=(\hat{p}_x,\hat{p}_y,\hat{p}_z)$.

24. 证明 $e^{-\frac{i\pi}{2\hbar}\hat{L}_y}Y_{lm}(\theta,\varphi)$ 是 $\hat{L}^2$ 与 $\hat{L}_x$ 的共同本征函数,本征值分别为 $l(l+1)\hbar^2$ 与 $m\hbar$.

提示:$\hat{B}e^{-\hat{A}}=e^{-\hat{A}}\{\hat{B}+[\hat{A},\hat{B}]+\frac{1}{2!}[\hat{A},[\hat{A},\hat{B}]]+\cdots\}$

25. 粒子在势场$V(\boldsymbol{r})=a(x^2+y^2)$中运动,式中$a$为常数,指出以下力学量中哪些是守恒量:$E,x,y,z,p_x,p_y,p_z,L^2,L_x,L_y,L_z$,宇称 π.

答:守恒量:E,p_z,L_z,宇称 π.

26. 质量为 μ 的粒子在外场作用下作一维运动($-\infty < x < \infty$). 已知当其处于束缚态 $\psi_1(x)$ 时，动能平均值等于 E_1，并已知 $\psi_1(x)$ 为实函数. 试求当粒子处于态 $\psi_2(x) = \psi_1(x)e^{ikx}$($k$ 为实数)时动量平均值 $\bar{p}$ 及动能平均值 $\bar{T}$.

答：$\bar{p} = \hbar k$，　$\bar{T} = E_1 + \dfrac{\hbar^2 k^2}{2\mu}$

27. 若在薛定谔绘景中 $\hat{H} = \omega_0 \hat{L}_z$，给出海森伯绘景中的$(\hat{L}_x)_H$.

答：$(\hat{L}_x)_H = \cos\omega_0 t\hat{L}_x - \sin\omega_0 t\hat{L}_y$

第五章　表　象

通过前面几章介绍,我们已经了解到粒子的运动态要用波函数 $\psi(\boldsymbol{r},t)$ 描述.波函数对粒子运动态的描述是完全的.已知粒子的波函数 $\psi(\boldsymbol{r},t)$,就能了解粒子的全部运动性质,包括任意时刻粒子的坐标,动量及其他力学量取给定值的几率密度或几率.在这一章中,我们将指出波函数不一定非要以力学量 $\boldsymbol{r}$ 作为变量,也可以以力学量 $\boldsymbol{p}$ 或其他力学量作为变量.以力学量 F 作为变量来表示波函数的描述方式称作 F 表象.在不同表象中,力学量算符及运动方程表现的形式不同.在这一章中,我们还介绍量子力学常采用的一种十分简便的符号 —— 狄拉克符号.

§5.1　坐标表象与动量表象

为了简单,我们先以一维运动为例讨论坐标表象和动量表象.对于以坐标 x 为变量的坐标表象波函数 $\psi(x,t)$,我们已经很熟悉.$|\psi(x,t)|^2\mathrm{d}x$ 表示 t 时刻粒子坐标 x 处于 x 到 $x+\mathrm{d}x$ 之间的几率.对于在势场 $V(x,t)$ 中运动的粒子,波函数 $\psi(x,t)$ 满足的运动方程是

$$i\hbar\frac{\partial}{\partial t}\psi(x,t)=\left[-\frac{\hbar^2}{2\mu}\frac{\partial^2}{\partial x^2}+V(x,t)\right]\psi(x,t)\tag{1}$$

如果势能 V 不显含 t,则 $\psi(x,t)$ 可以分离变量 x 与 t:

$$\psi(x,t)=\mathrm{e}^{-iEt/\hbar}\psi(x)\tag{2}$$

$\psi(x)$ 满足定态方程

$$\left[-\frac{\hbar^2}{2\mu}\frac{\mathrm{d}^2}{\mathrm{d}x^2}+V(x)\right]\psi(x)=E\psi(x)\tag{3}$$

这里 E 是粒子哈密顿算符 $\hat{H}=-\dfrac{\hbar^2}{2\mu}\dfrac{\mathrm{d}^2}{\mathrm{d}x^2}+V(x)$ 的本征值,代表粒子的能量.设定态方程(3) 的解为 $\psi=\psi_n(x),E=E_n,n=1,2,\cdots$ 并且 $\psi_n(x)$ 满足正交归一条件

$$\int_{-\infty}^{+\infty} \psi_n^*(x)\psi_m(x)\,\mathrm{d}x = \delta_{nm} \tag{4}$$

含时薛定谔方程(1)的一般解为

$$\psi(x,t) = \sum_n C_n \mathrm{e}^{-iE_n t/\hbar}\psi_n(x) \tag{5}$$

其中 C_n 为任意常数.如果已知初条件 $\psi(x,0) = \varphi(x)$,则 C_n 的值由下式决定

$$C_n = (\psi_n,\varphi) = \int_{-\infty}^{+\infty} \psi_n^*(x)\varphi(x)\,\mathrm{d}x \tag{6}$$

已知归一化波函数 $\psi(x,t)$,任一力学量 F 的平均值计算公式为

$$\bar{F} = \int_{-\infty}^{+\infty} \psi^*(x,t)\hat{F}\left(x,\hat{p} = -i\hbar\frac{\partial}{\partial x}\right)\psi(x,t)\,\mathrm{d}x \tag{7}$$

由于动量算符 $\hat{p} = -i\hbar\dfrac{\partial}{\partial x}$ 的本征函数全体集合 $\left\{\psi_p(x) = \dfrac{1}{(2\pi\hbar)^{1/2}}\mathrm{e}^{ipx/\hbar}\right\}$构成正交归一完备系,波函数 $\psi(x,t)$ 可表示为

$$\psi(x,t) = \int_{-\infty}^{+\infty} \varphi(p,t)\psi_p(x)\,\mathrm{d}p \tag{8}$$

其中叠加系数

$$\varphi(p,t) = \int_{-\infty}^{+\infty} \psi_p^*(x)\psi(x,t)\,\mathrm{d}x \tag{9}$$

$\varphi(p,t)$ 与 $\psi(x,t)$ 有1—1对应的关系.已知 $\psi(x,t)$,可以由(9)式求出 $\varphi(p,t)$.反之,已知 $\varphi(p,t)$,可以由(8)式求出 $\psi(x,t)$. $\varphi(p,t)$ 与 $\psi(x,t)$ 有十分相似的性质.只要 $\psi(x,t)$ 满足归一化条件

$$\int_{-\infty}^{+\infty} \psi^*(x,t)\psi(x,t)\,\mathrm{d}x = 1 \tag{10}$$

$\varphi(p,t)$ 就一定满足类似的条件

$$\int_{-\infty}^{+\infty} \varphi^*(p,t)\varphi(p,t)\,\mathrm{d}p = 1 \tag{11}$$

$|\varphi(p,t)|^2\mathrm{d}p$ 是 t 时刻粒子的动量取值在 $p \sim p+\mathrm{d}p$ 之间的几率,即 $|\varphi(p,t)|^2$ 是粒子的动量几率密度.由此可见,$\varphi(p,t)$ 同 $\psi(x,t)$ 一样也描述粒子的运动态,故 $\varphi(p,t)$ 也是粒子的波函数,称作动量表象波函数.为了得到 $\varphi(p,t)$ 满足的运动方程,用 $\psi_p^*(x)$ 左乘(1)式并作全空间的积分 $\int_{-\infty}^{+\infty}\mathrm{d}x$,得

$$\begin{aligned} & i\hbar\frac{\partial}{\partial t}\int_{-\infty}^{+\infty} \psi_p^*(x)\psi(x,t)\,\mathrm{d}x \\ & = \int_{-\infty}^{+\infty} \psi_p^*(x)\left[\frac{\hat{p}^2}{2\mu} + V(x,t)\right]\psi(x,t)\,\mathrm{d}x \end{aligned} \tag{12}$$

利用(8)与(9)式,(12)式中的积分可表示为

$$\int_{-\infty}^{+\infty}\psi_p^*(x)\psi(x,t)\mathrm{d}x=\varphi(p,t)$$

$$\int_{-\infty}^{+\infty}\psi_p^*(x)\frac{\hat{p}^2}{2\mu}\psi(x,t)\mathrm{d}x=\frac{1}{2\mu}\int_{-\infty}^{+\infty}[\hat{p}^2\psi_p(x)]^*\psi(x,t)\mathrm{d}x$$

$$=\frac{p^2}{2\mu}\int_{-\infty}^{+\infty}\psi_p^*(x)\psi(x,t)\mathrm{d}x=\frac{p^2}{2\mu}\varphi(p,t)$$

$$\int_{-\infty}^{+\infty}\psi_p^*(x)V(x,t)\psi(x,t)\mathrm{d}x$$

$$=\int_{-\infty}^{+\infty}\psi_p^*(x)V(x,t)\int_{-\infty}^{+\infty}\varphi(p',t)\psi_{p'}(x)\mathrm{d}p'\mathrm{d}x$$

$$=\int_{-\infty}^{+\infty}V_{pp'}\varphi(p',t)\mathrm{d}p'$$

其中

$$V_{pp'}=\int_{-\infty}^{+\infty}\psi_p^*(x)V(x,t)\psi_{p'}(x)\mathrm{d}x$$

$$=\frac{1}{2\pi\hbar}\int_{-\infty}^{+\infty}\mathrm{e}^{-i(p-p')x/\hbar}V(x,t)\mathrm{d}x \tag{13}$$

于是,(12)式变为

$$i\hbar\frac{\partial}{\partial t}\varphi(p,t)=\frac{p^2}{2\mu}\varphi(p,t)+\int_{-\infty}^{+\infty}V_{pp'}\varphi(p',t)\mathrm{d}p' \tag{14}$$

这就是 p 表象中的运动方程,即 p 表象中的薛定谔方程. 如果势能 V 不显含 t,则可令

$$\varphi(p,t)=\mathrm{e}^{-iEt/\hbar}\varphi(p) \tag{15}$$

$\varphi(p)$ 满足定态方程

$$\frac{p^2}{2\mu}\varphi(p)+\int_{-\infty}^{+\infty}V_{pp'}\varphi(p')\mathrm{d}p'=E\varphi(p) \tag{16}$$

其中 E 为粒子能量. 如果 $V(x)$ 可以表示成 x 的正幂次级数

$$V(x)=\sum_{n=0}^{\infty}a_nx^n \tag{17}$$

则

$$V_{pp'}=\sum_{n=0}^{\infty}a_n\frac{1}{2\pi\hbar}\int_{-\infty}^{+\infty}\mathrm{e}^{-i(p-p')x/\hbar}x^n\mathrm{d}x$$

$$=\sum_{n=0}^{\infty}a_n(i\hbar)^n\frac{\partial^n}{\partial p^n}\left[\frac{1}{2\pi\hbar}\int_{-\infty}^{+\infty}\mathrm{e}^{-i(p-p')x/\hbar}\mathrm{d}x\right]$$

$$=\sum_{n=0}^{\infty}a_n(i\hbar)^n\frac{\partial^n}{\partial p^n}\delta(p'-p) \tag{18}$$

将(18)式代入(16)式中，得

$$\left[\frac{p^2}{2\mu}+V\left(\hat{x}=i\hbar\frac{\partial}{\partial p}\right)\right]\varphi(p)=E\varphi(p) \tag{19}$$

在 x 表象中的力学量算符 $\hat{F}=F\left(x,\hat{p}=-i\hbar\frac{\partial}{\partial x}\right)$ 对应 p 表象中的算符 $\hat{F}=F\left(\hat{x}=i\hbar\frac{\partial}{\partial p},p\right)$. 如果 p 表象波函数 $\varphi(p,t)$ 满足归一化条件(11)，则力学量 F 的平均值计算公式为

$$\overline{F}=\int_{-\infty}^{+\infty}\varphi^*(p,t)F\left(\hat{x}=i\hbar\frac{\partial}{\partial p},p\right)\varphi(p,t)\mathrm{d}p \tag{20}$$

[例题 1]　在 p 表象计算一维谐振子定态能量和波函数.

解：定态方程为

$$\left(\frac{p^2}{2\mu}-\frac{1}{2}\mu\omega^2\hbar^2\frac{\mathrm{d}^2}{\mathrm{d}p^2}\right)\varphi(p)=E\varphi(p)$$

令

$$\omega_0=\frac{1}{\mu^2\omega},\qquad \lambda=\frac{E}{\mu^2\omega^2}$$

上式变为

$$\left(-\frac{\hbar^2}{2\mu}\frac{\mathrm{d}^2}{\mathrm{d}p^2}+\frac{1}{2}\mu\omega_0^2p^2\right)\varphi(p)-\lambda\varphi(p)$$

显然

$$\lambda=\left(n+\frac{1}{2}\right)\hbar\omega_0=\left(n+\frac{1}{2}\right)\frac{\hbar}{\mu^2\omega}=\frac{E}{\mu^2\omega^2}$$

$$E=\left(n+\frac{1}{2}\right)\hbar\omega,\qquad n=0,1,2,\cdots$$

$$\varphi(p)=N\mathrm{e}^{-\alpha_0^2p^2/2}H_n(\alpha_0p)$$

$$\alpha_0=\sqrt{\frac{\mu\omega_0}{\hbar}}=\sqrt{\frac{1}{\hbar\mu\omega}},\quad N=\sqrt{\frac{\alpha_0}{\sqrt{\pi}2^nn!}}$$

[例题 2]　在 p 表象求解 δ 势阱 $V(x)=-\gamma\delta(x)$ 的束缚定态能量和波函数，计算 Δx，Δp，验证测不准关系.

解：在 p 表象中的定态方程为

$$\frac{p^2}{2\mu}\varphi(p)+\int_{-\infty}^{+\infty}V_{pp'}\varphi(p')\mathrm{d}p'=E\varphi(p) \tag{21}$$

其中

$$E = -|E| \tag{22}$$

$$V_{pp'} = \frac{1}{2\pi\hbar}\int_{-\infty}^{+\infty} e^{-i(p-p')x/\hbar} V(x)\,dx$$

$$= -\frac{\gamma}{2\pi\hbar}\int_{-\infty}^{+\infty} e^{-i(p-p')x/\hbar} \delta(x)\,dx = -\frac{\gamma}{2\pi\hbar} \tag{23}$$

将(22)式与(23)式代入(21)式中,得

$$(p^2 + 2\mu\,|E|)\varphi(p) = \frac{\gamma\mu}{\pi\hbar}\int_{-\infty}^{+\infty} \varphi(p')\,dp' \tag{24}$$

上式对 p 微商,得

$$(p^2 + 2\mu\,|E|)\varphi'(p) + 2p\varphi(p) = 0 \tag{25}$$

其解为

$$\varphi(p) = \frac{A}{p^2 + 2\mu\,|E|} \tag{26}$$

其中 A 为常数.将(26)式代入(24)式中,得

$$1 = \frac{\gamma\mu}{\pi\hbar}\int_{-\infty}^{+\infty} \frac{dp'}{p'^2 + 2\mu\,|E|} = \frac{\gamma\mu}{\hbar\sqrt{2\mu\,|E|}} \tag{27}$$

由此式得,

$$|E| = \frac{\mu\gamma^2}{2\hbar^2}, \qquad E = -\frac{\mu\gamma^2}{2\hbar^2} \tag{28}$$

将(28)式代入(26)式中,得

$$\varphi(p) = \frac{A}{p^2 + \dfrac{\mu^2\gamma^2}{\hbar^2}} \tag{29}$$

由归一化条件

$$\int_{-\infty}^{+\infty} |\varphi(p)|^2\,dp = 1 \tag{30}$$

算出归一化系数

$$A = \sqrt{\frac{2}{\pi}}\left(\frac{\mu\gamma}{\hbar}\right)^{3/2} \tag{31}$$

得到归一化波函数

$$\varphi(p) = \sqrt{\frac{2}{\pi}}\left(\frac{\mu\gamma}{\hbar}\right)^{3/2} \frac{1}{p^2 + \dfrac{\mu^2\gamma^2}{\hbar^2}} \tag{32}$$

$$\bar{x} = \int_{-\infty}^{+\infty} \varphi^*(p) i\hbar \frac{\mathrm{d}}{\mathrm{d}p} \varphi(p) \mathrm{d}p = 0 \tag{33}$$

$$\bar{p} = \int_{-\infty}^{+\infty} |\varphi(p)|^2 p \mathrm{d}p = 0 \tag{34}$$

$$\overline{x^2} = -\hbar^2 \int_{-\infty}^{+\infty} \varphi^*(p) \frac{\mathrm{d}^2}{\mathrm{d}p^2} \varphi(p) \mathrm{d}p = \frac{\hbar^2}{2} \left(\frac{\hbar}{\mu\gamma}\right)^2 \tag{35}$$

$$\overline{p^2} = \int_{-\infty}^{+\infty} |\varphi(p)|^2 p^2 \mathrm{d}p = \left(\frac{\mu\gamma}{\hbar}\right)^2 \tag{36}$$

$$\Delta x = \sqrt{\overline{x^2} - (\bar{x})^2} = \frac{\hbar^2}{\sqrt{2}\mu\gamma} \tag{37}$$

$$\Delta p = \sqrt{\overline{p^2} - (\bar{p})^2} = \frac{\mu\gamma}{\hbar} \tag{38}$$

$$\Delta x \Delta p = \frac{\hbar}{\sqrt{2}} \tag{39}$$

式(39)符合测不准关系式：$\Delta x \Delta p \geqslant \frac{\hbar}{2}$. 本题在 §3.5 中用 x 表象解得的定态能量 E 正是这里的(28) 式，定态波函数为

$$\psi(x) = \sqrt{\frac{\mu\gamma}{\hbar^2}} \mathrm{e}^{-\mu\gamma|x|/\hbar^2} \tag{40}$$

将 $\psi(x)$ 转换到 p 表象，正是这里的(32) 式：

$$\begin{aligned}\varphi(p) &= \sqrt{\frac{\mu\gamma}{2\pi\hbar^3}} \int_{-\infty}^{+\infty} \mathrm{e}^{-ipx/\hbar} \mathrm{e}^{-\mu\gamma|x|/\hbar^2} \mathrm{d}x \\ &= \sqrt{\frac{2}{\pi}} \left(\frac{\mu\gamma}{\hbar}\right)^{3/2} \frac{1}{p^2 + \frac{\mu^2\gamma^2}{\hbar^2}}\end{aligned}$$

对三维运动，$\boldsymbol{r}(x,y,z)$ 表象波函数 $\psi(\boldsymbol{r},t)$ 与 $\boldsymbol{p}(p_x,p_y,p_z)$ 表象波函数 $\varphi(\boldsymbol{p},t)$ 之间的变换公式为

$$\begin{aligned}\psi(\boldsymbol{r},t) &= \int_{-\infty}^{+\infty} \varphi(\boldsymbol{p},t) \psi_{\boldsymbol{p}}(\boldsymbol{r}) \mathrm{d}^3 \boldsymbol{p} \\ &= \frac{1}{(2\pi\hbar)^{3/2}} \int_{-\infty}^{+\infty} \varphi(\boldsymbol{p},t) \mathrm{e}^{i\boldsymbol{p}\cdot\boldsymbol{r}/\hbar} \mathrm{d}^3 \boldsymbol{p}\end{aligned} \tag{41}$$

$$\begin{aligned}\varphi(\boldsymbol{p},t) &= \int_{-\infty}^{+\infty} \psi_{\boldsymbol{p}}^*(\boldsymbol{r}) \psi(\boldsymbol{r},t) \mathrm{d}^3 \boldsymbol{r} \\ &= \frac{1}{(2\pi\hbar)^{3/2}} \int_{-\infty}^{+\infty} \mathrm{e}^{-i\boldsymbol{p}\cdot\boldsymbol{r}/\hbar} \psi(\boldsymbol{r},t) \mathrm{d}^3 \boldsymbol{r}\end{aligned} \tag{42}$$

$\boldsymbol{p}(p_x,p_y,p_z)$ 表象波函数 $\varphi(\boldsymbol{p},t)$ 满足的薛定谔方程为

$$i\hbar \frac{\partial}{\partial t}\varphi(\boldsymbol{p},t) = \frac{\boldsymbol{p}^2}{2\mu}\varphi(\boldsymbol{p},t) + \int_{-\infty}^{+\infty} V_{\boldsymbol{pp}'}\varphi(\boldsymbol{p}',t)\mathrm{d}^3\boldsymbol{p}' \tag{43}$$

其中

$$\begin{aligned} V_{\boldsymbol{pp}'} &= \int_{\infty} \psi_{\boldsymbol{p}}^{*}(\boldsymbol{r})V(\boldsymbol{r},t)\psi_{\boldsymbol{p}'}(\boldsymbol{r})\mathrm{d}\tau \\ &= \frac{1}{(2\pi\hbar)^3}\int_{\infty} \mathrm{e}^{-i(\boldsymbol{p}-\boldsymbol{p}')\cdot\boldsymbol{r}/\hbar}V(\boldsymbol{r},t)\mathrm{d}\tau \end{aligned} \tag{44}$$

如 V 不显含 t，则

$$\varphi(\boldsymbol{p},t) = \mathrm{e}^{-iEt/\hbar}\varphi(\boldsymbol{p}) \tag{45}$$

$\varphi(\boldsymbol{p})$ 满足定态方程

$$\frac{\boldsymbol{p}^2}{2\mu}\varphi(\boldsymbol{p}) + \int_{-\infty}^{+\infty} V_{\boldsymbol{pp}'}\varphi(\boldsymbol{p}')\mathrm{d}^3\boldsymbol{p}' = E\varphi(\boldsymbol{p}) \tag{46}$$

其中 E 是粒子的能量. 如 $V(\boldsymbol{r})$ 可以表示为 x,y,z 的正幂次级数

$$V(\boldsymbol{r}) = \sum_{n,l,m=0}^{\infty} a_{nlm}x^n y^l z^m \tag{47}$$

则定态方程为

$$\left[\frac{\boldsymbol{p}^2}{2\mu} + V(\hat{\boldsymbol{r}} = i\hbar\nabla_{\boldsymbol{p}})\right]\varphi(\boldsymbol{p}) = E\varphi(\boldsymbol{p}) \tag{48}$$

其中 $\nabla_{\boldsymbol{p}}$ 在直角坐标系中表示为

$$\nabla_{\boldsymbol{p}} = \left(\boldsymbol{i}\frac{\partial}{\partial p_x} + \boldsymbol{j}\frac{\partial}{\partial p_y} + \boldsymbol{k}\frac{\partial}{\partial p_z}\right) \tag{49}$$

力学量 $\hat{F}$ 在 $\boldsymbol{p}$ 表象的表示式为

$$\hat{F} = \hat{F}(\hat{\boldsymbol{r}} = i\hbar\nabla_{\boldsymbol{p}},\boldsymbol{p}) \tag{50}$$

力学量 F 的平均值计算公式为

$$\overline{F} = \int_{-\infty}^{+\infty} \varphi^{*}(\boldsymbol{p},t)\hat{F}(\hat{\boldsymbol{r}} = i\hbar\nabla_{\boldsymbol{p}},\boldsymbol{p})\varphi(\boldsymbol{p},t)\mathrm{d}^3\boldsymbol{p} \tag{51}$$

其中波函数 $\varphi(\boldsymbol{p},t)$ 满足归一化条件

$$\int_{-\infty}^{+\infty} \varphi^{*}(\boldsymbol{p},t)\varphi(\boldsymbol{p},t)\mathrm{d}^3\boldsymbol{p} = 1 \tag{52}$$

波函数 $\psi(\boldsymbol{r},t)$ 可以看成是函数空间中的矢量，故称为态矢. 表象类似于表示矢量的坐标系. 由(41) 式看出，$\boldsymbol{p}(p_x,p_y,p_z)$ 表象是 以相互对易的力学量完全集 $(\hat{p}_x,\hat{p}_y,\hat{p}_z)$ 的正交归一共同本征函数 完备系$\{\psi_{\boldsymbol{p}}(\boldsymbol{r})\}$ 作为基矢来表示态矢 $\psi(\boldsymbol{r},t)$ 的. $\boldsymbol{p}(p_x,p_y,p_z)$ 表象波函数 $\varphi(\boldsymbol{p},t)$ 是态矢 $\psi(\boldsymbol{r},t)$ 在基矢 $\psi_{\boldsymbol{p}}(\boldsymbol{r})$ 上的分量. (42) 式表示，这个分量等于基矢 $\psi_{\boldsymbol{p}}(\boldsymbol{r})$ 同态矢 $\psi(\boldsymbol{r},t)$ 的内积. 这正像

普通三维空间中的矢量 $\boldsymbol{A}$ 可以通过直角坐标系表示为

$$\boldsymbol{A} = \sum_{i=1}^{3} A_i \boldsymbol{e}_i \tag{53}$$

这里 $\boldsymbol{e}_1, \boldsymbol{e}_2, \boldsymbol{e}_3$ 是相互正交的单位矢量，即直角坐标系的基矢. A_i 是矢量 $\boldsymbol{A}$ 在基矢 $\boldsymbol{e}_i$ 上的分量，它等于基矢 $\boldsymbol{e}_i$ 同矢量 $\boldsymbol{A}$ 的内积：

$$A_i = \boldsymbol{e}_i \cdot \boldsymbol{A} \tag{54}$$

上述讨论同样也适用于 $\boldsymbol{r}(x,y,z)$ 表象. $\boldsymbol{r}(x,y,z)$ 表象是以相互对易的力学量完全集 (x,y,z) 的正交归一的共同本征函数完备系 $\{\delta(\boldsymbol{r}-\boldsymbol{r}')\}$ 作为基矢来表示态矢 $\psi(\boldsymbol{r},t)$ 的：

$$\psi(\boldsymbol{r},t) = \int \psi(\boldsymbol{r}',t)\delta(\boldsymbol{r}-\boldsymbol{r}')\mathrm{d}\tau' \tag{55}$$

$\boldsymbol{r}$ 表象波函数 $\psi(\boldsymbol{r}',t)$ 正是 $\psi(\boldsymbol{r},t)$ 自身，它是态矢 $\psi(\boldsymbol{r},t)$ 在基矢 $\delta(\boldsymbol{r}-\boldsymbol{r}')$ 上的分量，等于基矢 $\delta(\boldsymbol{r}-\boldsymbol{r}')$ 同态矢 $\psi(\boldsymbol{r},t)$ 的内积：

$$\psi(\boldsymbol{r}',t) = \int \delta^*(\boldsymbol{r}-\boldsymbol{r}')\psi(\boldsymbol{r},t)\mathrm{d}\tau = \int \delta(\boldsymbol{r}-\boldsymbol{r}')\psi(\boldsymbol{r},t)\mathrm{d}\tau \tag{56}$$

力学量完全集是一组线性无关相互对易的力学量，它们的共同本征函数全体集合可以用来表示粒子的波函数，力学量完全集中力学量的数目为粒子运动的维数. 例如，对于在三维中心力场 $V(r)$ 中动运的粒子，力学量完全集可以是 (x,y,z)，也可以是 $(\hat{p}_x,\hat{p}_y,\hat{p}_z)$，还可以是 $(\hat{H},\hat{L}^2,\hat{L}_z)$. 相应地，粒子的波函数可以是坐标 xyz 的函数，也可以是动量 $p_xp_yp_z$ 的函数，还可以是能量 $E=E_n$ 角动量平方 $L^2=l(l+1)\hbar^2$ 角动量 z 分量 $L_z=m\hbar$ 的函数，或量子数 nlm 的函数(见 §6.4).

§5.2　本征值为分立的力学量表象

设力学量 $\hat{Q}$ 的本征值取分立值 q_n，相应的本征函数为 $U_n(x)$，$n=1,2,\cdots$，即

$$\hat{Q}U_n(x) = q_n U_n(x) \tag{1}$$

并且 $U_n(x)$ 满足正交归一条件

$$\int U_n^*(x)U_m(x)\mathrm{d}x = \delta_{nm} \tag{2}$$

由于 $\{U_n(x)\}$ 构成完备系，x 表象波函数 $\psi(x,t)$ 可表示为

$$\psi(x,t) = \sum_n C_n(t)U_n(x) \tag{3}$$

其中叠加系数

$$C_n(t) = (U_n,\psi) = \int U_n^*(x)\psi(x,t)\mathrm{d}x \tag{4}$$

如果 $\psi(x,t)$ 满足归一化条件

$$\int \psi^*(x,t)\psi(x,t)\mathrm{d}x = 1 \tag{5}$$

便有

$$\sum_n |C_n(t)|^2 = 1 \tag{6}$$

$\{C_n(t)\}$ 与 $\psi(x,t)$ 有 1—1 对应的关系. 已知 $\psi(x,t)$，可以由(4) 式确定 $\{C_n(t)\}$；反之，已知$\{C_n(t)\}$，可以由(3) 式算出 $\psi(x,t)$. $|C_n(t)|^2$ 表示 t 时刻粒子的力学量 Q 取值为 q_n 的几率. 这同坐标表象中的 $|\psi(x,t)|^2$ 表示 t 时刻粒子的力学量坐标取值为 x 的几率密度相类似. $\{C_n(t)\}$ 作为变量 q_n 的函数，就是 Q 表象中的波函数. 同 x 表象与 p 表象不同的是，Q 表象波函数的自变量取分立值，波函数随自变量的变化是不连续的.

考虑到波函数可以看成是函数空间中的矢量，我们可以用矢量的列矩阵表示方法来表示 Q 表象中的波函数：

$$\boldsymbol{\Psi}(t) = \begin{pmatrix} C_1(t) \\ C_2(t) \\ \vdots \\ C_n(t) \\ \vdots \end{pmatrix} \tag{7}$$

波函数的归一化条件(6)可表示为

$$\boldsymbol{\Psi}^\dagger(t)\boldsymbol{\Psi}(t) = 1 \tag{8}$$

其中 $\boldsymbol{\Psi}^\dagger(t)$ 是列矩阵 $\boldsymbol{\Psi}(t)$ 的厄密共轭矩阵，即

$$\boldsymbol{\Psi}^\dagger(t) = (C_1^*(t), C_2^*(t), \cdots, C_n^*(t), \cdots) \tag{9}$$

在 Q 表象中，波函数表现为列矩阵，任一力学算符 $\hat{F}$ 表现的形式如何？已知在 x 表象中，算符 $\hat{F}$ 对波函数 $\psi(x)$ 的作用是

$$\hat{F}\left(x, \hat{p} = -i\hbar\frac{\partial}{\partial x}\right)\psi(x) = \psi'(x) \tag{10}$$

将 $\psi(x)$ 与 $\psi'(x)$ 分别用 $\hat{Q}$ 的本征函数$\{U_n(x)\}$ 展开：

$$\psi(x) = \sum_n C_n U_n(x), \quad \psi'(x) = \sum_n C_n' U_n(x) \tag{11}$$

并代入(10)式中，

$$\sum_n C_n \hat{F}\left(x,\hat{p}=-i\hbar\frac{\partial}{\partial x}\right)U_n(x)=\sum_n C_n' U_n(x) \tag{12}$$

上式两边左乘 $U_m^*(x)$ 并作全空间积分$\int \mathrm{d}x$，得

$$\sum_n C_n \int U_m^*(x)\hat{F}\left(x,\hat{p}=-i\hbar\frac{\partial}{\partial x}\right)U_n(x)\mathrm{d}x=C_m' \tag{13}$$

令

$$F_{mn}=\int U_m^*(x)\hat{F}\left(x,\hat{p}=-i\hbar\frac{\partial}{\partial x}\right)U_n(x)\mathrm{d}x \tag{14}$$

(13)式变为

$$\sum_n F_{mn}C_n=C_m' \tag{15}$$

当 m 取遍所有可能值 1,2,… 时，(15) 式成为方程组，它可以用如下矩阵公式表示：

$$\begin{pmatrix} F_{11} & F_{12} & \cdots \\ F_{21} & F_{22} & \cdots \\ \vdots & \vdots & \vdots \end{pmatrix}\begin{pmatrix} C_1 \\ C_2 \\ \vdots \end{pmatrix}=\begin{pmatrix} C_1' \\ C_2' \\ \vdots \end{pmatrix} \tag{16}$$

或

$$F\Psi=\Psi' \tag{17}$$

这里

$$F=\begin{pmatrix} F_{11} & F_{12} & \cdots \\ F_{21} & F_{22} & \cdots \\ \vdots & \vdots & \vdots \end{pmatrix},\Psi=\begin{pmatrix} C_1 \\ C_2 \\ \vdots \end{pmatrix},\qquad \Psi'=\begin{pmatrix} C_1' \\ C_2' \\ \vdots \end{pmatrix} \tag{18}$$

Ψ 与 Ψ' 分别是 x 表象波函数 $\psi(x)$ 与 $\psi'(x)$ 在 Q 表象中的列矩阵表示. 已知 $\psi(x)$ 与 $\psi'(x)$ 分别是算符 $\hat{F}$ 作用前后的波函数. 可见算符 $\hat{F}$ 在 Q 表象中表现为方矩阵 F，它的第 m 行第 n 列矩阵元由(14)式决定. 不难证明，厄密算符 $\hat{F}$ 在 Q 表象中的矩阵是厄密矩阵：

$$F^\dagger=F,\quad 或\quad F_{mn}^*=F_{nm} \tag{19}$$

证：

$$F_{mn}^*=[\int U_m^*(x)\hat{F}U_n(x)\mathrm{d}x]^*=\int[\hat{F}U_n(x)]^*U_m(x)\mathrm{d}x$$
$$=\int U_n^*(x)\hat{F}U_m(x)\mathrm{d}x=F_{nm}$$

算符 $\hat{Q}$ 在自身表象中的矩阵为对角矩阵，它的对角元素为本征值 q_n：

$$Q_{nm}=\int U_n^*(x)\hat{Q}U_m(x)\mathrm{d}x=q_m\delta_{nm} \tag{20}$$

即

$$Q = \begin{pmatrix} q_1 & 0 & 0 & \cdots \\ 0 & q_2 & 0 & \cdots \\ 0 & 0 & q_3 & \cdots \\ \vdots & \vdots & \vdots & \vdots \end{pmatrix} \tag{21}$$

$\hat{Q}$ 的本征函数 $U_1, U_2, \cdots$ 在 Q 表象中的矩阵具有最简单的形式：

$$U_1 = \begin{pmatrix} 1 \\ 0 \\ 0 \\ \vdots \end{pmatrix}, U_2 = \begin{pmatrix} 0 \\ 1 \\ 0 \\ \vdots \end{pmatrix}, \cdots \tag{22}$$

$U_1, U_2, \cdots$ 称为 Q 表象的基矢.

波函数 $\psi(x)$ 与 $\varphi(x)$ 的内积

$$(\psi, \varphi) = \int \psi^*(x)\varphi(x)\mathrm{d}x \tag{23}$$

为一常数,其值与表象无关.将

$$\psi(x) = \sum_n a_n U_n(x), \quad \varphi(x) = \sum_m b_m U_m(x) \tag{24}$$

代入(23)式中,

$$\begin{aligned}(\psi, \varphi) &= \sum_{nm} a_n^* b_m \int U_n^*(x) U_m(x) \mathrm{d}x = \sum_{nm} a_n^* b_m \delta_{nm} \\ &= \sum_n a_n^* b_n = (a_1^*, a_2^*, \cdots) \begin{pmatrix} b_1 \\ b_2 \\ \vdots \end{pmatrix} = \Psi^\dagger \Phi \end{aligned} \tag{25}$$

可见,波函数 ψ 与 φ 的内积在 Q 表象中表示为行矩阵 $\Psi^\dagger$ 与列矩阵 Φ 的乘积. x 表象中的波函数正交归一公式

$$\int \psi_m^*(x)\psi_n(x)\mathrm{d}x = \delta_{mn} \tag{26}$$

对应 Q 表象中的如下公式

$$\Psi_m^\dagger \Psi_n = \delta_{mn} \tag{27}$$

为了得到 Q 表象中的运动方程,将

$$\psi(x,t) = \sum_n C_n(t) U_n(x) \tag{28}$$

代入 x 表象中的运动方程

$$i\hbar \frac{\partial}{\partial t}\psi(x,t) = \hat{H}\psi(x,t) \tag{29}$$

得

$$\sum_n i\hbar \frac{\mathrm{d}}{\mathrm{d}t}C_n(t)U_n(x) = \sum_n C_n(t)\hat{H}U_n(x) \tag{30}$$

上式左乘 $U_m^*(x)$ 并作全空间的积分$\int \mathrm{d}x$,得

$$i\hbar \frac{\mathrm{d}}{\mathrm{d}t}C_m(t) = \sum_n C_n(t)\int U_m^*(x)\hat{H}U_n(x)\mathrm{d}x \tag{31}$$

令

$$H_{mn} = \int U_m^*(x)\hat{H}U_n(x)\mathrm{d}x \tag{32}$$

(31)式变为

$$i\hbar \frac{\mathrm{d}}{\mathrm{d}t}C_m(t) = \sum_n H_{mn}C_n(t) \tag{33}$$

当 m 取遍所有可能值 1,2,… 时,(33) 式成为方程组,它可以表示为

$$i\hbar \frac{\mathrm{d}}{\mathrm{d}t}\begin{pmatrix} C_1(t) \\ C_2(t) \\ C_3(t) \\ \vdots \end{pmatrix} = \begin{pmatrix} H_{11} & H_{12} & H_{13} & \cdots \\ H_{21} & H_{22} & H_{23} & \cdots \\ H_{31} & H_{32} & H_{33} & \cdots \\ \vdots & \vdots & \vdots & \vdots \end{pmatrix}\begin{pmatrix} C_1(t) \\ C_2(t) \\ C_3(t) \\ \vdots \end{pmatrix} \tag{34}$$

或

$$i\hbar \frac{\mathrm{d}}{\mathrm{d}t}\Psi(t) = H\Psi(t) \tag{35}$$

(34) 或(35) 式就是 Q 表象中的运动方程,它在形式上同 x 表象中的运动方程相同,只是它为矩阵方程.(35) 式中的 $\Psi(t)$ 与 H 分别为列矩阵与方矩阵:

$$\Psi(t) = \begin{pmatrix} C_1(t) \\ C_2(t) \\ C_3(t) \\ \vdots \end{pmatrix}, \quad H = \begin{pmatrix} H_{11} & H_{12} & H_{13} & \cdots \\ H_{21} & H_{22} & H_{23} & \cdots \\ H_{31} & H_{32} & H_{33} & \cdots \\ \vdots & \vdots & \vdots & \vdots \end{pmatrix} \tag{36}$$

H 的矩阵元由(32) 式决定.

如果 $V = V(x)$ 不显含时间 t,便有

$$\Psi(t) = \mathrm{e}^{-iEt/\hbar}\Psi \tag{37}$$

其中 Ψ 满足定态方程

$$H\Psi = E\Psi \tag{38}$$

或

$$\begin{pmatrix} H_{11} & H_{12} & H_{13} & \cdots \\ H_{21} & H_{22} & H_{23} & \cdots \\ H_{31} & H_{32} & H_{33} & \cdots \\ \vdots & \vdots & \vdots & \vdots \end{pmatrix} \begin{pmatrix} C_1 \\ C_2 \\ C_3 \\ \vdots \end{pmatrix} = E \begin{pmatrix} C_1 \\ C_2 \\ C_3 \\ \vdots \end{pmatrix} \tag{39}$$

假定 Q 表象的基的个数是有限的 N，则 Ψ 为 N 行的列矩阵：

$$\Psi = \begin{pmatrix} C_1 \\ C_2 \\ \vdots \\ C_N \end{pmatrix} \tag{40}$$

H 为 $N \times N$ 的矩阵：

$$H = \begin{pmatrix} H_{11} & H_{12} & \cdots & H_{1N} \\ H_{21} & H_{22} & \cdots & H_{2N} \\ \vdots & \vdots & \vdots & \vdots \\ H_{N1} & H_{N2} & \cdots & H_{NN} \end{pmatrix} \tag{41}$$

这时定态方程为有限维的矩阵方程

$$\begin{pmatrix} H_{11} & H_{12} & \cdots & H_{1N} \\ H_{21} & H_{22} & \cdots & H_{2N} \\ \vdots & \vdots & \vdots & \vdots \\ H_{N1} & H_{N2} & \cdots & H_{NN} \end{pmatrix} \begin{pmatrix} C_1 \\ C_2 \\ \vdots \\ C_N \end{pmatrix} = E \begin{pmatrix} C_1 \\ C_2 \\ \vdots \\ C_N \end{pmatrix} \tag{42}$$

或

$$\begin{pmatrix} H_{11}-E & H_{12} & \cdots & H_{1N} \\ H_{21} & H_{22}-E & \cdots & H_{2N} \\ \vdots & \vdots & \vdots & \vdots \\ H_{N1} & H_{N2} & \cdots & H_{NN}-E \end{pmatrix} \begin{pmatrix} C_1 \\ C_2 \\ \vdots \\ C_N \end{pmatrix} = 0 \tag{43}$$

Ψ 有非零解的条件是

$$\begin{vmatrix} H_{11}-E & H_{12} & \cdots & H_{1N} \\ H_{21} & H_{22}-E & \cdots & H_{2N} \\ \vdots & \vdots & \vdots & \vdots \\ H_{N1} & H_{N2} & \cdots & H_{NN}-E \end{vmatrix} = 0 \tag{44}$$

这叫久期方程. 由久期方程可以求出定态能量 $E = E_1, E_2, \cdots, E_N$. 依次将 $E = E_1, E_2, \cdots, E_N$ 代入方程(43)，并利用归一化条件

$$\Psi^{\dagger} \Psi = 1 \tag{45}$$

可以解得分别对应能量 $E_1, E_2, \cdots, E_N$ 的定态波函数

$$\Psi_1 = \begin{pmatrix} C_{11} \\ C_{21} \\ \vdots \\ C_{N1} \end{pmatrix}, \Psi_2 = \begin{pmatrix} C_{12} \\ C_{22} \\ \vdots \\ C_{N2} \end{pmatrix}, \cdots, \Psi_N = \begin{pmatrix} C_{1N} \\ C_{2N} \\ \vdots \\ C_{NN} \end{pmatrix} \tag{46}$$

含时薛定谔方程(34)的一般解为

$$\Psi(t) = \sum_n C_n e^{-iE_n t/\hbar} \Psi_n \tag{47}$$

如果已知初条件 $\Psi(0) = \Phi$，则(47) 中的常数 C_n 由下式确定：

$$C_n = \Psi_n^\dagger \Phi \tag{48}$$

Q 表象中任一力学量 F 的平均值的计算公式为

$$\overline{F} = \Psi^\dagger F \Psi \tag{49}$$

对于三维运动，要选择三个相互对易的力学量完全集$(\hat{A}, \hat{B}, \hat{C})$ 的共同本征函数完备系作为(ABC) 表象的基. 设 $\hat{A}, \hat{B}$ 与 $\hat{C}$ 的本征值都是分立的，分别为 a_n, b_l 与 c_m，其中 nlm 为量子数，与这些本征值相应的共同本征函数为 $\varphi_{nlm}(\boldsymbol{r})$. 选择一定的排序方法，将所有 $\varphi_{nlm}(\boldsymbol{r})$ 依次记作(ABC) 表象的第 1,2,… 基：

$$U_1(\boldsymbol{r}) = \varphi_{n_1 l_1 m_1}(\boldsymbol{r}), U_2(\boldsymbol{r}) = \varphi_{n_2 l_2 m_2}(\boldsymbol{r}), \cdots \tag{50}$$

$\boldsymbol{r}$ 表象波函数 $\psi(\boldsymbol{r}, t)$ 通过这些基可以表示为

$$\psi(\boldsymbol{r}, t) = \sum_{i=1}^{\infty} C_i(t) U_i(\boldsymbol{r}) \tag{51}$$

其中叠加系数

$$C_i(t) = (U_i, \psi) = \int U_i^*(\boldsymbol{r}) \psi(\boldsymbol{r}, t) \mathrm{d}\tau \tag{52}$$

(ABC) 表象波函数为

$$\Psi(t) = \begin{pmatrix} C_1(t) \\ C_2(t) \\ \vdots \end{pmatrix} \tag{53}$$

$\Psi(t)$ 的归一化条件为

$$\Psi^\dagger(t) \Psi(t) = 1 \tag{54}$$

力学量 $\hat{F}$ 在(ABC) 表象中表示为矩阵 F，它的第 i 行第 j 列元素为

$$F_{ij} = \int U_i^*(\boldsymbol{r}) \hat{F} U_j(\boldsymbol{r}) \mathrm{d}\tau \tag{55}$$

$\Psi(t)$ 满足的运动方程为矩阵方程

$$i\hbar \frac{\mathrm{d}}{\mathrm{d}t}\Psi(t) = H\Psi(t) \tag{56}$$

如果 V 不含 t,则

$$\Psi(t) = \mathrm{e}^{-iEt/\hbar}\Psi \tag{57}$$

Ψ 满足定态方程

$$H\Psi = E\Psi \tag{58}$$

[例题 1]　在一维谐振子能量表象中写出坐标 x 与动量 p 的矩阵表示.

解:一维谐振子哈密顿算符 $\hat{H} = -\frac{\hbar^2}{2\mu}\frac{\mathrm{d}^2}{\mathrm{d}x^2} + \frac{1}{2}\mu\omega^2 x^2$ 的本征值 $E = (n + 1/2)\hbar\omega$ 是分立的. 在此能量表象中力学量算符 x 与 p 表现为矩阵 X 与 P. 将 $\hat{H}$ 的本征函数 $\psi_n(x) = N_n \mathrm{e}^{-\alpha^2 x^2/2} H_n(\alpha x)$ 依次记为 $U_1(x) = \psi_0(x), U_2(x) = \psi_1(x), \cdots, U_n(x) = \psi_{n-1}(x), \cdots$. 矩阵 X 的第 m 行第 n 列元素

$$\begin{aligned} X_{mn} &= \int U_m^*(x) x U_n(x) \mathrm{d}x = \int \psi_{m-1}^*(x) x \psi_{n-1}(x) \mathrm{d}x \\ &= \frac{1}{\alpha}\left(\sqrt{\frac{n-1}{2}}\delta_{m,n-1} + \sqrt{\frac{n}{2}}\delta_{m,n+1}\right) \end{aligned} \tag{59}$$

矩阵 P 的第 m 行第 n 列元素

$$\begin{aligned} P_{mn} &= \int U_m^*(x) \hat{p} U_n(x) \mathrm{d}x = -i\hbar \int \psi_{m-1}^*(x) \frac{\mathrm{d}}{\mathrm{d}x} \psi_{n-1}(x) \mathrm{d}x \\ &= -i\hbar\alpha\left(\sqrt{\frac{n-1}{2}}\delta_{m,n-1} - \sqrt{\frac{n}{2}}\delta_{m,n+1}\right) \end{aligned} \tag{60}$$

$$X = \frac{1}{\alpha}\begin{pmatrix} 0 & \sqrt{\frac{1}{2}} & 0 & 0 & \cdots \\ \sqrt{\frac{1}{2}} & 0 & \sqrt{\frac{2}{2}} & 0 & \cdots \\ 0 & \sqrt{\frac{2}{2}} & 0 & \sqrt{\frac{3}{2}} & \cdots \\ \vdots & \vdots & \vdots & \vdots & \vdots \end{pmatrix} \tag{61}$$

$$P = i\hbar\alpha\begin{pmatrix} 0 & -\sqrt{\frac{1}{2}} & 0 & 0 & \cdots \\ \sqrt{\frac{1}{2}} & 0 & -\sqrt{\frac{2}{2}} & 0 & \cdots \\ 0 & \sqrt{\frac{2}{2}} & 0 & -\sqrt{\frac{3}{2}} & \cdots \\ \vdots & \vdots & \vdots & \vdots & \vdots \end{pmatrix} \tag{62}$$

［例题 2］　在 L^2L_z 表象中由 $l=1$ 的基　$U_1=Y_{11}(\theta,\varphi)$，　$U_2=Y_{10(\theta,\varphi)}$　与 $U_3=Y_{1-1}(\theta,\varphi)$ 组成了函数空间中的三维子空间. 在此子空间中写出算符 $\hat{L}_x$,$\hat{L}_y$ 与 $\hat{L}_z$ 的矩阵表示,并求出它们的本征态矢.

解：$\hat{L}_z$ 在自身表象中的矩阵为对角矩阵,对角元素为 $\hat{L}_z$ 的本征值 $\hbar$,0 与 $-\hbar$. 故 $\hat{L}_z$ 的矩阵为

$$L_z=\hbar\begin{pmatrix}1&0&0\\0&0&0\\0&0&-1\end{pmatrix}\tag{63}$$

矩阵 L_x 与 L_y 的第 m 行第 n 列元素分别为

$$(L_x)_{mn}=\int U_m^*\hat{L}_xU_n\mathrm{d}\Omega\tag{64}$$

$$(L_y)_{mn}=\int U_m^*\hat{L}_yU_n\mathrm{d}\Omega\tag{65}$$

$$m,n=1,2,3$$

根据定义

$$\hat{L}_+\equiv\hat{L}_x+i\hat{L}_y,\quad \hat{L}_-\equiv\hat{L}_x-i\hat{L}_y\tag{66}$$

可得

$$\hat{L}_x=\frac{1}{2}(\hat{L}_++\hat{L}_-),\quad \hat{L}_y=\frac{1}{2i}(\hat{L}_+-\hat{L}_-)\tag{67}$$

$$(L_x)_{mn}=\frac{1}{2}\int U_m^*(\hat{L}_++\hat{L}_-)U_n\mathrm{d}\Omega\tag{68}$$

$$(L_y)_{mn}=\frac{1}{2i}\int U_m^*(\hat{L}_+-\hat{L}_-)U_n\mathrm{d}\Omega\tag{69}$$

利用公式

$$\hat{L}_\pm Y_{lm}(\theta,\varphi)=\sqrt{l(l+1)-m(m\pm1)}\hbar Y_{l,m\pm1}(\theta,\varphi)\tag{70}$$

及球函数的正交归一公式

$$\int Y_{l'm'}^*(\theta,\varphi)Y_{lm}(\theta,\varphi)\mathrm{d}\Omega=\delta_{l'l}\delta_{m'm}\tag{71}$$

由(68)式可以算出

$$(L_x)_{11}=(L_x)_{22}=(L_x)_{33}=(L_x)_{13}=(L_x)_{31}=0$$

$$(L_x)_{12}=\frac{1}{2}\int Y_{11}^*(\hat{L}_++\hat{L}_-)Y_{10}\mathrm{d}\Omega=\frac{\sqrt{2}}{2}\hbar$$

$$(L_x)_{21}=(L_x)_{12}^*=\frac{\sqrt{2}}{2}\hbar$$

$$(L_x)_{23} = \frac{1}{2}\int Y_{10}^* (\hat{L}_+ + \hat{L}_-) Y_{1-1} \mathrm{d}\Omega = \frac{\sqrt{2}}{2}\hbar$$

$$(L_x)_{32} = (L_x)_{23}^* = \frac{\sqrt{2}}{2}\hbar$$

$$L_x = \frac{\sqrt{2}}{2}\hbar \begin{pmatrix} 0 & 1 & 0 \\ 1 & 0 & 1 \\ 0 & 1 & 0 \end{pmatrix} \tag{72}$$

同样由(69) 式可以算出 L_y 的矩阵元$(L_y)_{mn}$,得到

$$L_y = \frac{\sqrt{2}}{2}\hbar \begin{pmatrix} 0 & -i & 0 \\ i & 0 & -i \\ 0 & i & 0 \end{pmatrix} \tag{73}$$

$\hat{L}_z$ 的本征值与本征态矢可以直接写出

$$l_z = \hbar, \quad \boldsymbol{\Psi}_1 = \begin{pmatrix} 1 \\ 0 \\ 0 \end{pmatrix}; \qquad l_z = 0, \quad \boldsymbol{\Psi}_2 = \begin{pmatrix} 0 \\ 1 \\ 0 \end{pmatrix}$$

$$l_z = -\hbar, \quad \boldsymbol{\Psi}_3 = \begin{pmatrix} 0 \\ 0 \\ 1 \end{pmatrix} \tag{74}$$

$\hat{L}_x$ 的本征方程为

$$L_x\boldsymbol{\Psi} = l_x\boldsymbol{\Psi}, \text{或} \frac{\sqrt{2}}{2}\hbar \begin{pmatrix} 0 & 1 & 0 \\ 1 & 0 & 1 \\ 0 & 1 & 0 \end{pmatrix} \begin{pmatrix} a \\ b \\ c \end{pmatrix} = l_x \begin{pmatrix} a \\ b \\ c \end{pmatrix} \tag{75}$$

令 $\lambda = \sqrt{2}l_x/\hbar$ 或 $l_x = \hbar\lambda/\sqrt{2}$,方程(75) 简化为

$$\begin{pmatrix} 0 & 1 & 0 \\ 1 & 0 & 1 \\ 0 & 1 & 0 \end{pmatrix} \begin{pmatrix} a \\ b \\ c \end{pmatrix} = \lambda \begin{pmatrix} a \\ b \\ c \end{pmatrix}, \text{或} \begin{pmatrix} -\lambda & 1 & 0 \\ 1 & -\lambda & 1 \\ 0 & 1 & -\lambda \end{pmatrix} \begin{pmatrix} a \\ b \\ c \end{pmatrix} = 0 \tag{76}$$

由久期方程

$$\begin{vmatrix} -\lambda & 1 & 0 \\ 1 & -\lambda & 1 \\ 0 & 1 & -\lambda \end{vmatrix} = 0 \tag{77}$$

解得 $\lambda = 0, \pm\sqrt{2}$. 将 $\lambda = 0, \pm\sqrt{2}$ 依次代入方程(76),并利用归一化条件

$$\boldsymbol{\Psi}^\dagger \boldsymbol{\Psi} = |a|^2 + |b|^2 + |c|^2 = 1 \tag{78}$$

解得

$$l_x = \hbar, \boldsymbol{\Psi}_1 = \frac{1}{2}\begin{pmatrix}1\\ \sqrt{2}\\ 1\end{pmatrix}; \quad l_x = 0, \boldsymbol{\Psi}_2 = \frac{1}{\sqrt{2}}\begin{pmatrix}1\\ 0\\ -1\end{pmatrix}$$

$$l_x = -\hbar, \boldsymbol{\Psi}_3 = \frac{1}{2}\begin{pmatrix}1\\ -\sqrt{2}\\ 1\end{pmatrix} \tag{79}$$

类似地，对 $\hat{L}_y$ 的本征方程

$$L_y\boldsymbol{\Psi} = l_y\boldsymbol{\Psi}, \text{或} \frac{\sqrt{2}}{2}\hbar\begin{pmatrix}0 & -i & 0\\ i & 0 & -i\\ 0 & i & 0\end{pmatrix}\begin{pmatrix}a\\ b\\ c\end{pmatrix} = l_y\begin{pmatrix}a\\ b\\ c\end{pmatrix} \tag{80}$$

解得

$$l_y = \hbar, \boldsymbol{\Psi}_1 = \frac{1}{2}\begin{pmatrix}1\\ \sqrt{2}i\\ -1\end{pmatrix}; \quad l_y = 0, \boldsymbol{\Psi}_2 = \frac{1}{\sqrt{2}}\begin{pmatrix}1\\ 0\\ 1\end{pmatrix}$$

$$l_y = -\hbar, \boldsymbol{\Psi}_3 = \frac{1}{2}\begin{pmatrix}1\\ -\sqrt{2}i\\ -1\end{pmatrix} \tag{81}$$

［例题 3］　设 Q 表象的基为 $(U_1(x), U_2(x), U_3(x))$，某粒子的哈密顿量 $\hat{H}$ 在 Q 表象中的矩阵为

$$H = E_0\begin{pmatrix}2 & 0 & 0\\ 0 & 1 & 2\\ 0 & 2 & 1\end{pmatrix}$$

求粒子的定态能量和波函数. 已知 $t=0$ 时的波函数为 $\psi(x,0) = \frac{1}{2}[\sqrt{2}U_1(x) + U_2(x) + U_3(x)]$，求任意 t 时的波函数 $\psi(x,t)$.

解：在 Q 表象中的定态方程为

$$H\Psi = E\Psi, \text{即 } E_0\begin{pmatrix}2 & 0 & 0\\ 0 & 1 & 2\\ 0 & 2 & 1\end{pmatrix}\begin{pmatrix}a\\ b\\ c\end{pmatrix} = E\begin{pmatrix}a\\ b\\ c\end{pmatrix}$$

令 $\lambda = E/E_0$，上式变为

$$\begin{pmatrix}2 & 0 & 0\\ 0 & 1 & 2\\ 0 & 2 & 1\end{pmatrix}\begin{pmatrix}a\\ b\\ c\end{pmatrix} = \lambda\begin{pmatrix}a\\ b\\ c\end{pmatrix}, \text{或} \begin{pmatrix}2-\lambda & 0 & 0\\ 0 & 1-\lambda & 2\\ 0 & 2 & 1-\lambda\end{pmatrix}\begin{pmatrix}a\\ b\\ c\end{pmatrix} = 0$$

由久期方程

$$\begin{vmatrix} 2-\lambda & 0 & 0 \\ 0 & 1-\lambda & 2 \\ 0 & 2 & 1-\lambda \end{vmatrix} = 0$$

解得 $\lambda=-1,2,3,E=-E_0,2E_0,3E_0$. 将 $\lambda=-1,2,3$ 分别代入矩阵方程,并利用 Ψ 的归一化条件,可以求出态矢:

$$E_1=-E_0,\Psi_1=\frac{1}{\sqrt{2}}\begin{pmatrix}0\\1\\-1\end{pmatrix},\psi_1(x)=\frac{1}{\sqrt{2}}[U_2(x)-U_3(x)]$$

$$E_2=2E_0,\Psi_2=\begin{pmatrix}1\\0\\0\end{pmatrix},\qquad \psi_2(x)=U_1(x)$$

$$E_3=3E_0,\Psi_3=\frac{1}{\sqrt{2}}\begin{pmatrix}0\\1\\1\end{pmatrix},\quad \psi_3(x)=\frac{1}{\sqrt{2}}[U_2(x)+U_3(x)]$$

含时薛定谔方程的一般解为

$$\Psi(t)=C_1\mathrm{e}^{-iE_1t/\hbar}\Psi_1+C_2\mathrm{e}^{-iE_2t/\hbar}\Psi_2+C_3\mathrm{e}^{-iE_3t/\hbar}\Psi_3$$

根据初条件,便有

$$\Psi(0)=C_1\Psi_1+C_2\Psi_2+C_3\Psi_3=\frac{1}{2}\begin{pmatrix}\sqrt{2}\\1\\1\end{pmatrix}$$

$$C_1=\Psi_1^{\dagger}\Psi(0)=\frac{1}{\sqrt{2}}(0,1,-1)\ \frac{1}{2}\begin{pmatrix}\sqrt{2}\\1\\1\end{pmatrix}=0$$

$$C_2=\Psi_2^{\dagger}\Psi(0)=(1,0,0)\ \frac{1}{2}\begin{pmatrix}\sqrt{2}\\1\\1\end{pmatrix}=\frac{\sqrt{2}}{2}$$

$$C_3=\Psi_3^{\dagger}\Psi(0)=\frac{1}{\sqrt{2}}(0,1,1)\ \frac{1}{2}\begin{pmatrix}\sqrt{2}\\1\\1\end{pmatrix}=\frac{\sqrt{2}}{2}$$

将 C_1,C_2 与 C_3 的值代入 $\Psi(t)$ 中,得

$$\Psi(t)=\frac{\sqrt{2}}{2}(e^{-iE_2t/\hbar}\Psi_2+e^{-iE_3t/\hbar}\Psi_3)$$

$$=\frac{\sqrt{2}}{2}\left[e^{-iE_2t/\hbar}\begin{pmatrix}1\\0\\0\end{pmatrix}+e^{-iE_3t/\hbar}\frac{1}{\sqrt{2}}\begin{pmatrix}0\\1\\1\end{pmatrix}\right]$$

$$=\frac{1}{2}\begin{pmatrix}\sqrt{2}e^{-iE_2t/\hbar}\\e^{-iE_3t/\hbar}\\e^{-iE_3t/\hbar}\end{pmatrix}$$

$$\psi(x,t)=\frac{1}{2}(\sqrt{2}e^{-iE_2t/\hbar}U_1(x)+e^{-iE_3t/\hbar}U_2(x)+e^{-iE_3t/\hbar}U_3(x))$$

§5.3　表象变换

本节讨论本征值为分立的力学量表象之间的波函数变换与算符变换. 以一维运动波函数为例. 设 A 表象正交归一的基为$\{U_n(x)\}$,与 $U_n(x)$ 相应的 $\hat{A}$ 的本征值为 a_n,B 表象正交归一的基为$\{V_n(x)\}$,与 $V_n(x)$ 相应的 $\hat{B}$ 的本征值为 b_n:

$$\hat{A}U_n(x)=a_nU_n(x) \tag{1}$$

$$\hat{B}V_n(x)=b_nV_n(x) \tag{2}$$

$$\int U_n^*(x)U_m(x)\mathrm{d}x=\delta_{nm} \tag{3}$$

$$\int V_n^*(x)V_m(x)\mathrm{d}x=\delta_{nm} \tag{4}$$

x 表象波函数 $\psi(x)$ 可以用$\{U_n(x)\}$或$\{V_n(x)\}$表示为

$$\psi(x)=\sum_n C_nU_n(x)=\sum_n C_n'V_n(x) \tag{5}$$

其中

$$C_n=(U_n,\psi),\quad C_n'=(V_n,\psi) \tag{6}$$

x 表象波函数 $\psi(x)$ 在 A 表象与 B 表象分别表示为列矩阵 Ψ 与 Ψ':

$$\Psi=\begin{pmatrix}C_1\\C_2\\\vdots\end{pmatrix},\quad \Psi'=\begin{pmatrix}C_1'\\C_2'\\\vdots\end{pmatrix} \tag{7}$$

我们要找出这两个列矩阵之间的关系. 用 $U_m^*(x)$ 左乘(5) 并作全空间的积分 $\int \mathrm{d}x$,得

$$C_m = \sum_n C_n' \int U_m^*(x) V_n(x) \mathrm{d}x \tag{8}$$

令

$$S_{mn} = \int U_m^*(x) V_n(x) \mathrm{d}x = (U_m, V_n) \tag{9}$$

(8)式变为

$$C_m = \sum_n S_{mn} C_n' \tag{10}$$

当 m 取遍所有可能值 1,2,… 时,(10) 式成为方程组. 这个方程组可用矩阵表示为

$$\begin{pmatrix} C_1 \\ C_2 \\ C_3 \\ \vdots \end{pmatrix} = \begin{pmatrix} S_{11} & S_{12} & S_{13} & \cdots \\ S_{21} & S_{22} & S_{23} & \cdots \\ S_{31} & S_{32} & S_{33} & \cdots \\ \vdots & \vdots & \vdots & \vdots \end{pmatrix} \begin{pmatrix} C_1' \\ C_2' \\ C_3' \\ \vdots \end{pmatrix}, \text{或 } \Psi = S\Psi' \tag{11}$$

可见,同一态在 A 表象与 B 表象中的态矢量 Ψ 与 Ψ' 通过 S 矩阵相联系. S 矩阵的第 m 行第 n 列元素是 A 表象的第 m 个基同 B 表象的第 n 个基的内积. 如果将(11) 式作为波函数或态矢的表象变换公式,则原表象应为 B 表象,新表象为 A 表象. 反之,如果选择 A 为原表象,B 为新表象,S 矩阵的定义不变,则态矢的表象变换公式为

$$\Psi' = S^{-1}\Psi \tag{12}$$

我们发现,选用(12) 式作为态矢的表象变换公式更为方便. 这是因为在原表象比较容易求出由(9) 式定义的 S 矩阵,并且由于 S 矩阵是幺正矩阵:

$$S^{-1} = S^\dagger, \text{或} \quad S^\dagger S = 1 \tag{13}$$

S 矩阵的逆矩阵 S^{-1} 也很容易由(13) 式算出. 现在我们来证明(13) 式. 将新基 V_m 用老基 $\{U_i\}$ 表示:

$$V_m = \sum_i C_i U_i = \sum_i (U_i, V_m) U_i \tag{14}$$

根据 S 矩阵元 S_{im} 的定义式(9),上式可表示为

$$V_m = \sum_i S_{im} U_i \tag{15}$$

对(15) 式取复共轭,并将下标 m 改为 n,求和指标 i 改为 j:

$$V_n^* = \sum_j S_{jn}^* U_j^* \tag{16}$$

将(15) 式与(16) 式代入$\{V_n\}$ 的正交归一公式(4) 中，

$$\sum_{ij} S_{jn}^* S_{im} \int U_j^* U_i \mathrm{d}x = \delta_{nm} \tag{17}$$

由(3)式得

$$\sum_i S_{in}^* S_{im} = \delta_{nm}, \quad \sum_i S_{ni}^\dagger S_{im} = \delta_{nm}$$

上式即(13) 式：$S^\dagger S = 1$，证毕. 可见由一组正交归一基矢到另一组正交归一基矢的表象变换 S 矩阵一定是幺正矩阵. 将(13) 式代入(12) 式，得态矢的表象变换公式

$$\Psi' = S^\dagger \Psi \tag{18}$$

由(15) 式看出，第 m 个新基 V_m 在原表象中的态矢为

$$V_m = \begin{pmatrix} S_{1m} \\ S_{2m} \\ S_{3m} \\ \vdots \end{pmatrix} \tag{19}$$

因此，我们只要在原表象(A 表象) 求出 $\hat{B}$ 的所有本征态矢 $V_1, V_2, \cdots$ 即所有新基，将它们依次排列起来，就得到 S 矩阵：

$$S = \begin{pmatrix} S_{11} & S_{12} & S_{13} & \cdots \\ S_{21} & S_{22} & S_{23} & \cdots \\ S_{31} & S_{32} & S_{33} & \cdots \\ \vdots & \vdots & \vdots & \vdots \end{pmatrix} \tag{20}$$

这正是我们用(12) 式而不用(11) 式作为态矢的表象变换公式的原因.

将算符 $\hat{F}$ 在 A 表象与 B 表象的矩阵元分别记为 F_{nm} 与 F'_{nm}，

$$F_{nm} = \int U_n^* \hat{F} U_m \mathrm{d}x \tag{21}$$

$$F'_{nm} = \int V_n^* \hat{F} V_m \mathrm{d}x \tag{22}$$

我们来求它们之间的关系式. 将(15)式与(16)式代入(22)式中，并利用(21)式，

$$\begin{aligned} F'_{nm} &= \sum_{ij} S_{jn}^* S_{im} \int U_j^* \hat{F} U_i \mathrm{d}x \\ &= \sum_{ij} S_{jn}^* S_{im} F_{ji} = \sum_{ij} S_{nj}^\dagger F_{ji} S_{im} \end{aligned} \tag{23}$$

即

$$F' = S^\dagger F S \tag{24}$$

这是算符 $\hat{F}$ 的表象变换公式.

可以证明,表象变换不改变算符 $\hat{F}$ 的本征值,即算符 $\hat{F}$ 在任意表象中的本征值相同.设 $\hat{F}$ 在 A 表象中的本征方程为

$$F\Psi = \lambda\Psi \tag{25}$$

$\hat{F}$ 在 B 表象中的本征方程为

$$F'\Psi' = \lambda'\Psi' \tag{26}$$

将(24)及(18)代入(26)中,并利用 $SS^{\dagger}=1$ 及(25)式,

$$S^{\dagger}FSS^{\dagger}\Psi = \lambda' S^{\dagger}\Psi$$

$$S^{\dagger}F\Psi = \lambda' S^{\dagger}\Psi$$

$$\lambda S^{\dagger}\Psi = \lambda' S^{\dagger}\Psi, \qquad \lambda' = \lambda,\text{证毕.}$$

[例题] 求 $l=1$ 的 (L^2L_z) 表象到 (L^2L_x) 表象变换的 S 矩阵,并将 (L^2L_z) 表象中的 $\hat{L}_z$,$\hat{L}_x$ 与 $\hat{L}_y$ 本征态矢及矩阵变换到 (L^2L_x) 表象.

解:在上一节的例题 2 中,我们已经得到 $\hat{L}_x$ 与 $\hat{L}_y$ 在 $l=1$ 的 (L^2L_z) 表象中的本征态矢及矩阵.$\hat{L}_x$ 的本征态矢为

$$\Psi_1 = \begin{pmatrix} \frac{1}{2} \\ \frac{\sqrt{2}}{2} \\ \frac{1}{2} \end{pmatrix}, \quad \Psi_2 = \begin{pmatrix} \frac{1}{\sqrt{2}} \\ 0 \\ -\frac{1}{\sqrt{2}} \end{pmatrix}, \quad \Psi_3 = \begin{pmatrix} \frac{1}{2} \\ -\frac{\sqrt{2}}{2} \\ \frac{1}{2} \end{pmatrix}$$

现将它们依次(按与 Ψ_i 相应的 $\hat{L}_x$ 的本征值由大到小,即按 Ψ_1,Ψ_2,Ψ_3 的次序)排列起来,就得到 S 矩阵

$$S = \begin{pmatrix} \frac{1}{2} & \frac{1}{\sqrt{2}} & \frac{1}{2} \\ \frac{\sqrt{2}}{2} & 0 & -\frac{\sqrt{2}}{2} \\ \frac{1}{2} & \frac{-1}{\sqrt{2}} & \frac{1}{2} \end{pmatrix} = \frac{1}{2}\begin{pmatrix} 1 & \sqrt{2} & 1 \\ \sqrt{2} & 0 & -\sqrt{2} \\ 1 & -\sqrt{2} & 1 \end{pmatrix}$$

$\hat{L}_z$ 在原表象的态矢为

$$\Psi_1 = \begin{pmatrix} 1 \\ 0 \\ 0 \end{pmatrix}, \qquad \Psi_2 = \begin{pmatrix} 0 \\ 1 \\ 0 \end{pmatrix}, \qquad \Psi_3 = \begin{pmatrix} 0 \\ 0 \\ 1 \end{pmatrix}$$

变换到新表象分别为

$$\Psi_1' = S^\dagger \Psi_1 = \frac{1}{2}\begin{pmatrix}1\\ \sqrt{2}\\ 1\end{pmatrix}, \Psi_2' = S^\dagger \Psi_2 = \frac{1}{\sqrt{2}}\begin{pmatrix}1\\ 0\\ -1\end{pmatrix}$$

$$\Psi_3' = S^\dagger \Psi_3 = \frac{1}{2}\begin{pmatrix}1\\ -\sqrt{2}\\ 1\end{pmatrix}$$

$\hat{L}_x$ 在原表象的态矢为

$$\Psi_1 = \frac{1}{2}\begin{pmatrix}1\\ \sqrt{2}\\ 1\end{pmatrix}, \Psi_2 = \frac{1}{\sqrt{2}}\begin{pmatrix}1\\ 0\\ -1\end{pmatrix}, \Psi_3 = \frac{1}{2}\begin{pmatrix}1\\ -\sqrt{2}\\ 1\end{pmatrix}$$

变换到新表象,分别为

$$\Psi_1' = \begin{pmatrix}1\\ 0\\ 0\end{pmatrix}, \quad \Psi_2' = \begin{pmatrix}0\\ 1\\ 0\end{pmatrix}, \quad \Psi_3' = \begin{pmatrix}0\\ 0\\ 1\end{pmatrix}$$

$\hat{L}_y$ 在原表象的态矢为

$$\Psi_1 = \frac{1}{2}\begin{pmatrix}1\\ \sqrt{2}i\\ -1\end{pmatrix}, \Psi_2 = \frac{1}{\sqrt{2}}\begin{pmatrix}1\\ 0\\ 1\end{pmatrix}, \Psi_3 = \frac{1}{2}\begin{pmatrix}1\\ -\sqrt{2}i\\ -1\end{pmatrix}$$

变换到新表象,分别为

$$\Psi_1' = \frac{1}{2}\begin{pmatrix}i\\ \sqrt{2}\\ -i\end{pmatrix}, \Psi_2' = \frac{1}{\sqrt{2}}\begin{pmatrix}1\\ 0\\ 1\end{pmatrix}, \Psi_3' = \frac{1}{2}\begin{pmatrix}-i\\ \sqrt{2}\\ i\end{pmatrix}$$

$\hat{L}_z$ 在原表象的矩阵 L_z 与新表象的矩阵 L_z' 分别为

$$L_z = \hbar\begin{pmatrix}1 & 0 & 0\\ 0 & 0 & 0\\ 0 & 0 & -1\end{pmatrix}, L_z' = S^\dagger L_z S = \frac{\sqrt{2}\hbar}{2}\begin{pmatrix}0 & 1 & 0\\ 1 & 0 & 1\\ 0 & 1 & 0\end{pmatrix}$$

$\hat{L}_x$ 在原表象的矩阵 L_x 与新表象的矩阵 L_x' 分别为

$$L_x = \frac{\sqrt{2}\hbar}{2}\begin{pmatrix}0 & 1 & 0\\ 1 & 0 & 1\\ 0 & 1 & 0\end{pmatrix}, L_x' = S^\dagger L_x S = \hbar\begin{pmatrix}1 & 0 & 0\\ 0 & 0 & 0\\ 0 & 0 & -1\end{pmatrix}$$

$\hat{L}_y$ 在原表象的矩阵 L_y 与新表象的矩阵 L_y' 分别为

$$L_y = \frac{\sqrt{2}\hbar}{2}\begin{pmatrix}0 & -i & 0\\ i & 0 & -i\\ 0 & i & 0\end{pmatrix}$$

$$L_y' = S^{\dagger} L_y S = \frac{\sqrt{2}\hbar}{2}\begin{pmatrix} 0 & i & 0 \\ -i & 0 & i \\ 0 & -i & 0 \end{pmatrix}$$

§5.4 狄拉克符号

(1) 引入右矢 $|\psi\rangle$ 表示态矢 Ψ

在经典力学中，牛顿方程可以不依赖坐标系，写成简洁的形式：$F = mA$. 在量子力学中采用狄拉克符号，薛定谔方程也可以不依赖表象，写成简洁的形式. 例如坐标表象中的薛定谔方程

$$i\hbar \frac{\partial}{\partial t}\psi(\boldsymbol{r},t) = \hat{H}\psi(\boldsymbol{r},t), \quad \hat{H} = -\frac{\hbar^2}{2\mu}\nabla^2 + V(\boldsymbol{r},t) \tag{1}$$

与定态薛定谔方程

$$\hat{H}\psi(\boldsymbol{r}) = E\psi(\boldsymbol{r}), \quad \hat{H} = -\frac{\hbar^2}{2\mu}\nabla^2 + V(\boldsymbol{r}) \tag{2}$$

可以分别写成

$$i\hbar \frac{\partial}{\partial t}|\psi(t)\rangle = \hat{H}|\psi(t)\rangle \tag{3}$$

与

$$\hat{H}|\psi\rangle = E|\psi\rangle \tag{4}$$

这里的 $|\psi(t)\rangle$ 与 $|\psi\rangle$ 就是狄拉克引进的描写粒子态 $\psi(\boldsymbol{r},t)$ 与 $\psi(\boldsymbol{r})$ 的符号，称作狄拉克符号. 在不依赖表象的运动方程(3)与(4)中，算符只用标明其特性的符号表示，如哈密顿算符用 $\hat{H}$ 表示，动量算符用 $\hat{p}$ 表示，它们不显示具体的运算形式. 只有在给定的表象中，算符才表现出具体的运算形式. 例如，在坐标表象中，哈密顿算符 $\hat{H} = -\frac{\hbar^2}{2\mu}\nabla^2 + V(\boldsymbol{r})$，而在动量表象中，$\hat{H} = \frac{\boldsymbol{p}^2}{2\mu} + V(\hat{\boldsymbol{x}} = i\hbar\nabla_{\boldsymbol{p}})$. 对于力学量算符的本征态矢，通常用它们的本征值来标记. 如坐标算符 x 的本征值为 x' 的本征态矢记为 $|x'\rangle$，动量算符 $\hat{p}$ 的本征值为 p 的本征态矢记为 $|p\rangle$， $\hat{Q}$ 的本征值为 q_n 的本征态矢记为 $|q_n\rangle$. 如果 $|q_n\rangle$ 是 Q 表象的基矢，则可简化为 $|n\rangle$. 算符 x，$\hat{p}$ 与 $\hat{Q}$ 的本征方程为

$$x|x'\rangle = x'|x'\rangle, \hat{p}|p\rangle = p|p\rangle, \hat{Q}|n\rangle = q_n|n\rangle \tag{5}$$

(2) 为表示两个态矢的内积引入左矢$\langle\psi|$

为了能表示态矢$|\psi\rangle$与$|\varphi\rangle$的内积，狄拉克又引入了左矢：

$$\langle\psi| \equiv |\psi\rangle^{\dagger}, \quad \langle\varphi| \equiv |\varphi\rangle^{\dagger} \tag{6}$$

对于给定的右矢，必定有一个左矢与之对应，右矢与左矢互为厄密共轭. 态矢$|\psi\rangle$与$|\varphi\rangle$的内积就是波函数$\psi(\boldsymbol{r})$与$\varphi(\boldsymbol{r})$的内积

$$(\psi,\varphi) = \int \psi^*(\boldsymbol{r})\varphi(\boldsymbol{r})\mathrm{d}\tau \tag{7}$$

就象普通三维空间中的两个矢量的内积是常数，它的值不依赖于坐标系一样，两个态矢的内积是常数，它的值不依赖于表象. 设在本征值为分立的力学量Q表象中，与波函数$\psi(\boldsymbol{r})$与$\varphi(\boldsymbol{r})$对应的态矢分别为

$$\Psi = \begin{pmatrix} a_1 \\ a_2 \\ a_3 \\ \vdots \end{pmatrix}, \qquad \Phi = \begin{pmatrix} b_1 \\ b_2 \\ b_3 \\ \vdots \end{pmatrix} \tag{8}$$

便有

$$(\psi,\varphi) = \int \psi^*(\boldsymbol{r})\varphi(\boldsymbol{r})\mathrm{d}\tau = \Psi^{\dagger}\Phi = (a_1^*, a_2^*, a_3^*, \cdots)\begin{pmatrix} b_1 \\ b_2 \\ b_3 \\ \vdots \end{pmatrix} \tag{9}$$

既然右矢$|\psi\rangle$与$|\varphi\rangle$对应于Q表象中的列矢量Ψ与Φ，那么左矢$\langle\psi| \equiv |\psi\rangle^{\dagger}$与$\langle\varphi| \equiv |\varphi\rangle^{\dagger}$就应该对应列矢量$\Psi$与$\Phi$的轭密共厄矢量$\Psi^{\dagger}$与$\Phi^{\dagger}$. 因此，按照$Q$表象中内积的表示方式：$(\psi,\varphi) = \Psi^{\dagger}\Phi$，态矢$|\psi\rangle$与$|\varphi\rangle$的内积可表示为

$$(\psi,\varphi) = |\psi\rangle^{\dagger}|\varphi\rangle = \langle\psi||\varphi\rangle \equiv \langle\psi|\varphi\rangle \tag{10}$$

在x表象中算符$x, \hat{p}, \hat{Q}$与$\hat{H}$的本征函数的正交归一公式在抽去表象之后，分别按如下方式变成无表象的正交归一公式：

$$\int \delta^*(x-x')\delta(x-x'')\mathrm{d}x = \delta(x'-x'')$$

$$\rightarrow \langle x'|x''\rangle = \delta(x'-x'')$$

$$\int \psi_{p'}^*(x)\psi_p(x)\mathrm{d}x = \delta(p-p') \rightarrow \langle p'|p\rangle = \delta(p-p')$$

$$\int U_n^*(x)U_m(x)\mathrm{d}x = \delta_{nm} \rightarrow \langle n|m\rangle = \delta_{nm}$$

$$\int \psi_n^*(x)\psi_m(x)\mathrm{d}x = \delta_{nm} \rightarrow \langle \psi_n | \psi_m \rangle = \delta_{nm} \tag{11}$$

在引入左矢后,狄拉克符号不仅能表示不依赖表象的态矢 $|\psi\rangle$,而且能表示态矢 $|\psi\rangle$ 在给定表象中的波函数:

$$\psi(x) = (\delta_x, \psi) = \int \delta^*(x' - x)\psi(x')\mathrm{d}x' = \langle x | \psi \rangle \tag{12}$$

$$\psi(p) = (\psi_p, \psi) = \int \psi_p^*(x)\psi(x)\mathrm{d}x = \langle p | \psi \rangle \tag{13}$$

$$C_n = (U_n, \psi) = \int U_n^*(x)\psi(x)\mathrm{d}x = \langle n | \psi \rangle \tag{14}$$

一个态在给定表象中的波函数是该表象的基矢同态矢的内积. 力学量 $\hat{F}$ 的平均值及其矩阵元表示为

$$\overline{F} = \langle \psi | \hat{F} | \psi \rangle \tag{15}$$

$$F_{mn} = \langle m | \hat{F} | n \rangle \tag{16}$$

(3) 基矢的完备性公式

Q 表象的正交归一基矢全体集合$\{|n\rangle, n = 1,2,\cdots\}$ 是完备的,任一态矢 $|\psi\rangle$ 可以通过 $|n\rangle$ 表示为

$$|\psi\rangle = \sum_n C_n |n\rangle = \sum_n \langle n|\psi\rangle\, |n\rangle = \sum_n |n\rangle\langle n|\psi\rangle$$

即
$$|\psi\rangle = (\sum_n |n\rangle\langle n|)\,|\psi\rangle$$

因 $|\psi\rangle$ 是任意的,故

$$\sum_n |n\rangle\langle n| = 1 \tag{17}$$

式中 $|n\rangle\langle n|$ 为算符. 它对态矢 $|\psi\rangle$ 的运算结果为

$$(|n\rangle\langle n|)\,|\psi\rangle = \langle n|\psi\rangle\, |n\rangle \tag{18}$$

可见,算符 $|n\rangle\langle n|$ 对 $|\psi\rangle$ 的作用是取出 $|\psi\rangle$ 中的一个分量$\langle n|\psi\rangle\,|n\rangle$. $|n\rangle\langle n|$ 称为投影算符. (17) 式称为基矢$\{|n\rangle\}$ 的完备性公式.

x 表象的基矢$\{|x\rangle\}$ 的完备性公式可用类似的方法得到. 任意态矢 $|\psi\rangle$ 可以通过$\{|x\rangle\}$ 表示为

$$\begin{aligned} |\psi\rangle &= \int C(x)\,|x\rangle\mathrm{d}x = \int \langle x|\psi\rangle\,|x\rangle\mathrm{d}x \\ &= (\int |x\rangle\langle x|)\,|\psi\rangle\mathrm{d}x \\ &\equiv (\int |x\rangle\mathrm{d}x\langle x|)\,|\psi\rangle \end{aligned} \tag{19}$$

由于 $|\psi\rangle$ 是任意的，故有

$$\int |x\rangle \mathrm{d}x \langle x| = 1 \tag{20}$$

这是 x 表象的基矢 $\{|x\rangle\}$ 的完备性公式. 不难看出，p 表象的基矢 $\{|p\rangle\}$ 的完备性公式为

$$\int |p\rangle \mathrm{d}p \langle p| = 1 \tag{21}$$

［例题 1］　给出基矢的完备性公式(17)，(20) 与(21) 在 x 表象中的表示式.

解：用 $\langle x'|$ 左乘(17) 式及用 $|x\rangle$ 右乘(17) 式，

$$\sum_n \langle x'|n\rangle\langle n|x\rangle = \langle x'|x\rangle = \delta(x-x')$$

因为　$\langle x'|n\rangle = U_n(x'), \langle n|x\rangle = \langle x|n\rangle^* = U_n^*(x)$

所以

$$\sum_n U_n^*(x)U_n(x') = \delta(x-x')$$

这就是完备性公式(17) 在 x 表象中的表示式，即 $\hat{Q}$ 的本征函数 $\{U_n(x)\}$ 的完备性公式. 用类似的方法处理(20) 式与(21) 式，得这两式在 x 表象中的表示式

$$\int \delta^*(x-x')\delta(x-x'')\mathrm{d}x = \delta(x'-x'')$$

$$\int \psi_p^*(x')\psi_p(x)\mathrm{d}p = \delta(x-x')$$

［例题 2］　利用基矢的完备性公式(17)，(20)与(21)将定态方程

$$\hat{H}|\psi\rangle = E|\psi\rangle$$

分别过渡到 Q 表象，x 表象与 p 表象.

解：(1) Q 表象

用 $\langle n|$ 左乘定态方程的两边，并在 $\hat{H}$ 与 $|\psi\rangle$ 之间插入单位算符 $1 = \sum_m |m\rangle\langle m|$，

$$\langle n|\hat{H}\left(\sum_m |m\rangle\langle m|\right)|\psi\rangle = E\langle n|\psi\rangle$$

$$\sum_m \langle n|\hat{H}|m\rangle\langle m|\psi\rangle = E\langle n|\psi\rangle \tag{22}$$

上式中

$$\langle m|\psi\rangle = (U_m, \psi) = \int U_m^*(x)\psi(x)\mathrm{d}x$$

$$\langle n|\ \hat{H}\ |m\rangle = \int U_n^*(x)\hat{H}U_m(x)\mathrm{d}x = H_{nm}$$

$\langle m|\psi\rangle$ 是波函数 $\psi(x)$ 用 Q 表象的基 $\{U_n(x)\}$ 展开的系数 C_m，即 Q 表象中的波函数，H_{nm} 是哈密顿算符在 Q 表象中的矩阵元.(22) 式可表示为

$$\sum_m H_{nm}C_m = EC_n. \tag{23}$$

当 n 取遍所有可能值 1,2,… 时，(23) 式为矩阵方程：

$$\begin{pmatrix} H_{11} & H_{12} & H_{13} & \cdots \\ H_{21} & H_{22} & H_{23} & \cdots \\ H_{31} & H_{32} & H_{33} & \cdots \\ \vdots & \vdots & \vdots & \vdots \end{pmatrix}\begin{pmatrix} C_1 \\ C_2 \\ C_3 \\ \vdots \end{pmatrix} = E\begin{pmatrix} C_1 \\ C_2 \\ C_3 \\ \vdots \end{pmatrix}, \text{或 } H\Psi = E\Psi \tag{24}$$

(2) x 表象

用 $\langle x|$ 左乘定态方程 $\hat{H}\ |\psi\rangle = E|\psi\rangle$ 的两边，并在 $\hat{H}$ 与 $|\psi\rangle$ 之间插入单位算符 $1 = \int |x'\rangle \mathrm{d}x' \langle x'|$，

$$\langle x|\hat{H}(\int |x'\rangle \mathrm{d}x' \langle x'|)\ |\psi\rangle = E\langle x|\psi\rangle$$

$$\int \langle x|\hat{H}\ |x'\rangle\langle x'\ |\psi\rangle \mathrm{d}x' = E\langle x|\psi\rangle$$

$$\int \langle x|\hat{H}\ |x'\rangle \psi(x')\mathrm{d}x' = E\psi(x) \tag{25}$$

方程(25)十分类似于如下矩阵方程

$$\sum_m H_{nm}C_m = EC_n \tag{26}$$

因此，形式上可以将不同 x 的 $\psi(x)$ 排成一列矩阵：

$$\boldsymbol{\Psi} = \begin{pmatrix} \vdots \\ \psi(x) \\ \psi(x') \\ \vdots \end{pmatrix} \tag{27}$$

$\psi(x)$ 是以 x 为标记的 x 行矩阵元.波函数在 x 表象也可以表示成列矩阵的形式，相应地算符可以表示成方矩阵的形式.例如(25) 式中的 $\langle x|\hat{H}\ |x'\rangle$ 是哈密顿算符的 x 行 x' 列矩阵元 $H_{xx'}$.

$$\begin{aligned} H_{xx'} &= \langle x|\hat{H}\ |x'\rangle \\ &= \int \delta(x''-x)\hat{H}(x'', \hat{p} = -i\hbar \frac{\partial}{\partial x''})\delta(x''-x')\mathrm{d}x'' \end{aligned}$$

$$=\hat{H}(x,\hat{p}=-i\hbar\frac{\partial}{\partial x})\delta(x-x') \tag{28}$$

将(28)式代入(25)式中，

$$\int\hat{H}(x,\hat{p}=-i\hbar\frac{\partial}{\partial x})\delta(x-x')\psi(x')\mathrm{d}x'=E\psi(x)$$

$$\hat{H}(x,\hat{p}=-i\hbar\frac{\partial}{\partial x})\int\delta(x-x')\psi(x')\mathrm{d}x'=E\psi(x)$$

$$\hat{H}(x,\hat{p}=-i\hbar\frac{\partial}{\partial x})\psi(x)=E\psi(x) \tag{29}$$

这正是 x 表象中的定态方程.

(3) p 表象

用 $\langle p|$ 左乘定态方程 $\hat{H}|\psi\rangle=E|\psi\rangle$ 的两边，并在 $\hat{H}$ 与 $|\psi\rangle$ 之间插入单位算符 $1=\int|p'\rangle\mathrm{d}p'\langle p'|$，

$$\langle p|\hat{H}(\int|p'\rangle\mathrm{d}p'\langle p'|)|\psi\rangle=E\langle p|\psi\rangle$$

$$\int\langle p|\hat{H}|p'\rangle\langle p'|\psi\rangle\mathrm{d}p'=E\langle p|\psi\rangle$$

$$\int\langle p|\hat{H}|p'\rangle\psi(p')\mathrm{d}p'=E\psi(p) \tag{30}$$

上式中的 $\psi(p)=\langle p|\psi\rangle$ 是 p 表象波函数，$\langle p|\hat{H}|p'\rangle$ 可以看成是 p 表象中 p 行 p' 列的矩阵元，其值可在 p 表象中算出：

$$\langle p|\hat{H}|p'\rangle=\int\delta(p''-p)\hat{H}(p'',\hat{x}=i\hbar\frac{\partial}{\partial p''})\delta(p''-p')\mathrm{d}p''$$

$$=\hat{H}(p,\hat{x}=i\hbar\frac{\partial}{\partial p})\delta(p-p') \tag{31}$$

将(31)式代入(30)式，得

$$\int\hat{H}\left(p,\hat{x}=i\hbar\frac{\partial}{\partial p}\right)\delta(p-p')\psi(p')\mathrm{d}p'=E\psi(p)$$

$$\hat{H}\left(p,\hat{x}=i\hbar\frac{\partial}{\partial p}\right)\int\delta(p-p')\psi(p')\mathrm{d}p'=E\psi(p)$$

$$\hat{H}\left(p,\hat{x}=i\hbar\frac{\partial}{\partial p}\right)\psi(p)=E\psi(p) \tag{32}$$

这正是 p 表象中的定态方程.

习　题

1. 证明当势能 $V(x)$ 可以表示成 x 的正幂次级数 $V(x)=\sum_{n=0}^{\infty}a_nx^n$ 时，p 表象中的定态方程为

$$\left[\frac{p^2}{2\mu}+V\left(\hat{x}=i\hbar\frac{\partial}{\partial p}\right)\right]\varphi(p)=E\varphi(p)$$

2. 粒子在常力场中运动，$V(x)=fx$. 在 p 表象中写出定态方程. 假定已知定态能量 E_n，求与它相应的定态波函数 $\varphi_n(p)$.

答：$\left(\frac{p^2}{2\mu}+i\hbar f\frac{\partial}{\partial p}\right)\varphi(p)=E\varphi(p)$.　$\varphi_n(p)=A\exp\left[\frac{i}{\hbar f}\left(\frac{p^3}{6\mu}-E_np\right)\right]$

3. 粒子处于宽度为 a 的无限深方势阱中，

$$V(x)=\begin{cases}0, & 0<x<a\\ \infty, & x<0,x>a\end{cases}$$

求能量表象中粒子坐标与动量的矩阵元 x_{mn} 与 p_{mn}.

答：
$$x_{mn}=\begin{cases}\frac{4amn((-1)^{m+n}-1)}{\pi^2(m^2-n^2)^2}, & m\neq n\\ \frac{a}{2}, & m=n\end{cases}$$

$$p_{mn}=\begin{cases}\frac{2i\hbar mn((-1)^{m+n}-1)}{a(m^2-n^2)}, & m\neq n\\ 0, & m=n\end{cases}$$

4. 设一维粒子处于空间 x_0 点，分别在坐标表象和动量表象写出它的波函数.

答：$\psi(x)=\delta(x-x_0)$，　$\varphi(p)=\frac{1}{(2\pi\hbar)^{1/2}}e^{-ipx_0/\hbar}$

5. 在 p 表象归一化波函数为

$$\psi(p)=\frac{A}{p^2+k^2\hbar^2},\quad A=\left(\frac{2}{\pi}\right)^{1/2}(\hbar k)^{3/2}$$

计算 $\Delta x\Delta p$，验证不确定关系.

答：$\Delta x\Delta p=\frac{\hbar}{\sqrt{2}}$

6. 坐标 x 在一维谐振子能量表象中的矩阵元是

$$x_{mn}=\frac{1}{\alpha}\sqrt{\frac{n}{2}}\delta_{m,n-1}+\frac{1}{\alpha}\sqrt{\frac{n+1}{2}}\delta_{m,n+1}$$

其中 $\alpha=\sqrt{\frac{\mu\omega}{\hbar}}$. 试用矩阵乘法求 x^2 的矩阵元.

答：$(x^2)_{mn}=\frac{1}{2\alpha^2}[\sqrt{n(n-1)}\delta_{m,n-2}+(2n+1)\delta_{mn}$

$$+\sqrt{(n+1)(n+2)}\delta_{m,n+2}]$$

7. 厄密算符 $\hat{A},\hat{B}$ 满足 $\hat{A}^2=\hat{B}^2=1$，$\hat{A}\hat{B}+\hat{B}\hat{A}=0$.

(1) 在 A 表象写出 $\hat{A}$ 与 $\hat{B}$ 的矩阵表示；

(2) 在 A 表象求 $\hat{B}$ 的本征值 与本征函数；

(3) 求 $A\to B$ 表象变换的 S 矩阵，并将 B 矩阵对角化.

答：(1) $A=\begin{pmatrix}1&0\\0&-1\end{pmatrix}$，$B=\begin{pmatrix}0&1\\1&0\end{pmatrix}$

(2) $b=1,\varphi_1=\dfrac{1}{\sqrt{2}}\begin{pmatrix}1\\1\end{pmatrix}$；$b=-1,\varphi_2=\dfrac{1}{\sqrt{2}}\begin{pmatrix}1\\-1\end{pmatrix}$

(3) $S=\dfrac{1}{\sqrt{2}}\begin{pmatrix}1&1\\1&-1\end{pmatrix}$，$B'=\begin{pmatrix}1&0\\0&-1\end{pmatrix}$

8. 体系的三维态矢空间由正交归一基矢 $|1\rangle\ |2\rangle\ |3\rangle$ 所张成. 体系的哈密顿量 H，以及力学量 A 与 B 的矩阵为

$$H=E_0\begin{pmatrix}1&0&0\\0&3&1\\0&1&3\end{pmatrix},\quad A=a\begin{pmatrix}0&1&0\\1&0&0\\0&0&2\end{pmatrix},\quad B=b\begin{pmatrix}2&0&0\\0&0&1\\0&1&0\end{pmatrix}$$

已知 $t=0$ 时体系的态矢为

$$|\psi(0)\rangle=\frac{1}{\sqrt{2}}|1\rangle+\frac{1}{2}|2\rangle+\frac{1}{2}|3\rangle$$

(1) 求体系态矢 $|\psi(t)\rangle$. 在 $t=0$ 时与任意 t 时测量体系的能量可得哪些可能值?相应几率如何?计算平均能量 $\bar{E}$；

(2) 在 $t=0$ 时与任意 t 时测量体系的力学量 A 可得哪些可能值?相应几率如何?计算 A 的平均值 $\bar{A}$；

(3) 在 $t=0$ 时与任意 t 时测量体系的力学量 B 可得哪些可能值?相应几率如何?计算 B 的平均值 $\bar{B}$.

答：(1) $|\psi(t)\rangle=\dfrac{1}{2}\begin{pmatrix}\sqrt{2}e^{-iE_0t/\hbar}\\e^{-i4E_0t/\hbar}\\e^{-i4E_0t/\hbar}\end{pmatrix}$

在 $t=0$ 时与任意 t 时，能量可测值均为 E_0 与 $4E_0$，几率均为 $1/2$，$\bar{E}=5E_0/2$.

(2) $t=0$ 时，$A=-a$，几率为 $(\sqrt{2}-1)^2/8$；$A=a$，几率为 $(\sqrt{2}+1)^2/8$；$A=2a$，几率为 $1/4$. $\bar{A}=(1+\sqrt{2})a/2$.

任意 t 时，$A=-a$，几率为 $\left(3-2\sqrt{2}\cos\dfrac{3E_0t}{\hbar}\right)/8$；$A=a$，几率为 $\left(3+2\sqrt{2}\cos\dfrac{3E_0t}{\hbar}\right)/8$；$A=2a$，几率为 $1/4$. $\bar{A}=\left(1+\sqrt{2}\cos\dfrac{3E_0t}{\hbar}\right)a/2$.

(3) $t=0$ 时与任意 t 时，$B=b,2b$，几率均为 $1/2$，$\bar{B}=3b/2$. $\bar{B}$ 不随时间变化，因为 B 是

守恒量.

9. 体系的三维态矢空间由正交归一基矢 $|1\rangle$ $|2\rangle$ $|3\rangle$ 所张成.算符 $\hat{A}$ 与 $\hat{B}$ 的矩阵为

$$A = a\begin{pmatrix}1 & 0 & 0\\0 & -1 & 0\\0 & 0 & -1\end{pmatrix},\quad B = b\begin{pmatrix}1 & 0 & 0\\0 & 0 & 1\\0 & 1 & 0\end{pmatrix}$$

(1) 检验 $\hat{A}$ 与 $\hat{B}$ 对易;

(2) 找出 $\hat{A}$ 与 $\hat{B}$ 的共同本征态矢,并给出相应的本征值.

答:$\hat{A}$ 与 $\hat{B}$ 的共同本征态矢为

$$|1\rangle,\quad \frac{1}{\sqrt{2}}(|2\rangle+|3\rangle),\quad \frac{1}{\sqrt{2}}(|2\rangle-|3\rangle)$$

相应 $\hat{A}$ 的本征值:$a,-a,-a$;$\hat{B}$ 的本征值:$b,b,-b$.

10. 求 $l=1$ 的 L_z 表象到 L_y 表象变换 S 矩阵,并将 $\hat{L}_z$ 与 $\hat{L}_y$ 在 L_z 表象的矩阵与本征态矢变换到 L_y 表象.

答: $$S = \frac{1}{2}\begin{pmatrix}1 & \sqrt{2} & 1\\\sqrt{2}i & 0 & -\sqrt{2}i\\-1 & \sqrt{2} & -1\end{pmatrix}$$

$$\hat{L}_z = \frac{\hbar}{\sqrt{2}}\begin{pmatrix}0 & 1 & 0\\1 & 0 & 1\\0 & 1 & 0\end{pmatrix},\quad \hat{L}_y = \hbar\begin{pmatrix}1 & 0 & 0\\0 & 0 & 0\\0 & 0 & -1\end{pmatrix}$$

与 $L_z=\hbar,0,\hbar$ 对应的态矢为$\frac{1}{2}\begin{pmatrix}1\\\sqrt{2}\\1\end{pmatrix},-\frac{i}{\sqrt{2}}\begin{pmatrix}1\\0\\-1\end{pmatrix},-\frac{1}{2}\begin{pmatrix}1\\-\sqrt{2}\\1\end{pmatrix}$.与 $L_y=\hbar,0,\hbar$ 对应的态矢为$\begin{pmatrix}1\\0\\0\end{pmatrix},\begin{pmatrix}0\\1\\0\end{pmatrix},\begin{pmatrix}0\\0\\1\end{pmatrix}$

11. 一转子,其哈密顿量 $\hat{H}=\frac{\hat{L}_x^2}{2I_x}+\frac{\hat{L}_y^2}{2I_y}+\frac{\hat{L}_z^2}{2I_z}$.转子的角量子数 $l=1$,I_x,I_y 与 I_z 为常数.求 $\hat{H}$ 的本征值.

答:

$$E_1=\frac{\hbar^2}{2}\left(\frac{1}{I_x}+\frac{1}{I_y}\right),E_2=\frac{\hbar^2}{2}\left(\frac{1}{I_y}+\frac{1}{I_z}\right),E_3=\frac{\hbar^2}{2}\left(\frac{1}{I_z}+\frac{1}{I_x}\right)$$

12. 设体系处于态 $\psi=c_1Y_{11}+c_2Y_{10}(|c_1|^2+|c_2|^2=1)$.分别给出 L^2,L_z 与 L_x 的可能值及相应的几率.

答:$L^2=2\hbar^2$,几率为 1;$L_z=\hbar$,几率为 $|c_1|^2$,$L_z=0$,几率为 $|c_2|^2$;$L_x=\hbar$,几率为 $\frac{1}{4}|c_1+\sqrt{2}c_2|^2$,$L_x=0$,几率为$\frac{1}{2}|c_1|^2$,$L_x=-\hbar$,几率为$\frac{1}{4}|c_1-\sqrt{2}c_2|^2$.

13. 设体系处于态 $\psi = c_1 Y_{11} + c_2 Y_{20}(|c_1|^2 + |c_2|^2 = 1)$. 分别给出 L^2, L_z 与 L_x 的可能值及相应的几率.

答：$L^2 = 2\hbar^2$, 几率为 $|c_1|^2$, $L^2 = 6\hbar^2$, 几率为 $|c_2|^2$；　$L_z = \hbar$, 几率为 $|c_1|^2$, $L_z = 0$, 几率为 $|c_2|^2$；　$L_x = 2\hbar$, 几率为 $\frac{3}{8}|c_2|^2$, $L_x = \hbar$, 几率为 $\frac{2}{8}|c_1|^2$, $L_x = 0$, 几率为 $\frac{4}{8}|c_1|^2 + \frac{2}{8}|c_2|^2$, $L_x = -\hbar$, 几率为 $\frac{2}{8}|c_1|^2$, $L_x = -2\hbar$, 几率为 $\frac{3}{8}|c_2|^2$.

14. 中子 n 与反中子 $\bar{n}$ 的质量都是 m, 它们的态 $|n\rangle$ 与 $|\bar{n}\rangle$ 可看成是一个自由粒子哈密顿量 $\hat{H}_0$ 的简并态：

$$\hat{H}_0 |n\rangle = mc^2 |n\rangle, \quad \hat{H}_0 |\bar{n}\rangle = mc^2 |\bar{n}\rangle$$

设有某种相互作用 $\hat{H}'$ 能使中子和反中子互相转变：

$$\hat{H}' |n\rangle = \alpha |\bar{n}\rangle, \quad \hat{H}' |\bar{n}\rangle = \alpha |n\rangle, \quad \alpha^* = \alpha$$

试求 $t = o$ 时的一个中子在 t 时变成反中子的几率.

答：t 时刻 $n \to \bar{n}$ 的几率为 $\sin^2 \frac{\alpha t}{\hbar}$

15. 设一维运动哈密顿算符 $\hat{H} = \frac{\hat{p}^2}{2\mu} + V(x)$ 的本征态矢为 $|n\rangle$, 本征能量为 E_n.

(1) 证明　$\langle n|\hat{p}|m\rangle = \frac{i\mu}{\hbar}(E_n - E_m)\langle n|x|m\rangle$

(2) 由此推导求和公式

$$\sum_n (E_n - E_m)^2 |\langle n|x|m\rangle|^2 = \frac{\hbar^2}{\mu^2}\langle m|\hat{p}^2|m\rangle$$

(3) 证明

$$\sum_n (E_n - E_m) |\langle n|x|m\rangle|^2 = \frac{\hbar^2}{2\mu}$$

第六章　三维定态问题

§6.1　简单的三维定态问题

如果粒子的势能 $V(\boldsymbol{r})$ 在直角坐标系中具有如下形式：

$$V(\boldsymbol{r}) = V_1(x) + V_2(y) + V_3(z) \tag{1}$$

则粒子的哈密顿算符 $\hat{H}$ 就可以表示为

$$\hat{H} = \hat{H}_1 + \hat{H}_2 + \hat{H}_3 \tag{2}$$

其中

$$\hat{H}_1 = -\frac{\hbar^2}{2\mu}\frac{\partial^2}{\partial x^2} + V_1(x), \hat{H}_2 = -\frac{\hbar^2}{2\mu}\frac{\partial^2}{\partial y^2} + V_2(y)$$

$$\hat{H}_3 = -\frac{\hbar^2}{2\mu}\frac{\partial^2}{\partial z^2} + V_3(z) \tag{3}$$

定态薛定谔方程为

$$\left[-\frac{\hbar^2}{2\mu}\frac{\partial^2}{\partial x^2} + V_1(x) - \frac{\hbar^2}{2\mu}\frac{\partial^2}{\partial y^2} + V_2(y) - \frac{\hbar^2}{2\mu}\frac{\partial^2}{\partial z^2} + V_3(z)\right]$$

$$\times \psi(x,y,z) = E\psi(x,y,z) \tag{4}$$

显然方程(4)可以通过分离变量法求解.令

$$\psi(x,y,z) = X(x)Y(y)Z(z) \tag{5}$$

代入(4)中,并除以 $X(x)Y(y)Z(z)$,得

$$\left[-\frac{\hbar^2}{2\mu}\frac{1}{X}\frac{\partial^2 X}{\partial x^2} + V_1(x)\right] + \left[-\frac{\hbar^2}{2\mu}\frac{1}{Y}\frac{\partial^2 Y}{\partial y^2} + V_2(y)\right]$$

$$+ \left[-\frac{\hbar^2}{2\mu}\frac{1}{Z}\frac{\partial^2 Z}{\partial z^2} + V_3(z)\right] = E \tag{6}$$

由于(6)式左边每一方括号内只含有一种变量,而它们之和为常数 E,故它们必定都是常数,分别记为 E_1, E_2, E_3.于是便有三个一维方程：

$$\left[-\frac{\hbar^2}{2\mu}\frac{\partial^2}{\partial x^2} + V_1(x)\right]X(x) = E_1 X(x)$$

$$\left[-\frac{\hbar^2}{2\mu}\frac{\partial^2}{\partial y^2} + V_2(y)\right]Y(y) = E_2 Y(y)$$

$$\left[-\frac{\hbar^2}{2\mu}\frac{\partial^2}{\partial z^2}+V_3(z)\right]Z(z)=E_3Z(z) \tag{7}$$

及

$$E=E_1+E_2+E_3 \tag{8}$$

三维定态方程化为三个一维定态方程,问题大为简化.

[例题1]　求粒子在三维无限深方势阱

$$V(x,y,z)=\begin{cases}0, & 0<x<a,0<y<b,0<z<c\\ \infty, & \text{其他}\end{cases}$$

中运动的定态能量和波函数.

解:在阱内,定态方程为

$$-\frac{\hbar^2}{2\mu}\left(\frac{\partial^2}{\partial x^2}+\frac{\partial^2}{\partial y^2}+\frac{\partial^2}{\partial z^2}\right)\psi(x,y,z)=E\psi(x,y,z)$$

在阱外及阱壁上,$\psi(x,y,z)=0$.

令 $\psi(x,y,z)=X(x)Y(y)Z(z)$. $X(x)$,$Y(y)$ 与 $Z(z)$ 分别为宽度为 a,b 与 c 的一维无限深方势阱的定态波函数.定态能量为

$$E_{n_1n_2n_3}=\frac{\pi^2\hbar^2}{2\mu}\left(\frac{n_1^2}{a^2}+\frac{n_2^2}{b^2}+\frac{n_3^2}{c^2}\right),\quad n_1,n_2,n_3=1,2,3,\cdots$$

定态波函数为

$$\psi_{n_1n_2n_3}(x,y,z)=\begin{cases}\sqrt{\dfrac{8}{abc}}\sin\dfrac{n_1\pi}{a}x\sin\dfrac{n_2\pi}{b}y\sin\dfrac{n_3\pi}{c}z, & \text{阱内}\\ 0, & \text{阱外}\end{cases}$$

[例题2]　求粒子在三维各向异性谐振子势场

$$V(x,y,z)=\frac{1}{2}\mu(\omega_1^2x^2+\omega_2^2y^2+\omega_3^2z^2)$$

中运动的定态能量和波函数.

解:令 $\psi(x,y,z)=X(x)Y(y)Z(z)$. $X(x)$,$Y(y)$ 与 $Z(z)$ 分别为角频率为 ω_1,ω_2 与 ω_3 的一维谐振子定态波函数.定态能量

$$E_{n_1n_2n_3}=\left(n_1+\frac{1}{2}\right)\hbar\omega_1+\left(n_2+\frac{1}{2}\right)\hbar\omega_2+\left(n_3+\frac{1}{2}\right)\hbar\omega_3,$$

$$n_1,n_2,n_3=0,1,2,\cdots$$

定态波函数

$$\psi_{n_1n_2n_3}(x,y,z)=N_{n_1}N_{n_2}N_{n_3}\exp\left[-\frac{1}{2}(\alpha_1^2x^2+\alpha_2^2y^2+\alpha_3^2z^2)\right]$$
$$\times H_{n_1}(\alpha_1x)H_{n_2}(\alpha_2y)H_{n_3}(\alpha_3z)$$

其中

$$\alpha_i = \sqrt{\frac{\mu\,\omega_i}{\hbar}}, \quad N_{n_i} = \sqrt{\frac{\alpha_i}{\sqrt{\pi}2^{n_i}n_i!}}, \quad i = 1,2,3$$

§6.2 两体问题

设体系由两个粒子组成，两个粒子之间的相互作用力势

$$V(\boldsymbol{r}_1,\boldsymbol{r}_2) = V(\boldsymbol{r}_1 - \boldsymbol{r}_2) \tag{1}$$

只同它们的相对位置 $\boldsymbol{r}_1 - \boldsymbol{r}_2$ 有关. 在此力势作用下，体系波函数 $\psi(\boldsymbol{r}_1,\boldsymbol{r}_2,t)$ 满足薛定谔方程

$$i\hbar\frac{\partial}{\partial t}\psi(\boldsymbol{r}_1,\boldsymbol{r}_2,t) = \left[-\frac{\hbar^2}{2\mu_1}\nabla_1^2 - \frac{\hbar^2}{2\mu_2}\nabla_2^2 + V(\boldsymbol{r}_1 - \boldsymbol{r}_2)\right]\psi(\boldsymbol{r}_1,\boldsymbol{r}_2,t) \tag{2}$$

其中 ∇_1^2 与 ∇_2^2 分别是坐标 $\boldsymbol{r}_1$ 与 $\boldsymbol{r}_2$ 的拉普拉斯算符. 引入质心坐标 R 与相对坐标 $\boldsymbol{r}$：

$$R = \frac{\mu_1\boldsymbol{r}_1 + \mu_2\boldsymbol{r}_2}{\mu_1 + \mu_2}, \quad \boldsymbol{r} = \boldsymbol{r}_1 - \boldsymbol{r}_2 \tag{3}$$

在坐标变换 $(\boldsymbol{r}_1,\boldsymbol{r}_2) \rightarrow (R,\boldsymbol{r})$ 下，方程(2) 变为

$$i\hbar\frac{\partial}{\partial t}\psi(R,\boldsymbol{r},t) = \left[-\frac{\hbar^2}{2M}\nabla_R^2 - \frac{\hbar^2}{2\mu}\nabla^2 + V(\boldsymbol{r})\right]\psi(R,\boldsymbol{r},t) \tag{4}$$

其中 ∇_R^2 与 ∇^2 分别是坐标 R 与 $\boldsymbol{r}$ 的拉普拉斯算符，

$$M = \mu_1 + \mu_2, \quad \mu = \frac{\mu_1\mu_2}{\mu_1 + \mu_2} \tag{5}$$

μ 称作折合质量. 显然方程(4) 可以分离变量 $R,\boldsymbol{r}$ 与 t：

$$\psi(R,\boldsymbol{r},t) = \varphi(R)\psi(\boldsymbol{r})T(t) \tag{6}$$

其中

$$T(t) = \mathrm{e}^{-iE_t t/\hbar} = \mathrm{e}^{-i(E_c+E)t/\hbar} \tag{7}$$

$\varphi(R)$ 与 $\psi(\boldsymbol{r})$ 分别满足方程

$$-\frac{\hbar^2}{2M}\nabla_R^2\varphi(R) = E_c\varphi(R) \tag{8}$$

$$\left[-\frac{\hbar^2}{2\mu}\nabla^2 + V(\boldsymbol{r})\right]\psi(\boldsymbol{r}) = E\psi(\boldsymbol{r}) \tag{9}$$

E_c 是体系质心运动能量，E 是体系相对运动能量，$E_t = E_c + E$ 是体系总能量. 上述两体问题已化为折合质量为 μ 的单粒子在势场 $V(\boldsymbol{r})$ 中运动的三维定态问题，以及在一般情况下不必考虑的质心自由运动问题.

§6.3　中心力场

中心力势是自然界广泛存在的粒子间作用力势，如万有引力势和库仑力势. 由两个粒子组成的体系，只要两个粒子之间的作用力势只同两个粒子之间的距离有关，此两体问题就一定可以化为单粒子在中心力场中运动的定态问题. 由一个电子和一个质子在库仑力势作用下组成的氢原子体系就是一个典型的例子. 在处理粒子在中心力场中运动的问题时，轨道角动量守恒给我们提供了很大的方便. 由于 $V(r)$ 是球对称的，选择球坐标是十分有利的. 在球坐标中哈密顿算符

$$
\begin{aligned}
\hat{H} &= -\frac{\hbar^2}{2\mu}\nabla^2 + V(r) \\
&= -\frac{\hbar^2}{2\mu}\frac{1}{r^2}\left[\frac{\partial}{\partial r}\left(r^2\frac{\partial}{\partial r}\right) + \frac{1}{\sin\theta}\frac{\partial}{\partial\theta}\left(\sin\theta\frac{\partial}{\partial\theta}\right) + \frac{1}{\sin^2\theta}\frac{\partial^2}{\partial\varphi^2}\right] \\
&\quad + V(r) \\
&= -\frac{\hbar^2}{2\mu}\left[\frac{1}{r^2}\frac{\partial}{\partial r}\left(r^2\frac{\partial}{\partial r}\right) - \frac{\hat{L}^2}{\hbar^2 r^2}\right] + V(r)
\end{aligned}
\tag{1}
$$

定态方程为

$$
\left\{-\frac{\hbar^2}{2\mu}\left[\frac{1}{r^2}\frac{\partial}{\partial r}\left(r^2\frac{\partial}{\partial r}\right) - \frac{\hat{L}^2}{\hbar^2 r^2}\right] + V(r)\right\}\psi(\boldsymbol{r}) = E\psi(\boldsymbol{r}) \tag{2}
$$

由于在中心力场中 $\hat{L}^2$ 与 $\hat{L}_z$ 为守恒量，$\hat{L}^2$，$\hat{L}_z$ 与 $\hat{H}$ 相互对易，一定存在它们的共同本征函数完备系. 因此我们在解 $\hat{H}$ 的本征方程(2)时，可以求出同时是 $\hat{L}^2$，$\hat{L}_z$ 与 $\hat{H}$ 的共同本征函数. 已知 $\hat{L}^2$ 与 $\hat{L}_z$ 的共同本征函数是球函数 $Y_{lm}(\theta,\varphi)$，故可令

$$
\psi(\boldsymbol{r}) = R(r)Y_{lm}(\theta,\varphi) \tag{3}
$$

其中 $R(r)$ 是待求的径向波函数. 将(3)式代入(2)式，得

$$
\left[-\frac{\hbar^2}{2\mu r^2}\frac{\mathrm{d}}{\mathrm{d}r}\left(r^2\frac{\mathrm{d}}{\mathrm{d}r}\right) + \frac{l(l+1)\hbar^2}{2\mu r^2} + V(r)\right]R(r) = ER(r) \tag{4}
$$

或

$$\frac{\mathrm{d}^2 R(r)}{\mathrm{d}r^2}+\frac{2}{r}\frac{\mathrm{d}R(r)}{\mathrm{d}r}+\left[\frac{2\mu}{\hbar^2}(E-V(r))-\frac{l(l+1)}{r^2}\right]R(r)=0 \tag{5}$$

式中 l 的可能取值为 $0,1,2,\cdots$. 由于径向方程(4) 或(5) 中只有轨道量子数 l,没有磁量子数 m,故由此方程决定的能量 E 同 l 有关,而同 m 无关. 对于给定的 l,m 有 $2l+1$ 个取值,能量 E 一般是$2l+1$ 度简并的. $V(r)=-\frac{e^2}{r}$ 的氢原子例外,E 同 l 也无关,简并度更高. 有时令

$$R(r)=u(r)/r \tag{6}$$

求解方程(5) 更为方便. 将(6) 式代入(5) 式中,得 $u(r)$ 的方程

$$\frac{\mathrm{d}^2 u(r)}{\mathrm{d}r^2}+\left[\frac{2\mu}{\hbar^2}(E-V(r))-\frac{l(l+1)}{r^2}\right]u(r)=0 \tag{7}$$

考虑到波函数的有限性,$u(r)$ 在坐标原点应满足条件

$$u(0)=0 \tag{8}$$

§6.4 氢原子

氢原子原为两体问题,现化为具有折合质量 μ 的单粒子在库仑场 $V(r)=-\frac{e^2}{r}$ 中运动的定态问题. 设电子与质子的质量分别为 μ_e 与 μ_p,折合质量 $\mu=\mu_e\mu_p/(\mu_e+\mu_p)\approx\mu_e$. 单粒子的定态方程为

$$\left(-\frac{\hbar^2}{2\mu}\nabla^2-\frac{e^2}{r}\right)\psi(\boldsymbol{r})=E\psi(\boldsymbol{r}) \tag{1}$$

令

$$\psi(\boldsymbol{r})=R(r)Y_{lm}(\theta,\varphi)=\frac{u(r)}{r}Y_{lm}(\theta,\varphi) \tag{2}$$

$u(r)$ 满足方程

$$\frac{\mathrm{d}^2 u(r)}{\mathrm{d}r^2}+\left[\frac{2\mu}{\hbar^2}\left(E+\frac{e^2}{r}\right)-\frac{l(l+1)}{r^2}\right]u(r)=0 \tag{3}$$

及条件

$$u(0)=0 \tag{4}$$

粒子在势场 $V(r)=-\frac{e^2}{r}$ 中运动要形成束缚态,能量 E 必定 <0. 令 $E=-|E|$.

方程(3) 变为

$$\frac{\mathrm{d}^2 u(r)}{\mathrm{d}r^2} + \left[-\frac{2\mu\,|E|}{\hbar^2} + \frac{2\mu e^2}{\hbar^2 r} - \frac{l(l+1)}{r^2}\right]u(r) = 0 \tag{5}$$

这个方程不能用级数法解. 令

$$a = \frac{\hbar^2}{\mu e^2},\quad \beta = \sqrt{\frac{2\mu\,|E|}{\hbar^2}}a,\quad \xi = \frac{2\beta}{a}r \tag{6}$$

作变量变换 $r \to \xi$,方程(5) 变为

$$\frac{\mathrm{d}^2 u(\xi)}{\mathrm{d}\xi^2} + \left[-\frac{1}{4} + \frac{1}{\beta\,\xi} - \frac{l(l+1)}{\xi^2}\right]u(\xi) = 0 \tag{7}$$

方程(7) 在 $\xi \to \infty$ 处的渐近式为

$$\frac{\mathrm{d}^2 u(\xi)}{\mathrm{d}\xi^2} - \frac{1}{4}u(\xi) = 0 \tag{8}$$

其渐近解为 $u = \mathrm{e}^{-\xi/2}$(另一个解 $u = \mathrm{e}^{\xi/2}$ 不满足束缚态条件). 方程(7) 在 $\xi \to 0$ 处的渐近式为

$$\frac{\mathrm{d}^2 u(\xi)}{\mathrm{d}\xi^2} - \frac{l(l+1)}{\xi^2}u(\xi) = 0 \tag{9}$$

其解为 $u = \xi^{l+1}$(另一个解 $u = \xi^{-l}$ 在坐标原点不满足波函数有限的条件). 令

$$u(\xi) = \xi^{l+1}\mathrm{e}^{-\xi/2}F(\xi) \tag{10}$$

代入方程(7),得 $F(\xi)$ 的方程

$$\xi\frac{\mathrm{d}^2 F(\xi)}{\mathrm{d}\xi^2} + [2(l+1) - \xi]\frac{\mathrm{d}F(\xi)}{\mathrm{d}\xi} - \left[(l+1) - \frac{1}{\beta}\right]F(\xi) = 0 \tag{11}$$

令

$$\gamma = 2(l+1),\quad \alpha = l+1-\frac{1}{\beta} \tag{12}$$

方程(11)简化为

$$\xi\frac{\mathrm{d}^2 F(\xi)}{\mathrm{d}\xi^2} + (\gamma - \xi)\frac{\mathrm{d}F(\xi)}{\mathrm{d}\xi} - \alpha F(\xi) = 0 \tag{13}$$

这是合流超几何方程,它可以用级数法解. 令

$$F(\xi) = \sum_{\nu=0}^{\infty} a_\nu \xi^\nu \tag{14}$$

代入(13)中,得

$$\sum_\nu [a_{\nu+1}(\nu+1)(\gamma+\nu) - a_\nu(\alpha+\nu)]\xi^\nu = 0 \tag{15}$$

由 ξ^ν 的系数为 0,得递推公式

$$a_{\nu+1} = \frac{\alpha+\nu}{(\nu+1)(\gamma+\nu)}a_\nu \tag{16}$$

令 $a_0=1$，由递推公式(16)可以依次求出 $a_1,a_2,\cdots$. 我们可以按照公式(14)构造一个无穷级数：

$$F(\alpha,\gamma,\xi)=1+\frac{\alpha}{\gamma}\xi+\frac{\alpha(\alpha+1)}{\gamma(\gamma+1)}\frac{\xi^2}{2!}+\frac{\alpha(\alpha+1)(\alpha+2)}{\gamma(\gamma+1)(\gamma+2)}\frac{\xi^3}{3!}+\cdots \tag{17}$$

$F(\alpha,\gamma,\xi)$ 称作合流超几何函数，它是方程(13)的一个解(另一个解在 $\xi=0$ 处发散，不满足 $u(0)=0$ 的条件). 于是我们得到以 ξ 为变量的径向波函数

$$R(\xi)=\frac{u(\xi)}{\xi}=\xi^l e^{-\xi/2}F(\alpha,\gamma,\xi) \tag{18}$$

由于 $F(\alpha,\gamma,\xi)$ 在 $\xi\to\infty$ 处的渐近式为

$$F(\alpha,\gamma,\xi)\to e^{\xi} \tag{19}$$

故 $R(\xi)$ 在 $\xi\to\infty$ 处发散：

$$R(\xi)\to\xi^l e^{\xi/2}\to\infty,\qquad \xi\to\infty \tag{20}$$

$R(\xi)$ 不满足束缚态的条件. 其实，径向波函数 R 并没有真正求出. 因为 $F(\alpha,\gamma,\xi)$ 中含有未知量 $\alpha=l+1-\dfrac{1}{\beta}$，$\beta$ 中有待定的 $|E|$(见(6)式). 由(17)式不难看出，如果 E 取某些分立 值，使得

$$\alpha=-n_r,\qquad n_r=0,1,2,\cdots \tag{21}$$

则 $F(\alpha,\gamma,\xi)$ 成为 n_r 阶多项式. 例如 $\alpha=0,-1,-2$，

$$F(0,\gamma,\xi)=1,\qquad F(-1,\gamma,\xi)=1-\frac{1}{\gamma}\xi$$

$$F(-2,\gamma,\xi)=1-\frac{2}{\gamma}\xi+\frac{1}{\gamma(\gamma+1)}\xi^2$$

其中 $\gamma=2(l+1)$ 是大于 0 的数. 于是，

$$R(\xi)=\xi^l e^{-\xi/2}F(-n_r,\gamma,\xi)\to 0,\qquad \xi\to\infty \tag{22}$$

$R(\xi)$ 满足束缚态的条件. 由 α 的定义式(12)及等式(21)，得

$$\alpha=l+1-\frac{1}{\beta}=-n_r \tag{23}$$

或

$$\beta=\frac{1}{n_r+l+1}=\frac{1}{n} \tag{24}$$

其中

$$n=n_r+l+1,\qquad n=1,2,\cdots \tag{25}$$

n_r 称作径向量子数，n 称作主量子数. 由 β 的定义式(6)及(24)式可以算出 $|E|$，从而得到定态能量

$$E=E_n=-\frac{\mu e^4}{2\hbar^2 n^2}=-\frac{e^2}{2an^2} \tag{26}$$

将 $F(\alpha,\gamma,\xi)=F(-n_r,\gamma,\xi)$ 中的 n_r 与 γ 分别用 $n\quad l-1$ 与

$2(l+1)$ 代入，径向波函数为

$$R(\xi)=\xi^{l}\mathrm{e}^{-\xi/2}F(l+1-n,2l+2,\xi) \tag{27}$$

回到原来变量 r，并注意到 $\beta=\dfrac{1}{n}$，$\xi=\dfrac{2\beta}{a}r=\dfrac{2}{na}r$，再引入归一化常数 N_{nl}，径向波函数为

$$R_{nl}(r)=N_{nl}\mathrm{e}^{-\frac{1}{na}r}\left(\frac{2}{na}r\right)^{l}F\left(l+1-n,2l+2,\frac{2}{na}r\right) \tag{28}$$

归一化常数 N_{nl} 由归一化条件

$$\int_0^{\infty}R_{nl}^2(r)r^2\mathrm{d}r=1 \tag{29}$$

确定为

$$N_{nl}=\frac{2}{a^{3/2}n^2(2l+1)!}\sqrt{\frac{(n+l)!}{(n-l-1)!}} \tag{30}$$

于是归一化的定态波函数为

$$\psi_{nlm}(\boldsymbol{r})=R_{nl}(r)Y_{lm}(\theta,\varphi) \tag{31}$$

$\psi_{nlm}(\boldsymbol{r})$ 满足正交归一条件

$$\int\psi_{nlm}^{*}(\boldsymbol{r})\psi_{n'l'm'}(\boldsymbol{r})\mathrm{d}\tau=\delta_{nn'}\delta_{ll'}\delta_{mm'} \tag{32}$$

［讨论 1］　量子力学推导出的氢原子定态能量 E_n 同玻尔推导出的氢原子定态能量公式相同. E_n 取决于主量子数 n，n 的可能取值为 $1,2,\cdots$. 当 n 取定时，由 $n=l+1+n_r$ 或 $l=n-n_r-1$ 知，l 的最大可能值为 $n-1(n_r=0)$，最小值为 $0(n_r=n-1)$. 由此可见，n 一定（E_n 一定）时，$l=0,1,2,\cdots,n-1$，共有 n 个可能值. 每个 l 又对应 $2l+1$ 个不同的 m 值. 因此，对应 E_n 的不同定态波函数 ψ_{nlm} 的个数是

$$\sum_{l=0}^{n-1}(2l+1)=n^2$$

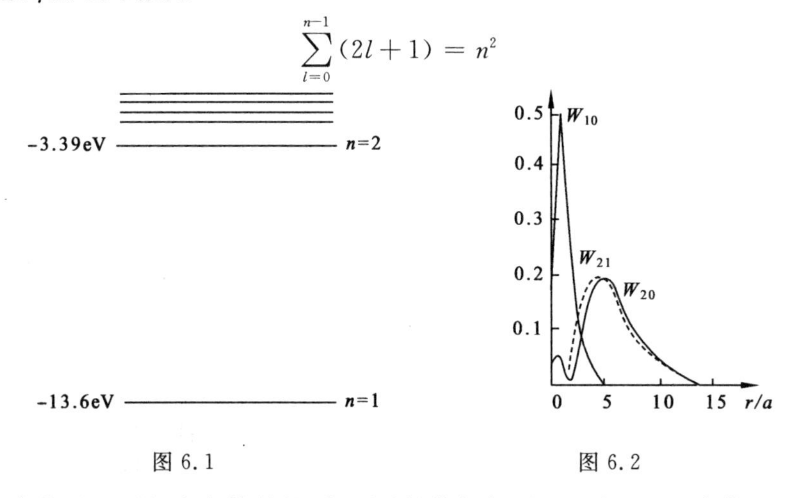

图 6.1　　　　图 6.2

即定态能量 E_n 是 n^2 度简并的. 氢原子的能级如图 6.1 所示. 基态能量

$$E_1 = -\frac{e^2}{2a} = -13.597\text{eV}$$

［讨论 2］ 氢原子处于定态 $\psi_{nlm}(\boldsymbol{r}) = R_{nl}(r)Y_{lm}(\theta,\varphi)$ 时，以下力学量取确定值：能量 $E = E_n$，轨道角动量平方 $L^2 = l(l+1)\hbar^2$，轨道角动量 z 分量 $L_z = m\hbar$，轨道磁矩 z 分量 $M_z = -\frac{em\hbar}{2\mu c}$，宇称 $\pi = (-1)^l$. 氢原子的宇称取决于球函数 $Y_{lm}(\theta,\varphi)$：

$$\begin{aligned}\hat{\Pi}\psi_{nlm}(\boldsymbol{r}) &= \psi_{nlm}(-\boldsymbol{r}) = R_{nl}(r)Y_{lm}(\pi-\theta,\varphi+\pi)\\ &= (-1)^l R_{nl}(r)Y_{lm}(\theta,\varphi) = (-1)^l\psi_{nlm}(\boldsymbol{r})\end{aligned}$$

在经典力学中，电荷 q 以轨道角动量 L 作圆周运动，轨道磁矩为

$$M = \frac{q}{2\mu c}L \tag{33}$$

它对应量子力学中的厄密算符

$$\hat{M} = \frac{q}{2\mu c}\hat{L} \tag{34}$$

$\hat{M}$ 的 z 分量为

$$\hat{M}_z = \frac{q}{2\mu c}\hat{L}_z \tag{35}$$

对电子，$q = -e$，(34) 与(35) 式分别变为

$$\hat{M} = -\frac{e}{2\mu c}\hat{L} \tag{36}$$

$$\hat{M}_z = -\frac{e}{2\mu c}\hat{L}_z \tag{37}$$

因 $\psi_{nlm}(\boldsymbol{r})$ 是 $\hat{L}_z$ 的本征函数，故也是 $\hat{M}_z$ 的本征函数，相应的本征值为 $M_z = -\frac{em\hbar}{2\mu c}$.

［讨论 3］ 径向波函数 $R_{nl}(r)$ 决定了氢原子中电子与原子核相对距离的径向几率分布. 电子与原子核的相对距离在 r 到 $r+\mathrm{d}r$ 之间的球壳内的几率为

$$r^2\mathrm{d}r\int|\psi_{nlm}(\boldsymbol{r})|^2\mathrm{d}\Omega = R_{nl}^2(r)r^2\mathrm{d}r = W_{nl}(r)\mathrm{d}r \tag{38}$$

$W_{nl}(r) = R_{nl}^2(r)r^2$ 为径向几率分布函数. 图 6.2 给出 $n\leqslant 2$ 的几个定态 $\psi_{nlm}(\boldsymbol{r})$ 的径向几率分布函数.

［讨论 4］ 对于由一个电子与电荷数 $Z>1$ 的原子核组成的类氢离子(He^{+}，Li^{++}，Be^{+++} 等)，势能

$$V(r) = -\frac{Ze^2}{r} \equiv -\frac{q^2}{r}, \qquad q \equiv \sqrt{Z}e \tag{39}$$

令

$$a' = \frac{\hbar^2}{\mu q^2} = \frac{\hbar^2}{Z\mu e^2} = \frac{a}{Z} \tag{40}$$

$$\beta = \sqrt{\frac{2\mu\,|E|}{\hbar^2}}a' = \sqrt{\frac{2\mu\,|E|}{\hbar^2}}\,\frac{a}{Z} = \frac{1}{n} \tag{41}$$

在氢原子的定态能量公式(26)中,用$q = \sqrt{Z}e$代替e,用$a' = \dfrac{a}{Z}$代替a,得到类氢离子的定态能量

$$E_n = -\frac{Z^2 e^2}{2an^2} \tag{42}$$

在公式(28)中用$a' = \dfrac{a}{Z}$代替a,得到类氢离子的径向波函数

$$R_{nl}(r) = N_{nl}\,e^{-\frac{Z}{na}r}\left(\frac{2Z}{na}r\right)^l F\left(l+1-n, 2l+2, \frac{2Z}{na}r\right) \tag{43}$$

其中

$$N_{nl} = \frac{2Z^{3/2}}{a^{3/2}n^2(2l+1)!}\sqrt{\frac{(n+l)!}{(n-l-1)!}} \tag{44}$$

类氢离子的定态波函数为

$$\psi_{nlm}(\boldsymbol{r}) = R_{nl}(r)Y_{lm}(\theta,\varphi) \tag{45}$$

下面给出$n \leqslant 3$的$R_{nl}(r)$表示式:

$$\begin{aligned}
R_{10}(r) &= 2\left(\frac{Z}{a}\right)^{3/2} e^{-Zr/a} \\
R_{20}(r) &= 2\left(\frac{Z}{2a}\right)^{3/2}\left(1-\frac{Zr}{2a}\right)e^{-Zr/2a} \\
R_{21}(r) &= \frac{1}{\sqrt{3}}\left(\frac{Z}{2a}\right)^{3/2}\frac{Zr}{a}e^{-Zr/2a} \\
R_{30}(r) &= 2\left(\frac{Z}{3a}\right)^{3/2}\left(1-\frac{2Zr}{3a}+\frac{2Z^2r^2}{27a^2}\right)e^{-Zr/3a} \\
R_{31}(r) &= \frac{4\sqrt{2}}{9}\left(\frac{Z}{3a}\right)^{3/2}\left(1-\frac{Zr}{6a}\right)\frac{Zr}{a}e^{-Zr/3a} \\
R_{32}(r) &= \frac{4}{27\sqrt{10}}\left(\frac{Z}{3a}\right)^{3/2}\left(\frac{Zr}{a}\right)^2 e^{-Zr/3a}
\end{aligned} \tag{46}$$

[讨论5]　碱金属原子为类氢原子,它由一个价电子和原子实组成,原子实包括原子核与满壳层电子.在这种类氢原子中,原子核的电荷受到满壳层电

子的屏蔽，价电子同原子实的库仑作用力势可以表示为

$$V(r) = -\frac{Z'e^2}{r} \tag{47}$$

其中 Z' 为原子实的等效电荷数. 由于类氢原子的势(47) 式同类氢离子的势(39) 式基本相同，只是两式中的常数 Z' 与 Z 有点差别，$Z' < Z$，故类氢原子的定态能量和定态波函数也应由公式(42) 和(43) 表示，只是其中的 Z 应用 Z' 代替，即碱金属原子定态能量为

$$E_n = -\frac{Z'^2 e^2}{2an^2} \tag{48}$$

然而由(48) 式确定的能量 E_n 同实验值严重不符. 前者只同主量子数 n 有关，后者不仅同主量子数 n 有关，而且也同轨道角动量量子数 l 有关. 以钠原子为例，价电子处于 $n = 3, l = 0,1,2$ 的 $3S,3P,3D$ 态的能量实验值，大约分别为 $-5.1, -3.0, -1.6$eV. 公式(48) 不正确的原因是，把原子实的等效电荷数 Z' 简单地看成是某一常数是不对的. 实际上价电子处于不同 nl 态时，它所“看”到的原子核电荷受到满壳层电子屏蔽的强弱程度是不一样的. n 大 l 也大的价电子主要分布在原子实的外部，它所“看”到的原子核电荷受到满壳层电子的屏蔽作用很强，Z' 很小；n 小 l 也小的价电子在空间的分布比较接近原子核，处于原子实内部的几率较大，它所“看”到的原子核电荷受到满壳层电子的屏蔽作用较弱，Z' 较大. 因此，Z' 是 nl 的函数：$Z' = Z(n,l)$. 公式(48) 应改为

$$E_{nl} = -\frac{Z^2(n,l)e^2}{2an^2} \tag{49}$$

公式(49) 虽然能解释钠原子 $3S,3P$ 与 $3D$ 态能量的差异，但由于 $Z(n,l)$ 无法计算，它只是一个定性的公式.

计算碱金属原子定态能量与定态波函数的一个比较合理的方法是引入屏蔽因子 $\mathrm{e}^{-r/R}$：$Z' = Z\mathrm{e}^{-r/R}$，其中 R 为原子半径. 价电子同原子实的库仑作用力势可以表示为

$$V(r) = -\frac{e^2 Z\mathrm{e}^{-r/R}}{r} \tag{50}$$

令

$$\psi(\boldsymbol{r}) = R(r)Y_{lm}(\theta,\varphi) \tag{51}$$

$R(r)$ 满足方程

$$\frac{\mathrm{d}^2R(r)}{\mathrm{d}r^2} + \frac{2}{r}\frac{\mathrm{d}R(r)}{\mathrm{d}r} + \left[\frac{2\mu}{\hbar^2}\left(E + \frac{e^2 Z\mathrm{e}^{-r/R}}{r}\right) - \frac{l(l+1)}{r^2}\right]R(r) = 0 \tag{52}$$

由此方程解得的能量 $E = E_{nl}$ 是同量子数 nl 有关的，只是此方程求解比较困难.

§6.5　球方势阱

(1) 无限深球方势阱

设粒子被限制在半径为 a 的球形空间内运动，势函数为

$$V(r)=\begin{cases}0, & r<a\\ \infty, & r\geqslant a\end{cases}\tag{1}$$

在 $r\geqslant a$ 的区域中，

$$\psi(\boldsymbol{r})=0\tag{2}$$

在 $r<a$ 的区域中，$\psi(\boldsymbol{r})$ 的方程为

$$-\frac{\hbar^2}{2\mu}\nabla^2\psi(\boldsymbol{r})=E\psi(\boldsymbol{r})\tag{3}$$

令

$$\psi(\boldsymbol{r})=R(r)Y_{lm}(\theta,\varphi)\tag{4}$$

$R(r)$ 满足方程

$$\frac{\mathrm{d}^2R(r)}{\mathrm{d}r^2}+\frac{2}{r}\frac{\mathrm{d}R(r)}{\mathrm{d}r}+\left(k^2-\frac{l(l+1)}{r^2}\right)R(r)=0\tag{5}$$

$$k=\sqrt{\frac{2\mu E}{\hbar^2}}$$

这是球贝塞尔方程，其解为球贝塞尔函数：

$$R(r)=j_l(kr)=\sqrt{\frac{\pi}{2kr}}J_{l+1/2}(kr)\tag{6}$$

式中 $J_{l+1/2}(kr)$ 为 $l+1/2$ 阶贝塞尔函数. 另一个解在 $r=0$ 处发散. 根据波函数连续条件：$\psi(r=a)=0$，便有

$$R(a)=j_l(ka)=0\tag{7}$$

查数学表可得 $j_l(ka)$ 的零点：$x_{1l},x_{2l},\cdots,x_{nl},\cdots$. 由 $ka=x_{nl}$，得

$$E_{nl}=\frac{\hbar^2x_{nl}^2}{2\mu a^2},\quad n=1,2,3,\cdots\tag{8}$$

相应的定态波函数为

$$\psi_{nlm}(\boldsymbol{r})=A_{nl}j_l(k_{nl}r)Y_{lm}(\theta,\varphi),\quad k_{nl}=\frac{x_{nl}}{a}\tag{9}$$

其中 A_{nl} 为归一化常数. 对于 $l=0$ 的 S 态，$x_{n0}=n\pi,k_{n0}=n\pi/a$，定态能量与波函数为

$$E_{n0} = \frac{\hbar^2 \pi^2 n^2}{2\mu a^2} \tag{10}$$

$$\psi_{n00}(\boldsymbol{r}) = A_{n0} j_0(k_{n0} r) Y_{00}(\theta, \varphi) = \sqrt{\frac{1}{2\pi a}} \frac{1}{r} \sin \frac{n\pi r}{a} \tag{11}$$

［讨论］　如果仅限于求 $l=0$ 的束缚态，则可令 $\psi(r) = u(r)/r$，由 $u(r)$ 的方程

$$\frac{\mathrm{d}^2 u(r)}{\mathrm{d}r^2} + k^2 u(r) = 0$$

与条件 $u(0)=0, u(a)=0$，以及波函数的归一化条件，很容易求得能量表示式(10)与波函数表示式(11).

(2) 有限深球方势阱

$$V(r) = \begin{cases} 0, & r < a \\ V_0, & r \geqslant a \end{cases} \tag{12}$$

其中常数 $V_0 > 0$. 在此势阱中束缚态能量 E 在 0 与 V_0 之间. 令

$$k = \sqrt{\frac{2\mu E}{\hbar^2}}, \qquad \alpha = \sqrt{\frac{2\mu(V_0 - E)}{\hbar^2}} \tag{13}$$

$$\psi(\boldsymbol{r}) = R(r) Y_{lm}(\theta, \varphi) \tag{14}$$

径向波函数 R(r)满足方程

$$\frac{\mathrm{d}^2 R(r)}{\mathrm{d}r^2} + \frac{2}{r}\frac{\mathrm{d}R(r)}{\mathrm{d}r} + \left[k^2 - \frac{l(l+1)}{r^2}\right] R(r) = 0, \quad r < a \tag{15}$$

$$\frac{\mathrm{d}^2 R(r)}{\mathrm{d}r^2} + \frac{2}{r}\frac{\mathrm{d}R(r)}{\mathrm{d}r} + \left[(i\alpha)^2 - \frac{l(l+1)}{r^2}\right] R(r) = 0, \quad r \geqslant a \tag{16}$$

这是球贝塞尔方程，满足 $R(0)$ 有限与 $R(\infty) \to 0$ 的解为

$$R_1(r) = A j_l(kr), \qquad r < a \tag{17}$$

$$R_2(r) = B h_l(i\alpha r), \qquad r \geqslant a \tag{18}$$

其中 $j_l(kr)$ 为球贝塞尔函数，$h_l(i\alpha r)$ 为虚宗量球汉克尔函数. 由连续条件 $R_1(a) = R_2(a)$ 与 $R_1'(a) = R_2'(a)$ 以及波函数的归一化条件，可以求出定态能量 E，归一化常数 A 与 B. 对于 $l=0$ 的 S 态，

$$R_1(r) = A j_0(kr) = \frac{A'}{r} \sin kr = \frac{u_1(r)}{r}, \qquad r < a \tag{19}$$

$$R_2(r) = B h_0(i\alpha r) = \frac{B'}{r} \mathrm{e}^{-\alpha r} = \frac{u_2(r)}{r}, \qquad r \geqslant a \tag{20}$$

其中

$$u_1(r) = A'\sin kr,\quad r < a \tag{21}$$

$$u_2(r) = B'\mathrm{e}^{-\alpha r},\quad r \geqslant a \tag{22}$$

由连续条件 $u_1(a) = u_2(a)$ 与 $u_1'(a) = u_2'(a)$，得到

$$\alpha = -k\cot ka \tag{23}$$

令 $\zeta = ka$，$\eta = \alpha a$，上式变为

$$\eta = -\zeta\cot\zeta \tag{24}$$

由曲线 $\zeta^2 + \eta^2 = \dfrac{2\mu V_0 a^2}{\hbar^2}$ 与 $\eta = -\zeta\cot\zeta$，在 $\eta\zeta$ 直角坐标系第一象限的交点可求得定态能量，并得到存在束缚态的条件是

$$V_0 a^2 \geqslant \frac{\pi^2\hbar^2}{8\mu} \tag{25}$$

这里的结果同 §3.2 中的半壁无限高势阱的结果是一样的.

［讨论］　如果只求 $l = 0$ 的束缚态，则可令 $\psi(r) = u(r)/r$，由 $u(r)$ 的方程

$$\frac{\mathrm{d}^2 u(r)}{\mathrm{d}r^2} + k^2 u(r) = 0,\quad r < a \tag{26}$$

$$\frac{\mathrm{d}^2 u(r)}{\mathrm{d}r^2} - \alpha^2 u(r) = 0,\quad r \geqslant a \tag{27}$$

与条件 $u(0) = 0$，$u(\infty) \to 0$，以及 u 与 u' 在 $r = a$ 点的连续条件，很容易求出定态能量 E 满足的公式(23).

§6.6　带电粒子在电磁场中的运动

我们已经讨论过带电粒子在电场中的运动，如氢原子中电子在原子核库仑场中的运动. 粒子的哈密顿算符为

$$\hat{H} = \frac{1}{2\mu}\hat{\boldsymbol{p}}^2 + V(\boldsymbol{r}) \tag{1}$$

其中 $V(\boldsymbol{r})$ 是带电粒子在电场中的势能. 如果电场与磁场同时存在，哈密顿算符 $\hat{H}$ 如何确定？在经典力学中，电磁场用矢势 $\mathbf{A}(\boldsymbol{r},t)$ 与标势 $\Phi(\boldsymbol{r},t)$ 描述. 电荷 q 在电磁场中的哈密顿量为

$$H = \frac{1}{2\mu}\left(\boldsymbol{p} - \frac{q}{c}\mathbf{A}\right)^2 + q\Phi \tag{2}$$

其中 $\boldsymbol{p}$ 为粒子的正则动量. $\boldsymbol{p}-\frac{q}{c}\boldsymbol{A}$ 为粒子的机械动量. 如果没有磁场($\boldsymbol{A}=0$)，则正则动量与机械动量相等. 在量子力学中，同经典力学量 $F(\boldsymbol{r},\boldsymbol{p})$ 对应的力学量算符 $\hat{F}(\boldsymbol{r},\hat{\boldsymbol{p}}=-i\hbar\nabla)$， 正是把 $F(\boldsymbol{r},\boldsymbol{p})$ 中的正则动量 $\boldsymbol{p}$ 变换成算符 $\hat{\boldsymbol{p}}=-i\hbar\nabla$ 而得到的. 因此，与经典哈密顿量(2) 对应的哈密顿算符为

$$\hat{H}=\frac{1}{2\mu}\left(\hat{\boldsymbol{p}}-\frac{q}{c}\boldsymbol{A}\right)^2+q\Phi \tag{3}$$

相应的薛定谔方程为

$$i\hbar\frac{\partial}{\partial t}\psi(\boldsymbol{r},t)=\left[\frac{1}{2\mu}\left(\hat{\boldsymbol{p}}-\frac{q}{c}\boldsymbol{A}\right)^2+q\Phi\right]\psi(\boldsymbol{r},t) \tag{4}$$

或

$$\begin{aligned}i\hbar\frac{\partial}{\partial t}\psi(\boldsymbol{r},t)=&\left\{\frac{1}{2\mu}\left[\hat{\boldsymbol{p}}^2-\frac{q}{c}(\hat{\boldsymbol{p}}\cdot\boldsymbol{A}+\boldsymbol{A}\cdot\hat{\boldsymbol{p}})\right.\right.\\&\left.\left.+\frac{q^2}{c^2}\boldsymbol{A}^2\right]+q\Phi\right\}\psi(\boldsymbol{r},t)\end{aligned} \tag{5}$$

由于 $\hat{\boldsymbol{p}}$ 与 $\boldsymbol{A}$ 不对易，$\hat{\boldsymbol{p}}\cdot\boldsymbol{A}\neq\boldsymbol{A}\cdot\hat{\boldsymbol{p}}$. 但是考虑到横波条件

$$\nabla\cdot\boldsymbol{A}=0 \tag{6}$$

便有

$$\hat{\boldsymbol{p}}\cdot\boldsymbol{A}=\boldsymbol{A}\cdot\hat{\boldsymbol{p}} \tag{7}$$

这是因为对于任意波函数 ψ

$$\begin{aligned}(\hat{\boldsymbol{p}}\cdot\boldsymbol{A})\psi&=-i\hbar\nabla\cdot(\boldsymbol{A}\psi)=-i\hbar[(\nabla\cdot\boldsymbol{A})\psi+\boldsymbol{A}\cdot\nabla\psi]\\&=-i\hbar\boldsymbol{A}\cdot\nabla\psi=(\boldsymbol{A}\cdot\hat{\boldsymbol{p}})\psi\end{aligned} \tag{8}$$

由于(7)式，方程(5)可表示为

$$i\hbar\frac{\partial}{\partial t}\psi(\boldsymbol{r},t)=\left[\frac{1}{2\mu}\hat{\boldsymbol{p}}^2-\frac{q}{\mu c}\boldsymbol{A}\cdot\hat{\boldsymbol{p}}+\frac{q^2}{2\mu c^2}\boldsymbol{A}^2+q\Phi\right]\psi(\boldsymbol{r},t) \tag{9}$$

$\psi^*\times(9)-\psi\times(9)^*$，得

$$\frac{\partial\rho}{\partial t}+\nabla\cdot\boldsymbol{j}=0 \tag{10}$$

其中

$$\rho=\psi^*\psi \tag{11}$$

$$\begin{aligned}\boldsymbol{j}&=\frac{1}{2\mu}(\psi^*\hat{\boldsymbol{p}}\psi-\psi\hat{\boldsymbol{p}}\psi^*)-\frac{q}{\mu c}\boldsymbol{A}\psi^*\psi\\&=\frac{1}{2\mu}\left[\psi^*\left(\hat{\boldsymbol{p}}-\frac{q}{c}\boldsymbol{A}\right)\psi+\psi\left(\hat{\boldsymbol{p}}-\frac{q}{c}\boldsymbol{A}\right)^*\psi^*\right]\end{aligned} \tag{12}$$

$\boldsymbol{j}$ 也可以表示为

$$\boldsymbol{j}=\frac{1}{2}[\psi^{*}\hat{\boldsymbol{v}}\psi+\psi\hat{\boldsymbol{v}}^{*}\psi^{*}]$$
$$=Re(\psi^{*}\hat{\boldsymbol{v}}\psi) \tag{13}$$

其中

$$\hat{\boldsymbol{v}}=\frac{1}{\mu}\left(\hat{\boldsymbol{p}}-\frac{q}{c}\boldsymbol{A}\right) \tag{14}$$

为速度算符.

［例题 1］　求电荷为 q 的粒子在均匀磁场 $\boldsymbol{B}=B\boldsymbol{k}$ 中运动的波函数和能量.

解：取 $A_x=-By, A_y=A_z=0$. 显然有，$\boldsymbol{B}=\nabla\times\boldsymbol{A}=B\boldsymbol{k}$. 粒子哈密顿量为

$$\hat{H}=\frac{1}{2\mu}\left(\hat{\boldsymbol{p}}-\frac{q}{c}\boldsymbol{A}\right)^{2}=\frac{1}{2\mu}\left[\left(\hat{p}_x+\frac{qB}{c}y\right)^{2}+\hat{p}_y^{2}+\hat{p}_z^{2}\right]$$

定态方程为

$$\frac{1}{2\mu}\left[\left(\hat{p}_x+\frac{qB}{c}y\right)^{2}+\hat{p}_y^{2}+\hat{p}_z^{2}\right]\psi(x,y,z)=E\psi(x,y,z)$$

因 $\hat{H}$ 中不含 x 与 z，故 $\hat{p}_x$，$\hat{p}_z$ 与 $\hat{H}$ 相互对易，一定存在它们的共同本征函数. 令

$$\psi(x,y,z)=\mathrm{e}^{i(p_x x+p_z z)/\hbar}\varphi(y)$$

其中 p_x 与 p_z 可取任意实数. 将上式代入定态方程中，得

$$\left[-\frac{\hbar^{2}}{2\mu}\frac{\mathrm{d}^{2}}{\mathrm{d}y^{2}}+\frac{1}{2\mu}\left(p_x+\frac{qB}{c}y\right)^{2}+\frac{p_z^{2}}{2\mu}\right]\varphi(y)=E\varphi(y)$$

$$\left[-\frac{\hbar^{2}}{2\mu}\frac{\mathrm{d}^{2}}{\mathrm{d}y^{2}}+\frac{1}{2}\mu\left(\frac{qB}{\mu c}\right)^{2}\left(y+\frac{cp_x}{qB}\right)^{2}\right]\varphi(y)=\left(E-\frac{p_z^{2}}{2\mu}\right)\varphi(y)$$

令　$\xi=y+\dfrac{cp_x}{qB}$，　$\omega=\dfrac{|q|\,B}{\mu c}$，　$E'=E-\dfrac{p_z^{2}}{2\mu}$

方程变为　$\left[-\dfrac{\hbar^{2}}{2\mu}\dfrac{\mathrm{d}^{2}}{\mathrm{d}\xi^{2}}+\dfrac{1}{2}\mu\,\omega^{2}\xi^{2}\right]\varphi(\xi)=E'\varphi(\xi)$

$$E'=\left(n+\frac{1}{2}\right)\hbar\omega=E-\frac{p_z^{2}}{2\mu}$$

$$E=\left(n+\frac{1}{2}\right)\hbar\omega+\frac{p_z^{2}}{2\mu},\quad n=0,1,2,\cdots,p_z=-\infty\sim+\infty$$

$$\varphi(\xi)=N_n\mathrm{e}^{-\alpha^{2}\xi^{2}/2}H_n(\alpha\xi),\quad \alpha=\sqrt{\frac{\mu\,\omega}{\hbar}}=\sqrt{\frac{|q|\,B}{\hbar c}}$$

$$\psi(x,y,z)=A\mathrm{e}^{i(p_x x+p_z z)/\hbar}H_n\left(\sqrt{\frac{|q|\,B}{\hbar c}}\left(y+\frac{cp_x}{qB}\right)\right)\mathrm{e}^{-\frac{|q|B}{2\hbar c}\left(y+\frac{cp_x}{qB}\right)^{2}}$$

波函数中有 $e^{ip_x x/\hbar}$ 不表示粒子有动量 p_x,因为能量中没有动能$\frac{p_x^2}{2\mu}$. p_x 的值($-\infty\sim+\infty$)决定 y 方向振动平衡位置 $\overline{y}=-\frac{cp_x}{qB}$.

[例题 2] 计算碱金属原子在均匀强磁场中的能量.

解: 对均匀磁场 $\boldsymbol{B}$,矢势 $\boldsymbol{A}$ 可取作 $\boldsymbol{A}=\boldsymbol{B}\times\boldsymbol{r}/2$. 取 $\boldsymbol{B}$ 的方向为 z 轴方向: $\boldsymbol{B}=B\boldsymbol{k}$,

$$\boldsymbol{A}=\frac{1}{2}\begin{vmatrix}\boldsymbol{i} & \boldsymbol{j} & \boldsymbol{k}\\ 0 & 0 & B\\ x & y & z\end{vmatrix}$$

$$A_x=-By/2,\quad A_y=Bx/2,\quad A_z=0$$

$$\hat{H}=\frac{1}{2\mu}\hat{\boldsymbol{p}}^2-\frac{q}{\mu c}\boldsymbol{A}\cdot\hat{\boldsymbol{p}}+\frac{q^2}{2\mu c^2}\boldsymbol{A}^2+q\Phi$$

其中 $q=-e, q\Phi=V(r)$. $V(r)$ 是价电子在原子核库仑场中的势能. 原子核的电荷 Ze 受到原子内层电子的屏蔽, $V(r)$ 可近似地表示为

$$V(r)\approx-\frac{Ze^2}{r}\mathrm{e}^{-r/a}$$

式中 a 为原子的半径. 将 $\boldsymbol{A}$ 代入价电子的哈密顿算符中,得

$$\hat{H}=-\frac{\hbar^2}{2\mu}\nabla^2+\frac{eB}{2\mu c}\hat{L}_z+\frac{e^2B^2}{8\mu c^2}(x^2+y^2)+V(r)$$

定态方程为

$$\left[-\frac{\hbar^2}{2\mu}\nabla^2+\frac{eB}{2\mu c}\hat{L}_z+\frac{e^2B^2}{8\mu c^2}(x^2+y^2)+V(r)\right]\psi(\boldsymbol{r})=E\psi(\boldsymbol{r})$$

我们来估计哈密顿算符中第 2 项与第 3 项强度的相对大小. 第 2 项中的 $\hat{L}_z$ 可以用不为 0 的最小本征值 $\hbar$ 代替. 第 3 项中的 x^2+y^2 可以用它的最大值 a^2 代替,这是因为价电子位于原子范围之内, $x^2+y^2\leqslant a^2$. B 取目前实验室可以达到的最大的磁场强度值. 计算表明,

$$\frac{eB\hbar}{2\mu c}\gg\frac{e^2B^2a^2}{8\mu c^2}$$

因此,对于原子中的价电子来说, $\hat{H}$ 中的含有 B^2 的第 3 项由于远远小于含有 B 的第 2 项,完全可以忽略不计. 于是定态方程变为

$$\left[-\frac{\hbar^2}{2\mu}\nabla^2+\frac{eB}{2\mu c}\hat{L}_z+V(r)\right]\psi(\boldsymbol{r})=E\psi(\boldsymbol{r})$$

令 $\hat{H}_0=-\frac{\hbar^2}{2\mu}\nabla^2+V(r)$. 如果 $V(r)=-\frac{Ze^2}{r}$,则 $\hat{H}_0$ 的本征函数为 $\psi_0(\boldsymbol{r})=$

$\psi_{nlm}(\boldsymbol{r}) = R_{nl}(r)Y_{lm}(\theta,\varphi)$，本征值为 $E_0 = E_n$. 现在，$V(r) \approx -\dfrac{Ze^2}{r}\mathrm{e}^{-r/a}$，$\hat{H}_0$ 的本征函数仍可近似取 $\psi_{nlm}(\boldsymbol{r})$，本征值 $E_0 = E_{nl}$ 同 l 有关. 显然，$\hat{H} = \hat{H}_0 + \dfrac{eB}{2\mu c}\hat{L}_z$ 同 $\hat{H}_0$ 的本征函数相同，也是

$$\psi(\boldsymbol{r}) = \psi_{nlm}(\boldsymbol{r}) = R_{nl}(r)Y_{lm}(\theta,\varphi)$$

本征值为

$$E = E_{nl} + \frac{eB\hbar m}{2\mu c}$$

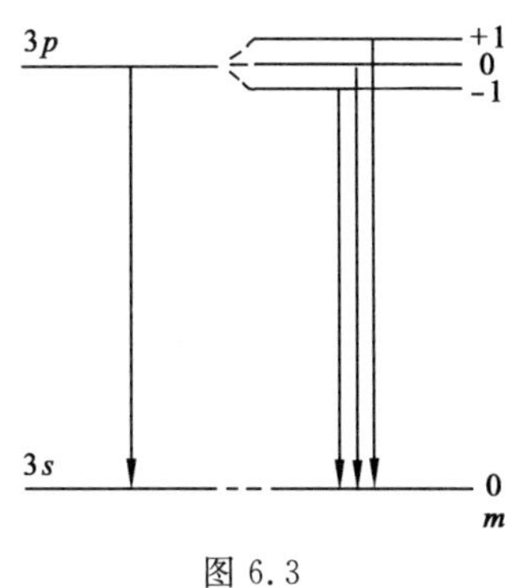

图 6.3

在强磁场中，原子光谱线 $3p \to 3s$ 一分为三. 这可以通过原子能级在强磁场中的分裂得到解释(见图 6.3). 在考虑电子自旋后，能级分裂情况较为复杂，但由能级跃迁产生的光谱线仍为三条(见 §8.6).

习　　题

1. 粒子在三维各向同性谐振子势场中运动，$V(r) = \dfrac{1}{2}\mu\omega^2 r^2$. 求定态能量与波函数，并讨论能级的简并度.

答：

$$E_{n_1n_2n_3} = \left(n_1 + n_2 + n_3 + \frac{3}{2}\right)\hbar\omega$$

$$\psi_{n_1n_2n_3}(xyz) = A\mathrm{e}^{-\alpha^2(x^2+y^2+z^2)/2}H_{n_1}(\alpha x)H_{n_2}(\alpha y)H_{n_3}(\alpha z)$$

$$n_1, n_2, n_3 = 0,1,2,\cdots$$

令 $N \equiv n_1 + n_2 + n_3$，$E_{n_1n_2n_3} = \left(N + \dfrac{3}{2}\right)\hbar\omega \equiv E_N$ 的能级简并度：$\dfrac{(N+1)(N+2)}{2}$，$N = 0,1,2,\cdots$

2. 氢原子处于基态，波函数为 $\psi(r) = \dfrac{1}{\sqrt{\pi a^3}}\mathrm{e}^{-r/a}$，求

(1) r 的平均值；

(2) 势能 $V = -\dfrac{e^2}{r}$ 的平均值；

(3) 动能 T 的平均值；

(4) 最可几半径；

(5) 动量的几率分布函数 $W(p)$.

提示：在一般情况下，求动量几率分布函数 $W(\boldsymbol{p})$(其中 $\boldsymbol{p}$ 为矢量)，比较复杂. 先要计算

$$\varphi(\boldsymbol{p}) = \frac{1}{(2\pi\hbar)^{3/2}}\int\psi(\boldsymbol{r})\mathrm{e}^{-i\boldsymbol{p}\cdot\boldsymbol{r}/\hbar}\,\mathrm{d}\tau \tag{1}$$

设在直角坐标系中 $\boldsymbol{r}$ 与 $\boldsymbol{p}$ 的球坐标分别为 $\boldsymbol{r}=(r,\theta,\varphi)$ 与 $\boldsymbol{p}=(p,\theta',\varphi')$，便有

$$\boldsymbol{p}\cdot\boldsymbol{r} = pr[\cos\theta\cos\theta' + \sin\theta\sin\theta'\cos(\varphi-\varphi')] \tag{2}$$

将(2)式代入(1)式中，得

$$\varphi(p,\theta',\varphi') = \frac{1}{(2\pi\hbar)^{3/2}}\iiint\psi(r,\theta,\varphi)\mathrm{e}^{-ipr[\cos\theta\cos\theta'+\sin\theta\sin\theta'\cos(\varphi-\varphi')]/\hbar} \times r^2\sin\theta\mathrm{d}\theta\mathrm{d}\varphi\mathrm{d}r \tag{3}$$

$|\varphi(p,\theta',\varphi')|^2 p^2\mathrm{d}p\mathrm{d}\Omega'$ 表示粒子的动量大小在 $p \sim p+\mathrm{d}p$ 之间，动量方向在(θ',φ')的立体角 $\mathrm{d}\Omega'$ 内的几率. 动量 p 的几率分布函数为

$$W(p) = \int|\varphi(p,\theta',\varphi')|^2\mathrm{d}\Omega' p^2 \tag{4}$$

如波函数 ψ 与方位角 $\theta\varphi$ 无关，即 $\psi(r)$ 是球对称的，则动量分布几率振幅 $\varphi(p,\theta',\varphi')$ 与动量的方位角 $\theta'\varphi'$ 无关，记为 $\varphi(p)$. 这时可以选择动量 $\boldsymbol{p}$ 的方向作为 z 轴来计算 $\varphi(p)$：

$$\varphi(p) = \varphi(p,0,0) = \frac{1}{(2\pi\hbar)^{3/2}}\iiint\psi(r)\mathrm{e}^{-ipr\cos\theta/\hbar}r^2\sin\theta\mathrm{d}\theta\mathrm{d}\varphi\mathrm{d}r \tag{5}$$

动量 p 的几率分布函数为

$$W(p) = |\varphi(p)|^2 4\pi p^2 = |\varphi(p,0,0)|^2 4\pi p^2 \tag{6}$$

答：(1) $\bar{r} = 1.5a$ (2) $\bar{V} = -\dfrac{e^2}{a}$ (3) $\bar{T} = \dfrac{e^2}{2a}$ (4) a

(5) $W(p) = \dfrac{32a^3\hbar^5 p^2}{\pi(a^2p^2+\hbar^2)^4}$

3. $t=0$ 时氢原子的波函数为

$$\psi(\boldsymbol{r},0) = \sqrt{\frac{4}{10}}\psi_{100}(\boldsymbol{r}) + \sqrt{\frac{3}{10}}\psi_{210}(\boldsymbol{r}) - \sqrt{\frac{2}{10}}\psi_{211}(\boldsymbol{r}) + \sqrt{\frac{1}{10}}\psi_{21-1}(\boldsymbol{r})$$

(1) 求氢原子能量 E，轨道角动量 L^2、L_z 的可测值，相应几率和平均值；

(2) 写出 t 时刻波函数 $\psi(\boldsymbol{r},t)$.

答：(1) $E=E_1=-\dfrac{e^2}{2a}$，几率：$\dfrac{4}{10}$，$E=E_2=-\dfrac{e^2}{8a}$，几率：$\dfrac{6}{10}$，$\bar{E}=-\dfrac{11e^2}{40a}$. $L^2=0$，几率：$\dfrac{4}{10}$，$L^2=2\hbar^2$，几率：$\dfrac{6}{10}$，$\overline{L^2}=1.2\hbar^2$. $L_z=0$，几率：$\dfrac{7}{10}$，$L_z=\hbar$，几率：$\dfrac{2}{10}$，$L_z=-\hbar$，几率：$\dfrac{1}{10}$，$\overline{L_z}=0.1\hbar$.

(2) $\psi(\boldsymbol{r},t) = \sqrt{\dfrac{4}{10}}\mathrm{e}^{-iE_1t/\hbar}\psi_{100}(\boldsymbol{r}) + \mathrm{e}^{-iE_2t/\hbar}\times\left(\sqrt{\dfrac{3}{10}}\psi_{210}(\boldsymbol{r}) - \sqrt{\dfrac{2}{10}}\psi_{211}(\boldsymbol{r}) + \sqrt{\dfrac{1}{10}}\psi_{21-1}(\boldsymbol{r})\right)$

4. 一粒子被限制在半径为 a 的球形空腔内自由运动，求 $l=0$ 的定态能量和波函数(令 $\psi(r)=u(r)/r$).

答：$E_n = \dfrac{n^2\pi^2\hbar^2}{2\mu a^2}$，　　$n = 1,2,\cdots$

$$\psi_n(r) = \begin{cases} \sqrt{\dfrac{1}{2\pi a}}\,\dfrac{1}{r}\sin\dfrac{n\pi}{a}r, & r < a \\ 0, & r > a \end{cases}$$

5. 质量为 μ 的粒子在三维球方势阱

$$V(r) = \begin{cases} 0, & r > a \\ -V_0, & r < a \end{cases} \qquad (V_0 > 0)$$

中运动. 求存在 s 波束缚态的条件.

答：$V_0 a^2 \geqslant \dfrac{\pi^2\hbar^2}{8\mu}$

6. 粒子处于三维 δ 球壳势 $V(r) = -g\delta(r-a)$ 中，式中 $g > 0$. 求存在束缚态的条件.

答：$g > \dfrac{\hbar^2}{2\mu a}$

7. 质量为 μ 的粒子在势场

$$V(r) = \begin{cases} 0, & a < r < b \\ \infty, & r \leqslant a, r \geqslant b \end{cases}$$

中运动. 求 $l = 0$ 的定态能量和波函数.

答：$E_n = \dfrac{n^2\pi^2\hbar^2}{2\mu(b-a)^2}$，　　$n = 1,2,\cdots$

$$\psi_n(r) = \begin{cases} \sqrt{\dfrac{1}{2\pi(b-a)}}\,\dfrac{1}{r}\sin\dfrac{n\pi}{b-a}(r-a), & a < r < b \\ 0, & r \leqslant a, r \geqslant b \end{cases}$$

8. 设粒子定态波函数为 $\psi(r) = A\mathrm{e}^{-r/a}$，其中 A 和 a 为正的常数. 已知 $r \to \infty$ 时，$V(r) \to 0$. 求定态能量 E 和 $V(r)$.

答：$E = -\dfrac{\hbar^2}{2\mu a^2}$，　$V(r) = -\dfrac{\hbar^2}{a\mu r}$

9. 在半径为 R 的刚球内，有一个质量为 μ 的粒子处于基态. 现突然将这刚球的半径扩展为原来的二倍. 求刚球扩展后粒子处于基态的几率.

答：$\dfrac{32}{9\pi^2}$

10. 处于基态的类氢原子经 β 衰变核电荷数突然由 Z 变为 $Z+1$. 求原子处 $2S$ 态的几率.

答：$\dfrac{2^{11}Z^3(Z+1)^3}{(3Z+1)^8}$

11. 一个质量为 μ 带有电荷 q 的粒子被限制在 xy 平面内的半径为 a 的圆周上运动，在 z 轴上加上强度为 B 的均匀磁场. 求粒子的定态能量和波函数，表明基态能量是 B 的周期函数，并给出周期来.

提示：在柱坐标系中 $\nabla^2 = \frac{1}{\rho}\frac{\partial}{\partial\rho}\rho\frac{\partial}{\partial\rho} + \frac{1}{\rho^2}\frac{\partial^2}{\partial\varphi^2} + \frac{\partial^2}{\partial z^2}$. 因 $z = 0$ 与 $\rho = a$ 为不变量，$\nabla^2 = \frac{1}{a^2}\frac{\partial^2}{\partial\varphi^2} = -\frac{\hat{L}_z^2}{\hbar^2 a^2}$. 取矢势 $A_x = -\frac{By}{2}, A_y = \frac{Bx}{2}, A_z = 0$，由 $\hat{H} = \frac{1}{2\mu}\left(\hat{\boldsymbol{p}} - \frac{q}{c}\boldsymbol{A}\right)^2$，算出

$$\hat{H} = \frac{\hat{\boldsymbol{p}}^2}{2\mu} - \frac{qB}{2\mu c}\hat{L}_z + \frac{q^2B^2}{8\mu c}(x^2 + y^2) = -\frac{\hbar^2}{2\mu}\nabla^2 - \frac{qB}{2\mu c}\hat{L}_z + \frac{q^2B^2a^2}{8\mu c}$$
$$= \frac{1}{2\mu a^2}\hat{L}_z^2 - \frac{qB}{2\mu c}\hat{L}_z + \frac{q^2B^2a^2}{8\mu c}$$

答：定态能量 $E_m = \frac{1}{2\mu}\left(\frac{m\hbar}{a} - \frac{qBa}{2c}\right)^2$. 定态波函数 $\psi_m(\varphi) = \sqrt{\frac{1}{2\pi}}e^{im\varphi}$. $m = 0, \pm 1, \pm 2, \cdots$ 设使 $\left(\frac{m\hbar}{a} - \frac{qBa}{2c}\right)^2$ 取最小值的 $m = m'$，基态能量为 $E_{m'}$，它随 B 周期变化，周期为 $\frac{2c\hbar}{qa^2}$

12. 证明带电粒子(电荷为 q) 在磁场 B 中速度分量算符之间的对易关系式为

$$[\hat{v}_x, \hat{v}_y] = \frac{i\hbar q}{\mu^2 c}B_z, \quad [\hat{v}_y, \hat{v}_z] = \frac{i\hbar q}{\mu^2 c}B_x, \quad [\hat{v}_z, \hat{v}_x] = \frac{i\hbar q}{\mu^2 c}B_y$$

13. 电荷为 q 质量为 μ 的粒子在均匀恒定磁场中运动，矢势 $\boldsymbol{A}$ 的三个分量取如下值：$A_x = -By, A_y = A_z = 0$，B 为磁场强度. 显然，$\hat{y}_0 = -\frac{c}{qB}\hat{p}_x$ 为守恒量.

(1) 证明 $\hat{x}_0 = \frac{c}{qB}\hat{p}_y + x$ 也是守恒量.

(2) $\hat{x}_0$ 与 $\hat{y}_0$ 是否可以同时被测量？

答：$\hat{x}_0$ 与 $\hat{y}_0$ 不可以同时被测量.

14. 氢原子处于态 $\psi_{210}(\boldsymbol{r})$，计算平均值 $\langle 210|\frac{1}{r}|210\rangle$.

答：$\langle 210|\frac{1}{r}|210\rangle = \frac{1}{4a}$

15. 氢原子处于态 $\psi_{nlm}(\boldsymbol{r})$，计算平均值 $\langle nlm|\frac{1}{r^2}|nlm\rangle$.

答：$\langle nlm|\frac{1}{r^2}|nlm\rangle = \frac{2}{(2l+1)a^2n^3}$

16. 设一粒子在中心力场 $V(r)$ 中运动. 定义径向动量

$$\hat{p}_r \equiv \frac{1}{2}\left(\frac{\boldsymbol{r}}{r}\cdot\hat{\boldsymbol{p}} + \hat{\boldsymbol{p}}\cdot\frac{\boldsymbol{r}}{r}\right)$$

(1) 证明 $\hat{p}_r = -i\hbar\left(\frac{\partial}{\partial r} + \frac{1}{r}\right)$

(2) 证明 $\hat{H} = \left(\frac{\hat{p}_r^2}{2\mu} + \frac{\hat{L}^2}{2\mu r^2} + V(r)\right)$

(3) 计算对易关系：$\left[\frac{\partial}{\partial r}, \hat{H}\right]$

(4) 当粒子处于此中心力场 $V(r)$ 的某一束缚定态 $\psi_{nlm}(\boldsymbol{r}) = R_{nl}(r)Y_{lm}(\theta,\varphi)$ 时，证明

$$\langle nlm|\frac{\partial V(r)}{\partial r}|nlm\rangle - \frac{l(l+1)\hbar^2}{\mu}\langle nlm|\frac{1}{r^3}|nlm\rangle = \frac{\hbar^2}{2\mu}|R_{nl}(0)|^2$$

(5) 设 $V(r) = -\frac{Ze^2}{r}$，证明

$$\langle nlm|\frac{1}{r^3}|nlm\rangle = \frac{Z}{l(l+1)a}\langle nlm|\frac{1}{r^2}|nlm\rangle$$

其中 a 为玻尔半径.

答：$\left[\frac{\partial}{\partial r},\hat{H}\right] = \frac{\hbar^2}{\mu r^2}\frac{\partial}{\partial r} - \frac{\hat{L}^2}{\mu r^3} + \frac{\partial V(r)}{\partial r}$

17. 利用不确定关系估算氢原子基态能量.

提示：由于是估算，可以用以下近似式：

$$\hat{H} \approx \frac{\hat{p}_r^2}{2\mu} + V(r), \quad \hat{p}_r \approx -i\hbar\frac{\partial}{\partial r}$$

$$E = \overline{H} \approx \frac{1}{2\mu}\overline{p_r^2} - \overline{\left(\frac{e^2}{r}\right)} \approx \frac{1}{2\mu}\overline{p_r^2} - \frac{e^2}{\overline{r}}$$

$$\overline{(\Delta\hat{p}_r)^2} = \overline{p_r^2} - (\overline{p}_r)^2 = \overline{p_r^2}, \quad \overline{(\Delta r)^2} \approx (\overline{r})^2$$

答：$E = -\frac{e^2}{2a}$

18. 利用不确定关系估算粒子在以下中心力场中的基态能量：

(1) $V(r) = \alpha r$；(2) $V(r) = -\frac{\alpha}{r^{3/2}}$，其中 α 为常数. 粒子质量为 μ.

答：(1) $E = \frac{3}{2}\left(\frac{\hbar^2\alpha^2}{\mu}\right)^{1/3}$　(2) $E = -\frac{27\mu^3\alpha^4}{32\hbar^6}$

19. 对氢原子基态，计算 $\Delta x\Delta p_x$.

答：$\Delta x = a$，　$\Delta p_x = \frac{\hbar}{\sqrt{3}a}$，　$\Delta x\Delta p_x = \frac{\hbar}{\sqrt{3}}$

第七章　近似方法

量子力学中能够精确求出薛定谔方程解的情况是极少的，在绝大多数情况下，只能求近似解. 因此，求薛定谔方程解的近似方法就变得十分重要. 本章介绍解薛定谔方程的近似方法，在最后一节还介绍能量与时间的测不准关系.

§7.1　定态非简并微扰方法

设粒子的哈密顿算符可以表示成

$$\hat{H} = \hat{H}_0 + \hat{H}' \tag{1}$$

其中 $\hat{H}'$ 相对 $\hat{H}_0$ 强度十分微小，称作微扰哈密顿量，简称微扰. 假定 $\hat{H}$ 的本征方程

$$(\hat{H}_0 + \hat{H}')\psi(\boldsymbol{r}) = E\psi(\boldsymbol{r}) \tag{2}$$

无法求精确解，但不考虑微扰 $\hat{H}'$ 时，$\hat{H} = \hat{H}_0$ 的本征方程

$$\hat{H}_0\psi(\boldsymbol{r}) = E\psi(\boldsymbol{r}) \tag{3}$$

有精确解：$E = E_n^{(0)}$，$\psi(\boldsymbol{r}) = \psi_n^{(0)}(\boldsymbol{r})$，$n = 1,2,\cdots$ 即 $E_n^{(0)}$ 与 $\psi_n^{(0)}(\boldsymbol{r})$ 满足定态方程

$$\hat{H}_0\psi_n^{(0)}(\boldsymbol{r}) = E_n^{(0)}\psi_n^{(0)}(\boldsymbol{r}) \tag{4}$$

现在我们来研究当 $\hat{H}$ 中计入微扰 $\hat{H}'$ 后，$\hat{H}$ 的本征能量由 $E = E_n^{(0)}$ 变成什么？$\hat{H}$ 的本征函数由 $\psi(\boldsymbol{r}) = \psi_n^{(0)}(\boldsymbol{r})$ 变成什么？由于我们已经假定 $\hat{H}$ 的本征方程 (2) 无法求精确解，我们要研究的是 E 与 ψ 的近似解，研究在 $E = E_n^{(0)}$ 与 $\psi(\boldsymbol{r}) = \psi_n^{(0)}(\boldsymbol{r})$ 的基础上，附加一些什么样的修正量，得到 E 与 ψ 的近似解. 显然，在 $\hat{H}'$ 是微扰的条件下，这样做是可行的. 在 $E_n^{(0)}$ 是非简并与简并两种情况下，求 E 与 ψ 的近似解的方法很不相同. 本节只讨论 $E_n^{(0)}$ 是非简并的情况. 由于 $\hat{H}'$ 是微扰，$E_n^{(0)}$ 与 $\psi_n^{(0)}(\boldsymbol{r})$ 可以认为是 $\hat{H} = \hat{H}_0 + \hat{H}'$ 的近似本征能量与本征函数，只是近似程度较差，分别称作零级近似能量与零级近似波函数. 可以设想，$\hat{H} =$

$\hat{H}_0+\hat{H}'$ 的解是在零级近似解的基础上附加无限多级修正项得到的. 这是因为在 $\hat{H}'$ 是微扰的条件下, $\hat{H}'$ 可以写成如下形式

$$\hat{H}'=\varepsilon\hat{W}=\hat{H}'(\varepsilon),\qquad |\varepsilon|\ll 1 \tag{5}$$

其中 ε 为一个无量纲的参数, 它表征 $\hat{H}'$ 的强度. $\hat{W}$ 与 $\hat{H}_0$ 具有相同的数量级. 正是由于因子 ε, $\hat{H}'(\varepsilon)=\varepsilon\hat{W}$ 成为微扰. 如果 $\varepsilon=0$, 则 $E_n=E_n^0$, $\psi_n=\psi_n^0$. 如果 $\varepsilon\neq 0$, 则 $E_n=E_n(\varepsilon)$, $\psi_n=\psi_n(\varepsilon)$, E_n 与 ψ_n 都是 ε 的函数. 假定 $E_n(\varepsilon)$ 与 $\psi_n(\varepsilon)$ 都是已知函数, 可将 $E_n(\varepsilon)$ 与 $\psi_n(\varepsilon)$ 展开成 ε 的幂级数:

$$\begin{aligned}E_n(\varepsilon)&=E_n^{(0)}+E_n'|_{\varepsilon=0}\varepsilon+\frac{E_n''|_{\varepsilon=0}}{2\,!}\varepsilon^2+\cdots\\&=E_n^{(0)}+E_n^{(1)}(\varepsilon)+E_n^{(2)}(\varepsilon)+\cdots\end{aligned} \tag{6}$$

$$\begin{aligned}\psi_n(\varepsilon)&=\psi_n^{(0)}+\psi_n'|_{\varepsilon=0}\varepsilon+\frac{\psi_n''|_{\varepsilon=0}}{2\,!}\varepsilon^2+\cdots\\&=\psi_n^{(0)}+\psi_n^{(1)}(\varepsilon)+\psi_n^{(2)}(\varepsilon)+\cdots\end{aligned} \tag{7}$$

其中 $E_n^{(1)}(\varepsilon)$, $E_n^{(2)}(\varepsilon)$, $\cdots$ 分别是含有 ε, ε^2, $\cdots$ 的能量项, 称作能量的一级修正, 二级修正, $\cdots$, $\psi_n^{(1)}(\varepsilon)$, $\psi_n^{(2)}(\varepsilon)$, $\cdots$ 分别是含有 ε, ε^2, $\cdots$ 的波函数项, 称作波函数的一级修正, 二级修正, $\cdots$. 将(6) 与(7) 式代入定态方程(2) 中:

$$\begin{aligned}(\hat{H}_0+\hat{H}'(\varepsilon))(\psi_n^{(0)}+\psi_n^{(1)}(\varepsilon)+\psi_n^{(2)}(\varepsilon)+\cdots)&\\=(E_n^{(0)}+E_n^{(1)}(\varepsilon)+E_n^{(2)}(\varepsilon)+\cdots)&\\\times(\psi_n^{(0)}+\psi_n^{(1)}(\varepsilon)+\psi_n^{(2)}(\varepsilon)+\cdots)&\end{aligned} \tag{8}$$

再将(8) 式两边相乘项展开, 显然等式两边具有相同数量级的项相等, 便有以下等式(略去能量修正项与波函数修正项以及 $\hat{H}'$ 中含有的 ε 标记)

$$\hat{H}_0\psi_n^{(0)}=E_n^{(0)}\psi_n^{(0)} \tag{9}$$

$$(\hat{H}_0-E_n^{(0)})\psi_n^{(1)}=-(\hat{H}'-E_n^{(1)})\psi_n^{(0)} \tag{10}$$

$$(\hat{H}_0-E_n^{(0)})\psi_n^{(2)}=-(\hat{H}'-E_n^{(1)})\psi_n^{(1)}+E_n^{(2)}\psi_n^{(0)} \tag{11}$$

$$\begin{aligned}(\hat{H}_0-E_n^{(0)})\psi_n^{(3)}=&-(\hat{H}'-E_n^{(1)})\psi_n^{(2)}\\&+E_n^{(2)}\psi_n^{(1)}+E_n^{(3)}\psi_n^{(0)}\end{aligned} \tag{12}$$

$$\cdots\cdots\cdots\cdots$$

方程(9) 没有含 ε 的项, 它就是零级近似方程(4), 其中 $E_n^{(0)}$ 与 $\psi_n^{(0)}$ 为零级近似能量与零级近似波函数, 为已知量. 方程(10) 含有未知量: 一级修正能量 $E_n^{(1)}$ 与一级修正波函数 $\psi_n^{(1)}$, 为一级近似方程. 类似地, (11) 式为二级近似方程, 含有未知量: 二级修正能量 $E_n^{(2)}$ 与二级修正波函数 $\psi_n^{(2)}$, $\cdots$. 实际上, $E_n(\varepsilon)$ 与 $\psi_n(\varepsilon)$ 都是未知函数, 我们不可能由 $E_n(\varepsilon)$ 与 $\psi_n(\varepsilon)$ 得到(6) 式与(7) 式. 上述仅表明 $E_n(\varepsilon)$ 与 $\psi_n(\varepsilon)$ 可以分别表示成(6) 式与(7) 式, 并且其中各级修正项分别

由各级近似方程决定. 将零级近似方程(4) 的解:$E_n^{(0)}$ 与 $\psi_n^{(0)}$ 代入一级近似方程,可以求出一级修正能量 $E_n^{(1)}$ 与一级修正波函数 $\psi_n^{(1)}$. 再将 $E_n^{(0)}$,$\psi_n^{(0)}$,$E_n^{(1)}$ 与 $\psi_n^{(1)}$ 代入二级近似方程,可以求出二级修正能量 $E_n^{(2)}$ 与二级修正波函数 $\psi_n^{(2)}$. 依此类推,可以逐步求出能量与波函数的各级修正. 我们不可能也没有必要求出所有级的能量与波函数的修正项,我们只要求出最低的几级修正项.

用 $\psi_n^{*(0)}$ 左乘(10) 式,并作全空间积分$\int \mathrm{d}\tau$,得

$$\int \psi_n^{*(0)} \hat{H}_0 \psi_n^{(1)} \mathrm{d}\tau - E_n^{(0)} \int \psi_n^{*(0)} \psi_n^{(1)} \mathrm{d}\tau = -\int \psi_n^{*(0)} \hat{H}' \psi_n^{(0)} \mathrm{d}\tau + E_n^{(1)} \int \psi_n^{*(0)} \psi_n^{(0)} \mathrm{d}\tau \tag{13}$$

利用波函数的归一化条件

$$\int \psi_n^{*(0)} \psi_n^{(0)} \mathrm{d}\tau = 1 \tag{14}$$

及力学量算符 $\hat{H}_0$ 的厄密性:

$$\int \psi_n^{*(0)} \hat{H}_0 \psi_n^{(1)} \mathrm{d}\tau = \int (\hat{H}_0 \psi_n^{(0)})^* \psi_n^{(1)} \mathrm{d}\tau = E_n^{(0)} \int \psi_n^{*(0)} \psi_n^{(1)} \mathrm{d}\tau \tag{15}$$

由(13)式得

$$E_n^{(1)} = \int \psi_n^{*(0)} \hat{H}' \psi_n^{(0)} \mathrm{d}\tau \equiv H'_{nn} \tag{16}$$

由此可见,一级修正能量 $E_n^{(1)}$ 等于微扰 $\hat{H}'$ 在零级近似波函数 $\psi_n^{(0)}$ 上的平均值. 下面求一级修正波函数 $\psi_n^{(1)}$. 考虑到 $\hat{H}_0$ 的本征函数全体集合 $\{\psi_i^{(0)}, i = 1,2,\cdots\}$ 具有完备性,可将 $\psi_n^{(1)}$ 表示为

$$\psi_n^{(1)} = \sum_{i \neq n} a_i^{(1)} \psi_i^{(0)} \tag{17}$$

由于 $\psi_n^{(1)}$ 是对零级近似波函数 $\psi_n^{(0)}$ 的修正项,故在上式的求和项中不包含 $\psi_n^{(0)}$. 将(17) 式代入一级近似方程(10) 式中,得

$$\sum_{i \neq n} a_i^{(1)} (E_i^{(0)} - E_n^{(0)}) \psi_i^{(0)} = E_n^{(1)} \psi_n^{(0)} - \hat{H}' \psi_n^{(0)} \tag{18}$$

上式两边左乘 $\psi_m^{*(0)}(m \neq n)$,并作全空间的积分$\int \mathrm{d}\tau$,再利用 $\psi_i^{(0)}$ 的正交归一条件:

$$\int \psi_m^{*(0)} \psi_i^{(0)} \mathrm{d}\tau = \delta_{mi} \tag{19}$$

得

$$a_m^{(1)} = \frac{H'_{mn}}{E_n^{(0)} - E_m^{(0)}} \tag{20}$$

其中

$$H'_{mn} = \int \psi_m^{*(0)} \hat{H}' \psi_n^{(0)} \, \mathrm{d}\tau \tag{21}$$

H'_{mn}是微扰哈密顿量 $\hat{H}'$ 在 $\hat{H}_0$ 表象中的矩阵元.将(20)式代入(17)式中,得

$$\psi_n^{(1)} = \sum_{m \neq n} \frac{H'_{mn}}{E_n^{(0)} - E_m^{(0)}} \psi_m^{(0)} \tag{22}$$

再求能量的二级修正 $E_n^{(2)}$.用 $\psi_n^{*(0)}$ 左乘(11)式,并作全空间积分$\int \mathrm{d}\tau$,得

$$0 = E_n^{(1)} \int \psi_n^{*(0)} \psi_n^{(1)} \mathrm{d}\tau - \int \psi_n^{*(0)} \hat{H}' \psi_n^{(1)} \mathrm{d}\tau + E_n^{(2)} \tag{23}$$

因 $\psi_n^{(1)}$ 中不含 $\psi_n^{(0)}$,由 $\hat{H}_0$ 本征函数的正交性,上式右边第一项中的积分为零.故有

$$E_n^{(2)} = \int \psi_n^{*(0)} \hat{H}' \psi_n^{(1)} \mathrm{d}\tau \tag{24}$$

将 $\psi_n^{(1)}$ 的计算公式(22)代入(24)式中,得

$$E_n^{(2)} = \sum_{m \neq n} \frac{H'_{nm} H'_{mn}}{E_n^{(0)} - E_m^{(0)}} = \sum_{m \neq n} \frac{|H'_{mn}|^2}{E_n^{(0)} - E_m^{(0)}} \tag{25}$$

用同计算 $\psi_n^{(1)}$ 类似的方法由(11)式可以算出 $\psi_n^{(2)}$,所得公式比较复杂,这里就不再列出了.综上所述,能量的二级近似公式为

$$E_n = E_n^{(0)} + H'_{nn} + \sum_{m \neq n} \frac{|H'_{mn}|^2}{E_n^{(0)} - E_m^{(0)}} \tag{26}$$

波函数的一级近似公式为

$$\psi_n = \psi_n^{(0)} + \sum_{m \neq n} \frac{H'_{mn}}{E_n^{(0)} - E_m^{(0)}} \psi_m^{(0)} \tag{27}$$

由公式(26)与(27)看出,如果以下条件满足:

$$\left| \frac{H'_{mn}}{E_n^{(0)} - E_m^{(0)}} \right| \ll 1 \tag{28}$$

则两公式中的级数收敛得很快.所以,(28)式是上述方法,即非简并微扰方法适用的条件.

[例题 1] 带有电荷 e 的一维谐振子$\left(\hat{H}_0 = -\frac{\hbar^2}{2\mu}\frac{\mathrm{d}^2}{\mathrm{d}x^2} + \frac{1}{2}\mu\omega^2 x^2\right)$,受到恒定弱电场 $\boldsymbol{\varepsilon}$ 的作用,$\boldsymbol{\varepsilon}$ 的方向沿 x 轴.电场的作用可视为微扰.计算二级近似能量与一级近似波函数.

解:电荷 e 在电场 $\boldsymbol{\varepsilon} = \varepsilon \boldsymbol{i}$ 中的势能

$$\hat{H}' = -\int e\boldsymbol{\varepsilon} \cdot \mathrm{d}\boldsymbol{r} = -\int e\varepsilon \,\mathrm{d}x = -e\varepsilon x$$

$$\hat{H} = \hat{H}_0 + \hat{H}'$$

零级近似能量与波函数为

$$E_n^{(0)} = (n+1/2)\hbar\omega, \quad \psi_n^{(0)}(x) = N_n \mathrm{e}^{-\alpha^2 x^2/2} H_n(\alpha x)$$

微扰矩阵元

$$H'_{mn} = -e\varepsilon\int \psi_m^{*(0)}(x) x \psi_n^{(0)}(x)\mathrm{d}x$$

利用公式

$$x\psi_n^{(0)}(x) = \frac{1}{\alpha}\left[\sqrt{\frac{n}{2}}\psi_{n-1}^{(0)}(x) + \sqrt{\frac{n+1}{2}}\psi_{n+1}^{(0)}(x)\right]$$

及波函数的正交归一条件

$$\int \psi_m^{*(0)}(x)\psi_n^{(0)}(x)\mathrm{d}x = \delta_{mn}$$

算出

$$H'_{mn} = -\frac{e\varepsilon}{\alpha}\left(\sqrt{\frac{n}{2}}\delta_{m,n-1} + \sqrt{\frac{n+1}{2}}\delta_{m,n+1}\right)$$

$$E_n^{(1)} = H'_{nn} = 0,$$

$$E_n^{(2)} = \sum_{m\neq n}\frac{|H'_{mn}|^2}{E_n^{(0)} - E_m^{(0)}}$$

$$= \frac{e^2\varepsilon^2}{\alpha^2}\left(\frac{n}{2}\frac{1}{E_n^{(0)} - E_{n-1}^{(0)}} + \frac{n+1}{2}\frac{1}{E_n^{(0)} - E_{n+1}^{(0)}}\right)$$

$$= -\frac{e^2\varepsilon^2}{2\hbar\omega\alpha^2} = -\frac{e^2\varepsilon^2}{2\mu\,\omega^2}$$

$$\psi_n^{(1)}(x) = \sum_{m\neq n}\frac{H'_{mn}}{E_n^{(0)} - E_m^{(0)}}\psi_m^{(0)}(x)$$

$$= \frac{e\varepsilon}{\hbar\omega\alpha}\left(\sqrt{\frac{n+1}{2}}\psi_{n+1}^{(0)}(x) - \sqrt{\frac{n}{2}}\psi_{n-1}^{(0)}(x)\right)$$

二级近似能量与一级的似波函数为

$$E_n = \left(n+\frac{1}{2}\right)\hbar\omega - \frac{e^2\varepsilon^2}{2\mu\,\omega^2}$$

$$\psi_n(x) = \psi_n^{(0)}(x) + \frac{e\varepsilon}{\hbar\omega\alpha}\left(\sqrt{\frac{n+1}{2}}\psi_{n+1}^{(0)}(x) - \sqrt{\frac{n}{2}}\psi_{n-1}^{(0)}(x)\right)$$

[例题 2] 已知体系的哈密顿量在某力学量表象表示为

$$\hat{H}=E_0\begin{pmatrix}0&1&0\\1&0&1\\0&1&0\end{pmatrix}+\varepsilon\begin{pmatrix}0&0&0\\0&0&1\\0&1&0\end{pmatrix}$$

其中 $E_0,\varepsilon>0,\varepsilon\ll E_0$. 试用微扰方法求二级近似能量与一级近似态矢.

〔解〕　$\hat{H}=\hat{H}_0+\hat{H}'$

$$\hat{H}_0=E_0\begin{pmatrix}0&1&0\\1&0&1\\0&1&0\end{pmatrix},\ \hat{H}'=\varepsilon\begin{pmatrix}0&0&0\\0&0&1\\0&1&0\end{pmatrix}$$

由 $\hat{H}_0$ 的本征方程 $\hat{H}_0\psi^{(0)}=E^{(0)}\psi^{(0)}$ 解得

$$E_1^{(0)}=\sqrt{2}E_0,\psi_1^{(0)}=\frac{1}{2}\begin{pmatrix}1\\\sqrt{2}\\1\end{pmatrix};E_2^{(0)}=0,\psi_2^{(0)}=\frac{1}{\sqrt{2}}\begin{pmatrix}1\\0\\-1\end{pmatrix}$$

$$E_3^{(0)}=-\sqrt{2}E_0,\psi_3^{(0)}=\frac{1}{2}\begin{pmatrix}1\\-\sqrt{2}\\1\end{pmatrix}$$

二级近似能量与一级近似态矢的计算公式为

$$E_1=E_1^{(0)}+H'_{11}+\frac{|H'_{21}|^2}{E_1^{(0)}-E_2^{(0)}}+\frac{|H'_{31}|^2}{E_1^{(0)}-E_3^{(0)}}$$

$$\psi_1=\psi_1^{(0)}+\frac{H'_{21}}{E_1^{(0)}-E_2^{(0)}}\psi_2^{(0)}+\frac{H'_{31}}{E_1^{(0)}-E_3^{(0)}}\psi_3^{(0)}$$

其中

$$H'_{11}=\psi_1^{\dagger(0)}\hat{H}'\psi_1^{(0)}=\frac{1}{2}(1,\sqrt{2},1)\varepsilon\begin{pmatrix}0&0&0\\0&0&1\\0&1&0\end{pmatrix}\frac{1}{2}\begin{pmatrix}1\\\sqrt{2}\\1\end{pmatrix}=\frac{\sqrt{2}\varepsilon}{2}$$

$$H'_{21}=\psi_2^{\dagger(0)}\hat{H}'\psi_1^{(0)}=\frac{1}{\sqrt{2}}(1,0,-1)\varepsilon\begin{pmatrix}0&0&0\\0&0&1\\0&1&0\end{pmatrix}\frac{1}{2}\begin{pmatrix}1\\\sqrt{2}\\1\end{pmatrix}=-\frac{\varepsilon}{2}$$

$$H'_{31}=\psi_3^{\dagger(0)}\hat{H}'\psi_1^{(0)}=\frac{1}{2}(1,-\sqrt{2},1)\varepsilon\begin{pmatrix}0&0&0\\0&0&1\\0&1&0\end{pmatrix}\frac{1}{2}\begin{pmatrix}1\\\sqrt{2}\\1\end{pmatrix}=0$$

将上述 H'_{11}, H'_{21}与 H'_{31}的值代入 E_1 与 ψ_1 中,得

$$E_1=\sqrt{2}E_0+\frac{\sqrt{2}\varepsilon}{2}+\frac{\varepsilon^2}{4\sqrt{2}E_0}$$

$$\psi_1 = \psi_1^{(0)} - \frac{\varepsilon}{2\sqrt{2}E_0}\psi_2^{(0)} = \frac{1}{2}\begin{pmatrix} 1-\varepsilon/(2E_0) \\ \sqrt{2} \\ 1+\varepsilon/(2E_0) \end{pmatrix}$$

类似的计算,得

$$E_2 = 0, \quad \psi_2 = \frac{1}{\sqrt{2}}\begin{pmatrix} 1+\varepsilon/(2E_0) \\ 0 \\ -1+\varepsilon/(2E_0) \end{pmatrix}$$

$$E_3 = -\sqrt{2}E_0 - \frac{\sqrt{2}\varepsilon}{2} - \frac{\varepsilon^2}{4\sqrt{2}E_0}, \psi_3 = \frac{1}{2}\begin{pmatrix} 1-\varepsilon/(2E_0) \\ -\sqrt{2} \\ 1+\varepsilon/(2E_0) \end{pmatrix}$$

[例题 3] 用微扰方法推导非简并态能量三级修正 $E_n^{(3)}$ 的计算公式.

〔解〕 用 $\psi_n^{*(0)}$ 左乘(12)式,并作全空间积分$\int \mathrm{d}\tau$,得

$$E_n^{(3)} = \int \psi_n^{*(0)}(\hat{H}' - E_n^{(1)})\psi_n^{(2)}\mathrm{d}\tau - E_n^{(2)}\int \psi_n^{*(0)}\psi_n^{(1)}\mathrm{d}\tau \tag{29}$$

其中积分

$$\int \psi_n^{*(0)}(\hat{H}' - E_n^{(1)})\psi_n^{(2)}\mathrm{d}\tau = \int \{(\hat{H}' - E_n^{(1)})\psi_n^{(0)}\}^* \psi_n^{(2)}\mathrm{d}\tau \tag{30}$$

由公式(10)得

$$(\hat{H}' - E_n^{(1)})\psi_n^{(0)} = -(\hat{H}_0 - E_n^{(0)})\psi_n^{(1)} \tag{31}$$

将(31)式代入(30)式中,

$$\int \psi_n^{*(0)}(\hat{H}' - E_n^{(1)})\psi_n^{(2)}\mathrm{d}\tau = -\int \{(\hat{H}_0 - E_n^{(0)})\psi_n^{(1)}\}^* \psi_n^{(2)}\mathrm{d}\tau$$

$$= -\int \psi_n^{*(1)}(\hat{H}_0 - E_n^{(0)})\psi_n^{(2)}\mathrm{d}\tau \tag{32}$$

再将公式(11),即

$$(\hat{H}_0 - E_n^{(0)})\psi_n^{(2)} = -(\hat{H}' - E_n^{(1)})\psi_n^{(1)} + E_n^{(2)}\psi_n^{(0)}$$

代入(32)式,得

$$\int \psi_n^{*(0)}(\hat{H}' - E_n^{(1)})\psi_n^{(2)}\mathrm{d}\tau = \int \psi_n^{*(1)}(\hat{H}' - E_n^{(1)})\psi_n^{(1)}\mathrm{d}\tau$$

$$- E_n^{(2)}\int \psi_n^{*(1)}\psi_n^{(0)}\mathrm{d}\tau \tag{33}$$

在(29) 式中的第一个积分用(33) 式表示后,能量的三级修正 $E_n^{(3)}$ 为

$$E_n^{(3)} = \int \psi_n^{*(1)}(\hat{H}' - E_n^{(1)})\psi_n^{(1)}\mathrm{d}\tau - E_n^{(2)}\left(\int \psi_n^{*(1)}\psi_n^{(0)}\mathrm{d}\tau + \int \psi_n^{*(0)}\psi_n^{(1)}\mathrm{d}\tau\right) \tag{34}$$

在 $\psi_n = \psi_n^{(0)} + \psi_n^{(1)}$ 的归一化公式

$$1 = \int \psi_n^* \psi_n \mathrm{d}\tau = \int \psi_n^{*(0)} \psi_n^{(0)} \mathrm{d}\tau + \int \psi_n^{*(0)} \psi_n^{(1)} \mathrm{d}\tau + \int \psi_n^{*(1)} \psi_n^{(0)} \mathrm{d}\tau + \int \psi_n^{*(1)} \psi_n^{(1)} \mathrm{d}\tau \tag{35}$$

中，$\int \psi_n^{*(0)} \psi_n^{(0)} \mathrm{d}\tau = 1$，并略去高一级的微小量（最后一个积分 $\int \psi_n^{*(1)} \psi_n^{(1)} \mathrm{d}\tau$），便有

$$\int \psi_n^{*(0)} \psi_n^{(1)} \mathrm{d}\tau + \int \psi_n^{*(1)} \psi_n^{(0)} \mathrm{d}\tau = 0 \tag{36}$$

考虑(36)式后，(34)式变为

$$E_n^{(3)} = \int \psi_n^{*(1)} (\hat{H}' - E_n^{(1)}) \psi_n^{(1)} \mathrm{d}\tau \tag{37}$$

将 $E_n^{(1)} = H'_{nn}$ 及(22)式：

$$\psi_n^{(1)} = \sum_{m' \neq n} \frac{H'_{m'n}}{E_n^{(0)} - E_{m'}^{(0)}} \psi_{m'}^{(0)}, \quad \psi_n^{*(1)} = \sum_{m \neq n} \frac{H'^{*}_{mn}}{E_n^{(0)} - E_m^{(0)}} \psi_m^{*(0)}$$

代入(37)式，得

$$E_n^{(3)} = \sum_{m, m' \neq n} \frac{H'_{nm} H'_{mm'} H'_{m'n}}{(E_n^{(0)} - E_m^{(0)})(E_n^{(0)} - E_{m'}^{(0)})} - H'_{nn} \sum_{m \neq n} \frac{|H'_{mn}|^2}{(E_n^{(0)} - E_m^{(0)})^2} \tag{38}$$

§7.2　定态简并微扰方法

上一节讨论了 $E_n^{(0)}$ 为非简并时，计算 $\hat{H} = \hat{H}_0 + \hat{H}'$ 的近似本征能量与本征函数的方法. 现在讨论 $E_n^{(0)}$ 为简并时，计算 $\hat{H} = \hat{H}_0 + \hat{H}'$ 的近似本征能量与本征函数的方法. 设 $E_n^{(0)}$ 是 k 度简并的，与 $E_n^{(0)}$ 对应的 k 个波函数记为 φ_1，φ_2，…，φ_k，它们满足定态方程

$$\hat{H}_0 \varphi_i = E_n^{(0)} \varphi_i, \qquad i = 1, 2, \cdots, k \tag{1}$$

及正交归一条件：

$$\int \varphi_j^* \varphi_i \mathrm{d}\tau = \delta_{ji} \tag{2}$$

由于方程(1)是线性的，这 k 个波函数的任意线性组合仍是 $\hat{H}_0$ 的本征值为 $E_n^{(0)}$ 的本征函数. 可见，与 $E_n^{(0)}$ 对应的本征函数有无限多个. 毫无疑问，零级近似能

量是 $E_n^{(0)}$. 但零级近似波函数是什么呢?既然与 $E_n^{(0)}$ 对应的本征函数有无限多个,仅由方程(1) 是无法确定零级近似波函数的. 通过下面的分析,我们确信零级近似波函数是存在的. $\hat{H}_0$ 的对称性是造成能量简并的原因. $\hat{H}=\hat{H}_0+\hat{H}'$ 的对称性变差,使得 $\hat{H}$ 的本征值的简并度减少甚至消失. 假定 $\hat{H}_0$ 的与 $E_n^{(0)}$ 对应的 k 个简并态,在计入 $\hat{H}'(\varepsilon)$ 后,变成了 $\hat{H}=\hat{H}_0+\hat{H}'(\varepsilon)$ 的 k 个不同能量的本征态. 设这 k 个能量为 $E_{ni}(\varepsilon)$,$i=1,2,\cdots,k$,相应的本征函数为 $\psi_{ni}(\varepsilon,\boldsymbol{r})$. 当 $\varepsilon\to 0$ 时,$\hat{H}'=\varepsilon\hat{W}\to 0$,上述 k 个不同的能量都变成了同一个能量 $E_{ni}(\varepsilon=0)=E_n^{(0)}$,即零级近似能量,而上述 k 个波函数分别变成了各自完全确定的波函数:$\psi_{ni}(\varepsilon=0,\boldsymbol{r})\equiv\psi_{ni}^{(0)}$ 即零级近似波函数. 由此可见,零级近似波函数是存在的,它取决于 $\varepsilon\neq 0$ 时的波函数 $\psi_{ni}(\varepsilon,\boldsymbol{r})$ 的具体形式,是 $\psi_{ni}(\varepsilon,\boldsymbol{r})$ 在 $\varepsilon\to 0$ 时的渐近式. 所以,仅由零级近似方程(1) 确定零级近似波函数 $\psi_n^{(0)}$ 是不行的,还必须考虑含有 $\hat{H}'=\varepsilon\hat{W}$ 的一级近似方程:

$$(\hat{H}_0-E_n^{(0)})\psi_n^{(1)}=-(\hat{H}'-E_n^{(1)})\psi_n^{(0)} \tag{3}$$

这就是说,零级近似波函数 $\psi_n^{(0)}$ 必须同时满足方程(1) 与(3). 已知方程(1) 的解为 $\varphi_1,\varphi_2,\cdots,\varphi_k$,它们的任意线性组合仍是该方程的解. 故可令零级近似波函数为

$$\psi_n^{(0)}=\sum_{i=1}^{k}c_i\varphi_i \tag{4}$$

将(4)式代入(3)式中,

$$(\hat{H}_0-E_n^{(0)})\psi_n^{(1)}=E_n^{(1)}\sum_{i=1}^{k}c_i\varphi_i-\sum_{i=1}^{k}c_i\hat{H}'\varphi_i \tag{5}$$

用 φ_j^* 左乘(5) 式并作全空间的积分 $\int\mathrm{d}\tau$,得

$$0=E_n^{(1)}\sum_{i=1}^{k}c_i\delta_{ji}-\sum_{i=1}^{k}c_iH'_{ji} \tag{6}$$

其中

$$H'_{ji}=\int\varphi_j^*\hat{H}'\varphi_i\,\mathrm{d}\tau \tag{7}$$

(6)式可写成如下形式:

$$\sum_{i=1}^{k}(H'_{ji}-E_n^{(1)}\delta_{ji})c_i=0 \tag{8}$$

当 j 取遍所有 k 个值时,(8) 式是 k 个系数 $\{c_i\}$ 满足的 k 个代数方程,它们可以统一用一个矩阵方程表示为

$$\begin{pmatrix} H'_{11}-E_n^{(1)} & H'_{12} & \cdots & H'_{1k} \\ H'_{21} & H'_{22}-E_n^{(1)} & \cdots & H'_{2k} \\ \vdots & \vdots & \vdots & \vdots \\ H'_{k1} & H'_{k2} & \cdots & H'_{kk}-E_n^{(1)} \end{pmatrix}\begin{pmatrix} c_1 \\ c_2 \\ \vdots \\ c_k \end{pmatrix}=0 \tag{9}$$

方程(9)有非零解的条件是

$$\begin{vmatrix} H'_{11}-E_n^{(1)} & H'_{12} & \cdots & H'_{1k} \\ H'_{21} & H'_{22}-E_n^{(1)} & \cdots & H'_{2k} \\ \vdots & \vdots & \vdots & \vdots \\ H'_{k1} & H'_{k2} & \cdots & H'_{kk}-E_n^{(1)} \end{vmatrix}=0 \tag{10}$$

这是一级修正能量 $E_n^{(1)}$ 满足的代数方程,称作久期方程.假定由这个方程解出的 k 个根为 $E_n^{(1)}=E_{n1}^{(1)},E_{n2}^{(1)},\cdots,E_{nk}^{(1)}$.将 $E_n^{(1)}=E_{n1}^{(1)}$ 代入方程(9),并利用归一化条件

$$\int|\psi_n^{(0)}|^2\mathrm{d}\tau=1,\quad 或\quad \sum_{i=1}^{k}|c_i|^2=1 \tag{11}$$

可解得一组系数 $c_1(1),c_2(1),\cdots,c_k(1)$.将它们代入(4)式,得零级近似波函数

$$\psi_{n1}^{(0)}=\sum_{i=1}^{k}c_i(1)\varphi_i \tag{12}$$

与 $\psi_{n1}^{(0)}$ 相应的一级近似能量为

$$E_{n1}=E_n^{(0)}+E_{n1}^{(1)} \tag{13}$$

再依次将 $E_n^{(1)}=E_{n2}^{(1)},\cdots,E_{nk}^{(1)}$ 代入方程(9),并利用归一化条件(11),可求出另外 $k-1$ 个零级近似波函数.便有

$$\psi_{n\alpha}^{(0)}=\sum_{i=1}^{k}c_i(\alpha)\varphi_i \tag{14}$$

$$E_{n\alpha}=E_n^{(0)}+E_{n\alpha}^{(1)} \tag{15}$$

$$\alpha=1,2,\cdots,k$$

利用高一级的近似方程,可以计算二级近似能量与一级近似波函数.计算方法同定态非简并微扰方法相同.

[讨论 1]　如果由久期方程(10)解 $E_n^{(1)}$ 得到重根,这表明在一级近似下,能量简并未能完全消除,与此能量对应的零级近似波函数不能确定.在高一级近似下,如果该能级简并消除,则零级近似波函数仍可以确定.

[讨论 2]　如果所有 $i\neq j$ 的 $H'_{ij}=0$,则 $E^{(1)}=H'_{ij}(i=1,2,\cdots,k)$ 只要 $H'_{11}\neq H'_{12}\neq\cdots\neq H'_{kk}\neq$,$\varphi_i$ 就是零级近似波函数.如果对角元素中有取值

相同的，如 $H'_{11} = H'_{22}$，则 φ_1,φ_2 就不一定是零级近似波函数. 只有同取单一值的 H'_{ii} 对应的 φ_i 才是零级近似波函数. 当 φ_i 是零级近似波函数时，一级近似波函数和二级近似能量可以用非简并微扰方法的公式（ξ7.1 中的(22) 与(14)式）计算. 公式中的求和指 标 $m \neq n$ 表示求和不包括与 $E^{(0)}{}_{(n)}$ 对应的 k 个 φ_i 态.

［例题 1］ 氢原子置于均匀恒定电场 $\boldsymbol{\varepsilon} = \varepsilon \boldsymbol{k}$ 中，研究 $n = 2$ 的能级在电场作用下分裂的情况，并讨论谱线 $2p \to 1s$ 的分裂. 电场的作用可以看成是微扰.

解：

$$\hat{H}_0 = -\frac{\hbar^2}{2\mu}\nabla^2 - \frac{e^2}{r}$$

$$\hat{H}' = -q\boldsymbol{r}\cdot\boldsymbol{\varepsilon} = e\boldsymbol{r}\cdot\boldsymbol{\varepsilon} = e\varepsilon z = e\varepsilon r\cos\theta$$

氢原子 $n = 2$ 的能级 $E_2^{(0)}$ 是 4 度简并的，与 $E_2^{(0)}$ 相应的 4 个波函数为

$$\varphi_1 = \psi_{200}(\boldsymbol{r}) = R_{20}(r)Y_{00}(\theta,\varphi) = \frac{1}{4\sqrt{2\pi}a^{3/2}}\left(2 - \frac{r}{a}\right)e^{-r/2a}$$

$$\varphi_2 = \psi_{210}(\boldsymbol{r}) = R_{21}(r)Y_{10}(\theta,\varphi) = \frac{1}{4\sqrt{2\pi}a^{3/2}}\left(\frac{r}{a}\right)e^{-r/2a}\cos\theta$$

$$\varphi_3 = \psi_{211}(\boldsymbol{r}) = R_{21}(r)Y_{11}(\theta,\varphi) = -\frac{1}{8\sqrt{\pi}a^{3/2}}\left(\frac{r}{a}\right)e^{-r/2a}\sin\theta e^{i\varphi}$$

$$\varphi_4 = \psi_{21-1}(\boldsymbol{r}) = R_{21}(r)Y_{1-1}(\theta,\varphi) = \frac{1}{8\sqrt{\pi}a^{3/2}}\left(\frac{r}{a}\right)e^{-r/2a}\sin\theta e^{-i\varphi}$$

微扰矩阵元为

$$H'_{ij} = \int \varphi_i^* \hat{H}'\varphi_j \mathrm{d}\tau = e\varepsilon\int \varphi_i^* r\cos\theta\varphi_j \mathrm{d}\tau$$

微扰矩阵元共有 $4 \times 4 = 16$ 个，其中除了 $H'_{12} = H'_{21} \neq 0$ 外，其余均为 0. 这是因为，除了 $H'_{12} = H'_{21}$ 之外，所有 H'_{ij} 的积分中的被积函数均为奇函数，积分为 0.

$$\begin{aligned} H'_{12} &= \iiint \varphi_1^* e\,\varepsilon r\cos\theta\varphi_2 r^2\sin\theta \mathrm{d}\theta\mathrm{d}\varphi\,\mathrm{d}r \\ &= \frac{e\,\varepsilon}{32\pi a^4}\iiint\left(2 - \frac{r}{a}\right)e^{-r/a}\cos^2\theta\sin\theta r^4\,\mathrm{d}\theta\mathrm{d}\varphi\,\mathrm{d}r \\ &= \frac{e\,\varepsilon}{32\pi a^4}\int_0^\infty\left(2 - \frac{r}{a}\right)e^{-r/a}r^4\,\mathrm{d}r\int_{-1}^1\cos^2\theta\mathrm{d}\cos\theta\int_0^{2\pi}\mathrm{d}\varphi = -3e\varepsilon a \end{aligned}$$

由久期方程(10)：

$$\begin{vmatrix} -E_2^{(1)} & -3e\,\varepsilon a & 0 & 0 \\ -3e\,\varepsilon a & -E_2^{(1)} & 0 & 0 \\ 0 & 0 & -E_2^{(1)} & 0 \\ 0 & 0 & 0 & -E_2^{(1)} \end{vmatrix} = 0$$

得 $E_2^{(1)}$ 的代数方程

$$(E_2^{(1)})^2[(E_2^{(1)})^2-(3e\,\varepsilon a)^2]=0$$

解之得

$$E_{21}^{(1)}=3e\,\varepsilon a, \qquad E_{22}^{(1)}=-3e\,\varepsilon a$$

$$E_{23}^{(1)}=0, \qquad E_{24}^{(1)}=0$$

依次将 $E_2^{(1)}=E_{2\alpha}^{(1)}(\alpha=1,2,3,4)$ 代入方程(9)：

$$\begin{pmatrix} -E_{2\alpha}^{(1)} & -3e\,\varepsilon a & 0 & 0 \\ -3e\,\varepsilon a & -E_{2\alpha}^{(1)} & 0 & 0 \\ 0 & 0 & -E_{2\alpha}^{(1)} & 0 \\ 0 & 0 & 0 & -E_{2\alpha}^{(1)} \end{pmatrix}\begin{pmatrix} c_1(\alpha) \\ c_2(\alpha) \\ c_3(\alpha) \\ c_4(\alpha) \end{pmatrix}=0$$

并利用波函数的归一化条件：

$$|c_1(\alpha)|^2+|c_2(\alpha)|^2+|c_3(\alpha)|^2+|c_4(\alpha)|^2=1$$

可求出叠加系数$\{c_i(\alpha);i,\alpha=1,2,3,4\}$,从而得到零级近似波函数

$$\psi_{2\alpha}^{(0)}=\sum_{i=1}^{4}c_i(\alpha)\varphi_i$$

计算的结果是

$$\psi_{21}^{(0)}=\frac{1}{\sqrt{2}}\varphi_1-\frac{1}{\sqrt{2}}\varphi_2=\frac{1}{\sqrt{2}}(\psi_{200}(\boldsymbol{r})-\psi_{210}(\boldsymbol{r}))$$

$$E_{21}=-\frac{e^2}{8a}+3e\varepsilon a$$

$$\psi_{22}^{(0)}=\frac{1}{\sqrt{2}}\varphi_1+\frac{1}{\sqrt{2}}\varphi_2=\frac{1}{\sqrt{2}}(\psi_{200}(\boldsymbol{r})+\psi_{210}(\boldsymbol{r}))$$

$$E_{22}=-\frac{e^2}{8a}-3e\varepsilon a$$

$$\psi_{23}^{(0)}=A\varphi_3+B\varphi_4=A\psi_{211}(\boldsymbol{r})+B\psi_{21-1}(\boldsymbol{r}), \quad E_{23}=-\frac{e^2}{8a}$$

$$\psi_{24}^{(0)}=C\varphi_3+D\varphi_4=C\psi_{211}(\boldsymbol{r})+D\psi_{21-1}(\boldsymbol{r}), \quad E_{24}=-\frac{e^2}{8a}$$

上式中 $ABCD$ 为任意常数. 在电场中谱线 $2p\rightarrow 1s$ 的分裂如图 7.1 所示.

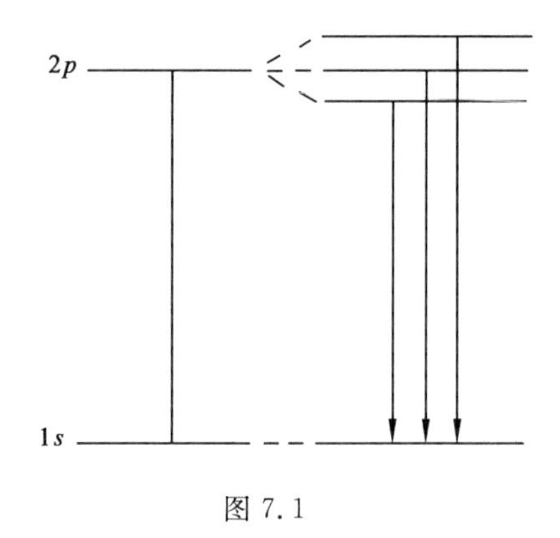

图 7.1

［例题 2］ 转动惯量为 I 电偶极矩为 $\boldsymbol{D}$ 的平面转子绕 z 轴转动，$\hat{H}_0=\dfrac{\hat{L}_z^2}{2I}$，定态能量 $E_m^{(0)}=\dfrac{\hbar^2 m^2}{2I}$，定态波函数 $\psi_m^{(0)}(\varphi)=\dfrac{1}{\sqrt{2\pi}}e^{im\varphi}$，$m=0,\pm1,\pm2,\cdots$. 如果在 x 方向存在均匀弱电场 $\boldsymbol{\varepsilon}=\varepsilon\boldsymbol{i}$. 电偶极矩同电场的作用 $\hat{H}'=-\boldsymbol{D}\cdot\boldsymbol{\varepsilon}=-D\varepsilon\cos\varphi$ 可视为微扰. 计算二级近似能量和一级近似波函数.

解：除基态能量 $E_0^{(0)}=0$ 是非简并之外，其余激发态能量 $E_m^{(0)}$ 都是二度简并的. 微扰矩阵元

$$
\begin{aligned}
H'_{km}&=-D\varepsilon\int_0^{2\pi}\psi_k^{(0)*}(\varphi)\cos\varphi\,\psi_m^{(0)}(\varphi)\mathrm{d}\varphi\\
&=-\frac{D\varepsilon}{2}(\delta_{k,m+1}+\delta_{k,m-1})
\end{aligned}
\tag{16}
$$

(1) 基态($m=0$)

$$
\begin{aligned}
E_0^{(0)}&=0,\quad E_0^{(1)}=H'_{00}=0\\
E_0^{(2)}&=\sum_{k\neq0}\frac{|H'_{k0}|^2}{E_0^{(0)}-E_k^{(0)}}=\frac{|H'_{10}|^2}{E_0^{(0)}-E_1^{(0)}}+\frac{|H'_{-10}|^2}{E_0^{(0)}-E_1^{(0)}}\\
&=-\frac{D^2\varepsilon^2 I}{\hbar^2}
\end{aligned}
$$

$$
\psi_0^{(0)}(\varphi)=\frac{1}{\sqrt{2\pi}}
$$

$$
\begin{aligned}
\psi_0^{(1)}(\varphi)&=\frac{H'_{10}}{E_0^{(0)}-E_1^{(0)}}\psi_1^{(0)}+\frac{H'_{-10}}{E_0^{(0)}-E_1^{(0)}}\psi_{-1}^{(0)}\\
&=\frac{D\varepsilon I}{\hbar^2}(\psi_1^{(0)}+\psi_{-1}^{(0)})=\frac{2D\,\varepsilon I}{\sqrt{2\pi}\hbar^2}\cos\varphi
\end{aligned}
$$

基态二级近似能量和一级近似波函数为

$$E_0 = E_0^{(0)} + E_0^{(1)} + E_0^{(2)} = -\frac{D^2 \varepsilon^2 I}{\hbar^2}$$

$$\psi_0(\varphi) = \psi_0^{(0)}(\varphi) + \psi_0^{(1)}(\varphi) = \frac{1}{\sqrt{2\pi}}\left(1 + \frac{2D\,\varepsilon I}{\hbar^2}\cos\varphi\right)$$

(2) 激发态($m = \pm 1, \pm 2, \cdots$)

现将与 $E_m^{(0)} = \dfrac{\hbar^2 m^2}{2I}$ 对应的两个波函数记为

$$\begin{aligned} \psi_\alpha(\varphi) &\equiv \psi_m^{(0)}(\varphi) = \frac{1}{\sqrt{2\pi}} e^{im\varphi} \\ \psi_\beta(\varphi) &\equiv \psi_{-m}^{(0)}(\varphi) = \frac{1}{\sqrt{2\pi}} e^{-im\varphi} \end{aligned} \tag{17}$$

零级近似波函数为

$$\psi^{(0)} = c_\alpha \psi_\alpha + c_\beta \psi_\beta \tag{18}$$

其中叠加系数 c_α 与 c_β 满足方程

$$\begin{pmatrix} H'_{\alpha\alpha} - E_m^{(1)} & H'_{\alpha\beta} \\ H'_{\beta\alpha} & H'_{\beta\beta} - E_m^{(1)} \end{pmatrix} \begin{pmatrix} c_\alpha \\ c_\beta \end{pmatrix} = 0 \tag{19}$$

计算表明,二个非对角微扰矩阵元为零:

$$H'_{\alpha\beta} = \int_0^{2\pi} \psi_\alpha^*(\varphi) \hat{H}' \psi_\beta(\varphi) d\varphi = -\frac{D\varepsilon}{2\pi}\int_0^{2\pi} e^{-2im\varphi}\cos\varphi d\varphi = 0,$$

$$H'_{\beta\alpha} = H'^*_{\alpha\beta} = 0$$

方程(19)变为

$$\begin{pmatrix} H'_{\alpha\alpha} - E_m^{(1)} & 0 \\ 0 & H'_{\beta\beta} - E_m^{(1)} \end{pmatrix} \begin{pmatrix} c_\alpha \\ c_\beta \end{pmatrix} = 0 \tag{20}$$

由此方程解得

$$E_{ma}^{(1)} = H'_{\alpha\alpha}, \quad E_{mb}^{(1)} = H'_{\beta\beta} \tag{21}$$

由于

$$H'_{\alpha\alpha} = \int_0^{2\pi} \psi_\alpha^*(\varphi) \hat{H}' \psi_\alpha(\varphi) d\varphi = -\frac{D\varepsilon}{2\pi}\int_0^{2\pi} \cos\varphi d\varphi = 0$$

$$H'_{\beta\beta} = \int_0^{2\pi} \psi_\beta^*(\varphi) \hat{H}' \psi_\beta(\varphi) d\varphi = -\frac{D\varepsilon}{2\pi}\int_0^{2\pi} \cos\varphi d\varphi = 0$$

$E_{ma}^{(1)} = E_{mb}^{(1)} = 0$,$c_\alpha$ 与 c_β 不能确定. 在一级近似下,能量

$$E_m = E_m^{(0)} + E_m^{(1)} = \frac{\hbar^2 m^2}{2I} \tag{22}$$

仍是二度简并的,故零级近似波函数不能确定. 为了确定零级近似波函数,要

把零级近似波函数(18) 代入二级近似方程(§7.1 中的(11) 式)：

$$(\hat{H}_0 - E_m^{(0)})\psi^{(2)} = -(\hat{H}' - E_m^{(1)})\psi^{(1)} + E_m^{(2)}(c_\alpha\psi_\alpha + c_\beta\psi_\beta) \tag{23}$$

分别用 ψ_α^* 与 ψ_β^* 左乘上式，并作全空间的积分$\int \mathrm{d}\varphi$(注意 $\psi^{(1)}$ 中不含 ψ_α 与 ψ_β)，得

$$E_m^{(2)} c_\alpha = \int \psi_\alpha^* \hat{H}' \psi^{(1)} \mathrm{d}\varphi \tag{24}$$

$$E_m^{(2)} c_\beta = \int \psi_\beta^* \hat{H}' \psi^{(1)} \mathrm{d}\varphi \tag{25}$$

根据微扰理论，在已知零级近似波函数 $\psi^{(0)}$ 的条件下，一级修正波函数

$$\psi^{(1)} = \sum_{k \neq \pm m} \frac{\int \psi_k^{(0)*} \hat{H}' \psi^{(0)} \mathrm{d}\varphi}{E_m^{(0)} - E_k^{(0)}} \psi_k^{(0)} \tag{26}$$

将(18)式代入(26)式，

$$\psi^{(1)} = c_\alpha \sum_{k \neq \pm m} \frac{H'_{k\alpha}\psi_k^{(0)}}{E_m^{(0)} - E_k^{(0)}} + c_\beta \sum_{k \neq \pm m} \frac{H'_{k\beta}\psi_k^{(0)}}{E_m^{(0)} - E_k^{(0)}} \tag{27}$$

其中

$$\begin{aligned} H'_{k\alpha} &\equiv \int \psi_k^{*(0)} \hat{H}' \psi_\alpha \mathrm{d}\varphi = \int \psi_k^{*(0)} \hat{H}' \psi_m^{(0)} \mathrm{d}\varphi = H'_{km} \\ H'_{k\beta} &\equiv \int \psi_k^{*(0)} \hat{H}' \psi_\beta \mathrm{d}\varphi = \int \psi_k^{*(0)} \hat{H}' \psi_{-m}^{(0)} \mathrm{d}\varphi = H'_{k,-m} \end{aligned} \tag{28}$$

将(27) 式代入(24) 与(25) 式并整理，可得 c_α 与 c_β 满足的方程：

$$\begin{pmatrix} A - E_m^{(2)} & G \\ G^* & B - E_m^{(2)} \end{pmatrix} \begin{pmatrix} c_\alpha \\ c_\beta \end{pmatrix} = 0 \tag{29}$$

其中

$$A = \sum_{k \neq \pm m} \frac{|H'_{k\alpha}|^2}{E_m^{(0)} - E_k^{(0)}}, \quad B = \sum_{k \neq \pm m} \frac{|H'_{k\beta}|^2}{E_m^{(0)} - E_k^{(0)}} \tag{30}$$

$$G = \sum_{k \neq \pm m} \frac{H'_{\alpha k} H'_{k\beta}}{E_m^{(0)} - E_k^{(0)}} \tag{31}$$

先讨论 $m \neq \pm 1$ 的激发态. 由于 $m = \pm 2, \pm 3, \cdots$，从(16) 式看出，无论 k 取何值，均有 $H'_{\alpha k} H'_{k\beta} = H'_{mk} H'_{k,-m} = 0$ (除非 $m = \pm 1$，才有 $H'_{10} H'_{0,-1} \neq 0$)，故有 $G = 0$. 于是方程(29)变为

$$\begin{pmatrix} A - E_m^{(2)} & 0 \\ 0 & B - E_m^{(2)} \end{pmatrix} \begin{pmatrix} c_\alpha \\ c_\beta \end{pmatrix} = 0 \tag{32}$$

显然有

$$\begin{aligned} E_{ma}^{(2)} &= A = \sum_{k \neq \pm m} \frac{|H'_{k\alpha}|^2}{E_m^{(0)} - E_k^{(0)}}, \\ E_{mb}^{(2)} &= B = \sum_{k \neq \pm m} \frac{|H'_{k\beta}|^2}{E_m^{(0)} - E_k^{(0)}} \end{aligned} \tag{33}$$

现在我们来计算二级修正能量 A 与 B：

$$\begin{aligned} A &= \sum_{k \neq \pm m} \frac{|H'_{k\alpha}|^2}{E_m^{(0)} - E_k^{(0)}} = \frac{|H'_{m+1,m}|^2}{E_m^{(0)} - E_{m+1}^{(0)}} + \frac{|H'_{m-1,m}|^2}{E_m^{(0)} - E_{m-1}^{(0)}} \\ &= \frac{D^2 \varepsilon^2}{4} \cdot \frac{2I}{\hbar^2} \left[\frac{1}{m^2 - (m+1)^2} + \frac{1}{m^2 - (m-1)^2} \right] \\ &= \frac{D^2 \varepsilon^2 I}{\hbar^2 (4m^2 - 1)} \end{aligned}$$

$$B = \sum_{k \neq \pm m} \frac{|H'_{k\beta}|^2}{E_m^{(0)} - E_k^{(0)}} = \frac{D^2 \varepsilon^2 I}{\hbar^2 (4m^2 - 1)} = A \tag{34}$$

于是

$$E_{ma}^{(2)} = E_{mb}^{(2)} = \frac{D^2 \varepsilon^2 I}{\hbar^2 (4m^2 - 1)} \tag{35}$$

c_α 与 c_β 仍不能确定. 二级近似能量

$$E_m = E_m^{(0)} + E_m^{(1)} + E_m^{(2)} = \frac{\hbar^2 m^2}{2I} + \frac{D^2 \varepsilon^2 I}{\hbar^2 (4m^2 - 1)} \tag{36}$$

在二级近似下，能量 E_m 仍是二度简并的，故零级近似波函数仍不能确定. 但是，如果令零级近似波函数为 ψ_α 与 ψ_β，并用非简并态微扰方法来计算 $E_m^{(1)}$ 与 $E_m^{(2)}$，我们发现计算公式同这里的(21) 与(33) 式完全相同. 因此，在能量的二级近似下，可以认为零级近似波函数就是 ψ_α 与 ψ_β. 一级近似波函数按非简并态微扰方法计算：

$$\begin{aligned} \psi_a &= \psi_\alpha + \sum_{k \neq \pm m} \frac{H'_{k\alpha} \psi_k^{(0)}}{E_m^{(0)} - E_k^{(0)}} = \psi_m^{(0)} + \sum_{k \neq \pm m} \frac{H'_{km} \psi_k^{(0)}}{E_m^{(0)} - E_k^{(0)}} \\ &= \frac{1}{\sqrt{2\pi}} e^{im\varphi} \left[1 + \frac{D\varepsilon I}{\hbar^2} \left(\frac{e^{i\varphi}}{2m+1} - \frac{e^{-i\varphi}}{2m-1} \right) \right] \end{aligned} \tag{37}$$

$$\begin{aligned} \psi_b &= \psi_\beta + \sum_{k \neq \pm m} \frac{H'_{k\beta} \psi_k^{(0)}}{E_m^{(0)} - E_k^{(0)}} = \psi_{-m}^{(0)} + \sum_{k \neq \pm m} \frac{H'_{k,-m} \psi_k^{(0)}}{E_m^{(0)} - E_k^{(0)}} \\ &= \frac{1}{\sqrt{2\pi}} e^{-im\varphi} \left[1 + \frac{D\varepsilon I}{\hbar^2} \left(\frac{e^{-i\varphi}}{2m+1} - \frac{e^{i\varphi}}{2m-1} \right) \right] \end{aligned} \tag{38}$$

这两个波函数均对应于(36) 式表示的二级近似能量 E_m. 以上结果不适用于 $m=\pm 1$ 的激发态，因为 $m=\pm 1$ 时，$G\neq 0$，方程(29) 不能化为(32) 式.

现在讨论 $m=\pm 1$ 的激发态. 我们回到方程(29)，其中

$$G=\sum_{k\neq\pm m}\frac{H'_{\alpha k}H'_{k\beta}}{E_m^{(0)}-E_k^{(0)}}=\frac{H'_{10}H'_{0-1}}{E_1^{(0)}-E_0^{(0)}}=\frac{D^2\varepsilon^2 I}{2\hbar^2}$$

$$A=B=\frac{D^2\varepsilon^2 I}{3\hbar^2}$$

上述 A 与 B 的值也可以由(34) 式令其中 $m=\pm 1$ 得到. 于是方程(29) 变为

$$\begin{pmatrix} A-E_1^{(2)} & G \\ G & A-E_1^{(2)} \end{pmatrix}\begin{pmatrix} c_\alpha \\ c_\beta \end{pmatrix}=0 \tag{39}$$

其解为

$$E_{1a}^{(2)}=A+G=\frac{5D^2\varepsilon^2 I}{6\hbar^2},\quad c_\alpha=\frac{1}{\sqrt{2}},\ c_\beta=\frac{1}{\sqrt{2}} \tag{40}$$

$$E_{1b}^{(2)}=A-G=-\frac{D^2\varepsilon^2 I}{6\hbar^2},\quad c_\alpha=\frac{1}{\sqrt{2}},\ c_\beta=-\frac{1}{\sqrt{2}} \tag{41}$$

零级近似波函数为

$$\psi_a^{(0)}=\frac{1}{\sqrt{2}}\psi_\alpha+\frac{1}{\sqrt{2}}\psi_\beta=\frac{1}{2\sqrt{\pi}}(e^{i\varphi}+e^{-i\varphi})=\frac{1}{\sqrt{\pi}}\cos\varphi \tag{42}$$

$$\psi_b^{(0)}=\frac{1}{\sqrt{2}}\psi_\alpha-\frac{1}{\sqrt{2}}\psi_\beta=\frac{1}{2\sqrt{\pi}}(e^{i\varphi}-e^{-i\varphi})=\frac{i}{\sqrt{\pi}}\sin\varphi \tag{43}$$

由(27)式可以计算一级修正波函数：

$$\begin{aligned}\psi_a^{(1)}&=\frac{1}{\sqrt{2}}\sum_{k\neq\pm 1}\frac{H'_{k1}\psi_k^{(0)}}{E_1^{(0)}-E_k^{(0)}}+\frac{1}{\sqrt{2}}\sum_{k\neq\pm 1}\frac{H'_{k,-1}\psi_k^{(0)}}{E_1^{(0)}-E_k^{(0)}}\\&=\frac{1}{\sqrt{2}}\left(\frac{H'_{01}\psi_0^{(0)}}{E_1^{(0)}-E_0^{(0)}}+\frac{H'_{21}\psi_2^{(0)}}{E_1^{(0)}-E_2^{(0)}}\right)+\frac{1}{\sqrt{2}}\left(\frac{H'_{0,-1}\psi_0^{(0)}}{E_1^{(0)}-E_0^{(0)}}+\frac{H'_{-2,-1}\psi_{-2}^{(0)}}{E_1^{(0)}-E_2^{(0)}}\right)\\&=\frac{ID\varepsilon}{\hbar^2}\left[\frac{\sqrt{2}}{6}(\psi_2^{(0)}+\psi_{-2}^{(0)})-\sqrt{2}\psi_0^{(0)}\right]\\&=-\frac{ID\varepsilon}{\sqrt{\pi}\hbar^2}\left(1-\frac{1}{3}\cos 2\varphi\right)\end{aligned} \tag{44}$$

$$\begin{aligned}\psi_b^{(1)}&=\frac{1}{\sqrt{2}}\sum_{k\neq\pm 1}\frac{H'_{k1}\psi_k^{(0)}}{E_1^{(0)}-E_k^{(0)}}-\frac{1}{\sqrt{2}}\sum_{k\neq\pm 1}\frac{H'_{k,-1}\psi_k^{(0)}}{E_1^{(0)}-E_k^{(0)}}\\&=\frac{\sqrt{2}ID\varepsilon}{6\hbar^2}(\psi_2^{(0)}-\psi_{-2}^{(0)})=\frac{iID\varepsilon}{3\sqrt{\pi}\hbar^2}\sin 2\varphi\end{aligned} \tag{45}$$

一级近似波函数为

$$\psi_a = \psi_a^{(0)} + \psi_a^{(1)} = \frac{1}{\sqrt{\pi}}\left[\cos\varphi - \frac{ID\varepsilon}{\hbar^2}\left(1 - \frac{1}{3}\cos 2\varphi\right)\right] \tag{46}$$

$$\psi_b = \psi_b^{(0)} + \psi_b^{(1)} = \frac{i}{\sqrt{\pi}}\left[\sin\varphi + \frac{ID\varepsilon}{3\hbar^2}\sin 2\varphi\right] \tag{47}$$

与这两个波函数相应的二级近似能量为

$$E_{1a} = E_1^{(0)} + E_1^{(1)} + E_{1a}^{(2)} = \frac{\hbar^2}{2I} + \frac{5D^2\varepsilon^2 I}{6\hbar^2} \tag{48}$$

$$E_{1b} = E_1^{(0)} + E_1^{(1)} + E_{1b}^{(2)} = \frac{\hbar^2}{2I} - \frac{D^2\varepsilon^2 I}{6\hbar^2} \tag{49}$$

§7.3　变分法

(1) 薛定谔变分原理

在 §4.2 的定理 2 中,令其中的厄密算符 $\hat{F}$ 为粒子的哈密顿算符 $\hat{H}$,则此定理变为薛定谔变分原理:已知粒子的哈密顿算符 $\hat{H}$,ψ 为任意波函数,使

$$E = \frac{\int \psi^* \hat{H}\psi \mathrm{d}\tau}{\int \psi^* \psi \mathrm{d}\tau} \tag{1}$$

取极值的充分必要条件是 ψ 满足 $\hat{H}$ 的定态方程

$$\hat{H}\psi = E\psi \tag{2}$$

设 $\hat{H}$ 的正交归一本征函数为 ψ_n,本征值为 E_n,$n = 0,1,2,\cdots$,并且 $E_0 \leqslant E_1 \leqslant E_2 \leqslant \cdots$. 根据量子力学基本假定 4,$\{\psi_n\}$ 是完备的,任意波函数 ψ 可以表示为

$$\psi = \sum_{n=0}^{\infty} c_n\psi_n,\quad c_n = (\psi_n, \psi) \tag{3}$$

将(3)式代入(1)式,得

$$E = \frac{\int \psi^* \hat{H}\psi \mathrm{d}\tau}{\int \psi^* \psi \mathrm{d}\tau} \geqslant E_0 \tag{4}$$

其中等号仅在 $\psi = \psi_0$(基态波函数) 时成立.(4) 式表示,已知粒子的哈密顿算

符 $\hat{H}$,用任意波函数 ψ 当作粒子的波函数按(1) 式算出的平均能量 E,总大于粒子基态能量 E_0,只有在 $\psi=\psi_0$ 时,才有 $E=E_0$.类似地,对于同 ψ_0 正交的任意波函数

$$\psi=\sum_{n=1}^{\infty}c_n\psi_n \tag{5}$$

$$E=\frac{\int\psi^*\hat{H}\psi\mathrm{d}\tau}{\int\psi^*\psi\mathrm{d}\tau}\geqslant E_1 \tag{6}$$

依此类推,对于同 $\psi_0,\psi_1,\cdots,\psi_{N-1}$ 都正交的任意波函数

$$\psi=\sum_{n=N}^{\infty}c_n\psi_n \tag{7}$$

$$E=\frac{\int\psi^*\hat{H}\psi\mathrm{d}\tau}{\int\psi^*\psi\mathrm{d}\tau}\geqslant E_N \tag{8}$$

(2) 里兹变分法

当定态方程 $\hat{H}\psi=E\psi$ 无法求精确解时,可以根据薛定谔变分原理求 $\hat{H}$ 的基态的近似能量与波函数.这种方法的基本思想是,先给出一系列试探波函数 $\psi_1,\psi_2,\psi_3,\cdots$,然后将它们依次代入(1) 式算出相应的 $E_1,E_2,E_3,\cdots$,选出其中数值最小的 E_i 及与它相应的试探波函数 ψ_i,E_i 即为 $\hat{H}$ 的基态近似能量,ψ_i 即为 $\hat{H}$ 的基态近似波函数.里兹变分法是根据物理条件,设计一个试探波函数 $\varphi(\boldsymbol{r},\alpha_1,\alpha_2,\cdots)$,其中含有一个或几个待 定参数 $\alpha_1,\alpha_2,\cdots$,并且试探波函数 φ 满足归一化条件:

$$\int\varphi^*(\boldsymbol{r},\alpha_1,\alpha_2,\cdots)\varphi(\boldsymbol{r},\alpha_1,\alpha_2,\cdots)\mathrm{d}\tau=1 \tag{9}$$

计算出

$$E=\int\varphi^*(\boldsymbol{r},\alpha_1,\alpha_2,\cdots)\hat{H}\varphi(\boldsymbol{r},\alpha_1,\alpha_2,\cdots)\mathrm{d}\tau=E(\alpha_1,\alpha_2,\cdots) \tag{10}$$

并由

$$\frac{\partial E(\alpha_1,\alpha_2,\cdots)}{\partial\alpha_1}=0,\quad\frac{\partial E(\alpha_1,\alpha_2,\cdots)}{\partial\alpha_2}=0,\quad\cdots \tag{11}$$

确定参数 $\alpha_1,\alpha_2,\cdots$.将这些参数代入(10)式得基态近似能量,代入试探波函数 $\varphi(\boldsymbol{r},\alpha_1,\alpha_2,\cdots)$中得基态近似波函数.

[例题] 用里兹变分法求氦原子基态近似能量与波函数.

解：氦原子的哈密顿算符为

$$\hat{H} = -\frac{\hbar^2}{2\mu}\nabla_1^2 - \frac{\hbar^2}{2\mu}\nabla_2^2 - \frac{2e^2}{r_1} - \frac{2e^2}{r_2} + \frac{e^2}{r_{12}} \tag{12}$$

定态方程

$$\hat{H}\psi(\boldsymbol{r}_1, \boldsymbol{r}_2) = E\psi(\boldsymbol{r}_1, \boldsymbol{r}_2) \tag{13}$$

无法求精确解. 如果不考虑两电子之间的相互作用$\frac{e^2}{r_{12}}$，则定态方程(13) 可以通过分离变量 $\boldsymbol{r}_1$ 与 $\boldsymbol{r}_2$，解得

$$\psi(\boldsymbol{r}_1, \boldsymbol{r}_2) = \psi_{n_1 l_1 m_1}(\boldsymbol{r}_1, Z = 2)\psi_{n_2 l_2 m_2}(\boldsymbol{r}_2, Z = 2) \tag{14}$$

其中 $\psi_{nlm}(\boldsymbol{r}, Z = 2)$ 是原子核电荷数 $Z = 2$ 的类氢离子定态波函数. 基态波函数为

$$\begin{aligned}\psi(\boldsymbol{r}_1, \boldsymbol{r}_2) &= \psi_{100}(\boldsymbol{r}_1, Z = 2)\psi_{100}(\boldsymbol{r}_2, Z = 2) \\ &= \frac{1}{\pi}\left(\frac{2}{a}\right)^3 \mathrm{e}^{-2(r_1 + r_2)/a}\end{aligned} \tag{15}$$

然而两电子之间的相互作用不仅存在，而且并不弱. 因此，(15) 式不应该是氦原子基态的近似波函数. 可以设想，一电子受另一电子的作用归结为另一电子对原子核库仑场的屏蔽作用. 这就使原子核的电荷数不是 $Z = 2$，而是某一个等效的电荷数 Z，Z 的值在 1 与 2 之间. 可以把 Z 取为待定参数，试探波函数为

$$\begin{aligned}\varphi(\boldsymbol{r}_1, \boldsymbol{r}_2, Z) &= \psi_{100}(\boldsymbol{r}_1, Z)\psi_{100}(\boldsymbol{r}_2, Z) \\ &= \frac{1}{\pi}\left(\frac{Z}{a}\right)^3 \mathrm{e}^{-Z(r_1 + r_2)/a}\end{aligned} \tag{16}$$

$\varphi(\boldsymbol{r}_1, \boldsymbol{r}_2, Z)$ 满足归一化条件：

$$\iint |\psi_{100}(\boldsymbol{r}_1, Z)\psi_{100}(\boldsymbol{r}_2, Z)|^2 \mathrm{d}\tau_1 \mathrm{d}\tau_2 = 1 \tag{17}$$

$$\begin{aligned}E(Z) &= \iint \psi_{100}^*(\boldsymbol{r}_1, Z)\psi_{100}^*(\boldsymbol{r}_2, Z)\hat{H}\psi_{100}(\boldsymbol{r}_1, Z) \times \psi_{100}(\boldsymbol{r}_2, Z)\mathrm{d}\tau_1 \mathrm{d}\tau_2 \\ &= \left(\frac{Z^3}{\pi a^3}\right)^2 \iint \Big[-\frac{\hbar^2}{2\mu}\mathrm{e}^{-Z(r_1+r_2)/a}(\nabla_1^2 + \nabla_2^2)\mathrm{e}^{-Z(r_1+r_2)/a} \\ &\quad - 2e^2\left(\frac{1}{r_1} + \frac{1}{r_2}\right)\mathrm{e}^{-2Z(r_1+r_2)/a} + \frac{e^2}{r_{12}}\mathrm{e}^{-2Z(r_1+r_2)/a} \Big] \mathrm{d}\tau_1 \mathrm{d}\tau_2 \\ &= \frac{e^2 Z^2}{a} - \frac{4e^2 Z}{a} + \frac{5e^2 Z}{8a} = \frac{e^2 Z^2}{a} - \frac{27e^2 Z}{8a}\end{aligned} \tag{18}$$

由$\frac{\partial E(Z)}{\partial Z} = 0$ 得 $Z = 27/16 = 1.69$. 将 $Z = 27/16$ 代入(18) 与(16) 式得基态

近似能量

$$E = -\frac{2.85e^2}{a} \tag{19}$$

及基态近似波函数

$$\psi(\boldsymbol{r}_1, \boldsymbol{r}_2) = \left(\frac{27}{16}\right)^3 \frac{1}{\pi a^3} \exp\left[-\frac{27}{16a}(r_1 + r_2)\right] \tag{20}$$

基态能量的实验值为$-2.904e^2/a$,它同上述计算值$-2.85e^2/a$很接近.

§7.4 与时间有关的微扰方法,跃迁几率

本节要讨论的问题是,已知粒子哈密顿量$\hat{H}_0$的本征函数为$\{\varphi_n(\boldsymbol{r}), n=1, 2,\cdots\}$,与$\varphi_n(\boldsymbol{r})$相应的定态能量为$E_n$,当$t<0$时,粒子处于定态$\varphi_k$,包含时间$t$的定态波函数为

$$\psi(\boldsymbol{r},t) = \mathrm{e}^{-iE_k t/\hbar}\varphi_k(\boldsymbol{r}), \qquad t<0 \tag{1}$$

当$t \geqslant 0$时,粒子受到微扰哈密顿量$\hat{H}'(t)$的作用,问$t \geqslant 0$的任一时刻,$\psi(\boldsymbol{r},t)$ $=$?粒子处于$\hat{H}_0$的定态φ_n的几率如何?显然,$t>0$时的$\psi(\boldsymbol{r},t)$要由含时薛定谔方程

$$i\hbar\frac{\partial}{\partial t}\psi(\boldsymbol{r},t) = [\hat{H}_0 + \hat{H}'(t)]\psi(\boldsymbol{r},t) \tag{2}$$

及初始条件

$$\psi(\boldsymbol{r},0) = \varphi_k(\boldsymbol{r}) \tag{3}$$

决定.利用$\hat{H}_0$本征函数$\{\varphi_n\}$的完备性,$\psi(\boldsymbol{r},t)$可以通过$\{\varphi_n\}$表示为

$$\psi(\boldsymbol{r},t) = \sum_n b_n(t)\varphi_n(\boldsymbol{r}) = \sum_n a_n(t)\mathrm{e}^{-iE_n t/\hbar}\varphi_n(\boldsymbol{r}) \tag{4}$$

求$\psi(\boldsymbol{r},t)$归结为求$\{b_n(t)\}$或$\{a_n(t)\}$.假定这些系数已经求出,则

$$|b_n(t)|^2 = |a_n(t)\mathrm{e}^{-iE_n t/\hbar}|^2 = |a_n(t)|^2 \tag{5}$$

表示t时刻粒子处于$\hat{H}_0$的定态φ_n的几率.由此可见,$t<0$时,粒子处于定态φ_k,$t \geqslant 0$时,由于受到微扰哈密顿量$\hat{H}'(t)$的作用,粒子有一定的几率$|a_n(t)|^2$处于另一定态φ_n.这个几率叫做粒子由φ_k态到φ_n态的跃迁几率.下面讨论怎样计算出$a_n(t)$,从而得到这个跃迁几率.将(4)代入薛定谔方程(2)中,利用$\hat{H}_0\varphi_n(\boldsymbol{r}) = E_n\varphi_n(\boldsymbol{r})$,并消去等式两边相同的项,得

$$i\hbar\sum_n \frac{\mathrm{d}a_n(t)}{\mathrm{d}t}\mathrm{e}^{-iE_nt/\hbar}\varphi_n(\boldsymbol{r}) = \sum_n a_n(t)\hat{H}'(t)\mathrm{e}^{-iE_nt/\hbar}\varphi_n(\boldsymbol{r}) \tag{6}$$

上式左乘 $\varphi_m^*(\boldsymbol{r})$，并作全空间的积分$\int\mathrm{d}\tau$，再利用 φ_n 的正交归一性：

$$\int\varphi_m^*(\boldsymbol{r})\varphi_n(\boldsymbol{r})\mathrm{d}\tau = \delta_{mn} \tag{7}$$

得

$$i\hbar\frac{\mathrm{d}a_m(t)}{\mathrm{d}t}\mathrm{e}^{-iE_mt/\hbar} = \sum_n a_n(t)H'_{mn}(t)\mathrm{e}^{-iE_nt/\hbar} \tag{8}$$

其中

$$H'_{mn}(t) = \int\varphi_m^*(\boldsymbol{r})\hat{H}'(t)\varphi_n(\boldsymbol{r})\mathrm{d}\tau \tag{9}$$

令

$$\omega_{mn} = \frac{E_m - E_n}{\hbar} \tag{10}$$

方程(8)可表示为

$$i\hbar\frac{\mathrm{d}a_m(t)}{\mathrm{d}t} = \sum_n a_n(t)H'_{mn}(t)\mathrm{e}^{i\omega_{mn}t} \tag{11}$$

当 m 取遍所有可能值 $1,2,\cdots$ 时，(11) 式为系数$\{a_n(t)\}$的一系列代数方程，其中 $H'_{mn}(t)$ 与 ω_{mn} 为已知量. 解方程(2) 已转化为解方程组(11). 将(4) 式代入初始条件(3) 或(1) 中，得 $a_n(t)$ 的初始条件

$$a_n(0) = \delta_{nk}, \quad 或 \quad a_n(t) = \delta_{nk}, \quad t \leqslant 0 \tag{12}$$

要想求出方程组(11) 的解$\{a_n(t)\}$是很难的. 我们只能求近似解. 由于 $\hat{H}'(t)$ 是微扰，它使 $t>0$ 时的波函数 $\psi(\boldsymbol{r},t)$ 相对 $t\leqslant 0$ 时的波函数 $\mathrm{e}^{-iE_kt/\hbar}\varphi_k(\boldsymbol{r})$，变化不会太大，可以把 $t\leqslant 0$ 时的波函数看成是 $t>0$ 时的波函数 $\psi(\boldsymbol{r},t)$ 的零级近似：

$$\psi^{(0)}(\boldsymbol{r},t) = \mathrm{e}^{-iE_kt/\hbar}\varphi_k(\boldsymbol{r}) \tag{13}$$

也就是把 $a_n(t) = \delta_{nk}$ 看成是 $a_n(t)$ 的零级近似解，记为

$$a_n^{(0)}(t) = \delta_{nk} \tag{14}$$

将 $a_n(t)$ 的零级近似解 δ_{nk} 代入到方程(11) 的右边，得如下近似等式

$$i\hbar\frac{\mathrm{d}a_m(t)}{\mathrm{d}t} = \sum_n\delta_{nk}H'_{mn}(t)\mathrm{e}^{i\omega_{mn}t} = H'_{mk}(t)\mathrm{e}^{i\omega_{mk}t} \tag{15}$$

对上式作积分$\int_0^t\mathrm{d}t$，得

$$\int_0^t\mathrm{d}a_m(t) = \frac{1}{i\hbar}\int_0^t H'_{mk}(t)\mathrm{e}^{i\omega_{mk}t}\mathrm{d}t$$

$$a_m(t) - a_m(0) = \frac{1}{i\hbar}\int_0^t H'_{mk}(t)\mathrm{e}^{i\omega_{mk}t}\mathrm{d}t \tag{16}$$

将初始条件 $a_m(0) = \delta_{mk}$ 代入(16) 式,得 $a_m(t)$ 的一级近似解

$$a_m(t) = \delta_{mk} + \frac{1}{i\hbar}\int_0^t H'_{mk}(t)\mathrm{e}^{i\omega_{mk}t}\mathrm{d}t \tag{17}$$

或

$$a_m(t) = a_m^{(0)}(t) + a_m^{(1)}(t) \tag{18}$$

其中 $a_m^{(0)}(t) = \delta_{mk}$ 是 $a_m(t)$ 的零级近似解,

$$a_m^{(1)}(t) = \frac{1}{i\hbar}\int_0^t H'_{mk}(t)\mathrm{e}^{i\omega_{mk}t}\mathrm{d}t \tag{19}$$

是 $a_m(t)$ 的一级修正值. 再将 $a_m(t)$ 的一级近似解(17) 代入方程(11) 的右边,可得 $a_m(t)$ 的二级近似解:

$$a_m(t) = a_m^{(0)}(t) + a_m^{(1)}(t) + a_m^{(2)}(t) \tag{20}$$

其中

$$a_m^{(2)}(t) = \frac{1}{i\hbar}\sum_n\int_0^t a_n^{(1)}(t)H'_{mn}(t)\mathrm{e}^{i\omega_{mn}t}\,\mathrm{d}t \tag{21}$$

是 $a_m(t)$ 的二级修正值. 在一级近似下,t 时刻粒子由 φ_k 态跃迁到 φ_m 态的几率为

$$W_{k\to m}(t) = |a_m^{(1)}(t)|^2 = \frac{1}{\hbar^2}\left|\int_0^t H'_{mk}(t)\mathrm{e}^{i\omega_{mk}t}\mathrm{d}t\right|^2 \tag{22}$$

单位时间的跃迁几率,即跃迁速率为

$$w_{k\to m}(t) = \frac{\mathrm{d}}{\mathrm{d}t}W_{k\to m}(t) \tag{23}$$

[例题] 基态氢原子处于平板电容器中,平板的法线方向沿 z 轴. $t = 0$ 时,电容器突然充电(充电时间常数为 0),然后逐渐放电,放电时间常数为 τ. 电容器中电场强度为

$$\varepsilon(t) = \begin{cases} 0, & t < 0 \\ \varepsilon_0\mathrm{e}^{-t/\tau}, & t > 0 \end{cases}$$

求 t 足够大时($t \gg \tau$) 氢原子跃迁到 $2p$ 态的几率.

解: 电子在电场 $\boldsymbol{\varepsilon}(t)$ 中的势能,即微扰

$$\hat{H}' = e\boldsymbol{r}\cdot\boldsymbol{\varepsilon} = e\varepsilon_0\mathrm{e}^{-t/\tau}z = e\varepsilon_0\mathrm{e}^{-t/\tau}r\cos\theta$$

氢原子初态波函数为

$$\varphi_k = \psi_{100}(\boldsymbol{r}) = \frac{1}{\sqrt{\pi}a^{3/2}}\mathrm{e}^{-r/a}$$

末态波函数有三个，它们是 $\varphi_m = \psi_{21m}(\boldsymbol{r}), m = 0, \pm 1$：

$$\psi_{210}(\boldsymbol{r}) = \frac{1}{4\sqrt{2\pi}}\left(\frac{1}{a}\right)^{3/2}\left(\frac{r}{a}\right)\mathrm{e}^{-r/2a}\cos\theta$$

$$\psi_{211}(\boldsymbol{r}) = -\frac{1}{8\sqrt{\pi}}\left(\frac{1}{a}\right)^{3/2}\left(\frac{r}{a}\right)\mathrm{e}^{-r/2a}\sin\theta\mathrm{e}^{i\varphi}$$

$$\psi_{21-1}(\boldsymbol{r}) = \frac{1}{8\sqrt{\pi}}\left(\frac{1}{a}\right)^{3/2}\left(\frac{r}{a}\right)\mathrm{e}^{-r/2a}\sin\theta\mathrm{e}^{-i\varphi}$$

由初态 $\psi_{100}(\boldsymbol{r})$ 到末态 $\psi_{21m}(\boldsymbol{r})$ 的跃迁矩阵元为

$$H'_{mk}(t) = \int \psi^*_{21m}(\boldsymbol{r}) e\varepsilon_0 \mathrm{e}^{-t/\tau} r\cos\theta\psi_{100}(\boldsymbol{r})\mathrm{d}\tau$$

由于 $\psi_{211}(\boldsymbol{r})$ 与 $\psi_{21-1}(\boldsymbol{r})$ 中分别含有 $\mathrm{e}^{i\varphi}$ 与 $\mathrm{e}^{-i\varphi}$，它们对 φ 的积分为 0. 故体系到这两个末态的跃迁几率为 0. 我们只要求末态为 $\psi_{210}(\boldsymbol{r})$ 的跃迁几率，

$$H'_{mk}(t) = \int \psi^*_{210}(\boldsymbol{r}) e\varepsilon_0 \mathrm{e}^{-t/\tau} r\cos\theta\psi_{100}(\boldsymbol{r})\mathrm{d}\tau = \frac{2^7\sqrt{2}e\,\varepsilon_0 a}{3^5}\mathrm{e}^{-t/\tau}$$

将上式及

$$\omega_{mk} = \frac{E_2 - E_1}{\hbar} = \frac{3e^2}{8a\hbar}$$

代入下式：

$$W_{(100)\to(210)}(t) = \frac{1}{\hbar^2}\left|\int_0^t H'_{mk}(t)\mathrm{e}^{i\omega_{mk}t}\mathrm{d}t\right|^2$$

在 $t \gg \tau$ 条件下算出

$$W_{(100)\to(210)}(t) \xrightarrow{t\gg\tau} \frac{2^{15}e^2\varepsilon_0^2a^2\tau^2}{3^{10}\hbar^2\left[1+\left(\frac{3e^2\tau}{8a\hbar}\right)^2\right]}$$

这也是氢原子由 $1s$ 态到 $2p$ 态跃迁的几率.

§7.5　常微扰，黄金规则

设在 $t \geqslant 0$ 时出现的微扰 $\hat{H}'$ 不随时间变化，这样的微扰称作常微扰. 我们研究常微扰引起的粒子状态的跃迁. 已知在一级近似下，微扰 $\hat{H}'$ 引起的粒子由 φ_k 态到 φ_m 态跃迁的几率为

$$W_{k\to m}(t) = \frac{1}{\hbar^2}\left|\int_0^t H'_{mk}\mathrm{e}^{i\omega_{mk}t}\mathrm{d}t\right|^2 \tag{1}$$

其中

$$H'_{mk} = \int \varphi_m^* (\boldsymbol{r}) \hat{H}' \varphi_k (\boldsymbol{r}) \mathrm{d}\tau \tag{2}$$

由于 $\hat{H}'$ 不随时间变化，H'_{mn} 也就不随时间变化. 它可以从(1) 式的积分中提出.

$$W_{k\to m}(t) = \frac{|H'_{mk}|^2}{\hbar^2} \left| \int_0^t \mathrm{e}^{i\omega_{mk}t} \mathrm{d}t \right|^2 = \frac{|H'_{mk}|^2}{\hbar^2} \left| \frac{\mathrm{e}^{i\omega_{mk}t} - 1}{i\omega_{mk}} \right|^2$$

$$= \frac{4 \, |H'_{mk}|^2 \sin^2 \dfrac{\omega_{mk} t}{2}}{\hbar^2 \omega_{mk}^2} \tag{3}$$

跃迁速率

$$w_{k\to m}(t) = \frac{\mathrm{d}}{\mathrm{d}t} W_{k\to m}(t) = \frac{2 \, |H'_{mk}|^2 \sin\omega_{mk} t}{\hbar^2 \omega_{mk}} \tag{4}$$

由 φ_k 态到 φ_m 态的跃迁速率随时间周期变化，其值可正可负. 正值表示 $k \to m$ 的跃迁，负值表示 $m \to k$ 的跃迁. 设初末态能量不同，$\omega_{mk} = (E_m - E_k)/\hbar \neq 0$. 在微扰作用时间足够长时，$|\omega_{mk}| t \gg 1$，$w_{k\to m}(t)$ 对时间的平均值为 0. 这表示，实际上这种跃迁不能发生，除非 $E_m = E_k$. 下面我们来更详细地讨论这个问题. 利用公式

$$\lim_{g\to\infty} \frac{\sin^2(xg)}{\pi x^2 g} = \delta(x) \tag{5}$$

便有

$$\lim_{t\to\infty} \frac{\sin^2(\omega_{mk} t/2)}{\pi \omega_{mk}^2 t/2} = \delta(\omega_{mk}) \tag{6}$$

这里 $t\to\infty$ 是指 $|\omega_{mk}| t \gg 1$ 或 $t \gg \dfrac{1}{|\omega_{mk}|}$. 以氢原子为例，由其能级间隔 $E_m - E_k$ 决定的 $|\omega_{mk}|$ 大约具有 10^{14} 秒$^{-1}$ 的数量级. 只要 $t \gg 10^{-14}$ 秒，就满足 $t\to\infty$ 的条件. 可见，在实验中 $t\to\infty$ 的条件一般总是满足的. 当 $t\to\infty$ 时，利用(6) 式，(3) 式变为

$$W_{k\to m}(t) = \frac{2\pi}{\hbar^2} \, |H'_{mk}|^2 \delta(\omega_{mk}) t \tag{7}$$

跃迁速率

$$w_{k\to m}(t) = \frac{\mathrm{d}}{\mathrm{d}t} W_{k\to m}(t) = \frac{2\pi}{\hbar^2} \, |H'_{mk}|^2 \delta(\omega_{mk}) \tag{8}$$

利用

$$\delta(\omega_{mk})=\delta(\frac{E_m-E_k}{\hbar})=\hbar\delta(E_m-E_k) \tag{9}$$

(8)式变为

$$w_{k\to m}(t)=\frac{2\pi}{\hbar}\mid H'_{mk}\mid^2\delta(E_m-E_k) \tag{10}$$

由(10)式看出，当 $E_m\neq E_k$ 时，$w_{k\to m}(t)=0$. 由于公式(10)是在 $t\to\infty$ 的条件下推导出的，所以这个结论同前述"在微扰作用时间足够长时，$w_{k\to m}(t)$ 对时间的平均值为 0"是一致的. 由此可见，当体系能量取分立值时，常微扰不能引起体系在不同能态之间跃迁. 只有当体系能量取连续值时，常微扰才能够引起体系在能量相等或相近的不同态之间产生跃迁. 对于能量连续的态，我们引入能态密度 $\rho(E)$，它的定义是

$$\rho(E)=\frac{\Delta N(E)}{\Delta E} \tag{11}$$

$\rho(E)$ 表示体系在能量为 E 的单位能量间隔内具有的状态数目. 为了表示体系的某些特定态，可以在能态密度中引入标记 F：

$$\rho(E,F)=\frac{\Delta N(E,F)}{\Delta E} \tag{12}$$

$\rho(E,F)$ 表示体系在能量为 E 的单位能量间隔内具有指定特性 F 的状态数目.

设体系在 $t<0$ 时处于能量为 E_k 的某一确定的 φ_k 态，$t\geqslant 0$ 时受到常微扰 $\hat{H}'$ 的作用. 我们先计算 t 时刻体系跃迁到能量在 E_m 到 $E_m+\mathrm{d}E_m$ 之间具有某种特性 F 的所有态的跃迁速率. 这里指定的那些末态必须是性质十分相近的，它们的波函数都可以近似地用同一个波函数 $\varphi_m(\boldsymbol{r},E_m,F)$ 表示. 这样，由同一初态 $\varphi_k(\boldsymbol{r},E_k)$ 到这些末态的跃迁矩阵元 H'_{mk} 就可以用同一个量表示：

$$H'_{mk}(E_m)=\int\varphi_m^*(\boldsymbol{r},E_m,F)\hat{H}'\varphi_k(\boldsymbol{r},E_k)\mathrm{d}\tau \tag{13}$$

跃迁速率为

$$\mathrm{d}w=\frac{2\pi}{\hbar}\mid H'_{mk}(E_m)\mid^2\delta(E_m-E_k)\rho(E_m,F)\mathrm{d}E_m \tag{14}$$

我们再计算体系跃迁到任意能量的具有指定特性 F 的所有态的跃迁速率 w，显然它是(14)式对末态能量的积分：

$$w=\frac{2\pi}{\hbar}\int\mid H'_{mk}(E_m)\mid^2\delta(E_m-E_k)\rho(E_m,F)\mathrm{d}E_m \tag{15}$$

通常 $H'_{mk}(E_m)$ 与 $\rho(E_m,F)$ 都是能量 E_m 的缓变函数，故有

$$w=\frac{2\pi}{\hbar}\mid H'_{mk}(E_k)\mid^2\rho(E_k,F) \tag{16}$$

此式称为黄金规则. 由(16) 式看出,跃迁速率正比于能态密度 $\rho(E_k, F)$. 由于常微扰只能使体系跃迁到能量与初态能量相同的态($E_m = E_k$),所以可以去掉公式(16) 中能量的下标 k:

$$w = \frac{2\pi}{\hbar} |H'_{mk}(E)|^2 \rho(E, F) \tag{17}$$

我们以自由粒子为例,计算能态密度 $\rho(E,F)$. 假定自由粒子被限制在边长为 L 的立方体中(L 很大),归一化波函数为

$$\psi_{\boldsymbol{p}}(\boldsymbol{r}) = \frac{1}{L^{3/2}} e^{i\boldsymbol{p}\cdot\boldsymbol{r}/\hbar} \tag{18}$$

通常假定被限制在边长为 L 的立方体中的自由粒子波函数满足周期性边界条件:

$$\begin{aligned}
\psi_{\boldsymbol{p}}(x = -L/2, y, z) &= \psi_{\boldsymbol{p}}(x = L/2, y, z) \\
\psi_{\boldsymbol{p}}(x, y = -L/2, z) &= \psi_{\boldsymbol{p}}(x, y = L/2, z) \\
\psi_{\boldsymbol{p}}(x, y, z = -L/2) &= \psi_{\boldsymbol{p}}(x, y, z = L/2)
\end{aligned} \tag{19}$$

将(18)式代入(19)式中,得

$$\begin{aligned}
&\exp\left(-\frac{iLp_x}{2\hbar}\right) = \exp\left(\frac{iLp_x}{2\hbar}\right), \exp\left(-\frac{iLp_y}{2\hbar}\right) = \exp\left(\frac{iLp_y}{2\hbar}\right) \\
&\exp\left(-\frac{iLp_z}{2\hbar}\right) = \exp\left(\frac{iLp_z}{2\hbar}\right)
\end{aligned} \tag{20}$$

或

$$\exp\left(\frac{iLp_x}{\hbar}\right) = 1, \quad \exp\left(\frac{iLp_y}{\hbar}\right) = 1, \quad \exp\left(\frac{iLp_z}{\hbar}\right) = 1 \tag{21}$$

由(21)式得

$$p_x = \frac{2\pi\hbar}{L} n_x, \quad p_y = \frac{2\pi\hbar}{L} n_y, \quad p_z = \frac{2\pi\hbar}{L} n_z \tag{22}$$

$$n_x, n_y, n_z = 0, \pm 1, \pm 2, \cdots$$

即当自由粒子被限制在边长为 L 的立方体内时,粒子的动量 p_x, p_y 与 p_z 取分立值(如 $L \to \infty$,则过渡到连续值). 动量空间中的一点(p_x, p_y, p_z)代表自由粒子的一个态. 粒子的所有可能态分布在边长为 $2\pi\hbar/L$ 的立方晶格的格点上. 这些格点在动量空间的分布是均匀的,每一格点占有体积 $(2\pi\hbar/L)^3$. 动量大小在 $p \sim p + dp$ 内,方向在(θ, φ) 的 $d\Omega$ 立体角内的状态数目为

$$dN = \frac{p^2 dp d\Omega}{(2\pi\hbar/L)^3} = \frac{L^3 p^2 dp d\Omega}{(2\pi\hbar)^3} \tag{23}$$

由 $E = \dfrac{p^2}{2\mu}$ 得 $dE = \dfrac{p}{\mu} dp$. 故相应的能态密度为

$$\rho(E,\theta,\varphi,\mathrm{d}\Omega)=\frac{\mathrm{d}N}{\mathrm{d}E}=\frac{L^3\mu p\,\mathrm{d}\Omega}{(2\pi\hbar)^3}=\frac{L^3\mu\sqrt{2\mu E}\,\mathrm{d}\Omega}{(2\pi\hbar)^3} \tag{24}$$

自由粒子能态密度 $\rho(E,\theta,\varphi,\mathrm{d}\Omega)$ 中的标记 $(\theta,\varphi,\mathrm{d}\Omega)$ 正是 $\rho(E,F)$ 中的 F，它特指沿着在 (θ,φ) 方向的 $\mathrm{d}\Omega$ 立体角内运动的这一特性. 具有这一特性的所有自由粒子都可以近似地用一个波函数表示. 这个波函数就是能量为 E 的沿 (θ,φ) 方向运动的自由粒子平面波函数.

利用黄金规则公式(17)，可以计算粒子在势场 $V(r)$ 中散射的微分截面 $\sigma(\theta,\varphi)$. 这将在 §10.3 中介绍.

§7.6　周期微扰，共振吸收与共振发射

设体系在 $t\geqslant 0$ 时受到的微扰随时间作周期的变化：

$$\hat{H}'(t)=\hat{F}(\boldsymbol{r})\cos\omega t=\frac{\hat{F}(\boldsymbol{r})}{2}(\mathrm{e}^{i\omega t}+\mathrm{e}^{-i\omega t}) \tag{1}$$

其中 ω 为角频率. $t(>0)$ 时刻体系由原来 $(t\leqslant 0)$ 的 φ_k 态（$\hat{H}_0$ 的本征能量为 E_k 的本征态）跃迁到 φ_m 态（$\hat{H}_0$ 的本征能量为 E_m 的本征态）的几率为

$$W_{k\to m}(t)=\frac{1}{\hbar^2}\left|\int_0^t H'_{mk}\,\mathrm{e}^{i\omega_{mk}t}\,\mathrm{d}t\right|^2 \tag{2}$$

其中

$$\omega_{mk}=\frac{E_m-E_k}{\hbar} \tag{3}$$

$$\begin{aligned} H'_{mk}&=\frac{1}{2}\int\varphi_m^*(\boldsymbol{r})\hat{F}\varphi_k(\boldsymbol{r})\mathrm{d}\tau(\mathrm{e}^{i\omega t}+\mathrm{e}^{-i\omega t})\\ &=\frac{1}{2}F_{mk}(\mathrm{e}^{i\omega t}+\mathrm{e}^{-i\omega t}) \end{aligned} \tag{4}$$

(4) 式中 F_{mk} 的定义为

$$F_{mk}\equiv\int\varphi_m^*(\boldsymbol{r})\hat{F}\varphi_k(\boldsymbol{r})\mathrm{d}\tau \tag{5}$$

氢原子在角频率为 ω 的光照射下由基态跃迁到某一激发态，就是周期微扰引起体系状态跃迁的一个实例. 将(4) 式代入(2) 式中，

$$W_{k\to m}(t)=\frac{|F_{mk}|^2}{4\hbar^2}\left|\int_0^t[\mathrm{e}^{i(\omega_{mk}+\omega)t}+\mathrm{e}^{i(\omega_{mk}-\omega)t}]\mathrm{d}t\right|^2$$

$$= \frac{|F_{mk}|^2}{4\hbar^2} \left| \frac{1 - e^{i(\omega_{mk}+\omega)t}}{\omega_{mk}+\omega} + \frac{1 - e^{i(\omega_{mk}-\omega)t}}{\omega_{mk}-\omega} \right|^2 \tag{6}$$

当末态能量高于初态能量时,

$$\omega_{mk} = \frac{E_m - E_k}{\hbar} > 0$$

如果让角频率 ω 十分接近 ω_{mk} :$\omega \to \omega_{mk}$,则(6) 中分母含有 $\omega_{mk} - \omega$ 的项变得非常大,另一项同它相比可以忽略不计. 这时

$$W_{k\to m}(t) = \frac{|F_{mk}|^2}{4\hbar^2} \left| \frac{1 - e^{i(\omega_{mk}-\omega)t}}{\omega_{mk}-\omega} \right|^2 = \frac{|F_{mk}|^2 \sin^2 \frac{\omega_{mk}-\omega}{2}t}{\hbar^2 (\omega_{mk}-\omega)^2} \tag{7}$$

当末态能量低于初态能量时,

$$\omega_{mk} = \frac{E_m - E_k}{\hbar} < 0$$

如果让角频率 ω 十分接近 $-\omega_{mk}$:$\omega \to -\omega_{mk}$,则(6) 式中分母含有 $\omega_{mk} + \omega$ 的项变得非常大,另一项同它相比可以忽略不计. 这时

$$W_{k\to m}(t) = \frac{|F_{mk}|^2}{4\hbar^2} \left| \frac{1 - e^{i(\omega_{mk}+\omega)t}}{\omega_{mk}+\omega} \right|^2 = \frac{|F_{mk}|^2 \sin^2 \frac{\omega_{mk}+\omega}{2}t}{\hbar^2 (\omega_{mk}+\omega)^2} \tag{8}$$

满足条件 $\omega = \pm\omega_{mk}$ 的跃迁叫共振跃迁. 显然,共振跃迁的几率远远大于非共振跃迁的几率. 现在,我们只限于讨论共振跃迁. 共振跃迁的几率公式(7) 与(8) 可以统一记为

$$W_{k\to m}(t) = \frac{|F_{mk}|^2 \sin^2 \frac{\omega_{mk}\pm\omega}{2}t}{\hbar^2 (\omega_{mk}\pm\omega)^2} \tag{9}$$

利用公式

$$\lim_{g\to\infty} \frac{\sin^2(xg)}{\pi x^2 g} = \delta(x) \tag{10}$$

便有

$$\lim_{t\to\infty} \frac{\sin^2[(\omega_{mk}\pm\omega)t/2]}{\pi(\omega_{mk}\pm\omega)^2 t/2} = \delta(\omega_{mk}\pm\omega) \tag{11}$$

当 $t \to \infty$ 时,(9) 式变为

$$W_{k\to m}(t) = \frac{\pi}{2\hbar^2} |F_{mk}|^2 \delta(\omega_{mk}\pm\omega) t \tag{12}$$

或

$$W_{k\to m}(t)=\frac{\pi}{2\hbar}\,|F_{mk}|^2\delta(E_m-E_k\pm\hbar\omega)t \tag{13}$$

单位时间的跃迁几率，即跃迁速率为

$$w_{k\to m}=\frac{\pi}{2\hbar^2}\,|F_{mk}|^2\delta(\omega_{mk}\pm\omega) \tag{14}$$

或

$$w_{k\to m}=\frac{\pi}{2\hbar}\,|F_{mk}|^2\delta(E_m-E_k\pm\hbar\omega) \tag{15}$$

体系(如氢原子)在角频率为 ω 的光照作用下由能量为 E_k 的 φ_k 态到能量为 $E_m=E_k+\hbar\omega$ 的 φ_m 态的共振跃迁叫共振吸收. 这时，体系吸收一个角频率为 ω 的光子，获得能量 $\hbar\omega$，由低能态跃迁到高能态. 体系在角频率为 ω 的光照作用下由能量为 E_k 的 φ_k 态到能量为 $E_m=E_k-\hbar\omega$ 的 φ_m 态的共振跃迁叫共振发射. 这时，体系发射了一个角频率为 ω 的光子，损失能量 $\hbar\omega$，由高能态跃迁到低能态.

$\hat{H}'(t)=\hat{F}(\boldsymbol{r})\cos\omega t$ 为厄密算符，$\hat{F}(\boldsymbol{r})$ 必定也是厄密算符. 显然有

$$|F_{mk}|^2=|F_{km}|^2 \tag{16}$$

由此可见，在 $\hat{H}_0$ 的两个能态 φ_k 与 φ_m 之间发生的共振吸收与共振 发射的跃迁速率相等.

我们注意到，在共振跃迁速率公式中含有 δ 函数. 在满足共振条件($\omega=\pm\omega_{mk}$)时，共振跃迁速率 $\to\infty$. 这显然是有问题的. 回想在计算常微扰跃迁速率时，公式中也曾出现过 δ 函数 $\delta(E_m-E_k)$，然而它却在对连续的末态能量积分时消失了. 如果照射光频率 ω 很大，以致光子的能量 $\hbar\omega$ 大于氢原子的电离能. 这时体系的末态为自由电子，能量也是连续的. 当我们计算氢原子的电离速率时，要对末态能量积分，δ 函数也会消失，电离速率不会发散. 但是，如果照射光频率 ω 不大，光子的能量 $\hbar\omega$ 小于氢原子的电离能，这时体系的末态仍为束缚电子，能量是分立的，在跃迁速率公式中一定含有 $\delta(E_m-E_k)$. 它使共振跃迁速率发散. 如何处理共振跃迁速率的发散问题？实际上根本就不存在单色光. 自然界只存在具有连续频谱的光. 我们通常所说的“频率为 ω 的单色光”是近似的，它是频率分布范围很窄，中心频率为 ω 的连续光. 即使是由原子的某一激发态到基态跃迁产生的光也是如此. 这是因为原子的激发态能量不是单一的，有一定的分布宽度 ΔE，ΔE 同原子处于这一激发态的寿命 Δt 有如下的关系：

$$\Delta E \Delta t \approx \hbar \tag{17}$$

我们将在 §7.8 中讨论这个被称作“能量时间不确定关系”的公式. 由于实际存在的照射光为频率连续的光,我们必须将这种光中各种频率成分对共振跃迁速率的贡献都加起来. 这就要对频率 ω 积分,于是 δ 函数便可消去,共振跃迁速率的发散便不存在了.

我们来计算强度为 $I(\omega)$ 的连续光照射原子引起原子在指定的两个能态 φ_k 与 φ_m 之间发生共振吸收或共振发射的速率. $I(\omega)\mathrm{d}\omega$ 表示频率在 $\omega \sim \omega+\mathrm{d}\omega$ 之间的照射光的能量密度(即单位体积中的能量). $I(\omega)$ 为单位体积与单位频率间隔内照射光的能量. 计算按以下步骤进行.

(1) 先假定照射光是沿 z 轴传播,在 x 方向偏振,角频率为 ω 的单色光.

这种光在空间产生的电场强度为

$$\varepsilon_x = \varepsilon_0 \cos\left(\frac{2\pi z}{\lambda} - \omega t\right), \qquad \varepsilon_y = \varepsilon_z = 0 \tag{18}$$

这里已将坐标原点取在原子核的中心. 光产生的磁场不用考虑,因为原子中电子同光的磁场作用远远小于同光的电场作用. 电子在电场 $\boldsymbol{\varepsilon} = \varepsilon_x \boldsymbol{i}$ 中的势能为

$$\hat{H}' = e\boldsymbol{r} \cdot \boldsymbol{\varepsilon} = ex\varepsilon_x = e\varepsilon_0 x\cos\left(\frac{2\pi z}{\lambda} - \omega t\right) \tag{19}$$

其中 $\boldsymbol{r}(x,y,z)$ 是电子的坐标. 原子共振吸收与共振发射可见光时,波长 $\lambda \approx 10^{-4}\,\mathrm{cm} \gg$ 原子半径 $a \approx 10^{-8}\,\mathrm{cm}$. 在 $z \leqslant a \ll \lambda$ 的条件下,

$$\cos\left(\frac{2\pi z}{\lambda} - \omega t\right) = \cos\omega t + \frac{2\pi z}{\lambda}\sin\omega t + \cdots \tag{20}$$

由于 $z/\lambda \ll 1$,可以近似地只取第一项,

$$\cos\left(\frac{2\pi z}{\lambda} - \omega t\right) = \cos\omega t \tag{21}$$

于是(19)式变为

$$\hat{H}' = \hat{F}\cos\omega t \tag{22}$$

其中

$$\hat{F} = e\varepsilon_0 x \tag{23}$$

对微扰 $\hat{H}'$ 所作的这种近似,称作电偶极近似. 原子在上述光照作用下由 φ_k 态到 φ_m 态的共振吸收或共振发射的速率为

$$w_{k\to m} = \frac{\pi\, |F_{mk}|^2 \delta(\omega_{mk} \pm \omega)}{2\hbar^2} = \frac{\pi e^2 \varepsilon_0^2\, |x_{mk}|^2 \delta(\omega_{mk} \pm \omega)}{2\hbar^2} \tag{24}$$

其中

$$F_{mk} = \int \varphi_m^*(\boldsymbol{r}) \hat{F} \varphi_k(\boldsymbol{r}) \mathrm{d}\tau = e\varepsilon_0 x_{mk} \tag{25}$$

$$x_{mk} = \int \varphi_m^*(\boldsymbol{r}) x \varphi_k(\boldsymbol{r}) \mathrm{d}\tau \tag{26}$$

对于在空间产生电场强度为 ε_0 的单色光,其能量密度为

$$\rho = \frac{\varepsilon_0^2}{8\pi}, \quad 或 \quad \varepsilon_0^2 = 8\pi\rho \tag{27}$$

这里 ρ 表示光在空间单位体积中的能量.将(24)式中的 ε_0^2 用 $8\pi\rho$ 代替,便有

$$w_{k\to m} = \frac{4\pi^2 e^2 \rho}{\hbar^2} |x_{mk}|^2 \delta(\omega_{mk} \pm \omega) \tag{28}$$

这是能量密度为 ρ,频率为 ω,沿 z 轴传播的 x 偏振光引起原子由 φ_k 态到 φ_m 态跃迁的速率计算公式.

(2) 再假定照射光是沿 z 轴传播,在 x 方向偏振,强度为 $I(\omega)$ 的连续光.

考虑这种光中频率在 $\omega \sim \omega + \mathrm{d}\omega$ 内的一部分光,它可以近似地看成是频率为 ω 的单色光,它的能量密度为 $\rho(\omega) = I(\omega)\mathrm{d}\omega$.它引起原子由 φ_k 态到 φ_m 态跃迁的速率记为 $\mathrm{d}w_{k\to m}$,这只是频率在 $\mathrm{d}\omega$ 范围内的很小一部分光对跃迁速率的贡献.由(28)式得

$$\mathrm{d}w_{k\to m} = \frac{4\pi^2 e^2}{\hbar^2} |x_{mk}|^2 \delta(\omega_{mk} \pm \omega) I(\omega) \mathrm{d}\omega \tag{29}$$

对 ω 积分,得所有频率光对跃迁速率的贡献

$$\begin{aligned} w_{k\to m} &= \frac{4\pi^2 e^2}{\hbar^2} |x_{mk}|^2 \int \delta(\omega_{mk} \pm \omega) I(\omega) \mathrm{d}\omega \\ &= \frac{4\pi^2 e^2}{\hbar^2} |x_{mk}|^2 I(|\omega_{mk}|) \end{aligned} \tag{30}$$

(3) 最后假定照射光是强度为 $I(\omega)$ 的非偏振光.

非偏振光可以看成是各种偏振方向都有,并且各种偏振方向出现的几率相等的光.于是,由(30)式得

$$w_{k\to m} = \frac{4\pi^2 e^2 I(|\omega_{mk}|)}{\hbar^2} \frac{1}{3} [|x_{mk}|^2 + |y_{mk}|^2 + |z_{mk}|^2] \tag{31}$$

令

$$|\boldsymbol{r}_{mk}|^2 \equiv |x_{mk}|^2 + |y_{mk}|^2 + |z_{mk}|^2 \tag{32}$$

(31)式变为

$$w_{k\to m} = \frac{4\pi^2 e^2}{3\hbar^2} I(|\omega_{mk}|) |\boldsymbol{r}_{mk}|^2 \tag{33}$$

这是在电偶极近似下得到公式.如果共振吸收与共振发射光的波长不是很大,则展开式(20)还要取第二项:$\frac{2\pi z}{\lambda}\sin\omega t$,电子同磁场的作用也要考虑.由这两

个作用算出的共振跃迁速率分别为电四极近似与磁偶极近似.

由(33)式看出,电偶极共振跃迁速率正比于 $|\boldsymbol{r}_{mk}|^2$. 如果对于给定的两个能态 φ_k 与 φ_m, $|\boldsymbol{r}_{mk}|^2=0$,这表示电偶极跃迁是禁戒的. 这时必须考虑电四极跃迁与磁偶极跃迁.

现在讨论 $|\boldsymbol{r}_{mk}|^2\neq 0$ 的条件. 令

$$\begin{aligned}\varphi_k(\boldsymbol{r})&=\psi_{nlm}(\boldsymbol{r})=R_{nl}(r)Y_{lm}(\theta,\varphi)\\ \varphi_m(\boldsymbol{r})&=\psi_{n'l'm'}(\boldsymbol{r})=R_{n'l'}(r)Y_{l'm'}(\theta,\varphi)\end{aligned}\tag{34}$$

在球坐标中,

$$\begin{aligned}x&=r\sin\theta\cos\varphi=\frac{r\sin\theta}{2}(\mathrm{e}^{i\varphi}+\mathrm{e}^{-i\varphi})\\ y&=r\sin\theta\sin\varphi=\frac{r\sin\theta}{2i}(\mathrm{e}^{i\varphi}-\mathrm{e}^{-i\varphi})\\ z&=r\cos\theta\end{aligned}\tag{35}$$

矩阵元

$$\begin{aligned}z_{mk}&=\int\varphi_m^*(\boldsymbol{r})r\cos\theta\varphi_k(\boldsymbol{r})\mathrm{d}\tau=\int\psi_{n'l'm'}^*(\boldsymbol{r})r\cos\theta\psi_{nlm}(\boldsymbol{r})\mathrm{d}\tau\\ &=\int R_{n'l'}(r)R_{nl}(r)r^3\mathrm{d}r\int Y_{l'm'}^*(\theta,\varphi)\cos\theta Y_{lm}(\theta,\varphi)\mathrm{d}\Omega\end{aligned}\tag{36}$$

利用公式

$$\begin{aligned}\cos\theta Y_{lm}(\theta,\varphi)=&\sqrt{\frac{(l+1)^2-m^2}{(2l+1)(2l+3)}}Y_{l+1,m}(\theta,\varphi)\\ &+\sqrt{\frac{l^2-m^2}{(2l-1)(2l+1)}}Y_{l-1,m}(\theta,\varphi)\end{aligned}\tag{37}$$

及 $Y_{lm}(\theta,\varphi)$ 的正交归一条件,可得 $z_{mk}\neq 0$ 的条件是

$$\Delta l=l'-l=\pm 1,\qquad \Delta m=m'-m=0\tag{38}$$

再考虑另外两个矩阵元

$$\begin{aligned}x_{mk}&=\int\psi_{n'l'm'}^*(\boldsymbol{r})\frac{r\sin\theta}{2}(\mathrm{e}^{i\varphi}+\mathrm{e}^{-i\varphi})\psi_{nlm}(\boldsymbol{r})\mathrm{d}\tau\\ &=\frac{1}{2}\int R_{n'l'}(r)R_{nl}(r)r^3\mathrm{d}r\int Y_{l'm'}^*(\theta,\varphi)\times(\sin\theta\mathrm{e}^{i\varphi}+\sin\theta\mathrm{e}^{-i\varphi})Y_{lm}(\theta,\varphi)\mathrm{d}\Omega\end{aligned}\tag{39}$$

$$\begin{aligned}y_{mk}&=\int\psi_{n'l'm'}^*(\boldsymbol{r})\frac{r\sin\theta}{2i}(\mathrm{e}^{i\varphi}-\mathrm{e}^{-i\varphi})\psi_{nlm}(\boldsymbol{r})\mathrm{d}\tau\\ &=\frac{1}{2i}\int R_{n'l'}(r)R_{nl}(r)r^3\mathrm{d}r\int Y_{l'm'}^*(\theta,\varphi)\times(\sin\theta\mathrm{e}^{i\varphi}-\sin\theta\mathrm{e}^{-i\varphi})Y_{lm}(\theta,\varphi)\mathrm{d}\Omega\end{aligned}\tag{40}$$

利用公式

$$\begin{aligned} & e^{\pm i\varphi}\sin\theta Y_{lm}(\theta,\varphi) \\ & \quad = \pm\sqrt{\frac{(l\pm m+1)(l\pm m+2)}{(2l+1)(2l+3)}}Y_{l+1,m\pm1}(\theta,\varphi) \\ & \quad \mp\sqrt{\frac{(l\mp m)(l\mp m-1)}{(2l-1)(2l+1)}}Y_{l-1,m\pm1}(\theta,\varphi) \end{aligned} \tag{41}$$

及 $Y_{lm}(\theta,\varphi)$ 的正交归一条件,得 $x_{mk}\neq 0$ 与 $y_{mk}\neq 0$ 的条件均为

$$\Delta l=\pm 1,\quad \Delta m=\pm 1 \tag{42}$$

由(38)式与(42)式知,对电偶极跃迁,$|\boldsymbol{r}_{mk}|^2\neq 0$ 的条件,也就是电偶极跃迁速率不为 0 的条件是

$$\Delta l=l'-l=\pm 1,\quad \Delta m=m'-m=0,\pm 1 \tag{43}$$

这就是电偶极矩跃迁的选择法则.

[例题]　设 $t<0$ 时氢原子处于基态,$t\geqslant 0$ 时受到频率为 ω 的单色光的照射而电离.单色光的电场为 $\boldsymbol{\varepsilon}=\boldsymbol{\varepsilon}_0\cos\omega t$,$\boldsymbol{\varepsilon}_0$ 为已知的常矢量.求氢原子每秒电离的几率.

解:微扰哈密顿量为

$$\hat{H}'=e\boldsymbol{r}\cdot\boldsymbol{\varepsilon}=e\boldsymbol{r}\cdot\boldsymbol{\varepsilon}_0\cos\omega t=\hat{F}(\boldsymbol{r})\cos\omega t \tag{44}$$

其中

$$\hat{F}(\boldsymbol{r})=e\boldsymbol{r}\cdot\boldsymbol{\varepsilon}_0 \tag{45}$$

初态电子波函数为

$$\varphi_k(\boldsymbol{r})=\psi_{100}(\boldsymbol{r})=\frac{1}{\sqrt{\pi a^3}}e^{-r/a} \tag{46}$$

末态电子为自由电子,能量是连续的,动量的方向也是连续的.我们要计算末态电子能量取任意值,动量方向是任意的跃迁速率,可以先计算末态电子能量在 $E_m\sim E_m+\mathrm{d}E_m$ 内,方向在(θ,φ) 的 $\mathrm{d}\Omega$ 立体角内的跃迁速率,然后再将能量与方向的范围扩展.假定电离电子被局限在边长为 L(L 很大) 的立方体空间内.能量在 $E_m\sim E_m+\mathrm{d}E_m$ 内,方向在(θ,φ) 的 $\mathrm{d}\Omega$ 立体角内的自由电子归一化波函数可以统一表示为

$$\varphi_m(\boldsymbol{r})=\frac{1}{L^{3/2}}e^{i\boldsymbol{p}_m\cdot\boldsymbol{r}/\hbar}=\frac{1}{L^{3/2}}e^{i\boldsymbol{k}_m\cdot\boldsymbol{r}} \tag{47}$$

其中 $\boldsymbol{p}_m=p_m\boldsymbol{n}=\hbar\boldsymbol{k}_m$,$\boldsymbol{k}_m=k_m\boldsymbol{n}$.$\boldsymbol{n}$ 是(θ,φ) 方向的单位矢量.能量为 E_m,动量方向在(θ,φ) 的 $\mathrm{d}\Omega$ 立体角内的自由粒子能态密度为

$$\rho(E_m,\theta,\varphi,\mathrm{d}\Omega)=\frac{L^3\mu\sqrt{2\mu E_m}\,\mathrm{d}\Omega}{(2\pi\hbar)^3} \tag{48}$$

氢原子由初态 φ_k 到上述末态(能量在 $E_m \sim E_m+\mathrm{d}E_m$ 内,方向在(θ,φ) 的 $\mathrm{d}\Omega$ 立体角内的自由粒子平面波态) 的跃迁速率为

$$\delta B=\frac{\pi}{2\hbar}|F_{mk}|^2\delta(E_m-E_k-\hbar\omega)\rho(E_m,\theta,\varphi,\mathrm{d}\Omega)\mathrm{d}E_m \tag{49}$$

其中

$$F_{mk}=\int\varphi_m^*\hat{F}\varphi_k\mathrm{d}\tau \tag{50}$$

将(49) 式对电子末态能量 E_m 积分$\int\mathrm{d}E_m$,得

$$\begin{aligned}\mathrm{d}B&=\frac{\pi}{2\hbar}\int|F_{mk}|^2\delta(E_m-E_k-\hbar\omega)\rho(E_m,\theta,\varphi,\mathrm{d}\Omega)\mathrm{d}E_m\\&=\frac{\pi}{2\hbar}|F_{mk}|^2\rho(E_m=E_k+\hbar\omega,\theta,\varphi,\mathrm{d}\Omega)\end{aligned} \tag{51}$$

再将(48)式代入(51)式,得

$$\mathrm{d}B=\frac{\mu L^3}{16\pi^2\hbar^4}\sqrt{2\mu(E_k+\hbar\omega)}\,|F_{mk}|^2\mathrm{d}\Omega \tag{52}$$

其中

$$F_{mk}=\int\varphi_m^* e\boldsymbol{r}\cdot\boldsymbol{\varepsilon}_0\varphi_k\mathrm{d}\tau=\frac{e}{L^{3/2}\sqrt{\pi a^3}}\int \mathrm{e}^{-i\boldsymbol{k}_m\cdot\boldsymbol{r}}\boldsymbol{r}\cdot\boldsymbol{\varepsilon}_0\mathrm{e}^{-r/a}\mathrm{d}\tau \tag{53}$$

这里 $\boldsymbol{k}_m=k_m\boldsymbol{n}$ 是出射电子波波矢量,$\boldsymbol{n}$ 是(θ,φ) 方向的单位矢量,

$$k_m=\frac{p_m}{\hbar}=\frac{\sqrt{2\mu E_m}}{\hbar}=\frac{\sqrt{2\mu(E_k+\hbar\omega)}}{\hbar} \tag{54}$$

照射光在空间形成的电场 $\boldsymbol{\varepsilon}_0$ 的方向应该是确定的.但 $\boldsymbol{\varepsilon}_0$ 的方向同计算的最终结果无关,故 $\boldsymbol{\varepsilon}_0$ 的方向可以随意给定. F_{mk} 中的积分同坐标系的选择无关.我们取末态电子的出射方向 $\boldsymbol{n}$ 作为 z 轴的方向. 令 $\boldsymbol{\varepsilon}_0$ 在此坐标系中的方位角为(θ',φ').电子的位置矢量 $\boldsymbol{r}$ 与电场 $\boldsymbol{\varepsilon}_0$ 如图 7.2 所示. 由图 7.2 看出,

$$\boldsymbol{r}\cdot\boldsymbol{\varepsilon}_0=\varepsilon_0 r[\cos\theta\cos\theta'+\sin\theta\sin\theta' cos(\varphi-\varphi')] \tag{55}$$

$$\mathrm{e}^{-i\boldsymbol{k}_m\cdot\boldsymbol{r}}=\mathrm{e}^{-ik_m r\cos\theta} \tag{56}$$

$$\begin{aligned}F_{mk}=&\frac{e\,\varepsilon_0}{L^{3/2}\sqrt{\pi a^3}}\iiint\mathrm{e}^{-ik_m r\cos\theta}\mathrm{e}^{-r/a}r^3[\cos\theta\cos\theta'\\&+\sin\theta\sin\theta'\cos(\varphi-\varphi')]\sin\theta\mathrm{d}\theta\mathrm{d}\varphi\mathrm{d}r\end{aligned} \tag{57}$$

其中积分有两项,第二项积分为 0,这是因为

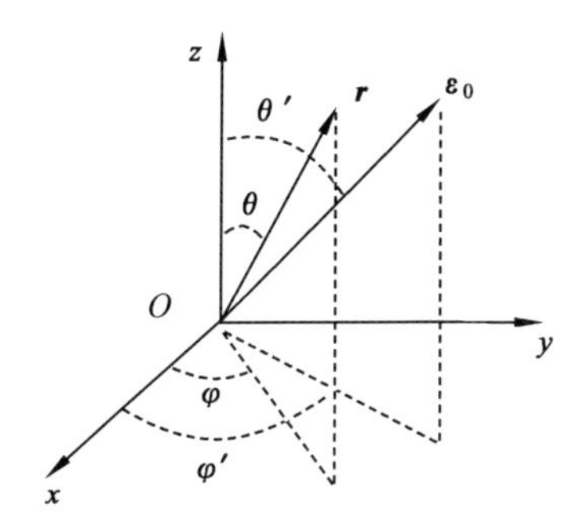

图 7.2

$$\int_0^{2\pi}\cos(\varphi-\varphi')\mathrm{d}\varphi=0 \tag{58}$$

于是

$$\begin{aligned}
F_{mk}&=\frac{e\,\varepsilon_0\cos\theta'}{L^{3/2}\,\sqrt{\pi a^3}}\iiint \mathrm{e}^{-\mathrm{i}k_m r\cos\theta}\mathrm{e}^{-r/a}r^3\cos\theta\sin\theta\mathrm{d}\theta\mathrm{d}\varphi\mathrm{d}r\\
&=\frac{e\,\varepsilon_0\cos\theta'}{L^{3/2}\,\sqrt{\pi a^3}}\int_0^{\infty}\mathrm{d}r\mathrm{e}^{-r/a}r^3\int_{-1}^{+1}\mathrm{e}^{-\mathrm{i}k_m r\cos\theta}\cos\theta\mathrm{d}\cos\theta\int_0^{2\pi}\mathrm{d}\varphi\\
&=\frac{4\pi\mathrm{i}e\,\varepsilon_0\cos\theta'}{L^{3/2}\,\sqrt{\pi a^3}}\left[\frac{1}{k_m}\int_0^{\infty}\cos(k_m r)\mathrm{e}^{-r/a}r^2\mathrm{d}r-\frac{1}{k_m^2}\int_0^{\infty}\sin(k_m r)\mathrm{e}^{-r/a}r\mathrm{d}r\right]\\
&=\frac{4\pi\mathrm{i}e\,\varepsilon_0\cos\theta'}{L^{3/2}\,\sqrt{\pi a^3}}\left\{\frac{2}{a}\left[\frac{-3k_m^2+1/a^2}{k_m(k_m^2+1/a^2)^3}-\frac{1}{k_m(k_m^2+1/a^2)^2}\right]\right\}\\
&=-\frac{32\pi\mathrm{i}e\,\varepsilon_0\cos\theta'}{L^{3/2}\,\sqrt{\pi a}a^2}\frac{k_m}{(k_m^2+1/a^2)^3}
\end{aligned} \tag{59}$$

式中 θ' 是 $\boldsymbol{\varepsilon}_0$ 与 $\boldsymbol{k}_m$ 之间的夹角. 在算出 F_{mk} 之后,改取常矢量 $\boldsymbol{\varepsilon}_0$ 的方向为 z 轴方向. 现在电子动量 $\boldsymbol{p}_m$ 或波矢 $\boldsymbol{k}_m$ 的方向 (θ,φ) 中的 θ 角就是(57) 式中的 θ'. 因此,改换坐标系之后,(59) 式变为

$$F_{mk}=-\frac{32\pi\mathrm{i}e\varepsilon_0\cos\theta}{L^{3/2}\,\sqrt{\pi a}a^2}\frac{k_m}{(k_m^2+1/a^2)^3} \tag{60}$$

将(60)式代入(52)式中,得

$$\mathrm{d}B=\frac{2^6\mu e^2\varepsilon_0^2k_m^2\,\sqrt{2\mu(E_k+\hbar\omega)}\cos^2\theta}{\pi\hbar^4a^5(k_m^2+1/a^2)^6}\mathrm{d}\Omega \tag{61}$$

对 Ω 积分,得

$$\begin{aligned}
B&=\frac{2^6\mu e^2\varepsilon_0^2k_m^2\,\sqrt{2\mu(E_k+\hbar\omega)}}{\pi\hbar^4a^5(k_m^2+1/a^2)^6}\int\cos^2\theta\mathrm{d}\Omega\\
&=\frac{2^8\mu e^2\varepsilon_0^2k_m^2\,\sqrt{2\mu(E_k+\hbar\omega)}}{3\hbar^4a^5(k_m^2+1/a^2)^6}
\end{aligned} \tag{62}$$

将(54)式,即 $k_m = \dfrac{\sqrt{2\mu(E_k + \hbar\omega)}}{\hbar}$,代入(62)式,得氢原子电离速率

$$B = \frac{2^9 \sqrt{2}\mu^{5/2} e^2 \varepsilon_0^2 (E_k + \hbar\omega)^{3/2}}{3\hbar^6 a^5 [2\mu(E_k + \hbar\omega)/\hbar^2 + 1/a^2]^6} \tag{63}$$

其中 $E_k = -\dfrac{e^2}{2a}$ 为初态电子能量.

§7.7 原子的自发辐射

实验表明,处于激发态的原子会自发辐射光子跃迁到低能态.初等量子力学不能解释这一现象.因为按照量子力学原理,处于定态的原子是稳定的.高等量子力学可以解释这一现象.然而爱因斯坦却在初等量子力学的基础上,利用热力学体系的平衡条件,推导出原子的自发跃迁速率.

考虑一个保持恒定高温 T 的黑体辐射空腔.空腔中存在的稳定辐射场强度为

$$\rho(\nu) = \frac{8\pi h\nu^3}{c^3(e^{h\nu/kT} - 1)} \tag{1}$$

$\rho(\nu)d\nu$ 表示空腔中单位体积内频率在 $\nu \sim \nu + d\nu$ 之间的光的能量.由 $\rho(\nu)d\nu = I(\omega)d\omega$ 及 $\omega = 2\pi\nu$,可得以角频率 ω 为变量的辐射场强度:

$$I(\omega) = \frac{\hbar\omega^3}{\pi^2 c^3(e^{\hbar\omega/kT} - 1)} \tag{2}$$

温度 T 与辐射场强度 $I(\omega)$ 保持恒定,意味着空腔内壁原子同辐射场达到动态平衡:单位时间内原子由高能态 φ_k 到低能态 φ_m 跃迁发射频率为 $\omega = (E_k - E_m)/\hbar$ 的光子数目,等于由 φ_m 态到 φ_k 态吸收相同频率 ω 的光子数目,空腔中频率为 ω 的光子数目保持恒定.假定由于某种原因,发射多于吸收,则空腔中频率为 ω 的光子数目增加,处于高能态 φ_k 的原子数目 N_k 减少,处于低能态 φ_m 的原子原子数目 N_m 增加.这就导致单位时间内原子吸收频率为 ω 的光子数目要增加,发射频率为 ω 的光子数目要减少.最后一定会达到新的平衡.总之,体系平衡时,光的强度 $I(\omega)$ 保持恒定,处于不同能态的原子数目保持一定,单位时间内原子发射频率为 ω 的光子数目等于吸收同一频 率 ω 的光子数目.这叫细致平衡原理.

量子力学已经算出原子在强度为 $I(\omega)$ 的光照下由能量为 E_k 的 φ_k 态,通

过共振发射频率为$\omega_{km}=(E_k-E_m)/\hbar$的光子，跃迁到低能态$\varphi_m$的跃迁速率为

$$w_{k\to m}=\frac{4\pi^2e^2}{3\hbar^2}I(\omega_{km})\ |\boldsymbol{r}_{mk}|^2 \tag{3}$$

而相反过程(共振吸收)的跃迁速率为

$$w_{m\to k}=\frac{4\pi^2e^2}{3\hbar^2}I(\omega_{km})\ |\boldsymbol{r}_{km}|^2 \tag{4}$$

并且

$$w_{k\to m}=w_{m\to k} \tag{5}$$

令

$$B_{k\to m}=\frac{w_{k\to m}}{I(\omega_{km})}=\frac{4\pi^2e^2}{3\hbar^2}\ |\boldsymbol{r}_{mk}|^2 \tag{6}$$

$$B_{m\to k}=\frac{w_{m\to k}}{I(\omega_{km})}=\frac{4\pi^2e^2}{3\hbar^2}\ |\boldsymbol{r}_{km}|^2 \tag{7}$$

$B_{k\to m}$称作共振发射系数，表示单位强度的光产生的共振发射速率. $B_{m\to k}$称作共振吸收系数，表示单位强度的光产生的共振吸收速率. 显然

$$B_{k\to m}=B_{m\to k} \tag{8}$$

令原子由φ_k态自发跃迁到φ_m态的跃迁速率为$A_{k\to m}$，称作自发发射系数. 这正是我们要计算的量. 设体系处于平衡态时，处于φ_k与φ_m态上的原子数目分别为N_k与N_m，平衡态的绝对温度为T. 由细致平衡原理，

$$N_kA_{k\to m}+N_kB_{k\to m}I(\omega_{km})=N_mB_{k\to m}I(\omega_{km}) \tag{9}$$

由方程(9)解得

$$A_{k\to m}=B_{k\to m}I(\omega_{km})\left(\frac{N_m}{N_k}-1\right) \tag{10}$$

根据统计物理学，当原子体系处于绝对温度T的平衡态时，原子处于能量为E的态上的几率正比于$\exp(-E/kT)$，其中k为玻尔兹曼常数. 因此便有

$$\frac{N_m}{N_k}=\frac{e^{-E_m/kT}}{e^{-E_k/kT}}=e^{(E_k-E_m)/kT}=e^{\hbar\omega_{km}/kT} \tag{11}$$

将(11)式代入(10)式，得

$$A_{k\to m}=B_{k\to m}I(\omega_{km})(e^{\hbar\omega_{km}/kT}-1) \tag{12}$$

由(2)式知

$$I(\omega_{km})=\frac{\hbar\omega_{km}^3}{\pi^2c^3(e^{\hbar\omega_{km}/kT}-1)} \tag{13}$$

将(13)式与(6)式代入(12)式，得

$$A_{k\to m}=\frac{4e^2\omega_{km}^3}{3\hbar c^3}\,|\boldsymbol{r}_{mk}|^2 \tag{14}$$

§7.8 能量时间不确定关系

同坐标动量不确定关系

$$\Delta x\Delta p_x\geqslant\hbar/2,\quad 或\quad \Delta x\Delta p_x\approx\hbar \tag{1}$$

类似,能量时间不确定关系为

$$\Delta E\Delta t\geqslant\hbar/2,\quad 或\quad \Delta E\Delta t\approx\hbar \tag{2}$$

虽然(1) 式与(2) 式在形式上相同,但在意义上却有很大的差别.(1) 式表示任一时刻粒子的力学量 x 与 p_x 取值几率分布宽度 Δx 与 Δp_x 之间的关系.它可以直接由任意两个力学量 A 与 B 的不确定关系式:

$$\Delta A\Delta B\geqslant\frac{1}{2}\left|\overline{[\hat{A},\hat{B}]}\right| \tag{3}$$

令 $\hat{A}=x,\hat{B}=\hat{p}_x$ 得到.而(2) 式则是对粒子运动过程来说的,它表示粒子的能量分布宽度 ΔE 与运动过程经历的时间 Δt 之间的关系.时间不是力学量,所以(2) 式不能像(1) 式那样直接由(3) 式导出.能量时间不确定关系式(2) 的推导方法有多种.不同方法给出的 ΔE 与 Δt 的含义不同.

(1) 微扰作用时间与能量不确定范围

以氢原子在光照下发生的电离过程为例.设 $t<0$ 时氢原子处于基态,$t\geqslant 0$ 时受到角频率为 ω 的近似单色光的照射而电离.微扰 $\hat{H}'=\hat{F}(\boldsymbol{r})\cos\omega t$. t 时刻电子由能量为 $E_k(<0)$ 的束缚基态(波函数为 φ_k)跃迁到 $E_m(>0)$ 的自由粒子态(波函数为 φ_m)的跃迁几率为

$$\begin{aligned}W_{k\to m}(t)&=\frac{|F_{mk}|^2\sin^2\dfrac{\omega_{mk}-\omega}{2}t}{\hbar^2(\omega_{mk}-\omega)^2}\\&=\frac{|F_{mk}|^2\sin^2\dfrac{(E_m-E_k-\hbar\omega)t}{2\hbar}}{(E_m-E_k-\hbar\omega)^2}\end{aligned} \tag{4}$$

其中

$$F_{mk}=\int\varphi_m^*\hat{F}(\boldsymbol{r})\varphi_k\,\mathrm{d}\tau \tag{5}$$

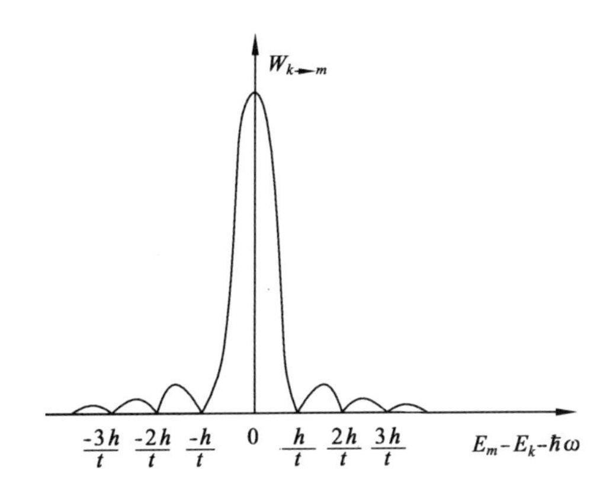

图 7.3

图 7.3 给出 $W_{k\to m}(t) \sim E_m - E_k - \hbar\omega$ 的关系曲线. 由图可见,当末态电子能量 $E_m = E_k + \hbar\omega$ 时,$W_{k\to m}(t)$ 取极大值 :$|F_{mk}|^2 t^2/4\hbar^2$. 随着 E_m 对 $E_k + \hbar\omega$ 的偏离增大,$W_{k\to m}(t)$ 的值迅速下降,在 $E_m = E_k + \hbar\omega \pm h/t$ 处降为 0. 当 E_m 对 $E_k + \hbar\omega$ 的偏离再进一步增大时,虽然 $W_{k\to m}(t)$ 的值会有起伏,但其值已变得愈来愈小,以致可以忽略不计. 上述表示,t 时刻末态电子能量 E_m 取值在 $E_k + \hbar\omega$ 附近的几率比取其他值的几率要大得多. 可以认为,t 时刻末态电子的能量集中在以 $E_k + \hbar\omega$ 为中心左右宽度为 h/t 的范围内. 因此,t 时刻末态电子能量的不确定范围为 $\Delta E \approx h/t$. t 也是微扰作用的时间,改用 Δt 表示. 于是便有

$$\Delta E \Delta t \approx h \tag{6}$$

h 与 $\hbar$ 具有 相同的数量级,故(6) 式就是能量与时间不确定关系式(2). 它表示在微扰作用下产生的末态电子的能量取值范围 ΔE 同微扰作用时间 Δt 之间存在的关系,Δt 愈小则 ΔE 愈大;反之 Δt 愈大则 ΔE 愈小. 当作用时间 $\Delta t \to \infty$ 时,$\Delta E \to 0$. $\Delta E = 0$ 或 $E_m = E_k + \hbar\omega$ 表示能量守恒. 上述结果并不表示在短时间内能量不守恒. 量子力学计算的任一力学量平均值才是该力学量的实验测量值. 由图 7.3 看出,曲线 $W_{k\to m} \sim E_m - (E_k + \hbar\omega)$ 的对称分布使得末态电子能量在任意一段时间内的平均值 $\overline{E}_m = E_k + \hbar\omega$,能量总是守恒的.

(2) 能量与运动过程经历时间的不确定值

微观粒子体系的运动发展过程取决于体系的哈密顿量 $\hat{H}$. 考虑一个不显含时间且同 $\hat{H}$ 不对易的力学量 $\hat{F}$. $\hat{F}$ 的平均值随时间的变化率为

$$\frac{\mathrm{d}\overline{F}(t)}{\mathrm{d}t} = \frac{1}{i\hbar}\overline{[\hat{F},\hat{H}]} \tag{7}$$

在体系的运动发展过程中,$\overline{F}(t)$ 随时间变化的规律是确定的. 我们可以通过测

量 $\bar{F}(t)$ 来确定时间 t. 显然，力学量 F 的不确定值 ΔF 决定了时间 t 的不确定值 Δt. 它们之间的关系是

$$\Delta F = \left|\frac{\mathrm{d}\bar{F}(t)}{\mathrm{d}t}\right|\Delta t = \frac{1}{\hbar}\left|\overline{[\hat{F},\hat{H}]}\right|\Delta t \tag{8}$$

由(3) 式知，力学量 F 与哈密顿量 H 的不确定关系式为

$$\Delta F \Delta E \geqslant \frac{1}{2}\left|\overline{[\hat{F},\hat{H}]}\right| \tag{9}$$

将(8)式代入(9)式，得到能量时间不确定关系式(2)：

$$\Delta E \Delta t \geqslant \hbar/2 \tag{10}$$

它表示一个能量具有不确定值 ΔE 的体系，完成任一运动过程所经历的时间的不确定值 Δt 同 ΔE 之间的关系.

根据坐标与动量的不确定关系，以动量 $p_0 = \mu v_0$ 为中心，动量分布宽度为 Δp 的自由粒子波包在坐标空间的分布宽度

$$\Delta x \approx \frac{\hbar}{\Delta p}$$

在 § 2.5 中的例题 3 给出上述自由粒子波包的平均位置随时间变化规律为

$$\overline{x(t)} = v_0 t$$

波包由 $\bar{x} = 0$ 运动到 $\bar{x} = x_0$ 所经历时间 t 的不确定值

$$\Delta t \approx \frac{\Delta x}{v_0} \approx \frac{\hbar}{v_0 \Delta p}$$

将 $\Delta E = \Delta(p^2/2\mu) = (p/\mu)\Delta p \approx v_0 \Delta p$ 代入上式得

$$\Delta E \Delta t \approx \hbar$$

这个结果同(10) 式相符.

(3) 不稳定粒子态的寿命与能级宽度

定态波函数 $\psi(\boldsymbol{r},t) = \psi(\boldsymbol{r},0)\mathrm{e}^{-iEt/\hbar}$ 不能描述不稳定的粒子态，因为由这个波函数确定的该粒子态存在的几率 $\int |\psi(\boldsymbol{r},t)|^2 \mathrm{d}\tau = \int |\psi(\boldsymbol{r},0)|^2 \mathrm{d}\tau$ 是与时间 t 无关的量. 实验表明，不稳定的粒子态存在的几率 $\rho(t)$ 随时间的增加而指数下降：

$$\rho(t) = \rho(0)\mathrm{e}^{-\lambda t} \tag{11}$$

其中 λ 为衰变常数. 由

$$\lambda = -\frac{1}{\rho(t)}\frac{\mathrm{d}\rho(t)}{\mathrm{d}t} \tag{12}$$

看出，λ 是粒子在单位时间内发生衰变的几率. 不稳定态存在的时间，或平均寿命为

$$\tau = \frac{\int_0^\infty \rho(t)t\mathrm{d}t}{\int_0^\infty \rho(t)\mathrm{d}t} = \frac{\int_0^\infty \mathrm{e}^{-\lambda t}t\,\mathrm{d}t}{\int_0^\infty \mathrm{e}^{-\lambda t}\,\mathrm{d}t} = \frac{1}{\lambda} \tag{13}$$

设某一粒子的能量为 E_0 的不稳定态在 $t=0$ 时产生，衰变常数为 λ. 根据粒子不稳定态的衰变规律(11)，可以设想，该粒子态波函数同时间关系为

$$\psi(t) = \begin{cases} 0, & t < 0 \\ \psi(0)\mathrm{e}^{-iE_0 t/\hbar}\mathrm{e}^{-\lambda t/2}, & t \geqslant 0 \end{cases} \tag{14}$$

$t \geqslant 0$ 时不稳定的粒子态存在的几率 $\rho(t)$ 为

$$\rho(t) = |\psi(t)|^2 = |\psi(0)|^2\mathrm{e}^{-\lambda t} \tag{15}$$

这正是(11)式. 将波函数(14)作傅里叶能量展开

$$\psi(t) = \frac{1}{\sqrt{2\pi\hbar}}\int_{-\infty}^{\infty}\varphi(E)\mathrm{e}^{-iEt/\hbar}\mathrm{d}E \tag{16}$$

展开系数 $\varphi(E)$ 由傅里叶逆变换公式

$$\varphi(E) = \frac{1}{\sqrt{2\pi\hbar}}\int_{-\infty}^{\infty}\psi(t)\mathrm{e}^{iEt/\hbar}\mathrm{d}t \tag{17}$$

确定. 将(14)式代入(17)式，得

$$\begin{aligned}\varphi(E) &= \frac{\psi(0)}{\sqrt{2\pi\hbar}}\int_0^\infty \mathrm{e}^{i\left(\frac{E-E_0}{\hbar}+i\frac{\lambda}{2}\right)t}\mathrm{d}t \\ &= \frac{i\sqrt{\hbar}\psi(0)}{\sqrt{2\pi}}\frac{1}{(E-E_0)+i\Gamma/2}\end{aligned} \tag{18}$$

其中

$$\Gamma = \lambda\hbar \tag{19}$$

不稳定粒子态的能量分布几率密度为

$$P(E) = |\varphi(E)|^2 = \frac{\hbar\,|\psi(0)|^2}{2\pi}\frac{1}{(E-E_0)^2+\Gamma^2/4} \tag{20}$$

由归一化条件

$$\int_{-\infty}^{\infty}P(E)\mathrm{d}E = 1 \tag{21}$$

定出 $|\psi(0)|^2 = \Gamma/\hbar$，将它代入(20)式中，得

$$P(E) = \frac{\Gamma}{2\pi}\frac{1}{(E-E_0)^2+\Gamma^2/4} \tag{22}$$

由此可见,上述能量为 E_0 的不稳定态并非具有单一的能量,而是具有连续的能量分布.图 7.4 给出能量分布几率密度 $P(E)$ 随能量 E 变化的曲线.由图 7.4 看出,E_0 是最大几率能量.能量 E 对 E_0 的偏离愈大,几率愈小.当 $E=E_0\pm\Gamma/2$ 时,几率下降为最大值的 1/2.可以认为,粒子的能量主要分布在以 E_0 为中心左右宽度均为 $\Gamma/2$ 的范围内.Γ 被定义为粒子能级的宽度 ΔE.利用 Γ 的表示式(19)及(13)式,得

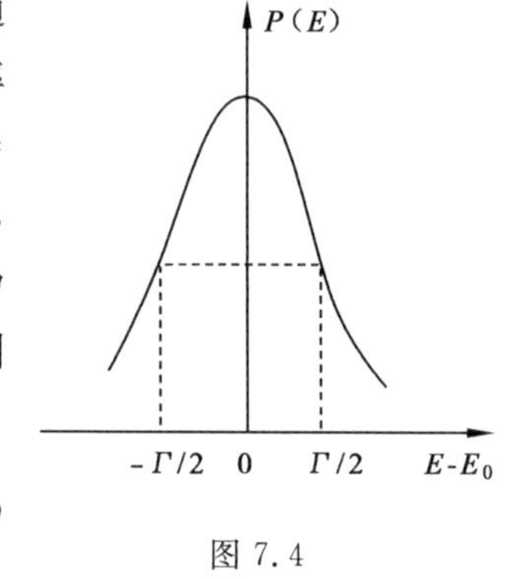

图 7.4

$$\Delta E = \Gamma = \lambda\hbar = \frac{\hbar}{\tau} \tag{23}$$

现将粒子的寿命 τ 改用 Δt 表示,上式变为

$$\Delta E\Delta t = \hbar \tag{24}$$

这正是(2)式.由(24)式表示的能量时间不确定关系,给出了不稳定粒子态的寿命与能级宽度之间的关系.

习　　题

1. 考虑到氢原子核不是点电荷,而是半径为 R 的均匀带电球体,用微扰方法计算这种效应对氢原子基态的能量的一级修正.已知电子在球形核电场中的势能为

$$V = \begin{cases} -\dfrac{e^2}{r}, & r > R \\ \dfrac{e^2}{2R}\left(\dfrac{r^2}{R^2}-3\right), & r < R \end{cases}$$

如果氢原子核是半径为 R 的均匀带电球面,结果又如何?

答:$E^{(1)} = \dfrac{2e^2R^2}{5a^3}$.如是均匀带电球面,$E^{(1)} = \dfrac{2e^2R^2}{3a^3}$

2. 一维无限深方势阱($0<x<a$)中的粒子受到微扰

$$\hat{H}' = \varepsilon x, \quad 0<x<a$$

的作用,其中 ε 为常数.求基态能量的一级修正.

答:$E^{(1)} = \dfrac{\varepsilon a}{2}$

3. 一维无限深方势阱($0<x<a$)中的粒子受到微扰

$$\hat{H}' = A\cos\frac{\pi x}{a}, \quad 0<x<a$$

的作用,其中 A 为常数.求基态能量的二级近似与波函数的一级近似.

答：$E=\frac{\pi^2\hbar^2}{2\mu a^2}-\frac{A^2\mu a^2}{6\pi^2\hbar^2}$.

$$\psi=\begin{cases}\sqrt{\frac{2}{a}}\left(\sin\frac{\pi}{a}x-\frac{A\mu a^2}{3\pi^2\hbar^2}\sin\frac{2\pi}{a}x\right), & 0<x<a\\ 0, & x<0,x>a\end{cases}$$

4. 一维谐振子$\left(V=\frac{1}{2}\mu\omega^2x^2\right)$受到微扰$\hat{H}'=\frac{1}{2}\lambda\mu\omega^2x^2$的作用($|\lambda|\ll 1$)，用微扰方法计算能量的三级近似值，并与严格值比较.

答：$E_n^{(1)}=\frac{\lambda}{2}\left(n+\frac{1}{2}\right)\hbar\omega$，　$E_n^{(2)}=-\frac{\lambda^2}{8}\left(n+\frac{1}{2}\right)\hbar\omega$

$$E_n^{(3)}=\frac{\lambda^3}{16}\left(n+\frac{1}{2}\right)\hbar\omega$$

能量精确值为

$$\begin{aligned}E_n&=\left(n+\frac{1}{2}\right)\hbar\omega\sqrt{1+\lambda}\\&=\left(n+\frac{1}{2}\right)\hbar\omega\left(1+\frac{\lambda}{2}-\frac{\lambda^2}{8}+\frac{\lambda^3}{16}-\cdots\right)\end{aligned}$$

5. 试求哈密顿$\hat{H}=-\frac{\hbar^2}{2\mu}\frac{d^2}{dx^2}+\frac{1}{2}\mu\omega^2x^2+ax^3+bx^4$的体系的一级近似能量，式中$a$与$b$为小的常数.

答：$E_n=\left(n+\frac{1}{2}\right)\hbar\omega+\frac{3b}{4\alpha^4}(2n^2+2n+1)$，　$\alpha=\sqrt{\frac{\mu\omega}{\hbar}}$

6. 转动惯量为I，电偶极矩为D的空间转子绕固定点o转动，$\hat{H}=\frac{\hat{L}^2}{2I}$，定态能量为$E_l=\frac{l(l+1)\hbar^2}{2I}$，定态波函数为$\psi_{lm}=Y_{lm}(\theta,\varphi)$. 如果在$z$轴方向存在均匀电场$\varepsilon$，电偶极矩同电场的作用能$\hat{H}'=-D\varepsilon\cos\theta$可视为微扰. 计算能量的二级近似值.

提示：对$l\neq 0$的$2l+1$度简并态，可以用非简并态微扰方法计算能量的二级近似值.

答：$E_{lm}=\frac{l(l+1)\hbar^2}{2I}+\frac{ID^2\varepsilon^2}{\hbar^2}\left(\frac{l^2-m^2}{(2l+1)(2l-1)l}-\frac{(l+1)^2-m^2}{(2l+3)(2l+1)(l+1)}\right)$

7. 一体系的哈密顿$\hat{H}=\hat{H}_0+\hat{H}'$，其中$\hat{H}'=i\lambda[\hat{A},\hat{H}_0]$是微扰，$\hat{A}$是厄密算符，$\lambda$是实数. 令$\hat{B}$是第二个厄密算符. 由$\hat{A}$与$\hat{B}$构成第三个厄密算符$\hat{C}=i[\hat{B},\hat{A}]$.

(1) 已知在未受微扰（非简并）的基态上，算符$\hat{A}$、$\hat{B}$与$\hat{C}$的平均值为$\langle A\rangle_0$、$\langle B\rangle_0$与$\langle C\rangle_0$. 加上微扰后，计算$\hat{B}$的平均值到λ的一级近似.

(2) 在以下问题中检验你的结果.

$$\hat{H}_0=\sum_{i=1}^{3}\left(\frac{\hat{p}_i^2}{2\mu}+\frac{1}{2}\mu\omega^2x_i^2\right),\quad \hat{H}'=\lambda x_3$$

计算$\langle x_i\rangle$（基态）$(i=1,2,3)$到λ的最低级，用$\langle x_i\rangle$的严格值同你的结果比较.

答：(1) $\langle B\rangle=\langle B\rangle_0+\lambda\langle C\rangle_0$

(2) $\hat{A}=\frac{1}{\mu\hbar\omega^2}\hat{p}_3$， $\hat{B}=x_i$， $\hat{C}=i[\hat{B},\hat{A}]=\frac{1}{\mu\hbar\omega^2}[x_i,\hat{p}_3]=-\frac{1}{\mu\,\omega^2}\delta_{i3}$

由公式$\langle B\rangle=\langle B\rangle_0+\lambda\langle C\rangle_0$ 算出

$$\langle x_1\rangle=0,\quad \langle x_2\rangle=0,\quad \langle x_3\rangle=-\frac{\lambda}{\mu\,\omega^2}$$

这个结果同严格解一致.

8. 一根质量均匀分布长度为d的杆，以它的中心为固定点，被约束在一平面上转动.此杆具有质量M和固定于两端点的电荷Q与$-Q$.

(1) 给出此体系的哈密顿量及其本征函数和本征值.

(2) 如有一个处于该转动平面的恒定弱电场$\boldsymbol{\varepsilon}$作用于这个体系.用微扰方法求基态新的本征函数(一级近似)和能量(二级近似).

(3) 如果外电场很强，求基态近似波函数和能量.

答：(1) 设转动平面为xy平面， $\boldsymbol{\varepsilon}=\varepsilon\boldsymbol{i}$. $\hat{H}=-\frac{\hbar^2}{2I}\frac{d^2}{d\varphi^2}$， $I=\frac{Md^2}{12}$.

$$\psi(\varphi)=\sqrt{\frac{1}{2\pi}}e^{im\varphi},\quad E_m=\frac{\hbar^2m^2}{2I},\quad m=0,\pm1,\pm2,\cdots$$

(2) $\hat{H}'=-Q\varepsilon d\cos\varphi$， $\psi(\varphi)=\sqrt{\frac{1}{2\pi}}\left(1+\frac{2\varepsilon IQd}{\hbar^2}\cos\varphi\right)$

$$E=-\frac{\varepsilon^2IQ^2d^2}{\hbar^2}$$

(3) 平面转子被迫相对x轴作小角度φ的振动，

$$\hat{H}'=-Q\varepsilon d\cos\varphi\approx-Q\varepsilon d\left(1-\frac{1}{2}\varphi^2\right)$$

$$\psi(\varphi)=\sqrt{\frac{\alpha}{\sqrt{\pi}}}e^{-\alpha^2\varphi^2/2},\quad \alpha=\sqrt{\frac{I\omega}{\hbar}}=\left(\frac{\varepsilon IQd}{\hbar^2}\right)^{1/4}$$

$$E=\frac{1}{2}\hbar\omega-\varepsilon Qd,\quad \omega=\sqrt{\frac{\varepsilon Qd}{I}}$$

9. 一空间转子作受碍转动，哈密顿量为

$$\hat{H}=A\hat{L}^2+B\hbar^2\cos2\varphi$$

其中A和B为正实数，且$A\gg B$.试计算p能级($l=1$)的分裂，及零级近似波函数.

答：$E_1=2\hbar^2A-\frac{B\hbar^2}{2}$， $\psi_1^{(0)}=\frac{1}{\sqrt{2}}(Y_{11}(\theta\varphi)+Y_{1-1}(\theta\varphi))$

$E_2=2\hbar^2A$， $\psi_2^{(0)}=Y_{10}(\theta\varphi)$

$E_3=2\hbar^2A+\frac{B\hbar^2}{2}$， $\psi_3^{(0)}=\frac{1}{\sqrt{2}}(Y_{11}(\theta\varphi)-Y_{1-1}(\theta\varphi))$

10. 可以证明，若点电荷在静电场中的势能为$V(\boldsymbol{r})$，则均匀带电小球在静电场中的势能为$V(\boldsymbol{r})+\frac{1}{6}r_0^2\nabla^2V(\boldsymbol{r})+\cdots$，其中$r_0$是小球的半径，$\boldsymbol{r}$是球心的位置.试用这一结果计算

氢原子基态能量由于电子不是点电荷而带来的一级修正. 已知玻尔半径 $a=0.529\text{Å}$, $r_0=\dfrac{e^2}{m_e c^2}$(电子的经典半径), $e^2=1.44\text{MeV}\cdot\text{fm}$, $m_e=0.511\text{MeV}/c^2$. 提示: $\nabla^2 V(\boldsymbol{r})=4\pi e^2\delta(\boldsymbol{r})$

答: $E^{(1)}=\dfrac{2}{3}\pi e^2 r_0^2\,|\psi_{1s}(0)|^2=\dfrac{2e^2r_0^2}{3a^3}=5.1\times10^{-8}\text{eV}$

11. 设在 $\hat{H}_0$ 表象中, $\hat{H}_0$ 与微扰 $\hat{H}'$ 的矩阵分别为

$$H_0=\begin{pmatrix}E_0&0&0\\0&E_0&0\\0&0&2E_0\end{pmatrix},\quad H'=\varepsilon\begin{pmatrix}2&1&3\\1&2&3\\3&3&1\end{pmatrix}$$

其中 E_0 与 $2E_0$ 分别是基态与激发态的零级近似能量, $|\varepsilon|\ll E_0$. 求

(1) 基态的一级近似能量与零级近似波函数;

(2) 激发态的二级近似能量与一级近似波函数.

答: (1) $E_{11}=E_0+\varepsilon$, $\psi_{11}^{(0)}=\dfrac{1}{\sqrt{2}}\begin{pmatrix}1\\-1\\0\end{pmatrix}$; $E_{12}=E_0+3\varepsilon$, $\psi_{12}^{(0)}=\dfrac{1}{\sqrt{2}}\begin{pmatrix}1\\1\\0\end{pmatrix}$

(2) $E_2=2E_0+\varepsilon+\dfrac{18\varepsilon^2}{E_0}$, $\quad\psi_2=\begin{pmatrix}0\\0\\1\end{pmatrix}+\dfrac{3\varepsilon}{E_0}\begin{pmatrix}1\\1\\0\end{pmatrix}=\begin{pmatrix}3\varepsilon/E_0\\3\varepsilon/E_0\\1\end{pmatrix}$

12. 粒子的哈密顿量 $\hat{H}=\hat{H}_0+\hat{H}'$, $\hat{H}_0$ 与 $\hat{H}'$ 在 Q 表象中的矩阵为

$$H_0=E_0\begin{pmatrix}2&0&1\\0&2&0\\1&0&2\end{pmatrix},\quad H'=\varepsilon\begin{pmatrix}0&0&0\\0&2&0\\0&0&2\end{pmatrix}$$

E_0 为正实数, $|\varepsilon|\ll E_0$, $\hat{H}'$ 为微扰.

(1) 忽略微扰, 求出 $\hat{H}_0$ 的本征值与本征态矢;

(2) 考虑微扰, 求出基态的二级近似能量与一级近似态矢.

答: (1) $\hat{H}_0$ 的本征值为 $\quad E_1^{(0)}=E_0$, $\quad E_2^{(0)}=2E_0$, $\quad E_3^{(0)}=3E_0$, 相应态矢

$$\psi_1^{(0)}=\frac{1}{\sqrt{2}}\begin{pmatrix}1\\0\\-1\end{pmatrix},\quad\psi_2^{(0)}=\begin{pmatrix}0\\1\\0\end{pmatrix},\quad\psi_3^{(0)}=\frac{1}{\sqrt{2}}\begin{pmatrix}1\\0\\1\end{pmatrix}$$

(2) $E_1=E_0+\varepsilon-\dfrac{\varepsilon^2}{2E_0}$, $\quad\psi_1=\dfrac{1}{\sqrt{2}}\begin{pmatrix}1\\0\\-1\end{pmatrix}+\dfrac{\varepsilon}{2\sqrt{2}E_0}\begin{pmatrix}1\\0\\1\end{pmatrix}$

13. 质量为 μ 的粒子在 xy 平面上运动, 其哈密顿量为

$$\hat{H}=\frac{1}{2\mu}(\hat{p}_x^2+\hat{p}_y^2)+\frac{1}{2}\mu\omega^2(x^2+y^2)+\lambda xy$$

其中 λ 是小的实数，λxy 可视为微扰. 试计算能量为 $2\hbar\omega$ 的能级分裂.

答：能量为 $2\hbar\omega$ 的能级是二度简并的，在微扰 λxy 的作用下能级分裂为 $E_1 = 2\hbar\omega + \dfrac{\lambda}{2\alpha^2}$ 与 $E_2 = 2\hbar\omega - \dfrac{\lambda}{2\alpha^2}$，其中 $\alpha = \sqrt{\dfrac{\mu\omega}{\hbar}}$

14. 处于三维各向同性谐振子第一激发态的粒子，受到微扰 $\hat{H}' = \lambda xy$ 的作用，式中 λ 为常数. 求能量的一级修正.

答：第一激发态是三度简并的，在微扰 $\hat{H}' = \lambda xy$ 的作用下，能量的一级修正为 0，$\pm\dfrac{\lambda}{2\alpha^2}$，$\alpha = \sqrt{\dfrac{\mu\omega}{\hbar}}$

15. 设硼原子(原子序数为 5)受到 $\hat{H}' = f(r)xy$ 的微扰作用. 在一级近似下，

(1) 问其价电子 $2p$ 能级分裂成几个能级?

(2) 如已知其中一个能级移动值 $A > 0$，求其余各能级移动值；

(3) 求出各能级对应的波函数(用原来 $2p$ 波函数 ψ_{211}，ψ_{210} 与 ψ_{21-1} 表示).

答：$2p$ 能级是三度简并的，在微扰作用下，能级分裂成 3 个. 它们及相应的零级近似波函数为

$$E_1 = -\frac{25e^2}{8a} + A, \quad \psi_1^{(0)} = \frac{1}{\sqrt{2}}(\psi_{211} + \psi_{21-1})$$

$$E_2 = -\frac{25e^2}{8a}, \qquad \psi_2^{(0)} = \psi_{210}$$

$$E_3 = -\frac{25e^2}{8a} - A, \quad \psi_3^{(0)} = \frac{1}{\sqrt{2}}(\psi_{211} - \psi_{21-1})$$

16. 用变分法计算一维谐振子基态能量与波函数，

$$\hat{H} = -\frac{\hbar^2}{2\mu}\frac{\mathrm{d}^2}{\mathrm{d}x^2} + \frac{1}{2}\mu\omega^2 x^2$$

试探波函数取 $\psi(\lambda, x) = N\mathrm{e}^{-\lambda x^2}$，其中 λ 为待定参数，N 为归一化常数.

答：$E_0 = \dfrac{1}{2}\hbar\omega$，$\psi_0 = \sqrt{\dfrac{\alpha}{\sqrt{\pi}}}\mathrm{e}^{-\alpha^2 x^2/2}$，$\alpha = \sqrt{\dfrac{\mu\omega}{\hbar}}$

17. 质量为 μ 的粒子在一维势场

$$V(z) = \begin{cases} \infty, & z < 0 \\ Gz, & z > 0 \end{cases} \quad (G > 0)$$

中运动.

(1) 用变分法计算基态能量. 在 $z > 0$ 区域内的试探波函数应取下列波函数中的哪一个?为什么?(a) $z + \lambda z^2$，(b) $\mathrm{e}^{-\lambda z^2}$，(c) $z\mathrm{e}^{-\lambda z}$，(d) $\sin\lambda z$

(2) 算出基态能量.

答：(1) 取 $\psi(z) = Az\mathrm{e}^{-\lambda z}$　(2) $E = \dfrac{3}{2}\left(\dfrac{9G^2\hbar^2}{4\mu}\right)^{1/3}$

18. 一体系哈密顿量为

$$\hat{H}=\hat{T}+V(x),\quad V(x)=\begin{cases}\infty, & x<0\\ Ax, & x>0\end{cases}\quad (A>0)$$

(1) 用变分法取试探波函数 $\psi_1(x)=\sqrt{\frac{2}{b\sqrt{\pi}}}\mathrm{e}^{-x^2/2b^2}$，求基态能量上限 E_1.

(2) 已知如取试探波函数 $\psi_2(x)=\sqrt{\frac{1}{b\sqrt{\pi}}}\frac{2x}{b}\mathrm{e}^{-x^2/2b^2}$，则基态能量上限为 $E_2=\left(\frac{81}{4\pi}\right)^{1/3}\left(\frac{A^2\hbar^2}{\mu}\right)^{1/3}$. 对这两个上限，你能接受哪一个？为什么？

答：(1) $E_1=\left(\frac{27}{16\pi}\right)^{1/3}\left(\frac{\hbar^2A^2}{\mu}\right)^{1/3}$，(2) 尽管 $E_1<E_2$，仍应取 E_2，因为 $\psi_2(x)$ 满足边界条件 $\psi(x=0)=0$，而 $\psi_1(x)$ 不满足.

19. 质量为 μ 的粒子在势场

$$V(x)=\begin{cases}\infty, & x<0\\ Cx^2, & x>0\end{cases}\quad (C>0)$$

中运动.

(1) 用变分法估算粒子基态能量. 试探波函数取 $\psi(x)=Ax\mathrm{e}^{-\lambda x}$，$\lambda$ 为变分参量.

(2) 它是精确解的上限，还是下限？将它同精确解比较.

答：(1) $E=\hbar\sqrt{\frac{6C}{\mu}}$. (2) 它是精确解的上限. 精确解为 $E=\hbar\sqrt{\frac{4.5C}{\mu}}$

20. 带有电荷 q 的一维谐振子在光照下发生跃迁.

(1) 给出电偶极跃迁的选择定则.

(2) 设照射光的强度为 $I(\omega)$，计算振子由基态到第一激发态跃迁的速率.

答：(1) $\Delta n=\pm1$　(2) $w_{0\to1}=\frac{2\pi^2q^2}{3\hbar\mu\,\omega}I(\omega)$

21. 计算氢原子在强度为 $I(\omega)$ 的光照射下由基态到 $2p$ 态跃迁的速率.

答：$\psi_{100}\to\psi_{210}$，$\psi_{100}\to\psi_{211}$ 与 $\psi_{100}\to\psi_{21-1}$ 的跃迁速率都是 $w=\frac{2^{17}\pi^2e^2a^2}{3^{11}\hbar^2}I(\omega)$. 由基态 $(1s)$ 到 $2p$ 态跃迁的速率是上述三个跃迁速率之和：$w_{1s\to2p}=\frac{2^{17}\pi^2e^2a^2}{3^{10}\hbar^2}I(\omega)$，其中 $\omega=\frac{3e^2}{8a\hbar}$

22. 计算氢原子由 $2p$ 态到 ψ_{100} 态自发跃迁的速率.

答：$\psi_{210}\to\psi_{100}$，$\psi_{211}\to\psi_{100}$ 与 $\psi_{21-1}\to\psi_{100}$ 的自发跃迁速率都是 $A=\frac{2^{17}e^2a^2\omega^3}{3^{11}\hbar c^3}$. 由 $2p$ 态到 $\psi_{100}(1s)$ 态自发跃迁的速率是上述三个跃迁速率的平均值：$A_{2p\to1s}=\frac{2^{17}e^2a^2\omega^3}{3^{11}\hbar c^3}$，其中 $\omega=\frac{3e^2}{8a\hbar}$

23. 一维谐振子的能量本征态为 $|n\rangle$，

$$\hat{H}_0 \, |n\rangle = \left(n + \frac{1}{2}\right)\hbar\omega \, |n\rangle, \quad n = 0,1,2,\cdots$$

设有一微扰 $\hat{H}'$,满足

$$\langle m \mid \hat{H}' \mid n\rangle = \begin{cases} \lambda, & n^2 + m^2 = 1 \\ 0, & 其他情况 \end{cases}$$

体系的哈密顿量为 $\hat{H} = \hat{H}_0 + \hat{H}'$. 如果 $t = o$ 时体系处于基态,求 t 时刻体系处于各个态上的几率.

答:t 时刻体系处于第一激发态上的几率为$\dfrac{4\lambda^2}{\hbar^2\omega^2}\sin^2\dfrac{\omega t}{2}$,处于其他激发态上的几率为 0.

24. 质量为 μ,速度为 v,能量为 $E = \dfrac{1}{2}\mu v^2$ 的粒子沿 x 方向运动,其位置测量误差为 Δx. 设 $\Delta t = \Delta x / v$. 试由测不准关系式 $\Delta x \Delta p \geqslant \hbar/2$ 导出能量时间测不准关系式 $\Delta E \Delta t \geqslant \hbar/2$.

第八章　自　旋

§8.1　电子的自旋

碱金属原子光谱的双线结构，反常塞曼效应以及斯特恩—盖拉赫实验等表明电子具有自旋角动量 $\boldsymbol{S}$ 与自旋磁矩 $\boldsymbol{M}_s$. 这些实验证实，

（1）电子自旋角动量 $\boldsymbol{S}$ 在任一方向上的投影值为 $\pm\frac{\hbar}{2}$，自旋角动量平方 $\boldsymbol{S}^2$ 为常数 $\frac{3}{4}\hbar^2$，即

$$S_x=\pm\frac{\hbar}{2},\quad S_y=\pm\frac{\hbar}{2},\quad S_z=\pm\frac{\hbar}{2}$$

$$S^2=S_x^2+S_y^2+S_z^2=\frac{3}{4}\hbar^2 \tag{1}$$

（2）自旋磁矩 $\boldsymbol{M}_s$ 与自旋角动量 $\boldsymbol{S}$ 之间的关系为

$$\boldsymbol{M}_s=-\frac{e}{\mu c}\boldsymbol{S} \tag{2}$$

我们注意到(2)式同电子轨道磁矩 $\boldsymbol{M}_L$ 与轨道角动量 $\boldsymbol{L}$ 之间的关系式

$$\boldsymbol{M}_L=-\frac{e}{2\mu c}\boldsymbol{L} \tag{3}$$

相差一个 $\frac{1}{2}$ 因子. 电子的自旋角动量，简称自旋. 自旋同其他力学量不同，它同空间位置 $\boldsymbol{r}$ 及动量 $\boldsymbol{p}$ 无关，是电子固有的内部运动，属于一个新的自由度. 我们已经知道，任何力学量在量子力学中均表现为厄密算符. 由于经典力学中不存在自旋，因此自旋算符 $\hat{S}$ 不能象其他力学量算符那样由力学量的经典力学表示式将其中的 $\boldsymbol{p}$ 变成 $\hat{\boldsymbol{p}}=-i\hbar\nabla$ 得到. 自旋算符 $\hat{S}$ 作为角动量算符，应该同轨道角动量算符 $\hat{L}$ 有相同的性质. $\hat{S}^2=\hat{S}_x^2+\hat{S}_y^2+\hat{S}_z^2$ 与 $\hat{L}^2=\hat{L}_x^2+\hat{L}_y^2+\hat{L}_z^2$ 对应. $\hat{S}^2$ 的本征值 S^2 是它的实验值：$S^2=\frac{3}{4}\hbar^2$. 已知 $\hat{L}^2$ 的本征值 $L^2=l(l+1)\hbar^2$，其中轨道量子数 $l=0,1,2,\cdots$. 引入自旋量子数

$$s=\frac{1}{2},S^2=\frac{3}{4}\hbar^2=s(s+1)\hbar^2.$$

这就同$L^2 = l(l+1)\hbar^2$的形式相同，只是自旋量子数s的取值只有惟一的一个$\frac{1}{2}$. 类似地，为了使$\hat{S}_z$的本征值$s_z = \pm\frac{\hbar}{2}$同$\hat{L}_z$的本征值$L_z = m\hbar$ $(m = 0, \pm 1, \pm 2, \cdots)$在形式上一致，引入量子数$m_s = \pm\frac{1}{2}$，$s_z = m_s\hbar$.

仿照$\hat{L}_x$，$\hat{L}_y$与$\hat{L}_z$之间的对易关系，可以建立$\hat{S}_x$，$\hat{S}_y$与$\hat{S}_z$之间的对易关系式：

$$[\hat{S}_x, \hat{S}_y] = i\hbar\hat{S}_z, \quad [\hat{S}_y, \hat{S}_z] = i\hbar\hat{S}_x, \quad [\hat{S}_z, \hat{S}_x] = i\hbar\hat{S}_y \tag{4}$$

由于$\hat{S}_x$，$\hat{S}_y$与$\hat{S}_z$之间相互不对易，我们只能选择其中一个力学量的本征值作为电子波函数的力学量变量. 现选择$\hat{S}_z$的本征值s_z作为电子波函数的力学量变量. 令$\hat{S}_z$的本征函数为$\chi_{m_z}(s_z)$，相应的本征值为$s_z = m_s\hbar$. $\hat{S}_z$的本征方程为

$$\hat{S}_z\chi_{m_s}(s_z) = m_s\hbar\chi_{m_s}(s_z) \tag{5}$$

我们是在$\hat{S}_z$表象建立$\hat{S}_z$的本征方程的. 已知在本征值取分立值的力学量表象中，算符为方矩阵，而在自身表象中为对角矩阵，对角元素为本征值. 因此$\hat{S}_z$在$\hat{S}_z$表象的矩阵为

$$\hat{S}_z = \frac{\hbar}{2}\begin{pmatrix} 1 & 0 \\ 0 & -1 \end{pmatrix} \tag{6}$$

显然，作为对角矩阵(6)的本征方程的解，$\hat{S}_z$的本征值为$\frac{\hbar}{2}$与$-\frac{\hbar}{2}$的本征态矢分别为

$$\boldsymbol{\chi}_{\frac{1}{2}} = \begin{pmatrix} 1 \\ 0 \end{pmatrix} \equiv \alpha, \qquad \boldsymbol{\chi}_{-\frac{1}{2}} = \begin{pmatrix} 0 \\ 1 \end{pmatrix} \equiv \beta \tag{7}$$

它们满足正交归一条件

$$\boldsymbol{\chi}^{\dagger}_{m_s}\boldsymbol{\chi}_{m_s'} = \delta_{m_s m_s'} \tag{8}$$

或

$$\alpha^{\dagger}\alpha = 1, \quad \alpha^{\dagger}\beta = 0, \quad \beta^{\dagger}\beta = 1, \quad \beta^{\dagger}\alpha = 0 \tag{9}$$

考虑自旋运动后，电子的波函数为$\psi(\boldsymbol{r}, s_z, t)$. 这是$\boldsymbol{r}-s_z$表象中的波函数，其中自旋变量$s_z$只有二个可能取值：$\pm\frac{\hbar}{2}$. 电子波函数$|\psi(\boldsymbol{r}, s_z = \frac{\hbar}{2}, t)|^2 \mathrm{d}\tau$表示$t$时刻电子处于空间$\boldsymbol{r}$处$\mathrm{d}\tau$体积元内，并且自旋$s_z = \frac{\hbar}{2}$(简称自旋向上)的几率. $|\psi(\boldsymbol{r}, s_z = -\frac{\hbar}{2}, t)|^2 \mathrm{d}\tau$表示$t$时刻电子处于空间$\boldsymbol{r}$处$\mathrm{d}\tau$体积元内，并且

自旋 $s_z=-\frac{\hbar}{2}$（简称自旋向下）的几率. 由于 $\hat{S}_z$ 的本征函数全体集合 $\{\chi_{\frac{1}{2}}(s_z),\chi_{-\frac{1}{2}}(s_z)\}$ 是完备的，任何含有自旋变量 s_z 的电子波函数 $\psi(\boldsymbol{r},s_z,t)$ 一定可以表示为

$$\begin{aligned}\psi(\boldsymbol{r},s_z,t)&=\psi_{\frac{1}{2}}(\boldsymbol{r},t)\chi_{\frac{1}{2}}(s_z)+\psi_{-\frac{1}{2}}(\boldsymbol{r},t)\chi_{-\frac{1}{2}}(s_z)\\&=\psi_{\frac{1}{2}}(\boldsymbol{r},t)\begin{pmatrix}1\\0\end{pmatrix}+\psi_{-\frac{1}{2}}(\boldsymbol{r},t)\begin{pmatrix}0\\1\end{pmatrix}\\&=\begin{pmatrix}\psi_{\frac{1}{2}}(\boldsymbol{r},t)\\\psi_{-\frac{1}{2}}(\boldsymbol{r},t)\end{pmatrix}=\begin{pmatrix}\psi(\boldsymbol{r},s_z=\frac{\hbar}{2},t)\\\psi(\boldsymbol{r},s_z=-\frac{\hbar}{2},t)\end{pmatrix}\end{aligned}\tag{10}$$

由此可见，含有自旋变量的波函数 $\psi(\boldsymbol{r},s_z,t)$ 是二行一列的矩阵，称作旋量. 描写自旋向上的波函数 $\psi(\boldsymbol{r},s_z=\frac{\hbar}{2},t)$ 是旋量的上分量，描写自旋向下的波函数 $\psi(\boldsymbol{r},s_z=-\frac{\hbar}{2},t)$ 是旋量的下分量. 波函数 $\psi(\boldsymbol{r},s_z,t)$ 的归一化条件是

$$\int\psi^{\dagger}(\boldsymbol{r},s_z,t)\psi(\boldsymbol{r},s_z,t)\mathrm{d}\tau=1\tag{11}$$

或

$$\int|\psi(\boldsymbol{r},s_z=\frac{\hbar}{2},t)|^2\mathrm{d}\tau+\int|\psi(\boldsymbol{r},s_z=-\frac{\hbar}{2},t)|^2\mathrm{d}\tau=1\tag{12}$$

波函数 $\psi(\boldsymbol{r},s_z,t)$ 满足薛定谔方程

$$i\hbar\frac{\partial}{\partial t}\psi(\boldsymbol{r},s_z,t)=\hat{H}(\boldsymbol{r},\hat{\boldsymbol{S}},t)\psi(\boldsymbol{r},s_z,t)\tag{13}$$

这是一个矩阵方程，其中 $\hat{H}(\boldsymbol{r},\hat{\boldsymbol{S}},t)$ 是 $\boldsymbol{r}-s_z$ 表象中的哈密顿算符，为 2×2 矩阵. 如果 $\hat{H}=\hat{H}(\boldsymbol{r},\hat{\boldsymbol{S}})$ 不含 t，便有

$$\psi(\boldsymbol{r},s_z,t)=\psi(\boldsymbol{r},s_z)\mathrm{e}^{-iEt/\hbar}\tag{14}$$

$\psi(\boldsymbol{r},s_z)$ 满足定态方程

$$\hat{H}(\boldsymbol{r},\hat{\boldsymbol{S}})\psi(\boldsymbol{r},s_z)=E\psi(\boldsymbol{r},s_z)\tag{15}$$

这是一个矩阵方程. 如果

$$\hat{H}(\boldsymbol{r},\hat{\boldsymbol{S}})=\hat{H}_r(\boldsymbol{r})+\hat{H}_s(\hat{\boldsymbol{S}})\tag{16}$$

则 $\psi(\boldsymbol{r},s_z)$ 一定可以分离变量 $\boldsymbol{r}$ 与 s_z. 令

$$\psi(\boldsymbol{r},s_z)=\psi(\boldsymbol{r})\varphi(s_z)\tag{17}$$

$$E=E_r+E_s\tag{18}$$

$\psi(\boldsymbol{r})$ 与 $\varphi(s_z)$ 分别满足方程

$$\hat{H}_r(\boldsymbol{r})\psi(\boldsymbol{r}) = E_r\psi(\boldsymbol{r}) \tag{19}$$

$$\hat{H}_s(\hat{\boldsymbol{S}})\varphi(s_z) = E_s\varphi(s_z) \tag{20}$$

(19) 式为普通方程，(20) 式为矩阵方程. 波函数能写成(17) 式的形式表示电子的空间运动与自旋运动各自独立，我们可以分别研究电子的空间运动态 $\psi(\boldsymbol{r})$ 与自旋运动态 $\varphi(s_z)$. $\hat{H}_s(\hat{\boldsymbol{S}})$ 是哈密顿算符中只同自旋 $\hat{\boldsymbol{S}}$ 有关的部分，它是 2×2 的矩阵. 例如电子处于均匀磁场 $\boldsymbol{B} = B\boldsymbol{k}$ 中，与自旋有关的势能为

$$\hat{H}_s(\hat{\boldsymbol{S}}) = -\hat{\boldsymbol{M}}_s\cdot\boldsymbol{B} = \frac{eB}{\mu c}\hat{S}_z = \frac{eB\hbar}{2\mu c}\begin{pmatrix}1 & 0\\ 0 & -1\end{pmatrix} \tag{21}$$

如果 $\boldsymbol{B} = B_x\boldsymbol{i} + B_y\boldsymbol{j} + B_z\boldsymbol{k}$，则

$$\hat{H}_s(\hat{\boldsymbol{S}}) = -\hat{\boldsymbol{M}}_s\cdot\boldsymbol{B} = \frac{e}{\mu c}(B_x\hat{S}_x + B_y\hat{S}_y + B_z\hat{S}_z) \tag{22}$$

其中 $\hat{S}_z$ 为已知矩阵(6)，$\hat{S}_x$ 与 $\hat{S}_y$ 是我们目前尚不知道的矩阵. 在下一节中，我们将利用它们的性质及 $\hat{S}_z$ 的已知矩阵(6)，把它们求出来.

矩阵方程(20)的具体形式为

$$\begin{pmatrix}h_{11} & h_{12}\\ h_{21} & h_{22}\end{pmatrix}\begin{pmatrix}a\\ b\end{pmatrix} = E_s\begin{pmatrix}a\\ b\end{pmatrix} \tag{23}$$

或

$$\begin{pmatrix}h_{11}-E_s & h_{12}\\ h_{21} & h_{22}-E_s\end{pmatrix}\begin{pmatrix}a\\ b\end{pmatrix} = 0 \tag{24}$$

其中 h_{ij} 为已知常数，E_s 为自旋运动能量. E_s 可由久期方程

$$\begin{vmatrix}h_{11}-E_s & h_{12}\\ h_{21} & h_{22}-E_s\end{vmatrix} = 0 \tag{25}$$

解出. E_s 有两个值，设它们是 E_{s1} 与 E_{s2}. 将 $E_s = E_{s1}$ 代入(24) 式，并利用归一化条件

$$\boldsymbol{\varphi}^{\dagger}\boldsymbol{\varphi} = 1,\quad 或\quad |a|^2 + |b|^2 = 1 \tag{26}$$

可得

$$\boldsymbol{\varphi}_1 = \begin{pmatrix}a_1\\ b_1\end{pmatrix} = a_1\begin{pmatrix}1\\ 0\end{pmatrix} + b_1\begin{pmatrix}0\\ 1\end{pmatrix} = a_1\alpha + b_1\beta \tag{27}$$

这是自旋运动能量 $E_s = E_{s1}$ 的自旋运动态. $|a_1|^2$ 与 $|b_1|^2$ 分别代表电子自旋 s_z 取值为 $\frac{1}{2}\hbar$ 与 $-\frac{1}{2}\hbar$ 的几率. 类似地，将 $E_s = E_{s2}$ 代入(24) 式并利用归一化条件(26)，可得

$$\boldsymbol{\varphi}_2 = \begin{pmatrix} a_2 \\ b_2 \end{pmatrix} = a_2\begin{pmatrix} 1 \\ 0 \end{pmatrix} + b_2\begin{pmatrix} 0 \\ 1 \end{pmatrix} = a_2\alpha + b_2\beta \tag{28}$$

这是自旋运动能量 $E_s = E_{s2}$ 的自旋运动态. $|a_2|^2$ 与 $|b_2|^2$ 分别代表电子自旋 s_z 取值为$\frac{1}{2}\hbar$ 与 $-\frac{1}{2}\hbar$ 的几率.

然而在一般情况下,电子的哈密顿量并不能写成(16)的形式,因而波函数也就不能写成(17)式的形式.这时我们只能解比较复杂的方程(15),它具有如下的形式

$$\begin{pmatrix} \hat{H}_{11}(\boldsymbol{r}) & \hat{H}_{12}(\boldsymbol{r}) \\ \hat{H}_{21}(\boldsymbol{r}) & \hat{H}_{22}(\boldsymbol{r}) \end{pmatrix}\begin{pmatrix} \psi_1(\boldsymbol{r}) \\ \psi_2(\boldsymbol{r}) \end{pmatrix} = E\begin{pmatrix} \psi_1(\boldsymbol{r}) \\ \psi_2(\boldsymbol{r}) \end{pmatrix} \tag{29}$$

其中

$$\hat{H}_{ij}(\boldsymbol{r}) = \langle i \mid \hat{H}(\boldsymbol{r},\hat{\boldsymbol{S}}) \mid j \rangle, \qquad i,j = 1,2 \tag{30}$$

$|1\rangle$ 与 $|2\rangle$ 是 s_z 表象的基矢,即 $\hat{S}_z$ 的本征态 α 与 β. 假定方程(29)的解已经求出:$\hat{H}$ 的本征能量为 $E = E_1, E_2, \cdots, E_n, \cdots$,相应的本征态为 $\psi_1(\boldsymbol{r},s_z)$, $\psi_2(\boldsymbol{r},s_z),\cdots,\psi_n(\boldsymbol{r},s_z),\cdots$. $\psi_n(\boldsymbol{r},s_z)$ 具有如下形式

$$\psi_n(\boldsymbol{r},s_z) = \begin{pmatrix} \psi_{1n}(\boldsymbol{r}) \\ \psi_{2n}(\boldsymbol{r}) \end{pmatrix} = \begin{pmatrix} \psi_n\left(\boldsymbol{r},s_z = \frac{1}{2}\hbar\right) \\ \psi_n\left(\boldsymbol{r},s_z = -\frac{1}{2}\hbar\right) \end{pmatrix} \tag{31}$$

定态波函数 $\psi_n(\boldsymbol{r},s_z)$ 满足的正交归一条件为

$$\int \psi_m^\dagger(\boldsymbol{r},s_z)\psi_n(\boldsymbol{r},s_z)\mathrm{d}\tau = \delta_{mn} \tag{32}$$

含时薛定谔方程(13)的一般解为

$$\psi(\boldsymbol{r},s_z,t) = \sum_n c_n \mathrm{e}^{-iE_nt/\hbar}\psi_n(\boldsymbol{r},s_z) \tag{33}$$

其中 c_n 为任意常数. 力学量 A 的平均值计算公式为

$$\overline{A} = \int \psi^\dagger(\boldsymbol{r},s_z,t)\hat{A}\psi(\boldsymbol{r},s_z,t)\mathrm{d}\tau \tag{34}$$

式中 $\hat{A}$ 是 $\boldsymbol{r}$—s_z 表象的算符,为 2×2 的矩阵:

$$\hat{A} = \begin{pmatrix} \hat{A}_{11}(\boldsymbol{r}) & \hat{A}_{12}(\boldsymbol{r}) \\ \hat{A}_{21}(\boldsymbol{r}) & \hat{A}_{22}(\boldsymbol{r}) \end{pmatrix}, \quad \hat{A}_{ij}(\boldsymbol{r}) = \langle i \mid \hat{A}(\boldsymbol{r},\hat{\boldsymbol{S}}) \mid j \rangle$$
$$i,j = 1,2 \tag{35}$$

如果 $\hat{A}$ 与 $\hat{\boldsymbol{S}}$ 无关,则 $\hat{A} = \hat{A}(\boldsymbol{r})$ 为普通算符.

§8.2 泡利矩阵

令

$$\hat{\boldsymbol{S}} = \frac{\hbar}{2}\hat{\boldsymbol{\sigma}} \tag{1}$$

或

$$\hat{S}_x = \frac{\hbar}{2}\hat{\sigma}_x, \quad \hat{S}_y = \frac{\hbar}{2}\hat{\sigma}_y, \quad \hat{S}_z = \frac{\hbar}{2}\hat{\sigma}_z \tag{2}$$

已知在 s_z 表象，

$$\hat{S}_z = \frac{\hbar}{2}\begin{pmatrix} 1 & 0 \\ 0 & -1 \end{pmatrix} \tag{3}$$

故有

$$\hat{\sigma}_z = \begin{pmatrix} 1 & 0 \\ 0 & -1 \end{pmatrix} \tag{4}$$

现在我们来求 $\hat{\sigma}_x$ 与 $\hat{\sigma}_y$. 求出 $\hat{\sigma}_x$ 与 $\hat{\sigma}_y$ 后，由(2) 式就可得到 $\hat{S}_x$ 与 $\hat{S}_y$. 由 $\hat{S}_x^2 = \hat{S}_y^2 = \hat{S}_z^2 = \frac{\hbar^2}{4}$，得

$$\hat{\sigma}_x^2 = \hat{\sigma}_y^2 = \hat{\sigma}_z^2 = 1 \tag{5}$$

由 $\hat{S}_x$，$\hat{S}_y$ 与 $\hat{S}_z$ 之间的对易关系式：

$$[\hat{S}_x, \hat{S}_y] = i\hbar\hat{S}_z, \quad [\hat{S}_y, \hat{S}_z] = i\hbar\hat{S}_x, \quad [\hat{S}_z, \hat{S}_x] = i\hbar\hat{S}_y \tag{6}$$

可得 $\hat{\sigma}_x$，$\hat{\sigma}_y$ 与 $\hat{\sigma}_z$ 之间的对易关系式：

$$[\hat{\sigma}_x, \hat{\sigma}_y] = 2i\hat{\sigma}_z, \quad [\hat{\sigma}_y, \hat{\sigma}_z] = 2i\hat{\sigma}_x, \quad [\hat{\sigma}_z, \hat{\sigma}_x] = 2i\hat{\sigma}_y \tag{7}$$

利用(7)式中的第一式，即

$$\hat{\sigma}_x\hat{\sigma}_y - \hat{\sigma}_y\hat{\sigma}_x = 2i\hat{\sigma}_z \tag{8}$$

作运算 $\hat{\sigma}_x \times (8) + (8) \times \hat{\sigma}_x$，并利用 $\hat{\sigma}_x^2 = 1$ 可得下面(9) 式中的第 3 式. 用类似的方法可得另外两式：

$$\begin{aligned} \hat{\sigma}_x\hat{\sigma}_y + \hat{\sigma}_y\hat{\sigma}_x &= 0 \\ \hat{\sigma}_y\hat{\sigma}_z + \hat{\sigma}_z\hat{\sigma}_y &= 0 \\ \hat{\sigma}_z\hat{\sigma}_x + \hat{\sigma}_x\hat{\sigma}_z &= 0 \end{aligned} \tag{9}$$

又由(9)式及(7)式，得

$$\begin{aligned} \hat{\sigma}_x\hat{\sigma}_y &= -\hat{\sigma}_y\hat{\sigma}_x = i\hat{\sigma}_z \\ \hat{\sigma}_y\hat{\sigma}_z &= -\hat{\sigma}_z\hat{\sigma}_y = i\hat{\sigma}_x \end{aligned}$$

$$\hat{\sigma}_z\hat{\sigma}_x = -\hat{\sigma}_x\hat{\sigma}_z = i\hat{\sigma}_y \tag{10}$$

由于 $\hat{S}_x$,$\hat{S}_y$ 与 $\hat{S}_z$ 为厄密算符,故 $\hat{\sigma}_x$,$\hat{\sigma}_y$ 与 $\hat{\sigma}_z$ 也是厄密算符,便有

$$\hat{\sigma}_x^\dagger = \hat{\sigma}_x, \qquad \hat{\sigma}_y^\dagger = \hat{\sigma}_y, \qquad \hat{\sigma}_z^\dagger = \hat{\sigma}_z \tag{11}$$

令

$$\hat{\sigma}_x = \begin{pmatrix} a & b \\ c & d \end{pmatrix} \tag{12}$$

这个矩阵中的所有元素均为待定参数. 将(12) 与(4) 式代入 $\hat{\sigma}_z\hat{\sigma}_x = -\hat{\sigma}_x\hat{\sigma}_z$ 中,得 $a = d = 0$,

$$\hat{\sigma}_x = \begin{pmatrix} 0 & b \\ c & 0 \end{pmatrix} \tag{13}$$

由 $\hat{\sigma}_x^\dagger = \hat{\sigma}_x$ 得 $c = b^*$,

$$\hat{\sigma}_x = \begin{pmatrix} 0 & b \\ b^* & 0 \end{pmatrix} \tag{14}$$

再由 $\hat{\sigma}_x^2 = 1$,得 $|b|^2 = 1$,$b = e^{i\varphi}$,其中 φ 可以是任意实数. 泡利取 $\varphi = 0$,$b = 1$,

$$\hat{\sigma}_x = \begin{pmatrix} 0 & 1 \\ 1 & 0 \end{pmatrix} \tag{15}$$

利用公式 $\hat{\sigma}_y = i\hat{\sigma}_x\hat{\sigma}_z$,得

$$\hat{\sigma}_y = i\begin{pmatrix} 0 & 1 \\ 1 & 0 \end{pmatrix}\begin{pmatrix} 1 & 0 \\ 0 & -1 \end{pmatrix} = \begin{pmatrix} 0 & -i \\ i & 0 \end{pmatrix} \tag{16}$$

于是

$$\hat{\sigma}_x = \begin{pmatrix} 0 & 1 \\ 1 & 0 \end{pmatrix}, \hat{\sigma}_y = \begin{pmatrix} 0 & -i \\ i & 0 \end{pmatrix}, \hat{\sigma}_z = \begin{pmatrix} 1 & 0 \\ 0 & -1 \end{pmatrix} \tag{17}$$

(17)式称泡利矩阵. 由(2)式得

$$\hat{S}_x = \frac{\hbar}{2}\begin{pmatrix} 0 & 1 \\ 1 & 0 \end{pmatrix}, \hat{S}_y = \frac{\hbar}{2}\begin{pmatrix} 0 & -i \\ i & 0 \end{pmatrix}, \hat{S}_z = \frac{\hbar}{2}\begin{pmatrix} 1 & 0 \\ 0 & -1 \end{pmatrix} \tag{18}$$

$\hat{\sigma}_x$ 的本征方程为

$$\hat{\sigma}_x\varphi = \lambda\varphi \tag{19}$$

令 $\varphi = \begin{pmatrix} a \\ b \end{pmatrix}$,上式可表示为

$$\begin{pmatrix} 0 & 1 \\ 1 & 0 \end{pmatrix}\begin{pmatrix} a \\ b \end{pmatrix} = \lambda\begin{pmatrix} a \\ b \end{pmatrix} \tag{20}$$

或

$$\begin{pmatrix} -\lambda & 1 \\ 1 & -\lambda \end{pmatrix}\begin{pmatrix} a \\ b \end{pmatrix} = 0 \tag{21}$$

由久期方程

$$\begin{vmatrix} -\lambda & 1 \\ 1 & -\lambda \end{vmatrix} = 0 \tag{22}$$

解得 $\hat{\sigma}_x$ 的本征值 $\lambda = \pm 1$. 将 $\lambda = 1$ 与 -1 分别代入(21)式,并利用归一化条件

$$\varphi^{\dagger}\varphi = 1, \quad 或 \quad |a|^2 + |b|^2 = 1 \tag{23}$$

得到 $\hat{\sigma}_x$ 的本征态矢:

$$\lambda = 1, \varphi = \frac{1}{\sqrt{2}}\begin{pmatrix} 1 \\ 1 \end{pmatrix}; \quad \lambda = -1, \varphi = \frac{1}{\sqrt{2}}\begin{pmatrix} 1 \\ -1 \end{pmatrix} \tag{24}$$

类似地,由 $\hat{\sigma}_y$ 的本征方程

$$\hat{\sigma}_y\varphi = \lambda\varphi \tag{25}$$

或

$$\begin{pmatrix} 0 & -i \\ i & 0 \end{pmatrix}\begin{pmatrix} a \\ b \end{pmatrix} = \lambda\begin{pmatrix} a \\ b \end{pmatrix} \tag{26}$$

解得 $\hat{\sigma}_y$ 的本征值与本征态矢:

$$\lambda = 1, \quad \varphi = \frac{1}{\sqrt{2}}\begin{pmatrix} 1 \\ i \end{pmatrix}; \quad \lambda = -1, \quad \varphi = \frac{1}{\sqrt{2}}\begin{pmatrix} 1 \\ -i \end{pmatrix} \tag{27}$$

$\hat{\sigma}_z$ 的本征值与本征态矢可直接写出:

$$\lambda = 1, \quad \varphi = \begin{pmatrix} 1 \\ 0 \end{pmatrix} = \alpha; \quad \lambda = -1, \quad \varphi = \begin{pmatrix} 0 \\ 1 \end{pmatrix} = \beta \tag{28}$$

$\hat{\sigma}_i$ 的本征态矢也就是 $\hat{S}_i$ 的本征态矢. $\hat{S}_x$, $\hat{S}_y$ 与 $\hat{S}_z$ 的本征值与本征态矢分别为

$$\begin{gathered} s_x = \frac{\hbar}{2}, \varphi = \frac{1}{\sqrt{2}}\begin{pmatrix} 1 \\ 1 \end{pmatrix}, s_x = -\frac{\hbar}{2}, \varphi = \frac{1}{\sqrt{2}}\begin{pmatrix} 1 \\ -1 \end{pmatrix} \\ s_y = \frac{\hbar}{2}, \varphi = \frac{1}{\sqrt{2}}\begin{pmatrix} 1 \\ i \end{pmatrix}, s_y = -\frac{\hbar}{2}, \varphi = \frac{1}{\sqrt{2}}\begin{pmatrix} 1 \\ -i \end{pmatrix} \\ s_z = \frac{\hbar}{2}, \varphi = \begin{pmatrix} 1 \\ 0 \end{pmatrix} = \alpha, \ s_z = -\frac{\hbar}{2}, \varphi = \begin{pmatrix} 0 \\ 1 \end{pmatrix} = \beta \end{gathered} \tag{29}$$

$\hat{\boldsymbol{S}}$ 在任一方向 $\boldsymbol{n}(\theta,\varphi)$ 上的分量($\boldsymbol{n}(\theta,\varphi)$ 是(θ,φ) 方向上的单位矢量)为

$$\hat{S}_n = \hat{\boldsymbol{S}} \cdot \boldsymbol{n} = \sin\theta\cos\varphi\hat{S}_x + \sin\theta\sin\varphi\hat{S}_y + \cos\theta\hat{S}_z$$

$$
=\frac{\hbar}{2}\left\{\sin\theta\cos\varphi\begin{pmatrix}0 & 1\\ 1 & 0\end{pmatrix}+\sin\theta\sin\varphi\begin{pmatrix}0 & -i\\ i & 0\end{pmatrix}+\cos\theta\begin{pmatrix}1 & 0\\ 0 & -1\end{pmatrix}\right\}
$$

$$
=\frac{\hbar}{2}\begin{pmatrix}\cos\theta & \sin\theta e^{-i\varphi}\\ \sin\theta e^{i\varphi} & -\cos\theta\end{pmatrix} \tag{30}
$$

$\hat{S}_n$ 的本征值与本征态矢为

$$
s_n=\frac{\hbar}{2},\varphi=\begin{pmatrix}\cos\frac{\theta}{2}e^{-i\varphi/2}\\ \sin\frac{\theta}{2}e^{i\varphi/2}\end{pmatrix};s_n=-\frac{\hbar}{2},\varphi=\begin{pmatrix}-\sin\frac{\theta}{2}e^{-i\varphi/2}\\ \cos\frac{\theta}{2}e^{i\varphi/2}\end{pmatrix} \tag{31}
$$

§8.3 两个角动量的耦合

设 $\hat{\boldsymbol{J}}_1$ 与 $\hat{\boldsymbol{J}}_2$ 为两个角动量算符. 它们可以是粒子 1 与 2 的角动量,也可以是同一个粒子的轨道角动量 $\hat{\boldsymbol{L}}$ 与自旋角动量 $\hat{\boldsymbol{S}}$. $\hat{\boldsymbol{J}}_1^2$ 与 $\hat{J}_{1z}$ 对易,它们的共同本征态矢记为 $|j_1m_1\rangle$. $\hat{\boldsymbol{J}}_2^2$ 与 $\hat{J}_{2z}$ 对易,它们的共同本征态矢记为 $|j_2m_2\rangle$.

$$
\begin{aligned}
\hat{\boldsymbol{J}}_1^2\ |j_1m_1\rangle &= j_1(j_1+1)\hbar^2\ |j_1m_1\rangle\\
\hat{J}_{1z}\ |j_1m_1\rangle &= m_1\hbar\ |j_1m_1\rangle\\
\hat{\boldsymbol{J}}_2^2\ |j_2m_2\rangle &= j_2(j_2+1)\hbar^2\ |j_2m_2\rangle\\
\hat{J}_{2z}\ |j_2m_2\rangle &= m_2\hbar\ |j_2m_2\rangle
\end{aligned} \tag{1}
$$

量子数 j_1 与 j_2 的可能取值为 $0,1,2,\cdots$ 与 $\frac{1}{2},\frac{3}{2},\cdots$,量子数 m_1 与 m_2 的可能取值为:$m_1=j_1,j_1-1,\cdots,-(j_1-1),-j_1,m_2=j_2,j_2-1,\cdots,-(j_2-1),-j_2$.

由于 $\hat{\boldsymbol{J}}_1$ 与 $\hat{\boldsymbol{J}}_2$ 分属不同自由度,所以 $\hat{\boldsymbol{J}}_1^2,\hat{J}_{1z},\hat{\boldsymbol{J}}_2^2$ 与 $\hat{J}_{2z}$ 相互对易,它们的共同本征态矢为 $|j_1m_1\rangle\ |j_2m_2\rangle\equiv|j_1m_1j_2m_2\rangle$,即

$$
\begin{aligned}
\hat{\boldsymbol{J}}_1^2\ |j_1m_1j_2m_2\rangle &= j_1(j_1+1)\hbar^2\ |j_1m_1j_2m_2\rangle\\
\hat{J}_{1z}\ |j_1m_1j_2m_2\rangle &= m_1\hbar\ |j_1m_1j_2m_2\rangle\\
\hat{\boldsymbol{J}}_2^2\ |j_1m_1j_2m_2\rangle &= j_2(j_2+1)\hbar^2\ |j_1m_1j_2m_2\rangle\\
\hat{J}_{2z}\ |j_1m_1j_2m_2\rangle &= m_2\hbar\ |j_1m_1j_2m_2\rangle
\end{aligned} \tag{2}
$$

$|j_1m_1j_2m_2\rangle$ 满足正交归一条件:

$$
\langle j_1m_1j_2m_2|j_1'm_1'j_2'm_2'\rangle=\delta_{j_1j_1'}\delta_{m_1m_1'}\delta_{j_2j_2'}\delta_{m_2m_2'} \tag{3}
$$

当量子数 j_1 与 j_2 取确定值时,量子数 m_1 与 m_2 取不同值的态矢 $|j_1m_1j_2m_2\rangle$ 共有 $(2j_1+1)(2j_2+1)$ 个,它们作为 $(\hat{\boldsymbol{J}}_1^2,\hat{J}_{1z},\hat{\boldsymbol{J}}_2^2,\hat{J}_{2z})$ 表象的基矢,张成了角动量态矢空间中的一个 $(2j_1+1)(2j_2+1)$ 维子空间. 角动量分别为 j_1 与 j_2 的两粒子体系的态由此空间中的态矢描述,即体系的态矢由 $(2j_1+1)(2j_2+1)$ 个基矢 $|j_1m_1j_2m_2\rangle$ 的线性组合构成. 这个表象叫非耦合角动量表象. 上述体系的态矢也可以用耦合角动量表象来描述. 耦合角动量表象就是 $(\hat{\boldsymbol{J}}^2,\hat{J}_z,\hat{\boldsymbol{J}}_1^2,\hat{\boldsymbol{J}}_2^2)$ 表象,其中 $\hat{\boldsymbol{J}}^2$ 与 $\hat{J}_z$ 为总角动量平方及总角量 z 分量. 总角动量 $\hat{\boldsymbol{J}}$ 的定义是

$$\hat{\boldsymbol{J}}=\hat{\boldsymbol{J}}_1+\hat{\boldsymbol{J}}_2 \tag{4}$$

由(4)式得

$$\hat{\boldsymbol{J}}^2=(\hat{\boldsymbol{J}}_1+\hat{\boldsymbol{J}}_2)^2=\hat{\boldsymbol{J}}_1^2+\hat{\boldsymbol{J}}_2^2+2\hat{\boldsymbol{J}}_1\cdot\hat{\boldsymbol{J}}_2 \tag{5}$$

$$\hat{j}_z=\hat{j}_{1z}+\hat{j}_{2z} \tag{6}$$

可以证明,$\hat{j}_x,\hat{j}_y,\hat{j}_z$ 与 $\hat{\boldsymbol{J}}^2$ 同分角动量一样,满足相同的对易关系:

$$[\hat{j}_x,\hat{j}_y]=i\hbar\hat{j}_z,\quad [\hat{j}_y,\hat{j}_z]=i\hbar\hat{j}_x,\quad [\hat{j}_z,\hat{j}_x]=i\hbar\hat{j}_y \tag{7}$$

$$[\hat{\boldsymbol{J}}^2,\hat{j}_i]=0,\qquad i=x,y,z \tag{8}$$

$\hat{\boldsymbol{J}}^2,\hat{j}_z$ 还分别同 $\hat{\boldsymbol{J}}_1^2,\hat{\boldsymbol{J}}_2^2$ 对易. 故 $\hat{\boldsymbol{J}}^2,\hat{j}_z\hat{\boldsymbol{J}}_1^2,\hat{\boldsymbol{J}}_2^2$ 相互对易,存在它们的共同本征态 $|jmj_1j_2\rangle$:

$$\begin{aligned}
\hat{\boldsymbol{J}}^2\,|jmj_1j_2\rangle&=j(j+1)\hbar^2\,|jmj_1j_2\rangle\\
\hat{j}_z\,|jmj_1j_2\rangle&=m\hbar\,|jmj_1j_2\rangle\\
\hat{\boldsymbol{J}}_1^2\,|jmj_1j_2\rangle&=j_1(j_1+1)\hbar^2\,|jmj_1j_2\rangle\\
\hat{\boldsymbol{J}}_2^2\,|jmj_1j_2\rangle&=j_2(j_2+1)\hbar^2\,|jmj_1j_2\rangle
\end{aligned} \tag{9}$$

$|jmj_1j_2\rangle$ 满足正交归一条件:

$$\langle jmj_1j_2|j'm'j'_1j'_2\rangle=\delta_{jj'}\delta_{mm'}\delta_{j_1j'_1}\delta_{j_2j'_2} \tag{10}$$

$|jmj_1j_2\rangle$ 就是耦合角动量表象的基矢. 当 j_1 与 j_2 取确定值时,总角动量量子数 j 的可能取值是什么?这是我们下面要讨论的问题. 当 j 值取定时, $m=j,j-1,\cdots,-(j-1),-j$. 这是显然的.

在非耦合角动量表象,总角动量本征态 $|jmj_1j_2\rangle\equiv|jm\rangle$ 可表示为

$$|jm\rangle=\sum_{m_1m_2}\langle j_1m_1j_2m_2|jm\rangle\,|j_1m_1j_2m_2\rangle \tag{11}$$

利用等式 $\hat{j}_z=\hat{j}_{1z}+\hat{j}_{2z}$,用 $\hat{j}_z$ 与 $\hat{j}_{1z}+\hat{j}_{2z}$ 分别左乘(11) 式的左边与右边,得

$$m\,|jm\rangle=\sum_{m_1m_2}(m_1+m_2)\langle j_1m_1j_2m_2|jm\rangle\,|j_1m_1j_2m_2\rangle \tag{12}$$

再将(11)式代入(12)式,得

$$\sum_{m_1m_2}(m-m_1-m_2)\langle j_1m_1j_2m_2|jm\rangle\,|j_1m_1j_2m_2\rangle=0 \tag{13}$$

由于不同 m_1 与 m_2 的 $|j_1m_1j_2m_2\rangle$ 是线性独立的,所以在上式中 $|j_1m_1j_2m_2\rangle$ 前的系数必须为 0,

$$(m-m_1-m_2)\langle j_1m_1j_2m_2|jm\rangle=0 \tag{14}$$

如 $m\neq m_1+m_2$,则 $\langle j_1m_1j_2m_2|jm\rangle=0$. 这表示在(11)式的对 m_1 与 m_2 的求和项中,只有满足条件 $m_1+m_2=m$ 的 $|j_1m_1j_2m_2\rangle$ 项才存在,m_1 与 m_2 不是独立的,对 m_1 与 m_2 的求和可以去掉一个,

$$|jm\rangle=\sum_{m_1}\langle j_1m_1j_2m-m_1|jm\rangle\,|j_1m_1j_2m-m_1\rangle \tag{15}$$

$\langle j_1m_1j_2m-m_1|jm\rangle$ 称为矢量耦合系数或 C—G(Clebsch—Gordon) 系数. 利用 $|jm\rangle$ 与 $|j_1m_1j_2m-m_1\rangle$ 的性质,可以计算出 C—G 系数. C—G 系数的值有数学表可查. 这里不再介绍 C—G 系数的计算方法.

现在讨论总角动量平方量子数 j 的可能取值. 先讨论当 m_1 与 m_2 分别取各自的 $2j_1+1$ 与 $2j_2+1$ 种可能值时,m 取什么值及该值出现的次数. 从以上分析看出,$m=m_1+m_2$. 当 $m_1=j_1,m_2=j_2$ 时,$m=j_1+j_2$,此值出现 1 次. 当 $m_1=j_1,m_2=j_2-1$ 与 $m_1=j_1-1,m_2=j_2$ 时,$m=j_1+j_2-1$,出现 2 次. $m=j_1+j_2-2$ 出现 3 次. 这种 m 值每减少 1 出现次数增加 1 的情况一直持续到 $m=|j_1-j_2|$ 为止. $m=|j_1-j_2|,|j_1-j_2|-1,\cdots,-|j_1-j_2|$,出现次数相同,为 $2j_2+1$ 次($j_2<j_1$),或 $2j_1+1$ 次($j_1<j_2$). m 取负值的情况与取正值的情况类似,$m=-(j_1+j_2)$ 与 $m=j_1+j_2$ 一样,出现 1 次,… 为了清楚起见,现以 $j_1=3,j_2=1$ 为例. m 的值,包括重复出现的值表示如下:

$$\begin{array}{lllllllllll}
4 & 3 & 2 & 1 & 0 & -1 & -2 & -3 & -4 & & j=j_1+j_2=4\\
 & 3 & 2 & 1 & 0 & -1 & -2 & -3 & & & j=j_1+j_2-1=3\\
 & & 2 & 1 & 0 & -1 & -2 & & & & j=|j_1-j_2|=2
\end{array}$$

其中第 1 行列出了 m 的所有可能值,即由最大值 $j_1+j_2=4$ 依次减 1 直到最小值 $-(j_1+j_2)=-4$,共有 $2(j_1+j_2)+1=9$ 个. 它们正好构成了 $j=j_1+j_2=4$ 的所有 $2j+1=9$ 个总角动量 z 分量量子数 m. 第 2 行的 7 个值构成了 $j=j_1+j_2-1=3$ 的所有 m 值. 第 3 行的 5 个值构成了 $j=|j_1-j_2|=2$ 的所有 m 值. 由此可见,由量子数分别为 j_1 与 j_2 的两个角动量合成的总角动量量子数 j 的可能取值为

$$j=j_1+j_2,j_1+j_2-1,\cdots,|j_1-j_2| \tag{16}$$

不难证明,

$$\sum_{j=|j_1-j_2|}^{j_1+j_2}(2j+1)=(2j_1+1)(2j_2+1) \tag{17}$$

下面给出几个简单而又比较重要的角动量耦合的例子.

(1) 两个 $s=\frac{1}{2}$ 的自旋耦合

令 $j_1=\frac{1}{2}, j_2=\frac{1}{2}$. $\hat{\boldsymbol{J}}_1^2, \hat{J}_{1z}$ 的共同本征态矢记为 $|\frac{1}{2}m_1\rangle_1$, $\hat{\boldsymbol{J}}_2^2$ 与 $\hat{J}_{2z}$ 的共同本征态矢记为 $|\frac{1}{2}m_2\rangle_2$. 总角动量 $\hat{\boldsymbol{J}}^2, \hat{j}_z$ 与 $\hat{\boldsymbol{J}}_1^2, \hat{\boldsymbol{J}}_2^2$ 的共同本征态矢记为 $|jm\rangle$,其中 $j=1,0$. $|jm\rangle$ 共有 4 个. 它们是

$$
\begin{aligned}
&|1\ 1\rangle=|\tfrac{1}{2}\ \tfrac{1}{2}\rangle_1\,|\tfrac{1}{2}\ \tfrac{1}{2}\rangle_2 \\
&|1\ 0\rangle=\frac{1}{\sqrt{2}}|\tfrac{1}{2}\ \tfrac{1}{2}\rangle_1\,|\tfrac{1}{2},-\tfrac{1}{2}\rangle_2+\frac{1}{\sqrt{2}}|\tfrac{1}{2},-\tfrac{1}{2}\rangle_1\,|\tfrac{1}{2}\ \tfrac{1}{2}\rangle_2 \\
&|1,-1\rangle=|\tfrac{1}{2},-\tfrac{1}{2}\rangle_1\,|\tfrac{1}{2},-\tfrac{1}{2}\rangle_2 \\
&|0\ 0\rangle=\frac{1}{\sqrt{2}}|\tfrac{1}{2}\ \tfrac{1}{2}\rangle_1\,|\tfrac{1}{2},-\tfrac{1}{2}\rangle_2-\frac{1}{\sqrt{2}}|\tfrac{1}{2},-\tfrac{1}{2}\rangle_1\,|\tfrac{1}{2}\ \tfrac{1}{2}\rangle_2
\end{aligned}
\tag{18}
$$

这 4 个总角动量本征态 $|jm\rangle$ 满足正交归一条件

$$
\langle jm\,|\,j'm'\rangle=\delta_{jj'}\delta_{mm'} \tag{19}
$$

$$
(jm),(j'm')=(11),(10),(1,-1),(00)
$$

(18)与(19)式也可以表示为

$$
\begin{aligned}
&\chi_{11}=\alpha(1)\alpha(2) \\
&\chi_{10}=\frac{1}{\sqrt{2}}[\alpha(1)\beta(2)+\beta(1)\alpha(2)] \\
&\chi_{1-1}=\beta(1)\beta(2) \\
&\chi_{00}=\frac{1}{\sqrt{2}}[\alpha(1)\beta(2)-\beta(1)\alpha(2)]
\end{aligned}
\tag{20}
$$

$$
\chi_{jm}^{\dagger}\chi_{j'm'}=\delta_{jj'}\delta_{mm'} \tag{21}
$$

$$
(jm),(j'm')=(11),(10),(1,-1),(00)
$$

(2) 电子轨道角动量 $\hat{\boldsymbol{L}}$ 与自旋角动量 $\hat{\boldsymbol{S}}$ 的耦合

令 $\hat{\boldsymbol{J}}_1=\hat{\boldsymbol{S}}, \hat{\boldsymbol{J}}_2=\hat{\boldsymbol{L}}$. $\hat{\boldsymbol{J}}_1^2$ 与 $\hat{J}_{1z}$ 的共同本征态矢,即 $\hat{\boldsymbol{S}}^2$ 与 $\hat{S}_z$ 的共同本征态矢记为 $|m_s\rangle, m_s=\pm\frac{1}{2}$. $\hat{\boldsymbol{J}}_2^2$ 与 $\hat{J}_{2z}$ 的共同本征态矢,即 $\hat{\boldsymbol{L}}^2$ 与 $\hat{L}_z$ 的共同本征态矢记

为 $|lm\rangle$，$m=0,\pm1,\cdots,\pm l$. 对于确定的 $j_1=\dfrac{1}{2}$ 与 $j_2=l$，$j=l\pm\dfrac{1}{2}$. 总角动量本征态矢记为 $|jm_j\rangle$，$m_j=j,j-1,\cdots,-j$.

$$
\begin{aligned}
\left|l+\frac{1}{2},m_j\right\rangle=&\sqrt{\frac{l+m_j+\frac{1}{2}}{2l+1}}\left|\frac{1}{2}\right\rangle\left|l,m_j-\frac{1}{2}\right\rangle\\
&+\sqrt{\frac{l-m_j+\frac{1}{2}}{2l+1}}\left|-\frac{1}{2}\right\rangle\left|l,\ m_j+\frac{1}{2}\right\rangle
\end{aligned}
\tag{22}
$$

$$m_j=l+\frac{1}{2},l+\frac{1}{2}-1,\cdots,-\left(l+\frac{1}{2}\right)$$

$$
\begin{aligned}
\left|l-\frac{1}{2},m_j\right\rangle=&-\sqrt{\frac{l-m_j+\frac{1}{2}}{2l+1}}\left|\frac{1}{2}\right\rangle\left|l,m_j-\frac{1}{2}\right\rangle\\
&+\sqrt{\frac{l+m_j+\frac{1}{2}}{2l+1}}\left|-\frac{1}{2}\right\rangle\left|l,\ m_j+\frac{1}{2}\right\rangle
\end{aligned}
\tag{23}
$$

$$m_j=l-\frac{1}{2},l-\frac{1}{2}-1,\cdots,-\left(l-\frac{1}{2}\right)$$

以上两式还可以表示为

$$
\begin{aligned}
\varphi_{j=l+\frac{1}{2},m_j}(\theta,\varphi,s_z)=&\sqrt{\frac{l+m_j+\frac{1}{2}}{2l+1}}Y_{l,m_j-\frac{1}{2}}(\theta,\varphi)\chi_{\frac{1}{2}}(s_z)\\
&+\sqrt{\frac{l-m_j+\frac{1}{2}}{2l+1}}Y_{l,\ m_j+\frac{1}{2}}(\theta,\varphi)\chi_{-\frac{1}{2}}(s_z)
\end{aligned}
\tag{24}
$$

$$
\begin{aligned}
\varphi_{j=l-\frac{1}{2},m_j}(\theta,\varphi,s_z)=&-\sqrt{\frac{l-m_j+\frac{1}{2}}{2l+1}}Y_{l,m_j-\frac{1}{2}}(\theta,\varphi)\chi_{\frac{1}{2}}(s_z)\\
&+\sqrt{\frac{l+m_j+\frac{1}{2}}{2l+1}}Y_{l,\ m_j+\frac{1}{2}}(\theta,\varphi)\chi_{-\frac{1}{2}}(s_z)
\end{aligned}
\tag{25}
$$

(3) 两个 $j=1$ 的角动量耦合

令 $j_1=j_2=1$，$\hat{\boldsymbol{J}}_1^2$ 与 $\hat{J}_{1z}$ 的共同本征态矢记为 $|1,m_1\rangle_1\equiv|m_1\rangle_1$，$\hat{\boldsymbol{J}}_2^2$ 与

$\hat{J}_{2z}$ 的共同本征态矢记为 $|1,m_2\rangle_2 \equiv |m_2\rangle_2$. 总角动量 $\hat{\boldsymbol{J}}^2,\hat{j}_z$ 与 $\hat{\boldsymbol{J}}_1^2,\hat{\boldsymbol{J}}_2^2$ 的共同本征态矢记为 $|jm\rangle$,其中 $j=0,1,2;m=j,j-1,\cdots,-j$. $|jm\rangle$ 共有 9 个,它们是

$$
\begin{aligned}
&|22\rangle = |1\rangle_1\,|1\rangle_2 \\
&|21\rangle = \frac{1}{\sqrt{2}}|1\rangle_1\,|0\rangle_2 + \frac{1}{\sqrt{2}}|0\rangle_1\,|1\rangle_2 \\
&|20\rangle = \frac{1}{\sqrt{6}}|1\rangle_1\,|-1\rangle_2 + \sqrt{\frac{2}{3}}|0\rangle_1\,|0\rangle_2 + \frac{1}{\sqrt{6}}|-1\rangle_1\,|1\rangle_2 \\
&|2,-1\rangle = \frac{1}{\sqrt{2}}|0\rangle_1\,|-1\rangle_2 + \frac{1}{\sqrt{2}}|-1\rangle_1\,|0\rangle_2 \\
&|2,-2\rangle = |-1\rangle_1\,|-1\rangle_2 \\
&|00\rangle = \frac{1}{\sqrt{3}}|1\rangle_1|-1\rangle_2 - \frac{1}{\sqrt{3}}|0\rangle_1\,|0\rangle_2 + \frac{1}{\sqrt{3}}|-1\rangle_1\,|1\rangle_2 \\
&|11\rangle = \frac{1}{\sqrt{2}}|1\rangle_1\,|0\rangle_2 - \frac{1}{\sqrt{2}}|0\rangle_1\,|1\rangle_2 \\
&|10\rangle = \frac{1}{\sqrt{2}}|1\rangle_1\,|-1\rangle_2 - \frac{1}{\sqrt{2}}|-1\rangle_1\,|1\rangle_2 \\
&|1,-1\rangle = \frac{1}{\sqrt{2}}|0\rangle_1\,|-1\rangle_2 - \frac{1}{\sqrt{2}}|-1\rangle_1\,|0\rangle_2
\end{aligned}
\tag{26}
$$

§8.4 两个 $s=\frac{1}{2}$ 粒子组成的体系自旋态

(1) 两个粒子的体系

考虑由两个自旋 $s=\frac{1}{2}$ 粒子组成的体系. 假定体系的哈密顿量具有如下形式

$$
\hat{H} = \hat{H}_r(\boldsymbol{r}_1,\boldsymbol{r}_2) + \hat{H}_s(\hat{\boldsymbol{S}}_1,\hat{\boldsymbol{S}}_2) \tag{1}
$$

上式表示体系的空间运动态与自旋运动态各自独立,我们可以分别研究体系的空间运动与自旋运动. 现在我们只研究自旋运动. 体系的自旋态矢 $|\psi\rangle$ 满足定态方程

$$\hat{H}_s(\hat{\boldsymbol{S}}_1,\hat{\boldsymbol{S}}_2)\,|\psi\rangle = E_s\,|\psi\rangle \tag{2}$$

解定态方程(2)，要选择合适的表象. 可以选择非耦合角动量表象，基矢为 $\hat{S}_{1z}$ 与 $\hat{S}_{2z}$ 的共同本征态矢：$|1\rangle=\alpha(1)\alpha(2)$，$|2\rangle=\alpha(1)\beta(2)$，$|3\rangle=\beta(1)\alpha(2)$，$|4\rangle=\beta(1)\beta(2)$. 也可选择耦合角动量表象，基矢为总自旋 $\hat{\boldsymbol{S}}^2$ 与 $\hat{\boldsymbol{S}}_z$ 的共同本征态矢：$|1\rangle=|11\rangle$，$|2\rangle=|10\rangle$，$|3\rangle=|1,-1\rangle$，$|4\rangle=|00\rangle$. 不论选择哪种表象，哈密顿算符 $\hat{H}_s(\hat{\boldsymbol{S}}_1,\hat{\boldsymbol{S}}_2)$ 表现为 4×4 矩阵，态矢 $|\psi\rangle$ 表现为 4 行 1 列矩阵：

$$\hat{H}_s=\begin{pmatrix} h_{11} & h_{12} & h_{13} & h_{14} \\ h_{21} & h_{22} & h_{23} & h_{24} \\ h_{31} & h_{32} & h_{33} & h_{34} \\ h_{41} & h_{42} & h_{43} & h_{44} \end{pmatrix},\quad |\psi\rangle=\begin{pmatrix} c_1 \\ c_2 \\ c_3 \\ c_4 \end{pmatrix} \tag{3}$$

其中

$$h_{ij}=\langle i\,|\hat{H}_s\,|j\rangle,\qquad i,j=1,2,3,4 \tag{4}$$

在给定表象中，方程(2)具有如下形式

$$\begin{pmatrix} h_{11} & h_{12} & h_{13} & h_{14} \\ h_{21} & h_{22} & h_{23} & h_{24} \\ h_{31} & h_{32} & h_{33} & h_{34} \\ h_{41} & h_{42} & h_{43} & h_{44} \end{pmatrix}\begin{pmatrix} c_1 \\ c_2 \\ c_3 \\ c_4 \end{pmatrix}=E_s\begin{pmatrix} c_1 \\ c_2 \\ c_3 \\ c_4 \end{pmatrix} \tag{5}$$

先由(4)式算出所有 16 个矩阵元 h_{ij}，再由矩阵方程(5)及态矢的归一化条件解出 $\hat{H}_s$ 的 4 个本征能量 $E_\alpha(\alpha=1,2,3,4)$ 及相应的本征态矢

$$|\psi_\alpha\rangle=\begin{pmatrix} c_1(\alpha) \\ c_2(\alpha) \\ c_3(\alpha) \\ c_4(\alpha) \end{pmatrix} \tag{6}$$

或

$$|\psi_\alpha\rangle=\sum_{i=1}^{4}c_i(\alpha)\,|i\rangle \tag{7}$$

$|c_i(\alpha)|^2$ 表示在 $|\psi_\alpha\rangle$ 态中 $|i\rangle$ 出现的几率. 例如，在耦合角动量表象，$|c_2(\alpha)|^2$ 表示在 $|\psi_\alpha\rangle$ 态中 $|2\rangle=|10\rangle$ 出现的几率，即测量体系总自旋 $S^2=2\hbar^2$，$s_z=0$ 的几率.

[例题 1]　设两个自旋 $s=\dfrac{1}{2}$ 的粒子之间存在相互作用力势 $\hat{H}=A\hat{\boldsymbol{S}}_1\cdot\hat{\boldsymbol{S}}_2$，其中 A 为常数. 不考虑空间运动.

(1) 求体系自旋态能量 E 和态矢 $|\psi\rangle$.

(2) 已知 $t=0$ 时, $s_{1z}=\frac{\hbar}{2}, s_{2z}=-\frac{\hbar}{2}$, 求 $|\psi(t)\rangle$

解:

(1) 利用下式:

$$\hat{\boldsymbol{S}}^2=(\hat{\boldsymbol{S}}_1+\hat{\boldsymbol{S}}_2)^2=\hat{\boldsymbol{S}}_1^2+\hat{\boldsymbol{S}}_2^2+2\hat{\boldsymbol{S}}_1\cdot\hat{\boldsymbol{S}}_2=\frac{3}{2}\hbar^2+2\hat{\boldsymbol{S}}_1\cdot\hat{\boldsymbol{S}}_2$$

哈密顿算符可表示成

$$\hat{H}=A\hat{\boldsymbol{S}}_1\cdot\hat{\boldsymbol{S}}_2=\frac{A}{2}\left(\hat{\boldsymbol{S}}^2-\frac{3}{2}\hbar^2\right)$$

定态方程为

$$\frac{A}{2}\left(\hat{\boldsymbol{S}}^2-\frac{3}{2}\hbar^2\right)|\psi\rangle=E|\psi\rangle$$

显然,耦合角动量表象的 4 个基矢为方程的解,即

$$|\psi_1\rangle=|11\rangle,\quad |\psi_2\rangle=|10\rangle,\quad |\psi_3\rangle=|1,-1\rangle$$
$$|\psi_4\rangle=|00\rangle$$

本征能量为

$$E_1=E_2=E_3=\frac{1}{4}A\hbar^2,\quad E_4=-\frac{3}{4}A\hbar^2$$

(2) 含时薛定谔方程的一般解为

$$|\psi(t)\rangle=\sum_{n=1}^{4}c_n\mathrm{e}^{-iE_nt/\hbar}|\psi_n\rangle$$

根据初条件

$$|\psi(0)\rangle=\sum_{n=1}^{4}c_n|\psi_n\rangle=\alpha(1)\beta(2)$$

可以算出叠加系数

$$\begin{aligned}c_1&=\langle\psi_1|\psi(0)\rangle=\langle 11|\psi(0)\rangle\\&=[\alpha(1)\alpha(2)]^\dagger\alpha(1)\beta(2)=0\\c_2&=\langle\psi_2|\psi(0)\rangle=\langle 10|\psi(0)\rangle\\&=\frac{1}{\sqrt{2}}[\alpha(1)\beta(2)+\alpha(2)\beta(1)]^\dagger\alpha(1)\beta(2)=\frac{1}{\sqrt{2}}\\c_3&=\langle\psi_3|\psi(0)\rangle=\langle 1,-1|\psi(0)\rangle\\&=[\beta(1)\beta(2)]^\dagger\alpha(1)\beta(2)=0\\c_4&=\langle\psi_4|\psi(0)\rangle=\langle 00|\psi(0)\rangle\\&=\frac{1}{\sqrt{2}}[\alpha(1)\beta(2)-\alpha(2)\beta(1)]^\dagger\alpha(1)\beta(2)=\frac{1}{\sqrt{2}}\end{aligned}$$

所以
$$|\psi(t)\rangle=\frac{1}{\sqrt{2}}e^{-iA\hbar t/4}|10\rangle+\frac{1}{\sqrt{2}}e^{i3A\hbar t/4}|00\rangle$$

［例题2］　一个体系由两个自旋 $s=\frac{1}{2}$ 的粒子组成. 这两个粒子的自旋磁矩分别为 $F\hat{\boldsymbol{\sigma}}_1$ 与 $G\hat{\boldsymbol{\sigma}}_2$. 两粒子之间的自旋磁矩相互作用势能为 $J\hat{\boldsymbol{\sigma}}_1\cdot\hat{\boldsymbol{\sigma}}_2$. 体系处于均匀磁场 $\boldsymbol{B}=B\boldsymbol{k}$ 中. 不考虑空间运动,求体系的能量.

解:
$$\begin{aligned}\hat{H}&=J\hat{\boldsymbol{\sigma}}_1\cdot\hat{\boldsymbol{\sigma}}_2-FB\hat{\sigma}_{1z}-GB\hat{\sigma}_{2z}\\&=\frac{2J}{\hbar^2}\left(\hat{\boldsymbol{S}}^2-\frac{3}{2}\hbar^2\right)-\frac{2FB}{\hbar}\hat{S}_{1z}-\frac{2GB}{\hbar}\hat{S}_{2z}\end{aligned}$$

定态方程为
$$\left[\frac{2J}{\hbar^2}\left(\hat{\boldsymbol{S}}^2-\frac{3}{2}\hbar^2\right)-\frac{2FB}{\hbar}\hat{S}_{1z}-\frac{2GB}{\hbar}\hat{S}_{2z}\right]|\psi\rangle=E|\psi\rangle$$

选择耦合角动量表象,基矢按如下次序排列:
$$|1\rangle=|10\rangle,\quad |2\rangle=|00\rangle,\quad |3\rangle=|11\rangle$$
$$|4\rangle=|1,-1\rangle$$

显然, $|3\rangle=|11\rangle$ 与 $|4\rangle=|1,-1\rangle$ 是 $\hat{H}$ 的本征态,
$$|\psi_1\rangle=|11\rangle,\qquad E_1=J-B(F+G)$$
$$|\psi_2\rangle=|1,-1\rangle,\qquad E_2=J+B(F+G)$$

$\hat{H}$ 的另外两个本征态应该同 $|3\rangle$, $|4\rangle$ 正交,所以它们只能由另外两个基矢 $|1\rangle$, $|2\rangle$ 的线性叠加组成:
$$|\psi\rangle=c_1|1\rangle+c_2|2\rangle$$

由此可见,我们只要在耦合表象的2维子空间解定态方程:
$$\begin{pmatrix}h_{11}&h_{12}\\h_{21}&h_{22}\end{pmatrix}\begin{pmatrix}c_1\\c_2\end{pmatrix}=E\begin{pmatrix}c_1\\c_2\end{pmatrix}$$

式中
$$\begin{aligned}h_{11}&=\langle 1|\hat{H}|1\rangle=\langle 10|\hat{H}|10\rangle\\&=\frac{2J}{\hbar^2}\langle 10|\left(\hat{\boldsymbol{S}}^2-\frac{3}{2}\hbar^2\right)|10\rangle-\frac{2FB}{\hbar}\langle 10|\hat{S}_{1z}|10\rangle-\frac{2GB}{\hbar}\langle 10|\hat{S}_{2z}|10\rangle\\&=J\end{aligned}$$
$$\begin{aligned}h_{12}&=\langle 1|\hat{H}|2\rangle=\langle 10|\hat{H}|00\rangle\\&=\frac{2J}{\hbar^2}\langle 10|\left(\hat{\boldsymbol{S}}^2-\frac{3}{2}\hbar^2\right)|00\rangle-\frac{2FB}{\hbar}\langle 10|\hat{S}_{1z}|00\rangle-\frac{2GB}{\hbar}\langle 10|\hat{S}_{2z}|00\rangle\\&=B(G-F)\end{aligned}$$

$$h_{21} = h_{12}^* = B(G-F),$$

$$h_{22} = \langle 2|\hat{H}|2\rangle = \langle 00|\hat{H}|00\rangle$$

$$= \frac{2J}{\hbar^2}\langle 00|\left(\hat{\boldsymbol{S}}^2 - \frac{3}{2}\hbar^2\right)|00\rangle - \frac{2FB}{\hbar}\langle 00|\hat{S}_{1z}|00\rangle - \frac{2GB}{\hbar}\langle 00|\hat{S}_{2z}|00\rangle$$

$$= -3J$$

在以上计算中用到以下公式：

$$\left(\hat{\boldsymbol{S}}^2 - \frac{3}{2}\hbar^2\right)|10\rangle = \frac{\hbar^2}{2}|10\rangle$$

$$\left(\hat{\boldsymbol{S}}^2 - \frac{3}{2}\hbar^2\right)|00\rangle = -\frac{3\hbar^2}{2}|00\rangle$$

$$\hat{S}_{1z}|10\rangle = \frac{\hbar}{2}|00\rangle,\quad \hat{S}_{2z}|10\rangle = -\frac{\hbar}{2}|00\rangle$$

$$\hat{S}_{1z}|00\rangle = \frac{\hbar}{2}|10\rangle,\quad \hat{S}_{2z}|00\rangle = -\frac{\hbar}{2}|10\rangle$$

$$\langle i|j\rangle = \delta_{ij},\quad i,j = 1,2,3,4$$

定态方程为

$$\begin{pmatrix} J & B(G-F) \\ B(G-F) & -3J \end{pmatrix}\begin{pmatrix} c_1 \\ c_2 \end{pmatrix} = E\begin{pmatrix} c_1 \\ c_2 \end{pmatrix}$$

或

$$\begin{pmatrix} J-E & B(G-F) \\ B(G-F) & -3J-E \end{pmatrix}\begin{pmatrix} c_1 \\ c_2 \end{pmatrix} = 0$$

由久期方程解得

$$E = -J \pm \sqrt{4J^2 + B^2(F-G)^2}$$

由此得到另外二个能量：

$$E_3 = -J + \sqrt{4J^2 + B^2(G-F)^2}$$

$$E_4 = -J - \sqrt{4J^2 + B^2(G-F)^2}$$

如果开始时令 $|\psi\rangle = \sum_{i=1}^{4} c_i|i\rangle$，则定态方程为

$$\begin{pmatrix} J & K & 0 & 0 \\ K & -3J & 0 & 0 \\ 0 & 0 & J-Q & 0 \\ 0 & 0 & 0 & J+Q \end{pmatrix}\begin{pmatrix} c_1 \\ c_2 \\ c_3 \\ c_4 \end{pmatrix} = E\begin{pmatrix} c_1 \\ c_2 \\ c_3 \\ c_4 \end{pmatrix}$$

其中 $K = B(G-F)$，$Q = B(G+F)$. 由这个方程解出的定态能量同前面得到

的是一样的.

(2) 由二个夸克组成的基本粒子

基本粒子中的介子由两个自旋 $s=\frac{1}{2}$ 的正反夸克组成. 介子按其自旋 s 的值分成两类. $s=0$ 的介子，如 π^+,π^-,π^0 等称作标量介子. 这是因为它们的波函数 $\psi(\boldsymbol{r},t)$ 为标量. $s=1$ 的介子，如 ρ^+,ρ^-,ρ^0 等称作矢量介子. 这是因为它们的波函数是具有三个分量的矢量：

$$\psi(\boldsymbol{r},s_z,t)=\psi_1(\boldsymbol{r},t)\begin{pmatrix}1\\0\\0\end{pmatrix}+\psi_2(\boldsymbol{r},t)\begin{pmatrix}0\\1\\0\end{pmatrix}+\psi_3(\boldsymbol{r},t)\begin{pmatrix}0\\0\\1\end{pmatrix} \tag{8}$$

或

$$\psi(\boldsymbol{r},s_z,t)=\begin{pmatrix}\psi_1(\boldsymbol{r},t)\\\psi_2(\boldsymbol{r},t)\\\psi_3(\boldsymbol{r},t)\end{pmatrix}=\begin{pmatrix}\psi(\boldsymbol{r},s_z=\hbar,\ t)\\\psi(\boldsymbol{r},s_z=0,\ t)\\\psi(\boldsymbol{r},s_z=-\hbar,t)\end{pmatrix} \tag{9}$$

(8) 式中的三个列矩阵，分别是 $s=1$ 的自旋 z 分量算符 $\hat{S}_z$，在 $\hat{S}_z$ 表象中对应本征值 $s_z=\hbar,0$ 与 $-\hbar$ 的本征态矢. $\hat{S}_z$ 在 $\hat{S}_z$ 表象中的矩阵为

$$\hat{S}_z=\hbar\begin{pmatrix}1&0&0\\0&0&0\\0&0&-1\end{pmatrix} \tag{10}$$

$\hat{S}_z$ 在自身表象中的矩阵同 $l=1$ 的 $\hat{L}_z$ 在自身表象中的矩阵相同. 显然，$\hat{S}_x$ 与 $\hat{S}_y$ 在 $\hat{S}_z$ 表象中的矩阵分别同 $l=1$ 的 $\hat{L}_x$ 与 $\hat{L}_y$ 在 $\hat{L}_z$ 表象中的矩阵相同. 它们是

$$\hat{S}_x=\frac{\hbar}{\sqrt{2}}\begin{pmatrix}0&1&0\\1&0&1\\0&1&0\end{pmatrix},\quad \hat{S}_y=\frac{\hbar}{\sqrt{2}}\begin{pmatrix}0&-i&0\\i&0&-i\\0&i&0\end{pmatrix} \tag{11}$$

自旋 $\hat{S}_x,\hat{S}_y$ 与 $\hat{S}_z$ 的本征值与本征态矢分别为

$$s_x=\hbar,\varphi_1=\frac{1}{2}\begin{pmatrix}1\\\sqrt{2}\\1\end{pmatrix};\qquad s_x=0,\varphi_0=\frac{1}{\sqrt{2}}\begin{pmatrix}1\\0\\-1\end{pmatrix}$$

$$s_x=-\hbar,\varphi_{-1}=\frac{1}{2}\begin{pmatrix}1\\-\sqrt{2}\\1\end{pmatrix} \tag{12}$$

$$s_y = \hbar, \varphi_1 = \frac{1}{2}\begin{pmatrix} 1 \\ \sqrt{2}i \\ -1 \end{pmatrix}; \qquad s_y = 0, \varphi_0 = \frac{1}{\sqrt{2}}\begin{pmatrix} 1 \\ 0 \\ 1 \end{pmatrix}$$

$$s_y = -\hbar, \varphi_{-1} = \frac{1}{2}\begin{pmatrix} 1 \\ -\sqrt{2}i \\ -1 \end{pmatrix} \tag{13}$$

$$s_z = \hbar, \varphi_1 = \begin{pmatrix} 1 \\ 0 \\ 0 \end{pmatrix}; \quad s_z = 0, \varphi_0 = \begin{pmatrix} 0 \\ 1 \\ 0 \end{pmatrix}; \quad s_z = -\hbar, \varphi_{-1} = \begin{pmatrix} 0 \\ 0 \\ 1 \end{pmatrix} \tag{14}$$

自旋 $s = 1$ 与 $s = \frac{1}{2}$ 的粒子波函数 $\psi(\boldsymbol{r}, s_z, t)$ 满足的薛定谔方程在形式上相同，均为矩阵方程：

$$i\hbar \frac{\partial}{\partial t}\psi(\boldsymbol{r}, s_z, t) = \hat{H}(\boldsymbol{r}, \hat{\boldsymbol{S}}, t)\psi(\boldsymbol{r}, s_z, t) \tag{15}$$

只是，对于 $s = \frac{1}{2}$ 的粒子，$\psi(\boldsymbol{r}, s_z, t)$ 为二分量的旋量，即二行一列的矩阵，$\hat{H}(\boldsymbol{r}, \hat{\boldsymbol{S}}, t)$ 为 2×2 的矩阵；对于 $s = 1$ 的粒子，$\psi(\boldsymbol{r}, s_z, t)$ 为三分量的矢量，即三行一列的矩阵，$\hat{H}(\boldsymbol{r}, \hat{\boldsymbol{S}}, t)$ 为 3×3 的矩阵.

[例题 3]　设自旋 $s = 1$ 的粒子的哈密顿量

$$\hat{H} = -\frac{\hbar^2}{2\mu}\nabla^2 + a\hat{S}_z$$

(1) 求出 $\hat{S}_x$ 在 $(\hat{S}^2, \hat{S}_z)$ 表象中的矩阵表示，并求出 $\hat{S}_x$ 的本征值与本征态矢.

(2) 已知 $t = 0$ 时粒子处于动量 $\boldsymbol{p} = \boldsymbol{p}_0 = (0, 0, p_0)$，自旋 $s_x = \hbar$ 的态上，求 t 时刻粒子的波函数 $\psi(\boldsymbol{r}, s_z, t)$ 及粒子处于 $\boldsymbol{p} = \boldsymbol{p}_0, s_z = \hbar$ 态的几率.

解：

(1) $s = 1$ 的 $(\hat{S}^2, \hat{S}_z)$ 表象的基矢，为 $(\hat{S}^2, \hat{S}_z)$ 的共同本征态矢 $|1m_s\rangle$（或 $\chi_{m_s}(s_z)$），$m_s = 1, 0, -1$：

$$\hat{S}^2 |1m_s\rangle = 1(1+1)\hbar^2 |1m_s\rangle = 2\hbar^2 |1m_s\rangle$$

$$\hat{S}_z |1m_s\rangle = m_s\hbar |1m_s\rangle$$

现将基矢依次记为 $|1\rangle = |11\rangle$，$|2\rangle = |10\rangle$，$|3\rangle = |1, -1\rangle$. $\hat{S}_x$ 在 $(\hat{S}^2, \hat{S}_z)$ 表象的矩阵元

$$(S_x)_{ij} = \langle i | \hat{S}_x | j \rangle = \frac{1}{2}\langle i | \hat{S}_+ + \hat{S}_- | j \rangle, i, j = 1, 2, 3$$

其中

$$\hat{S}_{\pm} = \hat{S}_x \pm i\hat{S}_y$$

利用公式

$$\hat{S}_{\pm}\,|1m_s\rangle = \sqrt{1(1+1) - m_s(m_s \pm 1)}\hbar\ |1m_s \pm 1\rangle$$

$$\langle 1m_s\,|1m'_s\rangle = \delta_{m_s m'_s}$$

可以算出所有 9 个矩阵元$(S_x)_{ij}$，从而得到

$$S_x = \frac{\hbar}{\sqrt{2}}\begin{pmatrix} 0 & 1 & 0 \\ 1 & 0 & 1 \\ 0 & 1 & 0 \end{pmatrix}$$

解 $\hat{S}_x$ 的本征方程

$$\frac{\hbar}{\sqrt{2}}\begin{pmatrix} 0 & 1 & 0 \\ 1 & 0 & 1 \\ 0 & 1 & 0 \end{pmatrix}\begin{pmatrix} a \\ b \\ c \end{pmatrix} = s_x\begin{pmatrix} a \\ b \\ c \end{pmatrix}$$

得 $\hat{S}_x$ 的本征值与本征态矢

$$s_x = \hbar, Z_1 = \frac{1}{2}\begin{pmatrix} 1 \\ \sqrt{2} \\ 1 \end{pmatrix};\quad s_x = 0, Z_0 = \frac{1}{\sqrt{2}}\begin{pmatrix} 1 \\ 0 \\ -1 \end{pmatrix}$$

$$s_x = -\hbar, Z_{-1} = \frac{1}{2}\begin{pmatrix} 1 \\ -\sqrt{2} \\ 1 \end{pmatrix}$$

现将 $s_x = \hbar$ 的本征函数表示为

$$Z_1(s_z) = \frac{1}{2}\chi_1(s_z) + \frac{\sqrt{2}}{2}\chi_0(s_z) + \frac{1}{2}\chi_{-1}(s_z)$$

(2) 定态方程为

$$\left(-\frac{\hbar^2}{2\mu}\nabla^2 + a\hat{S}_z\right)\psi(\boldsymbol{r}, s_z) = E\psi(\boldsymbol{r}, s_z)$$

显然，这个方程可以通过分离变量 $\boldsymbol{r}$ 与 s_z 来解. 令

$$\psi(\boldsymbol{r}, s_z) = \psi(\boldsymbol{r})\varphi(s_z),\qquad E = E_1 + E_2$$

代入定态方程，得 $\psi(\boldsymbol{r})$ 与 $\varphi(s_z)$ 的方程：

$$-\frac{\hbar^2}{2\mu}\nabla^2\psi(\boldsymbol{r}) = E_1\psi(\boldsymbol{r})$$

$$a\hat{S}_z\varphi(s_z) = E_2\varphi(s_z)$$

这两个方程的解可以直接写出

$$\psi(\boldsymbol{r}) = \frac{1}{(2\pi\hbar)^{3/2}} e^{i\boldsymbol{p}\cdot\boldsymbol{r}/\hbar}, \qquad E_1 = \frac{\boldsymbol{p}^2}{2\mu}$$

$$\varphi(s_z) = \chi_{m_s}(s_z), \qquad E_2 = a\hbar m_s$$

其中 $\boldsymbol{p}$ 为任意实矢量，$m_s = 0, \pm 1$. 定态解为

$$\psi(\boldsymbol{r}, s_z) = \frac{1}{(2\pi\hbar)^{3/2}} e^{i\boldsymbol{p}\cdot\boldsymbol{r}/\hbar}\chi_{m_s}(s_z), \qquad E = \frac{\boldsymbol{p}^2}{2\mu} + a\hbar m_s$$

由初条件

$$\psi(\boldsymbol{r}, s_z, 0) = \frac{1}{(2\pi\hbar)^{3/2}} e^{i\boldsymbol{p}_0\cdot\boldsymbol{r}/\hbar} \times \left[\frac{1}{2}\chi_1(s_z) + \frac{\sqrt{2}}{2}\chi_0(s_z) + \frac{1}{2}\chi_{-1}(s_z)\right]$$

可以直接写出任意 t 时的波函数

$$\psi(\boldsymbol{r}, s_z, t) = \frac{1}{(2\pi\hbar)^{3/2}} e^{i\boldsymbol{p}_0\cdot\boldsymbol{r}/\hbar} e^{-ip_0^2 t/2\mu\hbar} \times \left(\frac{1}{2}\chi_1(s_z)e^{-iat} + \frac{\sqrt{2}}{2}\chi_0(s_z) + \frac{1}{2}\chi_{-1}(s_z)e^{iat}\right)$$

粒子处于 $\boldsymbol{p} = \boldsymbol{p}_0, s_z = \hbar$ 态的几率为$(1/2)^2 = 1/4$.

§8.5 原子光谱的精细结构

原子光谱中的一些谱线在精密光谱仪中显示出双线的精细结构. 这是由原子中电子的轨道磁矩与自旋磁矩的相互作用产生的. 相对论量子力学给出这一相互作用力势为(详细推导见§11.4)

$$W = \xi(r)\hat{\boldsymbol{S}}\cdot\hat{\boldsymbol{L}} = \frac{\xi(r)}{2}\left(\hat{J}^2 - \hat{L}^2 - \frac{3}{4}\hbar^2\right) \tag{1}$$

其中

$$\xi(r) = \frac{1}{2\mu^2 c^2}\frac{1}{r}\frac{\mathrm{d}V}{\mathrm{d}r} \tag{2}$$

式(2)中的 $V = V(r)$ 为电子在原子核库仑场中的势能，μ 为电子的质量，c 为光速. 考虑碱金属原子，如不考虑满壳层电子对原子核电荷的屏蔽作用，价电子的哈密顿算符为

$$\begin{aligned}\hat{H} &= -\frac{\hbar^2}{2\mu}\nabla^2 - \frac{Ze^2}{r} + \frac{\xi(r)}{2}\left(\hat{J}^2 - \hat{L}^2 - \frac{3}{4}\hbar^2\right) \\ &= -\frac{\hbar^2}{2\mu}\left(\frac{1}{r^2}\frac{\partial}{\partial r}r^2\frac{\partial}{\partial r} - \frac{\hat{L}^2}{\hbar^2 r^2}\right) - \frac{Ze^2}{r} + \frac{\xi(r)}{2}\left(\hat{J}^2 - \hat{L}^2 - \frac{3}{4}\hbar^2\right)\end{aligned} \tag{3}$$

定态方程为

$$\left[-\frac{\hbar^2}{2\mu}\left(\frac{1}{r^2}\frac{\partial}{\partial r}r^2\frac{\partial}{\partial r}-\frac{\hat{L}^2}{\hbar^2 r^2}\right)-\frac{Ze^2}{r}+\frac{\xi(r)}{2}\left(\hat{J}^2-\hat{L}^2-\frac{3}{4}\hbar^2\right)\right]$$
$$\times\psi(r,\theta,\varphi,s_z)=E\psi(r,\theta,\varphi,s_z) \tag{4}$$

不难看出，$\hat{H}$，$\hat{L}^2$，$\hat{J}^2$ 与 $\hat{J}_z$ 相互对易，存在它们的共同本征函数. 已知 $\hat{L}^2$，$\hat{J}^2$ 与 $\hat{J}_z$ 的共同本征函数是 $\varphi_{jm_j}(\theta,\varphi,s_z)$（见 §8.3(24) 式与(25) 式）. 令

$$\psi(r,\theta,\varphi,s_z)=R(r)\varphi_{jm_j}(\theta,\varphi,s_z) \tag{5}$$

代入定态方程(4)，得 $R(r)$ 的方程

$$\left\{-\frac{\hbar^2}{2\mu}\left[\frac{1}{r^2}\frac{\mathrm{d}}{\mathrm{d}r}r^2\frac{\mathrm{d}}{\mathrm{d}r}-\frac{l(l+1)}{r^2}\right]-\frac{Ze^2}{r}+\frac{\hbar^2}{2}\xi(r)\right.$$
$$\left.\times\left[j(j+1)-l(l+1)-\frac{3}{4}\right]\right\}R(r)=ER(r) \tag{6}$$

其中 $j=l\pm1/2$. 方程(6) 只含量子数 l 与 j，不含量子数 m_j，由此方程决定的定态能量 $E=E_{nlj}$ 是 $2j+1$ 度简并的. 然而方程(6) 无法求精确解. 由于 $\xi(r)$ 同光速 c 的平方成反比，$\hat{H}$ 中的自旋 — 轨道耦合项可视为微扰，

$$\hat{H}'=\frac{\xi(r)}{2}\left(\hat{J}^2-\hat{L}^2-\frac{3}{4}\hbar^2\right) \tag{7}$$

$$\hat{H}_0=-\frac{\hbar^2}{2\mu}\nabla^2-\frac{Ze^2}{r} \tag{8}$$

$\hat{H}_0$ 的本征函数 $\psi^{(0)}(r,\theta,\varphi,s_z)$ 仍可表示为(5) 式的形式：

$$\psi^{(0)}(r,\theta,\varphi,s_z)=R^{(0)}(r)\varphi_{jm_j}(\theta,\varphi,s_z) \tag{9}$$

$R^{(0)}(r)$ 满足方程

$$\left\{-\frac{\hbar^2}{2\mu}\left[\frac{1}{r^2}\frac{\mathrm{d}}{\mathrm{d}r}r^2\frac{\mathrm{d}}{\mathrm{d}r}-\frac{l(l+1)}{r^2}\right]-\frac{Ze^2}{r}\right\}R^{(0)}(r)=E^{(0)}R^{(0)}(r) \tag{10}$$

这个方程的解为

$$E^{(0)}=E_n=-\frac{Z^2e^2}{2an^2},\quad R^{(0)}(r)=R_{nl}(r) \tag{11}$$

其中 $R_{nl}(r)$ 如 §6.4 中的(43) 式所示. 考虑满壳层电子对原子核电荷的屏蔽作用后，(11) 式中的 Z 用等效电荷数 $Z(n,l)$ 代替. 于是，零级近似能量与零级近似波函数为

$$E^{(0)}=E_{nl}=-\frac{Z^2(n,l)e^2}{2an^2} \tag{12}$$

$$\psi^{(0)}(r,\theta,\varphi,s_z)=R_{nl}(r)\varphi_{jm_j}(\theta,\varphi,s_z)=\psi_{nljm_j}(r,\theta,\varphi,s_z) \tag{13}$$

对于确定的 nl，不同的 $\psi_{nljm_j}(r,\theta,\varphi,s_z)$ 有 $2(2l+1)$ 个，即$E^{(0)}=E_{nl}$ 是 $2(2l+1)$ 度简并的. 由这些 $\psi_{nljm_j}(r,\theta,\varphi,s_z)$ 与 $\hat{H}'$ 构成的微扰矩阵是对角矩阵：

$$
\begin{aligned}
\hat{H}'_{(j'm_j')(jm_j)} &= \int \psi_{nlj'm_j'}{}^{\dagger}(r,\theta,\varphi,s_z)\,\frac{\xi(r)}{2} \\
&\quad \times \left(\hat{J}^2 - \hat{L}^2 - \frac{3}{4}\hbar^2\right)\psi_{nljm_j}(r,\theta,\varphi,s_z)\,\mathrm{d}\tau \\
&= \frac{\hbar^2}{2}\left[j(j+1) - l(l+1) - \frac{3}{4}\right]\int_0^{\infty} R_{nl}^2(r) \\
&\quad \times \xi(r) r^2\,\mathrm{d}r \int \varphi_{j'm_j'}{}^{\dagger}(\theta,\varphi,s_z)\varphi_{jm_j}(\theta,\varphi,s_z)\,\mathrm{d}\Omega \\
&= \frac{\hbar^2}{2}\left[j(j+1) - l(l+1) - \frac{3}{4}\right] \times \int_0^{\infty} R_{nl}^2(r)\xi(r) r^2\,\mathrm{d}r\,\delta_{j'j}\delta_{m'_j m_j}
\end{aligned} \tag{14}
$$

在 $\hat{H}'$ 为对角矩阵时，对角元素 $\hat{H}'_{(jm_j)(jm_j)}$ 就是一级修正能量：$\psi^{(0)}(r,\theta,\varphi,s_z) = \psi_{nljm_j}(r,\theta,\varphi,s_z)$ 就是零级近似波函数，能量的一级修正为

$$
\begin{aligned}
E^{(1)} &= \int \psi_{nljm_j}{}^{\dagger}(r,\theta,\varphi,s_z)\,\frac{\xi(r)}{2}\left(\hat{J}^2 - \hat{L}^2 - \frac{3}{4}\hbar^2\right) \times \psi_{nljm_j}(r,\theta,\varphi,s_z)\,\mathrm{d}\tau \\
&= \frac{\hbar^2}{2}\left[j(j+1) - l(l+1) - \frac{3}{4}\right]\int_0^{\infty} R_{nl}^2(r)\xi(r) r^2\,\mathrm{d}r
\end{aligned} \tag{15}
$$

将 $V = -\dfrac{Ze^2}{r}$ 代入(2) 式，得 $\xi(r) = \dfrac{Ze^2}{2\mu^2 c^2 r^3}$. 再将此式代入(15) 式中，得

$$
E^{(1)} = \frac{Ze^2\hbar^2}{4\mu^2 c^2}\left[j(j+1) - l(l+1) - \frac{3}{4}\right]\int_0^{\infty} \frac{R_{nl}^2(r)}{r}\,\mathrm{d}r \tag{16}
$$

其中

$$
\int_0^{\infty} \frac{R_{nl}^2(r)}{r}\,\mathrm{d}r = \frac{2Z^3}{a^3 n^3 l(l+1)(2l+1)} \tag{17}
$$

这里 a 是波尔半径. 于是

$$
E^{(1)} = \begin{cases} \dfrac{e^2\hbar^2 Z^4}{2\mu^2 c^2 a^3 n^3 (l+1)(2l+1)}, & j = l + 1/2 \\ -\dfrac{e^2\hbar^2 Z^4}{2\mu^2 c^2 a^3 n^3 l(2l+1)}, & j = l - 1/2 \end{cases} \tag{18}
$$

在一级近似下，定态能量为

$$
E_{nlj=l+1/2} = E_{nl} + \frac{e^2\hbar^2 Z^4}{2\mu^2 c^2 a^3 n^3 (l+1)(2l+1)} \tag{19}
$$

$$
E_{nlj=l-1/2} = E_{nl} - \frac{e^2\hbar^2 Z^4}{2\mu^2 c^2 a^3 n^3 l(2l+1)} \tag{20}
$$

显然，$E_{nlj=l+1/2} > E_{nlj=l-1/2}$. 由于自旋 — 轨道相互作用，能级 E_{nl} 一分为二，但由于自旋 — 轨道相互作用很弱，$E_{nlj=l+1/2}$ 与 $E_{nlj=l-1/2}$ 之差很小. 由 $l = 1$ 的能级 $E_{n,1,3/2}$ 与 $E_{n,1,1/2}$ 到 $l = 0$ 能级 $E_{n',0,1/2}$ $(n' \leqslant n)$ 跃迁产生的两条谱线靠得很近. 这就解释了光谱线的精细结构. 图 8.1 给出钠原子能级图及

光谱的双线结构.

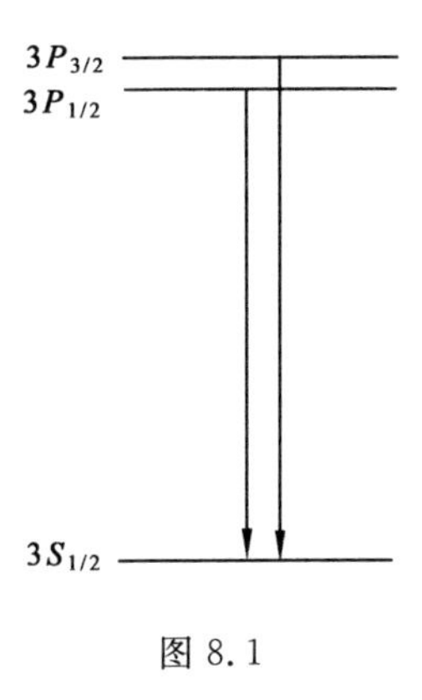

图 8.1

§8.6　塞曼效应

原子光谱在磁场中分裂的现象称为塞曼效应.根据磁场强度的大小,塞曼效应又分为正常塞曼效应与反常塞曼效应.

(1) 正常塞曼效应

碱金属原子在均匀磁场 $\boldsymbol{B} = B\boldsymbol{k}$ 中的哈密顿算符为

$$\hat{H} = -\frac{\hbar^2}{2\mu}\nabla^2 + V(r) + \xi(r)\hat{\boldsymbol{S}}\cdot\hat{\boldsymbol{L}} + \frac{eB}{2\mu c}\hat{L}_z + \frac{eB}{\mu c}\hat{S}_z \tag{1}$$

如果磁场强度 B 很强,以致上式中最后两项(含有 B) 比自旋 — 轨道相互作用项大得多,自旋 — 轨道相互作用项可以忽略不计.这时(1) 式变为

$$\hat{H} = -\frac{\hbar^2}{2\mu}\nabla^2 + V(r) + \frac{eB}{2\mu c}(\hat{L}_z + 2\hat{S}_z) \tag{2}$$

定态方程为

$$\left[-\frac{\hbar^2}{2\mu}\nabla^2 + V(r) + \frac{eB}{2\mu c}(\hat{L}_z + 2\hat{S}_z)\right]\psi(\boldsymbol{r},s_z) = E\psi(\boldsymbol{r},s_z) \tag{3}$$

$\hat{H},\hat{L}^2,\hat{L}_z$ 与 $\hat{S}_z$ 相互对易,存在它们的共同本征函数.方程(3) 的解显然是

$$\psi(\boldsymbol{r},s_z) = \psi_{nlm}(\boldsymbol{r})\chi_{m_s}(s_z) = R_{nl}(r)Y_{lm}(\theta,\varphi)\chi_{m_s}(s_z) \tag{4}$$

$$E = E_{nlmm_s} = E_{nl} + \frac{eB\hbar}{2\mu c}(m + 2m_s) \tag{5}$$

式(4)中的 $\psi_{nlm}(\boldsymbol{r})$ 为 $\hat{H}_0=-\frac{\hbar^2}{2\mu}\nabla^2+V(r)$ 的本征函数.(5)式中的 E_{nl} 为 $\hat{H}_0$ 本征值.图 8.2 给出在强磁场中 $3p\rightarrow 3s$ 谱线分裂的情况.$3p$ 能级在强磁场中分裂成 5 个能级,这些能级的间距相等.能级间距为

$$\Delta E=\frac{eB\hbar}{2\mu c} \tag{6}$$

$3s$ 能级分裂成 2 个能级,能级间距为 $3p$ 分裂能级间距的 2 倍.已知电偶极跃迁的选择定则为

$$\Delta l=\pm 1,\quad \Delta m=0,\pm 1,\quad \Delta m_s=0 \tag{7}$$

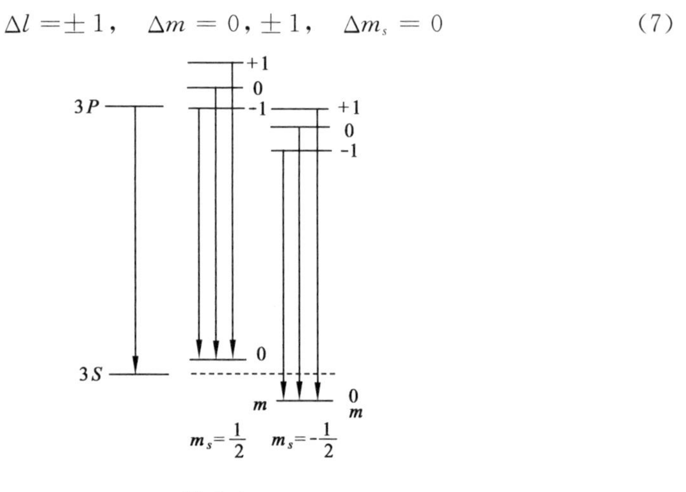

图 8.2

只有 m_s 相同的能级之间的跃迁才是允许的.尽管有 6 对能级之间可以产生跃迁,但它们产生的谱线却只有 3 条.这就是正常塞曼效应.

(2) 反常塞曼效应

如果磁场很弱,自旋—轨道相互作用项不能忽略,定态方程为

$$\left[-\frac{\hbar^2}{2\mu}\nabla^2+V(r)+\xi(r)\hat{\boldsymbol{S}}\cdot\hat{\boldsymbol{L}}+\frac{eB}{2\mu c}\hat{J}_z+\frac{eB}{2\mu c}\hat{S}_z\right]\psi(\boldsymbol{r},s_z)=E\psi(\boldsymbol{r},s_z) \tag{8}$$

由于 B 值很小,可以将 $\hat{H}$ 中的最后一项 $\frac{eB}{2\mu c}\hat{S}_z$ 看成是微扰.去掉微扰后,定态方程变为

$$\left[-\frac{\hbar^2}{2\mu}\nabla^2+V(r)+\frac{\xi(r)}{2}\left(\hat{J}^2-\hat{L}^2-\frac{3}{4}\hbar^2\right)+\frac{eB}{2\mu c}\hat{J}_z\right]\times\psi^{(0)}(\boldsymbol{r},s_z)$$
$$=E^{(0)}\psi^{(0)}(\boldsymbol{r},s_z) \tag{9}$$

(9)式中的哈密顿算符 $\hat{H}_0$ 同 $\hat{L}^2$,$\hat{J}^2$ 与 $\hat{J}_z$ 相互对易.已知 $\hat{L}^2$,$\hat{J}^2$ 与 $\hat{J}_z$ 的共同本

征函数为 $\varphi_{jm_j}(\theta,\varphi,s_z)$，$j=l\pm1/2$. 方程(9) 的解为

$$\psi^{(0)}(\boldsymbol{r},s_z)=R_{nlj}(\boldsymbol{r})\varphi_{jm_j}(\theta,\varphi,s_z) \tag{10}$$

$$E^{(0)}=E_{nlj}+\frac{eB\hbar}{2\mu c}m_j \tag{11}$$

这里 $R_{nlj}(\boldsymbol{r})$ 与 E_{nlj} 是 §8.5 中方程(6) 的解(严格的解得不到，可得近似解). 由于 $E^{(0)}$ 同量子数 $nljm_j$ 都有关，故 $E^{(0)}$ 是非简并的. $\psi^{(0)}(\boldsymbol{r},s_z)$ 为零级近似波函数. 按照非简并微扰方法，一级修正能量为

$$\begin{aligned}E^{(1)}&=\int\psi^{\dagger(0)}(\boldsymbol{r},s_z)\frac{eB}{2\mu c}\hat{S}_z\psi^{(0)}(\boldsymbol{r},s_z)\mathrm{d}\tau\\&=\frac{eB}{2\mu c}\int\varphi^{\dagger}_{jm_j}(\theta,\varphi,s_z)\hat{S}_z\varphi_{jm_j}(\theta,\varphi,s_z)\mathrm{d}\Omega\end{aligned} \tag{12}$$

将 §8.3 中的(24) 式($j=l+1/2$) 与(25) 式($j=l-1/2$) 代入上式得

$$E^{(1)}=\begin{cases}\dfrac{eB\hbar}{2\mu c}\dfrac{m_j}{2j}, & j=l+1/2\\[2ex]-\dfrac{eB\hbar}{2\mu c}\dfrac{m_j}{2(j+1)}, & j=l-1/2\end{cases} \tag{13}$$

在弱磁场 B 中，定态能量的近似值为

$$E_{nljm_j}=E_{nlj}+\begin{cases}\left(1+\dfrac{1}{2j}\right)\dfrac{eB\hbar m_j}{2\mu c}, & j=l+1/2\\[2ex]\left(1-\dfrac{1}{2j+2}\right)\dfrac{eB\hbar m_j}{2\mu c}, & j=l-1/2\end{cases} \tag{14}$$

图 8.3 给出钠原子钠黄线在弱磁场中的分裂. 电偶极跃迁的选择定则为

$$\Delta l=\pm1,\quad \Delta j=0,\pm1,\quad \Delta m_j=0,\pm1 \tag{15}$$

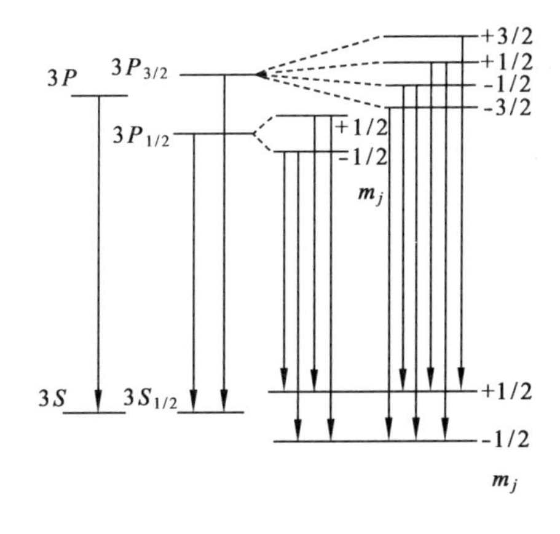

图 8.3

习　题

1. 由电子自旋 $\hat{\boldsymbol{S}}$ 在 $\boldsymbol{n}(\theta,\varphi)$ 方向上的分量 $\hat{S}_n$ 的本征方程推导出 $\hat{S}_n$ 的本征值与本征态矢

$$s_n=\frac{\hbar}{2},\varphi_+=\begin{pmatrix}\cos\frac{\theta}{2}e^{-i\varphi/2}\\ \sin\frac{\theta}{2}e^{i\varphi/2}\end{pmatrix};\quad s_n=-\frac{\hbar}{2},\varphi_-=\begin{pmatrix}-\sin\frac{\theta}{2}e^{-i\varphi/2}\\ \cos\frac{\theta}{2}e^{i\varphi/2}\end{pmatrix}$$

2. 证明

(1) $\hat{\sigma}_x\hat{\sigma}_y\hat{\sigma}_z=i$

(2) $(\hat{\boldsymbol{\sigma}}\cdot\boldsymbol{A})(\hat{\boldsymbol{\sigma}}\cdot\boldsymbol{B})=\boldsymbol{A}\cdot\boldsymbol{B}+i\hat{\boldsymbol{\sigma}}\cdot(\boldsymbol{A}\times\boldsymbol{B})$

其中 $\boldsymbol{A}$ 与 $\boldsymbol{B}$ 是与 $\hat{\boldsymbol{\sigma}}$ 对易的任意两个矢量算符.

3. 令 $\hat{\sigma}_\pm=\hat{\sigma}_x\pm i\hat{\sigma}_y$

(1) 计算 $[\hat{\sigma}_+,\hat{\sigma}_-]$, $[\hat{\sigma}_z,\hat{\sigma}_+]$, $[\hat{\sigma}_z,\hat{\sigma}_-]$, $\hat{\sigma}_+^2$ 与 $\hat{\sigma}_-^2$

(2) 证明　$e^{\lambda\hat{\sigma}_z}\hat{\sigma}_\pm=\hat{\sigma}_\pm e^{\lambda\hat{\sigma}_z}e^{\pm2\lambda}$,其中 λ 为常数.

(3) 化简以下各式:

$$e^{\lambda\hat{\sigma}_z}\hat{\sigma}_x e^{-\lambda\hat{\sigma}_z},\quad e^{\lambda\hat{\sigma}_z}\hat{\sigma}_y e^{-\lambda\hat{\sigma}_z},\quad e^{i\lambda\hat{\sigma}_z}\hat{\sigma}_x e^{-i\lambda\hat{\sigma}_z},\quad e^{i\lambda\hat{\sigma}_z}\hat{\sigma}_y e^{-i\lambda\hat{\sigma}_z}$$

答:(1) $[\hat{\sigma}_+,\hat{\sigma}_-]=4\hat{\sigma}_z$, $[\hat{\sigma}_z,\hat{\sigma}_+]=2\hat{\sigma}_+$, $[\hat{\sigma}_z,\hat{\sigma}_-]=-2\hat{\sigma}_-\hat{\sigma}_+^2=\hat{\sigma}_-^2=0$

(3) $e^{\lambda\hat{\sigma}_z}\hat{\sigma}_x e^{-\lambda\hat{\sigma}_z}=\mathrm{ch}(2\lambda)\hat{\sigma}_x+i\mathrm{sh}(2\lambda)\hat{\sigma}_y$, $e^{\lambda\hat{\sigma}_z}\hat{\sigma}_y e^{-\lambda\hat{\sigma}_z}=\mathrm{ch}(2\lambda)\hat{\sigma}_y-i\mathrm{sh}(2\lambda)\hat{\sigma}_x$

$e^{i\lambda\hat{\sigma}_z}\hat{\sigma}_x e^{-i\lambda\hat{\sigma}_z}=\cos(2\lambda)\hat{\sigma}_x-\sin(2\lambda)\hat{\sigma}_y$, $e^{i\lambda\hat{\sigma}_z}\hat{\sigma}_y e^{-i\lambda\hat{\sigma}_z}=\cos(2\lambda)\hat{\sigma}_y+\sin(2\lambda)\hat{\sigma}_x$

类似的公式有

$$e^{\lambda\hat{\sigma}_y}\hat{\sigma}_x e^{-\lambda\hat{\sigma}_y}=\mathrm{ch}(2\lambda)\hat{\sigma}_x-i\mathrm{sh}(2\lambda)\hat{\sigma}_z,\quad e^{\lambda\hat{\sigma}_y}\hat{\sigma}_z e^{-\lambda\hat{\sigma}_y}=\mathrm{ch}(2\lambda)\hat{\sigma}_z+i\mathrm{sh}(2\lambda)\hat{\sigma}_x$$

$$e^{\lambda\hat{\sigma}_x}\hat{\sigma}_y e^{-\lambda\hat{\sigma}_x}=\mathrm{ch}(2\lambda)\hat{\sigma}_y+i\mathrm{sh}(2\lambda)\hat{\sigma}_z,\quad e^{\lambda\hat{\sigma}_x}\hat{\sigma}_z e^{-\lambda\hat{\sigma}_x}=\mathrm{ch}(2\lambda)\hat{\sigma}_z-i\mathrm{sh}(2\lambda)\hat{\sigma}_y$$

$$e^{i\lambda\hat{\sigma}_y}\hat{\sigma}_x e^{-i\lambda\hat{\sigma}_y}=\cos(2\lambda)\hat{\sigma}_x+\sin(2\lambda)\hat{\sigma}_z,\quad e^{i\lambda\hat{\sigma}_y}\hat{\sigma}_z e^{-i\lambda\hat{\sigma}_y}=\cos(2\lambda)\hat{\sigma}_z-\sin(2\lambda)\hat{\sigma}_x$$

$$e^{i\lambda\hat{\sigma}_x}\hat{\sigma}_y e^{-i\lambda\hat{\sigma}_x}=\cos(2\lambda)\hat{\sigma}_y-\sin(2\lambda)\hat{\sigma}_z,\quad e^{i\lambda\hat{\sigma}_x}\hat{\sigma}_z e^{-i\lambda\hat{\sigma}_x}=\cos(2\lambda)\hat{\sigma}_z+\sin(2\lambda)\hat{\sigma}_y$$

4. 电子处于 $s_z=\frac{\hbar}{2}$ 的态上,求 $\hat{S}_x$ 与 $\hat{S}_y$ 的测不准关系式 $\overline{(\Delta S_x)^2}\ \overline{(\Delta S_y)^2}=?$

答:$\overline{(\Delta S_x)^2}\ \overline{(\Delta S_y)^2}=\frac{\hbar^4}{16}$

5. $t=0$ 时氢原子处于态

$$\psi(\boldsymbol{r},s_z,0)=\begin{pmatrix}\frac{1}{4}R_{10}(r)Y_{00}(\theta,\varphi)+\frac{\sqrt{2}}{4}R_{21}(r)Y_{11}(\theta,\varphi)\\ \frac{2}{4}R_{21}(r)Y_{10}(\theta,\varphi)+\frac{3}{4}R_{21}(r)Y_{1-1}(\theta,\varphi)\end{pmatrix}$$

忽略自旋—轨道相互作用,

(1) 求能量 E,轨道角动量 L^2,L_z 与自旋角动量 S_z 的可测值,相应几率与平均值;

(2) 写出 t 时刻波函数.

答：(1) $E_1=-\dfrac{e^2}{2a}, E_2=-\dfrac{e^2}{8a}$，几率：$\dfrac{1}{16},\dfrac{15}{16}, \bar{E}=-\dfrac{19e^2}{128a}$. $L^2=0,2\hbar^2$，几率：$\dfrac{1}{16},\dfrac{15}{16}, \overline{L^2}=\dfrac{15\hbar^2}{8}$. $L_z=\hbar,0,-\hbar$，几率：$\dfrac{2}{16},\dfrac{5}{16},\dfrac{9}{16}, \bar{L_z}=-\dfrac{7\hbar}{16}$

(2) $$\psi(\boldsymbol{r},s_z,t)=\begin{pmatrix}\dfrac{1}{4}e^{-iE_1t/\hbar}R_{10}(r)Y_{00}(\theta,\varphi)+\dfrac{\sqrt{2}}{4}e^{-iE_2t/\hbar}R_{21}(r)Y_{11}(\theta,\varphi)\\ \dfrac{2}{4}e^{-iE_2t/\hbar}R_{21}(r)Y_{10}(\theta,\varphi)+\dfrac{3}{4}e^{-iE_2t/\hbar}R_{21}(r)Y_{1-1}(\theta,\varphi)\end{pmatrix}$$

6. 电子在均匀磁场 $\boldsymbol{B}=B\boldsymbol{i}$ 中运动. 不考虑电子的空间运动. 已知 $t=0$ 时电子处于 $s_z=\hbar/2$ 的态上,

(1) 求任意 t 时刻电子的波函数 $\psi(s_z,t)$;

(2) 求 t 时刻自旋分量的平均值 $\bar{s_x},\bar{s_y},\bar{s_z}$;

(3) 求 t 时刻 s_x,s_y 与 s_z 取值为 $\hbar/2$ 的几率;

(4) 何时电子又回到 $s_z=\hbar/2$ 的态上?

答：(1) $\psi(s_z,t)=\begin{pmatrix}\cos\omega t\\ -i\sin\omega t\end{pmatrix},\quad \omega=\dfrac{eB}{2\mu c}$

(2) $\bar{s_x}=0,\quad \bar{s_y}=-\dfrac{\hbar}{2}\sin2\omega t,\quad \bar{s_z}=\dfrac{\hbar}{2}\cos2\omega t$

(3) t 时刻 s_x,s_y 与 s_z 取值为 $\hbar/2$ 的几率分别为 $1/2,(1-\sin2\omega t)/2$ 与 $\cos^2\omega t$.

(4) $t=\dfrac{n\pi}{\omega}=\dfrac{2\pi\mu cn}{eB}, n=1,2,\cdots$

7. 证明　$e^{i\hat{\sigma}_\alpha\theta}=\cos\theta+i\hat{\sigma}_\alpha\sin\theta,\quad \alpha=x,y,z$

8. 一束极化的 s 波($l=0$)中子通过一个不均匀磁场后分裂成强度不同的两束,其中自旋反平行于磁场的一束与自旋平行于磁场的一束的强度之比为 3∶1. 求入射中子自旋方向同磁场方向夹角 θ 的大小.

答：$\theta=120°$

9. 将一个自旋 $s=1/2$ 的粒子置于磁场 $\boldsymbol{B}=B_0(\sin\theta\boldsymbol{i}+\cos\theta\boldsymbol{k})$ 中,哈密顿量 $\hat{H}=-\hat{\boldsymbol{\mu}}\cdot\boldsymbol{B}$, 其中 B_0 与 θ 为常数, $\hat{\boldsymbol{\mu}}=2\mu_B\hat{\boldsymbol{S}}$ 为粒子的自旋磁矩, μ_B 为玻尔磁子. 求 $\hat{H}$ 的本征值和本征函数.

答：$E_1=-B_0\mu_B\hbar,\quad \varphi_1=\begin{pmatrix}\cos\dfrac{\theta}{2}\\ \sin\dfrac{\theta}{2}\end{pmatrix}$

$E_2=B_0\mu_B\hbar,\quad \varphi_2=\begin{pmatrix}-\sin\dfrac{\theta}{2}\\ \cos\dfrac{\theta}{2}\end{pmatrix}$

10. 电子偶素是将氢原子中的质子用正电子代替而形成的 e^+e^- 束缚态.

(1) 给出电子偶素基态能量及其简并度.

(2) 如果 e^+ 与 e^- 之间还存在一种接触型自旋交换作用 $\hat{H}' = A\hat{\boldsymbol{S}}_1 \cdot \hat{\boldsymbol{S}}_2\delta(\boldsymbol{r})$. $\hat{H}'$ 可视为微扰,其中 A 为常数,$\hat{\boldsymbol{S}}_1$ 与 $\hat{\boldsymbol{S}}_2$ 是 e^+ 与 e^- 的自旋,$\boldsymbol{r}$ 是 e^+ 与 e^- 的相对位置坐标. 求基态的一级近似能量及其简并度.

答:(1) $E = -\dfrac{e^2}{2a}$, $a = \dfrac{\hbar^2}{\mu e^2} = \dfrac{2\hbar^2}{m_e e^2}$. E 是 4 度简并的,对应以下 4 个波函数:$\varphi_1 = \psi_{100}(\boldsymbol{r})\,|11\rangle$,$\varphi_2 = \psi_{100}(\boldsymbol{r})\,|10\rangle$,$\varphi_3 = \psi_{100}(\boldsymbol{r})\,|1\text{-}1\rangle$,$\varphi_4 = \psi_{100}(\boldsymbol{r})\,|00\rangle$

(2) $E_1 = -\dfrac{e^2}{2a} - \dfrac{3A\hbar^2}{4\pi a^3}$,非简并;$E_2 = -\dfrac{e^2}{2a} + \dfrac{A\hbar^2}{4\pi a^3}$,3 度简并.

11. 自旋为 1 的带电粒子(电荷为 $-q$ 质量为 μ)受到磁场 $\boldsymbol{B} = B\boldsymbol{j}$ 的作用,其哈密顿量为 $\hat{H} = \dfrac{qB}{\mu c}\hat{S}_y$. 如果 $t = 0$ 时,粒子的自旋指向正 x 轴方向,求任意 t 时粒子的波函数 $\psi(s_z, t)$ 与自旋的平均值.

答:$\psi(s_z, t) = \dfrac{1}{2}\begin{pmatrix} 1 - \sin\omega t \\ \sqrt{2}\cos\omega t \\ 1 + \sin\omega t \end{pmatrix}$, $\omega = \dfrac{qB}{\mu c}$

$$\overline{s_x} = \hbar\cos\omega t, \quad \overline{s_y} = 0, \quad \overline{s_z} = -\hbar\sin\omega t$$

12. $\hat{J}_x, \hat{J}_y, \hat{J}_z$ 为角动量算符,$\hat{J}_\pm = \hat{J}_x \pm i\hat{J}_y$. 算符 $\hat{V}_+$ 与 $\hat{J}_+, \hat{J}_z$ 满足如下对易关系:

$$[\hat{J}_+, \hat{V}_+] = 0, \quad [\hat{J}_z, \hat{V}_+] = \hbar\hat{V}_+$$

求证:$\hat{V}_+\,|jj\rangle = c\,|j+1, j+1\rangle$,其中 c 是常数,$|jm\rangle$ 是 $\hat{J}^2$ 与 $\hat{J}_z$ 的共同本征态.

13. 在 $\hat{J}^2$ 和 $\hat{J}_z$ 为对角的表象,求 $j = 3/2$ 的 $\hat{J}^2, \hat{J}_x, \hat{J}_y$ 与 $\hat{J}_z$ 的矩阵表示.

答: $\hat{J}^2 = \dfrac{15\hbar^2}{4}\begin{pmatrix} 1 & 0 & 0 & 0 \\ 0 & 1 & 0 & 0 \\ 0 & 0 & 1 & 0 \\ 0 & 0 & 0 & 1 \end{pmatrix}$, $\hat{J}_z = \dfrac{\hbar}{2}\begin{pmatrix} 3 & 0 & 0 & 0 \\ 0 & 1 & 0 & 0 \\ 0 & 0 & -1 & 0 \\ 0 & 0 & 0 & -3 \end{pmatrix}$

$$\hat{J}_x = \frac{\hbar}{2}\begin{pmatrix} 0 & \sqrt{3} & 0 & 0 \\ \sqrt{3} & 0 & 2 & 0 \\ 0 & 2 & 0 & \sqrt{3} \\ 0 & 0 & \sqrt{3} & 0 \end{pmatrix}$$

$$\hat{J}_y = \frac{\hbar}{2}\begin{pmatrix} 0 & -\sqrt{3}i & 0 & 0 \\ \sqrt{3}i & 0 & -2i & 0 \\ 0 & 2i & 0 & -\sqrt{3}i \\ 0 & 0 & \sqrt{3}i & 0 \end{pmatrix}$$

14. 已知在 $j = 3/2$ 的 $\hat{J}^2\hat{J}_z$ 表象,

$$\hat{J}_x = \frac{\hbar}{2}\begin{pmatrix} 0 & \sqrt{3} & 0 & 0 \\ \sqrt{3} & 0 & 2 & 0 \\ 0 & 2 & 0 & \sqrt{3} \\ 0 & 0 & \sqrt{3} & 0 \end{pmatrix}$$

其中行与列都是按 $\hat{J}_z$ 的量子数 m 递减顺序排列的.

(1) 求 $\hat{J}_y$ 的矩阵，

(2) 求 $\hat{J}_y$ 的最大本征值的本征态,并说明其中矩阵元的物理意义.

答:(1) 见 13 题答案.

(2) $\hat{J}_y$ 的最大本征值为$\frac{3}{2}\hbar$,$\hat{J}_y$ 的与此本征值相应的本征态为

$$\psi = \frac{1}{\sqrt{8}}\begin{pmatrix} 1 \\ \sqrt{3}i \\ -\sqrt{3} \\ -i \end{pmatrix} = \begin{pmatrix} c_1 \\ c_2 \\ c_3 \\ c_4 \end{pmatrix}$$

$|c_i|^2(i = 1,2,3,4)$ 代表在 ψ 态中,$\hat{J}^2$ 与 $\hat{J}_z$ 的共同本征态 $|3/2,m_i\rangle$ $(m_i = 3/2,1/2,-1/2,-3/2)$ 出现的几率.

15. 体系由两个自旋 $s = 1/2$ 的非全同粒子组成.已知粒子 1 处于 $s_{1z} = \hbar/2$ 的态上,粒子 2 处于 $s_{2x} = \hbar/2$ 的态上.求体系总自旋 S^2 与 s_z 的可测值及相应几率.

答:$|\psi\rangle = \begin{pmatrix} 1 \\ 0 \end{pmatrix}_1 \frac{1}{\sqrt{2}}\begin{pmatrix} 1 \\ 1 \end{pmatrix}_2 = \frac{1}{\sqrt{2}}[\alpha(1)\alpha(2) + \alpha(1)\beta(2)]$

$$= \frac{1}{\sqrt{2}}|11\rangle + \frac{1}{2}|10\rangle + \frac{1}{2}|00\rangle$$

$S^2 = 0,2\hbar^2$,几率:1/4,3/4;　$s_z = 0,\hbar$,几率:1/2,1/2.

16. 体系由二个自旋为 1/2 的非全同粒子组成.粒子之间的相互作用为 $A\hat{\boldsymbol{S}}_1 \cdot \hat{\boldsymbol{S}}_2$,其中 A 为常数.设 $t = 0$ 时,粒子 1 的自旋指向 z 轴正方向,粒子 2 的自旋指向 z 轴负方向.

(1) 在任意 t 时刻测量粒子 1 的自旋处于 z 轴正方向的几率是多少?

(2) 在任意 t 时刻测量粒子 1 与粒子 2 的自旋均处于 z 轴正方向的几率是多少?

答:$\psi(t) = \frac{1}{2}(e^{-i\omega t} + e^{i3\omega t})\alpha(1)\beta(2) + \frac{1}{2}(e^{-i\omega t} - e^{i3\omega t})\alpha(2)\beta(1)$ $\omega = \frac{A\hbar}{4}$. t 时刻测量粒子 1 的自旋处于 z 轴正方向的几率是 $\cos^2 2\omega t$,粒子 1 与粒子 2 的自旋均处于 z 轴正方向的几率是零.

17. 一体系由两个自旋为 1/2 的非全同粒子组成,$\hat{\boldsymbol{S}}_1$ 与 $\hat{\boldsymbol{S}}_2$ 为粒子 1 与 2 的自旋算符.

(1) 用非耦合态 $\alpha(1)\alpha(2)$,$\alpha(1)\beta(2)$,$\beta(1)\alpha(2)$,$\beta(1)\beta(2)$ 构成总自旋 $\hat{\boldsymbol{S}} = \hat{\boldsymbol{S}}_1 + \hat{\boldsymbol{S}}_2$ 的平方 $\hat{S}^2$ 及其 z 分量 $\hat{S}_z$ 的共同本征态矢量 $|sm\rangle$;

(2) 求$(\hat{S}_{1z} - \hat{S}_{2z})|sm\rangle = ?$

(3) 如果体系的哈密顿量为 $\hat{H} = A\hat{\boldsymbol{S}}_1 \cdot \hat{\boldsymbol{S}}_2 + B(\hat{S}_{1z} - \hat{S}_{2z})$,其中 A 与 B 为常数.求体系

的能量;

(4) 给出 $A=0, B\neq 0$ 时 $\hat{H}$ 的归一化本征态矢量.

答:(1) $|11\rangle=\alpha(1)\alpha(2)$, $|10\rangle=\frac{1}{\sqrt{2}}[\alpha(1)\beta(2)+\alpha(2)\beta(1)]$

$$|1-1\rangle=\beta(1)\beta(2),\ |00\rangle=\frac{1}{\sqrt{2}}[\alpha(1)\beta(2)-\alpha(2)\beta(1)]$$

(2) $(\hat{S}_{1z}-\hat{S}_{2z})|11\rangle=0$, $(\hat{S}_{1z}-\hat{S}_{2z})|1-1\rangle=0$

$(\hat{S}_{1z}-\hat{S}_{2z})|10\rangle=\hbar|00\rangle$, $(\hat{S}_{1z}-\hat{S}_{2z})|00\rangle=\hbar|10\rangle$

(3) $E_1=-\frac{3A\hbar^2}{4}$, $E_2=\frac{A\hbar^2}{4}$, $E_3=-\frac{A\hbar^2}{4}+\frac{\hbar}{2}\sqrt{A^2\hbar^2+4B^2}$

$E_4=-\frac{A\hbar^2}{4}-\frac{\hbar}{2}\sqrt{A^2\hbar^2+4B^2}$

(4) $|\psi_1\rangle=|11\rangle$, $|\psi_2\rangle=|1-1\rangle$, $|\psi_3\rangle=\frac{1}{\sqrt{2}}(|10\rangle+|00\rangle)$

$|\psi_4\rangle=\frac{1}{\sqrt{2}}(|10\rangle-|00\rangle)$

18. 电子在周期性变化的磁场中运动,$B_x=B_0\cos\omega t$,$B_y=B_0\sin\omega t$,$B_z=0$.不考虑空间运动.已知 $t=0$ 时,电子处于 $s_z=\hbar/2$ 的态上,求任意 t 时电子的波函数 $\psi(s_z,t)$,及电子处于 $s_z=-\hbar/2$ 态的几率.

提示:薛定谔方程为

$$i\hbar\frac{\mathrm{d}}{\mathrm{d}t}\begin{pmatrix}a(t)\\b(t)\end{pmatrix}=\frac{eB_0\hbar}{2\mu c}\begin{pmatrix}0 & \mathrm{e}^{-i\omega t}\\ \mathrm{e}^{i\omega t} & 0\end{pmatrix}\begin{pmatrix}a(t)\\b(t)\end{pmatrix}$$

令 $\Omega_0=\frac{eB_0}{\mu c}$,得 $a(t)$ 与 $b(t)$ 的方程:

$$\frac{\mathrm{d}a(t)}{\mathrm{d}t}=-\frac{i\Omega_0}{2}\mathrm{e}^{-i\omega t}b(t),\quad \frac{\mathrm{d}b(t)}{\mathrm{d}t}=-\frac{i\Omega_0}{2}\mathrm{e}^{i\omega t}a(t)$$

利用初条件:$a(0)=1, b(0)=0$,可求出 $a(t)$ 与 $b(t)$.

答:$\psi(s_z,t)=\begin{pmatrix}a(t)\\b(t)\end{pmatrix}$

$$a(t)=\frac{\mathrm{e}^{-i\omega t/2}}{\sqrt{\omega^2+\Omega_0^2}}\left(\sqrt{\omega^2+\Omega_0^2}\cos\frac{\sqrt{\omega^2+\Omega_0^2}\,t}{2}+i\omega\sin\frac{\sqrt{\omega^2+\Omega_0^2}\,t}{2}\right)$$

$$b(t)=\frac{-i\Omega_0\mathrm{e}^{i\omega t/2}}{\sqrt{\omega^2+\Omega_0^2}}\sin\frac{\sqrt{\omega^2+\Omega_0^2}\,t}{2}$$

其中 $\Omega_0=\frac{eB_0}{\mu c}$. t 时刻电子处于 $s_z=-\hbar/2$ 态的几率:

$$|b(t)|^2=\frac{\Omega_0^2}{\omega^2+\Omega_0^2}\sin^2\frac{\sqrt{\omega^2+\Omega_0^2}\,t}{2}$$

19. 电子在周期性变化的磁场中运动,$B_x=B_0\cos\omega t$,$B_y=B_0\sin\omega t$,$B_z=B$.不考虑空

间运动. 已知 $t=0$ 时,电子处于 $s_z=\hbar/2$ 的态上,求任意 t 时电子的波函数 $\psi(s_z,t)$,及电子处于 $s_z=-\hbar/2$ 态的几率.

提示:薛定谔方程为

$$i\hbar\frac{\mathrm{d}}{\mathrm{d}t}\begin{pmatrix}a(t)\\b(t)\end{pmatrix}=\frac{e\hbar}{2\mu c}\begin{pmatrix}B & B_0\mathrm{e}^{-i\omega t}\\B_0\mathrm{e}^{i\omega t} & B\end{pmatrix}\begin{pmatrix}a(t)\\b(t)\end{pmatrix}$$

令 $\Omega=\dfrac{eB}{\mu c}$,$\Omega_0=\dfrac{eB_0}{\mu c}$,得 $a(t)$ 与 $b(t)$ 的方程:

$$\frac{\mathrm{d}a(t)}{\mathrm{d}t}=-\frac{i\Omega}{2}a(t)-\frac{i\Omega_0}{2}\mathrm{e}^{-i\omega t}b(t)$$

$$\frac{\mathrm{d}b(t)}{\mathrm{d}t}=-\frac{i\Omega_0}{2}\mathrm{e}^{i\omega t}a(t)+\frac{i\Omega}{2}b(t)$$

再令

$$a(t)=\mathrm{e}^{-i\Omega t/2}A(t),\quad b(t)=\mathrm{e}^{i\Omega t/2}B(t)$$

可得 $A(t)$ 与 $B(t)$ 的方程:

$$\frac{\mathrm{d}A(t)}{\mathrm{d}t}=-\frac{i\Omega_0}{2}\mathrm{e}^{-i(\omega-\Omega)t}B(t),\quad \frac{\mathrm{d}B(t)}{\mathrm{d}t}=-\frac{i\Omega_0}{2}\mathrm{e}^{i(\omega-\Omega)t}A(t)$$

利用初条件:$a(0)=1$,$b(0)=0$($A(0)=1$,$B(0)=0$),可求出 $A(t)$ 与 $B(t)$,从而得到 $a(t)$ 与 $b(t)$.

答:$\psi(s_z,t)=\begin{pmatrix}a(t)\\b(t)\end{pmatrix}$

$$a(t)=\frac{\mathrm{e}^{-i\omega t/2}}{\sqrt{(\omega-\Omega)^2+\Omega_0^2}}\left(\sqrt{(\omega-\Omega)^2+\Omega_0^2}\cos\frac{\sqrt{(\omega-\Omega)^2+\Omega_0^2}\,t}{2}\right.$$

$$\left.+i(\omega-\Omega)\sin\frac{\sqrt{(\omega-\Omega)^2+\Omega_0^2}\,t}{2}\right)$$

$$b(t)=\frac{-i\Omega_0\mathrm{e}^{i\omega t/2}}{\sqrt{(\omega-\Omega)^2+\Omega_0^2}}\sin\frac{\sqrt{(\omega-\Omega)^2+\Omega_0^2}\,t}{2}$$

其中 $\Omega=\dfrac{eB}{\mu c}$,$\Omega_0=\dfrac{eB_0}{\mu c}$. t 时刻电子处于 $s_z=-\hbar/2$ 态的几率:

$$|b(t)|^2=\frac{\Omega_0^2}{(\omega-\Omega)^2+\Omega_0^2}\sin^2\frac{\sqrt{(\omega-\Omega)^2+\Omega_0^2}\,t}{2}$$

如果 $B=0$,则 $\Omega=0$. 这里的结果同上一题的结果一致.

第九章　全同粒子体系

§9.1　全同粒子体系,全同性原理

(1) 全同性原理

由 N 个粒子组成的体系波函数

$\psi(\boldsymbol{r}_1,s_{1z},\boldsymbol{r}_2,s_{2z},\cdots,\boldsymbol{r}_N,s_{Nz},t)\equiv\psi(q_1,q_2,\cdots,q_N,t)(q_i\equiv\boldsymbol{r}_i,s_{iz})$

满足薛定谔方程

$$i\hbar\frac{\partial}{\partial t}\psi(q_1,q_2,\cdots,q_N,t)=\hat{H}\psi(q_1,q_2,\cdots,q_N,t)\tag{1}$$

$$\hat{H}=\sum_{i=1}^{N}\frac{\hat{p}_i^2}{2\mu_i}+V\tag{2}$$

其中势能 V 包括粒子受到的外力势及粒子之间的相互作用力势. 一般说来,V 同每个粒子的 $\boldsymbol{r}_i$ 与 $\hat{\boldsymbol{S}}_i$ 有关. 在有外力势的条件下,V 也可能同时间 t 有关. 这里,我们只限于讨论 V 与 t 无关的情况. 这时体系的波函数可表示为

$$\psi(q_1,q_2,\cdots,q_N,t)=\mathrm{e}^{-iEt/\hbar}\psi(q_1,q_2,\cdots,q_N)\tag{3}$$

其中 E 为体系的能量,$\psi(q_1,q_2,\cdots,q_N)$ 满足定态方程

$$\hat{H}\psi(q_1,q_2,\cdots,q_N)=E\psi(q_1,q_2,\cdots,q_N)\tag{4}$$

如果体系由 N 个质量,电荷与自旋等所有固有性质都相同的全同粒子组成,则体系波函数将受到特殊的限制. 这是由全同性原理决定的.

经典力学研究宏观粒子的运动. 对宏观粒子来说,不存在全同粒子. 通常所说两个粒子的质量,大小,形状与电荷等都相同并非真正相同,只是近似相同. 任何两个宏观粒子,不管它们如何相似,我们总是可以区别它们的. 宏观粒子运动有确定的轨道,我们可以按各自的轨道来区别它们. 即使它们有相同的轨道,我们还可以按不同的初始条件来区别它们. 然而在量子力学中,情况就不同了. 微观世界存在全同粒子,如所有的电子为全同粒子,所有的中子也是全同粒子. 全同粒子的全部固有特性是完全相同的. 微观粒子运动没有确定的轨道,任何时刻我们所能确定的是粒子在空间位置的几率分布. 对于由多个全

同粒子组成的体系，同一时刻几个全同粒子在空间位置的几率分布总是要相互重叠的. 在全同粒子分布重叠的空间，我们是无法区别全同粒子的. 对于由 N 个全同粒子组成的体系，不论该体系处于何种态上，当我们将其中任何两个粒子交换时，体系的哈密顿量不变，并且体系的态在交换前后，我们也无法区别. 因此，全同粒子体系的态对交换体系中任何一对粒子是不变的. 这就是全同性原理.

引入交换算符 $\hat{P}_{ij}$，它对任意波函数 $\psi(q_1,\cdots,q_i,\cdots,q_j,\cdots,q_N)$ 的作用是

$$\hat{P}_{ij}\psi(q_1,\cdots,q_i,\cdots,q_j,\cdots,q_N)=\psi(q_1,\cdots,q_j,\cdots,q_i,\cdots,q_N) \tag{5}$$

根据全同性原理，$\hat{P}_{ij}\psi(q_1,\cdots,q_i,\cdots,q_j,\cdots,q_N)$ 与 $\psi(q_1,\cdots,q_i,\cdots,q_j,\cdots,q_N)$ 是同一态，它们之间只能相差一个常数因子 λ：

$$\hat{P}_{ij}\psi=\lambda\psi \tag{6}$$

这正是交换算符 $\hat{P}_{ij}$ 的本征方程，λ 为 $\hat{P}_{ij}$ 的本征值. 显然，$\hat{P}_{ij}$ 对 ψ 两次作用的结果，ψ 保持不变：

$$\hat{P}_{ij}^2\psi=\lambda^2\psi=\psi,\quad \lambda^2=1,\quad \lambda=\pm 1 \tag{7}$$

可见 $\hat{P}_{ij}$ 的本征值为 $\lambda=\pm 1$. 如果波函数 $\psi(q_1,q_2,\cdots,q_N)$ 是 $\hat{P}_{ij}$ 的本征值为 1 的本征函数，即 $\psi(q_1,q_2,\cdots,q_N)$ 对交换其中任何一对粒子的全部坐标 $(\boldsymbol{r},s_z)$ 保持不变，则称 $\psi(q_1,q_2,\cdots,q_N)$ 是交换对称的. 如果波函数 $\psi(q_1,q_2,\cdots,q_N)$ 是 $\hat{P}_{ij}$ 的本征值为 -1 的本征函数，即 $\psi(q_1,q_2,\cdots,q_N)$ 对交换其中任何一对粒子的全部坐标 $(\boldsymbol{r},s_z)$ 而只是出现一个 -1 因子，则称 $\psi(q_1,q_2,\cdots,q_N)$ 是交换反对称的. 由此可见，全同粒子体系波函数 ψ 必须是 $\hat{P}_{ij}$ 的本征函数. 换句话说，全同粒子体系波函数必须具有交换对称性，要么是交换对称的，要么是交换反对称的.

可以证明 $\hat{P}_{ij}$ 同全同粒子体系哈密顿量 $\hat{H}$ 对易. 任取一波函数 $\psi(q_1,\cdots,q_i,\cdots,q_j,\cdots,q_N)$，作如下运算：

$$\begin{aligned}
&\hat{P}_{ij}\hat{H}(\cdots,\boldsymbol{r}_i,\hat{\boldsymbol{S}}_i,\cdots,\boldsymbol{r}_j,\hat{\boldsymbol{S}}_j,\cdots)\psi(q_1,\cdots,q_i,\cdots,q_j,\cdots,q_N)\\
&=\hat{H}(\cdots,\boldsymbol{r}_j,\hat{\boldsymbol{S}}_j,\cdots,\boldsymbol{r}_i,\hat{\boldsymbol{S}}_i,\cdots)\psi(q_1,\cdots,q_j,\cdots,q_i,\cdots,q_N)\\
&=\hat{H}(\cdots,\boldsymbol{r}_i,\hat{\boldsymbol{S}}_i,\cdots,\boldsymbol{r}_j,\hat{\boldsymbol{S}}_j,\cdots)\hat{P}_{ij}\psi(q_1,\cdots,q_i,\cdots,q_j,\cdots,q_N)
\end{aligned} \tag{8}$$

由于 $\psi(q_1,\cdots,q_i,\cdots,q_j,\cdots,q_N)$ 是任意的，故有

$$\hat{P}_{ij}\hat{H}=\hat{H}\hat{P}_{ij} \tag{9}$$

即 $\hat{P}_{ij}$ 同 $\hat{H}$ 对易. $\hat{P}_{ij}$ 作为力学量，是守恒量. 由此可见，全同粒子体系波函数的交换对称或交换反对称的性质是不随时间改变的.

实验已证实，全同粒子体系波函数对交换任一对粒子的全部坐标必须具

有对称性(对称或反对称),并且它的对称性取决于粒子的自旋. 所有自旋 $s=0,1,2,\cdots$ 的全同粒子体系波函数是交换对称的;所有自旋 $s=1/2,3/2,5/2,\cdots$ 的全同粒子体系波函数是交换反对称的. 在统计物理学中,自旋 $s=0,1,2,\cdots$ 的全同粒子遵守玻色 — 爱因斯坦统计,故称为玻色子;自旋 $s=1/2,3/2,5/2,\cdots$ 的全同粒子遵守费米 — 狄拉克统计,故称为费米子.

(2) 量子力学基本假定 5

全同粒子体系波函数 ψ 由薛定谔方程(1) 或(4) 决定. 尽管全同粒子体系的哈密顿量 $\hat{H}$ 对交换体系中任一对粒子保持不变,但由方程(1) 或(4) 决定的波函数 ψ 却不一定具有交换对称性,即 ψ 不一定是 $\hat{P}_{ij}$ 的本征函数. 然而全同性原理要求全同粒子体系波函数 ψ 必须具有交换对称性 — 对称或反对称. 于是便有量子力学基本假定 5:全同粒子体系波函数 ψ 必须符合全同性原理,对玻色子,ψ 是交换对称的;对费米子,ψ 是交换反对称的. 当我们由薛定谔方程解出全同粒子体系波函数 ψ 后,必须检验 ψ 是否符合全同性原理. 如果不符,则一定要使之符合.

(3) 交换对称与交换反对称波函数的构成

设定态方程(4) 的定态能量 E_n 与波函数 $\psi_n(n=1,2,\cdots)$ 已经求出,

$$\hat{H}\psi_n = E_n\psi_n \tag{10}$$

用 $\hat{P}_{ij}$ 左乘上式,由于 $\hat{P}_{ij}$ 与 $\hat{H}$ 对易,便有

$$\hat{H}\hat{P}_{ij}\psi_n = E_n\hat{P}_{ij}\psi_n \tag{11}$$

可见 $\hat{P}_{ij}\psi_n$ 也是 $\hat{H}$ 的本符值为 E_n 的本征函数. 如果 ψ_n 同时还是 $\hat{P}_{ij}$ 的本征态:

$$\hat{P}_{ij}\psi_n = \lambda\psi_n \tag{12}$$

则 $\hat{P}_{ij}\psi_n$ 与 ψ_n 为同一波函数,ψ_n 符合全同性原理. 但是,在一般情况下,$\hat{P}_{ij}\psi_n \neq \lambda\psi_n$,$\hat{P}_{ij}\psi_n$ 与 ψ_n 描述的不是同一态,它们是能量为 E_n 的简并态. 显然,它们都不符合全同性原理,尽管它们都是定态薛定谔方程的解. 由 ψ_n 通过不同交换算符 $\hat{P}_{ij}(i,j=1,2,\cdots)$ 的 1 次,2 次,$\cdots$ 运算,可以得到很多能量都为 E_n 的简并态. 令 $\hat{P}_\alpha(\alpha=1,2,\cdots,k)$ 表示能够给出能量为 E_n 的不同简并态的上述运算算符. 对于 N 个粒子体系,$\hat{P}_\alpha$ 的个数最多为 $N!$,它相应于 N 个不同符号的排列数. 以 $N=3$ 为例,$\hat{P}_\alpha$ 最多有 $3!=6$ 个. 它们是 $\hat{P}_1=I$(不交换算符),$\hat{P}_2=\hat{P}_{12}$(交换 12 粒子),$\hat{P}_3=\hat{P}_{13}$(交换 13 粒子),$\hat{P}_4=\hat{P}_{23}$(交换 23 粒子),$\hat{P}_5=\hat{P}_{13}\hat{P}_{12}$(先

交换12粒子,再交换13粒子),$\hat{P}_6=\hat{P}_{23}\hat{P}_{12}$(先交换12粒子,再交换23粒子).除此之外,其他任何方式的交换都不会给出新的结果.在$N!$个$\hat{P}_\alpha$的交换算符中,有一半是奇数次$\hat{P}_{ij}$的运算,有一半是偶数次$\hat{P}_{ij}$的运算(包括不交换的运算$\hat{P}_1$,即0次$\hat{P}_{ij}$的运算).

假定由N个全同粒子体系的能量为E_n的定态波函数ψ_n,通过$\hat{P}_\alpha$的运算得到了$N!$个能量仍为E_n的不同定态波函数$\hat{P}_\alpha\psi_n(\alpha=1,2,\cdots,N!)$.由于这$N!$个波函数的任意线性组合仍为能量为$E_n$的定态波函数,通过对这些波函数的如下线性组合,可以得到交换对称波函数ψ_S与交换反对称波函数ψ_A:

$$\psi_S=\frac{1}{\sqrt{N!}}\sum_\alpha\hat{P}_\alpha\psi_n \tag{13}$$

$$\psi_A=\frac{1}{\sqrt{N!}}\sum_\alpha\delta p_\alpha\hat{P}_\alpha\psi_n \tag{14}$$

$$\delta p_\alpha=\begin{cases}1, & \hat{P}_\alpha\text{ 为偶次交换运算}\\ -1, & \hat{P}_\alpha\text{ 为奇次交换运算}\end{cases}$$

如果N个全同粒子体系的定态波函数ψ_n通过$\hat{P}_\alpha$的运算得到的不同波函数的个数$k<N!$,则用上述方法只能得到交换对称波函数,不能得到交换反对称波函数.这时,(13)式中的归一化常数不是$\frac{1}{\sqrt{N!}}$,而是$\frac{1}{\sqrt{k}}$.

(4) 在同一力场中运动的全同粒子体系

设N个全同粒子在同一力场中运动.如果不考虑粒子间的相互作用,体系的哈密顿量为

$$\hat{H}=\sum_{i=1}^N\left[\frac{\hat{p}_i^2}{2\mu}+V(\boldsymbol{r}_i,\hat{\boldsymbol{S}}_i)\right]=\sum_{i=1}^N\hat{H}_i \tag{15}$$

定态方程为

$$\hat{H}\psi(q_1,q_2,\cdots,q_N)=E\psi(q_1,q_2,\cdots,q_N) \tag{16}$$

其解为

$$\psi(q_1,q_2,\cdots,q_N)=\varphi_1(q_1)\varphi_2(q_2)\cdots\varphi_N(q_N) \tag{17}$$

$$E=\sum_{i=1}^N\varepsilon_i \tag{18}$$

这里φ_i是单粒子方程

$$\left(-\frac{\hbar^2}{2\mu}\nabla^2+V\right)\varphi(q)=\varepsilon\varphi(q) \tag{19}$$

的定态能量$\varepsilon=\varepsilon_i$的定态波函数.以原子中的电子为例,在不考虑电子自旋—

轨道相互作用与电子之间相互作用的条件下,$V=-Ze^2/r$,

$$\varphi_i(q_i)=\psi_{n_i l_i m_i}(\boldsymbol{r}_i)\chi_{m_{si}}(s_{iz}) \tag{20}$$

$$\varepsilon_i=E_{n_i}=-\frac{Z^2e^2}{2an_i^2} \tag{21}$$

由于电子为费米子,体系波函数为

$$\begin{aligned}\psi_A&=\frac{1}{\sqrt{N!}}\sum_\alpha \delta p_\alpha \hat{P}_\alpha(\varphi_1(q_1)\varphi_2(q_2)\cdots\varphi_N(q_N))\\&=\frac{1}{\sqrt{N!}}\begin{vmatrix}\varphi_1(q_1) & \varphi_1(q_2) & \cdots & \varphi_1(q_N)\\ \varphi_2(q_1) & \varphi_2(q_2) & \cdots & \varphi_2(q_N)\\ \vdots & \vdots & \vdots & \vdots\\ \varphi_N(q_1) & \varphi_N(q_2) & \cdots & \varphi_N(q_N)\end{vmatrix}\end{aligned} \tag{22}$$

如果有两个或两个以上电子的单粒子态波函数 φ_i 相同,即这些电子的量子数 $nlmm_s$ 完全相同,则由(22)式看出,$\psi_A=0$. 这表示不允许两个或两个以上电子具有完全相同的 4 个量子数. 这就是泡利原理. 可见泡利原理是全同性原理在费米子体系中的具体表现,即对于在同一力场中运动的全同费米子体系,不允许有两个或两个以上粒子具有完全相同的单粒子态.

对玻色子体系,波函数为

$$\psi_S=\frac{1}{\sqrt{k}}\sum_\alpha \hat{P}_\alpha(\varphi_1(q_1)\varphi_2(q_2)\cdots\varphi_N(q_N)) \tag{23}$$

与费米子不同,两个甚至 N 个玻色子都可以取相同的单粒子态. 以 $N=3$ 的体系为例. 假定有 3 个单粒子态 φ_1,φ_2 与 φ_3 供 3 个粒子选择占据,与这 3 个单粒子态相应的能量为 ε_1,ε_2 与 ε_3. 对费米子体系,只存在一个态,波函数与能量分别为

$$\psi_A=\frac{1}{\sqrt{6}}\begin{vmatrix}\varphi_1(q_1) & \varphi_1(q_2) & \varphi_1(q_3)\\ \varphi_2(q_1) & \varphi_2(q_2) & \varphi_2(q_3)\\ \varphi_3(q_1) & \varphi_3(q_2) & \varphi_3(q_3)\end{vmatrix}$$

$$E=\varepsilon_1+\varepsilon_2+\varepsilon_3$$

对玻色子体系,可能的态有十个. 3 个粒子同处于一单粒子态有 3 个,波函数与能量为

$$\psi_1=\varphi_1(q_1)\varphi_1(q_2)\varphi_1(q_3),\quad E_1=3\varepsilon_1$$

$$\psi_2=\varphi_2(q_1)\varphi_2(q_2)\varphi_2(q_3),\quad E_2=3\varepsilon_2$$

$$\psi_3=\varphi_3(q_1)\varphi_3(q_2)\varphi_3(q_3),\quad E_3=3\varepsilon_3$$

2 个粒子同处于一单粒子态的有 6 个,波函数与能量为

$$\psi_4 = \frac{1}{\sqrt{3}}[\varphi_1(1)\varphi_1(2)\varphi_2(3) + \varphi_1(3)\varphi_1(2)\varphi_2(1) + \varphi_1(1)\varphi_1(3)\varphi_2(2)],$$

$$E_4 = 2\varepsilon_1 + \varepsilon_2$$

$$\psi_5 = \frac{1}{\sqrt{3}}[\varphi_1(1)\varphi_1(2)\varphi_3(3) + \varphi_1(3)\varphi_1(2)\varphi_3(1) + \varphi_1(1)\varphi_1(3)\varphi_3(2)],$$

$$E_5 = 2\varepsilon_1 + \varepsilon_3$$

$$\psi_6 = \frac{1}{\sqrt{3}}[\varphi_2(1)\varphi_2(2)\varphi_1(3) + \varphi_2(3)\varphi_2(2)\varphi_1(1) + \varphi_2(1)\varphi_2(3)\varphi_1(2)],$$

$$E_6 = 2\varepsilon_2 + \varepsilon_1$$

$$\psi_7 = \frac{1}{\sqrt{3}}[\varphi_2(1)\varphi_2(2)\varphi_3(3) + \varphi_2(3)\varphi_2(2)\varphi_3(1) + \varphi_2(1)\varphi_2(3)\varphi_3(2)],$$

$$E_7 = 2\varepsilon_2 + \varepsilon_3$$

$$\psi_8 = \frac{1}{\sqrt{3}}[\varphi_3(1)\varphi_3(2)\varphi_1(3) + \varphi_3(3)\varphi_3(2)\varphi_1(1) + \varphi_3(1)\varphi_3(3)\varphi_1(2)],$$

$$E_8 = 2\varepsilon_3 + \varepsilon_1$$

$$\psi_9 = \frac{1}{\sqrt{3}}[\varphi_3(1)\varphi_3(2)\varphi_2(3) + \varphi_3(3)\varphi_3(2)\varphi_2(1) + \varphi_3(1)\varphi_3(3)\varphi_2(2)],$$

$$E_9 = 2\varepsilon_3 + \varepsilon_2$$

3 个粒子各处一单粒子态的一个，波函数与能量为

$$\begin{aligned}\psi_{10} = \frac{1}{\sqrt{6}}[&\varphi_1(1)\varphi_2(2)\varphi_3(3) + \varphi_1(2)\varphi_2(1)\varphi_3(3)\\ &+ \varphi_1(3)\varphi_2(2)\varphi_3(1) + \varphi_1(2)\varphi_2(3)\varphi_3(1)\\ &+ \varphi_1(1)\varphi_2(3)\varphi_3(2) + \varphi_1(3)\varphi_2(1)\varphi_3(2)]\end{aligned}$$

$$E_{10} = \varepsilon_1 + \varepsilon_2 + \varepsilon_3$$

为了简单，在以上各式的波函数中，变量 q_i 已用 i 代替.

(5) 由两个全同粒子组成的体系

如果由两个全同粒子组成的体系的哈密顿算符具有如下形式：

$$\hat{H} = \hat{H}_r(\boldsymbol{r}_1, \boldsymbol{r}_2) + \hat{H}_s(\hat{\boldsymbol{S}}_1, \hat{\boldsymbol{S}}_2) \tag{24}$$

则体系波函数与能量一定可以表示为

$$\psi(\boldsymbol{r}_1, s_{1z}, \boldsymbol{r}_2, s_{2z}) = \varphi(\boldsymbol{r}_1, \boldsymbol{r}_2)\chi(s_{1z}, s_{2z}) \tag{25}$$

$$E = E_r + E_s \tag{26}$$

这里 φ, E_r 与 χ, E_s 分别是方程

$$\hat{H}_r(\boldsymbol{r}_1,\boldsymbol{r}_2)\varphi(\boldsymbol{r}_1,\boldsymbol{r}_2)=E_r\varphi(\boldsymbol{r}_1,\boldsymbol{r}_2) \tag{27}$$

$$\hat{H}_s(\hat{\boldsymbol{S}}_1,\hat{\boldsymbol{S}}_2)\chi(s_{1z},s_{2z})=E_s\chi(s_{1z},s_{2z}) \tag{28}$$

的解. 对于玻色子,体系波函数 ψ 必须是交换对称的. 交换对称波函数 ψ_S 由以下两种方式构成:

$$\psi_S(\boldsymbol{r}_1,s_{1z},\boldsymbol{r}_2,s_{2z})=\begin{cases}\varphi_S(\boldsymbol{r}_1,\boldsymbol{r}_2)\chi_S(s_{1z},s_{2z})\\ \varphi_A(\boldsymbol{r}_1,\boldsymbol{r}_2)\chi_A(s_{1z},s_{2z})\end{cases} \tag{29}$$

其中 $\varphi_S(\boldsymbol{r}_1,\boldsymbol{r}_2)$ 对交换 $\boldsymbol{r}_1$ 与 $\boldsymbol{r}_2$ 是对称的; $\chi_S(s_{1z},s_{2z})$ 对交换 s_{1z} 与 s_{2z} 是对称的; $\varphi_A(\boldsymbol{r}_1,\boldsymbol{r}_2)$ 对交换 $\boldsymbol{r}_1$ 与 $\boldsymbol{r}_2$ 是反对称的; $\chi_A(s_{1z},s_{2z})$ 对交换 s_{1z} 与 s_{2z} 是反对称的. 对于费米子,体系波函数 ψ 必须是交换反对称的. 交换反对称波函数 ψ_A 由以下两种方式构成:

$$\psi_A(\boldsymbol{r}_1,s_{1z},\boldsymbol{r}_2,s_{2z})=\begin{cases}\varphi_S(\boldsymbol{r}_1,\boldsymbol{r}_2)\chi_A(s_{1z},s_{2z})\\ \varphi_A(\boldsymbol{r}_1,\boldsymbol{r}_2)\chi_S(s_{1z},s_{2z})\end{cases} \tag{30}$$

对于自旋 $s=1/2$ 的费米子体系, $\chi_S(s_{1z},s_{2z})$ 为自旋三重态波函数:

$$\begin{cases}\chi_{11}(s_{1z},s_{2z})=\alpha(1)\alpha(2)\\ \chi_{10}(s_{1z},s_{2z})=\dfrac{1}{\sqrt{2}}[\alpha(1)\beta(2)+\alpha(2)\beta(1)]\\ \chi_{1-1}(s_{1z},s_{2z})=\beta(1)\beta(2)\end{cases} \tag{31}$$

$\chi_A(s_{1z},s_{2z})$ 为自旋单态波函数:

$$\chi_{00}(s_{1z},s_{2z})=\frac{1}{\sqrt{2}}[\alpha(1)\beta(2)-\alpha(2)\beta(1)] \tag{32}$$

[例题] 一体系由两个自旋 $s=1/2$,质量为 m 的粒子组成,两粒子之间存在相互作用 $V=a(2-\hat{\boldsymbol{\sigma}}_1\cdot\hat{\boldsymbol{\sigma}}_2)r^2$,其中 a 为正实数, $\hat{\boldsymbol{\sigma}}_1$ 与 $\hat{\boldsymbol{\sigma}}_2$ 为粒子 1 与 2 的泡利矩阵, r 为两粒子之间的距离. 分别在以下两种情况求体系基态能量:(1) 两粒子是非全同的,(2) 两粒子是全同的.

解:在质心坐标系中,体系的哈密顿量为

$$\begin{aligned}\hat{H}&=-\frac{\hbar^2}{2\mu}\nabla^2+a(2-\hat{\boldsymbol{\sigma}}_1\cdot\hat{\boldsymbol{\sigma}}_2)r^2\\ &=-\frac{\hbar^2}{2\mu}\nabla^2+a\left(2-\frac{4}{\hbar^2}\hat{\boldsymbol{S}}_1\cdot\hat{\boldsymbol{S}}_2\right)r^2\\ &=-\frac{\hbar^2}{2\mu}\nabla^2+a\left(5-\frac{2}{\hbar^2}\hat{S}^2\right)r^2\end{aligned}$$

其中 $\mu=m/2$, $\hat{\boldsymbol{S}}$ 为体系总自旋. 显然 $\hat{S}^2$ 与 $\hat{S}_z$ 是守恒量. 令

$$\psi(\boldsymbol{r},s_{1z},s_{2z})=\psi(\boldsymbol{r})\varphi_{sm_s}(s_{1z},s_{2z})$$

其中 $\varphi_{sm_s}(s_{1z},s_{2z})$ 是 $\hat{S}^2$ 与 $\hat{S}_z$ 的共同本征函数. 将上式代入 $\hat{H}$ 的本征方程

$$\hat{H}\psi(\boldsymbol{r},s_{1z},s_{2z}) = E\psi(\boldsymbol{r},s_{1z},s_{2z})$$

得 $\psi(\boldsymbol{r})$ 的方程

$$\left\{-\frac{\hbar^2}{2\mu}\nabla^2 + a[5-2s(s+1)]r^2\right\}\psi(\boldsymbol{r}) = E\psi(\boldsymbol{r})$$

对 $s=0$, $\psi(\boldsymbol{r})$ 的方程为

$$\left[-\frac{\hbar^2}{2\mu}\nabla^2 + \frac{1}{2}\mu\,\omega_0^2 r^2\right]\psi(\boldsymbol{r}) = E\psi(\boldsymbol{r})$$

其中 $\omega_0 = \sqrt{\dfrac{10a}{\mu}}$. 体系的能量为

$$E = \left(n_1+n_2+n_3+\frac{3}{2}\right)\hbar\omega_0,\quad n_1,n_2,n_3 = 0,1,2,\cdots$$

对 $s=1$, $\psi(\boldsymbol{r})$ 的方程为

$$\left[-\frac{\hbar^2}{2\mu}\nabla^2 + \frac{1}{2}\mu\,\omega_1^2 r^2\right]\psi(\boldsymbol{r}) = E\psi(\boldsymbol{r})$$

其中 $\omega_1 = \sqrt{\dfrac{2a}{\mu}}$. 体系的能量为

$$E = \left(n_1+n_2+n_3+\frac{3}{2}\right)\hbar\omega_1,\quad n_1,n_2,n_3 = 0,1,2,\cdots$$

(1) 两粒子为非全同的. 因 $\omega_1 < \omega_0$, $s=1$ 的最低能量 $E = \dfrac{3}{2}\hbar\omega_1 = \dfrac{3}{2}\hbar\sqrt{\dfrac{2a}{\mu}}$ 为体系基态能量. 它是三度简并的, 对应 $s=1$ 的 $m_s = 0, \pm 1$ 的三个态.

(2) 两粒子为全同的. 体系波函数 $\psi(\boldsymbol{r},s_{1z},s_{2z})$ 对交换两粒子的全部坐标: $\boldsymbol{r}_1 \leftrightarrows \boldsymbol{r}_2 (\boldsymbol{r} \to -\boldsymbol{r})$, $s_{1z} \leftrightarrows s_{2z}$, 必须是反对称的. 对于交换空间坐标: $\boldsymbol{r}_1 \leftrightarrows \boldsymbol{r}_2 (\boldsymbol{r} \to -\boldsymbol{r})$, $s=0$ 的 $\psi(\boldsymbol{r})$ 必须是对称的; $s=1$ 的 $\psi(\boldsymbol{r})$ 必须是反对称的. 因此 $s=0$ 的最低能量为 $(n_1n_2n_3) = (000)$ 的 $E = \dfrac{3}{2}\hbar\omega_0 = \dfrac{\hbar}{2}\sqrt{\dfrac{90a}{\mu}}$; $s=1$ 的最低能量为 $(n_1n_2n_3) = (100),(010),(001)$ 的 $E' = \dfrac{5}{2}\hbar\omega_1 = \dfrac{\hbar}{2}\sqrt{\dfrac{50a}{\mu}}$. 因 $E' < E$, 故体系基态能量为 E'. 它是 $3\times 3 = 9$ 度简并的, 其中一个 3 代表 $(n_1n_2n_3)$ 的三个态, 另一个 3 代表 $m_s = 0, \pm 1$ 的三个态.

§9.2 氦原子

我们曾经讨论过氦原子的定态问题，但当时没有考虑电子的自旋，更没有考虑全同性原理. 现在考虑这两个因素，但不考虑电子的自旋—轨道相互作用. 氦原子的哈密顿算符为

$$\hat{H}=-\frac{\hbar^2}{2\mu}\nabla_1^2-\frac{2e^2}{r_1}-\frac{\hbar^2}{2\mu}\nabla_2^2-\frac{2e^2}{r_2}+\frac{e^2}{r_{12}} \tag{1}$$

因 $\hat{H}$ 中不包含自旋算符，故体系波函数可以分离空间变量与自旋变量：

$$\psi(\boldsymbol{r}_1,s_{1z},\boldsymbol{r}_2,s_{2z})=\varphi(\boldsymbol{r}_1,\boldsymbol{r}_2)\chi(s_{1z},s_{2z}) \tag{2}$$

$\varphi(\boldsymbol{r}_1,\boldsymbol{r}_2)$ 满足方程

$$\left(-\frac{\hbar^2}{2\mu}\nabla_1^2-\frac{2e^2}{r_1}-\frac{\hbar^2}{2\mu}\nabla_2^2-\frac{2e^2}{r_2}+\frac{e^2}{r_{12}}\right)\varphi(\boldsymbol{r}_1,\boldsymbol{r}_2)=E\varphi(\boldsymbol{r}_1,\boldsymbol{r}_2) \tag{3}$$

尽管将两电子之间的相互作用看成是微扰并不合理，但计算表明由此得到的氦原子基态能量同实验值还是比较接近的. 现在我们用微扰方法来计算氦原子基态与激发态的能量与波函数，将两电子之间的相互作用看成是微扰.

$$\hat{H}_0=-\frac{\hbar^2}{2\mu}\nabla_1^2-\frac{2e^2}{r_1}-\frac{\hbar^2}{2\mu}\nabla_2^2-\frac{2e^2}{r_2},\quad \hat{H}'=\frac{e^2}{r_{12}} \tag{4}$$

$\hat{H}_0$ 的本征方程为

$$\left(-\frac{\hbar^2}{2\mu}\nabla_1^2-\frac{2e^2}{r_1}-\frac{\hbar^2}{2\mu}\nabla_2^2-\frac{2e^2}{r_2}\right)\varphi^{(0)}(\boldsymbol{r}_1,\boldsymbol{r}_2)=E^{(0)}\varphi^{(0)}(\boldsymbol{r}_1,\boldsymbol{r}_2) \tag{5}$$

其解为

$$\varphi^{(0)}(\boldsymbol{r}_1,\boldsymbol{r}_2)=\psi_{n_1l_1m_1}(Z=2,\boldsymbol{r}_1)\psi_{n_2l_2m_2}(Z=2,\boldsymbol{r}_2) \tag{6}$$

$$E^{(0)}=-\frac{2e^2}{a}\left(\frac{1}{n_1^2}+\frac{1}{n_2^2}\right) \tag{7}$$

(1) 基态

$$\varphi^{(0)}(\boldsymbol{r}_1,\boldsymbol{r}_2)=\psi_{100}(Z=2,\boldsymbol{r}_1)\psi_{100}(Z=2,\boldsymbol{r}_2) \tag{8}$$

$$E^{(0)}=-\frac{4e^2}{a} \tag{9}$$

$\varphi^{(0)}(\boldsymbol{r}_1,\boldsymbol{r}_2)$ 对交换 $\boldsymbol{r}_1$ 与 $\boldsymbol{r}_2$ 是对称的. 它必须同反对称自旋波函数 $\chi_A(s_{1z},s_{2z})$ 配合，以便得到体系的交换反对称波函数.

$$\psi^{(0)}(\boldsymbol{r}_1,s_{1z},\boldsymbol{r}_2,s_{2z})=\psi_{100}(Z=2,\boldsymbol{r}_1)\psi_{100}(Z=2,\boldsymbol{r}_2)\chi_A(s_{1z},s_{2z})$$
$$=\psi_{100}(Z=2,\boldsymbol{r}_1)\psi_{100}(Z=2,\boldsymbol{r}_2)\chi_{00}(s_{1z},s_{2z})$$
$$=\psi_{100}(Z=2,\boldsymbol{r}_1)\psi_{100}(Z=2,\boldsymbol{r}_2)\times\frac{1}{\sqrt{2}}[\alpha(1)\beta(2)-\alpha(2)\beta(1)] \tag{10}$$

由于基态是非简并的，故(10)式给出的就是零级近似波函数. 根据非简并态微扰方法，一级修正能量为

$$E^{(1)}=\int\psi^{\dagger(0)}(\boldsymbol{r}_1,s_{1z},\boldsymbol{r}_2,s_{2z})\frac{e^2}{r_{12}}\psi^{(0)}(\boldsymbol{r}_1,s_{1z},\boldsymbol{r}_2,s_{2z})\mathrm{d}\tau_1\mathrm{d}\tau_2$$
$$=\int\psi_{100}^*(Z=2,\boldsymbol{r}_1)\psi_{100}^*(Z=2,\boldsymbol{r}_2)\frac{e^2}{r_{12}}\psi_{100}(Z=2,\boldsymbol{r}_1)$$
$$\times\psi_{100}(Z=2,\boldsymbol{r}_2)\mathrm{d}\tau_1\mathrm{d}\tau_2 \tag{11}$$

在上式计算中用到自旋波函数的归一化条件：$\chi_{00}^{\dagger}\chi_{00}=1$. 将单粒子态波函数

$$\psi_{100}(Z=2,\boldsymbol{r})=\sqrt{\frac{8}{\pi a^3}}\mathrm{e}^{-2r/a} \tag{12}$$

代入(11)式，经计算得到 $E^{(1)}=\dfrac{5e^2}{4a}$. 于是，在一级近似下，氦原子基态能量为

$$\mathrm{E}=\mathrm{E}^{(0)}+\mathrm{E}^{(1)}=-\frac{4\mathrm{e}^2}{\mathrm{a}}+\frac{5\mathrm{e}^2}{4\mathrm{a}}=-\frac{11\mathrm{e}^2}{4\mathrm{a}}=-74.83\text{ 电子伏} \tag{13}$$

氦原子基态能量的实验值为 -78.98 电子伏. 具体计算 $E^{(1)}$ 的方法如下. 将(12)式代入(11)式后，

$$E^{(1)}=\left(\frac{8e}{\pi a^3}\right)^2\iint\frac{\mathrm{e}^{-4r_1/a}\mathrm{e}^{-4r_2/a}}{r_{12}}\mathrm{d}\tau_1\mathrm{d}\tau_2$$

令

$$\rho(r)=\frac{8e}{\pi a^3}\mathrm{e}^{-4r/a}$$

表示球对称电荷分布密度，

$$E^{(1)}=\iint\frac{\rho(r_1)\rho(r_2)}{r_{12}}\mathrm{d}\tau_1\mathrm{d}\tau_2$$

表示两个相同球对称分布电荷之间的相互作用势，它又可以表示为

$$E^{(1)}=\int\rho(r_1)U(r_1)\mathrm{d}\tau_1$$

其中

$$U(r_1)=\int\frac{\rho(r_2)}{r_{12}}\mathrm{d}\tau_2=4\pi\int_0^\infty\frac{\rho(r_2)r_2^2}{r_{12}}\mathrm{d}r_2$$
$$=4\pi\left(\frac{1}{r_1}\int_0^{r_1}\rho(r_2)r_2^2\mathrm{d}r_2+\int_{r_1}^\infty\frac{\rho(r_2)r_2^2}{r_2}\mathrm{d}r_2\right)$$

$U(r_1)$ 是电荷 $\rho(r_2)$ 在 $\boldsymbol{r}_1$ 处产生的电势，它等于 $\rho(r_2)$ 在半径为 r_1 球内电荷在 $\boldsymbol{r}_1$ 处产生的电势与球外电荷在 $\boldsymbol{r}_1$ 处产生的电势之和，后者又等于球外电荷在球心处产生的电势. 将

$$\rho(r_2) = \frac{8e}{\pi a^3} \mathrm{e}^{-4r_2/a}$$

代入上式，

$$\begin{aligned} U(r_1) &= \frac{32e}{a^3}\left(\frac{1}{r_1}\int_0^{r_1} r_2^2 \mathrm{e}^{-4r_2/a}\mathrm{d}r_2 + \int_{r_1}^{\infty} r_2 \mathrm{e}^{-4r_2/a}\mathrm{d}r_2\right) \\ &= \frac{e}{r_1}\left[1 - \left(1 + \frac{2r_1}{a}\right)\mathrm{e}^{-4r_1/a}\right] \end{aligned}$$

$$\begin{aligned} E^{(1)} &= \int \rho(r_1) U(r_1) \mathrm{d}\tau_1 \\ &= \frac{8e^2}{\pi a^3}\int_0^{\infty} \frac{\mathrm{e}^{-4r_1/a}}{r_1}\left[1 - \left(1 + \frac{2r_1}{a}\right)\mathrm{e}^{-4r_1/a}\right] 4\pi r_1^2 \mathrm{d}r_1 \\ &= \frac{32e^2}{a^3}\int_0^{\infty}\left(r_1 \mathrm{e}^{-4r_1/a} - r_1 \mathrm{e}^{-8r_1/a} - \frac{2r_1^2}{a}\mathrm{e}^{-8r_1/a}\right)\mathrm{d}r_1 \\ &= \frac{32e^2}{a^3}\left(\frac{a^2}{16} - \frac{a^2}{64} - \frac{a^2}{128}\right) = \frac{5e^2}{4a} \end{aligned}$$

(2) 激发态

考虑一个电子处于单粒子态 $\psi_{nlm}(Z = 2, \boldsymbol{r})$，另一个电子处于 $\psi_{n'l'm'}(Z = 2, \boldsymbol{r})$，这是两个不同的单粒子态.

$$\begin{aligned} \varphi_S^{(0)}(\boldsymbol{r}_1, \boldsymbol{r}_2) = \frac{1}{\sqrt{2}}[&\psi_{nlm}(Z = 2, \boldsymbol{r}_1)\psi_{n'l'm'}(Z = 2, \boldsymbol{r}_2) \\ &+ \psi_{nlm}(Z = 2, \boldsymbol{r}_2)\psi_{n'l'm'}(Z = 2, \boldsymbol{r}_1)] \end{aligned} \tag{14}$$

$$\begin{aligned} \varphi_A^{(0)}(\boldsymbol{r}_1, \boldsymbol{r}_2) = \frac{1}{\sqrt{2}}[&\psi_{nlm}(Z = 2, \boldsymbol{r}_1)\psi_{n'l'm'}(Z = 2, \boldsymbol{r}_2) \\ &- \psi_{nlm}(Z = 2, \boldsymbol{r}_2)\psi_{n'l'm'}(Z = 2, \boldsymbol{r}_1)] \end{aligned} \tag{15}$$

具有交换反对称的体系波函数为

$$\psi_{\mathrm{I}}^{(0)}(\boldsymbol{r}_1, s_{1z}, \boldsymbol{r}_2, s_{2z}) = \varphi_S^{(0)}(\boldsymbol{r}_1, \boldsymbol{r}_2)\chi_{00}(s_{1z}, s_{2z}) \tag{16}$$

$$\psi_{\mathrm{III}}^{(0)}(\boldsymbol{r}_1, s_{1z}, \boldsymbol{r}_2, s_{2z}) = \varphi_A^{(0)}(\boldsymbol{r}_1, \boldsymbol{r}_2)\begin{cases}\chi_{11}(s_{1z}, s_{2z}) \\ \chi_{10}(s_{1z}, s_{2z}) \\ \chi_{1-1}(s_{1z}, s_{2z})\end{cases} \tag{17}$$

处于自旋单态的氦称作仲氦，处于自旋三重态的氦称作正氦. 与上述波函数对

应的能量为

$$E^{(0)}=-\frac{2e^2}{an^2}-\frac{2e^2}{an'^2} \tag{18}$$

此激发态是高度简并的.严格说来，由于微扰矩阵是非对角矩阵,我们不可以用非简并态微扰方法计算一级修正能量 $E^{(1)}$.然而,用简并态微扰方法计算一级修正能量 $E^{(1)}$ 是非常困难的.我们可以近似地把 $\psi_{\mathrm{I}}^{(0)}(\boldsymbol{r}_1,s_{1z},\boldsymbol{r}_2,s_{2z})$ 与 $\psi_{\mathrm{III}}^{(0)}(\boldsymbol{r}_1,s_{1z},\boldsymbol{r}_2,s_{2z})$ 看成是零级近似波函数.对仲氦,一级修正能量为

$$\begin{aligned}E_{\mathrm{I}}^{(1)}&=\int\psi_{\mathrm{I}}^{\dagger(0)}(\boldsymbol{r}_1,s_{1z},\boldsymbol{r}_2,s_{2z})\frac{e^2}{r_{12}}\psi_{\mathrm{I}}^{(0)}(\boldsymbol{r}_1,s_{1z},\boldsymbol{r}_2,s_{2z})\mathrm{d}\tau_1\mathrm{d}\tau_2\\&=\int\varphi_S^{*(0)}(\boldsymbol{r}_1,\boldsymbol{r}_2)\frac{e^2}{r_{12}}\varphi_S^{(0)}(\boldsymbol{r}_1,\boldsymbol{r}_2)\mathrm{d}\tau_1\mathrm{d}\tau_2\\&=K+J\end{aligned} \tag{19}$$

其中

$$\begin{aligned}K&=\int|\psi_{nlm}(Z=2,\boldsymbol{r}_1)|^2\frac{e^2}{r_{12}}|\psi_{n'l'm'}(Z=2,\boldsymbol{r}_2)|^2\mathrm{d}\tau_1\mathrm{d}\tau_2\\&=\int|\psi_{nlm}(Z=2,\boldsymbol{r}_2)|^2\frac{e^2}{r_{12}}|\psi_{n'l'm'}(Z=2,\boldsymbol{r}_1)|^2\mathrm{d}\tau_1\mathrm{d}\tau_2\end{aligned} \tag{20}$$

$$\begin{aligned}J&=\int\psi_{nlm}^*(Z=2,\boldsymbol{r}_1)\psi_{n'l'm'}^*(Z=2,\boldsymbol{r}_2)\frac{e^2}{r_{12}}\psi_{nlm}(Z=2,\boldsymbol{r}_2)\\&\quad\times\psi_{n'l'm'}(Z=2,\boldsymbol{r}_1)\mathrm{d}\tau_1\mathrm{d}\tau_2\\&=\int\psi_{nlm}^*(Z=2,\boldsymbol{r}_2)\psi_{n'l'm'}^*(Z=2,\boldsymbol{r}_1)\frac{e^2}{r_{12}}\psi_{nlm}(Z=2,\boldsymbol{r}_1)\\&\quad\times\psi_{n'l'm'}(Z=2,\boldsymbol{r}_2)\mathrm{d}\tau_1\mathrm{d}\tau_2\end{aligned} \tag{21}$$

对正氦,一级修正能量为

$$\begin{aligned}E_{\mathrm{III}}^{(1)}&=\int\psi_{\mathrm{III}}^{\dagger(0)}(\boldsymbol{r}_1,s_{1z},\boldsymbol{r}_2,s_{2z})\frac{e^2}{r_{12}}\psi_{\mathrm{III}}^{(0)}(\boldsymbol{r}_1,s_{1z},\boldsymbol{r}_2,s_{2z})\mathrm{d}\tau_1\mathrm{d}\tau_2\\&=\int\varphi_A^{*(0)}(\boldsymbol{r}_1,\boldsymbol{r}_2)\frac{e^2}{r_{12}}\varphi_A^{(0)}(\boldsymbol{r}_1,\boldsymbol{r}_2)\mathrm{d}\tau_1\mathrm{d}\tau_2\\&=K-J\end{aligned} \tag{22}$$

在一级近似下,仲氦的能量为

$$E_{\mathrm{I}}=-\frac{2e^2}{an^2}-\frac{2e^2}{an'^2}+K+J \tag{23}$$

正氦的能量为

$$E_{Ⅲ} = -\frac{2e^2}{an^2} - \frac{2e^2}{an'^2} + K - J \tag{24}$$

如果不考虑全同性原理,自旋态可以是任意的,不要求必须是有交换对称性的自旋单态与自旋三重态.空间波函数也不要求有交换对称性,它可以是

$$\psi^{(0)}(\boldsymbol{r}_1,\boldsymbol{r}_2) = \psi_{nlm}(Z=2,\boldsymbol{r}_1)\psi_{n'l'm'}(Z=2,\boldsymbol{r}_2)$$

激发态能量为

$$E = -\frac{2e^2}{an^2} - \frac{2e^2}{an'^2} + K$$

在能量公式中不出现 J. 实验结果表明,这个公式是不对的,公式(23)与(24)是对的,自然界中存在的氦的确是以仲氦与正氦的形式出现的. J 称作交换能.

§9.3 费米气体模型

有许多物理体系可以近似地看成是大量自旋 $s=1/2$ 的全同粒子被局限在一定空间内做自由运动.如果空间体积足够大,则体系的性质同空间的形状无关,我们可以把空间取为边长为 L 的立方体.当粒子的数目非常大时,这样的体系称作费米气体.由于费米气体中的粒子被看成是局限在边长为 L 的立方体中作自由运动的粒子,粒子的波函数就是三维无限深方势阱的定态波函数:

$$\psi_{n_x n_y n_z}(x,y,z) = \sqrt{\frac{8}{L^3}}\sin(\frac{n_x \pi}{L}x)\sin(\frac{n_y \pi}{L}y)\sin(\frac{n_z \pi}{L}z) \tag{1}$$

其中 $n_x, n_y, n_z = 1,2,\cdots$,与此波函数相应的能量为

$$E_{n_x n_y n_z} = \frac{\hbar^2 \pi^2}{2\mu L^2}(n_x^2 + n_y^2 + n_z^2) \tag{2}$$

考虑电子自旋后,波函数为

$$\psi_{n_x n_y n_z m_s}(x,y,z,s_z) = \psi_{n_x n_y n_z}(x,y,z)\chi_{m_s}(s_z) \tag{3}$$

当体积为宏观物理量时, $L\to\infty$,由(2)式决定的能级间距非常小,可以认为能量是连续的.为此引入能态密度 $D(E)$. $D(E)\mathrm{d}E$ 表示粒子能量在 $E \sim E+\mathrm{d}E$ 内的态的数目.为了算出 $D(E)$,考虑一个由三个相互垂直的坐标轴 n_x, n_y 与 n_z

构成的三维空间 Ω. 限定坐标 n_x, n_y 与 n_z 取分立值 1,2,… 于是空间 Ω 中所有由坐标(n_x, n_y, n_z) 决定的点构成了位于第一象限的边长为 1 的立方晶格的格点. 显然,每一个格点(n_x, n_y, n_z) 代表粒子的一个确定的态 $\psi_{n_x n_y n_z}$. 考虑到电子的自旋态有 2 个:$m_s = \pm 1/2$,每一个格点对应 2 个粒子态. 由于立方晶体中平均每一晶格中有一个格点,一个晶格的体积为 1,所以立方晶体的体积乘 2 为粒子态的数目. 由(2) 式看出,粒子能量 $\leqslant E$ 的态对应于球心在坐标原点,半径为 $n = (n_x^2 + n_y^2 + n_z^2)^{1/2}$ 的球体中的晶格格点. 这些格点占有的空间体积为球体积的 1/8. 因此能量 $\leqslant E$ 的单粒子态数目 N_s 可近似表示为

$$N_s = 2\,\frac{1}{8}\,\frac{4}{3}\pi n^3 = \frac{1}{3}\pi n^3 \tag{4}$$

利用(2) 式,并令 $V = L^3$,(4) 式可改写为

$$N_s = \frac{1}{3\pi^2}\left(\frac{2\mu}{\hbar^2}\right)^{3/2} V E^{3/2} \tag{5}$$

由(5)式得单粒子能态密度

$$D(E) = \frac{\mathrm{d}N_s}{\mathrm{d}E} = \frac{1}{2\pi^2}\left(\frac{2\mu}{\hbar^2}\right)^{3/2} V E^{1/2} \tag{6}$$

描述 N 个全同费米子体系的波函数 ψ 必须对交换任一对粒子 i 与 j 的全部坐标 $q_i = (\boldsymbol{r}_i, s_{iz})$ 与 $q_j = (\boldsymbol{r}_j, s_{jz})$ 是反对称的. ψ 应具有如下形式:

$$\psi = \frac{1}{\sqrt{N!}}\begin{vmatrix} \psi_1(q_1) & \psi_1(q_2) & \cdots & \psi_1(q_N) \\ \psi_2(q_1) & \psi_2(q_2) & \cdots & \psi_2(q_N) \\ \vdots & \vdots & \vdots & \vdots \\ \psi_N(q_1) & \psi_N(q_2) & \cdots & \psi_N(q_N) \end{vmatrix} \tag{7}$$

其中 $\psi_i(q_j) = \psi_{n_x n_y n_z}(\boldsymbol{r}_j)\chi_{m_s}(s_{jz})$ 是第 j 个粒子的第 i 个单粒子态,该态用 4 个量子数(n_x, n_y, n_z, m_s) 描述. 体系的能量为所有 N 个粒子能量之和:

$$E = \sum_{i=1}^{N} E_i \tag{8}$$

其中 E_i 为单粒子能量,其值由(2) 式决定. 假定体系处于基态,即费米气体处于绝对零度 $T = 0$. 这时能量 $E \leqslant E_F$ 的所有 N 个单粒子能态均被粒子占据(每一个单粒子能态只允许一个粒子占据). E_F 称为费米能量. 图 9.1 给出费米气体的能态密度 $D(E)$ 随能量 E 变化的曲线. 在 $E = 0$—E_F 之间曲线下的面积等于粒子数 N:

$$N = \int_0^{E_F} D(E)\,\mathrm{d}E \tag{9}$$

由(9)式可算出费米能量 E_F. 先将(6)式代入(9)式,得

$$N=\frac{1}{2\pi^2}\left(\frac{2\mu}{\hbar^2}\right)^{3/2}V\int_0^{E_F}E^{1/2}\,\mathrm{d}E$$

$$=\frac{1}{3\pi^2}\left(\frac{2\mu}{\hbar^2}\right)^{3/2}VE_F^{3/2} \tag{10}$$

$$E_F=\frac{\hbar^2}{2\mu}(3\pi^2\rho)^{2/3} \tag{11}$$

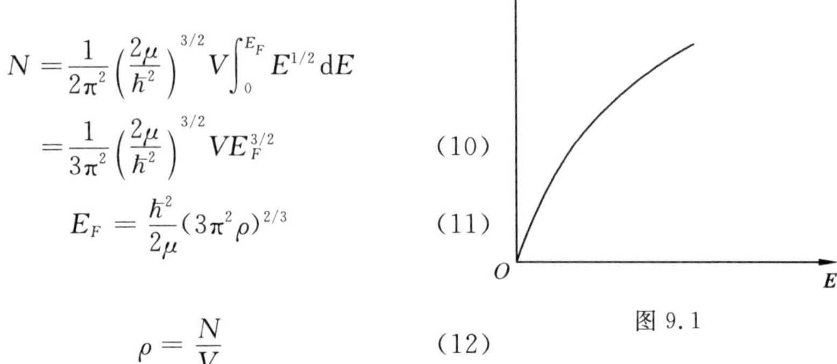

图 9.1

其中

$$\rho=\frac{N}{V} \tag{12}$$

是单位体积中的粒子数,即粒子密度. 基态($T=0$)费米气体的总能量为

$$E_{\text{tot}}=\int_0^{E_F}ED(E)\,\mathrm{d}E$$

$$=\frac{1}{2\pi^2}\left(\frac{2\mu}{\hbar^2}\right)^{3/2}V\int_0^{E_F}E^{3/2}\,\mathrm{d}E$$

$$=\frac{1}{5\pi^2}\left(\frac{2\mu}{\hbar^2}\right)^{3/2}VE_F^{5/2} \tag{13}$$

利用(10)式,上式变为

$$E_{\text{tot}}=\frac{3}{5}NE_F \tag{14}$$

绝对温度 $T=0$ 时,一个粒子的平均能量为

$$\bar{E}=\frac{E_{\text{tot}}}{N}=\frac{3}{5}E_F \tag{15}$$

绝对零度时,费米气体中 N 个粒子占据了费米能级 E_F 及其以下的所有能级,E_F 以上的所有能级都空着. 这对应于在波矢量 $\boldsymbol{k}$ 空间,所有 $k\leqslant k_F$ 的能级都被占据,所有 $k>k_F$ 的能级都空着. k_F 由下式决定

$$E_F=\frac{p_F^2}{2\mu}=\frac{\hbar^2k_F^2}{2\mu},\qquad k_F=\sqrt{\frac{2\mu E_F}{\hbar^2}} \tag{16}$$

我们也可以这样说,对于绝对零度的费米气体,所有被占据的单粒子态对应于波矢量 $\boldsymbol{k}$ 空间半径为 k_F 的球. 这个球称为费米球. 将(16)式中的第一式代入(10)式,得费米球中粒子数 N 同 k_F 的关系式:

$$N=\frac{1}{3\pi^2}Vk_F^3 \tag{17}$$

再由(17)式与(12)式得,

$$k_F=(3\pi^2\rho)^{1/3} \tag{18}$$

作为费米气体模型的应用,我们考虑金属中导电电子的热容量. 金属中的

一些电子是自由的.这些自由电子决定了金属的导电性质.经典统计物理学认为一个自由电子对体系热容量的贡献为 $3k/2$,k 为玻尔兹曼常数.考虑到自由电子在整个金属中运动,体系中 N 个电子产生的热容量为 $(3/2)kN$.但是,实验测量到的热容量还不到上述值的 1%.经典物理学无法解释金属中自由电子的热容量.

1928 年索莫菲(A. Sommerfeld)将导电电子看成是由金属边界限制的费米气体,解释了自由电子的热容量为什么会如此之小.在普通导体中,如在银,金和铜中,每一个原子提供一个自由电子.因此,自由电子的密度 ρ 就等于原子的密度.对于银,$\rho = 5.8 \times 10^{28}/$米^3.将此 ρ 值代入(11)式,式中 μ 取电子的质量,可算出费米能量 $E_F = 8.8 \times 10^{-19}\text{J} = 5.5\text{eV}$.由(15)式算出绝对零度时一个电子的平均能量为 $\bar{E} = 3.3\text{eV}$.根据经典物理学,为使自由电子的平均能量达到 $\bar{E} = 3.3\text{eV}$,自由电子气的温度 T_c 由下式决定

$$\frac{3}{2}kT_c = \bar{E} = 3.3\text{eV} \tag{19}$$

由(19)式解得 $T_c = 2.6 \times 10^4\text{K}$.由此可见,绝对温度 $T = 0\text{K}$ 的费米气体粒子的平均能量相当于绝对温度 $T_c = 2.6 \times 10^4\text{K}$ 的经典气体粒子平均能量.量子力学与经典力学的结果差别非常大.当费米气体的温度升高到室温 $T_\tau \approx 300\text{K}$ 时,一些电子由于热运动(碰撞)的激发,由低能态跃迁到高能态.$T_\tau \approx 300\text{K}$ 的平均热运动激发能量大约为 $(3/2)kT_\tau \approx 0.039\text{eV}$,它远远小于费米能量 $E_F = 5.5\text{eV}$.因此,只有能量在 E_F 附近的电子才有可能被激发到能量大于 E_F 的空能级上.能量离 E_F 稍远一点的电子就不能被激发.在室温下,绝大多数电子仍保持原来的能量.被激发的电子数占电子总数的比例大约为

$$\lambda = \frac{T_\tau}{T_F} = \frac{kT_\tau}{E_F} \tag{20}$$

其中 k 为玻尔兹曼常数.将 $T_\tau = 300\text{K}$,$E_F = 8.8 \times 10^{-19}\text{J}$ 及 k 值代入(20)式,得 $\lambda \approx 0.005$.可见,只有千分之五的电子对体系的热容量有贡献.这就解释了实验测量到的自由电子热容量很小的原因.

§9.4　粒子占有数表象

利用一维谐振子升降算符可以构造全同粒子体系中单粒子态 φ_i 的粒子占

有数算符 $\hat{N}_i$，$\hat{N}_i$ 的本征值 n_i 代表 φ_i 态上粒子的数目.用粒子占有数表象描写全同粒子体系状态是很方便的.

(1) 一维谐振子升降算符

一维谐振子降算符 a 与升算符 $a^{\dagger}$ 的定义为

$$a \equiv \sqrt{\frac{\mu\,\omega}{2\hbar}}\left(x + \frac{i}{\mu\,\omega}\hat{p}\right), \quad a^{\dagger} = \sqrt{\frac{\mu\,\omega}{2\hbar}}\left(x - \frac{i}{\mu\,\omega}\hat{p}\right) \tag{1}$$

其中 $\hat{p}$ 是 x 方向上的动量算符.显然 a 与 $a^{\dagger}$ 不是厄密算符.由(1)式可得

$$x = \sqrt{\frac{\hbar}{2\mu\,\omega}}(a^{\dagger} + a), \quad \hat{p} = i\sqrt{\frac{\mu\hbar\omega}{2}}(a^{\dagger} - a) \tag{2}$$

由 x 与 $\hat{p}$ 的对易关系式$[x,\hat{p}] = i\hbar$，可得 a 与 $a^{\dagger}$ 的对易关系式

$$[a, a^{\dagger}] = 1 \tag{3}$$

将(2)式代入到一维谐振子哈密顿算符

$$\hat{H} = \frac{\hat{p}^2}{2\mu} + \frac{1}{2}\mu\omega^2 x^2 \tag{4}$$

中，并利用(3)式，得

$$\hat{H} = \hbar\omega\left(a^{\dagger}a + \frac{1}{2}\right) \tag{5}$$

令

$$\hat{N} = a^{\dagger}a \tag{6}$$

(5)式变为

$$\hat{H} = \hbar\omega\left(\hat{N} + \frac{1}{2}\right) \tag{7}$$

$\hat{N}$ 为厄密算符，它同一维谐振子哈密顿算符 $\hat{H}$ 保持线性关系. $\hat{N}$ 的本征态也就是 $\hat{H}$ 的本征态.令 $\hat{N}$ 的正交归一本征态矢为 $|n\rangle$，本征值为 n：

$$\hat{N}\,|n\rangle = n\,|n\rangle \tag{8}$$

只要求出 n，就得到 $\hat{H}$ 的本征值 $E = \left(n + \frac{1}{2}\right)\hbar\omega$. 这是因为

$$\hat{H}\,|n\rangle = \hbar\omega\left(\hat{N} + \frac{1}{2}\right)|n\rangle = \hbar\omega\left(n + \frac{1}{2}\right)|n\rangle \tag{9}$$

利用对易关系式(3)，可得 $\hat{N}$ 同 a，$a^{\dagger}$ 的对易关系式：

$$[\hat{N}, a] = -a, \qquad [\hat{N}, a^{\dagger}] = a^{\dagger} \tag{10}$$

可以证明，

$$a^{\dagger}\,|n\rangle = \sqrt{n+1}\,|n+1\rangle \tag{11}$$

$$a\,|n\rangle = \sqrt{n}\,|n-1\rangle \tag{12}$$

(11) 式表示 $\hat{N}$ 的本征值为 n 的本征态 $|n\rangle$，经 $a^{\dagger}$ 作用后仍为 $\hat{N}$ 的本征态，但本征值升为 $n+1$.(12) 式表示 $\hat{N}$ 的本征值为 n 的本征态 $|n\rangle$，经 a 作用后仍为 $\hat{N}$ 的本征态，但本征值降为 $n-1$. 因此，$a^{\dagger}$ 称作升算符，a 称作降算符. 我们只证明(11) 式.

$$a^{\dagger}\,|n\rangle = [\hat{N},a^{\dagger}]\,|n\rangle = (\hat{N}a^{\dagger} - a^{\dagger}\hat{N})\,|n\rangle = \hat{N}a^{\dagger}\,|n\rangle - na^{\dagger}\,|n\rangle \tag{13}$$

$$\hat{N}a^{\dagger}\,|n\rangle = (n+1)a^{\dagger}\,|n\rangle. \tag{14}$$

(14) 式表示 $a^{\dagger}\,|n\rangle$ 是 $\hat{N}$ 的本征值为 $n+1$ 的本征态. $|n+1\rangle$ 作为一维谐振子的本征态，是非简并的. 因此，$a^{\dagger}\,|n\rangle$ 与 $|n+1\rangle$ 只能相差一常数因子：

$$a^{\dagger}\,|n\rangle = \lambda\,|n+1\rangle \tag{15}$$

对上式取厄密共轭，

$$\langle n|a = \lambda^{*}\langle n+1| \tag{16}$$

(16)式与(15)式两边分别相乘，得

$$\langle n|aa^{\dagger}\,|n\rangle = |\lambda|^{2}\langle n+1|n+1\rangle = |\lambda|^{2} \tag{17}$$

这里利用了态矢的归一化条件：

$$\langle n+1|n+1\rangle = 1 \tag{18}$$

将 $aa^{\dagger} = a^{\dagger}a + 1 = \hat{N} + 1$ 代入(17) 式，得

$$|\lambda|^{2} = \langle n|\hat{N}+1|n\rangle = n+1 \tag{19}$$

λ 取正实数，便有 $\lambda = \sqrt{n+1}$.

所以
$$a^{\dagger}|n\rangle = \sqrt{n+1}\,|n+1\rangle$$

n 作为 $\hat{N} = a^{\dagger}a$ 的本征值，

$$n = \langle n|\,\hat{N}\,|n\rangle = \langle n|a^{\dagger}a|n\rangle \geqslant 0 \tag{20}$$

假定 n 不是 0 与正整数，则由(12) 看出，$|n\rangle$ 经过降算符 a 的 $k\,(k>n)$ 次作用，一定变成本征值为负的本征态. 这显然同 $n \geqslant 0$ 矛盾. 假定 n 是正整数，则 $|n\rangle$ 经过降算符 a 的 n 次作用，变成本征值为 0 的本征态 $|0\rangle$，$|0\rangle$ 再经过 a 的任意次作用，都得 0. 因此，对于 $k>n$，$a^{k}\,|n\rangle = 0$，这表示 $a^{k}\,|n\rangle$ 态不存在. n 是 0 与正整数时，$|n\rangle$ 经过降算符 a 的 $k\,(k>n)$ 次作用，不会变成本征值为负的本征态. 由此可见，n 只能是 0 与正整数，$n = 0,1,2,\cdots$. 于是，一维谐振子定态能量为 $E_n = \left(n+\frac{1}{2}\right)\hbar\omega$，$n = 0,1,2,\cdots$. 这同我们解定态方程得到的结果一致.

用 $a^{\dagger}$ 对 $|0\rangle$ 连续作用 n 次，利用公式(11)，可得一维谐振子定态归一化的态矢

$$|n\rangle = \frac{1}{\sqrt{n!}}(a^{\dagger})^{n}\,|0\rangle \tag{21}$$

用 x 表象基矢 $|x\rangle$ 同态矢 $|n\rangle$ 作内积可得 x 表象波函数

$$\langle x|n\rangle = \frac{1}{\sqrt{n!}}\langle x|(a^{\dagger})^{n}|0\rangle \tag{22}$$

即

$$\begin{aligned}\psi_n(x) &= \frac{1}{\sqrt{n!}}\left[\sqrt{\frac{\mu\omega}{2\hbar}}\left(x-\frac{i}{\mu\omega}\hat{p}\right)\right]^{n}\psi_0(x)\\ &= \frac{1}{\sqrt{n!}}\left[\sqrt{\frac{\mu\omega}{2\hbar}}\left(x-\frac{\hbar}{\mu\omega}\frac{\mathrm{d}}{\mathrm{d}x}\right)\right]^{n}\psi_0(x)\end{aligned} \tag{23}$$

只要求出基态波函数 $\psi_0(x)$，就可以由(23) 式求出任意定态波函数 $\psi_n(x)$. 利用下式

$$a\,|0\rangle = 0 \tag{24}$$

很容易求出基态波函数 $\psi_0(x)$. 用$\langle x|$ 左乘上式，得此式在 x 表象中的具体表示：

$$\langle x|a|0\rangle = 0, \quad 或 \quad \sqrt{\frac{\mu\omega}{2\hbar}}\left(x+\frac{i}{\mu\omega}\hat{p}\right)\psi_0(x) = 0 \tag{25}$$

(25) 式就是 $\psi_0(x)$ 满足的方程：

$$\left(x+\frac{\hbar}{\mu\omega}\frac{\mathrm{d}}{\mathrm{d}x}\right)\psi_0(x) = 0 \tag{26}$$

方程(26)的满足归一化条件的解为

$$\psi_0(x) = \sqrt{\frac{\alpha}{\sqrt{\pi}}}\mathrm{e}^{-\alpha^2x^2/2}, \quad \alpha = \sqrt{\frac{\mu\omega}{\hbar}} \tag{27}$$

(2) 玻色子体系的粒子占有数表象

考虑由 N 个全同玻色子组成的体系. 设在单粒子态 φ_i 上有 n_i 个粒子，n_i 的可能值为 0,1,2,…. 我们注意到，n_i 的取值同上述算符 $\hat{N} = a^{\dagger}a$ 的本征值相同. 为了表示在单粒子态 φ_i 上的粒子占有数 n_i，可以引入单粒子态 φ_i 上的粒子占有数算符

$$\hat{N}_i = a_i^{\dagger}a_i \tag{28}$$

其中 $a_i^{\dagger}$ 与 a_i 满足如下对易关系式：

$$[a_i,a_j^{\dagger}] = \delta_{ij}, \quad [a_i,a_j] = 0, \quad [a_i^{\dagger},a_j^{\dagger}] = 0 \tag{29}$$

设 $\hat{N}_i$ 的归一化本征态矢为 $|n_i\rangle$，本征值为 n_i.

$$\hat{N}_i\,|n_i\rangle = n_i|n_i\rangle \tag{30}$$

显然，对易关系式$[a_i,a_i^{\dagger}] = 1$ 决定了 $\hat{N}_i$ 的本征值 $n_i = 0,1,2,\cdots$. 由(29) 式看出，不同单粒子态上的算符 a_i 与 $a_j^{\dagger}$ 是对易的. 因此，不同单粒子态上的粒子占有数算符 $\hat{N}_i$ 与 $\hat{N}_j$ 也是对易的. 全同玻色子体系的态可以通过 $\hat{N}_1,\hat{N}_2,\cdots,\hat{N}_i,\cdots$ 的共同本征态矢

$$|n_1\rangle\,|n_2\rangle\cdots|n_i\rangle\cdots\equiv|n_1n_2\cdots n_i\cdots\rangle \tag{31}$$

表示. $|n_1n_2\cdots n_i\cdots\rangle$ 表示有 n_1 个粒子处于 φ_1 态,n_2 个粒子处于 φ_2 态,$\cdots$,n_i 个粒子处于 φ_i 态$\cdots$. $|n_1n_2\cdots n_i\cdots\rangle$ 就是占有数表象的基矢. 对于由 N 个全同玻色子组成的体系,

$$\sum_i n_i = N \tag{32}$$

与(11)(12)式对应的公式为

$$a_i^\dagger\,|n_i\rangle = \sqrt{n_i+1}\,|n_i+1\rangle \tag{33}$$

$$a_i\,|n_i\rangle = \sqrt{n_i}\,|n_i-1\rangle \tag{34}$$

$a_i^\dagger$ 称作 φ_i 态粒子产生算符,它对 $|n_i\rangle$ 作用的结果是使 φ_i 态粒子数增加 1. a_i 称作 φ_i 态粒子消灭算符,它对 $|n_i\rangle$ 作用的结果是使 φ_i 态粒子数减少 1. 与(21)式对应的公式为

$$|n_i\rangle = \frac{1}{\sqrt{n_i!}}(a_i^\dagger)^{n_i}\,|0\rangle \tag{35}$$

其中 $|0\rangle\equiv|n_1=0,n_1=0,\cdots,n_i=0,\cdots\rangle$ 表示所有单粒子态上都没有粒子的态,称为真空态. 利用(35) 式,占有数表象的基矢(31) 可表示为

$$|n_1n_2\cdots n_i\cdots\rangle = \frac{1}{\sqrt{\prod_i n_i!}}(a_1^\dagger)^{n_1}(a_2^\dagger)^{n_2}\cdots(a_i^\dagger)^{n_i}\cdots\,|0\rangle \tag{36}$$

不难证明,

$$a_i^\dagger\,|n_1n_2\cdots n_i\cdots\rangle = \sqrt{n_i+1}\,|n_1n_2\cdots n_i+1\cdots\rangle \tag{37}$$

$$a_i\,|n_1n_2\cdots n_i\cdots\rangle = \sqrt{n_i}\,|n_1n_2\cdots n_i-1\cdots\rangle \tag{38}$$

［例题 1］　算符 a_i 与 $a_j^\dagger(i,j=1,2)$ 满足对易关系式:

$$[a_i,a_j^\dagger]=\delta_{ij},\quad [a_i,a_j]=0,\quad [a_i^\dagger,a_j^\dagger]=0$$

体系的哈密顿量为

$$\hat{H}=\hbar\omega(a_1^\dagger a_1+a_2^\dagger a_2)+i\hbar\omega_1(a_1^\dagger a_2-a_2^\dagger a_1)$$

其中 ω 与 ω_1 均为正实数,且 $\omega_1\ll\omega$. 试用微扰方法计算体系的第一激发态的一级近似能量,并同精确能量比较.

解:

$$\hat{H}_0=\hbar\omega(a_1^\dagger a_1+a_2^\dagger a_2),\quad \hat{H}'=i\hbar\omega_1(a_1^\dagger a_2-a_2^\dagger a_1)$$

$\hat{H}_0$ 的本征值为 $E^{(0)}=\hbar\omega(n_1+n_2)$,本征态矢为

$$|n_1n_2\rangle=|n_1\rangle_1\,|n_2\rangle_2,\qquad n_1,n_2=0,1,2,\cdots$$

第一激发态能量 $E^{(0)}=\hbar\omega$ 是二度简并的,相应的本征态矢为

$$|1\rangle=|01\rangle=|0\rangle_1\,|1\rangle_2$$

$$|2\rangle = |10\rangle = |1\rangle_1 \, |0\rangle_2$$

利用公式(37)与(38),可以算出微扰 矩阵元

$$H'_{11} = \langle 1|\hat{H}'|1\rangle = i\hbar\omega_1 \langle 01|a_1^\dagger a_2 - a_2^\dagger a_1|01\rangle = 0$$

$$H'_{22} = \langle 2|\hat{H}'|2\rangle = i\hbar\omega_1 \langle 10|a_1^\dagger a_2 - a_2^\dagger a_1|10\rangle = 0$$

$$H'_{12} = \langle 1|\hat{H}'|2\rangle = i\hbar\omega_1 \langle 01|a_1^\dagger a_2 - a_2^\dagger a_1|10\rangle$$

$$= -i\hbar\omega_1$$

$$H'_{21} = H'^*_{12} = i\hbar\omega_1$$

令零级近似态矢

$$|\psi\rangle = c_1|1\rangle + c_2|2\rangle$$

c_1 与 c_2 满足方程

$$\begin{pmatrix} -E^{(1)} & -i\hbar\omega_1 \\ i\hbar\omega_1 & -E^{(1)} \end{pmatrix} \begin{pmatrix} c_1 \\ c_2 \end{pmatrix} = 0$$

解之得

$$E_1^{(1)} = -\hbar\omega_1, \quad |\psi_1\rangle = \frac{1}{\sqrt{2}}\begin{pmatrix} 1 \\ -i \end{pmatrix}$$

$$E_2^{(1)} = \hbar\omega_1, \quad |\psi_2\rangle = \frac{1}{\sqrt{2}}\begin{pmatrix} 1 \\ i \end{pmatrix}$$

一级近似能量和零级近似态矢为

$$E_1 = \hbar(\omega - \omega_1), \quad |\psi_1\rangle = \frac{1}{\sqrt{2}}(|01\rangle - i|10\rangle)$$

$$E_2 = \hbar(\omega + \omega_1), \quad |\psi_2\rangle = \frac{1}{\sqrt{2}}(|01\rangle + i|10\rangle)$$

令

$$b_1 = \frac{1}{\sqrt{2}}(a_1 + ia_2), \quad b_2 = \frac{1}{\sqrt{2}}(a_1 - ia_2)$$

$$b_1^\dagger = \frac{1}{\sqrt{2}}(a_1^\dagger - ia_2^\dagger), \quad b_2^\dagger = \frac{1}{\sqrt{2}}(a_1^\dagger + ia_2^\dagger)$$

作变换 $a_1 a_2 a_1^\dagger a_2^\dagger \to b_1 b_2 b_1^\dagger b_2^\dagger$,体系的哈密顿量变为

$$\hat{H} = \hbar(\omega + \omega_1) b_1^\dagger b_1 + \hbar(\omega - \omega_1) b_2^\dagger b_2$$

$b_i b_i^\dagger$ 同 $a_i a_i^\dagger$ 一样满足相同对易关系式. 体系的能量为

$$E = \hbar(\omega + \omega_1) n_1 + \hbar(\omega - \omega_1) n_2, n_1, n_2 = 0, 1, 2, \cdots$$

$(n_1 n_2) = (01)$ 与 (10) 的能量同上述能量 $E_1 = \hbar(\omega - \omega_1)$ 与 $E_2 = \hbar(\omega + \omega_1)$ 一致.

(3) 费米子体系的粒子占有数表象

费米子体系要受到泡利原理的限制，在任意单粒子态 φ_i 上的粒子占有数 n_i 只能取 0 与 1 两个值. 怎样构造本征值 n_i 只取 0 与 1 两个值的单粒子态 φ_i 上的粒子占有数算符 $\hat{N}_i$? 仍然令

$$\hat{N}_i = a_i^\dagger a_i \tag{39}$$

只要让 a_i 与 $a_i^\dagger$ 满足如下反对易关系式

$$\{a_i, a_j^\dagger\} \equiv a_i a_j^\dagger + a_j^\dagger a_i = \delta_{ij}, \{a_i, a_j\} = \{a_i^\dagger, a_j^\dagger\} = 0 \tag{40}$$

$\hat{N}_i$ 的本征值 n_i 就只能取 0 与 1 两个值. 由(40) 式得

$$a_i a_i^\dagger = 1 - a_i^\dagger a_i, \qquad (a_i)^2 = (a_i^\dagger)^2 = 0 \tag{41}$$

$$\begin{aligned} \hat{N}_i^2 &= a_i^\dagger a_i a_i^\dagger a_i = a_i^\dagger (1 - a_i^\dagger a_i) a_i \\ &= a_i^\dagger a_i - (a_i^\dagger)^2 (a_i)^2 = \hat{N}_i \end{aligned} \tag{42}$$

设 $\hat{N}_i$ 的归一化本征态矢为 $|n_i\rangle$，本征值为 n_i，

$$\hat{N}_i |n_i\rangle = n_i |n_i\rangle \tag{43}$$

由(42)式，

$$\hat{N}_i^2 |n_i\rangle = \hat{N}_i |n_i\rangle \tag{44}$$

$$n_i^2 |n_i\rangle = n_i |n_i\rangle, \qquad n_i^2 = n_i, \qquad n_i = 0, 1$$

可以证明

$$a_i^\dagger |n_i\rangle = \sqrt{1 - n_i} |n_i + 1\rangle \tag{45}$$

$$a_i |n_i\rangle = \sqrt{n_i} |n_i - 1\rangle \tag{46}$$

我们来证明公式(45)与(46). 先证明以下两式

$$[\hat{N}_i, a_i^\dagger] = a_i^\dagger \text{ 或 } \hat{N}_i a_i^\dagger = a_i^\dagger (\hat{N}_i + 1) \tag{47}$$

$$[\hat{N}_i, a_i] = -a_i \text{ 或 } \hat{N}_i a_i = a_i (\hat{N}_i - 1) \tag{48}$$

利用 $(a_i^\dagger)^2 = 0$ 及 $a_i a_i^\dagger = 1 - a_i^\dagger a_i$，

$$\begin{aligned} [\hat{N}_i, a_i^\dagger] &= [a_i^\dagger a_i, a_i^\dagger] = a_i^\dagger a_i a_i^\dagger - (a_i^\dagger)^2 a_i \\ &= a_i^\dagger a_i a_i^\dagger = a_i^\dagger (1 - a_i^\dagger a_i) = a_i^\dagger \end{aligned}$$

利用 $a_i^2 = 0$ 及 $a_i^\dagger a_i = 1 - a_i a_i^\dagger$，

$$\begin{aligned} [\hat{N}_i, a_i] &= [a_i^\dagger a_i, a_i] = a_i^\dagger a_i^2 - a_i a_i^\dagger a_i \\ &= -a_i a_i^\dagger a_i = -a_i (1 - a_i a_i^\dagger) = -a_i \end{aligned}$$

利用(47)式，

$$\hat{N}_i a_i^\dagger |n_i\rangle = a_i^\dagger (\hat{N}_i + 1) |n_i\rangle = (n_i + 1) a_i^\dagger |n_i\rangle \tag{49}$$

可见 $a_i^\dagger |n_i\rangle$ 是 $\hat{N}_i$ 的本征值为 $(n_i + 1)$ 的本征态矢.

$$a_i^\dagger \ |n_i\rangle = \lambda \ | \ n_i + 1\rangle \tag{50}$$

$$\langle n_i | a_i = \lambda^* \langle n_i + 1| \tag{51}$$

用(51)式左乘(50)式,并利用 $a_i a_i^\dagger = 1 - a_i^\dagger a_i = 1 - \hat{N}_i$,得

$$|\lambda|^2 = \langle n_i | a_i a_i^\dagger | n_i\rangle = \langle n_i | (1-\hat{N}_i) |n_i\rangle = 1 - n_i \tag{52}$$

λ 取正实数,将 $\lambda = \sqrt{1-n_i}$ 代入(50)式,(45)式得证。利用(48)式,

$$\hat{N}_i a_i \ |n_i\rangle = a_i(\hat{N}_i - 1) \ |n_i\rangle = (n_i - 1)a_i \ |n_i\rangle \tag{53}$$

可见 $a_i|n_i\rangle$ 是 $\hat{N}_i$ 的本征值为(n_i-1)的本征态矢.

$$a_i \ |n_i\rangle = \lambda \ |n_i - 1\rangle \tag{54}$$

$$\langle n_i | \ a_i^\dagger = \lambda^* \langle n_i - 1| \tag{55}$$

用(55)式左乘(54)式,得

$$|\ \lambda\ |^2 = \langle n_i | \ a_i^\dagger a_i \ |n_i\rangle = \langle n_i | \ \hat{N}_i \ | \ n_i\rangle = n_i \tag{56}$$

λ 取正实数,将 $\lambda=\sqrt{n_i}$代入(54)式,(46)式得证.

虽然不同单粒子态上的算符 $a_i, a_j, a_i^\dagger$ 与 $a_j^\dagger$ 相互是不对易的,
但不同单粒子态上的粒子占有数算符 $\hat{N}_i$ 与 $\hat{N}_j$ 是对易的. 全同费米子体系的态可以通过 $\hat{N}_1, \hat{N}_2, \cdots, \hat{N}_i, \cdots$ 的共同本征态矢 $|n_1\rangle|n_2\rangle\cdots|n_i\rangle\cdots \equiv |n_1 n_2 \cdots n_i \cdots\rangle$ 来表示. $|n_1 n_2 \cdots n_i \cdots\rangle$ 就是费米子体系粒子占有数表象的基矢.

$$|n_1 n_2 \cdots n_i \cdots\rangle = (a_1^\dagger)^{n_1} (a_2^\dagger)^{n_2} \cdots (a_i^\dagger)^{n_i} \cdots |0\rangle \tag{57}$$

$$a_i^\dagger \ |n_1 n_2 \cdots n_i \cdots\rangle = (-1)^m \sqrt{1-n_i} \ |n_1 n_2 \cdots n_i + 1 \cdots\rangle \tag{58}$$

$$a_i \ |n_1 n_2 \cdots n_i \cdots\rangle = (-1)^m \sqrt{n_i} \ |n_1 n_2 \cdots n_i - 1 \cdots\rangle \tag{59}$$

$$m = \sum_{\alpha=1}^{i-1} n_\alpha \tag{60}$$

现说明在以上两式中出现因子$(-1)^m$ 的原因. a_i^+(或 a_i) 对$|n_1 n_2 \cdots n_i \cdots\rangle$的运算是对其中 $(a_i^+)^{n_i} \ |0\rangle$ 的运算. 为此,a_i^+(或 a_i) 必须越过 $(a_1^+)^{n_1}(a_2^+)^{n_2}\cdots(a_{i-1}^+)^{n_{i-1}}$ 到达$(a_i^+)^{n_i}\ |0\rangle$之前. a_i^+(或a_i)每越过一个$(a_\alpha^+)^{n_\alpha}$($\alpha = 1,2,\cdots,i-1$)时,由于 a_i^+(或 a_i) 同 a_α^+ 反对易,要出现一个因子$(-1)^{n_\alpha}$,故最后出现因子$(-1)^m$,$m = \sum\limits_{\alpha=1}^{i-1} n_\alpha$. 略去所有单粒子态上没有粒子的 $n_\alpha = 0$ 标记,基矢可记为$|1_i 1_j \cdots 1_k\rangle$. 它表示在单粒子 $\varphi_i, \varphi_j, \cdots$ 与 φ_k 态上各有一个粒子. $|1_i 1_j \cdots 1_k\rangle$ 可表示为

$$|1_i 1_j \cdots 1_k\rangle = a_i^\dagger a_j^\dagger \cdots a_k^\dagger \ |0\rangle \tag{61}$$

[例题 2] 算符 a_i 与 $a_j^\dagger (i,j = 1,2)$ 满足反对易关系式:

$$\{a_i, a_j^\dagger\} \equiv a_i a_j^\dagger + a_j^\dagger a_i = \delta_{ij}, \{a_i, a_j\} = \{a_i^\dagger, a_j^\dagger\} = 0$$

(1) 试求哈密顿量 $\hat{H}_0 = \hbar\omega_1 a_1^\dagger a_1 + \hbar\omega_2 a_2^\dagger a_2 (\omega_2 > \omega_1 > 0)$ 的能谱和本征态矢；

(2) 在 $\hat{H}_0$ 的本征态表象给出算符 $\hat{Q} = a_1 a_2$ 和 $\hat{W} = a_1^\dagger a_2^\dagger$ 的矩阵表示式；

(3) 设 $\hat{H}' = \varepsilon(a_1^\dagger a_2^\dagger - a_1 a_2)$ 为微扰($|\varepsilon| \ll \omega_1, \omega_2$)，求 $\hat{H} = \hat{H}_0 + \hat{H}'$ 的基态的二级近似能量和一级近似态矢.

解：(1) $\hat{H}_0$ 的本征态矢为 $|n_1 n_2\rangle = |n_1\rangle_1 \, |n_2\rangle_2$，本征值为 $E^{(0)} = \hbar\omega_1 n_1 + \hbar\omega_2 n_2$，$n_1, n_2 = 0, 1$. 由于 n_1, n_2 只取二个值，$|n_1 n_2\rangle$ 只有 4 个，

基态，能量 $E_1^{(0)} = 0$，态矢 $|00\rangle$

第一激发态，能量 $E_2^{(0)} = \hbar\omega_1$，态矢 $|10\rangle$

第二激发态，能量 $E_3^{(0)} = \hbar\omega_2$，态矢 $|01\rangle$

第三激发态，能量 $E_4^{(0)} = \hbar\omega_1 + \hbar\omega_2$，态矢 $|11\rangle$

(2) $\hat{H}_0$ 表象的基矢为 $|1\rangle = |00\rangle$，$|2\rangle = |10\rangle$，$|3\rangle = |01\rangle$，$|4\rangle = |11\rangle$. 利用公式(58)—(60) 可以计算算符 $\hat{Q} = a_1 a_2$ 和 $\hat{W} = a_1^\dagger a_2^\dagger$ 的矩阵元：

$$Q_{\alpha\beta} = \langle\alpha\,|a_1 a_2|\beta\rangle, W_{\alpha\beta} = \langle\alpha|a_1^\dagger a_2^\dagger|\beta\rangle$$
$$\alpha, \beta = 1, 2, 3, 4$$

计算结果是

$$Q_{14} = \langle 1|a_1 a_2|4\rangle = \langle 00|a_1 a_2|11\rangle = -1, \text{其余 } Q_{\alpha\beta} = 0$$
$$W_{41} = \langle 4|a_1^\dagger a_2^\dagger|1\rangle = \langle 11|a_1^\dagger a_2^\dagger|00\rangle = 1, \text{其余 } W_{\alpha\beta} = 0$$

算符 $\hat{Q}$ 和 $\hat{W}$ 的矩阵表示为

$$Q = \begin{pmatrix} 0 & 0 & 0 & -1 \\ 0 & 0 & 0 & 0 \\ 0 & 0 & 0 & 0 \\ 0 & 0 & 0 & 0 \end{pmatrix}, \quad W = \begin{pmatrix} 0 & 0 & 0 & 0 \\ 0 & 0 & 0 & 0 \\ 0 & 0 & 0 & 0 \\ 1 & 0 & 0 & 0 \end{pmatrix}$$

$\hat{Q}$ 和 $\hat{W}$ 之间的关系为

$$\hat{W} = a_1^\dagger a_2^\dagger = (a_2 a_1)^\dagger = (-a_1 a_2)^\dagger$$
$$= -(a_1 a_2)^\dagger = -\hat{Q}^\dagger$$

(3) $\hat{H}' = \varepsilon(a_1^\dagger a_2^\dagger - a_1 a_2) = \varepsilon(\hat{W} - \hat{Q})$，它的矩阵表示为

$$\hat{H}' = \varepsilon \begin{pmatrix} 0 & 0 & 0 & 1 \\ 0 & 0 & 0 & 0 \\ 0 & 0 & 0 & 0 \\ 1 & 0 & 0 & 0 \end{pmatrix}$$

基态的二级近似能量

$$E_1 = E_1^{(0)} + H'_{11} + \frac{|H'_{41}|^2}{E_1^{(0)} - E_4^{(0)}} = -\frac{\varepsilon^2}{\hbar(\omega_1 + \omega_2)}$$

一级近似态矢

$$|\psi_1\rangle = |00\rangle + \frac{H'_{41}}{E_1^{(0)} - E_4^{(0)}}|11\rangle$$

$$= |00\rangle - \frac{\varepsilon}{\hbar(\omega_1 + \omega_2)}|11\rangle$$

习　　题

1. 一体系由三个全同玻色子组成.不考虑粒子之间的相互作用.已知可能的单粒子态为 φ_1 与 φ_2,相应的能量为 ε_1 与 ε_2.写出体系所有可能态的波函数与能量.

答：$\psi_1 = \varphi_1(1)\varphi_1(2)\varphi_1(3)$，　$E_1 = 3\varepsilon_1$

$\psi_2 = \varphi_2(1)\varphi_2(2)\varphi_2(3)$，　$E_2 = 3\varepsilon_2$

$$\psi_3 = \frac{1}{\sqrt{3}}[\varphi_1(1)\varphi_1(2)\varphi_2(3) + \varphi_1(3)\varphi_1(2)\varphi_2(1) + \varphi_1(1)\varphi_1(3)\varphi_2(2)]$$

$E_3 = 2\varepsilon_1 + \varepsilon_2$

$$\psi_4 = \frac{1}{\sqrt{3}}[\varphi_1(1)\varphi_2(2)\varphi_2(3) + \varphi_1(2)\varphi_2(1)\varphi_2(3) + \varphi_1(3)\varphi_2(2)\varphi_2(1)]$$

$E_4 = \varepsilon_1 + 2\varepsilon_2$

2. 两个自旋 $s = 1/2$ 的全同粒子在同一谐振子场中运动,$V(r) = \frac{1}{2}\mu\omega^2 r^2$.不考虑两粒子之间的相互作用.求一粒子处于单粒子基态,另一粒子处于在 x 方向被激发到第一激发态的单粒子态的体系波函数与能量.

答：波函数为

$$\frac{1}{\sqrt{2}}[\psi_{000}(\boldsymbol{r}_1)\psi_{100}(\boldsymbol{r}_2) - \psi_{000}(\boldsymbol{r}_2)\psi_{100}(\boldsymbol{r}_1)]\begin{cases}\alpha(1)\alpha(2) \\ \frac{1}{\sqrt{2}}[\alpha(1)\beta(2) + \alpha(2)\beta(1)] \\ \beta(1)\beta(2)\end{cases}$$

$$\frac{1}{\sqrt{2}}[\psi_{000}(\boldsymbol{r}_1)\psi_{100}(\boldsymbol{r}_2) + \psi_{000}(\boldsymbol{r}_2)\psi_{100}(\boldsymbol{r}_1)]\frac{1}{\sqrt{2}}[\alpha(1)\beta(2) - \alpha(2)\beta(1)]$$

$\psi_{n_1 n_2 n_3}(\boldsymbol{r})$ 为三维谐振子波函数.以上 4 个波函数对应同一能量:$4\hbar\omega$.

3.

(1) 在一维无限深方势阱

$$V(x) = \begin{cases}0, & 0 < x < a \\ \infty, & x < 0, x > a\end{cases}$$

中有二个自旋 $s = 0$ 的全同粒子组成的体系.粒子之间不存在相互作用.写出体系最低的两个能级,指出简并度,并给出相应的波函数.

(2) 同(1),但粒子具有自旋 $s = 1/2$.

(3) 同(2),但两粒子之间存在同自旋有关的作用力势

$$V = A\hat{\boldsymbol{S}}_1 \cdot \hat{\boldsymbol{S}}_2 (A > 0)$$

答：单粒子态能量与波函数为

$$E_n = \frac{n^2\pi^2\hbar^2}{2\mu a^2},\quad \psi_n(x) = \begin{cases} \sqrt{\dfrac{2}{a}}\sin\dfrac{n\pi x}{a}, & 0 < x < a \\ 0, & x < 0, x > a \end{cases} \quad n = 1,2,\cdots$$

(1) $E = 2E_1 = \dfrac{\pi^2\hbar^2}{\mu a^2}$,非简并,$\psi = \psi_1(x_1)\psi_1(x_2)$

$E = E_1 + E_2 = \dfrac{5\pi^2\hbar^2}{2\mu a^2}$,非简并

$$\psi = \frac{1}{\sqrt{2}}[\psi_1(x_1)\psi_2(x_2) + \psi_1(x_2)\psi_2(x_1)]$$

(2) $E = 2E_1$,非简并,$\psi = \psi_1(x_1)\psi_1(x_2)\dfrac{1}{\sqrt{2}}[\alpha(1)\beta(2) - \alpha(2)\beta(1)]$

$E = E_1 + E_2$,4 度简并

$$\psi = \frac{1}{\sqrt{2}}[\psi_1(x_1)\psi_2(x_2) + \psi_1(x_2)\psi_2(x_1)]\frac{1}{\sqrt{2}}[\alpha(1)\beta(2) - \alpha(2)\beta(1)]$$

$$\psi = \frac{1}{\sqrt{2}}[\psi_1(x_1)\psi_2(x_2) - \psi_1(x_2)\psi_2(x_1)]\begin{cases}\alpha(1)\alpha(2) \\ \dfrac{1}{\sqrt{2}}[\alpha(1)\beta(2) + \alpha(2)\beta(1)] \\ \beta(1)\beta(2)\end{cases}$$

(3) $E = 2E_1 - 3A\hbar^2/4$,非简并

$$\psi = \psi_1(x_1)\psi_1(x_2)\frac{1}{\sqrt{2}}[\alpha(1)\beta(2) - \alpha(2)\beta(1)]$$

$E = E_1 + E_2 - 3A\hbar^2/4$,非简并

$$\psi = \frac{1}{\sqrt{2}}[\psi_1(x_1)\psi_2(x_2) + \psi_1(x_2)\psi_2(x_1)]\frac{1}{\sqrt{2}}[\alpha(1)\beta(2) - \alpha(2)\beta(1)]$$

4. 设绝对零度时在三维各向同性谐振子势 $V(r) = \dfrac{1}{2}\mu\omega^2 r^2$ 中,有 20 个自旋 $s = 1/2$ 质量为 μ 的全同粒子组成的体系. 忽略粒子之间的相互作用. 已知这 20 个粒子的平均能量为 3eV.

(1) 如果同样温度下该势场中有 12 个这样的粒子组成的体系,其平均能量是什么?

(2) 如果同样温度下该势场中有 17 个自旋 $s = 0$ 质量仍为 μ 的全同粒子组成的体系,其平均能量是什么?

答：(1) $\bar{E} = 8\text{eV}/3$　(2) $\bar{E} = 1.5\text{eV}$

5. 设有 2 个质量为 μ 自旋 $s = 1/2$ 的全同粒子在同一势场 $V = \dfrac{1}{2}kx^2$ 中作一维谐振动,

即 $V_i = \dfrac{1}{2}kx_i^2(i=1,2)$. 两粒子之间的相互作用势为 $\dfrac{1}{2}k\alpha(x_1-x_2)^2\ (0<\alpha<1/2)$. 试求出体系的能级,并指出哪些能级属于自旋单态?哪些能级属于自旋三重态?

答:$E = \left(n_1+\dfrac{1}{2}\right)\hbar\omega_1 + \left(n_2+\dfrac{1}{2}\right)\hbar\omega_2,\quad n_1,n_2=0,1,2,\cdots\quad \omega_1=\sqrt{\dfrac{k}{\mu}},\omega_2=\sqrt{\dfrac{k(1+2\alpha)}{\mu}}$, $n_2=0,2,4,\cdots$ 的态是自旋单态, $n_2=1,3,5,\cdots$ 的态是自旋三重态.

6. 假设氦原子中两个电子被两个无自旋的玻色子取代(质量与电荷不变). 试讨论能级的变化.

答:基态能量不变. 激发态能级因自旋单态与三重态而分裂的现象不存在了.

7. 两个质量为 μ 的粒子处于边长 $a>b>c$ 的长方体盒中. 粒子间相互作用势 $V=A\delta(\boldsymbol{r}_1-\boldsymbol{r}_2)$ 可视为微扰. 在下列条件中用一级微扰方法计算体系的最低能量:(1) 粒子非全同;(2) 零自旋的全同粒子;(3) 自旋为 1/2 的全同粒子并处于总自旋 $s=1$ 的态上.

答:(1) $E=\dfrac{\hbar^2\pi^2}{\mu}\left(\dfrac{1}{a^2}+\dfrac{1}{b^2}+\dfrac{1}{c^2}\right)+\dfrac{27A}{8abc}$ (2) 同(1)

(3) $E=\dfrac{\hbar^2\pi^2}{\mu}\left(\dfrac{5}{2a^2}+\dfrac{1}{b^2}+\dfrac{1}{c^2}\right)$

8. 假设两个质量为 $m_q=70\mathrm{MeV/c^2}$ 的夸克可以通过位势

$$V(r)=-a(\boldsymbol{\sigma}_1\cdot\boldsymbol{\sigma}_2-b)r^2$$

束缚在一起,其中 r 是两个夸克之间的距离, $a=68.99\mathrm{MeV/fm^2}$, 而 b 是一个待定的参数.

(1) b 取什么值才能使两个夸克束缚在一起?

(2) 设两个夸克是不同类型的,并取 $b=3/2$. 试求基态能量和简并度.

(3) 设两个夸克是同一类型的,并取 $b=3/2$. 试求基态能量和简并度.

(4) 令 $b=0$, 求两个全同夸克在基态的方均根距离.

$$\hbar c = 197.3\mathrm{MeV\cdot fm}$$

答:(1) $b>-3$. (2) $E=\dfrac{3\hbar}{2}\sqrt{\dfrac{a}{\mu}}=\dfrac{3\hbar}{2}\sqrt{\dfrac{2a}{m_q}}$, 简并度:3

(3) $E=\dfrac{5\hbar}{2}\sqrt{\dfrac{2a}{m_q}}$, 简并度:9. (4) $\sqrt{\overline{r^2}}=1.568\mathrm{fm}$

9. 角量子数 $l=0$ 的两个全同电子在硬壁球形空腔中运动,其势能为

$$V(r)=\begin{cases}\infty, & r>a\\ 0, & r<a\end{cases}$$

计及电子自旋,忽略电子之间的相互作用. 写出体系归一化基态和激发态的波函数与相应的能量.

答:单粒子态能量与波函数为

$$E_n=\frac{n^2\pi^2\hbar^2}{2\mu a^2},\quad \psi_n(\boldsymbol{r})=\begin{cases}\sqrt{\dfrac{1}{2\pi a}}\dfrac{1}{r}\sin\dfrac{n\pi r}{a}, & 0<r<a\\ 0, & r<0,r>a\end{cases},n=1,2,\cdots$$

体系基态能量：$\frac{\pi^2\hbar^2}{\mu a^2}$，波函数：$\psi_1(\boldsymbol{r}_1)\psi_1(\boldsymbol{r}_2)\frac{1}{\sqrt{2}}[\alpha(1)\beta(2)-\alpha(2)\beta(1)]$

激发态能量：$E_{n_1}+E_{n_2}$，波函数：

$$\frac{1}{\sqrt{2}}[\psi_{n_1}(\boldsymbol{r}_1)\psi_{n_2}(\boldsymbol{r}_2)-\psi_{n_1}(\boldsymbol{r}_2)\psi_{n_2}(\boldsymbol{r}_1)]\begin{cases}\alpha(1)\alpha(2)\\ \frac{1}{\sqrt{2}}[\alpha(1)\beta(2)+\alpha(2)\beta(1)]\\ \beta(1)\beta(2)\end{cases}$$

$$\frac{1}{\sqrt{2}}[\psi_{n_1}(\boldsymbol{r}_1)\psi_{n_2}(\boldsymbol{r}_2)+\psi_{n_1}(\boldsymbol{r}_2)\psi_{n_2}(\boldsymbol{r}_1)]\frac{1}{\sqrt{2}}[\alpha(1)\beta(2)-\alpha(2)\beta(1)]$$

10. 两个自旋为 1/2 的粒子，在($S_{1z}S_{2z}$)表象中的态矢为$\begin{pmatrix}\alpha_1\\ \beta_1\end{pmatrix}_1\begin{pmatrix}\alpha_2\\ \beta_2\end{pmatrix}_2$，其中$|\alpha_i|^2$代表粒子 i 自旋向上的几率，$|\beta_i|^2$代表粒子 i 自旋向下的几率.

(1) 求 $\hat{H}=V_0(\sigma_{1x}\sigma_{2y}-\sigma_{1y}\sigma_{2x})$ 的本征值与本征态矢，V_0 为常数；

(2) 设 $t=0$ 时，体系的态矢为$\begin{pmatrix}1\\ 0\end{pmatrix}_1\begin{pmatrix}0\\ 1\end{pmatrix}_2$. 求任意 t 时刻发现体系处于$\begin{pmatrix}0\\ 1\end{pmatrix}_1\begin{pmatrix}1\\ 0\end{pmatrix}_2$态的几率.

答：(1) $\psi_1=\begin{pmatrix}1\\ 0\end{pmatrix}_1\begin{pmatrix}1\\ 0\end{pmatrix}_2$，　$E_1=0$；　$\psi_2=\begin{pmatrix}0\\ 1\end{pmatrix}_1\begin{pmatrix}0\\ 1\end{pmatrix}_2$，　$E_2=0$

$\psi_3=\frac{1}{\sqrt{2}}\begin{pmatrix}1\\ 0\end{pmatrix}_1\begin{pmatrix}0\\ 1\end{pmatrix}_2+\frac{i}{\sqrt{2}}\begin{pmatrix}0\\ 1\end{pmatrix}_1\begin{pmatrix}1\\ 0\end{pmatrix}_2$，　$E_3=-2V_0$

$\psi_4=\frac{1}{\sqrt{2}}\begin{pmatrix}1\\ 0\end{pmatrix}_1\begin{pmatrix}0\\ 1\end{pmatrix}_2-\frac{i}{\sqrt{2}}\begin{pmatrix}0\\ 1\end{pmatrix}_1\begin{pmatrix}1\\ 0\end{pmatrix}_2$，　$E_4=2V_0$

(2) $\psi(t)=\cos\frac{2V_0t}{\hbar}\begin{pmatrix}1\\ 0\end{pmatrix}_1\begin{pmatrix}0\\ 1\end{pmatrix}_2-\sin\frac{2V_0t}{\hbar}\begin{pmatrix}0\\ 1\end{pmatrix}_1\begin{pmatrix}1\\ 0\end{pmatrix}_2$. t 时刻体系处于$\begin{pmatrix}0\\ 1\end{pmatrix}_1\begin{pmatrix}1\\ 0\end{pmatrix}_2$态的几率：$\sin^2\frac{2V_0t}{\hbar}$

11. 3 个自旋为 1/2 的粒子，哈密顿量为

$$\hat{H}=c(\hat{\boldsymbol{S}}_1\cdot\hat{\boldsymbol{S}}_2+\hat{\boldsymbol{S}}_2\cdot\hat{\boldsymbol{S}}_3+\hat{\boldsymbol{S}}_3\cdot\hat{\boldsymbol{S}}_1)$$

c 为常数. 求 $\hat{H}$ 的本征值与简并度.

答：$E_1=3c\hbar^2/4$，简并度：4；　$E_2=-3c\hbar^2/4$，简并度：4

12. 设 a 与 $a^\dagger$ 为一维谐振子降算符与升算符，$|n\rangle$ 为 $\hat{N}=a^\dagger a$ 的本征值为 n 的本征态矢.

(1) 证明　$a|n\rangle=\sqrt{n}\,|n-1\rangle$

(2) 利用公式

$$a|n\rangle=\sqrt{n}\,|n-1\rangle$$
$$a^\dagger|n\rangle=\sqrt{n+1}\,|n+1\rangle$$

推导出公式

$$x\psi_n(x)=\frac{1}{\alpha}\left(\sqrt{\frac{n}{2}}\psi_{n-1}(x)+\sqrt{\frac{n+1}{2}}\psi_{n+1}(x)\right)$$

$$\frac{\mathrm{d}}{\mathrm{d}x}\psi_n(x)=\alpha\left(\sqrt{\frac{n}{2}}\psi_{n-1}(x)-\sqrt{\frac{n+1}{2}}\psi_{n+1}(x)\right)$$

其中 $\psi_n(x)$ 为一维谐振子定态波函数.

13. 算符 a 与 $a^\dagger$ 满足 $aa^\dagger+a^\dagger a=1$, $a^2=(a^\dagger)^2=0$. $\hat{N}=a^\dagger a$ 是费米子数算符. 求 $\hat{N}$ 的本征值,并在 N 表象给出 a 与 $a^\dagger$ 的表示式.

答: $\hat{N}$ 的本征值 $n=0,1$. $a=\begin{pmatrix}0&1\\0&0\end{pmatrix}$, $a^\dagger=\begin{pmatrix}0&0\\1&0\end{pmatrix}$

14. 设哈密顿算符 $\hat{H}=\lambda a^\dagger a+\varepsilon(a^\dagger+a)$,其中 λ 是正实数,ε 是小参数,$a^\dagger$ 与 a 是玻色子产生算符和消灭算符. 求 $\hat{H}$ 的基态能量本征值(准至 ε^2 级)和相应本征态(准至 ε 级),并同严格的结果比较.

答: $E=-\frac{\varepsilon^2}{\lambda}$, $|\psi\rangle=|0\rangle-\frac{\varepsilon}{\lambda}|1\rangle$,其中 $|n\rangle$ 是 $\hat{H}_0=\lambda a^\dagger a$ 的本征值为 n 的本征态. 基态能量的精确值也是 $E=-\frac{\varepsilon^2}{\lambda}$

15. 某体系哈密顿量为

$$\hat{H}=\frac{5}{3}a^\dagger a+\frac{2}{3}(a^2+a^{\dagger 2})$$

其中

$$a=\frac{1}{\sqrt{2}}(Q+i\hat{P}),\quad a^\dagger=\frac{1}{\sqrt{2}}(Q-i\hat{P})$$

$\hat{P}$,Q 满足基本对易关系式:$[Q,\hat{P}]=i$,$\hat{P}=-i\frac{\mathrm{d}}{\mathrm{d}Q}$. 试求 $\hat{H}$ 的本征值及基态波函数 $\psi_0(Q)$.

答: $E=n-\frac{1}{3}$,$n=0,1,2,\cdots$,基态波函数 $\psi_0(Q)=A\mathrm{e}^{-3Q^2/2}$

第十章　散　射

§ 10.1　散射截面

(1) 散射截面的定义

散射实验是研究微观粒子运动规律，粒子之间相互作用以及粒子内部结构的重要手段. 例如卢瑟福通过 α 粒子在原子上的弹性散射实验证实了原子的有核结构，近代高能电子在核子上的非弹性散射实验证实了基本粒子的有心结构，即基本粒子由更小的粒子 —— 夸克组成. 目前，世界各地建造的各种类型的高能粒子加速器，包括北京正负电子对撞机，都是为散射实验设计的. 在散射实验中，能量一定的一束 a 粒子沿确定方向(通常取为 z 轴)射向位于坐标原点处由 b 粒子组成的靶，在靶粒子的作用下入射粒子改变方向，实验可以测量沿不同方向出射的粒子. 如果在散射过程中，入射粒子与靶粒子的内部状态都未发生变化，这就是弹性散射. 我们仅限于讨论弹性散射.

在散射实验中采用的靶要做得很薄，例如只有几个原子层厚. 由于入射粒子同靶粒子之间的相互作用一般只发生在很短的距离内，所以被薄靶散射的粒子可以认为是靶中单个粒子作用的结果，一个入射粒子被多个靶粒子作用的多次散射的现象可以忽略不计. 我们只考虑单个靶粒子作用的弹性散射. 先假定靶粒子的质量比入射粒子的质量大得多，在散射过程中靶粒子保持静止不动. 这时，入射粒子在散射过程中只改变方向，不改变能量. 图 10.1 给出一束入射粒子在靶粒子的作用下发生散射的经典力学示意图. 不能进入作用区的入射粒子，在散射过程中不改变方向. 进入作用区的粒子，瞄准距离 b 愈小的散射角 θ 愈大. 用探测器可以测量入射粒子流密度 j，即单位时间内通过与前进方向垂直的单位面积的粒子数，还可以测量单位时间内在 (θ,φ) 方向上的立体角 $\mathrm{d}\Omega = \mathrm{d}s/r^2$ 内出射的粒子数 $\mathrm{d}n$，$\mathrm{d}s$ 为探测器探头的面积，r 为探头到散射中心的距离. 显然，$\mathrm{d}n$ 是同 $j\,\mathrm{d}\Omega$ 成正比的. 令比例系数为 σ，σ 是方位角 θ,φ 的函数，记为 $\sigma(\theta,\varphi)$，便有

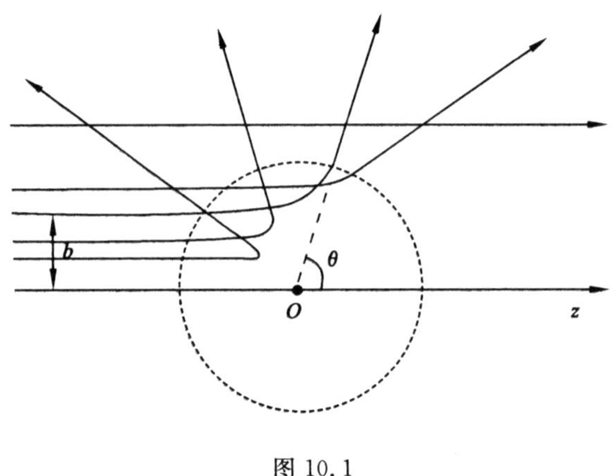

图 10.1

$$dn = \sigma(\theta,\varphi) j \, d\Omega \tag{1}$$

由(1)式得

$$\sigma(\theta,\varphi) = \frac{dn}{j \, d\Omega} \tag{2}$$

可见,$\sigma(\theta,\varphi)$ 等于单位流密度的入射粒子,由于受到一个靶粒子的作用,单位时间在(θ,φ) 方向上单位立体角内出射的粒子数. 由(2) 式看出,$\sigma(\theta,\varphi)$ 具有面积的量纲,称作散射微分截面. 常以 $10^{-24}\,cm^2$ 作为截面的单位,称作巴恩(barn),简称巴. 散射总截面 σ_t 的定义是

$$\sigma_t = \int \sigma(\theta,\varphi) \, d\Omega \tag{3}$$

σ_t 等于单位流密度的入射粒子,由于受到一个靶粒子的作用,单位时间在任意方向上出射的粒子数. σ_t 同$\sigma(\theta,\varphi)$ 一样具有面积的量纲. $\sigma(\theta,\varphi)$ 通常与 φ 角无关,这时

$$\sigma_t = \int \sigma(\theta) \, d\Omega = 2\pi \int \sigma(\theta) \sin\theta \, d\theta \tag{4}$$

由于 j, dn 与 $d\Omega$ 可以由实验测定,所以微分截面 $\sigma(\theta,\varphi)$ 是可以由实验测定的量. 在已知入射粒子与靶粒子之间相互作用力势 $V(\boldsymbol{r})$ 的条件下,量子力学可以计算 $\sigma(\theta,\varphi)$. 实验已证实,量子力学计算的 $\sigma(\theta,\varphi)$ 是正确的. 如果入射粒子与靶粒子之间的相互作用力势 $V(\boldsymbol{r})$ 是未知的,我们可以任选一种函数作为 $V(\boldsymbol{r})$ 的试探函数来计算 $\sigma(\theta,\varphi)$,然后同 $\sigma(\theta,\varphi)$ 的实验值比较. 如果计算值同实验值不符,则改变试探函数,直到计算值同实验值相近为止. 这是我们研究未知作用力势的有效方法.

(2) 量子力学对散射体系的描述

散射是一个定态问题. 由于我们已经假定靶粒子的质量很大,在散射过程中靶粒子保持静止不动,故可以把坐标原点取在靶粒子的中心. 设入射粒子与靶粒子之间的作用力势为 $V(\boldsymbol{r})$. 入射粒子在势场 $V(\boldsymbol{r})$ 中运动的状态波函数 $\psi(\boldsymbol{r})$ 满足定态方程

$$-\frac{\hbar^2}{2\mu}\nabla^2\psi(\boldsymbol{r})+V(\boldsymbol{r})\psi(\boldsymbol{r})=E\psi(\boldsymbol{r}) \tag{5}$$

式中 E 为入射粒子的能量,为已知量. E 在弹性散射过程中保持不变,为守恒量. 在 $r\to\infty$ 处,$V(\boldsymbol{r})=0$. 方程(5) 变为

$$(\nabla^2+k^2)\psi(\boldsymbol{r})=0,\quad k=\sqrt{\frac{2\mu E}{\hbar^2}} \tag{6}$$

这个自由粒子方程的解有两种形式:平面波函数 $e^{i\boldsymbol{k}\cdot\boldsymbol{r}}$ 与球面波函数 $f(\theta,\varphi)e^{\pm ikr}/r$. 结合散射实验的实际情况,在 $r\to\infty$ 处,波函数 $\psi(\boldsymbol{r})$ 应该具有如下的形式:

$$\psi(\boldsymbol{r})\xrightarrow{r\to\infty}e^{ikz}+f(\theta,\varphi)\frac{e^{ikr}}{r} \tag{7}$$

其中平面波代表沿 z 轴方向入射的粒子,球面波代表离开散射中心向所有方向出射的粒子. $f(\theta,\varphi)$ 是球面波的振幅,作为 $\theta\varphi$ 的函数,它反映沿不同方向出射的粒子的强度. (7) 式称为散射波函数的边界条件. 假设不存在靶粒子,$V=0$. 入射粒子没有受到任何作用,不发生散射,$f(\theta,\varphi)=0$. (7) 式变为

$$\psi(\boldsymbol{r})\xrightarrow{r\to\infty}e^{ikz} \tag{8}$$

显然,$V\neq0$ 时,$f(\theta,\varphi)\neq0$. 函数 $f(\theta,\varphi)$ 完全取决于 $V(\boldsymbol{r})$. 由方程(5)(其中包含 $V(\boldsymbol{r})$)得到的解 $\psi(\boldsymbol{r})$,在 $r\to\infty$ 的条件下一定可以化为(7) 的形式,从而求出球面波的振幅 $f(\theta,\varphi)$. 假定 $f(\theta,\varphi)$ 已经求出,我们来计算散射微分截面 $\sigma(\theta,\varphi)$. 由(7) 式看出,其中的入射平面波 $\psi_i=e^{ikz}$ 决定了入射粒子流密度 j_z:

$$j_z=-\frac{i\hbar}{2\mu}\left(\psi_i^*\frac{\partial}{\partial z}\psi_i-\psi_i\frac{\partial}{\partial z}\psi_i^*\right)=\frac{\hbar k}{\mu}=v \tag{9}$$

在距离散射中心很远的 $\boldsymbol{r}(r,\theta,\varphi)$ 处,来自散射中心的沿 $\boldsymbol{r}$ 方向出射的粒子流密度 j_r,由出射球面波函数 $\psi_r=f(\theta,\varphi)\dfrac{e^{ikr}}{r}$ 决定:

$$j_r=-\frac{i\hbar}{2\mu}\left(\psi_r^*\frac{\partial}{\partial r}\psi_r-\psi_r\frac{\partial}{\partial r}\psi_r^*\right)=\frac{v}{r^2}\,|f(\theta,\varphi)|^2 \tag{10}$$

在 $\boldsymbol{r}$ 处单位时间沿 $\boldsymbol{r}$ 方向通过与 $\boldsymbol{r}$ 垂直的面元 ds 的粒子数

$$dn = j_r ds = v\,|f(\theta,\varphi)|^2 \frac{ds}{r^2} = v\,|f(\theta,\varphi)|^2 d\Omega \tag{11}$$

其中 $d\Omega$ 是面元 ds 对散射中心所张的立体角，即 (θ,φ) 方向的立体角. 根据散射微分截面的定义式(2)，便有

$$\sigma(\theta,\varphi) = \frac{dn}{j_z d\Omega} = |f(\theta,\varphi)|^2 \tag{12}$$

可见，只要由定态方程(5) 解出定态波函数 $\psi(\boldsymbol{r})$，根据它在 $r\to\infty$ 处的渐近式(7)，求出出射球面波的振幅 $f(\theta,\varphi)$，就可以由(12) 式算出散射微分截面 $\sigma(\theta,\varphi)$. 已知 $\sigma(\theta,\varphi)$，由(3) 式可以算出散射总截面 σ_t.

§10.2 分波法，低能中心力场散射

设 $V = V(r)$ 为中心力场. 我们的目的是求定态方程

$$-\frac{\hbar^2}{2\mu}\nabla^2\psi(\boldsymbol{r}) + V(r)\psi(\boldsymbol{r}) = E\psi(\boldsymbol{r}) \tag{1}$$

的解 $\psi(\boldsymbol{r})$，并由边界条件

$$\psi(\boldsymbol{r}) \xrightarrow{r\to\infty} e^{ikz} + f(\theta)\frac{e^{ikr}}{r} \tag{2}$$

求出出射球面波的振幅 $f(\theta)$，从而得到散射微分截面

$$\sigma(\theta) = |f(\theta)|^2 \tag{3}$$

在中心力场中散射是轴对称的，出射球面波的振幅 $f(\theta)$ 与 φ 角无关，因而散射微分截面 $\sigma(\theta)$ 也就与 φ 角无关. 入射平面波可以表示为

$$e^{ikz} = e^{ikr\cos\theta} = \sum_{l=0}^{\infty} i^l \sqrt{4\pi(2l+1)}\, j_l(kr) Y_{l0}(\theta,\varphi) \tag{4}$$

式中 $j_l(kr)$ 为球贝塞尔函数，它同贝塞尔函数 $J_{l+\frac{1}{2}}(kr)$ 的关系，以及它在 $r\to\infty$ 处的渐近式为

$$j_l(kr) = \sqrt{\frac{\pi}{2kr}} J_{l+\frac{1}{2}}(kr) \xrightarrow{r\to\infty} \frac{1}{kr}\sin(kr - \frac{1}{2}l\pi) \tag{5}$$

利用(5) 式可得入射平面波函数在 $r\to\infty$ 处的渐近式

$$e^{ikz} \xrightarrow{r\to\infty} \sum_{l=0}^{\infty} \frac{i^l\sqrt{4\pi(2l+1)}}{kr} Y_{l0}(\theta,\varphi)\sin(kr - \frac{1}{2}l\pi) \tag{6}$$

$$= \sum_{l=0}^{\infty} \frac{i^l\sqrt{4\pi(2l+1)}}{2ikr} Y_{l0}(\theta,\varphi)\left[e^{i(kr-\frac{l}{2}\pi)} - e^{-i(kr-\frac{l}{2}\pi)}\right] \tag{7}$$

(7) 式表示在 $r\to\infty$ 处入射平面波可以分解为 $m=0$，l 取所有可能值的出射球面波与收敛球面波的叠加. 由于在中心力场中轨道角动量 L^2 与 L_z 为守恒量，散射波函数 $\psi(\boldsymbol{r})$ 可以表示为

$$\psi(\boldsymbol{r})=\sum_{l=0}^{\infty}R_l(r)Y_{l0}(\theta,\varphi)=\sum_{l=0}^{\infty}\frac{u_l(r)}{r}Y_{l0}(\theta,\varphi) \tag{8}$$

式中只取 $m=0$ 的球函数 $Y_{l0}(\theta,\varphi)$，这是因为入射平面波中所有 l 分波的 m 值均为 0，L_z 为守恒量，散射不会改变 L_z 的值 $m\hbar=0$. 另外，球对称的 $V(r)$ 引起的散射是轴对称的，散射波函数 $\psi(\boldsymbol{r})$ 应该与 φ 角无关. 所以在 $\psi(\boldsymbol{r})$ 的分解式中不能含有 $m\neq 0$ 的球函数 $Y_{lm}(\theta,\varphi)$. l 分波径向波函数 $u_l(r)$ 满足方程

$$\frac{\mathrm{d}^2u_l(r)}{\mathrm{d}r^2}+\left[k^2-\frac{2\mu}{\hbar^2}V(r)-\frac{l(l+1)}{r^2}\right]u_l(r)=0 \tag{9}$$

及边界条件

$$u_l(0)=0 \tag{10}$$

方程(9) 在 $r\to\infty$ 处的渐近式为

$$\frac{\mathrm{d}^2u_l(r)}{\mathrm{d}r^2}+k^2u_l(r)=0 \tag{11}$$

由(11) 式可知，$u_l(r)$ 在 $r\to\infty$ 处的渐近式为

$$u_l(r)\xrightarrow{r\to\infty}A_l\sin(kr+\alpha_l)=\frac{B_l}{k}\sin\left(kr-\frac{l}{2}\pi+\delta_l\right) \tag{12}$$

其中 A_l 与 α_l 为积分常数. 为了方便，在上式中又令 $\alpha_l=\delta_l-\frac{l}{2}\pi$，$A_l=B_l/k$. δ_l 与 B_l 为待定常数. 散射方程(1) 的解 $\psi(\boldsymbol{r})$ 在 $r\to\infty$ 处具有如下形式

$$\psi(\boldsymbol{r})\xrightarrow{r\to\infty}\sum_{l=0}^{\infty}\frac{B_l}{kr}Y_{l0}(\theta,\varphi)\sin\left(kr-\frac{l}{2}\pi+\delta_l\right) \tag{13}$$

$$=\sum_{l=0}^{\infty}\frac{B_l}{2ikr}Y_{l0}(\theta,\varphi)\left[e^{i(kr-\frac{l}{2}\pi+\delta_l)}-e^{-i(kr-\frac{l}{2}\pi+\delta_l)}\right] \tag{14}$$

式中 B_l 与 δ_l 为待定的积分常数. (14) 式是由定态方程(1) 得到的散射波函数 $\psi(\boldsymbol{r})$ 在 $r\to\infty$ 处应具有的形式. 又根据 $\psi(\boldsymbol{r})$ 在 $r\to\infty$ 处的边界条件(2)，便有

$$e^{ikz}+f(\theta)\frac{e^{ikr}}{r}=\sum_{l=0}^{\infty}\frac{B_l}{2ikr}Y_{l0}(\theta,\varphi)\left[e^{i(kr-\frac{l}{2}\pi+\delta_l)}-e^{-i(kr-\frac{l}{2}\pi+\delta_l)}\right] \tag{15}$$

将(7)式代入(15)式，经整理，得

$$\left\{2ikf(\theta)+\sum_{l=0}^{\infty}\left[i^l\sqrt{4\pi(2l+1)}e^{-i\frac{l}{2}\pi}-B_le^{i(\delta_l-\frac{l}{2}\pi)}\right]Y_{l0}(\theta,\varphi)\right\}e^{ikr}$$

$$+\left\{\sum_{l=0}^{\infty}\left[-i^l\sqrt{4\pi(2l+1)}\mathrm{e}^{i\frac{l}{2}\pi}+B_l\mathrm{e}^{-i(\delta_l-\frac{l}{2}\pi)}\right]Y_{l0}(\theta,\varphi)\right\}\mathrm{e}^{-ikr}=0 \tag{16}$$

(16) 式成立的条件是 e^{ikr} 与 e^{-ikr} 前的系数分别为 0：

$$2ikf(\theta)+\sum_{l=0}^{\infty}\left[i^l\sqrt{4\pi(2l+1)}\mathrm{e}^{-i\frac{l}{2}\pi}-B_l\mathrm{e}^{i(\delta_l-\frac{l}{2}\pi)}\right]Y_{l0}(\theta,\varphi)=0 \tag{17}$$

$$\sum_{l=0}^{\infty}\left[-i^l\sqrt{4\pi(2l+1)}\mathrm{e}^{i\frac{l}{2}\pi}+B_l\mathrm{e}^{-i(\delta_l-\frac{l}{2}\pi)}\right]Y_{l0}(\theta,\varphi)=0 \tag{18}$$

(18) 式成立的条件是 $Y_{l0}(\theta,\varphi)$ 前的系数为零：

$$B_l\mathrm{e}^{-i(\delta_l-\frac{l}{2}\pi)}-i^l\sqrt{4\pi(2l+1)}\mathrm{e}^{i\frac{l}{2}\pi}=0 \tag{19}$$

由此得

$$B_l=i^l\mathrm{e}^{i\delta_l}\sqrt{4\pi(2l+1)}=\mathrm{e}^{i(\delta_l+\frac{l}{2}\pi)}\sqrt{4\pi(2l+1)} \tag{20}$$

这里利用了公式 $i^l=\mathrm{e}^{i\frac{l}{2}\pi}$. 将此式与(20)式代入(17)式，得

$$\begin{aligned}f(\theta)&=\frac{1}{2ik}\sum_{l=0}^{\infty}\sqrt{4\pi(2l+1)}\left(\mathrm{e}^{2i\delta_l}-1\right)Y_{l0}(\theta,\varphi)\\&=\frac{1}{k}\sum_{l=0}^{\infty}\sqrt{4\pi(2l+1)}\mathrm{e}^{i\delta_l}\sin\delta_l Y_{l0}(\theta,\varphi)\end{aligned} \tag{21}$$

利用公式

$$Y_{l0}(\theta,\varphi)=\sqrt{\frac{2l+1}{4\pi}}P_l(\cos\theta) \tag{22}$$

(21)式可写成

$$f(\theta)=\frac{1}{k}\sum_{l=0}^{\infty}(2l+1)\mathrm{e}^{i\delta_l}\sin\delta_l P_l(\cos\theta) \tag{23}$$

散射微分截面与总截面分别为

$$\sigma(\theta)=|f(\theta)|^2=\frac{1}{k^2}\left|\sum_{l=0}^{\infty}(2l+1)\mathrm{e}^{i\delta_l}\sin\delta_l P_l(\cos\theta)\right|^2 \tag{24}$$

$$\begin{aligned}\sigma_t&=2\pi\int_0^{\pi}\sigma(\theta)\sin\theta\mathrm{d}\theta\\&=\frac{2\pi}{k^2}\sum_{l,l'=0}^{\infty}(2l+1)(2l'+1)\int_0^{\pi}P_l(\cos\theta)P_{l'}(\cos\theta)\sin\theta\mathrm{d}\theta\times\mathrm{e}^{i(\delta_l-\delta_{l'})}\sin\delta_l\sin\delta_{l'}\\&=\frac{4\pi}{k^2}\sum_{l=0}^{\infty}(2l+1)\sin^2\delta_l\end{aligned} \tag{25}$$

在 σ_t 的计算中，用到 $P_l(\cos\theta)$ 的正交归一公式

$$\int_0^{\pi}P_l(\cos\theta)P_{l'}(\cos\theta)\sin\theta\mathrm{d}\theta=\frac{2}{2l+1}\delta_{ll'} \tag{26}$$

求得 $\sigma(\theta)$ 的公式(24) 并不表示已经算出了散射微分截面，因为公式中含有无限多个待定常数 δ_l. 事实上，我们在推导 $\sigma(\theta)$ 的公式时，并没有给定入射粒子与靶粒子之间的作用力势 $V(r)$. 因此，不可能真正算出 $\sigma(\theta)$. 我们导出 $\sigma(\theta)$ 的公式(24) 的意义在于，在一定条件下，已知 $V(r)$，可以比较容易地求出公式中的待定常数 δ_l，从而算出散射微分截面. 在介绍如何由 $V(r)$ 求出 δ_l 之前，我们先来分析 δ_l 的物理意义. 将(20) 式代入(14) 式中，得

$$\psi(\boldsymbol{r}) \xrightarrow{r\to\infty} \sum_{l=0}^{\infty} \frac{i^l e^{i\delta_l} \sqrt{4\pi(2l+1)}}{2ikr} Y_{l0}(\theta,\varphi) \times \left[e^{i(kr-\frac{l}{2}\pi+\delta_l)} - e^{-i(kr-\frac{l}{2}\pi+\delta_l)} \right] \tag{27}$$

比较(27) 式与(7) 式看出，如果 $\delta_l = 0$，则(27) 式就变成了(7) 式，即 $\psi(\boldsymbol{r})$ 变成了 $V = 0$ 时不发生散射的入射粒子平面波函数. 这表明当 $V = 0$ 时，$\delta_l = 0$. 显然，只有在 $V \neq 0$ 时，才有 $\delta_l \neq 0$. δ_l 是在势场 $V(r)$ 的作用下 l 分波发生的相位变化，称作 l 分波的相移. δ_l 的值取决于势函数 $V(r)$. 我们只能由含有势函数 $V(r)$ 的方程(9) 及条件(10) 解出径向波函数 $u_l(r)$，然后由它在 $r \to \infty$ 处的渐近式

$$u_l(r) \xrightarrow{r\to\infty} \sin(kr - \frac{l}{2}\pi + \delta_l) \tag{28}$$

求出 δ_l. 由 $\sigma(\theta)$ 的公式(24) 看出，要算出 $\sigma(\theta)$，必须先求出所有 l 的分波的相移 δ_l. 这显然是不可能的. 下面的分析表明，对于低能粒子散射，我们只要求出 l 最小的几个分波的相移 $\delta_0, \delta_1, \cdots$，特别是对于很低能量的粒子散射，只要求出 s 分波的相移 δ_0 就可以了. 我们采用半经典半量子的分析方法来给出上述结论. 一束沿 z 轴方向运动的粒子，按照它们对靶粒子的瞄准距离 b，可以确定它们的轨道角动量 $L = pb$，p 是粒子的动量(见图 10.2). 显然，只有瞄准距离 b 小于势作用半径 a 的粒子才能进入势作用区而发生散射，即粒子发生散射的条件为 $b = L/p < a$，或 $L < pa$. 根据量子力学，轨道角动量 L 是量子化的：$L \approx l\hbar$. 将 $L = l\hbar$ 代入上式，得粒子发生散射的条件为

$$l < pa/\hbar \tag{29}$$

这也是 $\delta_l \neq 0$ 的条件. 当粒子能量很低时，动量 p 很小，使得 $pa/\hbar$ 很小，只有 l 最小的几个值 $0, 1, \cdots$ 满足条件(29). 所以，对低能粒子散射，我们只要求出 l 最小的几个分波的相移 $\delta_0, \delta_1 \cdots$. 当粒子能量低到使 $pa/\hbar < 1$ 时，只有 $l = 0$ 满足条件(29)，我们就只要

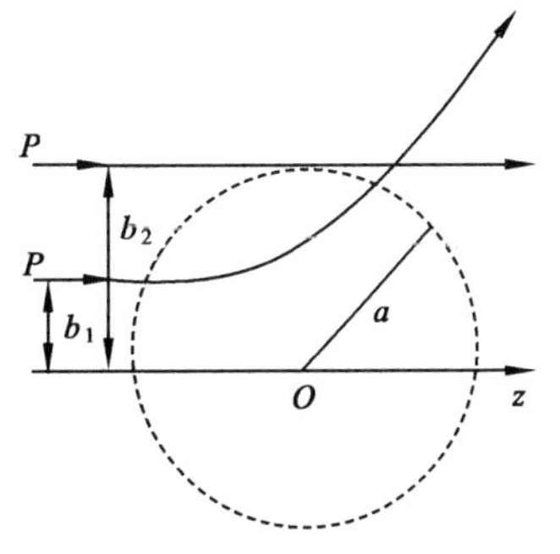

图 10.2

求 s 分波的相移 δ_0. 由此可见，上述计算散射截面的分波法适用于低能粒子散射. 对于 s 波散射，

$$f(\theta)=\frac{1}{k}e^{i\delta_0}\sin\delta_0 \tag{30}$$

$$\sigma(\theta)=\frac{1}{k^2}\sin^2\delta_0 \tag{31}$$

$f(\theta)$ 与 $\sigma(\theta)$ 同 θ 角无关，s 波散射是各向同性的. s 波散射的总截面为

$$\sigma_t=\frac{4\pi}{k^2}\sin^2\delta_0 \tag{32}$$

［例题 1］　求低能粒子（s 波）在球方势垒上的散射总截面 σ_t. 已知

$$V(r)=\begin{cases}V_0, & r\leqslant a\\ 0, & r>a\end{cases} \tag{33}$$

并给出 σ_t 在 $k\to 0, V_0\to\infty$（刚球散射）时的极限值.

解：s 分波径向波函数 $u(r)$（略去下标 0）的方程为

$$\frac{d^2u(r)}{dr^2}+\left(k^2-\frac{2\mu V_0}{\hbar^2}\right)u(r)=0,\qquad r\leqslant a \tag{34}$$

$$\frac{d^2u(r)}{dr^2}+k^2u(r)=0,\qquad r>a \tag{35}$$

分 $E<V_0$ 与 $E>V_0$ 两种情况讨论.

(1) $E<V_0$

令

$$\alpha=\sqrt{\frac{2\mu V_0}{\hbar^2}-k^2}=\sqrt{\frac{2\mu(V_0-E)}{\hbar^2}} \tag{36}$$

方程(34)变为

$$\frac{d^2u(r)}{dr^2}-\alpha^2u(r)=0,\qquad r\leqslant a \tag{37}$$

其解为

$$u_1(r)=Ae^{\alpha r}+Be^{-\alpha r},\qquad r\leqslant a \tag{38}$$

方程(35)的解为

$$u_2(r)=C\sin(kr+\delta_0),\qquad r>a \tag{39}$$

这里的 δ_0 就是 s 波相移. 因为当 $r\to\infty$ 时，函数(39) 的形式不变. 由边界条件 $u(0)=0$，得 $B=-A$. 于是(38) 式变为

$$u_1(r)=A(e^{\alpha r}-e^{-\alpha r}),\qquad r\leqslant a \tag{40}$$

由波函数及其微商的连续条件：$u_1(a)=u_2(a)$，$u'_1(a)=u'_2(a)$，得

$$A(e^{\alpha a}-e^{-\alpha a})=C\sin(ka+\delta_0) \tag{41}$$

$$A\alpha(e^{\alpha a}+e^{-\alpha a})=Ck\cos(ka+\delta_0) \tag{42}$$

以上两式相比,得

$$\tan(ka+\delta_0)=\frac{k}{\alpha}\frac{e^{\alpha a}-e^{-\alpha a}}{e^{\alpha a}+e^{-\alpha a}}\equiv G \tag{43}$$

$$\delta_0=\arctan G-ka \tag{44}$$

$$\sigma_t=\frac{4\pi}{k^2}\sin^2(\arctan G-ka) \tag{45}$$

如果 $V_0\to\infty$,则 $\alpha\to\infty, G\to 0, \delta_0=-ka$,

$$\sigma_t=\frac{4\pi}{k^2}\sin^2(-ka) \tag{46}$$

如果同时有 $E\to 0$,则 $k\to 0$,上式变为

$$\sigma_t=4\pi a^2 \tag{47}$$

(2) $E>V_0$

令

$$\beta=\sqrt{k^2-\frac{2\mu V_0}{\hbar^2}}=\sqrt{\frac{2\mu(E-V_0)}{\hbar^2}} \tag{48}$$

方程(34)变为

$$\frac{d^2u(r)}{dr^2}+\beta^2u(r)=0, \qquad r\leqslant a \tag{49}$$

这个方程的满足条件 $u(0)=0$ 的解为

$$u_1(r)=A\sin\beta r, \qquad r\leqslant a \tag{50}$$

方程(35)的解为

$$u_2(r)=C\sin(kr+\delta_0), \qquad r>a \tag{51}$$

用类似于情况(1)的方法求得

$$\delta_0=\arctan\left(\frac{k}{\beta}\tan\beta a\right)-ka \tag{52}$$

$$\sigma_t=\frac{4\pi}{k^2}\sin^2\delta_0=\frac{4\pi}{k^2}\sin^2\left(\arctan\left(\frac{k}{\beta}\tan\beta a\right)-ka\right) \tag{53}$$

[例题 2]　质量为 μ 的粒子被中心力场 $V(r)=\frac{\alpha}{r^2}(\alpha>0)$ 散射.

(1) 求各分波的相移 δ_l.

(2) 在 $\frac{\mu\alpha}{\hbar^2}\ll\frac{1}{8}$ 条件下,求 δ_l 的渐近式,并计算 $E\to 0$ 时 s 波散射总截面 σ_t 及任意能量下的散射微分截面 $\sigma(\theta)$.

解：l 分波的径向方程为

$$\frac{d^2R_l(r)}{dr^2}+\frac{2}{r}\frac{dR_l(r)}{dr}+\left[k^2-\frac{l(l+1)}{r^2}-\frac{2\mu}{\hbar^2}V(r)\right]R_l(r)=0 \tag{54}$$

将 $V(r)=\frac{\alpha}{r^2}$ 代入方程(54)，得

$$\frac{d^2R_l(r)}{dr^2}+\frac{2}{r}\frac{dR_l(r)}{dr}+\left\{k^2-\left[l(l+1)+\frac{2\mu\alpha}{\hbar^2}\right]\frac{1}{r^2}\right\}R_l(r)=0 \tag{55}$$

令

$$\upsilon(\upsilon+1)=l(l+1)+\frac{2\mu\alpha}{\hbar^2} \tag{56}$$

或

$$\begin{aligned}\upsilon&=\left[l(l+1)+\frac{2\mu\alpha}{\hbar^2}+\frac{1}{4}\right]^{1/2}-\frac{1}{2}\\&=\left[\left(l+\frac{1}{2}\right)^2+\frac{2\mu\alpha}{\hbar^2}\right]^{1/2}-\frac{1}{2}\end{aligned} \tag{57}$$

利用(57)式，方程(55)变为

$$\frac{d^2R_l(r)}{dr^2}+\frac{2}{r}\frac{dR_l(r)}{dr}+\left[k^2-\frac{\upsilon(\upsilon+1)}{r^2}\right]R_l(r)=0 \tag{58}$$

令 $\rho=kr$，作变量变换 $r\to\rho=kr$，得 $R_l(\rho)$ 的方程

$$\frac{d^2R_l(\rho)}{d\rho^2}+\frac{2}{\rho}\frac{dR_l(\rho)}{d\rho}+\left[1-\frac{\upsilon(\upsilon+1)}{\rho^2}\right]R_l(\rho)=0 \tag{59}$$

这是球贝塞尔方程，它的两个线性独立解是

$$j_\upsilon(\rho)=\sqrt{\frac{\pi}{2\rho}}J_{\upsilon+\frac{1}{2}}(\rho),\quad n_\upsilon(\rho)=(-1)^{\upsilon+1}\sqrt{\frac{\pi}{2\rho}}J_{-\upsilon-\frac{1}{2}}(\rho) \tag{60}$$

其中第二个解 $n_\upsilon(\rho)$（球牛曼函数）在 $\rho\to 0$ 处发散. 取第一个解 $j_\upsilon(\rho)$（球贝塞尔函数），并回到变量 r

$$R_l(r)=\sqrt{\frac{\pi}{2kr}}J_{\upsilon+\frac{1}{2}}(kr)\xrightarrow{r\to\infty}\frac{1}{kr}\sin\left(kr-\frac{\upsilon}{2}\pi\right) \tag{61}$$

已知 $R_l(r)$ 在 $r\to\infty$ 处的渐近式为

$$R_l(r)\xrightarrow{r\to\infty}\frac{1}{kr}\sin\left(kr-\frac{l}{2}\pi+\delta_l\right) \tag{62}$$

比较(61)式与(62)式，得

$$\begin{aligned}\delta_l&=-\frac{\upsilon}{2}\pi+\frac{l}{2}\pi=-\frac{\pi}{2}(\upsilon-l)\\&=-\frac{\pi}{2}\left\{\left[\left(l+\frac{1}{2}\right)^2+\frac{2\mu\alpha}{\hbar^2}\right]^{1/2}-\left(l+\frac{1}{2}\right)\right\}\end{aligned} \tag{63}$$

如果 $\frac{\mu\alpha}{\hbar^2} \ll \frac{1}{8}$,便有

$$\frac{2\mu\alpha}{\hbar^2} \ll \frac{1}{4} \leqslant \left(l+\frac{1}{2}\right)^2, \quad 或 \quad \frac{2\mu\alpha}{\hbar^2\left(l+\frac{1}{2}\right)^2} \ll 1 \tag{64}$$

利用(64)式,(63)式可表示为

$$\begin{aligned}\delta_l &= -\frac{\pi}{2}\left\{\left(l+\frac{1}{2}\right)\left[1+\frac{2\mu\alpha}{\hbar^2\left(l+\frac{1}{2}\right)^2}\right]^{1/2} - \left(l+\frac{1}{2}\right)\right\} \\ &\approx -\frac{\pi}{2}\left\{\left(l+\frac{1}{2}\right)\left[1+\frac{\mu\alpha}{\hbar^2\left(l+\frac{1}{2}\right)^2}\right] - \left(l+\frac{1}{2}\right)\right\} \\ &= -\frac{\pi\mu\alpha}{(2l+1)\hbar^2}\end{aligned} \tag{65}$$

比较(65)式与条件 $\frac{\mu\alpha}{\hbar^2} \ll \frac{1}{8}$,看出 $|\delta_l| \ll 1$. 当 $E \to 0$ 时,只考虑 s 波相移 $\delta_0 = -\frac{\pi\mu\alpha}{\hbar^2}$,并注意到 $|\delta_0| \ll 1$,便有

$$\sigma(\theta) = \frac{1}{k^2}\sin^2\delta_0 \approx \frac{1}{k^2}\delta_0^2 = \frac{\pi^2\mu^2\alpha^2}{\hbar^4 k^2} \tag{66}$$

$$\sigma_t = \frac{4\pi^3\mu^2\alpha^2}{\hbar^4 k^2} \tag{67}$$

在任意能量下,要考虑所有 l 分波相移 δ_l 的贡献,

$$\sigma(\theta) = \frac{1}{k^2}\left|\sum_{l=0}^{\infty}(2l+1)e^{i\delta_l}\sin\delta_l P_l(\cos\theta)\right|^2 \tag{68}$$

因 $|\delta_l| \ll 1, e^{i\delta_l} \approx 1, \sin\delta_l \approx \delta_l$,(68)式变为

$$\sigma(\theta) = \frac{1}{k^2}\left|\sum_{l=0}^{\infty}(2l+1)\delta_l P_l(\cos\theta)\right|^2 \tag{69}$$

将 δ_l 的表示式(65)代入上式,并利用公式

$$\sum_{l=0}^{\infty} P_l(\cos\theta) = \frac{1}{2\sin\frac{\theta}{2}} \tag{70}$$

得

$$\sigma(\theta) = \frac{\pi^2\mu^2\alpha^2}{4\hbar^4 k^2}\frac{1}{\sin^2\frac{\theta}{2}} \tag{71}$$

[例题 3]

(1) 考虑低能 $E \to 0$ 的 s 波散射,令 $\psi(r) = u(r)/r$, $u(r)$ 满足方程

$$\frac{\mathrm{d}^2 u(r)}{\mathrm{d}r^2} + \left(k^2 - \frac{2\mu V(r)}{\hbar^2}\right)u(r) = 0, \quad k^2 = \frac{2\mu E}{\hbar^2} \tag{72}$$

此方程在 $E \to 0$ 与 $r \to \infty$ 的渐近解具有如下形式

$$u(r) = A\left(1 - \frac{1}{a_0}r\right) \tag{73}$$

式中 A 与 a_0 为常数，a_0 具有长度的量纲，称为散射长度. 证明 s 波相移 $\delta_0 = -ka_0$，散射振幅 $f(\theta) = -a_0$，散射总截面 $\sigma_t = 4\pi a_0^2$.

(2) 计算粒子在中心力场 $V(r) = \frac{\alpha}{r^4}(\alpha > 0)$ 中的散射长度 a_0，散射振幅 $f(\theta)$ 及散射总截面 σ_t.

解：

(1) 已知

$$\begin{aligned} u(r) &\xrightarrow{r\to\infty} C\sin(kr + \delta_0) = C(\sin\delta_0 \cos kr + \cos\delta_0 \sin kr) \\ &= C\sin\delta_0(\cos kr + \cot\delta_0 \sin kr) \end{aligned} \tag{74}$$

当 $k \to 0(E \to 0)$ 时，上式变为

$$u(r) \xrightarrow[k\to 0]{r\to\infty} C\sin\delta_0(1 + \cot\delta_0\, kr) \tag{75}$$

比较(75)式与(73)式，得

$$-\frac{1}{a_0} = k\cot\delta_0, \quad 或 \quad -ka_0 = \tan\delta_0 \tag{76}$$

因 $k \to 0$，故 ka_0 值很小，$\tan\delta_0 \approx \delta_0$. 由(76)式得

$$\delta_0 = -ka_0 \tag{77}$$

显然有，$|\delta_0| \ll 1$. 对 s 波，散射振幅

$$f(\theta) = \frac{1}{k}\mathrm{e}^{i\delta_0}\sin\delta_0 \approx \frac{\delta_0}{k} = -a_0 \tag{78}$$

散射微分截面与总截面分别为

$$\sigma(\theta) = |f(\theta)|^2 = a_0^2 \tag{79}$$

$$\sigma_t = \int \sigma(\theta)\mathrm{d}\Omega = 4\pi a_0^2 \tag{80}$$

(2) 计算 σ_t 在于计算 a_0. 计算 a_0 的方法是在 $E \to 0$ 的条件下，求出方程(72) 的解 $u(r)$. 然后找出 $u(r)$ 在 $r \to \infty$ 处的渐近式，并同(73) 式比较，求出 a_0. 在本例题中，$V(r) = \frac{\alpha}{r^4}(\alpha > 0)$，$u(r)$ 的方程为

$$\frac{\mathrm{d}^2 u(r)}{\mathrm{d}r^2} + \left(k^2 - \frac{2\mu\alpha}{\hbar^2}\frac{1}{r^4}\right)u(r) = 0 \tag{81}$$

当 $k \to 0(E \to 0)$ 时，上式变为

$$\frac{d^2u(r)}{dr^2}-\frac{2\mu\alpha}{\hbar^2}\frac{u(r)}{r^4}=0 \tag{82}$$

令 $\xi=\frac{\hbar}{\sqrt{2\mu\alpha}}r$，$u(\xi)$ 的方程为

$$\frac{d^2u(\xi)}{d\xi^2}-\frac{u(\xi)}{\xi^4}=0 \tag{83}$$

其解为

$$u(\xi)=B\xi e^{-1/\xi} \tag{84}$$

在 $\xi\to\infty(r\to\infty)$ 处，上式可化为

$$u(\xi)=B\xi(1-1/\xi)=-B(1-\xi)=A(1-\xi) \tag{85}$$

回到原变量 r，

$$u(r)=A\left(1-\frac{\hbar}{\sqrt{2\mu\alpha}}r\right) \tag{86}$$

比较(86)式与(73)式：

$$u(r)=A\left(1-\frac{1}{a_0}r\right)$$

得 $a_0=\frac{\sqrt{2\mu\alpha}}{\hbar}$. 于是便有

$$f(\theta)=-a_0=-\frac{\sqrt{2\mu\alpha}}{\hbar} \tag{87}$$

$$\delta_0=-ka_0=-\frac{k\sqrt{2\mu\alpha}}{\hbar} \tag{88}$$

$$\sigma_t=4\pi a_0^2=\frac{8\pi\mu\alpha}{\hbar^2} \tag{89}$$

[例题 4]　已知 $V(r)=V_0\delta(r-a)$，求低能($ka\ll 1$)s 波散射总截面 σ_t.

解：对 s 波，令 $\psi(r)=u(r)/r$，$u(r)$ 满足方程

$$\frac{d^2u(r)}{dr^2}+\left(k^2-\frac{2\mu V_0}{\hbar^2}\delta(r-a)\right)u(r)=0 \tag{90}$$

及边界条件

$$u(0)=0 \tag{91}$$

对方程(90)，在区间 $r=a-\varepsilon\sim a+\varepsilon$ 作积分 $\int dr$，得 $u'(r)$ 在 $r=a$ 点的不连续条件

$$u'(a^+)-u'(a^-)=\frac{2\mu V_0}{\hbar^2}u(a) \tag{92}$$

在 $r \neq a$ 处，方程(90) 的满足条件(91) 的解为

$$\begin{aligned} u_1(r) &= A\sin kr, & r < a \\ u_2(r) &= B\sin(kr+\delta_0), & r > a \end{aligned} \tag{93}$$

由 $u(r)$ 在 $r=a$ 处的连续条件得

$$B\sin(ka+\delta_0) = A\sin ka \tag{94}$$

由 $u'(r)$ 在 $r=a$ 处的不连续条件(92)，得

$$Bk\cos(ka+\delta_0) = Ak\cos ka + \frac{2\mu V_0}{\hbar^2}A\sin ka \tag{95}$$

(94)式与(95)式相除，得

$$\tan(ka+\delta_0) = \frac{k}{k\cot ka + \frac{2\mu V_0}{\hbar^2}} \tag{96}$$

因 $ka \ll 1$，故 $\cot ka = \frac{\cos ka}{\sin ka} \approx \frac{1}{ka}$. 于是，由(96) 式可得

$$\tan(ka+\delta_0) = \frac{k}{\frac{1}{a}+\frac{2\mu V_0}{\hbar^2}} = \frac{ka}{1+\frac{2\mu V_0 a}{\hbar^2}} \ll 1$$

$$ka+\delta_0 \approx \frac{ka}{1+\frac{2\mu V_0 a}{\hbar^2}}$$

$$\delta_0 \approx \frac{ka}{1+\frac{2\mu V_0 a}{\hbar^2}} - ka = -ka\frac{2\mu V_0 a}{\hbar^2+2\mu V_0 a} \to 0$$

$$\sigma_t = \frac{4\pi}{k^2}\sin^2\delta_0 \approx \frac{4\pi}{k^2}\delta_0^2 = 4\pi a^2\left(\frac{2\mu V_0 a}{\hbar^2+2\mu V_0 a}\right)^2 \tag{97}$$

当 $V_0 \to \infty$ 时，$\sigma_t \to 4\pi a^2$.

§10.3 高能散射，玻恩近似

对高能粒子散射，分波法不适用. 在入射粒子能量很高的条件下，哈密顿量 $\hat{H} = \frac{\hat{p}^2}{2\mu} + V(\boldsymbol{r})$ 中的势能 $V(\boldsymbol{r})$ 相对动能 $\hat{H}_0 = \frac{\hat{p}^2}{2\mu}$ 来说，可以看成是微扰. 我们可以利用微扰方法中的黄金规则公式来计算高能粒子散射的微分截面

$\sigma(\theta,\varphi)$. 设想 $t<0$ 时,粒子处于自由粒子哈密顿算符 $\hat{H}_0=\frac{\hat{p}^2}{2\mu}$ 的能量 $E=\frac{p^2}{2\mu}$,动量 $\boldsymbol{p}_0=p\boldsymbol{e}_z$ 的本征态上,其中 $\boldsymbol{e}_z$ 是 z 轴方向上的单位矢量. 归一化波函数为

$$\psi_{\boldsymbol{p}_0}(\boldsymbol{r})=\frac{1}{L^{3/2}}\mathrm{e}^{i\boldsymbol{p}_0\cdot\boldsymbol{r}/\hbar}=\frac{1}{L^{3/2}}\mathrm{e}^{ipz/\hbar}\tag{1}$$

这里已假设粒子被限制在边长为 L(L 很大)的立方体空间内,$\psi_{\boldsymbol{p}_0}(\boldsymbol{r})$ 满足归一化条件:

$$\int|\psi_{\boldsymbol{p}_0}(\boldsymbol{r})|^2\mathrm{d}\tau=1\tag{2}$$

$t\geqslant 0$ 时,粒子受到微扰 $\hat{H}'=V(\boldsymbol{r})$ 的作用,我们来求当 $t\to\infty$ 时粒子由初态 $\psi_{\boldsymbol{p}_0}$ 到 $\hat{H}_0$ 的动量 $\boldsymbol{p}$ 的大小仍为 p,但方向在 (θ,φ) 的 $\mathrm{d}\Omega$ 立体角内的所有本征态跃迁的速率 $\mathrm{d}w$. 由于 $\mathrm{d}\Omega$ 角很小,所有这些末态的波函数可以统一表示为

$$\psi_{\boldsymbol{p}}(\boldsymbol{r})=\frac{1}{L^{3/2}}\mathrm{e}^{i\boldsymbol{p}\cdot\boldsymbol{r}/\hbar},\qquad \boldsymbol{p}=p\boldsymbol{n}\tag{3}$$

这里 $\boldsymbol{n}$ 是 (θ,φ) 方向上的单位矢量. 根据黄金规则公式

$$\mathrm{d}w=\frac{2\pi}{\hbar}|H'_{\boldsymbol{p}\boldsymbol{p}_0}|^2\rho(p,\theta,\varphi,\mathrm{d}\Omega)\tag{4}$$

其中

$$H'_{\boldsymbol{p}\boldsymbol{p}_0}=\int\psi_{\boldsymbol{p}}^*(\boldsymbol{r}')\hat{H}'\psi_{\boldsymbol{p}_0}(\boldsymbol{r}')\mathrm{d}\tau'=\frac{1}{L^3}\int\mathrm{e}^{-i(\boldsymbol{p}-\boldsymbol{p}_0)\cdot\boldsymbol{r}'/\hbar}V(\boldsymbol{r}')\mathrm{d}\tau'\tag{5}$$

(5)式中的积分变量不用 $\boldsymbol{r}$,而用 $\boldsymbol{r}'(r',\theta',\varphi')$,是为了避免同末态粒子的方向 (θ,φ) 混淆;

$$\rho(p,\theta,\varphi,\mathrm{d}\Omega)=\frac{L^3p\mu\ \mathrm{d}\Omega}{(2\pi\hbar)^3}\tag{6}$$

是动量为 p 方向在 (θ,φ) 的 $\mathrm{d}\Omega$ 立体角内的自由粒子能态密度(见 §7.5 公式(24)). 将(5)式与(6)式代入到(4)式中,得

$$\mathrm{d}w=\frac{p\mu}{4\pi^2\hbar^4L^3}\left|\int\mathrm{e}^{-i(\boldsymbol{p}-\boldsymbol{p}_0)\cdot\boldsymbol{r}'/\hbar}V(\boldsymbol{r}')\mathrm{d}\tau'\right|^2\mathrm{d}\Omega\tag{7}$$

由粒子的初态波函数 $\psi_{\boldsymbol{p}_0}(\boldsymbol{r})$ 可以算出粒子沿 z 轴方向运动的几率流密度

$$j_z=-\frac{i\hbar}{2\mu}\left(\psi_{\boldsymbol{p}_0}^*(\boldsymbol{r})\frac{\partial}{\partial z}\psi_{\boldsymbol{p}_0}(\boldsymbol{r})-\psi_{\boldsymbol{p}_0}(\boldsymbol{r})\frac{\partial}{\partial z}\psi_{\boldsymbol{p}_0}^*(\boldsymbol{r})\right)=\frac{p}{\mu L^3}\tag{8}$$

这里计算的跃迁速率 $\mathrm{d}w$ 相应于在 §10.1 中定义的 $\mathrm{d}n$(单位时间在 (θ,φ) 方向的 $\mathrm{d}\Omega$ 立体角内出射的粒子数),而这里计算的 j_z 相应于在 §10.1 中用同一符号表示的入射粒子流密度. 于是根据散射微分截面的定义,便有

$$\sigma(\theta,\varphi)=\frac{\mathrm{d}w}{j_z\mathrm{d}\Omega}=\frac{\mu^2}{4\pi^2\hbar^4}\left|\int \mathrm{e}^{-i(\boldsymbol{p}-\boldsymbol{p}_0)\cdot\boldsymbol{r}'/\hbar}V(\boldsymbol{r}')\mathrm{d}\tau'\right|^2 \tag{9}$$

令

$$\boldsymbol{q}\equiv\frac{\boldsymbol{p}-\boldsymbol{p}_0}{\hbar}=\boldsymbol{k}-\boldsymbol{k}_0 \tag{10}$$

$\boldsymbol{q}$ 表示沿(θ,φ)方向出射的波矢量 $\boldsymbol{k}$ 与入射波矢量 $\boldsymbol{k}_0$ 之差. 由图 10.3 看出,$\boldsymbol{q}$ 的大小为

$$q=2k\sin\frac{\theta}{2} \tag{11}$$

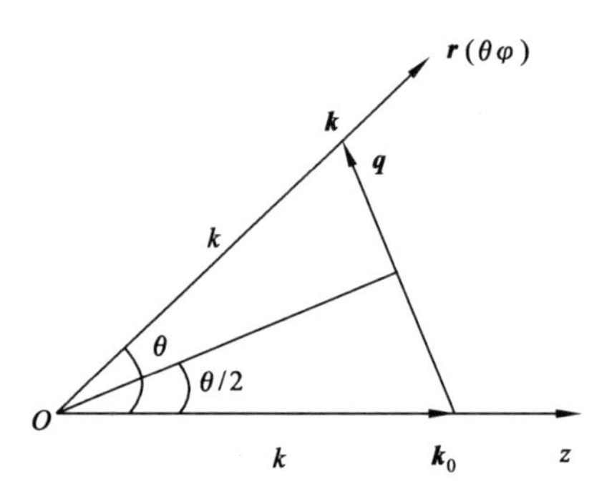

图 10.3

利用 $\boldsymbol{q}$ 的定义式(10),(9) 式可表示为

$$\sigma(\theta,\varphi)=\frac{\mu^2}{4\pi^2\hbar^4}\left|\int \mathrm{e}^{-i\boldsymbol{q}\cdot\boldsymbol{r}'}V(\boldsymbol{r}')\mathrm{d}\tau'\right|^2 \tag{12}$$

(12) 式称玻恩近似公式. 由于它是用一级微扰理论推导出的,故它也称作一级玻恩近似公式. 如果 $V=V(r)$ 为中心力场,则玻恩近似公式

$$\sigma(\theta)=\frac{\mu^2}{4\pi^2\hbar^4}\left|\int \mathrm{e}^{-i\boldsymbol{q}\cdot\boldsymbol{r}'}V(r')\mathrm{d}\tau'\right|^2 \tag{13}$$

可以化简. 在公式(12) 与(13) 中,$\boldsymbol{q}$ 是同积分变量 $\boldsymbol{r}'$ 无关的常矢量. 积分同坐标系的选择无关. 计算积分时,可以选择 $\boldsymbol{q}$ 的方向为 z' 的方向. 于是

$$\int \mathrm{e}^{-i\boldsymbol{q}\cdot\boldsymbol{r}'}V(\boldsymbol{r}')\mathrm{d}\tau'=\int \mathrm{e}^{-iqr'\cos\theta'}V(\boldsymbol{r}')\mathrm{d}\tau' \tag{14}$$

在 $V=V(r)$ 为中心力场的情况下,这个积分可以化简为

$$\int \mathrm{e}^{-i\boldsymbol{q}\cdot\boldsymbol{r}'}V(r')\mathrm{d}\tau'=\int \mathrm{e}^{-iqr'\cos\theta'}V(r')\mathrm{d}\tau'$$

$$=\int_0^\infty \mathrm{d}r'V(r')r'^2\int_0^\pi \mathrm{e}^{-iqr'\cos\theta'}\sin\theta'\mathrm{d}\theta'\int_0^{2\pi}\mathrm{d}\varphi'$$

$$=\frac{4\pi}{q}\int_0^\infty V(r)r\sin qr\,\mathrm{d}r \tag{15}$$

式中已将积分变量 r' 改用 r 表示，因为它不会同出射角 θ 混淆. 将(15) 式代入(13) 式，得中心力场 $V(r)$ 中散射的玻恩近似公式

$$\sigma(\theta)=\frac{4\mu^2}{\hbar^4 q^2}\left|\int_0^\infty V(r)r\sin qr\,\mathrm{d}r\right|^2 \tag{16}$$

$$q=2k\sin\frac{\theta}{2}$$

由(12) 式可以确定与 $\sigma(\theta,\varphi)$ 相应的散射振幅 $f(\theta,\varphi)$ 的绝对值：

$$|f(\theta,\varphi)|=\frac{\mu}{2\pi\hbar^2}\left|\int \mathrm{e}^{-i\boldsymbol{q}\cdot\boldsymbol{r}'}V(\boldsymbol{r}')\mathrm{d}\tau'\right| \tag{17}$$

根据其他方法计算的结果，散射振幅 $f(\theta,\varphi)$ 的玻恩近似公式为

$$f(\theta,\varphi)=-\frac{\mu}{2\pi\hbar^2}\int \mathrm{e}^{-i\boldsymbol{q}\cdot\boldsymbol{r}'}V(\boldsymbol{r}')\mathrm{d}\tau' \tag{18}$$

$$\boldsymbol{q}\equiv\frac{\boldsymbol{p}-\boldsymbol{p}_0}{\hbar}=\boldsymbol{k}-\boldsymbol{k}_0$$

如果 V 是中心力场，则散射振幅 $f(\theta)$ 的玻恩近似公式为

$$f(\theta)=-\frac{2\mu}{\hbar^2 q}\int_0^\infty V(r)r\sin qr\,\mathrm{d}r \tag{19}$$

$$q=2k\sin\frac{\theta}{2}$$

［例题］　计算电荷为 $Z'e$ 的高能粒子在原子上的散射微分截面 $\sigma(\theta)$，由于原子核的电场受到原子内电子的屏蔽的作用，入射粒子同原子的作用力势可近似表示为

$$V(r)=\frac{ZZ'e^2}{r}\mathrm{e}^{-r/a} \tag{20}$$

其中 a 为原子的半径.

解：将(20) 式代入到(16) 式中，

$$\sigma(\theta)=\frac{4\mu^2Z^2Z'^2e^4}{\hbar^4q^2}\left|\int_0^\infty \mathrm{e}^{-r/a}\sin qr\,\mathrm{d}r\right|^2$$

$$=\frac{4\mu^2Z^2Z'^2e^4}{\hbar^4}\frac{1}{\left(q^2+\frac{1}{a^2}\right)^2} \tag{21}$$

代入 $q=2k\sin\frac{\theta}{2}$，得

$$\sigma(\theta) = \frac{4\mu^2 Z^2 Z'^2 e^4 a^4}{\hbar^4 \left(4k^2 a^2 \sin^2 \dfrac{\theta}{2} + 1\right)^2} \tag{22}$$

如果 $4k^2 a^2 \sin^2 \dfrac{\theta}{2} \gg 1$,则上式变为

$$\sigma(\theta) = \frac{Z^2 Z'^2 e^4}{4\mu^2 v^4} \csc^4 \frac{\theta}{2} \tag{23}$$

这里用到关系式 $p = \hbar k = \mu v$.(23) 式就是著名的卢瑟福散射公式.

§10.4 质心系与实验室系

以上我们是在靶粒子质量远远大于入射粒子质量的条件下,计算入射粒子的散射截面的.这时由于靶粒子在散射过程中保持不动,我们只要考虑入射粒子的波函数.实际上,上述条件常常得不到满足.在入射粒子质量 $m_1 \ll$ 靶粒子质量 m_2 的条件不满足时,我们必须考虑由这两个粒子组成的体系波函数 $\psi(\boldsymbol{r}_1, \boldsymbol{r}_2)$,它满足定态方程

$$\left[-\frac{\hbar^2}{2m_1}\nabla_1^2 - \frac{\hbar^2}{2m_2}\nabla_2^2 + V(\boldsymbol{r}_1 - \boldsymbol{r}_2)\right]\psi(\boldsymbol{r}_1, \boldsymbol{r}_2) = E_t \psi(\boldsymbol{r}_1, \boldsymbol{r}_2) \tag{1}$$

其中 E_t 为体系总能量.在第六章中曾讨论过,在引入质心坐标 R 与相对坐标 $\boldsymbol{r}$ 之后,体系波函数 $\psi(R, \boldsymbol{r})$ 可以分离变量 R 与 $\boldsymbol{r}$,即体系波函数可表示为

$$\psi(R, \boldsymbol{r}) = \Phi(R)\psi(\boldsymbol{r}) \tag{2}$$

质心运动波函数 $\Phi(R)$ 是沿 z 轴方向运动的平面波函数.相对运动波函数 $\psi(\boldsymbol{r})$ 满足方程

$$\left[-\frac{\hbar^2}{2\mu}\nabla^2 + V(\boldsymbol{r})\right]\psi(\boldsymbol{r}) = E\psi(\boldsymbol{r}) \tag{3}$$

其中 $\mu = \dfrac{m_1 m_2}{m_1 + m_2}$ 为折合质量,E 是相对运动能量.显然,质心运动波函数 $\Phi(R)$ 同散射截面无关,相对运动波函数 $\psi(\boldsymbol{r})$ 决定散射截面.$\psi(\boldsymbol{r})$ 的方程(3) 同我们在前面讨论过的散射定态方程在形式上完全相同.因此由方程(3) 求散射微分截面 $\sigma(\theta, \varphi)$ 的方法也就完全相同.只是现在求出的 $\sigma(\theta, \varphi)$ 是质心系中的散射微分截面,而以前求出的 $\sigma(\theta, \varphi)$ 是实验室系中的散射微分截面.后者可以直接同实验值比较,而前者则不能.为了能同实验值比较,必须将质心系中的

散射微分截面变换到实验室系中去. 下面讨论两个坐标系中有关物理量之间的变换关系.

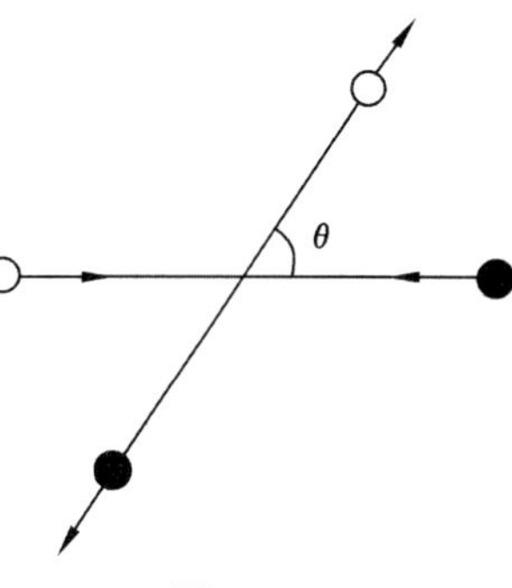

图 10.4

站在质心的观察者看到入射粒子 m_1 与靶粒子 m_2 在碰撞前沿 z 轴相对而来,在碰撞后又相对而去,去的方向与来的方向成 θ 角(见图 10.4 所示). 这个 θ 角就是质心系中的散射角,它不等于实验室系中入射粒子 m_1 的散射角 θ_l. 设在碰撞前入射粒子在实验室系中以速度 v_1 沿 z 轴方向向着位于坐标原点的静止的靶粒子运动. 显然,由入射粒子与靶粒子组成的体系的质心 M 以速度

$$V_M = \frac{m_1}{m_1 + m_2} v_1 \tag{4}$$

沿 z 轴方向运动. 因此在质心系中,入射粒子 m_1 以速度

$$u_1 = v_1 - \frac{m_1}{m_1 + m_2} v_1 = \frac{m_2}{m_1 + m_2} v_1 \tag{5}$$

沿 z 轴方向运动(两个参考系的 z 轴方向一致);而靶粒子 m_2 则以速度 $-V_M$ 沿负 z 轴方向运动,即靶粒子 m_2 的速度为

$$u_2 = -\frac{m_1}{m_1 + m_2} v_1 \tag{6}$$

在质心系中两粒子体系的能量为

$$\begin{aligned} E &= \frac{1}{2} m_1 u_1^2 + \frac{1}{2} m_2 u_2^2 \\ &= \frac{1}{2} m_1 \left(\frac{m_2}{m_1 + m_2} v_1 \right)^2 + \frac{1}{2} m_2 \left(\frac{m_1}{m_1 + m_2} v_1 \right)^2 \\ &= \frac{1}{2} \mu v_1^2, \qquad \mu = \frac{m_1 m_2}{m_1 + m_2} \end{aligned} \tag{7}$$

在实验室系中体系的能量为

$$E_l = \frac{1}{2} m_1 v_1^2 \tag{8}$$

E 与 E_l 的关系为

$$E = \frac{m_2}{m_1 + m_2} E_l \tag{9}$$

当 $m_2 \gg m_1$ 时,$E = E_l$. 设在质心系中,m_1 与 m_2 碰撞后的速度矢量分别为 $\boldsymbol{u}_1'$ 与 $\boldsymbol{u}_2'$. 由动量守恒与能量守恒,得

$$m_1 \boldsymbol{u}_1' = - m_2 \boldsymbol{u}_2', \quad 或 \quad m_1 u_1' = m_2 u_2' \tag{10}$$

$$\frac{1}{2}m_1 u_1'^2 + \frac{1}{2}m_2 u_2'^2 = \frac{1}{2}m_1\left(\frac{m_2}{m_1+m_2}v_1\right)^2 + \frac{1}{2}m_2\left(\frac{m_1}{m_1+m_2}v_1\right)^2 \tag{11}$$

由这两个方程解得

$$u_1' = u_1 = \frac{m_2}{m_1+m_2}v_1, \quad u_2' = u_2 = \frac{m_1}{m_1+m_2}v_1 \tag{12}$$

可见，在质心系中，两粒子碰撞前后的速度大小不变，变化的只是速度的方向.

图 10.5 给出质心系中散射角 θ 与实验室系散射角 θ_l 之间关系的示意图. 在实验室系中，入射粒子 m_1 碰撞后的速度矢量为

$$\boldsymbol{V}_1' = \boldsymbol{u}_1' + \boldsymbol{V}_M \tag{13}$$

由图 10.5 看出，与(13)式相应的两个相互垂直方向上的分量等式为

$$V_1'\cos\theta_l = V_M + u_1\cos\theta \tag{14}$$

$$V_1'\sin\theta_l = u_1\sin\theta \tag{15}$$

(15)与(14)式相比，得

$$\tan\theta_l = \frac{u_1\sin\theta}{V_M + u_1\cos\theta} \tag{16}$$

将(4) 与(5) 式代(16) 式，得 θ 与 θ_l 的关系式

$$\tan\theta_l = \frac{m_2\sin\theta}{m_1 + m_2\cos\theta} \tag{17}$$

质心系中的 φ 角与实验室系中的 φ_l 是一样的:

$$\varphi = \varphi_l.$$

最后讨论质心系中散射微分截面 $\sigma(\theta,\varphi)$ 与实验室系中散射微分截面 $\sigma_l(\theta_l,\varphi_l)$ 之间的关系. 设 $\mathrm{d}\Omega = \sin\theta\mathrm{d}\theta\mathrm{d}\varphi$ 为质心系中(θ,φ) 方向的立体角，与它对应的实验室系中的立体角为 $\mathrm{d}\Omega_l = \sin\theta_l\mathrm{d}\theta_l\mathrm{d}\varphi_l$. 在两个参考系中，观察者在单位时间内分别在 $\mathrm{d}\Omega$ 与 $\mathrm{d}\Omega_l$ 中观察到的粒子数 $\mathrm{d}N$ 是一样的，并且在单位时间内观察到的沿 z 轴方向穿过与 z 轴垂直的单位面积的粒子数 j_z 也是一样的，于是便有

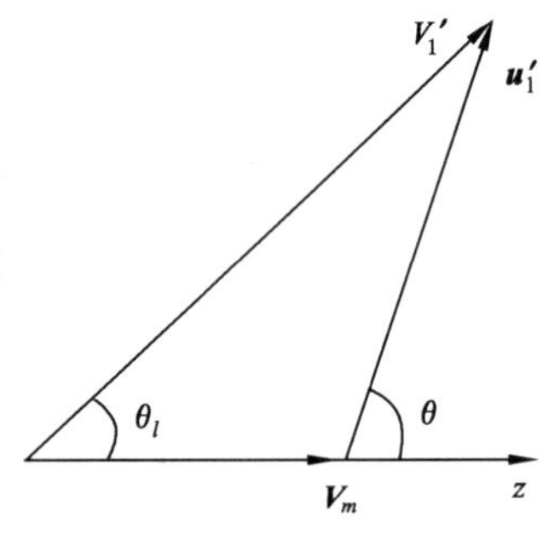

图 10.5

$$\sigma_l(\theta_l,\varphi_l)\mathrm{d}\Omega_l = \sigma(\theta,\varphi)\mathrm{d}\Omega \tag{18}$$

将 $\mathrm{d}\Omega$ 与 $\mathrm{d}\Omega_l$ 的具体表示式代入上式，并注意到 $\mathrm{d}\varphi = \mathrm{d}\varphi_l$，便有

$$\sigma_l(\theta_l,\varphi_l)\sin\theta_l\mathrm{d}\theta_l = \sigma(\theta,\varphi)\sin\theta\mathrm{d}\theta \tag{19}$$

利用公式

$$\cos^2\theta_l = \frac{1}{1+\tan^2\theta_l} \tag{20}$$

及(17)式,得

$$\cos\theta_l = \frac{m_1 + m_2\cos\theta}{\sqrt{m_1^2 + m_2^2 + 2m_1 m_2\cos\theta}} \tag{21}$$

对上式微分,得

$$\sin\theta_l \mathrm{d}\theta_l = \frac{(m_2 + m_1\cos\theta)m_2^2\sin\theta\mathrm{d}\theta}{(m_1^2 + m_2^2 + 2m_1 m_2\cos\theta)^{3/2}} \tag{22}$$

将(22)式代入(19)式,得

$$\sigma_l(\theta_l,\varphi_l) = \frac{(m_1^2 + m_2^2 + 2m_1 m_2\cos\theta)^{3/2}}{|m_2 + m_1\cos\theta|\ m_2^2}\sigma(\theta,\varphi) \tag{23}$$

其中,$\varphi_l = \varphi$,θ_l 与 θ 的关系由(17) 式决定. 由于截面是正的,为了避免出现负值,在公式(23) 中引入了绝对值的符号. 在两个参考系中,散射总截面 σ_t 是一样的.

§10.5　自旋 $s = 1/2$ 的非全同粒子散射

现考虑入射粒子与靶粒子为自旋 $s = 1/2$ 的非全同粒子散射,如 np 散射(对 np 散射,计算的截面为质心系中的截面). 假定两粒子之间的相互作用力势具有如下形式:

$$V = V_0 + g(r)\hat{\boldsymbol{S}}_1 \cdot \hat{\boldsymbol{S}}_2 \tag{1}$$

其中 $\hat{\boldsymbol{S}}_1$ 与 $\hat{\boldsymbol{S}}_2$ 为入射粒子与靶粒子的自旋. 显然,入射粒子与靶粒子的总自旋 $\hat{\boldsymbol{S}} = \hat{\boldsymbol{S}}_1 + \hat{\boldsymbol{S}}_2$ 为守恒量,在散射过程中体系的 $\hat{\boldsymbol{S}}^2$ 与 $\hat{\boldsymbol{S}}_z$ 保持不变. 如果我们将体系波函数用 $\hat{\boldsymbol{S}}^2$ 与 $\hat{\boldsymbol{S}}_z$ 的共同本征函数 $|11\rangle$ $|10\rangle$ $|1,-1\rangle$ $|00\rangle$ 展开,则处于自旋三重态与自旋单态的两类体系,将各自按照自己的作用力势

$$V_3 = V_0 + \frac{\hbar^2}{4}g(r) \tag{2}$$

与

$$V_1 = V_0 - \frac{3\hbar^2}{4}g(r) \tag{3}$$

独立地进行散射. 我们可以通过解定态方程

$$\left[-\frac{\hbar^2}{2\mu}\nabla^2 + V_3\right]\psi(\boldsymbol{r}) = E\psi(\boldsymbol{r}) \tag{4}$$

与

$$\left[-\frac{\hbar^2}{2\mu}\nabla^2+V_1\right]\psi(\boldsymbol{r})=E\psi(\boldsymbol{r}) \tag{5}$$

得到自旋三重态散射振幅 $f_3(\theta)$ 与自旋单态散射振幅 $f_1(\theta)$. 然后根据入射平面波按自旋三重态与自旋单态的展开式:

$$\psi_i=(c_{11}\ |11\rangle+c_{10}\ |10\rangle+c_{1-1}\ |1,-1\rangle+c_{00}\ |00\rangle)\mathrm{e}^{ikz} \tag{6}$$

写出出射球面波

$$\psi_{sc}\xrightarrow{r\to\infty}[f_3(\theta)(c_{11}\ |11\rangle+c_{10}\ |10\rangle+c_{1-1}\ |1,-1\rangle)+f_1(\theta)c_{00}\ |00\rangle]\frac{\mathrm{e}^{ikr}}{r} \tag{7}$$

散射微分截面为

$$\sigma(\theta)=|f_3(\theta)|^2(|c_{11}|^2+|c_{10}|^2+|c_{1-1}|^2)+|f_1(\theta)|^2\ |c_{00}|^2 \tag{8}$$

散射总截面为

$$\begin{aligned}\sigma_t&=\int\sigma(\theta)\mathrm{d}\Omega\\&=(|c_{11}|^2+|c_{10}|^2+|c_{1-1}|^2)\int|f_3(\theta)|^2\mathrm{d}\Omega+|c_{00}|^2\int|f_1(\theta)|^2\mathrm{d}\Omega\end{aligned} \tag{9}$$

[例题1] 考虑低能 np 散射,已知自旋三重态与单态散射振幅分别为 f_3 与 f_1,在以下两种情况计算 s 波散射总截面:(1) 入射中子与靶质子均处于极化态,$s_{nz}=-\hbar/2$,$s_{pz}=\hbar/2$;(2) 质子极化方向为 z 轴,中子极化方向同 z 轴成 φ 角.

解:

(1) 入射平面波

$$\psi_i=\beta(n)\alpha(p)\mathrm{e}^{ikz}=\frac{1}{\sqrt{2}}(|10\rangle-|00\rangle)\mathrm{e}^{ikz}$$

出射球面波

$$\psi_{sc}\xrightarrow{r\to\infty}\frac{1}{\sqrt{2}}[f_3\ |10\rangle-f_1\ |00\rangle]\frac{\mathrm{e}^{ikr}}{r}$$

散射微分截面

$$\sigma(\theta)=\frac{1}{2}(|f_3|^2+|f_1|^2)$$

由于 s 波散射是各向同性的,散射振幅 f_3 与 f_1 同 θ 角无关,散射总截面为

$$\sigma_t=2\pi(|f_3|^2+|f_1|^2)$$

（2）入射平面波

$$\varphi_i=\begin{pmatrix}\cos\frac{\varphi}{2}\\ \sin\frac{\varphi}{2}\end{pmatrix}_n\begin{pmatrix}1\\0\end{pmatrix}_p e^{ikz}$$

$$=\left[\cos\frac{\varphi}{2}\alpha(n)\alpha(p)+\sin\frac{\varphi}{2}\beta(n)\alpha(p)\right]e^{ikz}$$

$$=\left[\cos\frac{\varphi}{2}|11\rangle+\sin\frac{\varphi}{2}\frac{1}{\sqrt{2}}(|10\rangle-|00\rangle)\right]e^{ikz}$$

出射球面波

$$\varphi_{sc}\xrightarrow{r\to\infty}\left[f_3\cos\frac{\varphi}{2}|11\rangle+\sin\frac{\varphi}{2}\frac{1}{\sqrt{2}}(f_3|10\rangle-f_1|00\rangle)\right]\times\frac{e^{ikr}}{r}$$

散射微分截面

$$\sigma(\theta)=\cos^2\frac{\varphi}{2}|f_3|^2+\frac{1}{2}\sin^2\frac{\varphi}{2}(|f_3|^2+|f_1|^2)$$

$$=\frac{1}{2}\left[\left(1+\cos^2\frac{\varphi}{2}\right)|f_3|^2+\sin^2\frac{\varphi}{2}|f_1|^2\right]$$

散射总截面为

$$\sigma_t=2\pi\left[\left(1+\cos^2\frac{\varphi}{2}\right)|f_3|^2+\sin^2\frac{\varphi}{2}|f_1|^2\right]$$

［例题2］　同例题1，但入射中子极化方向为 z 轴，靶质子未极化，计算：（1）散射总截面；（2）中子自旋取向不变的散射截面；（3）中子自旋反向的散射截面.

解：未极化的质子处于 $s_{pz}=\hbar/2$ 与 $-\hbar/2$ 态的几率各占1/2. 入射平面波为

$$\psi_{i1}=\alpha(n)\alpha(p)e^{ikz}=|11\rangle e^{ikz}$$

与

$$\psi_{i2}=\alpha(n)\beta(p)e^{ikz}=\frac{1}{\sqrt{2}}(|10\rangle+|00\rangle)e^{ikz}$$

的几率各占1/2. 同 ψ_{i1} 与 ψ_{i2} 对应的出射球面波为

$$\psi_{sc1}\xrightarrow{r\to\infty}f_3|11\rangle\frac{e^{ikr}}{r}$$

与

$$\psi_{sc2}\xrightarrow{r\to\infty}\frac{1}{\sqrt{2}}\left[f_3|10\rangle+f_1|00\rangle\right]\frac{e^{ikr}}{r}$$

散射总截面为

$$\begin{aligned}\sigma_t &= 4\pi\left[\frac{1}{2}|f_3|^2+\frac{1}{2}\times\frac{1}{2}(|f_3|^2+|f_1|^2)\right]\\ &=\pi(3|f_3|^2+|f_1|^2)\end{aligned}$$

将 ψ_{sc1} 与 ψ_{sc2} 改用分角动量本征态表示：

$$\psi_{sc1}\xrightarrow{r\to\infty}f_3\alpha(n)\alpha(p)\frac{e^{ikr}}{r}$$

$$\psi_{sc2}\xrightarrow{r\to\infty}\frac{1}{2}[(f_3+f_1)\alpha(n)\beta(p)+(f_3-f_1)\beta(n)\alpha(p)]\frac{e^{ikr}}{r}$$

中子自旋取向不变的散射截面为

$$\begin{aligned}\sigma_{\uparrow\uparrow} &= 4\pi\left[\frac{1}{2}|f_3|^2+\frac{1}{2}\times\frac{1}{4}|f_3+f_1|^2\right]\\ &=2\pi|f_3|^2+\frac{\pi}{2}|f_3+f_1|^2\end{aligned}$$

中子自旋反向的散射截面为

$$\sigma_{\downarrow\uparrow}=4\pi\times\frac{1}{2}\times\frac{1}{4}|f_3-f_1|^2=\frac{\pi}{2}|f_3-f_1|^2$$

§10.6　全同粒子散射

如果入射粒子与靶粒子为全同粒子，则我们在前面计算的散射微分截面 $\sigma(\theta,\varphi)$ 公式必须作一定的修改. 这是因为散射方程的解必须符合全同性原理.

(1) 自旋 $s=0$ 的玻色子散射

我们先考虑无自旋的全同粒子散射. 由于入射粒子与靶粒子为全同粒子，它们的质量相同，我们必须在质心坐标系中计算散射微分截面 $\sigma(\theta,\varphi)$. 在质心坐标系中的散射方程为

$$\left[-\frac{\hbar^2}{2\mu}\nabla^2+V(\boldsymbol{r})\right]\psi(\boldsymbol{r})=E\psi(\boldsymbol{r})\tag{1}$$

边界条件为

$$\psi(\boldsymbol{r})\xrightarrow{r\to\infty}e^{ikz}+f(\theta,\varphi)\frac{e^{ikr}}{r}\tag{2}$$

显然,这个边界条件不符合全同性原理.因为,对于 $s=0$ 的玻色子,体系波函数 $\psi(\boldsymbol{r}_1,\boldsymbol{r}_2)$ 对于交换两粒子的坐标 $\boldsymbol{r}_1$ 与 $\boldsymbol{r}_2$,应该保持不变.相应地,在质心系中的波函数 $\psi(\boldsymbol{r})=\psi(\boldsymbol{r}_1-\boldsymbol{r}_2)$ 对于变换

$$\boldsymbol{r}\leftrightarrows-\boldsymbol{r}\quad 或\quad (r,\theta,\varphi)\rightarrow(r,\pi-\theta,\varphi+\pi)$$

应该保持不变.而(2)式在此变换下,变为

$$\psi(-\boldsymbol{r})\xrightarrow{r\to\infty}e^{-ikz}+f(\pi-\theta,\varphi+\pi)\frac{e^{ikr}}{r}\tag{3}$$

显然在 $r\rightarrow\infty$ 处,$\psi(-\boldsymbol{r})\neq\psi(\boldsymbol{r})$.为了使边界条件满足全同性原理,(2)式应该改为

$$\psi(\boldsymbol{r})\xrightarrow{r\to\infty}e^{ikz}+e^{-ikz}+[f(\theta,\varphi)+f(\pi-\theta,\varphi+\pi)]\frac{e^{ikr}}{r}\tag{4}$$

(4)式中,振幅为 $f(\theta,\varphi)$ 与 $f(\pi-\theta,\varphi+\pi)$ 的两个球面波分别代表沿 θ,φ 方向与 $\pi-\theta,\varphi+\pi$ 方向出射的入射粒子.当入射粒子沿 $\pi-\theta,\varphi+\pi$ 方向出射时,靶粒子沿 θ,φ 方向出射(反冲).虽然沿 θ,φ 方向出射的有两种粒子,一种是入射粒子,一种是靶粒子,但由于它们是全同粒子,实验上无法区分,它们都只能当作散射粒子被记录下来.因此(4)式中的$[f(\theta,\varphi)+f(\pi-\theta,\varphi+\pi)]$正是我们要求的出射球面波的振幅.图10.6给出质心系中全同粒子散射示意图.图中表示散射角为θ与$\pi-\theta$时,在θ角方向的出射粒子(包括入射粒子与靶粒子)都将

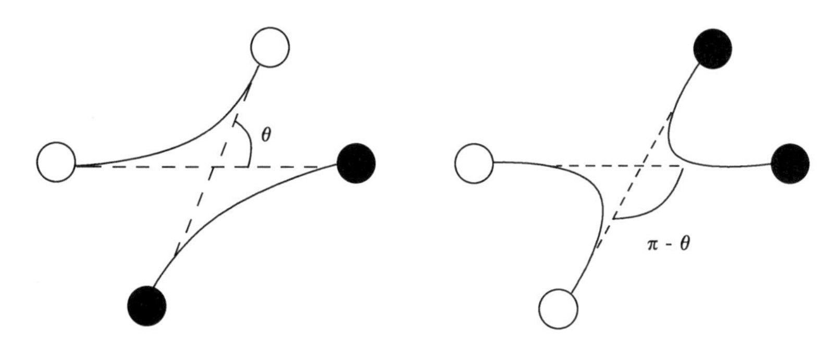

图 10.6

被记录.同出射粒子不同,入射粒子是可以由运动的方向来确定的.因此,入射粒子流密度 j_z 由平面波函数 e^{ikz} 计算:

$$j_z=-\frac{i\hbar}{2\mu}\left[e^{-ikz}\frac{\partial}{\partial z}e^{ikz}-e^{ikz}\frac{\partial}{\partial z}e^{-ikz}\right]=\frac{\hbar k}{\mu}=v\tag{5}$$

沿 θ,φ 方向出射的粒子流密度(包括入射粒子与靶粒子)

$$j_r=\frac{v}{r^2}\left|f(\theta,\varphi)+f(\pi-\theta,\varphi+\pi)\right|^2\tag{6}$$

散射微分截面

$$\begin{aligned}\sigma(\theta,\varphi) &= \frac{j_r \mathrm{d}s}{j_z \mathrm{d}\Omega} = |f(\theta,\varphi) + f(\pi-\theta,\varphi+\pi)|^2 \\ &= |f(\theta,\varphi)|^2 + |f(\pi-\theta,\varphi+\pi)|^2 \\ &\quad + 2Re[f(\theta,\varphi)f^*(\pi-\theta,\varphi+\pi)]\end{aligned} \tag{7}$$

在质心系中,$\sigma(\theta)$ 相对 $\theta = \pi/2$ 是对称的. 这是因为

$$P_l(\cos(\pi-\theta)) = (-1)^l P_l(\cos\theta) \tag{8}$$

当用分波法计算 $\sigma(\theta)$ 时,只有 l 为偶数的分波相移 δ_l 对 $\sigma(\theta)$ 有贡献. 由(7) 式看出,$\theta = \pi/2$ 的散射微分截面为

$$\sigma(\pi/2) = 4\,|f(\theta=\pi/2)|^2 \tag{9}$$

根据经典力学,如果同时记录散射的粒子与靶粒子,则 $\sigma(\pi/2) = 2\,|f(\theta=\pi/2)|^2$,它不同于(9) 式. 实验表明,量子力学的结果(9) 式是正确的.

(2) 自旋 $s = 1/2$ 的费米子散射

对全同费米子散射的分析要比 $s = 0$ 的玻色子困难得多. 为了简单,我们只考虑两个 $s = 1/2$ 的费米子的中心力势散射. 先假定自旋单态($s = 0$) 与自旋三重态($s = 1$) 的相互作用力势相同,即作用力势同两粒子自旋态无关:$V = V(r)$. 在质心系中,散射体系波函数可以表示为空间波函数 $\psi(\boldsymbol{r})$ 与自旋波函数 $\Phi(s_{1z}, s_{2z})$ 相乘的形式:$\psi(\boldsymbol{r})\Phi(s_{1z}, s_{2z})$. 全同性原理要求空间波函数 $\psi(\boldsymbol{r})$ 与自旋波函数 $\Phi(s_{1z}, s_{2z})$ 分别对于变换 $\boldsymbol{r} \leftrightarrows -\boldsymbol{r}$ 与 $s_{1z} \leftrightarrows s_{2z}$ 具有对称的性质,并且散射体系波函数是交换反对称的. 因此在 $r \to \infty$ 处的空间波函数 $\psi(\boldsymbol{r})$ 应该具有如下形式:

$$\psi(\boldsymbol{r}) \xrightarrow{r\to\infty} \mathrm{e}^{ikz} \pm \mathrm{e}^{-ikz} + [f(\theta) \pm f(\pi-\theta)]\frac{\mathrm{e}^{ikr}}{r} \tag{10}$$

其中“+”号对应自旋单态($s = 0$),“−”号对应自旋三重态($s = 1$). 散射微分截面为

$$\sigma(\theta) = \begin{cases} |f(\theta) + f(\pi-\theta)|^2, \text{自旋单态 } (s=0) \text{ 散射} \\ |f(\theta) - f(\pi-\theta)|^2, \text{自旋三重态}(s=1) \text{ 散射} \end{cases} \tag{11}$$

如果入射粒子与靶粒子都是非极化的,则散射体系分别处于自旋单态与三重态的几率为 1/4 与 3/4. 散射微分截面为

$$\sigma(\theta) = \frac{1}{4}\,|f(\theta) + f(\pi-\theta)|^2 + \frac{3}{4}\,|f(\theta) - f(\pi-\theta)|^2$$

$$= |f(\theta)|^2 + |f(\pi-\theta)|^2 - \frac{1}{2}[f^*(\theta)f(\pi-\theta) + f(\theta)f^*(\pi-\theta)] \tag{12}$$

如果入射粒子与靶粒子都是极化的：$s_{1z}=\hbar/2, s_{2z}=\hbar/2$，则体系处于自旋三重态 $|11\rangle$. 散射微分截面为

$$\sigma(\theta) = |f(\theta) - f(\pi-\theta)|^2 \tag{13}$$

如果入射粒子与靶粒子的极化态为 $s_{1z}=\hbar/2, s_{2z}=-\hbar/2$，则体系处于自旋单态 $|00\rangle$ 与三重态 $|10\rangle$ 的几率各为 1/2. 散射微分截面为

$$\sigma(\theta) = \frac{1}{2}|f(\theta)+f(\pi-\theta)|^2 + \frac{1}{2}|f(\theta)-f(\pi-\theta)|^2 = |f(\theta)|^2 + |f(\pi-\theta)|^2 \tag{14}$$

再假定两粒子的作用力势同体系的自旋态有关：

$$V = \begin{cases} V_1(r), & s=0 \\ V_3(r), & s=1 \end{cases} \tag{15}$$

非极化散射的微分截面计算公式为

$$\sigma(\theta) = \frac{1}{4}|f_1(\theta)+f_1(\pi-\theta)|^2 + \frac{3}{4}|f_3(\theta)-f_3(\pi-\theta)|^2 \tag{16}$$

其中 $f_1(\theta)$ 是由自旋单态作用力势 $V_1(r)$ 决定的出射球面波振幅，$f_3(\theta)$ 是由自旋三重态作用力势 $V_3(r)$ 决定的出射球面波振幅.

如果入射粒子与靶粒子都是极化的：$s_{1z}=\hbar/2, s_{2z}=\hbar/2$，则散射微分截面为

$$\sigma(\theta) = |f_3(\theta) - f_3(\pi-\theta)|^2 \tag{17}$$

如果入射粒子与靶粒子的极化态为 $s_{1z}=\hbar/2, s_{2z}=-\hbar/2$，则散射微分截面为

$$\sigma(\theta) = \frac{1}{2}|f_1(\theta)+f_1(\pi-\theta)|^2 + \frac{1}{2}|f_3(\theta)-f_3(\pi-\theta)|^2 \tag{18}$$

全同粒子散射总截面的计算公式为

$$\sigma_t = \frac{1}{2}\int \sigma(\theta,\varphi)\,\mathrm{d}\Omega \tag{19}$$

其中因子 1/2 的引入是因为在 $\sigma(\theta,\varphi)$ 的计算中，一次散射事件被记录了二次.

［例题］　假想一个能量 $E\to 0$ 的中子—中子散射，相互作用力势为

$$V = \begin{cases} \boldsymbol{\sigma}_1 \cdot \boldsymbol{\sigma}_2 V_0, & r<a \\ 0, & r>a \end{cases}$$

这里 $\boldsymbol{\sigma}_1$ 与 $\boldsymbol{\sigma}_2$ 是入射中子与靶中子的泡利矩阵，V_0 是常数. 入射中子与靶中子

都是非极化的.计算散射总截面.

解:在上述作用力势下,总自旋 $\boldsymbol{S}$ 是守恒量.体系波函数可以表示为 $\psi(\boldsymbol{r},s_{1z},s_{2z})=\psi(\boldsymbol{r})\Phi_{sm_s}(s_{1z},s_{2z})$,其中 $\Phi_{sm_s}(s_{1z},s_{2z})$ 是 $\hat{\boldsymbol{S}}^2$ 与 $\hat{S}_z$ 的共同本征函数,$s=0,m_s=0$ 或 $s=1,m_s=0,\pm 1$.对于能量 $E\to 0$ 的散射,只须考虑 s 波散射.s 波的空间波函数 $\psi(r)$(其中 $r=|\boldsymbol{r}_1-\boldsymbol{r}_2|$)对于交换两中子的空间坐标 $\boldsymbol{r}_1$ 与 $\boldsymbol{r}_2$ 是对称的.与 $\psi(r)$ 相应的自旋波函数,必定是对于交换两中子的自旋坐标 s_{1z} 与 s_{2z},为反对称的自旋单态波函数 $\Phi_{00}(s_{1z},s_{2z})$. 在体系处于自旋单态的条件下,$\boldsymbol{\sigma}_1\cdot\boldsymbol{\sigma}_2=-3$,作用力势为

$$V=\begin{cases}-3V_0, & r<a\\ 0, & r>a\end{cases}$$

令 $\psi(r)=u(r)/r$,$u(r)$ 满足方程

$$\frac{\mathrm{d}^2u(r)}{\mathrm{d}r^2}+\frac{2\mu}{\hbar^2}(E+3V_0)u(r)=0,\qquad r\leqslant a$$

$$\frac{\mathrm{d}^2u(r)}{\mathrm{d}r^2}+\frac{2\mu}{\hbar^2}Eu(r)=0,\qquad r>a$$

及边界条件 $u(0)=0$.令

$$\alpha=\sqrt{\frac{2\mu(E+3V_0)}{\hbar^2}},\qquad k=\sqrt{\frac{2\mu E}{\hbar^2}}$$

方程变为

$$\frac{\mathrm{d}^2u(r)}{\mathrm{d}r^2}+\alpha^2u(r)=0,\qquad r\leqslant a$$

$$\frac{\mathrm{d}^2u(r)}{\mathrm{d}r^2}+k^2u(r)=0,\qquad r>a$$

上述方程满足边界条件 $u(0)=0$ 的解为

$$u_1(r)=A\sin\alpha r,\qquad r\leqslant a$$

$$u_2(r)=B\sin(kr+\delta_0),\qquad r>a$$

由波函数及其微商的连续条件:$u_1(a)=u_2(a)$,$u'_1(a)=u'_2(a)$,得

$$A\sin\alpha a=B\sin(ka+\delta_0)$$

$$A\alpha\cos\alpha a=Bk\cos(ka+\delta_0)$$

以上两式相比,得

$$\frac{k}{\alpha}\tan(\alpha a)=\tan(ka+\delta_0)$$

$$\delta_0=\arctan\left(\frac{k}{\alpha}\tan(\alpha a)\right)-ka$$

$$E \to 0, k \to 0, \alpha \to \sqrt{\frac{6\mu V_0}{\hbar^2}} \equiv \alpha_0$$

$$\delta_0 \xrightarrow{E\to 0} \frac{k}{\alpha_0}\tan(\alpha_0 a) - ka = ka\left(\frac{\tan(\alpha_0 a)}{\alpha_0 a} - 1\right)$$

$$f(\theta) = \frac{1}{k}e^{i\delta_0}\sin\delta_0$$

$$\sigma(\theta) = |f(\theta) + f(\pi - \theta)|^2 = \left|\frac{2}{k}e^{i\delta_0}\sin\delta_0\right|^2$$

$$= \frac{4}{k^2}\sin^2\delta_0 \approx \frac{4}{k^2}\delta_0{}^2 = 4a^2\left(\frac{\tan(\alpha_0 a)}{\alpha_0 a} - 1\right)^2$$

自旋单态散射总截面为

$$\sigma_t = \frac{1}{2}\int\sigma(\theta)\mathrm{d}\Omega = 8\pi a^2\left(\frac{\tan(\alpha_0 a)}{\alpha_0 a} - 1\right)^2$$

在入射中子与靶中子都是非极化的条件下，状态 $\alpha(1)\alpha(2)$，$\alpha(1)\beta(2)$，$\beta(1)\alpha(2)$，$\beta(1)\beta(2)$ 出现的几率各为 1/4. 显然，状态 $|11\rangle$，$|10\rangle$，$|1,-1\rangle$ 与 $|00\rangle$ 出现的几率也各为 1/4. 考虑到自旋单态 $|00\rangle$ 出现的几率为 1/4，散射总截面为

$$\sigma_t = \frac{1}{4}\times 8\pi a^2\left(\frac{\tan(\alpha_0 a)}{\alpha_0 a} - 1\right)^2 = 2\pi a^2\left(\frac{\tan(\alpha_0 a)}{\alpha_0 a} - 1\right)^2$$

习　　题

1. 求低能（s 分波）球方势阱的散射总截面 σ_t，势函数为

$$V(r) = \begin{cases} -V_0, & r \leqslant a \\ 0, & r > a \end{cases} \quad (V_0 > 0)$$

并证明当 $E \to 0$ 时，$\sigma_t \to 4\pi a^2\left(\dfrac{\tan(\alpha_0 a)}{\alpha_0 a} - 1\right)^2$，其中 $\alpha_0 = \sqrt{\dfrac{2\mu V_0}{\hbar^2}}$.

答：$\delta_0 = \arctan\left(\dfrac{k}{\alpha}\tan\alpha a\right) - ka$，　$\alpha = \sqrt{\dfrac{2\mu(V_0 + E)}{\hbar^2}}$

$$\sigma_t = \frac{4\pi}{k^2}\sin^2\left(\arctan\left(\frac{k}{\alpha}\tan\alpha a\right) - ka\right)$$

2. 已知 $V(r) = -V_0\delta(r - a)(V_0 > 0)$，求低能（$ka \ll 1$）$s$ 波散射总截面 σ_t.

答：$\sigma_t = 4\pi a^2\left(\dfrac{2\mu V_0 a/\hbar^2}{1 - 2\mu V_0 a/\hbar^2}\right)^2$

3. 用玻恩近似法计算在下列势场中散射的微分截面 $\sigma(\theta)$：

(1) $V(r) = \begin{cases} V_0, & r < a \\ 0, & r > a \end{cases}$

(2) $V(r)=\frac{Be^{-ar}}{r}(a>0)$

(3) $V(r)=V_0e^{-ar}(a>0)$

(4) $V(r)=\frac{A}{r^2}$

(5) $V(r)=V_0\delta(r-a)(a>0)$

答：令 $q=2k\sin\frac{\theta}{2}$

(1) $\sigma(\theta)=\frac{4\mu^2V_0^2}{\hbar^4q^6}(\sin qa-aq\cos qa)^2$

(2) $\sigma(\theta)=\frac{4\mu^2B^2}{\hbar^4(a^2+q^2)^2}$

(3) $\sigma(\theta)=\frac{16\mu^2V_0^2a^2}{\hbar^4(a^2+q^2)^4}$

(4) $\sigma(\theta)=\frac{A^2\mu^2\pi^2}{\hbar^4q^2}$

(5) $\sigma(\theta)=\frac{4V_0^2\mu^2a^2\sin^2qa}{\hbar^4q^2}$

4. 质量为 μ 的高能粒子被中心力势 $V(r)=Ae^{-r^2/a^2}(A>0,a>0)$ 散射，求散射微分截面 $\sigma(\theta)$ 与总截面 σ_t.

答：$\sigma(\theta)=\frac{A^2\mu^2\pi a^6}{4\hbar^4}\exp\left(-2a^2k^2\sin^2\frac{\theta}{2}\right)$

$$\sigma_t=\frac{A^2\mu^2\pi^2a^4}{2\hbar^4k^2}(1-e^{-2a^2k^2})$$

5. 一束中子射向氢分子而发生弹性散射，氢分子中的两个原子核同中子的作用可以用下面的简化势代替

$$V(r)=-V_0(\delta(\boldsymbol{r}-\boldsymbol{a})+\delta(\boldsymbol{r}+\boldsymbol{a}))$$

其中 V_0 为正的常数，$\boldsymbol{a}$ 与 $-\boldsymbol{a}$ 分别为两个原子核的位置矢量. 求高能下中子散射的微分截面 $\sigma(\theta,\varphi)$，并指出截面取极大值的方向.

答：$\sigma(\theta,\varphi)=\frac{\mu^2V_0^2}{\pi^2\hbar^4}\cos^2\boldsymbol{q}\cdot\boldsymbol{a}$，其中 $\boldsymbol{q}=\boldsymbol{k}(\theta,\varphi)-\boldsymbol{k}_0=k(\boldsymbol{n}-\boldsymbol{e}_z)$，$\boldsymbol{n}$ 为 (θ,φ) 方向的单位矢量，$\boldsymbol{e}_z$ 为 z 轴方向的单位矢量. 设 $\boldsymbol{a}$ 在 xz 平面内，$\boldsymbol{a}$ 同 z 轴的夹角为 α，当 $\theta=2\alpha,\varphi=0$ 时，$\sigma(\theta,\varphi)$ 取极大值.

6. 考虑两个质量为 m 的全同粒子高能散射，相互作用力势为 $V(r)=A\frac{e^{-\alpha r}}{r}$，其中 A 与 α 是大于 0 的常数. 分别在以下情况用玻恩近似法计算散射微分截面 $\sigma(\theta)$：

(1) 粒子自旋为 0；

(2) 粒子自旋为 1/2，并且散射是非极化的；

(3) 粒子自旋为 1/2，并且这两个粒子的自旋均指向 z 轴正方向.

答：$f(\theta) = -\dfrac{2\mu A}{\hbar^2\left(\alpha^2 + 4k^2\sin^2\dfrac{\theta}{2}\right)}$，　$\mu = m/2$

$$f(\pi - \theta) = -\frac{2\mu A}{\hbar^2\left(\alpha^2 + 4k^2\cos^2\dfrac{\theta}{2}\right)}$$

(1) $\sigma(\theta) = |f(\theta) + f(\pi - \theta)|^2$

(2) $\sigma(\theta) = \dfrac{1}{4}|f(\theta) + f(\pi - \theta)|^2 + \dfrac{3}{4}|f(\theta) - f(\pi - \theta)|^2$

(3) $\sigma(\theta) = |f(\theta) - f(\pi - \theta)|^2$

7. 质量为 μ，电荷为 Q 的粒子被一个势场 $V(r)$ 散射，此势场是由一个球对称电荷分布 $\rho(r)$ 产生的静电势场. 设 $\rho(r)$ 随 $r \to \infty$ 很快趋于零，并有 $\int \rho(r)\mathrm{d}\tau = 0$ 和 $\int r^2\rho(r)\mathrm{d}\tau = A$（$A$ 为已知常数）. 试用玻恩近似计算向前散射的微分截面 $\sigma(0)$.

答：$\sigma(0) = \dfrac{\mu^2 Q^2 A^2}{9\hbar^4}$

*第十一章　进一步内容

本章是在前十章量子力学基础知识之上给出的进一步内容，包括量子纠缠态、相对论薛定谔方程、相对论狄拉克方程与二次量子化. 给出这些内容的目的是为了扩展视野，了解量子力学的内容十分丰富. 说到丰富的内容，还应包括在本章中提及的量子场论，以及未提及的量子统计，量了光学与量子信息论等. 本章内容不是教学计划中的，是供有余力有兴趣的学生学习的.

§11.1　量子纠缠态

量子力学中多粒子体系的态，如果不能表示成多个单粒子态的直积形式，就称为纠缠态. 以最简单的两个粒子体系为例. 设自旋 $s=1/2$ 的 A 与 B 粒子是两个电子. 由它们组成总自旋 $s=1,0;m_s=0,\pm1$ 的 4 个态 $|sm_s\rangle$：

$$
\begin{aligned}
|11\rangle &= |+\rangle_A|+\rangle_B,\\
|10\rangle &= \frac{1}{\sqrt{2}}(|+\rangle_A|-\rangle_B+|-\rangle_A|+\rangle_B)\\
|1-1\rangle &= |-\rangle_A|-\rangle_B,\\
|00\rangle &= \frac{1}{\sqrt{2}}(|+\rangle_A|-\rangle_B-|-\rangle_A|+\rangle_B)
\end{aligned}
\tag{1}
$$

其中 $|+\rangle_A$ 表示 A 粒子处于 $s_z=\hbar/2$ 的态，$|-\rangle_A$ 表示 A 粒子处于 $s_z=-\hbar/2$ 的态；$|+\rangle_B$ 表示 B 粒子处于 $s_z=\hbar/2$ 的态，$|-\rangle_B$ 表示 B 粒子处于 $s_z=-\hbar/2$ 的态. (1) 式中的 $|11\rangle$ 与 $|1-1\rangle$ 已表示成两个单粒子态的直积形式，它们不是纠缠态；$|10\rangle$ 与 $|00\rangle$ 不能表示成两个单粒子态的直积形式，它们是纠缠态. $|10\rangle$ 与 $|00\rangle$ 不能表示成两个单粒子态的直积形式是无可置疑的. 因为，由两个单粒子态 $|+\rangle$ 与 $|-\rangle$ 组成的两个粒子体系直积态的一般形式为

$$
\begin{aligned}
&(a|+\rangle_A+b|-\rangle_A)(c|+\rangle_B+d|-\rangle_B)\\
&=ac|+\rangle_A|+\rangle_B+ad|+\rangle_A|-\rangle_B+bc|-\rangle_A|+\rangle_B+bd|-\rangle_A|-\rangle_B
\end{aligned}
\tag{2}
$$

其中 $abcd$ 为常数. 令 a,b,c,d 依次为 0,可以得到如下 4 个只含 2 项的直积态

$$a = 0 \rightarrow$$

$$b\,|-\rangle_A(c\,|+\rangle_B + d\,|-\rangle_B) = bc\,|-\rangle_A\,|+\rangle_B + bd\,|-\rangle_A\,|-\rangle_B \tag{3}$$

$$b = 0 \rightarrow$$

$$a\,|+\rangle_A(c\,|+\rangle_B + d\,|-\rangle_B) = ac\,|+\rangle_A\,|+\rangle_B + ad\,|+\rangle_A\,|-\rangle_B \tag{4}$$

$$c = 0 \rightarrow$$

$$(a\,|+\rangle_A + b\,|-\rangle_A)d\,|-\rangle_B = ad\,|+\rangle_A\,|-\rangle_B + bd\,|-\rangle_A\,|-\rangle_B \tag{5}$$

$$d = 0 \rightarrow$$

$$(a\,|+\rangle_A + b\,|-\rangle_A)c\,|+\rangle_B = ac\,|+\rangle_A\,|+\rangle_B + bc\,|-\rangle_A\,|+\rangle_B \tag{6}$$

显然,这 4 个只含 2 项的直积态不可能包括 $|10\rangle$ 与 $|00\rangle$. 因为 $|10\rangle$ 与 $|00\rangle$ 中的 4 个单粒子态均不相同,而这 4 个直积态中总有一对单粒子态是相同的. 本来它们就是由一个单粒子态乘两个单粒子态的线性组合得到的. 其实,在直积态的一般形式(2) 中,无论 $abcd$ 取什么值,都不可能出现 $|10\rangle$ 态与 $|00\rangle$ 态. 以

$$|10\rangle = \frac{1}{\sqrt{2}}(|+\rangle_A\,|-\rangle_B + |-\rangle_A\,|+\rangle_B)$$

为例,它含有(2) 式中的第 2 项与第 3 项($ad = 1/\sqrt{2}, bc = 1/\sqrt{2}$),不含第 1 项与第 4 项($ac = 0, bd = 0$). 显然,($ac = 0, bd = 0$) 同($ad = 1/\sqrt{2}, bc = 1/\sqrt{2}$) 是相互矛盾的. 因为 $ac = 0$,如 $a = 0$,就不存在 $|10\rangle$ 中的第 1 项 $|+\rangle_A\,|-\rangle_B$,如 $c = 0$,就不存在 $|10\rangle$ 中的第 2 项 $|-\rangle_A\,|+\rangle_B$.

再令(2) 式的(a,b) 与(c,d) 中各一个系数为 0,得到最简单的 4 个直积态:

$$|+\rangle_A\,|+\rangle_B, |+\rangle_A\,|-\rangle_B, |-\rangle_A\,|+\rangle_B, |-\rangle_A\,|-\rangle_B \tag{7}$$

除此之外再也没有其他形式的直积态了. 可见, $|10\rangle$ 与 $|00\rangle$ 不是直积态,是纠缠态. 现将纠缠态 $|10\rangle$ 与 $|00\rangle$ 表示为

$$|\psi_\pm\rangle_{AB} = \frac{1}{\sqrt{2}}(|+\rangle_A\,|-\rangle_B \pm |-\rangle_A\,|+\rangle_B) \tag{9}$$

虽然 $|11\rangle$ 与 $|1-1\rangle$ 不是纠缠态,但它们的如下组合是纠缠态:

$$|\varphi_\pm\rangle_{AB} = \frac{1}{\sqrt{2}}(|+\rangle_A\,|+\rangle_B \pm |-\rangle_A\,|-\rangle_B) \tag{10}$$

现在我们已经有了 4 个纠缠态 $|\psi_\pm\rangle_{AB}$ 与 $|\varphi_\pm\rangle_{AB}$. 对于其中任一个纠缠态,例如

$$|\psi_-\rangle_{AB} = \frac{1}{\sqrt{2}}(|+\rangle_A\,|-\rangle_B - |-\rangle_A\,|+\rangle_B)$$

我们测量其中A粒子的自旋s_z. 如果测得$s_{zA}=\hbar/2$. 这表示体系的态由$|\psi_-\rangle_{AB}$塌缩成$\frac{1}{\sqrt{2}}|+\rangle_A|-\rangle_B$. 这时去测量$B$粒子的自旋$s_z$，必定得到$s_{zB}=-\hbar/2$. 如果对$A$粒子测量得到$s_{zA}=-\hbar/2$，则表示体系的态由$|\psi_-\rangle_{AB}$塌缩成$\frac{1}{\sqrt{2}}$
$|-\rangle_A|+\rangle_B$. 这时去测量B粒子的自旋s_z，必定得到$s_{zB}=\hbar/2$. 上述结果，可以用测量A粒子自旋s_z时所得到的态$|+\rangle_A$或$|-\rangle_A$对体系纠缠态$|\psi_-\rangle_{AB}$作内积得到：

$s_{zA}=\hbar/2$，A粒子处于$|+\rangle_A$态，用$|+\rangle_A$对$|\psi_-\rangle_{AB}$作内积，得到$s_{zB}=-\hbar/2$的态

$$_A\langle+|\psi_-\rangle_{AB}={}_A\langle+|\frac{1}{\sqrt{2}}(|+\rangle_A|-\rangle_B-|-\rangle_A|+\rangle_B)=\frac{1}{\sqrt{2}}|-\rangle_B$$

$s_{zA}=-\hbar/2$，A粒子处于$|-\rangle_A$态，用$|-\rangle_A$对$|\psi_-\rangle_{AB}$作内积，得到$s_{zB}=\hbar/2$的态

$$_A\langle-|\psi_-\rangle_{AB}={}_A\langle-|\frac{1}{\sqrt{2}}(|+\rangle_A|-\rangle_B-|-\rangle_A|+\rangle_B)=-\frac{1}{\sqrt{2}}|+\rangle_B$$

现在，对A粒子测量s_x，如果测得$s_{xA}=\hbar/2$，就用它的本征态

$$|s_x=\hbar/2\rangle_A=\frac{1}{\sqrt{2}}(|+\rangle_A+|-\rangle_A)$$

对$|\psi_-\rangle_{AB}$作内积，得到

$$\begin{aligned}&{}_A\langle s_x=\hbar/2|\psi_-\rangle_{AB}\\&=\frac{1}{2}({}_A\langle+|+{}_A\langle-|)(|+\rangle_A|-\rangle_B-|-\rangle_A|+\rangle_B)\\&=-\frac{1}{\sqrt{2}}\left[\frac{1}{\sqrt{2}}(|+\rangle_B-|-\rangle_B)\right]=-\frac{1}{\sqrt{2}}|s_x=-\hbar/2\rangle_B\end{aligned}$$

这时测量B粒子的自旋s_x，必定得到$s_{xB}=-\hbar/2$. 如果对A粒子测得$s_{xA}=-\hbar/2$，就用它的本征态

$$|s_x=\hbar/2\rangle_A=\frac{1}{\sqrt{2}}(|+\rangle_A-|-\rangle_A)$$

对$|\psi_-\rangle_{AB}$作内积，得到

$$\begin{aligned}&{}_A\langle s_x=-\hbar/2|\psi_-\rangle_{AB}\\&=\frac{1}{2}({}_A\langle+|-{}_A\langle-|)(|+\rangle_A|-\rangle_B-|-\rangle_A|+\rangle_B)\\&=\frac{i}{\sqrt{2}}\left[\frac{1}{\sqrt{2}}(|+\rangle_B+|-\rangle_B)\right]=\frac{i}{\sqrt{2}}|s_x=\hbar/2\rangle\end{aligned}$$

这时测量 B 粒子的自旋 s_y，必定得到 $s_{yB}=\hbar/2$. 对 A 粒子测量 s_y，如果测得 $s_{ya}=\hbar/2$，就用它的本征态

$$|s_y=\hbar/2\rangle_A=\frac{1}{\sqrt{2}}(|+\rangle_A+i|-\rangle_A)$$

对 $|\psi_-\rangle_{AB}$ 作内积，得到

$$\begin{aligned}{}_A\langle s_y&=-\hbar/2|\psi_-\rangle_{AB}\\&=\frac{1}{2}({}_A\langle+|-i_A\langle-|)(|+\rangle_A|-\rangle_B-|-\rangle_A|+\rangle_B)\\&=\frac{i}{\sqrt{2}}\left[\frac{1}{\sqrt{2}}(|+\rangle_B-i|-\rangle_B)\right]=\frac{i}{\sqrt{2}}|s_y=-\hbar/2\rangle_B\end{aligned}$$

这时测量 B 粒子的自旋 s_y，必定得到 $s_{yB}=-\hbar/2$. 如果对 A 粒子测得 $s_{yA}=-\hbar/2$，就用它的本征态

$$|s_y=\hbar/2\rangle_A=\frac{1}{\sqrt{2}}(|+\rangle_A-i|-\rangle_A)$$

对 $|\psi_-\rangle_{AB}$ 作内积，得到

$$\begin{aligned}{}_A\langle s_y&=-\hbar/2|\psi_-\rangle_{AB}\\&=\frac{1}{2}({}_A\langle+|+i_A\langle-|)(|+\rangle_A|-\rangle_B-|-\rangle_A|+\rangle_B)\\&=-\frac{i}{\sqrt{2}}\left[\frac{1}{\sqrt{2}}(|+\rangle_B+i|-\rangle_B)\right]=-\frac{i}{\sqrt{2}}|s_y=\hbar/2\rangle_B\end{aligned}$$

这时测量 B 粒子的自旋 s_y，必定得到 $s_{yB}=\hbar/2$.

改用纠缠态 $|\psi_+\rangle_{AB}$ 与 $|\varphi_\pm\rangle_{AB}$ 代替 $|\psi_-\rangle_{AB}$，重复以上操作，结果会有不同. 但对一个粒子的测量必定影响另一个粒子的态，两个粒子的态总是相互纠缠的，却是肯定无疑的. 这正是纠缠态名称的来源. 纠缠态中两个粒子相互影响，相互纠缠的性质是同两个粒子的空间位置无关的. 如果让处于纠缠态的 B 粒子离开 A 粒子到距离 A 粒子很远的地方，再去测量 A 与 B 粒子自旋分量，同在近处测量的结果是一样的. 这似乎存在一种超距作用. 这种量子力学中的纠缠态及其超距作用，最初是爱因斯坦发现的. 他认为这种超距作用是不可能存在的，是量子力学推导出的一个错误结果，这说明量子力学对微观粒子体系的描述是不完备的. 然而，量子力学的创始人之一的玻尔却持完全相反的观点. 他认为，对处于纠缠态中的一个粒子进行测量必定会影响另一个粒子的态，超距作用是存在的，量子力学对微观粒子体系的描述是完备的. 爱因斯坦与玻尔的争论持续了很多年，在他们生前没有得出谁对谁错的结论. 在他们去逝多年

之后，才由实验证实玻尔是正确的. 实验是对两个处于纠缠态的光子进行的. 这两个光子是利用晶体非线性效应产生的. 将一个紫外线光子射入晶体，由于晶体非线性效应，在晶体的输出端射出两个红外线光子. 这两个来自同一母体的光子处于纠缠态. 1997 年瑞士学者将两个处于纠缠态的光子通过光纤分开 10 公里距离后，对其中一个光子进行测量，证实了这个测量的确影响到另一个光子的量子态. 2017 年我国科学家将两个处于纠缠态的光子通过卫星分开距离达 1 200 公里，仍然观测到两个光子的纠缠效应.

虽然实验证实爱因斯坦的观点是错误的，但他发起的这场争论却促使量子力学得到了新的进展. 量子纠缠导致一个新的量子通信技术的诞生. 光子是一种电磁波，它的电磁场具有一定的方向(光子的偏振)，可以把水平方向偏振定为“0”，垂直方向偏振定为“1”. 设 AB 两个光子处于如下纠缠态

$$|\varphi_+\rangle_{AB} = \frac{1}{\sqrt{2}}(|0\rangle_A|0\rangle_B + |1\rangle_A|1\rangle_B)$$

测量 A 光子的偏振态是“0”还是“1”就决定了 B 光子的偏振态是“0”还是“1”. 现在将 B 光子发射出去，由远处的接收端接收. 只要我们能控制 A 光子的偏振态，也就能能控制发射光子 B 的偏振态. 当接收端接收到 B 光子后就可以测量它的偏振态是“0”还是“1”. 量子通信传递的是一个个被编码的处于纠缠态的光子. 它们显示由一连串“0”和“1”表示的信息. 例如，3 个光子的纠缠态为

$$|\varphi_{1\pm}\rangle_{ABC} = \frac{1}{\sqrt{2}}(|0\rangle_A|0\rangle_B|0\rangle_C \pm |1\rangle_A|1\rangle_B|1\rangle_C)$$

$$|\varphi_{2\pm}\rangle_{ABC} = \frac{1}{\sqrt{2}}(|0\rangle_A|0\rangle_B|1\rangle_C \pm |1\rangle_A|1\rangle_B|0\rangle_C)$$

$$|\varphi_{3\pm}\rangle_{ABC} = \frac{1}{\sqrt{2}}(|0\rangle_A|1\rangle_B|0\rangle_C \pm |1\rangle_A|0\rangle_B|1\rangle_C)$$

$$|\varphi_{4\pm}\rangle_{ABC} = \frac{1}{\sqrt{2}}(|0\rangle_A|1\rangle_B|1\rangle_C \pm |1\rangle_A|0\rangle_B|0\rangle_C)$$

对上述任一个纠缠态，测定一个光子的偏振态，另外两个光子的偏振态就完全确定了. 我们留下 A 光子，将 BC 光子发射出去，发出的信号可以是 00，01，10，11. 4 个光子的纠缠态为

$$|\varphi_{1\pm}\rangle_{ABCD} = \frac{1}{\sqrt{2}}(|0\rangle_A|0\rangle_B|0\rangle_C|0\rangle_D \pm |1\rangle_A|1\rangle_B|1\rangle_C|1\rangle_D)$$

$$|\varphi_{2\pm}\rangle_{ABCD} = \frac{1}{\sqrt{2}}(|0\rangle_A|0\rangle_B|0\rangle_C|1\rangle_D \pm |1\rangle_A|1\rangle_B|1\rangle_C|0\rangle_D)$$

$$|\varphi_{3\pm}\rangle_{ABCD}=\frac{1}{\sqrt{2}}(|0\rangle_A|0\rangle_B|1\rangle_C|0\rangle_D\pm|1\rangle_A|1\rangle_B|0\rangle_C|1\rangle_D)$$

$$|\varphi_{4\pm}\rangle_{ABCD}=\frac{1}{\sqrt{2}}(|0\rangle_A|0\rangle_B|1\rangle_C|1\rangle_D\pm|1\rangle_A|1\rangle_B|0\rangle_C|0\rangle_D)$$

$$|\varphi_{5\pm}\rangle_{ABCD}=\frac{1}{\sqrt{2}}(|0\rangle_A|1\rangle_B|0\rangle_C|0\rangle_D\pm|1\rangle_A|0\rangle_B|1\rangle_C|1\rangle_D)$$

$$|\varphi_{6\pm}\rangle_{ABCD}=\frac{1}{\sqrt{2}}(|0\rangle_A|1\rangle_B|0\rangle_C|1\rangle_D\pm|1\rangle_A|0\rangle_B|1\rangle_C|0\rangle_D)$$

$$|\varphi_{7\pm}\rangle_{ABCD}=\frac{1}{\sqrt{2}}(|0\rangle_A|1\rangle_B|1\rangle_C|0\rangle_D\pm|1\rangle_A|0\rangle_B|0\rangle_C|1\rangle_D)$$

$$|\varphi_{8\pm}\rangle_{ABCD}=\frac{1}{\sqrt{2}}(|0\rangle_A|1\rangle_B|1\rangle_C|1\rangle_D\pm|1\rangle_A|0\rangle_B|0\rangle_C|0\rangle_D)$$

留下 A 光子，将 BCD 光子发射出去，发出的信号可以是 000,001,010,011,100,101,110,111. 量子通信的保密性很强. 当发射的光子中途被人窃取时，接收端就会因收到的信号异常立即自动通知发射端停止发射. 这不同于一般电磁波通信，一般电磁波信号被人窃听时，接收端是毫不知情的.

由于通常传递的信息量比较大，这就需要有很多纠缠光子. 产生大量纠缠光子是很困难的. 目前，量子通信还处于起步阶段. 中国在这个领域的研究已处于世界领先水平.

§11.2　相对论薛定谔方程

(1) 自由粒子相对论薛定谔方程

前十章介绍的量子力学是非相对论量子力学，描述运动速度 $v \ll c$(光速)的粒子运动态. 为了描述运动速度接近光速的粒子运动态，就必须将非相对论量子力学推广为相对论量子力学. 薛定谔在给出非相对论薛定谔方程后，也推导出符合相对论要求的薛定谔方程. 他的推导十分简单自然. 先给出经典力学中自由粒子的能量和动量的关系式

$$E=\frac{\boldsymbol{p}^2}{2m} \tag{1}$$

(从现在起，粒子的质量改用 m 表示，因为不再有磁量子数 m 的混淆) 然后将上

式中的能量 E 与动量 $\boldsymbol{p}$ 变换成算符

$$E \to \hat{E} = i\hbar \frac{\partial}{\partial t} \qquad \boldsymbol{p} \to \hat{\boldsymbol{p}} = -i\hbar \nabla \tag{2}$$

并在(1) 式两端分别作用于波函数 ψ,就得到非相对论自由粒子的薛定谔方程

$$i\hbar \frac{\partial \psi}{\partial t} = -\frac{\hbar^2}{2m} \nabla^2 \psi \tag{3}$$

现在,将(1) 式所示的非相对论自由粒子的能量和动量的关系式,改为相对论自由粒子的能量和动量的关系式

$$E^2 = c^2 \boldsymbol{p}^2 + m^2 c^4 \tag{4}$$

重复以上操作,即利用(2) 式并在上式两端分别作用于波函数 ψ,就得到相对论自由粒子的薛定谔方程.

$$\hat{E}^2 \psi = (c^2 \hat{\boldsymbol{p}}^2 + m^2 c^4)\psi \tag{5}$$

或

$$-\hbar^2 \frac{\partial^2 \psi}{\partial t^2} = \hbar^2 c^2 \nabla^2 \psi + m^2 c^4 \psi \tag{6}$$

方程(6) 具有如下形式的平面波解

$$\psi = \mathrm{e}^{i(\boldsymbol{k}\cdot\boldsymbol{r}-\omega t)} \tag{7}$$

这个平面波解也是能量算符 $\hat{E} = i\hbar \dfrac{\partial}{\partial t}$ 与动量算符 $\hat{\boldsymbol{p}} = -i\hbar \nabla$ 的本征函数,本征值分别为 $E = \hbar\omega$ 和 $\boldsymbol{p} = \hbar \boldsymbol{k}$. 将(7) 式代入方程(6),得

$$\hbar^2 \omega^2 = \hbar^2 c^2 k^2 + m^2 c^4 \tag{8}$$

或

$$E = \hbar\omega = \pm (c^2 \hbar^2 k^2 + m^2 c^4)^{1/2} = \pm (c^2 \boldsymbol{p}^2 + m^2 c^4)^{1/2} \tag{9}$$

显然,只要条件(8) 或(9) 满足,(7) 式就是方程(6) 的解. 方程(6) 可以表示成如下形式

$$\Box \psi - \frac{m^2 c^2}{\hbar^2} \psi = 0 \tag{10}$$

其中

$$\Box = \nabla^2 - \frac{1}{c^2} \frac{\partial^2}{\partial t^2} \tag{11}$$

为达兰贝尔算符. 相对论自由粒子的薛定谔方程(6) 表示成(10) 式的形式时,通常叫做克莱因 — 戈登方程. 可以证明,相对论自由粒子的薛定谔方程(6) 在非相对论近似($v \ll c$) 下可以化为非相对论自由粒子的薛定谔方程(3). 在方程(6) 中,令

$$\psi(\boldsymbol{r},t)=\varphi(\boldsymbol{r},t)\mathrm{e}^{-imc^2t/\hbar}$$

$$\frac{\partial\psi}{\partial t}=\left(\frac{\partial\varphi}{\partial t}-\frac{imc^2}{\hbar}\varphi\right)\mathrm{e}^{-imc^2t/\hbar}$$

$$\begin{aligned}\frac{\partial^2\psi}{\partial t^2}&=\left(\frac{\partial^2\varphi}{\partial t^2}-\frac{imc^2}{\hbar}\frac{\partial\varphi}{\partial t}\right)\mathrm{e}^{-imc^2t/\hbar}+\left(\frac{\partial\varphi}{\partial t}-\frac{imc^2}{\hbar}\varphi\right)\left(-\frac{imc^2}{\hbar}\right)\mathrm{e}^{-imc^2t/\hbar}\\&=\left(\frac{\partial^2\varphi}{\partial t^2}-\frac{2imc^2}{\hbar}\frac{\partial\varphi}{\partial t}-\frac{m^2c^4}{\hbar^2}\varphi\right)\mathrm{e}^{-imc^2t/\hbar}\end{aligned}$$

$$-\hbar^2\frac{\partial^2\psi}{\partial t^2}=\left(-\hbar^2\frac{\partial^2\varphi}{\partial t^2}+2mc^2i\hbar\frac{\partial\varphi}{\partial t}+m^2c^4\varphi\right)\mathrm{e}^{-imc^2t/\hbar}$$

在非相对论近似($v\ll c$)下，上式右边括号内第 1 项相比第 2,3 项可以忽略不计.

$$-\hbar^2\frac{\partial^2\psi}{\partial t^2}\approx\left(2mc^2i\hbar\frac{\partial\varphi}{\partial t}+m^2c^4\varphi\right)\mathrm{e}^{-imc^2t/\hbar}$$

将上式代入方程(6)就得到非相对论自由粒子的薛定谔方程(3)

$$i\hbar\frac{\partial\varphi}{\partial t}=-\frac{\hbar^2}{2m}\nabla^2\varphi$$

(2) 带电粒子在电磁场中的相对论薛定谔方程

现在考虑带有电荷 q 的粒子在以电磁势($\boldsymbol{A},\Phi$)描述的电磁场中运动的相对论方程.这个方程可以由自由粒子相对论薛定谔方程(5)

$$\hat{E}^2\psi=(c^2\hat{\boldsymbol{p}}^2+m^2c^4)\psi$$

将其中

$$\hat{E}\to\hat{E}-q\Phi,\quad\hat{\boldsymbol{p}}\to\hat{\boldsymbol{p}}-\frac{q}{c}\boldsymbol{A}\tag{12}$$

得到：

$$(\hat{E}-q\Phi)^2\psi=\left[c^2\left(\hat{\boldsymbol{p}}-\frac{q}{c}\boldsymbol{A}\right)^2+m^2c^4\right]\psi\tag{13}$$

或

$$\left(i\hbar\frac{\partial}{\partial t}-q\Phi\right)^2\psi=\left[c^2\left(\hat{\boldsymbol{p}}-\frac{q}{c}\boldsymbol{A}\right)^2+m^2c^4\right]\psi\tag{14}$$

我们来求方程(14)在非相对论条件下的近似式.在方程(14)中，令

$$\psi(\boldsymbol{r},t)=\varphi(\boldsymbol{r},t)\mathrm{e}^{-imc^2t/\hbar}$$

$$\begin{aligned}\left(i\hbar\frac{\partial}{\partial t}-q\Phi\right)\psi&=\left[\left(i\hbar\frac{\partial}{\partial t}-q\Phi\right)\varphi+(mc^2-q\Phi)\varphi\right]\mathrm{e}^{-imc^2t/\hbar}\\&\approx\left[\left(i\hbar\frac{\partial}{\partial t}-q\Phi\right)\varphi+mc^2\varphi\right]\mathrm{e}^{-imc^2t/\hbar}\end{aligned}$$

上式中因 $q\Phi \ll mc^2$，$(mc^2 - q\Phi)$ 中的 $q\Phi$ 可以以略去.

$$\left(i\hbar\frac{\partial}{\partial t} - q\Phi\right)^2 \psi = \left[\left(i\hbar\frac{\partial}{\partial t} - q\Phi\right)^2 \varphi + mc^2\left(i\hbar\frac{\partial}{\partial t} - q\Phi\right)\varphi\right]e^{-imc^2 t/\hbar}$$

$$+\left[\left(i\hbar\frac{\partial}{\partial t} - q\Phi\right)\varphi + mc^2\varphi\right]\left(i\hbar\frac{\partial}{\partial t} - q\Phi\right)e^{-imc^2 t/\hbar}$$

$$= \left[\left(i\hbar\frac{\partial}{\partial t} - q\Phi\right)^2 \varphi + mc^2\left(i\hbar\frac{\partial}{\partial t} - q\Phi\right)\varphi\right]e^{-imc^2 t/\hbar}$$

$$+\left[\left(i\hbar\frac{\partial}{\partial t} - q\Phi\right)\varphi + mc^2\varphi\right](mc^2 - q\Phi)e^{-imc^2 t/\hbar}$$

其中 $(mc^2 - q\Phi) \approx mc^2$，

$$\left(i\hbar\frac{\partial}{\partial t} - q\Phi\right)^2 \psi = \left[\left(i\hbar\frac{\partial}{\partial t} - q\Phi\right)^2 \varphi + mc^2\left(i\hbar\frac{\partial}{\partial t} - q\Phi\right)\varphi\right]e^{-imc^2 t/\hbar}$$

$$+\left[mc^2\left(i\hbar\frac{\partial}{\partial t} - q\Phi\right)\varphi + m^2c^4\varphi\right]e^{-imc^2 t/\hbar}$$

$$= \left[\left(i\hbar\frac{\partial}{\partial t} - q\Phi\right)^2 \varphi + 2mc^2\left(i\hbar\frac{\partial}{\partial t} - q\Phi\right)\varphi + m^2c^4\varphi\right]e^{-imc^2 t/\hbar}$$

$$\approx \left[2mc^2\left(i\hbar\frac{\partial}{\partial t} - q\Phi\right)\varphi + m^2c^4\varphi\right]e^{-imc^2 t/\hbar}$$

将上式代入方程(14)，得到方程(14) 在非相对论条件下的近似式

$$i\hbar\frac{\partial\varphi}{\partial t} = \left[\frac{1}{2m}\left(\hat{\boldsymbol{p}} - \frac{q}{c}\boldsymbol{A}\right)^2 + q\Phi\right]\varphi \qquad (15)$$

这正是 §6.6 中带有电荷 q 的粒子在电磁场中运动的非相对论薛定谔方程.

(3) 负能量与负几率密度

自由粒子相对论薛定谔方程出现了负能解. 经典力学相对论也出现了同样的负能解. 经典力学可以将负能解抛弃，量子力学却不能. 这是为什么？在能量 $E = \pm\sqrt{c^2 p^2 + m^2c^4}$ 中令 $\boldsymbol{p} = 0$，得到最小正能量 mc^2 和最大负能量 $-mc^2$. 正能区与负能区之间存在 $2mc^2$ 的间隔. 经典力学中一个具有正能量的粒子在外阻力作用下，它的能量可以连续下降，最终下降为 0，不可能越过正能区与负能区之间的间隔，变成负能量. 而量子力学则不同了，一个处于正能态的粒子，可以以通过发射光子跃迁到负能态，而且可以一直向 $-\infty$ 的能级跃迁. 实际上，一个具有正能量的自由粒子不存在这种情况. 这表示自由粒子的负能态并不存在. 这是一个量子力学难以解决的困难.

自由粒子相对论薛定谔方程不仅给出负能解，还给出负几率密度. 我们从自由粒子相对论薛定谔方程（见式(6)）

出发,推导出几率密度 ρ 与几率流密度矢量 $\boldsymbol{J}$ 及它们满足的连续性方程. $\psi^* \times$ (6) $-\psi\times$ (6)* 得

$$\frac{1}{c^2}\frac{\partial}{\partial t}\left(\psi^* \frac{\partial}{\partial t}\psi-\psi\frac{\partial}{\partial t}\psi^*\right)=\nabla\cdot(\psi^*\nabla\psi-\psi\nabla\psi^*)$$

上式两边同乘 $i\hbar/2m$,并移项,

$$\frac{i\hbar}{2mc^2}\frac{\partial}{\partial t}\left(\psi^* \frac{\partial}{\partial t}\psi-\psi\frac{\partial}{\partial t}\psi^*\right)-\frac{i\hbar}{2m}\nabla\cdot(\psi^*\nabla\psi-\psi\nabla\psi^*)=0$$

令

$$\rho=\frac{i\hbar}{2mc^2}\left(\psi^* \frac{\partial}{\partial t}\psi-\psi\frac{\partial}{\partial t}\psi^*\right) \tag{16}$$

$$\boldsymbol{J}=-\frac{i\hbar}{2m}(\psi^*\nabla\psi-\psi\nabla\psi^*) \tag{17}$$

便有

$$\frac{\partial\rho}{\partial t}+\nabla\cdot\boldsymbol{J}=0 \tag{18}$$

这正是 §2.4 中由非相对论薛定谔方程推导出的几率密度 ρ 与几率流密度矢量 $\boldsymbol{J}$ 满足的连续性方程. (17) 式定义的 $\boldsymbol{J}$ 同 §2.4 中的几率流密度矢量 $\boldsymbol{J}$ 的定义完全相同. 因此(17) 式定义的 $\boldsymbol{J}$ 就是几率流密度矢量. 虽然(16) 式定义的 ρ 同 §2.4 中的几率密度 ρ 的定义不同,但从 ρ 在连续性方程(18) 中所处的位置来看,ρ 就应该是几率密度. 将自由粒子相对论方程的平面波解 $\psi=e^{i(\boldsymbol{k}\cdot\boldsymbol{r}-\omega t)}$ 代入 ρ 的定义(16) 式,得 $\rho=\hbar\omega/mc^2$. 因其中 $\hbar\omega=\pm\sqrt{c^2\boldsymbol{p}^2+m^2c^4}$,$\rho$ 可以取负值.

由于出现负能量与负几率密度的困难,相对论薛定谔方程或克莱因—戈登方程开始没有得到人们的重视. 后来泡利与韦斯科夫提出,克莱因—戈登方程不应是单个粒子的方程,而应是粒子场的方程,并把电荷 q 与 ρ 的乘积 $q\rho$ 解释为电荷密度,$q\boldsymbol{J}$ 解释为电流密度矢量. 此后,克莱因—戈登方程开始受到人们的重视. 令克莱因—戈登方程中粒子质量 $m=0$,得到达兰贝尔方程

$$\left(\nabla^2-\frac{1}{c^2}\frac{\partial^2}{\partial t^2}\right)\psi=0 \tag{19}$$

这正是电磁场的方程. 达兰贝尔方程描述的不是质量为 0 的单个光子,而是代表大量光子的电磁场. 达兰贝尔方程是克莱因—戈登方程在粒子质量 $m=0$ 条件下的一个特例. 从这个特例可以看出,克莱因—戈登方程应该是粒子场的方程. 令克莱因—戈登方程中的 m 为 π 介子质量,这个方程就是描述 π 介子场的方程.

§11.3 相对论狄拉克方程(1)

(1) 自由粒子相对论狄拉克方程

在上一节中建立的自由粒子相对论薛定谔方程,虽然满足相对论对时间和空间变量必须处于同等地位的要求,但却不满足量子力学描述粒子运动态的方程只允许含有对时间一次微商的要求.如果要同时满足相对论与量子力学的要求,则在描述微观粒子的运动方程中,只能含有对时间和空间变量的一次微商,相应的能量与动量的关系应该是线性的.令

$$\hat{E} = i\hbar \frac{\partial}{\partial t}, \hat{\boldsymbol{p}} = -i\hbar \nabla \tag{1}$$

狄拉克给出符合上述要求的自由粒子能量动量的如下关系式

$$\hat{E} = c\boldsymbol{\alpha} \cdot \hat{\boldsymbol{p}} + \beta mc^2 \tag{2}$$

其中 $\boldsymbol{\alpha}(\alpha_x, \alpha_y, \alpha_z)$ 与 β 是同粒子能量 $\hat{E}$,动量 $\hat{\boldsymbol{p}}$,坐标 r 和时间 t 都无关的量.由于它们处于算符的表达式中,不能把它们看成是数,只能把它们看成是算符,是同能量 $\hat{E}$,动量 $\hat{\boldsymbol{p}}$,坐标 $\boldsymbol{r}$ 和时间 t 都对易的算符.作为算符,$\alpha_x, \alpha_y, \alpha_z$ 与 β 之间的对易关系,以及它们的表达式待定.

将(2) 式两边分别作用于波函数 ψ,就得到自由粒子相对论狄拉克方程

$$\hat{E}\psi = (c\boldsymbol{\alpha} \cdot \hat{\boldsymbol{p}} + \beta mc^2)\psi \tag{3}$$

或

$$i\hbar \frac{\partial \psi}{\partial t} = (c\boldsymbol{\alpha} \cdot \hat{\boldsymbol{p}} + \beta mc^2)\psi \tag{4}$$

令

$$\hat{H} = c\boldsymbol{\alpha} \cdot \hat{\boldsymbol{p}} + \beta mc^2 = -i\hbar\boldsymbol{\alpha} \cdot \nabla + \beta mc^2 \tag{5}$$

狄拉克方程(4) 同薛定谔方程形式相同

$$i\hbar \frac{\partial \psi}{\partial t} = \hat{H}\psi \tag{6}$$

显然,$\hat{H}$ 是自由粒子的哈密顿量.为了以下计算方便,狄拉克方程还可以写成如下形式

$$(\hat{E} - c\boldsymbol{\alpha} \cdot \hat{\boldsymbol{p}} - \beta mc^2)\psi = 0 \tag{7}$$

(2)$\boldsymbol{\alpha}$ 与 β 满足的关系式

考虑到自由粒子要满足相对论能量动量关系式

$$E^2 = c^2 \boldsymbol{p}^2 + m^2 c^4 \tag{8}$$

在上节中已由此式推导出自由粒子的相对论薛定谔方程

$$(\hat{E}^2 - c^2 \hat{\boldsymbol{p}}^2 - m^2 c^4)\psi = 0 \tag{9}$$

我们要求,作为自由粒子相对论狄拉克方程(7) 的解,也应该是自由粒子相对论薛定谔方程(9) 的解(反之不成立). 按照这个要求,狄拉克方程(7) 应该在某一种变换下,变成相对论薛定谔方程(9). 现在用 $(\hat{E} + c\boldsymbol{\alpha} \cdot \hat{\boldsymbol{p}} + \beta mc^2)$ 左乘方程(7) 的两边,看看 $\boldsymbol{\alpha}$ 与 β 满足什么条件时,狄拉克方程(7) 能变换成相对论薛定谔方程(9).

$$(\hat{E} + c\boldsymbol{\alpha} \cdot \hat{\boldsymbol{p}} + \beta mc^2)(\hat{E} - c\boldsymbol{\alpha} \cdot \hat{\boldsymbol{p}} - \beta mc^2)\psi = 0 \tag{10}$$

将上式两项乘积展开,考虑到 $\boldsymbol{\alpha}$,β 同 $\hat{E}$,$\hat{\boldsymbol{p}}$ 对易,$\hat{p}_x$,$\hat{p}_y$,$\hat{p}_z$ 之间相互对易,得

$$\begin{aligned}\{\hat{E}^2 - c^2[(\alpha_x^2\hat{p}_x^2 + \alpha_y^2\hat{p}_y^2 + \alpha_z^2\hat{p}_z^2) + (\alpha_x\alpha_y + \alpha_y\alpha_x)\hat{p}_x\hat{p}_y \\ + (\alpha_y\alpha_z + \alpha_z\alpha_y)\hat{p}_y\hat{p}_z + (\alpha_z\alpha_x + \alpha_x\alpha_z)\hat{p}_z\hat{p}_x] \\ - mc^2[(\alpha_x\beta + \beta\alpha_x)\hat{p}_x + (\alpha_y\beta + \beta\alpha_y)\hat{p}_y + (\alpha_z\beta + \beta\alpha_z)\hat{p}_z] - \\ m^2c^4\beta^2\}\psi = 0\end{aligned}$$

比较上式与(9) 式看出,只要以下条件满足,

$$\begin{gathered}\alpha_x^2 = \alpha_x^2 = \alpha_x^2 = \beta^2 = 1 \\ \alpha_x\alpha_y + \alpha_y\alpha_x = 0, \alpha_y\alpha_z + \alpha_z\alpha_y = 0, \alpha_z\alpha_x + \alpha_x\alpha_z = 0 \\ \alpha_x\beta + \beta\alpha_x = 0, \alpha_y\beta + \beta\alpha_y = 0, \alpha_z\beta + \beta\alpha_z = 0\end{gathered} \tag{11}$$

狄拉克方程(7) 就能变成相对论薛定谔方程(9). 上述条件可以表示为 α_x,α_y,α_z,β 中每一个的平方都是 1,任一对都相互反对易.

(3)$\boldsymbol{\alpha}$ 与 β 的矩阵表示式

由于 $\hat{H} = c\alpha \cdot \hat{\boldsymbol{p}} + \beta mc^2$ 与 $\hat{\boldsymbol{p}}$ 是厄密算符,$\boldsymbol{\alpha}$ 与 β 也必定是厄密算符. 已知 α_x,α_y,α_z,β 中每一个的平方都是 1,这 4 个算符的本征值都是 ± 1. 在算符本征值取分立值的力学量表象中,算符用矩阵表示. 设这 4 个算符的矩阵为 $n \times n$ 矩阵,n 值待定. 已知

$$\alpha_i\beta = -\beta\alpha_i = (-I)\beta\alpha_i (i = x, y, z)$$

其中 I 是 $n \times n$ 单位矩阵. 对上式两边取行列式值,

$$det\alpha_i \cdot det\beta = (-1)^n det\beta \cdot det\alpha_i \quad \rightarrow \quad n \text{ 为偶数}$$

令 $n = 2$. 显然,3 个泡利矩阵

$$\sigma_x = \begin{pmatrix} 0 & 1 \\ 1 & 0 \end{pmatrix}, \quad \sigma_y = \begin{pmatrix} 0 & -i \\ i & 0 \end{pmatrix}, \quad \sigma_x = \begin{pmatrix} 1 & 0 \\ 0 & -1 \end{pmatrix} \tag{12}$$

满足每一个的平方都是 1,任一对都相互反对易的条件.可以令 $\alpha_x,\alpha_y,\alpha_z$ 是 σ_x,σ_y,σ_z.但是,再也找不到第 4 个同 $\sigma_x,\sigma_y,\sigma_z$ 都是反对易的 2×2 矩阵了.这就是说,我们无法给出 β 的 2×2 矩阵表示式.

再令 $n=4$.取 β 表象,β 在自身表象为对角矩阵,对角元素为本征值 ± 1.

$$\beta = \begin{pmatrix} 1 & 0 & 0 & 0 \\ 0 & 1 & 0 & 0 \\ 0 & 0 & -1 & 0 \\ 0 & 0 & 0 & -1 \end{pmatrix} \equiv \begin{pmatrix} \boldsymbol{I} & 0 \\ 0 & -\boldsymbol{I} \end{pmatrix} \tag{13}$$

其中 2×2 矩阵中的 $\boldsymbol{I}$ 与 0 为

$$\boldsymbol{I} = \begin{pmatrix} 1 & 0 \\ 0 & 1 \end{pmatrix}, \quad 0 = \begin{pmatrix} 0 & 0 \\ 0 & 0 \end{pmatrix} \tag{14}$$

令

$$\alpha_i = \begin{pmatrix} A_i & B_i \\ C_i & D_i \end{pmatrix}, \quad i = x,y,z \tag{15}$$

A_i,B_i,C_i,D_i 待定.由 $\alpha_i\beta = -\beta\alpha_i$,得

$$\begin{pmatrix} A_i & B_i \\ C_i & D_i \end{pmatrix}\begin{pmatrix} \boldsymbol{I} & 0 \\ 0 & -\boldsymbol{I} \end{pmatrix} = -\begin{pmatrix} \boldsymbol{I} & 0 \\ 0 & -\boldsymbol{I} \end{pmatrix}\begin{pmatrix} A_i & B_i \\ C_i & D_i \end{pmatrix}$$

$$\begin{pmatrix} A_i & -B_i \\ C_i & -D_i \end{pmatrix} = \begin{pmatrix} -A_i & -B_i \\ C_i & D_i \end{pmatrix} \quad \to \quad A_i = D_i = 0$$

$$\alpha_i = \begin{pmatrix} 0 & B_i \\ C_i & 0 \end{pmatrix}, \quad i = x,y,z$$

由 $\alpha_i^+ = \alpha_i$

$$\begin{pmatrix} 0 & C_i^+ \\ B_i^+ & 0 \end{pmatrix} = \begin{pmatrix} 0 & B_i \\ C_i & 0 \end{pmatrix} \quad \to C_i = B_i^+$$

$$\alpha_i = \begin{pmatrix} 0 & B_i \\ B_i^+ & 0 \end{pmatrix}, \quad i = x,y,z$$

由 $\alpha_i^2 = 1$

$$\begin{pmatrix} 0 & B_i \\ B_i^+ & 0 \end{pmatrix}\begin{pmatrix} 0 & B_i \\ B_i^+ & 0 \end{pmatrix} = \begin{pmatrix} B_iB_i^+ & 0 \\ 0 & B_i^+B_i \end{pmatrix} = \begin{pmatrix} \boldsymbol{I} & 0 \\ 0 & \boldsymbol{I} \end{pmatrix} \to B_iB_i^+ = B_i^+B_i = \boldsymbol{I}$$

可以取 B_i 为厄密矩阵：$B_i^+ = B_i, B_i^2 = I$.

$$\alpha_i = \begin{pmatrix} 0 & B_i \\ B_i & 0 \end{pmatrix}, \quad i = x, y, z$$

再根据 $\alpha_i\alpha_k = -\alpha_k\alpha_i$，得

$$\begin{pmatrix} 0 & B_i \\ B_i & 0 \end{pmatrix}\begin{pmatrix} 0 & B_k \\ B_k & 0 \end{pmatrix} = -\begin{pmatrix} 0 & B_k \\ B_k & 0 \end{pmatrix}\begin{pmatrix} 0 & B_i \\ B_i & 0 \end{pmatrix}$$

$$\begin{pmatrix} B_iB_k & 0 \\ 0 & B_iB_k \end{pmatrix} = \begin{pmatrix} -B_kB_i & 0 \\ 0 & -B_kB_i \end{pmatrix} \rightarrow B_iB_k = -B_kB_i$$

可见，$B_i(i = x, y, z)$ 是每一个的平方都是 $\boldsymbol{I}$，任一对都相互反对易的 2×2 矩阵. 显然，式(12) 所示的 3 个泡利矩阵 $\sigma_i(i = x, y, z)$ 就是这样的矩阵. 于是

$$\alpha_i = \begin{pmatrix} 0 & \sigma_i \\ \sigma_i & 0 \end{pmatrix}, \quad i = x, y, z \tag{16}$$

最后得到 $\boldsymbol{\alpha}$ 与 β 的矩阵表示式

$$\boldsymbol{\alpha} = \begin{pmatrix} 0 & \boldsymbol{\sigma} \\ \boldsymbol{\sigma} & 0 \end{pmatrix}, \quad \beta = \begin{pmatrix} \boldsymbol{I} & 0 \\ 0 & -\boldsymbol{I} \end{pmatrix} \tag{17}$$

其中每一个元素都是 2×2 矩阵，$\boldsymbol{\sigma}(\sigma_x, \sigma_y, \sigma_z)$ 是(12) 式所示的泡利矩阵，$\boldsymbol{I}$ 与 0 分别是(14) 式所示的 2×2 的单位矩阵和 0 矩阵. $\boldsymbol{\alpha}(\alpha_x, \alpha_y, \alpha_z)$ 与 β 都是 4×4 的矩阵

$$\alpha_x = \begin{pmatrix} 0 & 0 & 0 & 1 \\ 0 & 0 & 1 & 0 \\ 0 & 1 & 0 & 0 \\ 1 & 0 & 0 & 0 \end{pmatrix}, \quad \alpha_y = \begin{pmatrix} 0 & 0 & 0 & -i \\ 0 & 0 & i & 0 \\ 0 & -i & 0 & 0 \\ i & 0 & 0 & 0 \end{pmatrix}$$

$$\alpha_z = \begin{pmatrix} 0 & 0 & 1 & 0 \\ 0 & 0 & 0 & -1 \\ 1 & 0 & 0 & 0 \\ 0 & -1 & 0 & 0 \end{pmatrix}, \quad \beta = \begin{pmatrix} 1 & 0 & 0 & 0 \\ 0 & 1 & 0 & 0 \\ 0 & 0 & -1 & 0 \\ 0 & 0 & 0 & -1 \end{pmatrix} \tag{18}$$

(4) 自由粒子狄拉克方程的平面波解

将(18) 式的 $\boldsymbol{\alpha}$ 与 β 代入自由粒子狄拉克方程(7)，就可以求这个方程的解了. 既然 $\boldsymbol{\alpha}$ 与 β 是 4×4 的矩阵，波函数 ψ 就应该是 4 行 1 列的矩阵

$$\psi(\boldsymbol{r},t)=\begin{pmatrix}\psi_1(\boldsymbol{r},t)\\ \psi_2(\boldsymbol{r},t)\\ \psi_3(\boldsymbol{r},t)\\ \psi_4(\boldsymbol{r},t)\end{pmatrix} \tag{19}$$

现在求如下形式的平面波解

$$\psi(\boldsymbol{r},t)=\begin{pmatrix}u_1\\ u_2\\ u_3\\ u_4\end{pmatrix}e^{i(\boldsymbol{p}\cdot\boldsymbol{r}-Et)/\hbar} \tag{20}$$

其中 $\boldsymbol{p}$ 与 E 是粒子的动量和能量，$u_i(i=1,2,3,4)$ 是同 $\boldsymbol{r}$ 与 t 无关的量. 将 $\hat{E}=i\hbar\partial/\partial t$，$\hat{\boldsymbol{p}}=-i\hbar\nabla$ 及(18)与(20)式代入方程(7)，

$$\begin{pmatrix} i\hbar\frac{\partial}{\partial t}-mc^2 & 0 & i\hbar c\frac{\partial}{\partial z} & i\hbar c\left(\frac{\partial}{\partial x}-i\frac{\partial}{\partial y}\right)\\ 0 & i\hbar\frac{\partial}{\partial t}-mc^2 & i\hbar c\left(\frac{\partial}{\partial x}+i\frac{\partial}{\partial y}\right) & -i\hbar c\frac{\partial}{\partial z}\\ i\hbar c\frac{\partial}{\partial z} & i\hbar c\left(\frac{\partial}{\partial x}-i\frac{\partial}{\partial y}\right) & i\hbar\frac{\partial}{\partial t}+mc^2 & 0\\ i\hbar c\left(\frac{\partial}{\partial x}+i\frac{\partial}{\partial y}\right) & -i\hbar c\frac{\partial}{\partial z} & 0 & i\hbar\frac{\partial}{\partial t}+mc^2\end{pmatrix}\begin{pmatrix}u_1 e^{i(\boldsymbol{p}\cdot\boldsymbol{r}-Et)/\hbar}\\ u_2 e^{i(\boldsymbol{p}\cdot\boldsymbol{r}-Et)/\hbar}\\ u_3 e^{i(\boldsymbol{p}\cdot\boldsymbol{r}-Et)/\hbar}\\ u_4 e^{i(\boldsymbol{p}\cdot\boldsymbol{r}-Et)/\hbar}\end{pmatrix}=0$$

上式运算后，得到 $u_i(i=1,2,3,4)$ 满足的方程

$$\begin{aligned}(E-mc^2)u_1-cp_zu_3-c(p_x-ip_y)u_4&=0\\ (E-mc^2)u_2-c(p_x+ip_y)u_3+cp_zu_4&=0\\ -cp_zu_1-c(p_x-ip_y)u_2+(E+mc^2)u_3&=0\\ -c(p_x+ip_y)u_1+cp_zu_2+(E+mc^2)u_4&=0\end{aligned} \tag{21}$$

这是 $u_i(i=1,2,3,4)$ 的齐次方程，只有当系数行列式的值为0时，这个方程才有解. 由系数行列式的值为0，得到

$$(E^2-c^2\boldsymbol{p}^2-m^2c^4)^2=0,E^2-c^2\boldsymbol{p}^2-m^2c^4=0$$

便有

$$E=\pm(c^2\boldsymbol{p}^2-m^2c^4)^{1/2} \tag{22}$$

对于确定的动量 $\boldsymbol{p}$，能量 E 有正负两个值. 考虑正能解 $E=E_+=(c^2\boldsymbol{p}^2-m^2c^4)^{1/2}$，由方程程(21)解得两个线性无关的波函数

$$\psi_{+1} = \begin{pmatrix} 1 \\ 0 \\ \dfrac{cp_z}{E_+ + mc^2} \\ \dfrac{c(p_x + ip_y)}{E_+ + mc^2} \end{pmatrix} e^{i(\boldsymbol{p}\cdot\boldsymbol{r} - E_+ t)/\hbar} \tag{23}$$

$$\psi_{+2} = \begin{pmatrix} 0 \\ 1 \\ \dfrac{c(p_x - ip_y)}{E_+ + mc^2} \\ \dfrac{-cp_z}{E_+ + mc^2} \end{pmatrix} e^{i(\boldsymbol{p}\cdot\boldsymbol{r} - E_+ t)/\hbar} \tag{24}$$

对应负能解 $E = E_- = -(c^2\ \boldsymbol{p}^2 - m^2 c^4)^{1/2}$ 的两个线性无关的波函数为

$$\psi_{-1} = \begin{pmatrix} \dfrac{cp_z}{E_- - mc^2} \\ \dfrac{c(p_x + ip_y)}{E_- - mc^2} \\ 1 \\ 0 \end{pmatrix} e^{i(\boldsymbol{p}\cdot\boldsymbol{r} - E_- t)/\hbar} \tag{25}$$

$$\psi_{-2} = \begin{pmatrix} \dfrac{c(p_x - ip_y)}{E_- - mc^2} \\ \dfrac{-cp_z}{E_- - mc^2} \\ 0 \\ 1 \end{pmatrix} e^{i(\boldsymbol{p}\cdot\boldsymbol{r} - E_- t)/\hbar} \tag{26}$$

上述 4 个波函数分别乘以因子

$$\left[1 + \frac{c^2\ \boldsymbol{p}^2}{(E_+ + mc^2)^2}\right]^{-1/2}$$

就成为满足归一化条件 $\psi^+\ \psi = 1$ 的波函数.

(5) 狄拉克方程是描述自旋 $s = 1/2$ 粒子的方程

令

$$\Sigma = \begin{pmatrix} \boldsymbol{\sigma} & 0 \\ 0 & \boldsymbol{\sigma} \end{pmatrix} \tag{27}$$

$$\hat{S} = \frac{\hbar}{2}\Sigma = \frac{\hbar}{2}\begin{pmatrix} \boldsymbol{\sigma} & 0 \\ 0 & \boldsymbol{\sigma} \end{pmatrix} \tag{28}$$

$\hat{\boldsymbol{S}}$ 是自旋量子数 $s=1/2$ 的自旋角动量算符，其中 $\boldsymbol{\sigma}$ 为泡利矩阵. 在下一节中我们再给出 $\hat{S}$ 是自旋角动量算符的理由. 在非相对论条件($v \ll c$)下，可以略去波函数(23)—(26)中含有 $\dfrac{cp_z}{E_+ + mc^2}, \dfrac{c(p_x + ip_y)}{E_+ + mc^2}, \cdots$ 因子的项，因为它们都近似为 0.

$$\psi_{+1} = \begin{pmatrix} 1 \\ 0 \\ 0 \\ 0 \end{pmatrix} e^{i(\boldsymbol{p}\cdot\boldsymbol{r} - E_+ t)/\hbar}, \psi_{+2} = \begin{pmatrix} 0 \\ 1 \\ 0 \\ 0 \end{pmatrix} e^{i(\boldsymbol{p}\cdot\boldsymbol{r} - E_+ t)/\hbar} \tag{29}$$

$$\psi_{-1} = \begin{pmatrix} 0 \\ 0 \\ 1 \\ 0 \end{pmatrix} e^{i(\boldsymbol{p}\cdot\boldsymbol{r} - E_- t)/\hbar}, \ \psi_{-2} = \begin{pmatrix} 0 \\ 0 \\ 0 \\ 1 \end{pmatrix} e^{i(\boldsymbol{p}\cdot\boldsymbol{r} - E_- t)/\hbar} \tag{30}$$

不难看出，上述 4 个波函数都是

$$\hat{S}_z = \frac{\hbar}{2} \begin{pmatrix} 1 & 0 & 0 & 0 \\ 0 & -1 & 0 & 0 \\ 0 & 0 & 1 & 0 \\ 0 & 0 & 0 & -1 \end{pmatrix} \tag{31}$$

的本征函数，ψ_{+1} 与 ψ_{-1} 的本征值为 $\hbar/2$，ψ_{+2} 与 ψ_{-2} 的本征值为 $-\hbar/2$. 由此可见，狄拉克方程描述的是自旋 $s=1/2$ 的粒子. 最重要的自旋 $s=1/2$ 的粒子是电子. 因此狄拉克方程主要用来描述电子.

为什么在相对论条件下，自由粒子狄拉克方程的解(23)—(26)不是自旋 $\hat{S}_z$ 的本征函数?这是因为自旋 $\hat{S}_z$ 同自由粒子哈密顿量 $\hat{H} = c\boldsymbol{\alpha}\cdot\hat{\boldsymbol{p}} + \beta mc^2$ 不对易，$\hat{S}_z$ 不是守恒量. $\hat{S}_z$ 与 $\hat{H}$ 没有共同的本征函数. (23)—(26)式作为 $\hat{H}$ 的本征函数，不可能再是 $\hat{S}_z$ 的本征函数，只是在非相对论条件下，它们才是 $\hat{S}_z$ 的本征函数.

(6) 负能量与“空穴理论”

如何理解负能量?前面提到，如果自由粒子存在负能态，则按照量子力学的观点，处于正能态的自由粒子，可以向负能态跃迁，成为负能量的粒子. 然而实际上不存在这个情况. 这是一个难以解决的困难. 狄拉克在给出电子狄拉克方程后，提出“空穴理论”，解决了这个困难. 他假设，现实世界的真空是所有正能态上没有一个粒子，所有负能态全都被粒子占据. 如果在正能态上出现一个电子，则由于所有负能态全被电子占据，根据泡利原理，这个正能量的电子不可能向负能态跃迁. 他还假设，占据所有负能态的电子不存在引力作用，它们所带的电荷也没有电磁作用.这些电子是不能被观测到的.如果在负能态上的一个质量为m,电荷为q,动量为$\boldsymbol{p}$,能量为$E=-\sqrt{c^2\boldsymbol{p}^2+m^2c^4}$的粒子缺失了(例如一个能量$E>2mc^2$的$\gamma$光子将一个负能态的电子激发到正能态),负能态出现了一个空穴.这里原来是什么也观测不到的真空态,现在就应该观测到一个质量为m,电荷为$-q$,动量为$-\boldsymbol{p}$,能量为$E=\sqrt{c^2\boldsymbol{p}^2+m^2c^4}$的粒子.这个由空穴代表的粒子是处于正能态的粒子的反粒子.在狄拉克提出"空穴理论"后的第4年,安德森果然在宇宙射线中发现了电子的反粒子—正电子.正电子同电子的质量相同,电荷相反,为$+e$.后来通过高能加速器发现了大量粒子的反粒子.狄拉克的"空穴理论"得到了证实.虽然,"空穴理论"取得了成功,但是,这个理论的观点却让人难以接受.特别是,这个理论采用了泡利原理,它就不适用于自旋$s=0$的粒子.实际上,不论是描述自旋$s=1/2$粒子的狄拉克方程,还是描述自旋$s=0$粒子的克莱因—戈登方程(这个方程的波函数只有一个分量,描述的是自旋$s=0$粒子),只要将方程看成是粒子场的方程,根据量子场论,不用空穴理论,负能量与正反粒子的问题都解决了.这是因为,虽然在场的方程中,能量E作为一个参数可以取正负值,但是在场量子化后得到的粒子能量却总是正的.每一种粒子都有反粒子,正粒子的负能态,就是反粒子的正能态.原来的单粒子方程描述的是一种粒子:正粒子,它的能量可以取正值与负值.现在的场方程描述的是两种粒子:正粒子与反粒子,它们的能量都只能取正值.

§11.4　相对论狄拉克方程(2)

(1) 电磁场中电子的狄拉克方程

质量为m,电荷为q的粒子在以电磁势(A,Φ)描述的电磁场中的狄拉克方程,可以通过自由粒子狄拉克方程

$$i\hbar\frac{\partial\psi}{\partial t}=(c\boldsymbol{\alpha}\cdot\hat{\boldsymbol{p}}+\beta mc^2)\psi \tag{1}$$

作如下变换

$$i\hbar\frac{\partial}{\partial t}\to i\hbar\frac{\partial}{\partial t}-q\Phi,\quad \hat{\boldsymbol{p}}\to\hat{\boldsymbol{p}}-\frac{q}{c}\boldsymbol{A}\tag{2}$$

得到：

$$\left(i\hbar\frac{\partial}{\partial t}-q\Phi\right)\psi=\left[c\boldsymbol{\alpha}\cdot\left(\hat{\boldsymbol{p}}-\frac{q}{c}\boldsymbol{A}\right)+\beta mc^2\right]\psi\tag{3}$$

或

$$i\hbar\frac{\partial}{\partial t}\psi=\left[c\boldsymbol{\alpha}\cdot\left(\hat{\boldsymbol{p}}-\frac{q}{c}\boldsymbol{A}\right)+q\Phi+\beta mc^2\right]\psi\tag{4}$$

这个方程可以表示成同薛定谔方程相同的形式

$$i\hbar\frac{\partial}{\partial t}\psi=\hat{H}\psi\tag{5}$$

$$\hat{H}=c\boldsymbol{\alpha}\cdot\left(\hat{\boldsymbol{p}}-\frac{q}{c}\boldsymbol{A}\right)+q\Phi+\beta mc^2\tag{6}$$

将电子电荷 $q=-e$ 代入(4) 与(6) 式，得到电子在电磁场中的狄拉克方程和电子在电磁场中的哈密顿量：

$$i\hbar\frac{\partial}{\partial t}\psi=\left[c\boldsymbol{\alpha}\cdot\left(\hat{\boldsymbol{p}}+\frac{e}{c}\boldsymbol{A}\right)-e\Phi+\beta mc^2\right]\psi\tag{7}$$

$$\hat{H}=c\boldsymbol{\alpha}\cdot\left(\hat{\boldsymbol{p}}+\frac{e}{c}\boldsymbol{A}\right)-e\Phi+\beta mc^2\tag{8}$$

(2) 非相对论近似与电子自旋磁矩

我们来求电磁场中电子狄拉克方程(7) 在非相对论条件($v\ll c$) 下的近似式. 令

$$\psi=\begin{pmatrix}\varphi\\ \chi\end{pmatrix}e^{-imc^2t/\hbar}\tag{9}$$

φ 与 χ 是二分量波函数. 将(9) 式代入方程(7)，

$$\begin{pmatrix}\left(i\hbar\frac{\partial}{\partial t}+mc^2\right)\varphi\\ \left(i\hbar\frac{\partial}{\partial t}+mc^2\right)\chi\end{pmatrix}=\left\{c\begin{pmatrix}0&\boldsymbol{\sigma}\\ \boldsymbol{\sigma}&0\end{pmatrix}\cdot\left(\hat{\boldsymbol{p}}+\frac{e}{c}\boldsymbol{A}\right)-\begin{pmatrix}e\Phi&0\\0&e\Phi\end{pmatrix}+\begin{pmatrix}mc^2&0\\0&-mc^2\end{pmatrix}\right\}\begin{pmatrix}\varphi\\ \chi\end{pmatrix}$$

$$i\hbar\frac{\partial\varphi}{\partial t}=c\boldsymbol{\sigma}\cdot\left(\hat{\boldsymbol{p}}+\frac{e}{c}\boldsymbol{A}\right)\chi-e\Phi\varphi\tag{10}$$

$$i\hbar\frac{\partial\chi}{\partial t}=c\boldsymbol{\sigma}\cdot\left(\hat{\boldsymbol{p}}+\frac{e}{c}\boldsymbol{A}\right)\varphi-(e\Phi+2mc^2)\chi\tag{11}$$

在非相对论条件下，$e\Phi \ll 2mc^2$，$\chi \ll \varphi$，在(11)式中，可以略去 $e\Phi$ 和 $i\hbar \frac{\partial \chi}{\partial t}$，得

$$\chi = \frac{1}{2mc}\boldsymbol{\sigma} \cdot \left(\hat{\boldsymbol{p}} + \frac{e}{c}\boldsymbol{A}\right)\varphi \tag{12}$$

将(12)式代入(10)式，

$$i\hbar \frac{\partial \varphi}{\partial t} = \frac{1}{2m}\left[\boldsymbol{\sigma} \cdot \left(\hat{\boldsymbol{p}} + \frac{e}{c}\boldsymbol{A}\right)\right]^2 \varphi - e\Phi\varphi \tag{13}$$

利用公式

$$(\boldsymbol{\sigma} \cdot \boldsymbol{C})(\boldsymbol{\sigma} \cdot \boldsymbol{D}) = \boldsymbol{C} \cdot \boldsymbol{D} + i\boldsymbol{\sigma} \cdot (\boldsymbol{C} \times \boldsymbol{D}) \tag{14}$$

$$\begin{aligned}\left[\boldsymbol{\sigma} \cdot \left(\hat{\boldsymbol{p}} + \frac{e}{c}\boldsymbol{A}\right)\right]^2 \varphi &= \left(\hat{\boldsymbol{p}} + \frac{e}{c}\boldsymbol{A}\right)^2 \varphi + i\boldsymbol{\sigma} \cdot \\ &\quad \left[\left(\hat{\boldsymbol{p}} + \frac{e}{c}\boldsymbol{A}\right) \times \left(\hat{\boldsymbol{p}} + \frac{e}{c}\boldsymbol{A}\right)\right]\varphi \\ &= \left(\hat{\boldsymbol{p}} + \frac{e}{c}\boldsymbol{A}\right)^2 \varphi + \frac{ie}{c}\boldsymbol{\sigma} \cdot (\hat{\boldsymbol{p}} \times \boldsymbol{A} + \boldsymbol{A} \times \hat{\boldsymbol{p}})\varphi\end{aligned} \tag{15}$$

其中

$$\begin{aligned}(\hat{\boldsymbol{p}} \times \boldsymbol{A} + \boldsymbol{A} \times \hat{\boldsymbol{p}})\varphi &= -i\hbar(\nabla \times \boldsymbol{A} + \boldsymbol{A} \times \nabla)\varphi \\ &= -i\hbar[\nabla \times (\boldsymbol{A}\varphi) + \boldsymbol{A} \times \nabla\varphi] \\ &= -i\hbar[(\nabla \times \boldsymbol{A})\varphi + \nabla\varphi \times \boldsymbol{A} + \boldsymbol{A} \times \nabla\varphi] = (-i\hbar\, \nabla \times \boldsymbol{A})\varphi \\ &= -i\hbar\boldsymbol{B}\varphi \quad (\boldsymbol{B} = \nabla \times \boldsymbol{A} \text{ 为磁场强度})\end{aligned}$$

将上式代入(15)式，得

$$\left[\boldsymbol{\sigma} \cdot \left(\hat{\boldsymbol{p}} + \frac{e}{c}\boldsymbol{A}\right)\right]^2 \varphi = \left[\left(\hat{\boldsymbol{p}} + \frac{e}{c}\boldsymbol{A}\right)^2 + \frac{e\hbar}{c}\boldsymbol{\sigma} \cdot \boldsymbol{B}\right]\varphi \tag{16}$$

再将(16)式代入(13)式，得

$$i\hbar \frac{\partial \varphi}{\partial t} = \left[\frac{1}{2m}\left(\hat{\boldsymbol{p}} + \frac{e}{c}\boldsymbol{A}\right)^2 + \frac{e\hbar}{2mc}\boldsymbol{\sigma} \cdot \boldsymbol{B} - e\Phi\right]\varphi \tag{17}$$

其中

$$\frac{e\hbar}{2mc}\boldsymbol{\sigma} \cdot \boldsymbol{B} = \frac{e}{mc}\hat{\boldsymbol{S}} \cdot \boldsymbol{B} = -\hat{\boldsymbol{M}}_s \cdot \boldsymbol{B} \tag{18}$$

$$\hat{\boldsymbol{S}} = \frac{\hbar}{2}\boldsymbol{\sigma}, \quad \hat{\boldsymbol{M}}_s = -\frac{e}{mc}\hat{\boldsymbol{S}} \tag{19}$$

$\hat{\boldsymbol{S}}$ 为电子的自旋，$\hat{\boldsymbol{M}}_s$ 为电子的自旋磁矩. 电磁场中电子狄拉克方程(7)在非相对论条件($v \ll c$)下的近似式为

$$i\hbar \frac{\partial \varphi}{\partial t} = \left[\frac{1}{2m}\left(\hat{\boldsymbol{p}} + \frac{e}{c}\boldsymbol{A}\right)^2 + \frac{e}{mc}\hat{\boldsymbol{S}} \cdot \boldsymbol{B} - e\Phi\right]\varphi \tag{20}$$

或

$$i\hbar\frac{\partial\varphi}{\partial t}=\left[\frac{1}{2m}\left(\hat{\boldsymbol{p}}+\frac{e}{c}\boldsymbol{A}\right)^2-\hat{\boldsymbol{M}}_s\cdot\boldsymbol{B}-e\Phi\right]\varphi \tag{21}$$

上式中的$-\hat{\boldsymbol{M}}_s\cdot\boldsymbol{B}$是电子自旋磁矩同外磁场强度$\boldsymbol{B}$的相互作用能. 由狄拉克方程推导出的电子的自旋磁矩$\hat{\boldsymbol{M}}_s$如(19)式所示. 电子自旋磁矩的大小为$\mu_B=\frac{e\hbar}{2mc}$,μ_B叫做玻尔磁子. 实验测定的电子自旋磁矩为$\mu=1.00116\mu_B$,理论值同实验值基本符合. 这是狄拉克方程给出的一个重要结果. 电子自旋磁矩理论值同实验值的微小差别叫做电子的反常磁矩. 狄拉克方程无法解释电子的反常磁矩.

(3) 中心力场中电子的狄拉克方程,守恒量

现在考虑电子在中心力场$V=-e\Phi(r)$中运动的狄拉克方程. 这时,仅有电场,没有磁场,$\boldsymbol{A}=0$. 狄拉克方程为

$$i\hbar\frac{\partial}{\partial t}\psi=\hat{H}\psi \tag{22}$$

$$\hat{H}=c\boldsymbol{\alpha}\cdot\hat{\boldsymbol{p}}+\beta mc^2+V \tag{23}$$

由于哈密顿量$\hat{H}$不含时间t,可以求定态解. 定态方程为

$$[c\boldsymbol{\alpha}\cdot\hat{\boldsymbol{p}}+\beta mc^2+V]\psi=E\psi \tag{24}$$

我们先讨论电子在中心力场运动时,哪些力学量是守恒量?显然$\hat{H}$是守恒量. 轨道角动量$\hat{\boldsymbol{L}}$与自旋角动量$\hat{S}$是不是守恒量,要通过计算对易关系式$[\hat{\boldsymbol{L}},\hat{H}]$与$[\hat{\boldsymbol{S}},\hat{H}]$来确定. 先计算

$$\begin{aligned}[\hat{L}_x,\hat{H}]&=[\hat{L}_x,c\boldsymbol{\alpha}\cdot\hat{\boldsymbol{p}}]=c\boldsymbol{\alpha}\cdot[\hat{L}_x,\hat{\boldsymbol{p}}]\\&=c\{\alpha_x[\hat{L}_x,\hat{p}_x]+\alpha_y[\hat{L}_x,\hat{p}_y]+\alpha_z[\hat{L}_x,\hat{p}_z]\}\end{aligned}$$

将

$$[\hat{L}_x,\hat{p}_x]=0\,,\quad[\hat{L}_x,\hat{p}_y]=i\hbar\hat{p}_z\,,\quad[\hat{L}_x,\hat{p}_z]=-i\hbar\hat{p}_y$$

代入上式,得

$$[\hat{L}_x,\hat{H}]=i\hbar c(\alpha_y\hat{p}_z-\alpha_z\hat{p}_y) \tag{25}$$

类似的计算,得

$$[\hat{L}_y,\hat{H}]=i\hbar c(\alpha_z\hat{p}_x-\alpha_x\hat{p}_z) \tag{26}$$

$$[\hat{L}_z,\hat{H}]=i\hbar c(\alpha_x\hat{p}_y-\alpha_y\hat{p}_x) \tag{27}$$

可见,轨道角动量$\hat{\boldsymbol{L}}$不是守恒量. 再计算

$$[\hat{S}_x,\hat{H}]=\frac{\hbar}{2}[\Sigma_x,\hat{H}]=\frac{\hbar}{2}[\Sigma_x,c\boldsymbol{\alpha}\cdot\hat{\boldsymbol{p}}]=\frac{\hbar c}{2}(\Sigma_x\boldsymbol{\alpha}\cdot\hat{\boldsymbol{p}}-\boldsymbol{\alpha}\cdot\hat{\boldsymbol{p}}\Sigma_x)$$

$$=\frac{\hbar c}{2}[\Sigma_x(\alpha_x\hat{p}_x+\alpha_y\hat{p}_y+\alpha_z\hat{p}_z)-(\alpha_x\hat{p}_x+\alpha_y\hat{p}_y+\alpha_z\hat{p}_z)\Sigma_x]$$

$$=\frac{\hbar c}{2}[(\Sigma_x\alpha_x-\alpha_x\Sigma_x)\hat{p}_x+(\Sigma_x\alpha_y-\alpha_y\Sigma_x)\hat{p}_y+(\Sigma_x\alpha_z-\alpha_z\Sigma_x)\hat{p}_z]$$

其中

$$\Sigma_x\alpha_x-\alpha_x\Sigma_x=\begin{pmatrix}\sigma_x & 0\\ 0 & \sigma_x\end{pmatrix}\begin{pmatrix}0 & \sigma_x\\ \sigma_x & 0\end{pmatrix}-\begin{pmatrix}0 & \sigma_x\\ \sigma_x & 0\end{pmatrix}\begin{pmatrix}\sigma_x & 0\\ 0 & \sigma_x\end{pmatrix}$$

$$=\begin{pmatrix}0 & 1\\ 1 & 0\end{pmatrix}-\begin{pmatrix}0 & 1\\ 1 & 0\end{pmatrix}=0$$

$$\Sigma_x\alpha_y-\alpha_y\Sigma_x=\begin{pmatrix}\sigma_x & 0\\ 0 & \sigma_x\end{pmatrix}\begin{pmatrix}0 & \sigma_y\\ \sigma_y & 0\end{pmatrix}-\begin{pmatrix}0 & \sigma_y\\ \sigma_y & 0\end{pmatrix}\begin{pmatrix}\sigma_x & 0\\ 0 & \sigma_x\end{pmatrix}$$

$$=\begin{pmatrix}0 & i\sigma_z\\ i\sigma_z & 0\end{pmatrix}-\begin{pmatrix}0 & -i\sigma_z\\ -i\sigma_z & 0\end{pmatrix}=2i\begin{pmatrix}0 & \sigma_z\\ \sigma_z & 0\end{pmatrix}=2i\alpha_z$$

$$\Sigma_x\alpha_z-\alpha_z\Sigma_x=\begin{pmatrix}\sigma_x & 0\\ 0 & \sigma_x\end{pmatrix}\begin{pmatrix}0 & \sigma_z\\ \sigma_z & 0\end{pmatrix}-\begin{pmatrix}0 & \sigma_z\\ \sigma_z & 0\end{pmatrix}\begin{pmatrix}\sigma_x & 0\\ 0 & \sigma_x\end{pmatrix}$$

$$=\begin{pmatrix}0 & -i\sigma_y\\ -i\sigma_y & 0\end{pmatrix}-\begin{pmatrix}0 & i\sigma_y\\ i\sigma_y & 0\end{pmatrix}=-2i\begin{pmatrix}0 & \sigma_y\\ \sigma_y & 0\end{pmatrix}=-2i\alpha_y$$

$$[\hat{S}_x,\hat{H}]=-i\hbar c(\alpha_y\hat{p}_z-\alpha_z\hat{p}_y) \tag{28}$$

类似的计算,得

$$[\hat{S}_y,\hat{H}]=-i\hbar c(\alpha_z\hat{p}_x-\alpha_x\hat{p}_z) \tag{29}$$

$$[\hat{S}_z,\hat{H}]=-i\hbar c(\alpha_x\hat{p}_y-\alpha_y\hat{p}_x) \tag{30}$$

可见,自旋角动量 $\hat{\boldsymbol{S}}$ 也不是守恒量. 我们注意到,轨道角动量 $\hat{\boldsymbol{L}}$ 与自旋角动量 $\hat{\boldsymbol{S}}$ 分别同哈密顿量 $\hat{H}$ 对易关系式的计算结果只相差一个负号. 于是,总角动量 $\hat{\boldsymbol{J}}=\hat{\boldsymbol{L}}+\hat{\boldsymbol{S}}$ 同哈密顿量 $\hat{H}$ 对易关系式必定为0. 总角动量 $\hat{\boldsymbol{J}}$ 是守恒量. 从以上计算看出,由 $\hat{\boldsymbol{S}}=\frac{\hbar}{2}\Sigma$ 定义的 $\hat{\boldsymbol{S}}$ 与轨道角动量 $\hat{\boldsymbol{L}}$ 的性质相同,特别是 $\hat{\boldsymbol{S}}$ 与 $\hat{\boldsymbol{L}}$ 都不是守恒量,而它们之和是守恒量,$\hat{S}_x,\hat{S}_y,\hat{S}_z$ 中任两个之间的对易关系式同 $\hat{L}_x$, $\hat{L}_y,\hat{L}_z$ 中任两个之间的对易关系式性质也相同. 因此,我们可以确信,$\hat{\boldsymbol{S}}$ 就是电子的自旋角动量,$\hat{\boldsymbol{J}}=\hat{\boldsymbol{L}}+\hat{\boldsymbol{S}}$ 就是电子的总角动量.

现在已知电子在中心力场中运动,轨道角动量 $\hat{\boldsymbol{L}}$ 与自旋角动量 $\hat{\boldsymbol{S}}$ 不是守恒量,总角动量 $\hat{\boldsymbol{J}}=\hat{\boldsymbol{L}}+\hat{\boldsymbol{S}}$ 是守恒量. 这同非相对论情况是相同的. 但不同的是,在非相对论情况下,$\hat{\boldsymbol{L}}^2$ 是守恒量,而在相对论情况下,$\hat{\boldsymbol{L}}^2$ 不再是守恒量. 这可以通过计算 $[\hat{\boldsymbol{L}}^2,\hat{H}]\neq 0$ 证实. 在非相对论情况下,一般是选取 $(\hat{H},\hat{L}^2,\hat{\boldsymbol{J}}^2,\hat{J}_z)$ 的

共同本征态作为 $\hat{H}$ 的本征函数. 在相对论情况下,需要寻找另外一个守恒量代替$\hat{\boldsymbol{L}}^2$. 这个守恒量是

$$\hbar\hat{K}=\beta(\Sigma\cdot\hat{\boldsymbol{L}}+\hbar) \tag{31}$$

可以证明,

$$[\hat{K},\hat{H}]=0,\quad [\hat{K},\hat{\boldsymbol{J}}]=0 \tag{32}$$

于是,在相对论情况下,守恒量完全集是$(\hat{H},\hat{K},\hat{\boldsymbol{J}}^2,\hat{J}_z)$. 可以选取$(\hat{H},\hat{K},\hat{\boldsymbol{J}}^2,\hat{J}_z)$的共同本征态作为 $\hat{H}$ 的本征函数. 计算表明,$\hat{K}$ 的本征值为$\pm1,\pm2,\pm3,\cdots$. 先计算 $\hat{K}^2$ 的本征值. 利用$[\beta,\Sigma]=0,\beta^2=1$,

$$\hbar^2\hat{K}^2=(\boldsymbol{\Sigma}\cdot\hat{\boldsymbol{L}}+\hbar)^2=(\boldsymbol{\Sigma}\cdot\hat{\boldsymbol{L}})^2+2\boldsymbol{\Sigma}\cdot\hat{\boldsymbol{L}}+\hbar^2 \tag{33}$$

其中$(\boldsymbol{\Sigma}\cdot\hat{\boldsymbol{L}})^2$ 可利用公式 $(\boldsymbol{\Sigma}\cdot\boldsymbol{A})(\boldsymbol{\Sigma}\cdot\boldsymbol{B})=\boldsymbol{A}\cdot\boldsymbol{B}+i\boldsymbol{\Sigma}\cdot(\boldsymbol{A}\times\boldsymbol{B})$ 与 $\hat{\boldsymbol{L}}\times\hat{\boldsymbol{L}}=i\hbar\hat{\boldsymbol{L}}$,算出

$$(\boldsymbol{\Sigma}\cdot\hat{\boldsymbol{L}})^2=\hat{\boldsymbol{L}}^2+i\boldsymbol{\Sigma}\cdot(\hat{\boldsymbol{L}}\times\hat{\boldsymbol{L}})=\hat{\boldsymbol{L}}^2-\hbar\boldsymbol{\Sigma}\cdot\hat{\boldsymbol{L}} \tag{34}$$

将(34)式代入(33)式,得

$$\hbar^2\hat{K}^2=\hat{\boldsymbol{L}}^2+\hbar\boldsymbol{\Sigma}\cdot\hat{\boldsymbol{L}}+\hbar^2=\hat{\boldsymbol{J}}^2+\frac{1}{4}\hbar^2 \tag{35}$$

上式中用到

$$\hat{\boldsymbol{J}}^2=(\hat{\boldsymbol{L}}+\hat{\boldsymbol{S}})^2=\hat{\boldsymbol{L}}^2+2\hat{\boldsymbol{S}}\cdot\hat{\boldsymbol{L}}+\hat{\boldsymbol{S}}^2=\hat{\boldsymbol{L}}^2+\hbar\boldsymbol{\Sigma}\cdot\hat{\boldsymbol{L}}+\frac{3}{4}\hbar^2 \tag{36}$$

由(35)式看出,由于$\hat{\boldsymbol{J}}^2$ 是守恒量,故 $\hat{K}^2$ 也是守恒量. 将$\hat{\boldsymbol{J}}^2$ 的本征值$j(j+1)\hbar^2$代入(35)式,得到 $\hbar^2\hat{K}^2$ 的本征值:

$$\hbar^2k^2=\left[j(j+1)+\frac{1}{4}\right]\hbar^2=\left(j+\frac{1}{2}\right)^2\hbar^2$$

$\hat{K}$ 的本征值为

$$k=\pm\left(j+\frac{1}{2}\right)=\pm1,\pm2,\pm3,\cdots$$

(4) 非相对论近似与电子的自旋轨道耦合

我们来求中心力场 $V=V(r)$ 中电子狄拉克方程的非相对论近似式. 令

$$E=E'+mc^2 \tag{37}$$

在非相对论条件下,$E'=E-mc^2\ll mc^2$. 再令

$$\psi=\begin{pmatrix}\varphi\\ \chi\end{pmatrix} \tag{38}$$

在非相对论条件下,$\chi\ll\varphi$,φ 是大分量,χ 是小分量. 已知

$$\boldsymbol{\alpha}=\begin{pmatrix}0 & \boldsymbol{\sigma}\\ \boldsymbol{\sigma} & 0\end{pmatrix},\quad \beta=\begin{pmatrix}\boldsymbol{I} & 0\\ 0 & -\boldsymbol{I}\end{pmatrix} \tag{39}$$

将(37)—(39)式代入定态方程(24)

$$[c\boldsymbol{\alpha}\cdot\hat{\boldsymbol{p}}+\beta mc^2+V]\psi=E\psi$$

$$\left[\begin{pmatrix}0 & c\boldsymbol{\sigma}\cdot\hat{\boldsymbol{p}}\\ c\boldsymbol{\sigma}\cdot\hat{\boldsymbol{p}} & 0\end{pmatrix}+\begin{pmatrix}mc^2 & 0\\ 0 & -mc^2\end{pmatrix}+\begin{pmatrix}V & 0\\ 0 & V\end{pmatrix}\right]\begin{pmatrix}\varphi\\ \chi\end{pmatrix}=\begin{pmatrix}(E'+mc^2)\varphi\\ (E'+mc^2)\chi\end{pmatrix} \tag{40}$$

$$c\boldsymbol{\sigma}\cdot\hat{\boldsymbol{p}}\chi=[E'-V]\varphi \tag{41}$$

$$c\boldsymbol{\sigma}\cdot\hat{\boldsymbol{p}}\varphi=[E'+2mc^2-V]\chi \tag{42}$$

由(42)式得

$$\chi=\frac{c\boldsymbol{\sigma}\cdot\hat{\boldsymbol{p}}\varphi}{E'+2mc^2-V}=\frac{\boldsymbol{\sigma}\cdot\hat{\boldsymbol{p}}\varphi}{2mc\left(1+\dfrac{E'-V}{2mc^2}\right)}=\frac{1}{2mc}\left(1+\frac{E'-V}{2mc^2}\right)^{-1}\boldsymbol{\sigma}\cdot\hat{\boldsymbol{p}}\varphi \tag{43}$$

在非相对论条件下，

$$\left(1+\frac{E'-V}{2mc^2}\right)^{-1}\approx 1-\frac{E'-V}{2mc^2} \tag{44}$$

$$\chi=\frac{1}{2mc}\left(1-\frac{E'-V}{2mc^2}\right)\boldsymbol{\sigma}\cdot\hat{\boldsymbol{p}}\varphi \tag{45}$$

将(45)式代入(41)式，得大分量 φ 满足的方程

$$\frac{1}{2m}\boldsymbol{\sigma}\cdot\hat{\boldsymbol{p}}\left(1-\frac{E'-V}{2mc^2}\right)\boldsymbol{\sigma}\cdot\hat{\boldsymbol{p}}\varphi=(E'-V)\varphi \tag{46}$$

$$\frac{1}{2m}\left[(\boldsymbol{\sigma}\cdot\hat{\boldsymbol{p}})^2-\frac{E'(\boldsymbol{\sigma}\cdot\hat{\boldsymbol{p}})^2}{2mc^2}+\frac{(\boldsymbol{\sigma}\cdot\hat{\boldsymbol{p}})V(\boldsymbol{\sigma}\cdot\hat{\boldsymbol{p}})}{2mc^2}\right]\varphi=(E'-V)\varphi \tag{47}$$

其中$(\boldsymbol{\sigma}\cdot\hat{\boldsymbol{p}})^2=\hat{\boldsymbol{p}}^2$，

$$\left[\frac{\hat{\boldsymbol{p}}^2}{2m}-\frac{\hat{\boldsymbol{p}}^2E'}{4m^2c^2}+\frac{(\boldsymbol{\sigma}\cdot\hat{\boldsymbol{p}})V(\boldsymbol{\sigma}\cdot\hat{\boldsymbol{p}})}{4m^2c^2}\right]\varphi=(E'-V)\varphi \tag{48}$$

设 ψ 为任意波函数，

$$[(\boldsymbol{\sigma}\cdot\hat{\boldsymbol{p}})V]\psi=-i\hbar(\boldsymbol{\sigma}\cdot\nabla)(V\psi)=-i\hbar[V\boldsymbol{\sigma}\cdot\nabla\psi+(\sigma\cdot\nabla V)\psi]=[V\boldsymbol{\sigma}\cdot\hat{\boldsymbol{p}}-i\hbar\boldsymbol{\sigma}\cdot\nabla V]\psi$$

由于 ψ 是任意波函数，故有

$$\boldsymbol{\sigma}\cdot\hat{\boldsymbol{p}}V=V\boldsymbol{\sigma}\cdot\hat{\boldsymbol{p}}-i\hbar\boldsymbol{\sigma}\cdot\nabla V \tag{49}$$

或

$$V\boldsymbol{\sigma}\cdot\hat{\boldsymbol{p}}=\boldsymbol{\sigma}\cdot\hat{\boldsymbol{p}}V+i\hbar\boldsymbol{\sigma}\cdot\nabla V \tag{50}$$

利用公式(50)，

$$\begin{aligned}(\boldsymbol{\sigma}\cdot\hat{\boldsymbol{p}})V(\boldsymbol{\sigma}\cdot\hat{\boldsymbol{p}})&=(\boldsymbol{\sigma}\cdot\hat{\boldsymbol{p}})^2V+i\hbar(\boldsymbol{\sigma}\cdot\hat{\boldsymbol{p}})(\boldsymbol{\sigma}\cdot\nabla V)\\&=\hat{\boldsymbol{p}}^2V+i\hbar(\boldsymbol{\sigma}\cdot\hat{\boldsymbol{p}})(\boldsymbol{\sigma}\cdot\nabla V)\end{aligned} \tag{51}$$

其中$(\boldsymbol{\sigma}\cdot\hat{\boldsymbol{p}})^2=\hat{\boldsymbol{p}}^2$. 再利用公式

$$(\boldsymbol{\sigma}\cdot\boldsymbol{A})(\boldsymbol{\sigma}\cdot\boldsymbol{B})=\boldsymbol{A}\cdot\boldsymbol{B}+i\boldsymbol{\sigma}\cdot(\boldsymbol{A}\times\boldsymbol{B}) \tag{52}$$

式(51)中的$(\boldsymbol{\sigma}\cdot\hat{\boldsymbol{p}})(\boldsymbol{\sigma}\cdot\nabla V)$可表示为

$$(\boldsymbol{\sigma}\cdot\hat{\boldsymbol{p}})(\boldsymbol{\sigma}\cdot\nabla V)=\hat{\boldsymbol{p}}\cdot\nabla V+i\boldsymbol{\sigma}\cdot(\hat{\boldsymbol{p}}\times\nabla V) \tag{53}$$

将(53)式代入(51)式，得

$$(\boldsymbol{\sigma}\cdot\hat{\boldsymbol{p}})V(\boldsymbol{\sigma}\cdot\hat{\boldsymbol{p}})=\hat{\boldsymbol{p}}^2V+i\hbar[\hat{\boldsymbol{p}}\cdot\nabla V+i\boldsymbol{\sigma}\cdot(\hat{\boldsymbol{p}}\times\nabla V)] \tag{54}$$

将上式右边方括号中的$\hat{\boldsymbol{p}}\cdot\nabla V$作用于任意波函数$\psi$

$$\begin{aligned}(\hat{\boldsymbol{p}}\cdot\nabla V)\psi&=-i\hbar[\nabla\cdot\nabla(V\psi)]=-i\hbar[\nabla V\cdot\nabla+\nabla^2V]\psi\\&=[\nabla V\cdot\hat{\boldsymbol{p}}-i\hbar\nabla^2V]\psi\end{aligned}$$

因ψ是任意波函数ψ，故有

$$\hat{\boldsymbol{p}}\cdot\nabla V=\nabla V\cdot\hat{\boldsymbol{p}}-i\hbar\nabla^2V \tag{55}$$

将(55)式代入(54)式，

$$\begin{aligned}(\boldsymbol{\sigma}\cdot\hat{\boldsymbol{p}})V(\boldsymbol{\sigma}\cdot\hat{\boldsymbol{p}})=\hat{\boldsymbol{p}}^2V+i\hbar[&\nabla V\cdot\hat{\boldsymbol{p}}-i\hbar\nabla^2V\\&+i\boldsymbol{\sigma}\cdot(\hat{\boldsymbol{p}}\times\nabla V)]\end{aligned} \tag{56}$$

对于中心力场$V(r)$，

$$\nabla V=\frac{\mathrm{d}V}{\mathrm{d}r}\frac{\boldsymbol{r}}{r},\nabla V\cdot\hat{\boldsymbol{p}}=\frac{\mathrm{d}V}{\mathrm{d}r}\frac{\boldsymbol{r}\cdot\hat{\boldsymbol{p}}}{r}=-i\hbar\frac{\mathrm{d}V}{\mathrm{d}r}\frac{\partial}{\partial r} \tag{57}$$

$$\begin{aligned}i\boldsymbol{\sigma}\cdot(\hat{\boldsymbol{p}}\times\nabla V)&=i\boldsymbol{\sigma}\cdot(\hat{\boldsymbol{p}}\times\boldsymbol{r})\frac{1}{r}\frac{\mathrm{d}V}{\mathrm{d}r}=-i\boldsymbol{\sigma}\cdot(\boldsymbol{r}\times\hat{\boldsymbol{p}})\frac{1}{r}\frac{\mathrm{d}V}{\mathrm{d}r}\\&=-i\boldsymbol{\sigma}\cdot\hat{\boldsymbol{L}}\frac{1}{r}\frac{\mathrm{d}V}{\mathrm{d}r}=-\frac{2i}{\hbar}\frac{1}{r}\frac{\mathrm{d}V}{\mathrm{d}r}\hat{\boldsymbol{S}}\cdot\hat{\boldsymbol{L}}\end{aligned} \tag{58}$$

其中

$$\hat{\boldsymbol{L}}=\boldsymbol{r}\times\hat{\boldsymbol{p}},\hat{\boldsymbol{S}}=\frac{\hbar}{2}\boldsymbol{\sigma} \tag{59}$$

$\hat{\boldsymbol{L}}$为轨道角动量，$\hat{\boldsymbol{S}}$为自旋角动量，$\hat{\boldsymbol{S}}=\hbar\boldsymbol{\sigma}/2$与$\hat{\boldsymbol{S}}=\hbar\boldsymbol{\Sigma}/2$并不矛盾，因为$\boldsymbol{\Sigma}$就是由$\boldsymbol{\sigma}$按下式构成的：

$$\boldsymbol{\Sigma}=\begin{pmatrix}\boldsymbol{\sigma}&0\\0&\boldsymbol{\sigma}\end{pmatrix}$$

$\hat{S}=\hbar\boldsymbol{\sigma}/2$是$2\times2$的矩阵，$\hat{\boldsymbol{S}}=\hbar\Sigma/2$是$4\times4$的矩阵. 后者包含了前者. 将(57)(58)式代入(56)式，得

$$(\boldsymbol{\sigma}\cdot\hat{\boldsymbol{p}})V(\boldsymbol{\sigma}\cdot\hat{\boldsymbol{p}}) = \hat{\boldsymbol{p}}^2 V + \hbar^2 \frac{\mathrm{d}V}{\mathrm{d}r}\frac{\partial}{\partial r} + \hbar^2 \nabla^2 V + \frac{2}{r}\frac{\mathrm{d}V}{\mathrm{d}r}\hat{\boldsymbol{S}}\cdot\hat{\boldsymbol{L}} \tag{60}$$

再将(60) 式代入(48) 式，得

$$\left[\frac{\hat{\boldsymbol{p}}^2}{2m}+V\right]\varphi - \frac{\hat{\boldsymbol{p}}^2(E'-V)}{4m^2c^2}\varphi + \frac{1}{2m^2c^2}\frac{1}{r}\frac{\mathrm{d}V}{\mathrm{d}r}\hat{\boldsymbol{S}}\cdot\hat{\boldsymbol{L}}\varphi + \frac{\hbar^2}{4m^2c^2}\left[\nabla^2 V + \frac{\mathrm{d}V}{\mathrm{d}r}\frac{\partial}{\partial r}\right]\varphi = E'\varphi \tag{61}$$

在非相对论条件下，对大分量 φ 的方程(46) 左边方括内容取如下近似

$$\left(1-\frac{E'-V}{2mc^2}\right)\approx 1$$

可得$(E'-V)\varphi$ 的近似式

$$(E'-V)\varphi = \frac{1}{2m}(\boldsymbol{\sigma}\cdot\hat{\boldsymbol{p}})^2\varphi = \frac{\hat{\boldsymbol{p}}^2}{2m}\varphi$$

于是，(61) 式中左边第 2 项可近似表示为

$$-\frac{\hat{\boldsymbol{P}}^2(E'-V)\varphi}{4m^2c^2} \approx -\frac{\hat{\boldsymbol{P}}^4}{8m^3c^2}\varphi \tag{62}$$

式(61) 中左边第 3 项是电子的自旋轨道耦合能，这是狄拉克方程给出的一个重要结果. 它可以表示为

$$\frac{1}{2m^2c^2}\frac{1}{r}\frac{\mathrm{d}V}{\mathrm{d}r}\hat{\boldsymbol{S}}\cdot\hat{\boldsymbol{L}} = \xi(r)\hat{\boldsymbol{S}}\cdot\hat{\boldsymbol{L}}, \quad \xi(r) = \frac{1}{2m^2c^2}\frac{1}{r}\frac{\mathrm{d}V}{\mathrm{d}r} \tag{63}$$

将(62) 与(63) 式代入(61) 式，得到大分量 φ 满足的非相对论近似方程

$$\left[\frac{\hat{\boldsymbol{p}}^2}{2m}+V+\xi(r)\hat{\boldsymbol{S}}\cdot\hat{\boldsymbol{L}}-\frac{\hat{\boldsymbol{p}}^4}{8m^3c^2}+\frac{\hbar^2}{4m^2c^2}\left(\nabla^2 V+\frac{\mathrm{d}V}{\mathrm{d}r}\frac{\partial}{\partial r}\right)\right]\varphi = E'\varphi \tag{64}$$

上式左边方括号内前 3 项正是 §8.5 中给出的原子价电子的哈密顿量. 需要指出的是，这个方程只是大分量 φ 满足的方程，不是含有大小两个分量(φ,χ) 的 ψ 所满足的方程. 计算表明，ψ 满足的非相对论近似方程为

$$\left[\frac{\hat{\boldsymbol{p}}^2}{2m}+V+\xi(r)\hat{\boldsymbol{S}}\cdot\hat{\boldsymbol{L}}-\frac{\hat{\boldsymbol{p}}^4}{8m^3c^2}+\frac{\hbar^2}{8m^2c^2}\nabla^2 V\right]\psi = E'\psi \tag{65}$$

上式左边方括号内的后 3 项是对非相对论哈密顿量 $\frac{\hat{\boldsymbol{p}}^2}{2m}+V$ 的最低级相对论修正. 方程(65) 的推导见本节末的附录(2).

(5) 氢原子的能级

对于氢原子，$V(r)=-e^2/r$. 氢原子的哈密顿量

$$\hat{H} = c\boldsymbol{\alpha} \cdot \hat{\boldsymbol{p}} + mc^2\beta - \frac{e^2}{r} \tag{66}$$

已知守恒量完全集为$[\hat{H},\hat{K},\hat{\boldsymbol{J}}^2,\hat{J}_z]$. $\hat{H}$ 的本征函数应该选取$[\hat{H},\hat{K},\hat{\boldsymbol{J}}^2,\hat{J}_z]$的共同本征函数. 为此,$\hat{H}$ 中应该显示出 $\hat{K}$ 来. 定义

$$\alpha_r = \frac{1}{r}\boldsymbol{\alpha} \cdot \boldsymbol{r} \tag{67}$$

显然,$\alpha_r^2 = 1$. α_r 的本征值为 ± 1.

$$\begin{aligned}\alpha_r(\boldsymbol{\alpha} \cdot \hat{\boldsymbol{p}}) &= \frac{1}{r}(\boldsymbol{\alpha} \cdot \boldsymbol{r})(\boldsymbol{\alpha} \cdot \hat{\boldsymbol{p}}) = \frac{1}{r}[\boldsymbol{r} \cdot \hat{\boldsymbol{p}} + i\boldsymbol{\Sigma} \cdot (\boldsymbol{r} \times \hat{\boldsymbol{p}})] \\ &= \frac{1}{r}(\boldsymbol{r} \cdot \hat{\boldsymbol{p}} + i\boldsymbol{\Sigma} \cdot \hat{\boldsymbol{L}}) = -i\hbar\frac{\partial}{\partial r} + \frac{i}{r}\boldsymbol{\Sigma} \cdot \hat{\boldsymbol{L}}\end{aligned} \tag{68}$$

利用

$$\hbar\hat{K} = \beta(\boldsymbol{\Sigma} \cdot \boldsymbol{L} + \hbar) \tag{69}$$

$$\beta\hbar\hat{K} = \boldsymbol{\Sigma} \cdot \boldsymbol{L} + \hbar, \quad \boldsymbol{\Sigma} \cdot \boldsymbol{L} = \beta\hbar\hat{K} - \hbar = \hbar(\beta\hat{K} - 1) \tag{70}$$

将(70)式代入(68)式,

$$\begin{aligned}\alpha_r(\boldsymbol{\alpha} \cdot \hat{\boldsymbol{p}}) &= -i\hbar\frac{\partial}{\partial r} + \frac{i\hbar}{r}(\beta\hat{K} - 1) = -i\hbar\left(\frac{\partial}{\partial r} + \frac{1}{r}\right) + \frac{i\hbar}{r}\beta\hat{K} \\ &= \hat{p}_r + \frac{i\hbar}{r}\beta\hat{K}\end{aligned} \tag{71}$$

其中

$$\hat{p}_r = -i\hbar\left(\frac{\partial}{\partial r} + \frac{1}{r}\right) \tag{72}$$

式(71)左乘 α_r,得

$$\boldsymbol{\alpha} \cdot \hat{\boldsymbol{p}} = \alpha_r\left(\hat{p}_r + \frac{i\hbar}{r}\beta\hat{K}\right) \tag{73}$$

将(73)式代入(66)式,得到含 $\hat{K}$ 的氢原子哈密顿量

$$\hat{H} = c\alpha_r\hat{p}_r + \frac{i\hbar c}{r}\alpha_r\beta\hat{K} + mc^2\beta - \frac{e^2}{r} \tag{74}$$

要找出$[\hat{H},\hat{K},\hat{\boldsymbol{J}}^2,\hat{J}_z]$的共同本征函数作为 $\hat{H}$ 的本征函数,并求出 $\hat{H}$ 的本征能量. 在本节末尾的附录(1),给出氢原子能级的计算的过程. 这里直接给出氢原子能级的计算结果:

$$E_{nj} = mc^2 - \frac{e^2}{2an^2}\left[1 + \frac{\gamma^2}{n^2}\left(\frac{n}{j + 1/2} - \frac{3}{4}\right) + \cdots\right] \tag{75}$$

其中 $\gamma = e^2/\hbar c \approx 1/137$ 为精细结构常数,$a = \hbar^2/mc^2$ 为玻尔半径,$n = 1,2,3,\cdots$ 为主量子数,$j = 1/2,3/2,5/2,\cdots$ 为总角动量量子数. 上式右边方括内第二项

为相对论最低级修正项，其值远远小于 1. 如果略去这一修正项及不考虑电子静止能量 mc^2，则上式就成为

$$E_n = -\frac{e^2}{2an^2} \tag{76}$$

这正是非相对论薛定谔方程给出的氢原子能级 E_n. E_n 只同主量子数 n 有关，而相对论狄拉克方程给出的氢原子能级 E_{nj}，不仅同主量子数 n 有关，还同总角动量量子数 j 有关. 于是原来的能级 E_n，因不同的 j 值而分裂了，只是分裂的间隔十分微小. 实验上观测到的氢原子光谱的精细结构同狄拉克方程给出能级分裂值基本相符. 这是狄拉克方程给出的又一个重要结果. 不过，理论值同实验值仍有微小差别. 这个差别叫做 Lamb 移动. 为了解释反常磁矩和 Lamb 移动，需要进一步的理论—量子场论. 在量子场论中，狄拉克方程不再是单个电子的方程，而是电子场的方程. 在对电子场进行量子化及辐射修正后，电子的反常磁矩和氢原子光谱的 Lamb 移动就能得到满意的解释.

附录(1) 氢原子能级的计算

氢原子的哈密顿量 $\hat{H}$ 与定态方程为

$$\hat{H} = c\alpha_r\hat{p}_r + \frac{i\hbar c}{r}\alpha_r\beta\hat{K} + mc^2\beta - \frac{e^2}{r} \tag{1}$$

$$\hat{H}\psi = E\psi \tag{2}$$

我们要求的定态波函数 ψ 应该是$[\hat{H},\hat{K},\hat{\boldsymbol{J}}^2,\hat{J}_z]$的共同本征函数. 令

$$\psi(r,\theta,\varphi,s_z) = R(r)N(\theta,\varphi,s_z) \tag{3}$$

其中 $N(\theta,\varphi,s_z)$ 是 $\hat{K},\hat{\boldsymbol{J}}^2,\hat{J}_z$ 的共同本征函数. 将(3)式代入定态方程(2),$\hat{H}$ 中只有算符 $\hat{K}$ 对 $N(\theta,\varphi,s_z)$ 有运算作用:$\hat{K}N(\theta,\varphi,s_z) = kN(\theta,\varphi,s_z)$. 在 $\hat{K}$ 对 $N(\theta,\varphi,s_z)$ 运算后,算符 $\hat{K}$ 变为本征值 k,$N(\theta,\varphi,s_z)$ 就从方程两边消掉了,余下的是 $R(r)$ 满足的径向方程

$$\left[c\alpha_r\hat{p}_r + \frac{i\hbar c}{r}\alpha_r\beta k + mc^2\beta - \frac{e^2}{r}\right]R(r) = ER(r) \tag{4}$$

其中

$$\hat{p}_r = -i\hbar\left(\frac{\partial}{\partial r} + \frac{1}{r}\right) \tag{5}$$

$$\alpha_r = \frac{1}{r}\boldsymbol{\alpha}\cdot\boldsymbol{r} \tag{6}$$

可以证明,α_r 与 β 满足如下关系

$$\alpha_r^2 = \beta^2 = 1,\quad \alpha_r\beta + \beta\alpha_r = 0 \tag{7}$$

$$\begin{aligned}\alpha_r^2 &= \frac{1}{r^2}(\boldsymbol{\alpha}\cdot\boldsymbol{r})^2 = \frac{1}{r^2}(\alpha_x x + \alpha_y y + \alpha_z z)^2\\ &= \frac{1}{r^2}[(\alpha_x^2 x^2 + \alpha_y^2 y^2 + \alpha_z^2 z) + (\alpha_x\alpha_y + \alpha_y\alpha_x)xy\\ &\quad + (\alpha_y\alpha_z + \alpha_z\alpha_y)yz + (\alpha_z\alpha_x + \alpha_x\alpha_z)zx]\\ &= \frac{1}{r^2}(x^2 + y^2 + z^2) = 1\end{aligned}$$

上式中用到 $\alpha_x,\alpha_y,\alpha_z$ 中任一个的平方为1,任二个反对易的性质. 利用 β 同 α_x,α_y,α_z 的反对易关系很容易证明 $\alpha_r\beta + \beta\alpha_r = 0$.

将径向波函数 $R(r)$ 表示为

$$R(r) = \begin{pmatrix} r^{-1}F(r)\\ r^{-1}G(r)\end{pmatrix} \tag{8}$$

α_r 与 β 可以选择满足关系式(7) 的 2×2 厄密矩阵:

$$\beta = \begin{pmatrix}1 & 0\\ 0 & -1\end{pmatrix},\quad \alpha_r = \begin{pmatrix}0 & -i\\ i & 0\end{pmatrix} \tag{9}$$

将(8) 与(9) 式代入径向方程(4),利用

$$\hat{p}_r \frac{F(r)}{r} = -i\hbar \frac{1}{r}\frac{\mathrm{d}F}{\mathrm{d}r}, \quad \hat{p}_r \frac{G(r)}{r} = -i\hbar \frac{1}{r}\frac{\mathrm{d}G}{\mathrm{d}r}$$

得到 $F(r)$ 与 $G(r)$ 满足的方程

$$\begin{aligned}&\left(E - mc^2 + \frac{e^2}{r}\right)F + \hbar c \frac{\mathrm{d}G}{\mathrm{d}r} + \frac{\hbar ck}{r}G = 0\\&\left(E + mc^2 + \frac{e^2}{r}\right)G - \hbar c \frac{\mathrm{d}F}{\mathrm{d}r} + \frac{\hbar ck}{r}F = 0\end{aligned} \tag{10}$$

为了方便,作以下代换:

$$\varepsilon_1 = \frac{mc^2 + E}{\hbar c}, \varepsilon_2 = \frac{mc^2 - E}{\hbar c}, \gamma = \frac{e^2}{\hbar c}$$

$$\varepsilon = (\varepsilon_1\varepsilon_2)^{1/2} = \frac{(m^2c^4 - E^2)^{1/2}}{\hbar c}, \rho = \varepsilon r \tag{11}$$

经过上述代换后,方程(10) 变为

$$\begin{aligned}&\left(\frac{\mathrm{d}}{\mathrm{d}\rho} + \frac{k}{\rho}\right)G - \left(\frac{\varepsilon_2}{\varepsilon} - \frac{\gamma}{\rho}\right)F = 0\\&\left(\frac{\mathrm{d}}{\mathrm{d}\rho} - \frac{k}{\rho}\right)F - \left(\frac{\varepsilon_1}{\varepsilon} + \frac{\gamma}{\rho}\right)G = 0\end{aligned} \tag{12}$$

令

$$F(\rho) = f(\rho)e^{-\rho}, \quad G(\rho) = g(\rho)e^{-\rho} \tag{13}$$

得到 $f(\rho)$ 与 $g(\rho)$ 的方程

$$\begin{aligned}&\left(\frac{d}{d\rho} + \frac{k}{\rho} - 1\right)g - \left(\frac{\varepsilon_2}{\varepsilon} - \frac{\gamma}{\rho}\right)f = 0\\&\left(\frac{d}{d\rho} - \frac{k}{\rho} - 1\right)f - \left(\frac{\varepsilon_1}{\varepsilon} + \frac{\gamma}{\rho}\right)g = 0\end{aligned} \tag{14}$$

令

$$f(\rho) = \rho^s \sum_{\nu=0}^{\infty} a_\nu \rho^\nu, g(\rho) = \rho^s \sum_{\nu=0}^{\infty} b_\nu \rho^\nu \tag{15}$$

代入方程(14),找出 $\rho^{s+\nu-1}$ 的系数,并令其为 0(因为等式右边为 0),

$$(s + \nu + k)b_\nu - b_{\nu-1} + \gamma a_\nu - \frac{\varepsilon_2}{\varepsilon}a_{\nu-1} = 0 \tag{16a}$$

$$(s + \nu - k)a_\nu - a_{\nu-1} - \gamma b_\nu - \frac{\varepsilon_1}{\varepsilon}b_{\nu-1} = 0 \tag{16b}$$

这是系数 a_ν 与 b_ν 满足的方程. 当 $\nu = 0$ 时,得到 a_0 与 b_0 满足的齐次方程

$$\begin{aligned}&\gamma a_0 + (s + k)b_0 = 0\\&(s - k)a_0 - \gamma b_0 = 0\end{aligned} \tag{17}$$

方程(17) 有解的条件是系数行列式为 0. 由系数行列式为 0 得

$$\gamma^2 + s^2 - k^2 = 0, s = \pm (k^2 - \gamma^2)^{1/2}$$

s 取正值

$$s = (k^2 - \gamma^2)^{1/2} \tag{18}$$

将 $s = (k^2 - \gamma^2)^{1/2}$ 代入方程(17),算出比值 a_0/b_0. 给定 a_0 或 b_0,求出 b_0 或 a_0. 将已确定的 a_0 与 b_0 代入方程(16a) 与(16b) 求出 a_1 与 b_1. 重复以上步骤,可以算出所有系数 a_ν 与 b_ν,从而得到级数(15).

现在考虑级数(15) 的高次项,即 $\nu \to \infty$时,系数 a_ν 与 b_ν 的渐近行为. 用 $\varepsilon_2/\varepsilon$ 乘(16b),再减去(16a),得到 a_ν 与 b_ν 满足的关系式

$$\left[\frac{\varepsilon_2}{\varepsilon}(s + \nu - k) - \gamma\right]a_\nu = \left[(s + \nu + k) + \frac{\varepsilon_2}{\varepsilon}\gamma\right]b_\nu \tag{19}$$

当 $\nu \to \infty$,由上式得 $b_\nu = \frac{\varepsilon_2}{\varepsilon}a_\nu$,将此式与 $b_{\nu-1} = \frac{\varepsilon_2}{\varepsilon}a_{\nu-1}$ 代入(16b) 式,并利用 $\frac{\varepsilon_1\varepsilon_2}{\varepsilon^2} = 1$,得到 $\nu \to \infty$的近似式:$\nu a_\nu \approx 2a_{\nu-1}$,即

$$\nu \to \infty, \frac{a_\nu}{a_{\nu-1}} \approx \frac{2}{\nu}$$

类似地,利用 $a_\nu = \frac{\varepsilon}{\varepsilon_2}b_\nu, a_{\nu-1} = \frac{\varepsilon}{\varepsilon_2}b_{\nu-1}$,由(16a) 式,得

$$\nu \to \infty, \frac{b_\nu}{b_{\nu-1}} \approx \frac{2}{\nu}$$

无穷级数(15) 的相邻两个系数的上述性质同 $e^{2\rho}$ 的级数展开式系数性质相同 . 因此,级数 $f(\rho)$ 与 $g(\rho)$ 在 $\rho \to \infty$处以 $e^{2\rho}$ 的形式发散. 而由(13) 式表示的级数 $F(\rho) = f(\rho)e^{-\rho}$ 与 $G(\rho) = g(\rho)e^{-\rho}$,在 $\rho \to \infty$处则以 e^{ρ} 的形式发散. 为了使波函数在 $\rho \to \infty$ 处不发散,无穷级数(15) 必须截断为多项式. 设多项式的最高次为 $\nu = n_r$,$a_{n_r+1} = b_{n_r+1} = 0$. 在(16a) 式中,令 $\nu = n_r + 1$,得到 a_{n_r} 与 b_{n_r} 满足的方程

$$\frac{\varepsilon_2}{\varepsilon}a_{n_r} + b_{n_r} = 0 \tag{20}$$

在(19) 式中令 $\nu = n_r$,得到 a_{n_r} 与 b_{n_r} 满足的另一个方程

$$\left[\frac{\varepsilon_2}{\varepsilon}(s + n_r - k) - \gamma\right]a_{n_r} - \left[(s + n_r + k) + \frac{\varepsilon_2}{\varepsilon}\gamma\right]b_{n_r} = 0 \tag{21}$$

a_{n_r} 与 b_{n_r} 的方程组(20) 与(21) 有解的条件是系数行列式为 0. 由系数行列式为 0 得到

$$\left(1 - \frac{\varepsilon_2^2}{\varepsilon^2}\right)\gamma - \frac{2\varepsilon_2}{\varepsilon}(s + n_r) = 0 \tag{22}$$

其中

$$\frac{\varepsilon_2^2}{\varepsilon^2} = \frac{\varepsilon_2^2}{\varepsilon_1\varepsilon_2} = \frac{\varepsilon_2}{\varepsilon_1}$$

式(22) 变为

$$\left(1-\frac{\varepsilon_2}{\varepsilon_1}\right)\gamma-\frac{2\varepsilon_2}{\varepsilon}(s+n_r)=0$$

上式左乘 ε_1，并利用 $\varepsilon_1\varepsilon_2=\varepsilon^2$，得

$$(\varepsilon_1-\varepsilon_2)\gamma-2\varepsilon(s+n_r)=0 \tag{23}$$

将 ε_1，ε_2 与 ε 的表示(11) 式代入，得到能量 E 满足的方程

$$E\gamma-\sqrt{m^2c^4-E^2}(n_r+s)=0 \tag{24}$$

由上式解得

$$E=mc^2\left[1+\frac{\gamma^2}{(n_r+s)^2}\right]^{-1/2} \tag{25}$$

将 $s=\sqrt{k^2-\gamma^2}$ 代入，

$$E=mc^2\left[1+\frac{\gamma^2}{\left(n_r+\sqrt{k^2-\gamma^2}\right)^2}\right]^{-1/2} \tag{26}$$

其中 $\gamma=e^2/\hbar c$ 为精细结构常数，$\gamma\approx 1/137\ll 1$.

$$\sqrt{k^2-\gamma^2}=|k|\left(1-\frac{\gamma^2}{k^2}\right)^{1/2}\approx|k|\left(1-\frac{\gamma^2}{2k^2}\right)=|k|-\frac{\gamma^2}{2|k|}$$

$$\begin{aligned}\left(n_r+\sqrt{k^2-\gamma^2}\right)^{-2}&=\left(n_r+|k|-\frac{\gamma^2}{2|k|}\right)^{-2}=\left(n-\frac{\gamma^2}{2|k|}\right)^{-2}\\&=\frac{1}{n^2}\left(1-\frac{\gamma^2}{2n|k|}\right)^{-2}\approx\frac{1}{n^2}\left(1+\frac{\gamma^2}{n|k|}\right)\end{aligned} \tag{27}$$

其中

$$n=n_r+|k|=n_r+j+\frac{1}{2}=1,2,3,\cdots \tag{28}$$

是主量子数. 将(27) 式代入(26) 式中，

$$\begin{aligned}E&=mc^2\left[1+\frac{\gamma^2}{n^2}\left(1+\frac{\gamma^2}{n|k|}\right)\right]^{-1/2}\\&=mc^2\left[1-\frac{\gamma^2}{2n^2}-\frac{\gamma^4}{2n^4}\left(\frac{n}{|k|}-\frac{3}{4}\right)+\cdots\right]\end{aligned} \tag{29}$$

将精细结构常数 $\gamma=e^2/\hbar c$，玻尔半径 $a=\hbar^2/me^2$ 与 $|k|=j+1/2$ 代入，氢原子能量表示式为

$$E_{nj}=mc^2-\frac{e^2}{2an^2}\left[1+\frac{\gamma^2}{n^2}\left(\frac{n}{j+1/2}-\frac{3}{4}\right)+\cdots\right] \tag{30}$$

附录(2)　方程(65)的推导

二分量波函数

$$\psi=\begin{pmatrix}\varphi\\ \chi\end{pmatrix} \tag{1}$$

的归一化条件是

$$\int\psi^{+}\psi\mathrm{d}\tau=\int(\varphi^{+}\varphi+\chi^{+}\chi)\mathrm{d}\tau=1 \tag{2}$$

在正文的(5)式

$$\chi=\frac{1}{2mc}\left(1-\frac{E'-V}{2mc^{2}}\right)\boldsymbol{\sigma}\cdot\hat{\boldsymbol{p}}\varphi$$

中，略去括号中的第二项，得到近似式

$$\chi\approx\frac{\boldsymbol{\sigma}\cdot\hat{\boldsymbol{p}}}{2mc}\varphi \tag{3}$$

将近似式(3)代入(2)式，

$$\begin{aligned}\int\psi^{+}\psi\mathrm{d}\tau&=\int\left[\varphi^{+}\varphi+\frac{1}{4m^{2}c^{2}}(\boldsymbol{\sigma}\cdot\hat{\boldsymbol{p}}\varphi)^{+}(\boldsymbol{\sigma}\cdot\hat{\boldsymbol{p}}\varphi)\right]\mathrm{d}\tau\\&=\int\left[\varphi^{+}\varphi+\frac{1}{4m^{2}c^{2}}\varphi^{+}(\boldsymbol{\sigma}\cdot\hat{\boldsymbol{p}})^{2}\varphi\right]\mathrm{d}\tau\\&=\int\left[\varphi^{+}\varphi+\frac{1}{4m^{2}c^{2}}\varphi^{+}\hat{\boldsymbol{p}}^{2}\varphi\right]\mathrm{d}\tau\\&=\int\varphi^{+}\left(1+\frac{\hat{\boldsymbol{p}}^{2}}{4m^{2}c^{2}}\right)\varphi\mathrm{d}\tau\\&=\int\left[\left(1+\frac{\hat{\boldsymbol{p}}^{2}}{8m^{2}c^{2}}\right)\varphi\right]^{+}\left(1+\frac{\hat{\boldsymbol{p}}^{2}}{8m^{2}c^{2}}\right)\varphi\mathrm{d}\tau\end{aligned}$$

比较上式的头与尾，得

$$\psi=\left(1+\frac{\hat{\boldsymbol{p}}^{2}}{8m^{2}c^{2}}\right)\varphi$$

或

$$\varphi=\left(1+\frac{\hat{\boldsymbol{p}}^{2}}{8m^{2}c^{2}}\right)^{-1}\psi\approx\left(1-\frac{\hat{\boldsymbol{p}}^{2}}{8m^{2}c^{2}}\right)\psi \tag{4}$$

将(4)式代入大分量 φ 满足的非相对论近似方程(64)

$$\left[\frac{\hat{\boldsymbol{p}}^{2}}{2m}+V+\xi(r)\hat{\boldsymbol{S}}\cdot\hat{\boldsymbol{L}}-\frac{\hat{\boldsymbol{p}}^{4}}{8m^{3}c^{2}}+\frac{\hbar^{2}}{4m^{2}c^{2}}\left(\nabla^{2}V+\frac{\mathrm{d}V}{\mathrm{d}r}\frac{\partial}{\partial r}\right)\right]\varphi=E'\varphi,$$

中，得 ψ 的方程

$$\left[\frac{\hat{\boldsymbol{p}}^2}{2m}+V+\xi(r)\hat{\boldsymbol{S}}\cdot\hat{\boldsymbol{L}}-\frac{\hat{\boldsymbol{p}}^4}{8m^3c^2}+\frac{\hbar^2}{4m^2c^2}\left(\nabla^2V+\frac{\mathrm{d}V}{\mathrm{d}r}\frac{\partial}{\partial r}\right)\right]$$
$$\left(1-\frac{\hat{\boldsymbol{p}}^2}{8m^2c^2}\right)\psi=E'\left(1-\frac{\hat{\boldsymbol{p}}^2}{8m^2c^2}\right)\psi \tag{5}$$

将上式展开，保留 v^4/c^4 项，

$$\left[\frac{\hat{\boldsymbol{p}}^2}{2m}+V+\xi(r)\hat{\boldsymbol{S}}\cdot\hat{\boldsymbol{L}}-\left(\frac{1}{8}+\frac{1}{16}\right)\frac{\hat{\boldsymbol{p}}^4}{m^3c^2}+\frac{\hbar^2}{4m^2c^2}\right.$$
$$\left.\left(\nabla^2V+\frac{\mathrm{d}V}{\mathrm{d}r}\frac{\partial}{\partial r}\right)\right]\psi$$
$$+\frac{1}{8m^2c^2}(E'\hat{\boldsymbol{p}}^2-V\hat{\boldsymbol{p}}^2)\psi=E'\psi \tag{6}$$

对于任意波函数 φ，

$$\begin{aligned}[V,\hat{\boldsymbol{p}}^2]\varphi&=\{[V,\hat{\boldsymbol{p}}]\cdot\hat{\boldsymbol{p}}+\hat{\boldsymbol{p}}\cdot[V,\hat{\boldsymbol{p}}]\}\varphi\\&=\{i\hbar\,\nabla V\cdot\hat{\boldsymbol{p}}+i\hbar\hat{\boldsymbol{p}}\cdot\nabla V\}\varphi\\&=\hbar^2\,\nabla V\cdot\nabla\varphi+\hbar^2\,\nabla\cdot\nabla(V\varphi)\\&=(\hbar^2\,\nabla^2V+2\hbar^2\,\nabla V\cdot\nabla)\varphi\\&=\left(\hbar^2\,\nabla^2V+2\hbar^2\,\frac{\mathrm{d}V}{\mathrm{d}r}\frac{\partial}{\partial r}\right)\varphi\end{aligned}$$

因 φ 是任意的，故有

$$[V,\hat{\boldsymbol{p}}^2]=\hbar^2\,\nabla^2V+2\hbar^2\,\frac{\mathrm{d}V}{\mathrm{d}r}\frac{\partial}{\partial r}$$

即

$$V\hat{\boldsymbol{p}}^2=\hat{\boldsymbol{p}}^2V+\hbar^2\,\nabla^2V+2\hbar^2\,\frac{\mathrm{d}V}{\mathrm{d}r}\frac{\partial}{\partial r} \tag{7}$$

将(7)式代入(6)式，

$$\left[\frac{\hat{\boldsymbol{p}}^2}{2m}+V+\xi(r)\hat{\boldsymbol{S}}\cdot\hat{\boldsymbol{L}}-\left(\frac{1}{8}+\frac{1}{16}\right)\frac{\hat{\boldsymbol{p}}^4}{m^3c^2}+\frac{\hbar^2}{4m^2c^2}\right.$$
$$\left.\left(\nabla^2V+\frac{\mathrm{d}V}{\mathrm{d}r}\frac{\partial}{\partial r}\right)\right]\psi$$
$$+\left[\frac{\hat{\boldsymbol{p}}^2(E'-V)}{8m^2c^2}-\frac{1}{8m^2c^2}\left(\hbar^2\,\nabla^2V+2\hbar^2\,\frac{\mathrm{d}V}{\mathrm{d}r}\frac{\partial}{\partial r}\right)\right]\psi=E'\psi$$

上式整理后，得

$$\left[\frac{\hat{\boldsymbol{p}}^2}{2m}+V+\xi(r)\hat{\boldsymbol{S}}\cdot\hat{\boldsymbol{L}}-\left(\frac{1}{8}+\frac{1}{16}\right)\frac{\hat{\boldsymbol{p}}^4}{m^3c^2}+\frac{\hbar^2}{8m^2c^2}\,\nabla^2V\right.$$
$$\left.+\frac{\hat{\boldsymbol{p}}^2(E'-V)}{8m^2c^2}\right]\psi=E'\psi \tag{8}$$

在大分量 φ 的方程(46)中取如下近似

$$\left(1-\frac{E'-V}{2mc^2}\right)\approx 1$$

可得$(E'-V)\varphi$的近似式

$$(E'-V)\varphi=\frac{1}{2m}(\boldsymbol{\sigma}\cdot\hat{\boldsymbol{p}})^2\varphi=\frac{\hat{\boldsymbol{p}}^2}{2m}\varphi$$

类似地,取近似式

$$\varphi=\left(1-\frac{\hat{\boldsymbol{p}}^2}{8m^2c^2}\right)\psi\approx\psi$$

便有

$$(E'-V)\psi\approx\frac{\hat{\boldsymbol{p}}^2}{2m}\psi$$

$$\frac{\hat{\boldsymbol{p}}^2(E'-V)}{8m^2c^2}\psi=\frac{\hat{\boldsymbol{p}}^4}{16m^3c^2}\psi \tag{9}$$

将(9)式代入(8)式,得

$$\left[\frac{\hat{\boldsymbol{p}}^2}{2m}+V+\xi(r)\hat{\boldsymbol{S}}\cdot\hat{\boldsymbol{L}}-\frac{\hat{\boldsymbol{p}}^4}{8m^3c^2}+\frac{\hbar^2}{8m^2c^2}\nabla^2V\right]\psi=E'\psi \tag{10}$$

这正是方程(65).

§11.5 二次量子化

在前几节中曾提到,电子反常磁矩,氢原子Lamb移动与负能量等问题,可以将相对论薛定谔方程与狄拉克方程看成是场的方程,通过场的的量子化,用量子场理论得到解决.这种由量子力学到量子场理论的过渡被称为二次量子化.而由经典力学到量子力学的过渡,则是第一次量子化.

(1) 经典力学到量子力学的过渡,第一次量子化

在经典力学中,任一力学量F是坐标$r(x,y,z)$,动量$\boldsymbol{p}(p_x,p_y,p_z)$与时间$t$的函数.将$x,y,z$与$p_x,p_y,p_z$用$x_1,x_2,x_3$与$p_1,p_2,p_3$表示,力学量$F(x_1,x_2,x_3,p_1,p_2,p_3,t)$的薛定谔运动方程为

$$\frac{\mathrm{d}}{\mathrm{d}t}F(x_1,x_2,x_3,p_1,p_2,p_3,t)=\frac{\partial F}{\partial t}+\{F,H\} \tag{1}$$

$$\{F,H\}=\sum_{i=1}^{3}\left(\frac{\partial F}{\partial x_i}\frac{\partial H}{\partial p_i}-\frac{\partial H}{\partial x_i}\frac{\partial F}{\partial p_i}\right) \tag{2}$$

其中 H 为哈密顿量，$\{F,H\}$ 为 F 与 H 的泊松括号. 对经典力学力学量 F 的运动方程(1) 进行量子化的第一步是将坐标 x_1,x_2,x_3 与动量 p_1,p_2,p_3 变成厄密算符：

$$\hat{x}_i = x_i, \quad \hat{p}_i = -i\hbar \frac{\partial}{\partial x_i}, \quad i = 1,2,3 \tag{3}$$

$\hat{x}_i$ 与 $\hat{p}_i$ 满足对易关系

$$[x_i,\hat{p}_j] = i\hbar\delta_{ij}, \quad [x_i,x_j] = [\hat{p}_i,\hat{p}_j] = 0 \tag{4}$$

力学量 F 与哈密顿量 H 成为厄密算符

$$\hat{F}(x_1,x_2,x_3,\hat{p}_1,\hat{p}_2,\hat{p}_3,t), \hat{H}(x_1,x_2,x_3,\hat{p}_1,\hat{p}_2,\hat{p}_3,t)$$

量子化的第二步是将泊松括号 $\{F,H\}$ 按如下方式变换

$$\{F,H\} \to \frac{1}{i\hbar}[\hat{F},\hat{H}]$$

于是，经典力学中力学量 F 的运动方程(1) 变为

$$\frac{\mathrm{d}\hat{F}}{\mathrm{d}t} = \frac{\partial \hat{F}}{\partial t} + \frac{1}{i\hbar}[\hat{F},\hat{H}] \tag{5}$$

这正是量子力学中力学量 $\hat{F}$ 在海森伯绘景中的运动方程. 这就完成了从经典力学到量子力学的过渡. 另一种简单的量子化方法是，在经典力学的能量公式

$$E = \frac{\boldsymbol{p}^2}{2m} + V(r,t) \tag{6}$$

中，将能量 E 与动量 $\boldsymbol{p}$ 变成算符

$$E \to \hat{E} = i\hbar \frac{\partial}{\partial t}, \boldsymbol{p} \to \hat{\boldsymbol{p}} = -i\hbar \nabla \tag{7}$$

再让(6) 式两边分别作用于波函数 $\psi(\boldsymbol{r},t)$，就得到量子力学中的薛定谔方程

$$i\hbar \frac{\partial \psi(\boldsymbol{r},t)}{\partial t} = \left[-\frac{\hbar^2}{2m}\nabla^2 + V(\boldsymbol{r},t)\right]\psi(\boldsymbol{r},t)$$

(2) 非相对论薛定谔方程的二次量子化

非相对论薛定谔方程为

$$i\hbar \frac{\partial \psi(\boldsymbol{r},t)}{\partial t} = \left[-\frac{\hbar^2}{2m}\nabla^2 + V(\boldsymbol{r},t)\right]\psi(\boldsymbol{r},t) \tag{8}$$

这是描述自旋 $s = 0$ 的单粒子运动的方程. 对这个方程进行二次量子化，首先要将波函数 $\psi(\boldsymbol{r},t)$ 用场算符 $\hat{\Psi}(\boldsymbol{r},t)$ 代替，方程(8) 变为

$$i\hbar \frac{\partial \hat{\Psi}(\boldsymbol{r},t)}{\partial t} = \left[-\frac{\hbar^2}{2m}\nabla^2 + V(\boldsymbol{r},t)\right]\hat{\Psi}(\boldsymbol{r},t) \tag{9}$$

并让场算符 $\hat{\Psi}(\boldsymbol{r},t)$ 与它的轭密共轭算符 $\hat{\Psi}^+(\boldsymbol{r},t)$ 满足如下对易关系

$$[\hat{\Psi}(\boldsymbol{r},t),\hat{\Psi}^+(\boldsymbol{r}',t)] = \delta(\boldsymbol{r}-\boldsymbol{r}')$$

$$[\hat{\Psi}(\boldsymbol{r},t),\hat{\Psi}(\boldsymbol{r}',t)] = [\hat{\Psi}^+(\boldsymbol{r},t),\hat{\Psi}^+(\boldsymbol{r}',t)] = 0 \tag{10}$$

然后定义体系的哈密顿算符 $\hat{H}$ 与粒子数算符 $\hat{N}$ 为

$$\hat{H} = \int \hat{\Psi}^{+}(\boldsymbol{r},t)\left[-\frac{\hbar^2}{2m}\nabla^2 + V(\boldsymbol{r},t)\right]\hat{\Psi}(\boldsymbol{r},t)\mathrm{d}\tau \tag{11}$$

$$\hat{N} = \int \hat{\Psi}^{+}(\boldsymbol{r},t)\hat{\Psi}(\boldsymbol{r},t)\mathrm{d}\tau \tag{12}$$

这样就完成了薛定谔方程(8) 的二次量子化.

(3) 玻色子体系粒子占有数表象

考虑单粒子方程(8) 中势能 V 不含时间 t 的情况. 令单粒子波函数 $\psi(\boldsymbol{r},t) = \psi(\boldsymbol{r})\mathrm{e}^{-iEt/\hbar}$,代入方程(8),得到 $\psi(\boldsymbol{r})$ 满足的定态方程

$$\left[-\frac{\hbar^2}{2m}\nabla^2 + V(\boldsymbol{r})\right]\psi(\boldsymbol{r}) = E\psi(\boldsymbol{r}) \tag{13}$$

设由定态方程(13) 解得正交归一本征函数完备系 $\{\psi_k(\boldsymbol{r}), k = 1,2,\cdots\}$,

$$\int \psi_k^*(\boldsymbol{r})\psi_{k'}(\boldsymbol{r})\mathrm{d}\tau = \delta_{kk'}$$

$$\sum_{k=1}^{\infty}\psi_k^*(\boldsymbol{r})\psi_k(\boldsymbol{r}') = \delta(\boldsymbol{r}-\boldsymbol{r}') \tag{14}$$

含时薛定谔方程(8) 的一般解为

$$\psi(\boldsymbol{r},t) = \sum_{k=1}^{\infty} c_k\psi_k(\boldsymbol{r})\mathrm{e}^{-iE_k t/\hbar} \tag{15}$$

现在,将场算符 $\hat{\Psi}(\boldsymbol{r},t)$ 也像(15) 式一样,用 $\{\psi_k(\boldsymbol{r}), k = 1,2,\cdots\}$ 展开

$$\hat{\Psi}(\boldsymbol{r},t) = \sum_{k=1}^{\infty} a_k\psi_k(\boldsymbol{r})\mathrm{e}^{-iE_k t/\hbar} \tag{16}$$

$$\hat{\Psi}^{+}(\boldsymbol{r},t) = \sum_{k=1}^{\infty} a_k^{+}\psi_k^*(\boldsymbol{r})\mathrm{e}^{iE_k t/\hbar} \tag{17}$$

由于 $\psi_k(\boldsymbol{r})$ 是普通函数,场算符 $\hat{\Psi}(\boldsymbol{r},t)$ 与 $\hat{\Psi}^{+}(\boldsymbol{r},t)$ 的算符特性由展开系数 a_k 与 a_k^{+} 体现. 也就是说,a_k 与 a_k^{+} 是算符,不是数. 利用 $\psi_k(\boldsymbol{r})$ 的正交归一性(14),可以求出 a_k 与 a_k^{+};

$$\begin{aligned} a_k &= \int \hat{\Psi}(\boldsymbol{r},t)\psi_k^*(\boldsymbol{r})\mathrm{e}^{iE_k t/\hbar}\mathrm{d}\tau \\ a_k^{+} &= \int \hat{\Psi}^{+}(\boldsymbol{r},t)\psi_k(\boldsymbol{r})\mathrm{e}^{-iE_k t/\hbar}\mathrm{d}\tau \end{aligned} \tag{18}$$

由 $\hat{\Psi}(\boldsymbol{r},t)$ 与 $\hat{\Psi}^{+}(\boldsymbol{r},t)$ 的对易关系(10),可得 a_k 与 a_k^{+} 的对易关系

$$\begin{aligned} [a_k, a_{k'}^{+}] &= \iint [\hat{\Psi}(\boldsymbol{r},t), \hat{\Psi}^{+}(\boldsymbol{r}',t)]\psi_k^*(\boldsymbol{r})\psi_{k'}(\boldsymbol{r}')\mathrm{e}^{i(E_k - E_{k'})t/\hbar}\mathrm{d}\tau\mathrm{d}\tau' \\ &= \iint \delta(\boldsymbol{r}-\boldsymbol{r}')\psi_k^*(\boldsymbol{r})\psi_{k'}(\boldsymbol{r}')\mathrm{e}^{i(E_k - E_{k'})t/\hbar}\mathrm{d}\tau\mathrm{d}\tau' \end{aligned}$$

$$= \int \psi_k^*(\boldsymbol{r})\psi_{k'}(\boldsymbol{r})\mathrm{e}^{i(E_k - E_{k'})t/\hbar}\mathrm{d}\tau = \delta_{kk'}$$

类似地，算出$[a_k, a_{k'}] = 0$与$[a_k^+, a_{k'}^+] = 0$，便有

$$[a_k, a_{k'}^+] = \delta_{kk'}, [a_k, a_{k'}] = [a_k^+, a_{k'}^+] = 0 \tag{19}$$

将(16)与(17)式所示的

$$\hat{\Psi}(\boldsymbol{r}, t) = \sum_{k=1}^{\infty} a_k \psi_k(\boldsymbol{r})\mathrm{e}^{-iE_k t/\hbar}, \hat{\Psi}^+(\boldsymbol{r}, t) = \sum_{k'=1}^{\infty} a_{k'}^+ \psi_{k'}^*(\boldsymbol{r})\mathrm{e}^{iE_{k'}t/\hbar} \tag{20}$$

代入(12)式，

$$\hat{N} = \int \hat{\Psi}^+(\boldsymbol{r}, t)\hat{\Psi}(\boldsymbol{r}, t)\mathrm{d}\tau = \sum_{kk'} a_{k'}^+ a_k \mathrm{e}^{i(E_{k'} - E_k)t/\hbar}$$

$$\int \psi_{k'}^*(\boldsymbol{r})\psi_k(\boldsymbol{r})\mathrm{d}\tau$$

$$= \sum_{kk'} a_{k'}^+ a_k e^{i(E_{k'} - E_k)t/\hbar}\delta_{k'k} = \sum_k a_k^+ a_k = \sum_k \hat{N}_k \tag{21}$$

其中

$$\hat{N}_k = a_k^+ a_k \tag{22}$$

$\hat{N}_k$是单粒子态$\psi_k(\boldsymbol{r})$上粒子占有数算符.再将(20)式代入(11)式所示的哈密顿算符$\hat{H}$中，

$$\begin{aligned}
\hat{H} &= \int \hat{\Psi}^+(\boldsymbol{r}, t)\left[-\frac{\hbar^2}{2m}\nabla^2 + V\right]\hat{\Psi}(\boldsymbol{r}, t)\mathrm{d}\tau \\
&= \int \sum_{k'=1}^{\infty} a_{k'}^+ \psi_{k'}^*(\boldsymbol{r})\mathrm{e}^{iE_{k'}t/\hbar}\left[-\frac{\hbar^2}{2m}\nabla^2 + V\right]\sum_{k=1}^{\infty} a_k \psi_k(\boldsymbol{r})\mathrm{e}^{-iE_k t/\hbar}\mathrm{d}\tau \\
&= \sum_{kk'} a_{k'}^+ a_k E_k \mathrm{e}^{i(E_{k'} - E_k)t/\hbar}\int \psi_{k'}^*(\boldsymbol{r})\psi_k(\boldsymbol{r})\mathrm{d}\tau \\
&= \sum_{kk'} a_{k'}^+ a_k E_k \mathrm{e}^{i(E_{k'} - E_k)t/\hbar}\delta_{k'k} \\
&= \sum_k a_k^+ a_k E_k = \sum_k \hat{N}_k E_k
\end{aligned} \tag{23}$$

上式中用到(15)式.利用a_k与a_k^+的对易关系(19)，可以证明

$$[\hat{N}_k, \hat{N}_{k'}] = 0, [\hat{N}_k, \hat{H}] = 0 \tag{24}$$

可见，$\hat{N}_k$是守恒量，不同k的$\hat{N}_k$相互对易，存在$\hat{N}_1, \hat{N}_2, \cdots, \hat{N}_k, \cdots$的共同本征态.设单粒子态$\psi_k(\boldsymbol{r})$上粒子占有数算符$\hat{N}_k$的本征值为$n_k$，本征态矢为$|n_k\rangle$

$$\hat{N}_k | n_k\rangle = n_k | n_k\rangle \tag{25}$$

在 §9.4中，已经证明，对玻色子体系，$n_k = 0, 1, 2, \cdots$现在可以看出，单粒子薛定谔方程在经过量子化后，描述的是多粒子体系.这个体系的态，可以通过$\hat{N}_1, \hat{N}_2, \cdots, \hat{N}_k, \cdots$的共同本征态

$$| n_1\rangle | n_2\rangle \cdots | n_k\rangle \cdots \equiv | n_1 n_2 \cdots n_k \cdots\rangle$$

来描述. $|n_1 n_2 \cdots n_k \cdots\rangle$ 表示,有 n_1 个粒子处于单粒子态 ψ_1, n_2 个粒子处于单粒子态 ψ_2, $\cdots n_k$ 个粒子处于单粒子态 ψ_k, $\cdots$ $|n_1 n_2 \cdots n_k \cdots\rangle$ 是玻色子体系粒子占有数表象的基矢. 如果体系总共有 N 个粒子,则体系的能量为

$$E = \sum_k n_k E_k, \sum_k n_k = N \tag{26}$$

其中 E_k 是单粒子态 ψ_k 的能量. 可见,这里描述的正是 N 个全同玻色子体系在不考虑粒子之间相互作用时,由薛定谔方程所给出结果.

利用 a_k 与 a_k^+ 的对易关系(19),可以推导出 (详见 §9.4)

$$a_k^+ \mid n_k\rangle = \sqrt{n_k + 1} \mid n_k + 1\rangle \tag{27}$$

$$a_k \mid n_k\rangle = \sqrt{n_k} \mid n_k - 1\rangle \tag{28}$$

a_k^+ 对 $|n_k\rangle$ 的作用是使 ψ_k 态上的粒子数 n_k 增加了一个, a_k^+ 叫做 ψ_k 态粒子的产生算符. a_k 对 $|n_k\rangle$ 的作用是使 ψ_k 态上的粒子数 n_k 减少了一个, a_k 叫做 ψ_k 态粒子的消灭算符. $|n_k\rangle$ 可以通过 a_k^+ 表示为

$$\mid n_k\rangle = \frac{1}{\sqrt{n_k!}} (a_k^+)^{n_k} \mid 0\rangle \tag{29}$$

其中 $|0\rangle \equiv |n_1 = 0, n_2 = 0, \cdots, n_k = 0, \cdots\rangle$ 是所有单粒子态 ψ_k 上都没有粒子的真空态. 于是

$$\mid n_1 n_2 \cdots n_k \cdots\rangle = \frac{1}{\sqrt{\prod_i n_i!}} (a_1^+)^{n_1} (a_2^+)^{n_2} \cdots (a_k^+)^{n_k} \cdots \mid 0\rangle \tag{30}$$

$$a_k^+ \mid n_1 n_2 \cdots n_k \cdots\rangle = \sqrt{n_k + 1} \mid n_1 n_2 \cdots n_k + 1 \cdots\rangle \tag{31}$$

$$a_k \mid n_1 n_2 \cdots n_k \cdots\rangle = \sqrt{n_k} \mid n_1 n_2 \cdots n_k - 1 \cdots\rangle \tag{32}$$

(4) 费米子体系粒子占有数表象

我们已经知道,在波函数中引入自旋变量 s_z 后,非相对论薛定谔方程可以描述电子的运动态. 电子是自旋 $s = 1/2$ 的费米子,遵守泡利原理,在单粒子态 ψ_k 上的粒子占有数 n_k 只能取 0 与 1 两个值. 而上述薛定谔方程的二次量子化方法给出 $n_k = 0,1,2,\cdots$ 显然,上述二次量子化方法只适用于玻色子,不适用于费米子. 如何将 $n_k = 0,1,2,\cdots$ 改变为 $n_k = 0,1$?在 §9.4 中指出,只要将 a_k 与 a_k^+ 的对易关系(19)

$$[a_k, a_{k'}^+] = \delta_{kk'}, [a_k, a_{k'}] = [a_k^+, a_{k'}^+] = 0$$

改为反对易关系:

$$\{a_k, a_{k'}^+\} \equiv a_k a_{k'}^+ + a_{k'}^+ a_k = \delta_{kk'}$$

$$\{a_k, a_{k'}\} = \{a_k^+, a_{k'}^+\} = 0 \tag{33}$$

$\hat{N}_k = a_k^+ a_k$ 的本征值就是 $n_k = 0,1$. 这是因为,由(33)式,

$$a_k^+ a_k = 1 - a_k a_k^+ , (a_k)^2 = (a_k^+)^2 = 0 ,$$

$$\hat{N}_k^2 = a_k^+ a_k a_k^+ a_k = a_k^+ a_k (1 - a_k a_k^+)$$

$$= a_k^+ a_k - a_k^+ a_k^2 a_k^+ = a_k^+ a_k = \hat{N}_k$$

$$\hat{N}_k \mid n_k \rangle = n_k \mid n_k \rangle, \ \hat{N}_k^2 \mid n_k \rangle = n_k^2 \mid n_k \rangle, \ \hat{N}_k^2$$

$$= \hat{N}_k \to n_k^2 = n_k \to n_k = 0,1$$

已知 a_k 与 a_k^+ 的对易关系(19)是由场算符 $\hat{\Psi}(\boldsymbol{r},t)$ 与 $\hat{\Psi}^+(\boldsymbol{r},t)$ 的对易关系(10)得来的,a_k 与 a_k^+ 的反对易关系(33),自然可以由场算符 $\hat{\Psi}(\boldsymbol{r},t)$ 与 $\hat{\Psi}^+(\boldsymbol{r},t)$ 的反对易关系得到. 为此,将 $\hat{\Psi}(\boldsymbol{r},t)$ 与 $\hat{\Psi}^+(\boldsymbol{r},t)$ 的对易关系(10)变换为

$$\{\hat{\Psi}(\boldsymbol{r},t), \hat{\Psi}^+(\boldsymbol{r}',t)\} \equiv \hat{\Psi}(\boldsymbol{r},t)\hat{\Psi}^+(\boldsymbol{r}',t) +$$

$$\hat{\Psi}^+(\boldsymbol{r}',t)\hat{\Psi}(\boldsymbol{r},t) = \delta(\boldsymbol{r}-\boldsymbol{r}')$$

$$\{\hat{\Psi}(\boldsymbol{r},t), \hat{\Psi}(\boldsymbol{r}',t)\} = \{\hat{\Psi}^+(\boldsymbol{r},t), \hat{\Psi}^+(\boldsymbol{r}',t)\} = 0 \tag{34}$$

可以证明(详见 §9.4)

$$a_k^+ \mid n_k \rangle = \sqrt{1-n_k} \mid n_k + 1 \rangle \tag{35}$$

$$a_k \mid n_k \rangle = \sqrt{n_k} \mid n_k - 1 \rangle \tag{36}$$

虽然不同单粒子态 ψ_k 上的 $a_j, a_k, a_j^+, a_k^+, a_k^+$ 相互不对易,但不同单粒子态 ψ_k 上的粒子占有数算符 $\hat{N}_j, \hat{N}_k$ 却是对易的. 全同费米子体系的态可以用 $\hat{N}_1, \hat{N}_2, \cdots, \hat{N}_k, \cdots$ 的共同本征态 $\mid n_1 n_2 \cdots n_k \cdots \rangle$ 表示. $\mid n_1 n_2 \cdots n_k \cdots \rangle$ 是费米子体系粒子占有数表象的基矢. 与公式(30)—(32)对应的公式是

$$\mid n_1 n_2 \cdots n_k \cdots \rangle = (a_1^+)^{n_1} (a_2^+)^{n_2} \cdots (a_k^+)^{n_k} \cdots \mid 0 \rangle \tag{37}$$

$$a_k^+ \mid n_1 n_2 \cdots n_k \cdots \rangle = (-1)^m \sqrt{1-n_k} \mid n_1 n_2 \cdots n_k + 1 \cdots \rangle \tag{38}$$

$$a_k \mid n_1 n_2 \cdots n_k \cdots \rangle = (-1)^m \sqrt{n_k} \mid n_1 n_2 \cdots n_k - 1 \cdots \rangle \tag{39}$$

$$m = \sum_{s=1}^{k-1} n_s$$

以上两式中出现的因子 $(-1)^m$ 在 §9.4 中给出了说明.

习　题

1. 什么是纠缠态?为什么处于纠缠态的两个粒子的态相互依赖?

2. 设 A 与 B 两个电子处于纠缠态 $\mid \varphi_+ \rangle_{AB} = \frac{1}{\sqrt{2}}[\mid + \rangle_A \mid + \rangle_B + \mid - \rangle_A \mid - \rangle_B]$,如果测量 A 电子的自旋分量,得 $s_{xA} = \hbar/2, s_{yA} = \hbar/2, s_{zA} = \hbar/2$,问在测量的同时,$B$ 电子的自旋分量分别取什么值?

答:$s_{xB} = \hbar/2, s_{yB} = \hbar/2, s_{zB} = \hbar/2$.

3. 证明 $(\boldsymbol{\sigma}\cdot\boldsymbol{A})(\boldsymbol{\sigma}\cdot\boldsymbol{B})=\boldsymbol{A}\cdot\boldsymbol{B}+i\boldsymbol{\sigma}\cdot(\boldsymbol{A}\times\boldsymbol{B})$

4. 证明 $(\boldsymbol{\alpha}\cdot\boldsymbol{A})(\boldsymbol{\alpha}\cdot\boldsymbol{B})=\boldsymbol{A}\cdot\boldsymbol{B}+i\boldsymbol{\Sigma}\cdot(\boldsymbol{A}\times\boldsymbol{B})$

5. 证明 $\alpha_r=\dfrac{1}{r}\boldsymbol{\alpha}\cdot\boldsymbol{r}$ 与 $\hbar\hat{K}=\beta\left(\boldsymbol{\Sigma}\cdot\boldsymbol{L}+\dfrac{\hbar}{2}\right)$ 相互对易.

6. 什么是狄拉克'空穴理论'?这个理论如何解决负能量困难?什么是反粒子?

7. 已知电子在中心力场 $V(r)$ 中的哈密顿量为

$$\hat{H}=c\boldsymbol{\alpha}\cdot\hat{\boldsymbol{p}}+V(r)+mc^2\beta$$

计算验证式(26)(27)(29)(30). 证明轨道角动量平方 $\hat{\boldsymbol{L}}^2$ 不是守恒量,$\hbar\hat{K}=\beta\left(\boldsymbol{\Sigma}\cdot\boldsymbol{L}+\dfrac{\hbar}{2}\right)$是守恒量. 证明$[\beta,\Sigma]=0$,$[\hat{K},\hat{\boldsymbol{J}}]=0$.

8. 什么是电子的反常磁矩和氢原子光谱的 Lamb 移动?

9. 什么是一次量子化与二次量子化?描述单粒子态的薛定谔方程在二次量子化后描述的是什么?

10. 对玻色子体系,证明

$$[\hat{N}_k,\hat{N}_{k'}]=0,\quad [\hat{N}_k,\hat{H}]=0$$

$$a_k^+\mid n_k\rangle=\sqrt{n_k+1}\mid n_k+1\rangle$$

$$a_k\mid n_k\rangle=\sqrt{n_k}\mid n_k-1\rangle$$

11. 对费米子体系系,证明

$$[\hat{N}_k,\hat{N}_{k'}]=0,\quad [\hat{N}_k,\hat{H}]=0$$

$$a_k^+\mid n_k\rangle=\sqrt{1-n_k}\mid n_k+1\rangle$$

$$a_k\mid n_k\rangle=\sqrt{n_k}\mid n_k-1\rangle$$

附录　从配套书“量子力学习题与解答”查找本书习题的解答

本书中大部分习题的解答，可以从配套书“量子力学习题与解答”中查找到。例如，下述的第三章 6(1.1)表示，本书第三章习题 6 的解答由配套书“量子力学习题与解答”中的习题 1.1 给出。

第三章

6(1.1)　7(1.24)　8(1.14)　9(1.6)　10(1.5)　11(参考 1.2)　12(1.11)
13(1.33)　14(1.34)　15(1.37)

第四章

5(2.11)　6(2.4)　7(2.10，2.11)　8(2.13)　10(4.19)　12(2.14)
13(3.12)　15(1.21)　16(1.29)　17(1.18)　19(2.20，2.22)　24(2.12)
26(2.24)　27(1.46)

第五章

2(3.4)　5(3.2)　7(3.9)　8(参考 3.8)　9(3.18)　10(3.11)　11(3.19)
12(3.14)　13(3.15)　14(3.2)　15(2.6)

第六章

2(4.14，4.17，4.18)　3(4.26)　5(4.1)　6(4.2)　7(4.3)　8(4.4)
9(4.11)　10(4.9)　11(4.5)　12(4.8)　13(4.27)　14(4.14)　15(4.15)
16(4.16)　17(4.20)　18(4.21)　19(4.18)

第七章

1(5.4)　3(5.5)　4(5.6)　5(5.7)　7(5.10)　8(5.17)　9(5.19)
10(5.12)　11(5.20)　12(5.8)　13(5.21)　14(5.22)　15(5.23)
16(5.39)　17(5.40)　18(5.41)　19(5.42)　20(5.48)　21(5.49)
22(5.50)　23(5.52)

第八章

1(6.9)　3(6.13)　6(6.6)　7(6.5)　8(6.4)9(6.15)　10(6.1)　11(6.19)
13(3.16)　14(3.17)　15(6.20)　16(6.21)　17(6.22)　18(6.27)
19(6.28)

第九章

1(7.1)　2(7.2)　3(7.3)　4(7.4)　5(7.5)　6(7.6)　7(7.7)　8(7.8)
10(6.23)　11(6.24)　12(参考 7.11)　13(7.13)　14(7.17)　15(7.16)

第十章

1(8.2)　2(8.4)　3(8.5)　4(8.7)　5(8.8)　6(8.12)　7(8.9)

参考书

[1] 曾谨言,量子力学导论,北京大学出版社,1992.

[2] 曾谨言,量子力学(卷Ⅰ),科学出版社,1990.

[3] 周世勋,量子力学教程,高等教育出版社,1979.

[4] 周世勋,量子力学,上海科技出版社,1961.

[5] Dirac,P. A. M.,The Principles of Quantum Mechanics,4th ed.,Qxford University Press,1958.

[6] Landau,L. D. and Lifshity,M. E.,Quantum Mechanics,Non-relativistic Theory,Pergamon Press,1977.

[7] Schiff,L.,Quantum Mechanics,3rd ed.,McGraw-Hill,1967.

[8] 张永德,量子力学(第二版),科学出版社,2008.